Maßstab am Äquator 1 : 90 000 000
1 cm ≙ 900 km

0 500 1000 2000 3000 4000 km

www.heimatundwelt.de

Das Internetportal. Schneller und einfacher Zugriff auf Zusatzinformationen zu allen Karten des

Heimat und Welt
Weltatlas

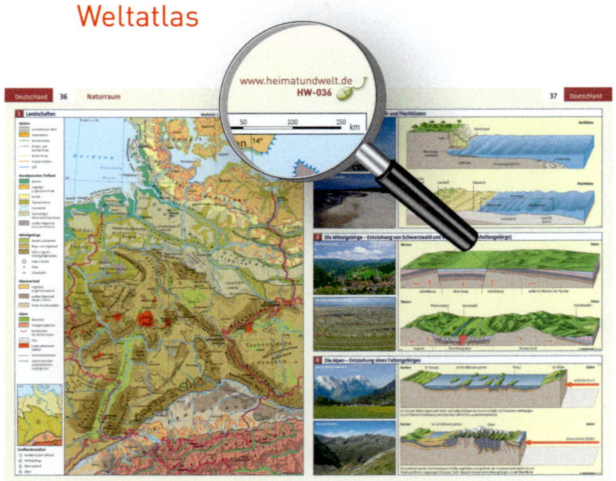

Durch die Eingabe des Kartencodes im Suchfeld werden weitere Informationen und Materialien zu jeder Karte der gewählten Doppelseite angezeigt.

HW-036

Heimat und Welt

Weltatlas + Geschichte
Rheinland-Pfalz

An diesem Werk haben beratend mitgewirkt:

- Sabine Bleyer, Bruchmühlbach-Miesau
- Prof. Dr. Sascha Henninger, Kaiserslautern
- Prof. Dr. Reinhard Hoffmann, Trier
- Georg Kahlert, Kleinblittersdorf
- Peter Kirch, Koblenz
- Gerhard Vierbuchen, Kadenbach

westermann GRUPPE

1. Auflage 2012
Druck A³ / Jahr 2019
Alle Drucke der Serie A sind im Unterricht parallel verwendbar.

Leitung: Thomas Michael
Redaktion: Irene Reitmeier, Björn Richter, Reinhold Schlimm
Multimedia-Redaktion: Dr. Erik Braune
Kartographische Umsetzung: Michael Albrecht
Umschlaggestaltung: Thomas Schröder
Illustration: Johann Brandstetter, Jo Hermann, Ingrid Schobel
Druck und Bindung: westermann druck GmbH, Braunschweig

ISBN 978-3-14-**100268**-3

FSC
www.fsc.org
MIX
Papier aus verantwortungsvollen Quellen
FSC® C009717

M1 Im Atlas suchen und finden
➩ Seite 5

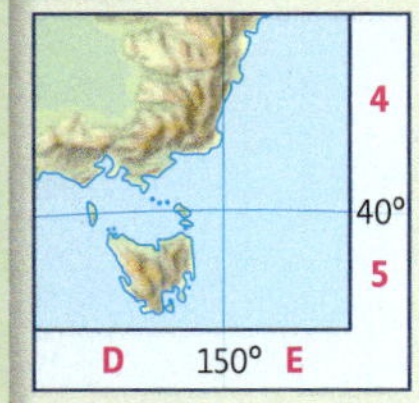

? „Wie finde ich Orte, Flüsse oder Gebirge im Atlas?" „Wie suche ich eine Karte oder ein Thema?"

! Hier lernst du, im Atlas mit dem Inhaltsverzeichnis, Namens- und Sachwortregister zu arbeiten.

Anwendung bei allen Karten möglich

M2 Vom Bild zur thematischen Karte
➩ Seite 6

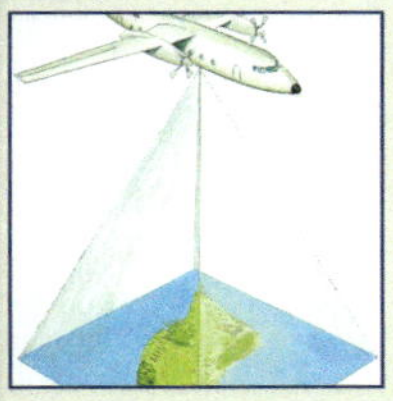

? „Wie wird die Wirklichkeit in Karten abgebildet?"

! Hier siehst du den Weg vom Luftbild zu einer thematischen Karte und lernst den Aufbau und die Gestaltung solcher Karten kennen.

Anwendung auf Seite 49, 52/53, 78, 158/159, 160, 164/165

M3 Vom Bild zur physischen Karte
➩ Seite 7

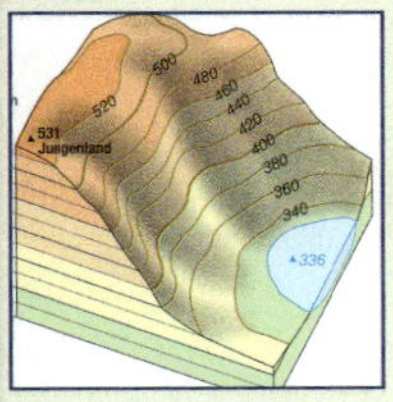

? „Wie wird die Erdoberfläche mit ihren Bergen, Tälern und Gewässern in Karten abgebildet?"

! Hier lernst du, wie Berge auf der Karte wiedergegeben werden und wie du physische Karten liest.

Anwendung auf Seite 32, 56/57, 75, 80, 101, 122, 156

M4 Den Maßstab verstehen
➩ Seite 8/9

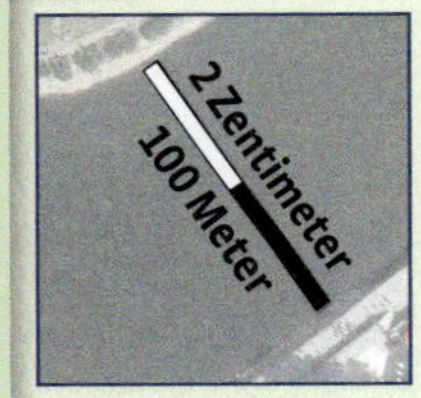

? „Was sagt der Maßstab über Verkleinerung aus?"

! Hier misst du Strecken in Karten und berechnest die wahren Entfernungen. Und du betrachtest die Größenverhältnisse von unterschiedlichen Karten.

Anwendung bei allen Karten möglich

M5 Mit dem Maßstab arbeiten
➩ Seite 8/9

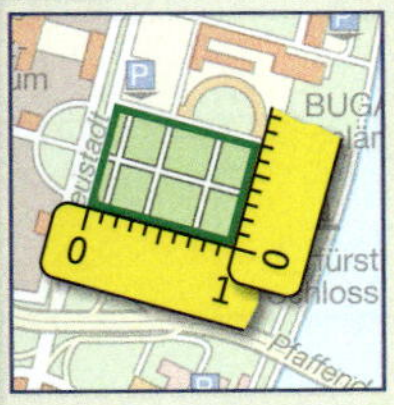

? „Was kann ich mit dem Maßstab noch errechnen?"

! Hier lernst du Flächen zu berechnen, gewinnst Größenvorstellungen, planst Routen und vergleichst Luftlinien- mit Straßen-Entfernungen.

Anwendung bei den meisten Karten möglich

M6 Eine Karte lesen und auswerten
➩ Seite 10/11

? „Was kann mir eine thematische Karte sagen?" „Welche Informationen bietet sie mir?"

! Hier lernst du, die Inhalte der Legende und Karte zu lesen und die richtigen Fragen dazu zu stellen.

Anwendung bei allen thematischen Karten möglich

M7 Den Wandel von Räumen beschreiben
➩ Seite 28/29

? „Wie kann ich aus Karten die früheren und heutigen Zustände eines Raumes lesen und vergleichen?"

! Hier lernst du, räumliche Veränderungen mit Hilfe von Karten zu erkennen und zu interpretieren.

Anwendung auf Seite 28/29, 43, 47, 55, 78/79, 81, 99, 121, 164

M8 Ein Höhenprofil zeichnen und beschreiben
➩ Seite 32

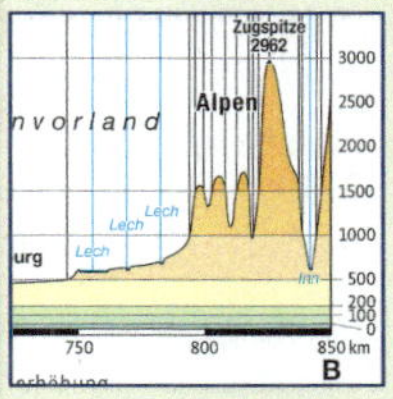

? „Wie kann ich die Höhenschichten einer Karte in eine Profilzeichnung übertragen?"

! Hier lernst du, wie man Geländequerschnitte durch eine Karte legt und ein Profil zeichnet.

Topographisches Lernen: Anwendung bei allen physischen Karten möglich. Weitere Profile: 75, 101, 122, 156

M9 Eine Kartenskizze zeichnen und beschriften
➩ Seite 33

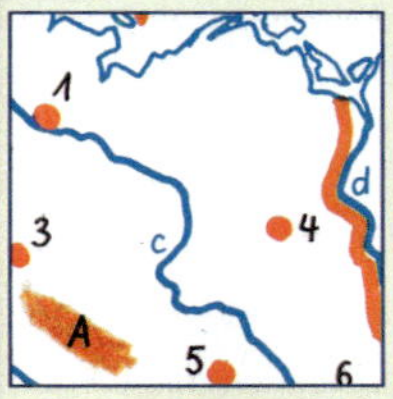

? „Wie kann ich die wichtigsten Inhalte einer Atlaskarte in einer eigenen Karte zusammenfassen?"

! Hier lernst du, wie man eine Kartenskizze plant, zeichnet und beschriftet.

Topographisches Lernen: Anwendung bei allen physischen Karten möglich

M10 Signaturen in Karten
➩ Seite 64/65

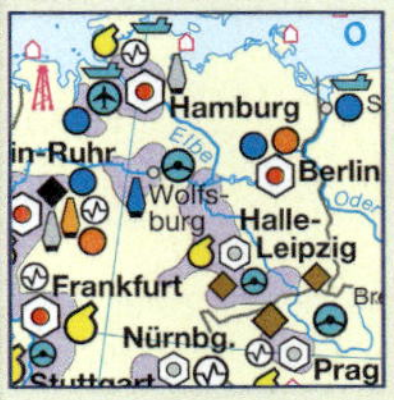

? „Was bedeuten die verschiedenen Kartenzeichen (Signaturen)?"

! Hier lernst du die Aussage von Signaturen aus den Landwirtschafts- und Wirtschaftskarten des Atlas kennen.

Anwendung bei allen thematischen und auch physischen Karten möglich

M11 Gradnetz und Orientierung
➩ Seite 170/171

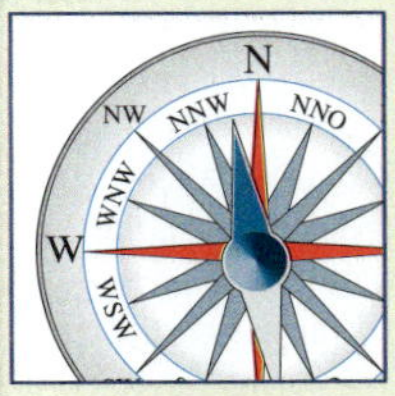

? „Wie lerne ich mich auf dem Globus, auf Karten und im Gelände zu orientieren?"

! Dazu dienen Gradnetz, Himmelsrichtungen und Positionsbestimmungen, mit denen du hier arbeitest.

Anwendung bei allen Karten möglich; siehe auch hinterer äußerer Buchdeckel

M12 Vom Globus zur Karte
➩ Seite 171

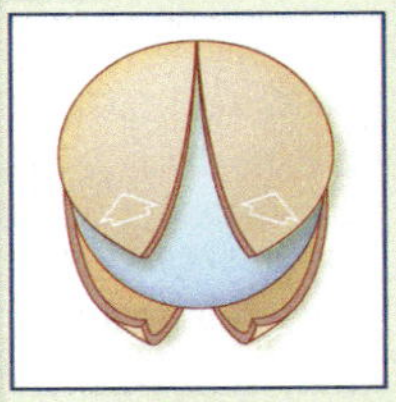

? „Wie bilden flache Karten den runden Globus ab?"

! Hier erkennst du, dass es nicht möglich ist, die gekrümmte Erdoberfläche ohne Verzerrungen in einer ebenen Karte abzubilden.

Anwendung bei Karten in unterschiedlichen oder auffälligen Netzentwürfen (Projektionen)

M13 Informationen zu einem Raum sammeln
➩ Seite 188

? „Wie kann ich für ein Land oder einen Ort Informationen aus verschiedenen Karten sammeln?"

! Hier lernst du, durch unterschiedliche Kartentypen einen Raum umfassend und systematisch zu untersuchen.

Recherche mit mehreren Atlaskarten zu einem Raum

M14 Diagramme lesen und auswerten
➩ Seite 189

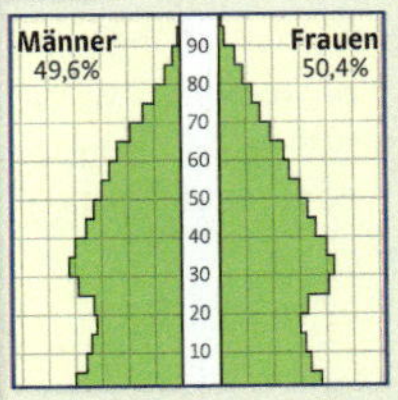

? „Wie lese ich die verschiedenen Diagrammtypen?"

! Hier lernst du Diagramme und speziell Klimadiagramme und Bevölkerungspyramiden zu lesen, auszuwerten und selbst zu zeichnen.

Anwendung auf allen Seiten mit Diagrammen in Karten oder ihren Legenden.

Karteneinstufung: ● Grundorientierung △ Überblick □ Fallbeispiel

Rheinland-Pfalz

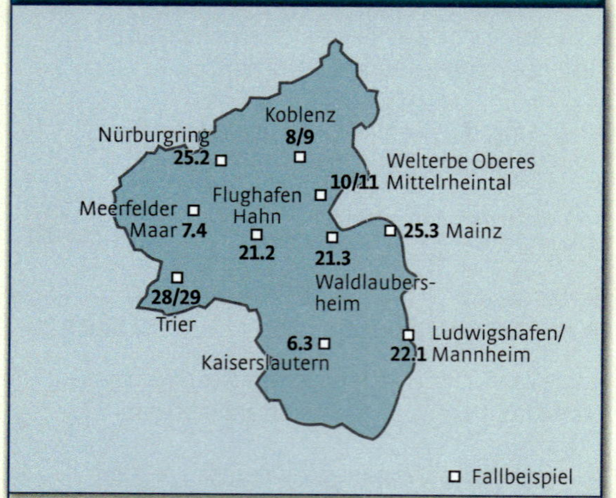

Vom Bild zur thematischen Karte ... 6
□ Kaiserslautern – Innenstadt ... 6 3

Vom Bild zur physischen Karte ... 7
△ Berge auf der Karte ... 7 1
□ Meerfelder Maar – physisch ... 7 4

Den Maßstab verstehen ... 8/9
□ Koblenz – Deutsches Eck ... 8 1
□ Koblenz – Innenstadt ... 8 2
□ Koblenz – Stadtgebiet ... 9 3
□ Koblenz – Großraum ... 9 4

Eine Karte lesen und auswerten ... 10/11
□ Welterbe Oberes Mittelrheintal – Tourismus, Weinbau und Verkehr ... 10 1

Bodenbedeckung und physische Übersicht ... 12/13
△ Bodenbedeckung im Satellitenbild ... 12 1
● Physische Übersicht ... 13 2

● **Physische Karte – nördlicher Teil ... 14/15**

● **Physische Karte – südlicher Teil ... 16/17**

Landwirtschaft und Klima ... 18/19
△ Landwirtschaft ... 18 1
△ Klimadiagramme ... 18 2
△ Temperaturen im Jahr ... 19 3
△ Sonnenscheindauer im Jahr ... 19 4
△ Niederschläge im Jahr ... 19 5
△ Weinanbau-Zyklus ... 19 6

Wirtschaft und Verkehr ... 20/21
△ Wirtschaft und Verkehr ... 20 1
□ Flughafen Hahn – Konversion eines Militärstandortes ... 21 2
□ Waldlaubersheim – Gewerbeansiedlung an der Autobahn ... 21 3

Global Player im Heimatraum ... 22/23
□ Raum Ludwigshafen / Mannheim – Entwicklung 1850 – heute ... 22 1
△ BASF-Standorte in Deutschland, Europa und der Welt ... 23 2

Tourismus ... 24/25
△ Tourismus und Naturschutz ... 24 1
□ Nürburgring – Sport- und Freizeitzentrum ... 25 2
□ Landeshauptstadt Mainz – Innenstadt ... 25 3

Geschichte und Verwaltung ... 26/27
△ Römerzeit um 200 n. Chr. ... 26 1
△ Stauferzeit 11. – 13. Jahrhundert ... 26 2
△ Territorien 1789 ... 26 3
△ Territorien 1920 ... 26 4
● Verwaltungsgliederung heute ... 27 5

Den Wandel von Räumen beschreiben ... 28/29
□ Trier im 4. Jahrhundert ... 28 1
□ Trier im 11. Jahrhundert ... 28 2
□ Trier heute – Innenstadt ... 29 3

Deutschland

Physische und politische Übersicht ... 30/31
● Physische Übersicht ... 30 1
● Politische Übersicht ... 31 2

Höhenprofil / Kartenskizze ... 32/33
□ Anlegen eines Nord-Süd-Höhenprofils durch Deutschland ... 32 1
Physische Karte als Vorlage für die Kartenskizze ... 33 2
Zeichnen der Kartenskizze auf Transparentpapier ... 33 3
Anfertigung der Legende zur Kartenskizze ... 33 4

● **Deutschland – physisch ... 34/35**

Deutschland – Naturraum ... 36/37
● Deutschland – Landschaften ... 36 1
Die Küsten – Aufbau von Steil- und Flachküsten ... 37 2
Die Mittelgebirge – Entstehung von Schwarzwald und Vogesen (Bruchschollengebirge mit Grabenbruch) ... 37 3
Die Alpen – Entstehung eines Faltengebirges ... 37 4

Klima und erneuerbare Energien ... 38/39
△ Temperaturen im Januar ... 38 1
△ Temperaturen im Juli ... 38 2
△ Niederschläge im Jahr ... 38 3
△ Niederschlagsveränderung ... 38 4
Regionale Windsysteme ... 39 5
△ Sonnenenergie und Erdwärme ... 39 6
△ Windenergie ... 39 7

Deutschland – Landwirtschaft ... 40/41
△ Deutschland – Landwirtschaft ... 40 1
□ Ökologischer Landbau bei Mölln (Schleswig-Holstein) ... 41 2
□ Integrierte Landwirtschaft am Niederrhein – Schweinebetrieb mit Biogasanlage ... 41 3

Deutschland – Wirtschaft ... 42/43
△ Deutschland – Wirtschaft ... 42 1
□ Ruhrgebiet – Strukturwandel einer Wirtschaftsregion ... 43 2

Deutschland – Verkehr ... 44/45
△ Deutschland – Verkehr ... 44 1
□ Hamburger Hafen ... 45 2
□ Frankfurt / Main – Flughafen ... 45 3

Ver- und Entsorgung ... 46/4
△ Deutschland – Energiewirtschaft ... 46 1
□ Braunkohlenrevier Niederlausitz – Landschaftswandel ... 47 2
□ Abfallverwertungsanlage und Deponie im Breisgau ... 47 3

Umwelt und Naturschutz ... 48/4
△ Umwelt und Naturschutz ... 48 1
Wattenmeer bei Ebbe und Flut ... 49 2
□ Nationalparks an der Nordseeküste ... 49 3

Deutschland – Tourismus ... 50/5
△ Deutschland – Tourismus ... 50 1
□ Seebadtourismus auf Sylt (Nordseeküste) ... 51 2
□ Bergtourismus im Wettersteingebirge (Alpen) ... 51 3

□ **Hauptstadt Berlin ... 52/53**

Deutschland – Bevölkerung ... 54/55
△ Deutschland – Bevölkerungsdichte ... 54 1
Altersaufbau ... 55 2
△ Natürliche Bevölkerungsentwicklung ... 55 3
△ Ausländische Bevölkerung ... 55 4
△ Bevölkerungsveränderung ... 55 5

Europa

Topographie ... 56/57
△ Flusseinzugsgebiete ... 56 1
● Europa – physische Übersicht ... 56/57 2

Staaten, Bündnisse und Regionen ... 58/59
● Europa – politische Übersicht ... 58 1
△ Europäische Union – Wirtschaftskraft der Regionen ... 59 2
● Europäische Zusammenschlüsse ... 59 3

Europa – Klima ... 60/61
△ Temperaturen im Januar ... 60 1
△ Temperaturen im Juli ... 60 2
△ Niederschläge im Jahr ... 61 3
△ Europa – Klimazonen nach A. Siegmund und P. Frankenberg ... 61 4

Europa – Landwirtschaft ... 62/63
△ Europa – Bodenbedeckung und Landwirtschaft ... 62/63 1
△ Würm- / Weichselkaltzeit ... 63 2
Entstehung von Lössböden durch eiszeitliche Lössverwehung ... 63 3

Karteneinstufung: ● Grundorientierung △ Überblick □ Fallbeispiel

Europa – Wirtschaft 66/67
△ Europa – Bergbau, Industrie und Dienstleistungen 66/67 1
△ Nicht erneuerbare Energierohstoffe 67 2
△ Erneuerbare Energiereserven 67 3

Europa – Tourismus 68/69
△ Europa – Tourismus 68/69 1
□ Balearen – Tourismus 69 2
□ Mallorca – Landnutzung und Tourismusstandorte 69 3

Europa – Bevölkerung 70/71
Altersaufbau 70 1
△ Europa – Bevölkerungsdichte 70 2
△ Bevölkerungsveränderung 70 3
△ Staatssprachen und Sprachminderheiten 71 4
△ Individuelle Mobilität 71 5

△ **Nördliches Europa – Wirtschaft** 72/73

● **Nordeuropa – physisch** 74/75
Höhenprofil durch Skandinavien 75 2

● **Westeuropa – physisch** 76/77

London und Paris – Global Cities 78/79
□ Die Entwicklung von London 78 1
□ London 78 2
□ Die Entwicklung von Paris 79 3
□ Paris 79 4

Benelux – physische Übersicht / Neulandgewinnung 80/81
● Niederlande / Belgien / Luxemburg – physisch 80 1
△ Niederlande – Neulandgewinnung 81 2
△ Niederlande um 1300 .... 81 3
□ Rotterdam – Europoort 81 4

● **Mitteleuropa – physisch** 82/83

● **Alpenländer – physisch** 84/85

Südliches Europa – Tektonik und Vulkanismus 86/87
□ Toskana (Italien) – Nutzung geothermischer Energie 86 1
□ Golf von Neapel – Leben am Vulkan 86 2
● Erdzeitalter 87 3
△ Europa – Alter der Gebirge / Rohstofflagerstätten 87 4
□ İstanbul (Türkei) – erdbebengefährdete Megastadt 87 5

● **Südwesteuropa – physisch** 88/89

● **Südosteuropa / Türkei – physisch** 90/91

△ **Südliches Europa (Mittelmeerraum) – Wirtschaft und Tourismus** 92/93

● **Russland / Zentralasien – physisch** 94/95

△ **Russland / Zentralasien – Wirtschaft** 96/97

Russland / Zentralasien – Umwelt 98/99
△ Russland / Zentralasien – Umweltschäden und -gefahren 98 1
□ Ballungsraum Moskau – Verkehr 98 2

Asien

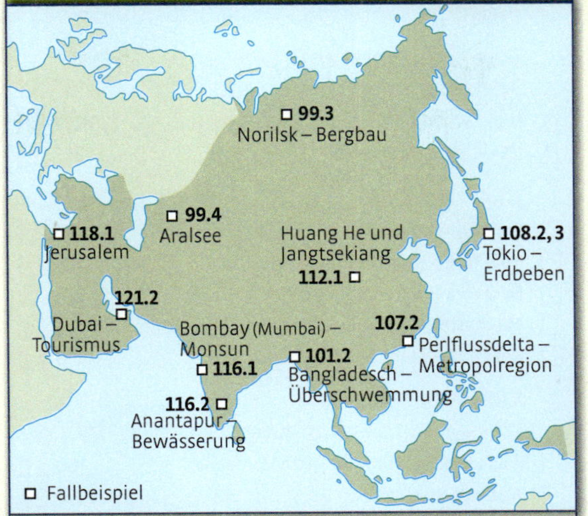

Russland / Zentralasien – Umwelt 98/99
□ Norilsk – Nickelbergbau unter subpolaren Bedingungen 99 3
□ Aralsee – Landschaftswandel 1960 / 2010 .... 99 4

Eurasien – physisch / Gangesdelta 100/101
● Physische Übersicht 100/101 1
□ Bangladesch – physisch 101 2

Staaten und Bevölkerung 102/103
● Asien – Politische Übersicht 102 1
Stadt- und Landbevölkerung in Asien 102 2
△ Asien – Bevölkerung 103 3
Städtewachstum in Asien 103 4

Landwirtschaft und Klima 104/105
△ Asien – Landwirtschaft 104/105 1
△ Temperaturen und Winde im Januar 105 2
△ Temperaturen und Winde im Juli 105 3
△ Niederschläge im Jahr 105 4
△ Südasien – Monsun 105 5
Südwest-Monsun 105 6

Wirtschaft 106/107
△ Asien – Wirtschaft (Übersicht) 106/107 1
□ Metropolregion Perlflussdelta (Südchina) 107 2

Japan – Naturrisiken und Wirtschaft 108/109
△ Naturrisiken 108 1
□ Erdbeben im Raum Tokio 108 2
□ Tokio – erdbebengefährdete Weltstadt 108 3
△ Bevölkerung 109 4
△ Wirtschaft 109 5

● **Südasien und Ostasien – physisch** 110/111

China – Wirtschaft und Umwelt 112/113
□ Huang He und Jangtsekiang 112 1
△ Regionale Entwicklungsunterschiede 112 2
△ Wirtschaft 112/113 3

● **Südostasien – physisch** 114/115

Indien – Wasser und Wirtschaft 116/117
□ Bombay (Mumbai) – Überflutung nach Monsunregen 116 1
□ Anantapur (Südindien) – Bewässerungsprojekte 116 2
△ Südasien – Wirtschaft 117 3

Israel und Palästinensische Autonomiegebiete / Westasien 118/119
□ Jerusalem – Altstadt 118 1
△ Siedlungsgebiete 118 2
● Westasien – physisch 119 3

Westasien (Naher und Mittlerer Osten) 120/121
△ Westasien – Wirtschaft 120 1
□ Dubai – Wandel zur Tourismusmetropole 121 2

Afrika

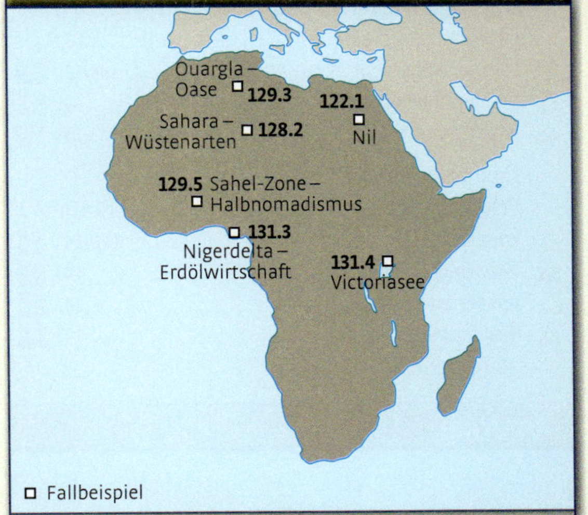

Physische Übersicht und Nil 122/123
□ Der Nil – ein Fremdlingsfluss 122 1
Höhenprofil entlang des Äquators 122 2
● Afrika – Physische Übersicht 122/123 3

Afrika – Staaten und Bevölkerung 124/125
● Afrika – Politische Übersicht 124/125 1
△ Afrika 1914 / 1918 .... 125 2
△ Afrika – Bevölkerung 125 3

Afrika – Landwirtschaft und Klima 126/127
△ Afrika – Landwirtschaft 126 1
Anteil Afrikas an der Weltproduktion 126 2
△ Temperaturen im Januar 127 3
△ Temperaturen im Juli 127 4
△ Niederschläge im Januar 127 5
△ Niederschläge im Juli 127 6

Sahara und Sahel 128/129
△ Wüstenarten und Wüstenausbreitung (Desertifikation) 128 1
□ Sahara – Wüstenarten im Satellitenbild 128 2
□ Ouargla – Brunnenoase in Algerien 129 3
Grundwasser führende Gesteinsschichten in der Nordostsahara 129 4
□ Halbnomadismus der Fulbe in der Sahel-Zone 129 5
Niederschlagsvariabilität in der Sahel-Zone 129 6

Wirtschaft 130/131
△ Afrika – Wirtschaft (Übersicht) 130 1
Afrikas Stellung am Weltmarkt 130 2
□ Nigerdelta – Erdölwirtschaft 131 3
□ Victoriasee – Fischerei und Landnutzung 131 4

● **Afrika (nördlicher Teil) – physisch** 132/133

● **Afrika (südlicher Teil) – physisch** 134/135

Karteneinstufung: ● Grundorientierung △ Überblick □ Fallbeispiel

Ozeanien

● **Indischer Ozean / Pazifischer Ozean** **136/137**

Australien / Neuseeland – physische Übersicht / Bevölkerung **138/139**
● Physische Übersicht 138/139 1
△ Ureinwohner (Aborigines) 139 2
△ Bevölkerungsdichte 139 3

Australien und Neuseeland – Wirtschaft und Klima **140/141**
△ Wirtschaft 140/141 1
△ Temperaturen im Januar 141 2
△ Temperaturen im Juli 141 3
△ Niederschläge im Jahr 141 4

Amerika

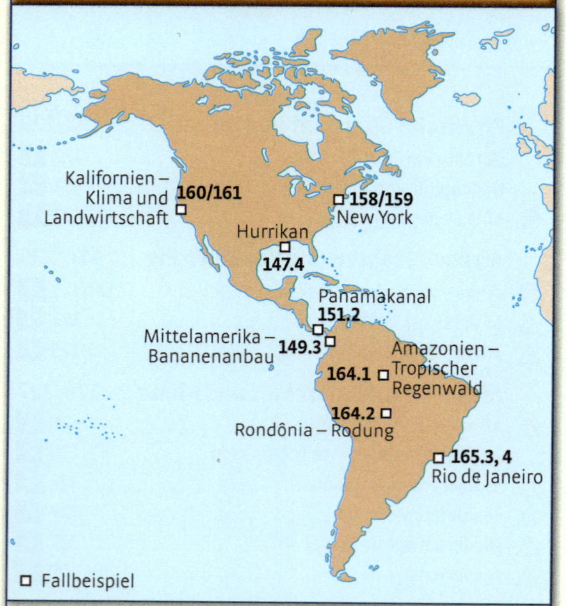

● **Physische Übersicht** **142/143**

Staaten und Bevölkerung **144/145**
● Amerika – politische Übersicht 144/145 1
△ Bevölkerungsdichte 145 2

Amerika – Klima **146/147**
△ Temperaturen im Januar 146 1
△ Temperaturen im Juli 146 2
△ Niederschläge im Jahr 147 3
□ Hurrikan Katrina 147 4
Entstehung eines Hurrikans 147 5

Landwirtschaft **148/149**
△ Amerika – Landwirtschaft 148/149 1
Der Weg von Bananen 148 2
□ Mittelamerika – Bananenanbau 149 3

Wirtschaft **150/151**
△ Amerika – Wirtschaft 150/151 1
□ Panamakanal 151 2

● **Nordamerika (nördlicher Teil) – physisch** **152/153**

● **Nord- und Mittelamerika – physisch** **154/155**

Vereinigte Staaten (USA) – Wirtschaft **156/157**
△ USA – Wirtschaft 156/157 1
△ USA – Industrieräume 157 2

USA – New York **158/159**
□ Ballungsraum BosWash – Bevölkerungsdichte 158 1
□ New York – Bevölkerungsdichte 158 2
□ New York – kulturgeprägte Wohngebiete 158 3
□ Manhattan – Gebäudehöhenmodell 159 4
□ New York – Manhattan 159 5

Kalifornien (USA) – Wasser und Landnutzung **160/161**
□ Kalifornisches Längstal – Panoramabild 160 1
□ Wasserwirtschaft 160 2
Kalifornien – Klima 161 3
Landwirtschaftsexporte 161 4
□ Landwirtschaft 161 5

● **Südamerika – physisch** **162/163**

Südamerika – Wirtschaft und Bevölkerung **164/165**
□ Amazonien – Eingriffe in den tropischen Regenwald 164 1
□ Rondônia (Amazonien) – Rodung 164 2
□ Rio de Janeiro – Segregation 165 3
□ São Conrado / Favela da Rocinha 165 4

Erde

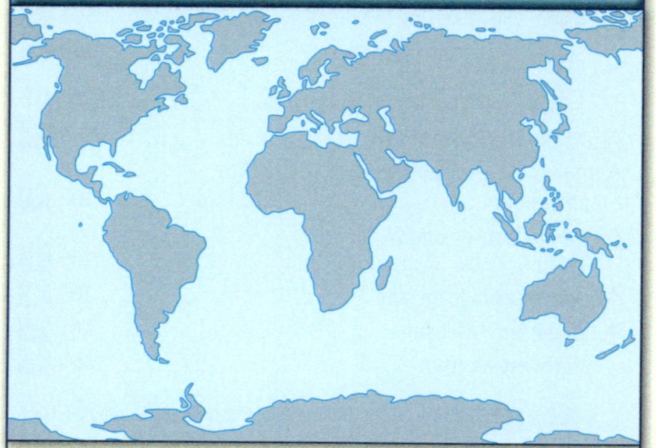

● **Physische Übersicht** .... **Buchdeckel vorne innen**

Polargebiete **166/167**
● Nordpolargebiet (Arktis) 166 1
● Südpolargebiet (Antarktis) 167 2

Geographische Entdeckungen **168/169**
□ Frühe Hochkulturen 168 1
□ Bekannte Welt aus europäischer Sicht um 100 n. Chr. 168 2
□ Bekannte Welt aus europäischer Sicht um 1500 n. Chr. 169 3
□ Weitgehend unberührte Weltregionen heute 169 4
△ Entdeckungsreisen und koloniale Eroberungen 168/169 5

Gradnetz und Orientierung **170/171**
Das Gradnetz der Erde 170/171 1
Orientierung im Gelände in Mitteleuropa 170 2
Orientierung mit dem Kompass und Magnetfeld 170 3
Global Positioning System (GPS) 171 4

Erde – Plattentektonik **172/173**
● Plattentektonik, Vulkanismus und Erdbeben 172/173 1
Schalenbau der Erde 172 2
Schnitt durch die Erdkruste 172/173 3

Erde – Klimazonen und ihre Entstehung **174/175**
△ Klimate der Erde (genetische Gliederung nach Neef) 174/175 1
Schema der globalen Windzirkulation 175 2
△ Niederschläge im Juli 174 3
△ Niederschläge im Januar 175 4

Erde – Klimazonen und ihre Gliederung **176/177**
● Thermische Klimazonen 176 1
△ Extremklimate der Erde 176/177 2
△ Jahreszeitenklima und Tageszeitenklima 177 3
△ Klimate der Erde – Klimaklassifikation nach A. Siegmund und P. Frankenberg 176/177 4

● **Ökozonen / Vegetation** **178/179**

Erde – Umwelt **180/181**
△ Erde bei Nacht 180 1
△ Treibhausgas Kohlenstoffdioxid 180 2
△ Landschaftswandel 181 3
△ Fleischproduktion / Fischfang 181 4

Erde – Bevölkerung **182/183**
● Bevölkerungsdichte und Megastädte 182/183 1
△ Bevölkerungsentwicklung 182 2
● Erde – Religionen 183 3

Entwicklungsstand **184/185**
● Lebensbedingungen 184 1
△ Wirtschaftskraft 184 2
△ Lebenserwartung und Säuglingssterblichkeit 185 3
△ Alphabetismus und Ernährung 185 4

Erde – Wirtschaft **186/187**
● Wirtschaftsbündnisse und Kommunikation 186/187 1
△ Bodenschätze und der Welthandel mit Rohstoffen 186/187 2

Informationen zu einem Raum sammeln **188**

Diagramme lesen und auswerten **189**

Die Erde im Weltall **190/191**
Milchstraßensystem (Galaxie) 190 1
● Das Sonnensystem 190/191 2
Größenvergleich Sonne und Planeten 190 3
Erde aus Mondsicht 190 4
Die Mondphasen 190 5
Die Bahn der Erde um die Sonne 191 6

Länder und Flaggen **224/225**

● **Politische Übersicht** **242/243**

● **Zeitzonen** .... **Buchdeckel hinten**

Geschichte 192 bis 223

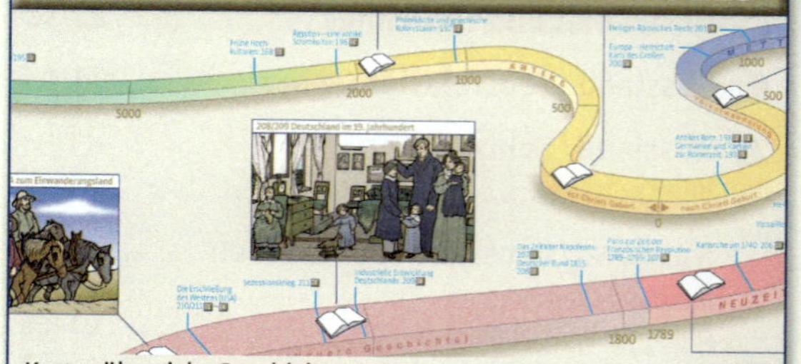

Kartenübersicht Geschichte 192/193

Karten- und Atlasarbeit

Methodenwegweiser 1
Register 226-239
Sachwortregister 240-241
Quellenverzeichnis 241

1 Das Inhaltsverzeichnis – Karten suchen und finden

Eine Hilfe zum Finden von Karten zu einem bestimmten Land oder einer Region ist das Inhaltsverzeichnis. Es ist auf den Seiten 2 bis 4 zu finden. Das Inhaltsverzeichnis gibt einen Überblick aller Karten im Atlas. Die Karten sind nach Regionen von der Nähe bis in die Ferne und dann nach Themen gegliedert.
Die Karteneinstufung kennzeichnet durch ein Symbol (●) grundlegende Überblickskarten.

Beispiel:

Im Unterricht wird eine Karte benötigt, die die Landwirtschaft Deutschlands zeigt.

Inhalt 2

Physische und politische Übersicht .. 30/31
● Deutschland – physische Übersicht 30 1
● Deutschland – politische Übersicht 31 2
Topographie lernen und üben 32/33

△ Regionale Windsysteme ....
△ Sonnenenergie und Erdwärme 39 6
△ Windenergie 39 7
Deutschland – Landwirtschaft 40/41
△ Deutschland – Landwirtschaft 40 1
□ Ökologischer Landbau bei Mölln (Schleswig-Holstein) 41 2
□ Integrierte Landwirtschaft am Niederrhein – Schweinemastbetrieb mit Biogasanlage 41 3
Deutschland – Wirtschaft 42/43
△ Deutschland – Wirtschaft 42 1
□ Ruhrgebiet um 1840 .... 43 2

Karteneinstufung · Kartentitel · Seitenangabe · Kartennummer

! Die Übersichtskarte erleichtert die Orientierung. Jede Region ist außerdem durch eine eigene Farbe gekennzeichnet.

Rheinland-Pfalz
Deutschland
Europa
Asien
Afrika
Ozeanien
Amerika
Erde
Geschichte

2 Das Register – Namen suchen und finden

Eine Hilfe zum Finden von Namen ist das Register. Es ist auf den Seiten 226 bis 239 zu finden.
Im Register sind nicht nur Orte und Städte, sondern auch Flüsse, Gebirge und Landschaften alphabetisch aufgeführt.
Nach dem jeweiligen Namen sind die Seitenzahl, die Kartennummer und das Gradfeld des Gitternetzes der Karte angegeben, in dem dieser Ort zu finden ist.

Beispiel:

Wo liegt Melbourne?

Register 233

M

Meißen 34, J 4
Meißner 34, E 4
Mekele 133, G 3
Mekka 119, 3 B 3
Meknès 132, C 1
Mekong 100, 1 G 5
Mekran 100, 1 D/E 4
Melanesien vorderer Buchinnendeckel, Q 5 – S 6
Melbourne 138, 1 D 4
Melekeok 243, Q/R 5
Melibocus 15, F 3
Melilla 88, C 5

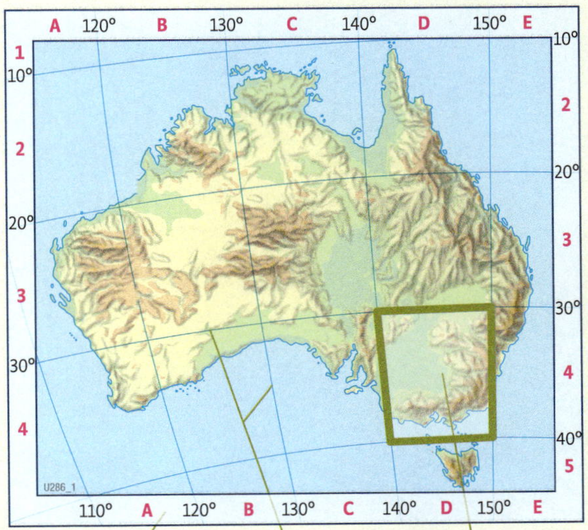

! Registereinträge richtig lesen:
„Melbourne befindet sich auf Seite 138, Karte 1 im Gradfeld D4."

3 Das Sachwortregister – Begriffe suchen und finden

Eine Hilfe zum Finden von Karten zu einem bestimmten Thema ist das Sachwortregister. Es ist auf den Seiten 240 und 241 zu finden.
Die genannten Fachbegriffe und Schlagwörter sind alphabetisch geordnet. Zu jedem Begriff ist eine Karte mit der jeweiligen Seitenzahl und daran anschließend der Kartennummer angegeben.

Beispiel:

Im Unterricht wird das Thema Vulkanismus behandelt.

Sachwortregister 241

V

Viehwirtschaft 40/41; 64.5; 129.5; 164.1; 181.4
Völkerbund 214.3
Völkerwanderung 200.1
Vormensch 194/195.1
Vulkanismus 36.1; 86.2; 87.4; 172/173

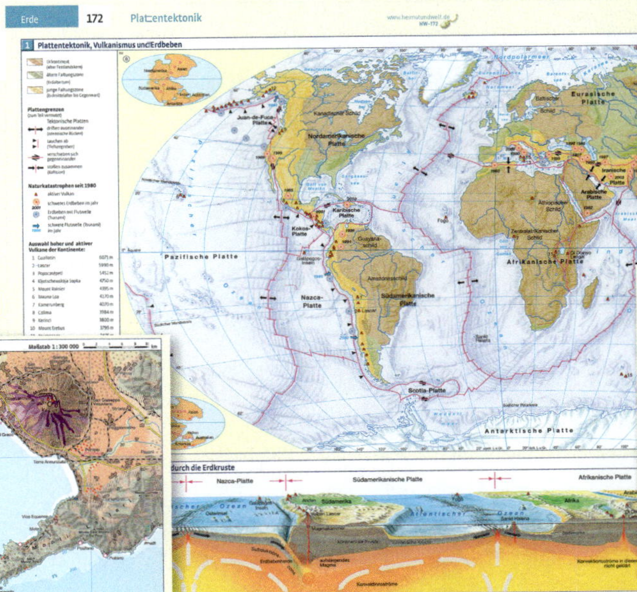

! Durch die Nennung mehrerer Karten zu einem Stichwort werden neben der Vielfalt des Themas auch weltweite Zusammenhänge deutlich.

M2 Vom Bild zur thematischen Karte

Schrägluftbild

1 Kaiserslautern im Schrägluftbild

Ein Bild zeigt die Wirklichkeit.

Das Schrägluftbild von Kaiserslautern zeigt die Talmulde, in der die Innenstadt liegt. Gut zu erkennen sind das 25-stöckige Rathaus im Nordwesten und das Fritz-Walter-Stadion.

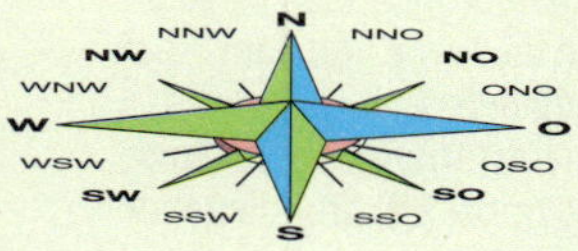

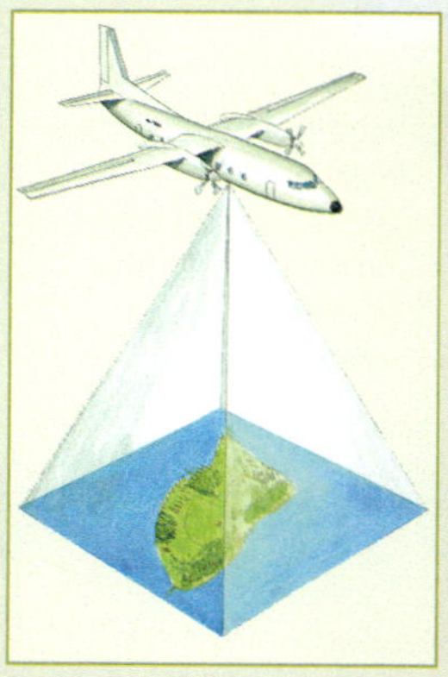

Senkrechtluftbild

2 Kaiserslautern im Senkrechtluftbild

Maßstab 1 : 17 500

Die Innenstadt von Kaiserslautern im Senkrechtluftbild, aufgenommen aus 1000 m Höhe.

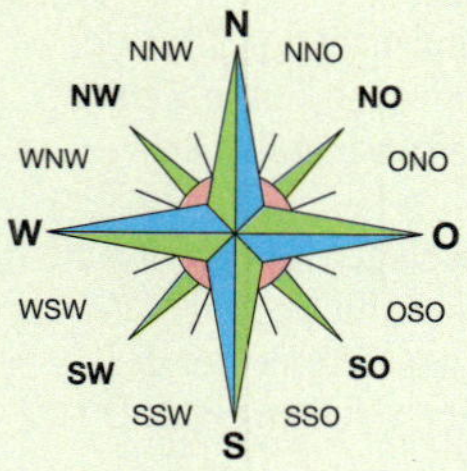

Die Karte zeigt die Wirklichkeit vereinfacht und als Grundriss

Die Innenstadt von Kaiserslautern als Karte. Eine Karte ist meistens genordet. Alles wird verkleinert wiedergegeben.
Der **Maßstab** nennt das Verkleinerungsverhältnis. Mit einer **Legende** wird die Karte erklärt. Sie enthält die **Kartenzeichen**.

Kartenherstellung

3 Kaiserslautern – Innenstadt

Kartentitel

Maßstab 1 : 17 500

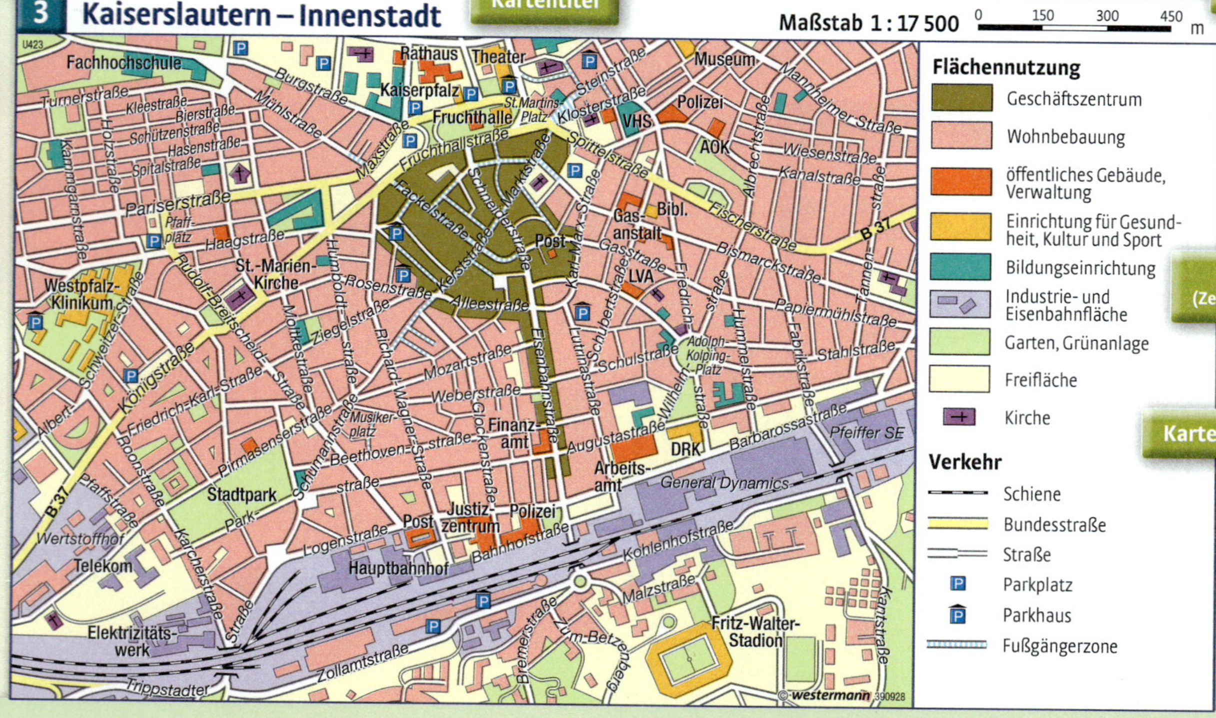

Maßstab als Maßstabszahl und Maßstabsleiste

Legende (Zeichenerklärung)

Kartenzeichen werden auch Signaturen genannt.

1 Berge auf der Karte

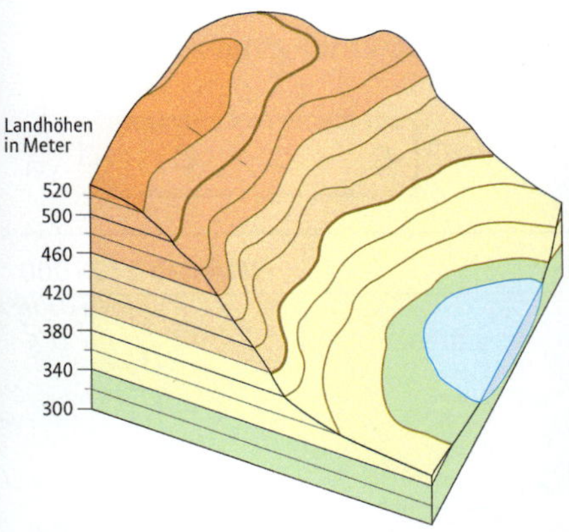

Der Berg als Blockbild mit Höhenlinien und Höhenschichten

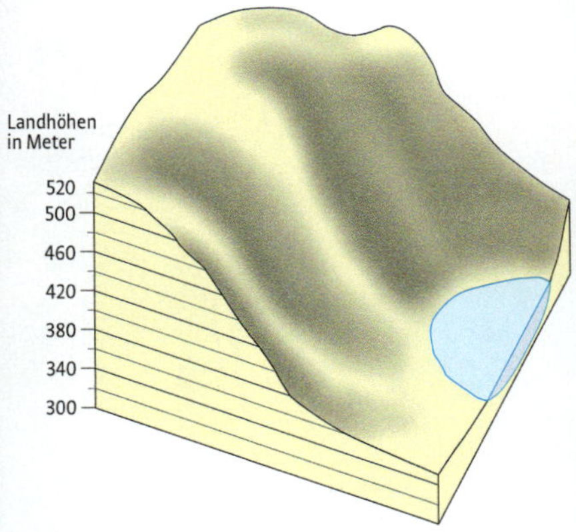

Der Berg als Blockbild in einer Schattendarstellung (Schummerung)

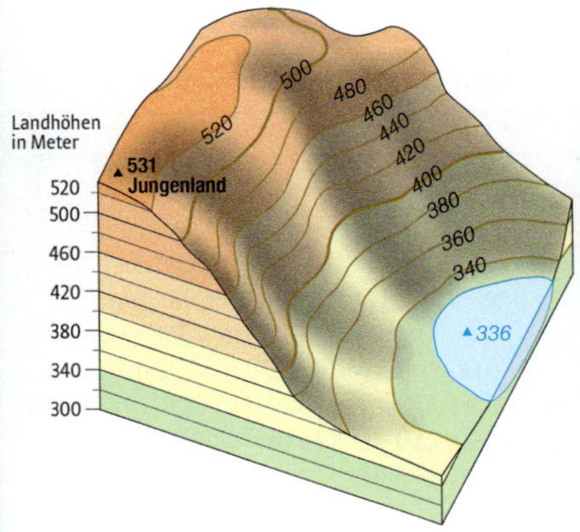

Blockbild mit Höhenlinien, Höhenschichten und Seehöhe

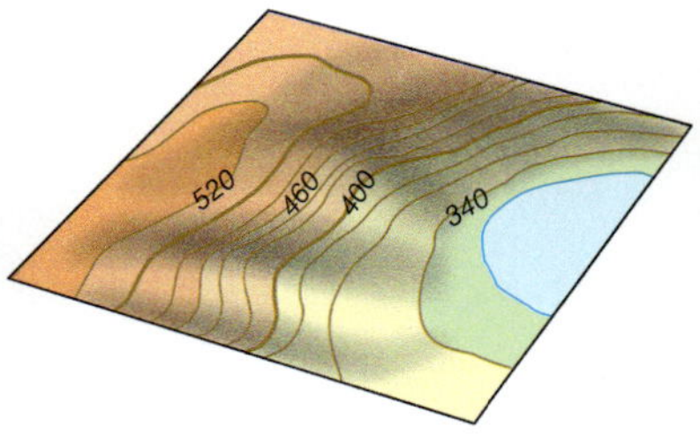

Blockbild als Karte verebnet

2 Das Meerfelder Maar im Schrägluftbild

Im Schrägluftbild ist der steile Abbruch in den ehemaligen Vulkankrater gut zu erkennen. Im Talgrund liegt das Maar und die Ortschaft Meerfeld. Das tief eingeschnittene Meerbach-Tal wirft lange Schatten.

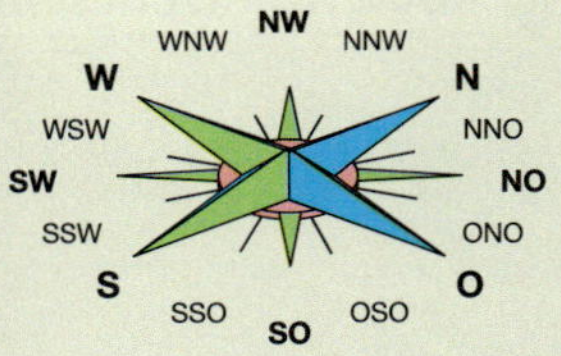

3 Das Meerfelder Maar im Senkrechtluftbild

Maßstab 1 : 17 500

Im Senkrechtluftbild wirkt die Landschaft flach. Dafür sind andere Details wie der Verlauf von Straßen, Siedlungsflächen und unterschiedliche Vegetation zu erkennen.

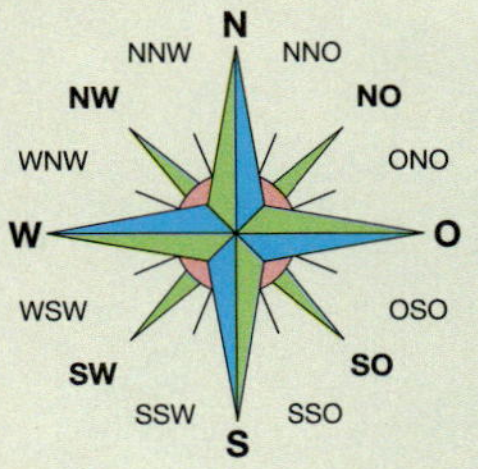

In der physischen Karte sind Einzelheiten aus den oberen Darstellungen zu erkennen, wie zum Beispiel das Maar und die Ortschaft.
Die Bodenbedeckung ist nicht in die Karte aufgenommen. Dafür lassen Höhenlinien, Höhenschichten und Schummerung die Bergkuppen plastisch erscheinen.

4 Meerfelder Maar – physisch

Maßstab 1 : 17 500 — 0 150 300 450 m

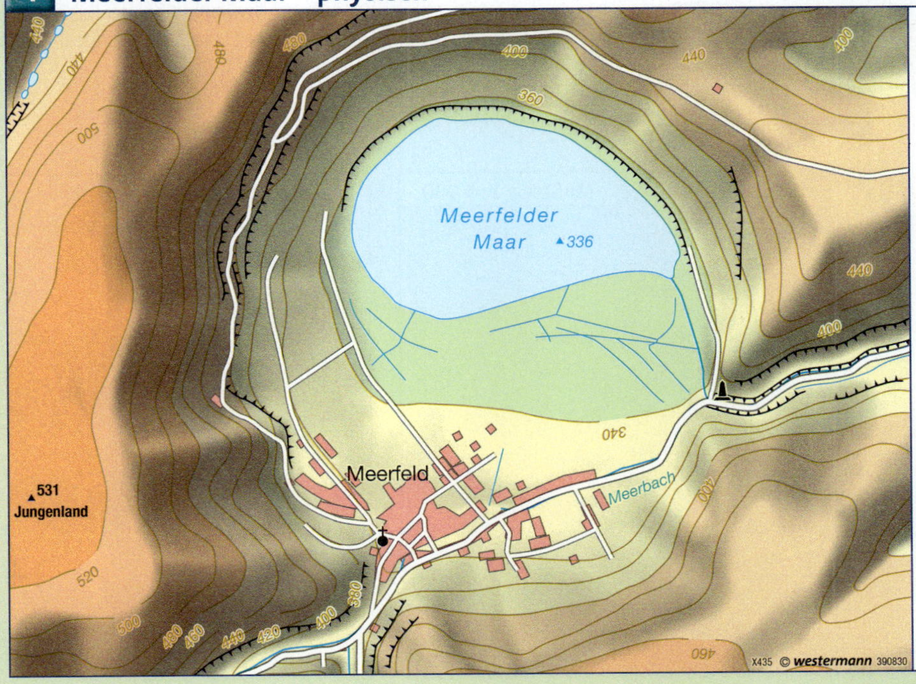

- Wohnbebauung
- Hauptstraße
- Straße
- Kirche
- Denkmal
- Böschung
- –400– 20 m Höhenlinie mit Höhenangabe
- ▲531 Bergöhe in Meter
- ▲336 Seehöhe in Meter
- Bach, Graben
- See, Teich

M4 Den Maßstab verstehen

Die Karten und Satellitenbilder im Atlas geben die Wirklichkeit unterschiedlich stark verkleinert wieder. Der Maßstab (1 : Maßstabszahl) benennt das Verkleinerungsverhältnis einer Kartenstrecke zur entsprechenden Strecke in der Wirklichkeit.

1 : 5 000 (0 – 50 – 100 – 150 m)

Das bedeutet:

1 cm auf der Karte = 50 m in der Natur

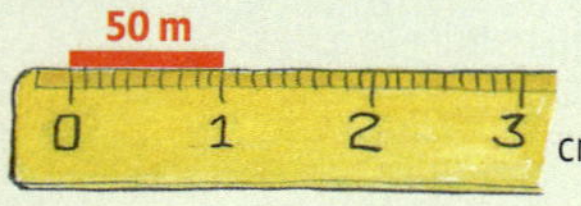

Eine Strecke in der Wirklichkeit wird auf der Karte viele Tausend mal kleiner dargestellt – wie viel kleiner genau, sagt einem die Maßstabszahl. In Karte 2 sind die Kartenstrecken 25 000-mal kürzer als in Wirklichkeit.

1 : 25 000 (0 – 250 – 500 – 750 m)

Das bedeutet:

1 cm auf der Karte = 250 m in der Natur

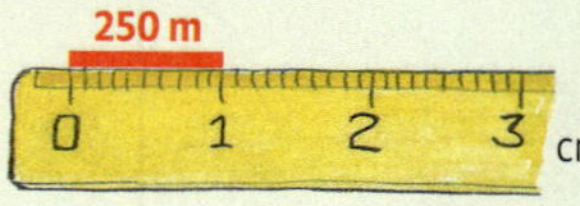

1 Koblenz – Deutsches Eck — Maßstab 1 : 5 000

Fluss	Eisenbahn	Gebäude
Grünanlage	Seilbahn	Kirche

2 Koblenz – Innenstadt — Maßstab 1 : 25 000

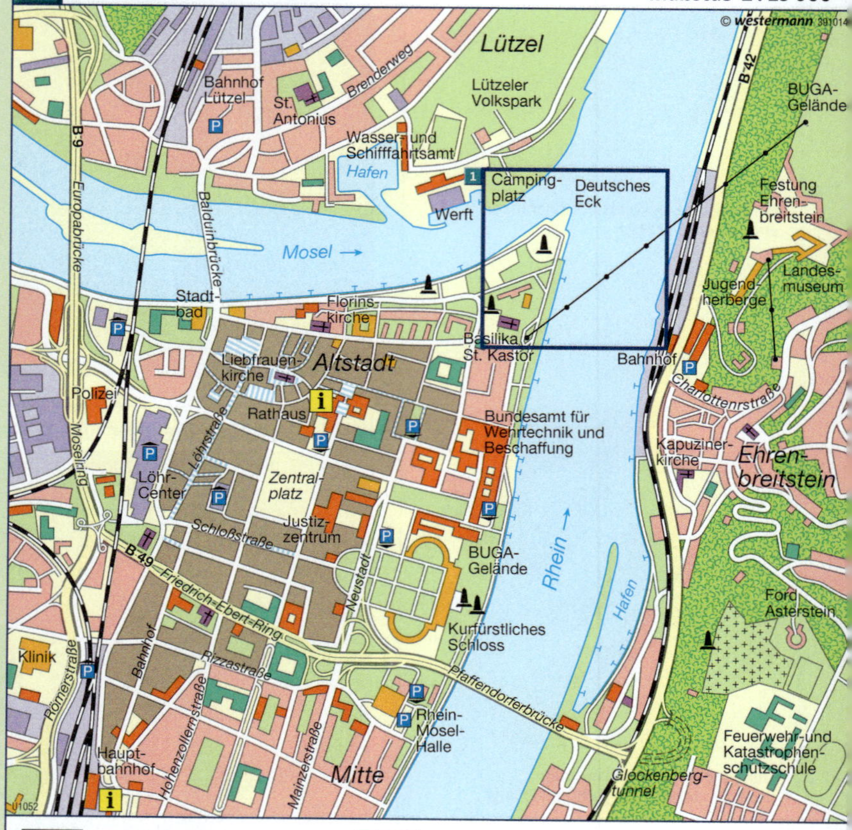

Geschäftszentrum	Freifläche	Bundesstraße
überwiegend Wohnbebauung	Kirche	Straße
öffentliches Gebäude	Denkmal	Seilbahn
kulturelle und soziale Einrichtung	Parkplatz	Fußgängerzone
Bildungseinrichtung	Touristeninformation	

M5 Mit dem Maßstab Strecken messen

Beim Kartenlesen ist es hilfreich, sich darüber klar zu werden, wie groß **Vergleichsstrecken** dargestellt werden (z. B. 100 m oder 1 km, 10 km, 100 km).

Im Maßstab 1 : 5 000 sind 100 m 2 cm lang, denn 50 m in der Natur entsprechen 1 cm auf der Karte, und **50 m • 2 = 100 m.**

Mit dieser Vergleichsstrecke sieht man schnell: Die Mosel ist an der Mündung in den Rhein ungefähr 100 m breit und der Rhein ungefähr 300 m.

In der Karte 2 entspricht 1 cm bereits 250 m. Im **Senkrechtluftbild** (1) lassen sich deshalb mehr Details erkennen, wie z. B. einzelne Häuser oder Bäume.

Mit dem Maßstab Flächen berechnen

Mit dem Kartenmaßstab lassen sich nicht nur Entfernungen messen, sondern auch **Flächen** berechnen.
Auf dem **Stadtplan** hat der Schlossplatz lange Seiten von 10 mm Länge und kurze Seiten von 7 mm Länge.

Multipliziert mit 25 000 ergeben sich für den Platz tatsächliche Seitenlängen von 250 000 mm (= 25 000 cm = 250 m) bzw. 175 000 mm (= 17 500 cm = 175 m). Die Fläche des Schlossplatzes in Quadratmeter ist also **250 m • 175 m = 43 750 m².** Das sind etwa 4,4 Hektar (1 ha = 10 000 m²).

Maßstab 1 : 5 000

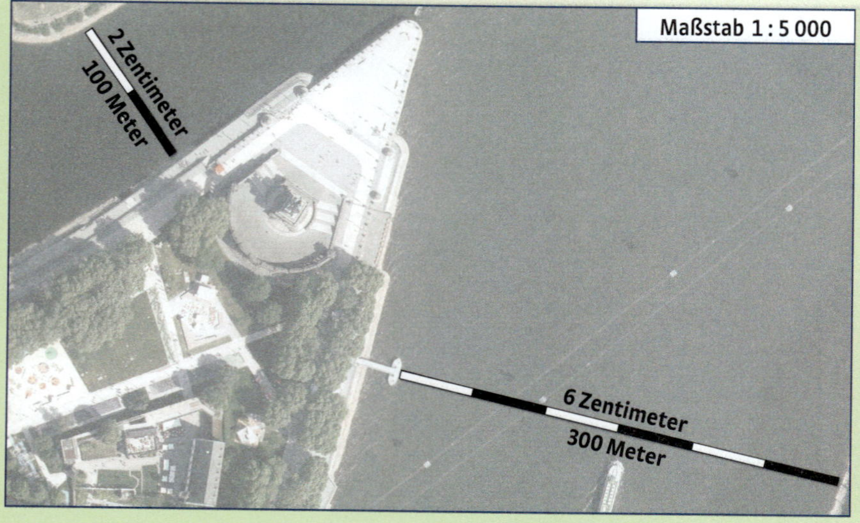

Maßstab 1 : 25 000

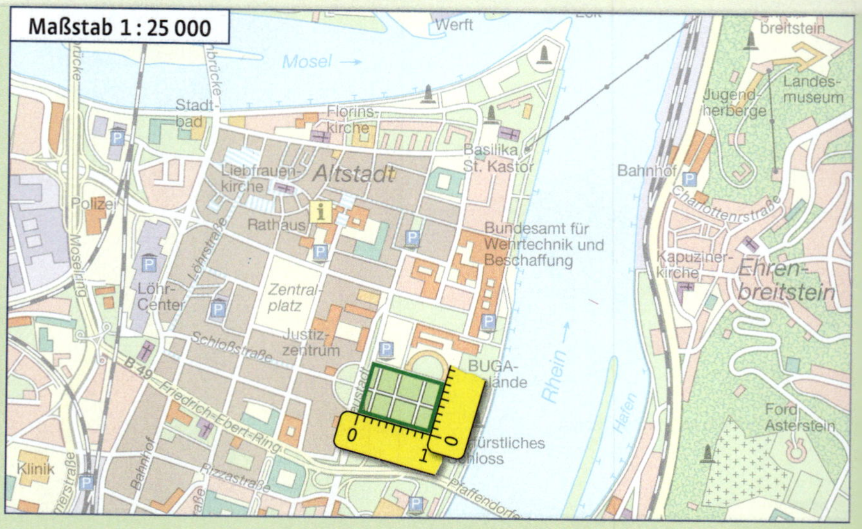

1 : 50 000 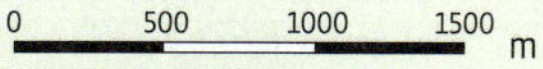

Ein großer Maßstab (zum Beispiel 1 : 5 000) zeigt mehr Einzelheiten als ein kleiner Maßstab (zum Beispiel 1 : 200 000).
Karten im kleinen Maßstab müssen vereinfacht werden, damit noch etwas zu erkennen ist.

Das bedeutet:

1 cm auf der Karte = 500 m in der Natur

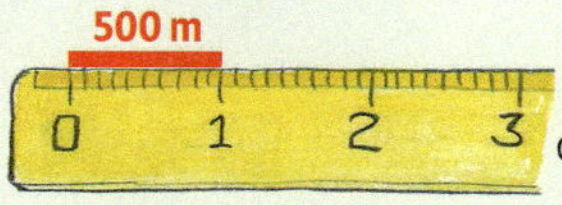

1 : 200 000 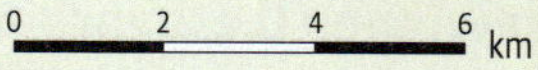

Viele Atlaskarten haben einen kleinen Maßstab, denn es soll ein großer Raum abgebildet werden.

! Bei großer Maßstabszahl ist der Maßstab der Karte klein.

Das bedeutet:

1 cm auf der Karte = 2 km in der Natur

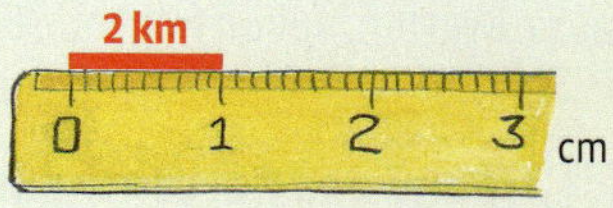

3 Koblenz – Stadtgebiet

Maßstab 1 : 50 000

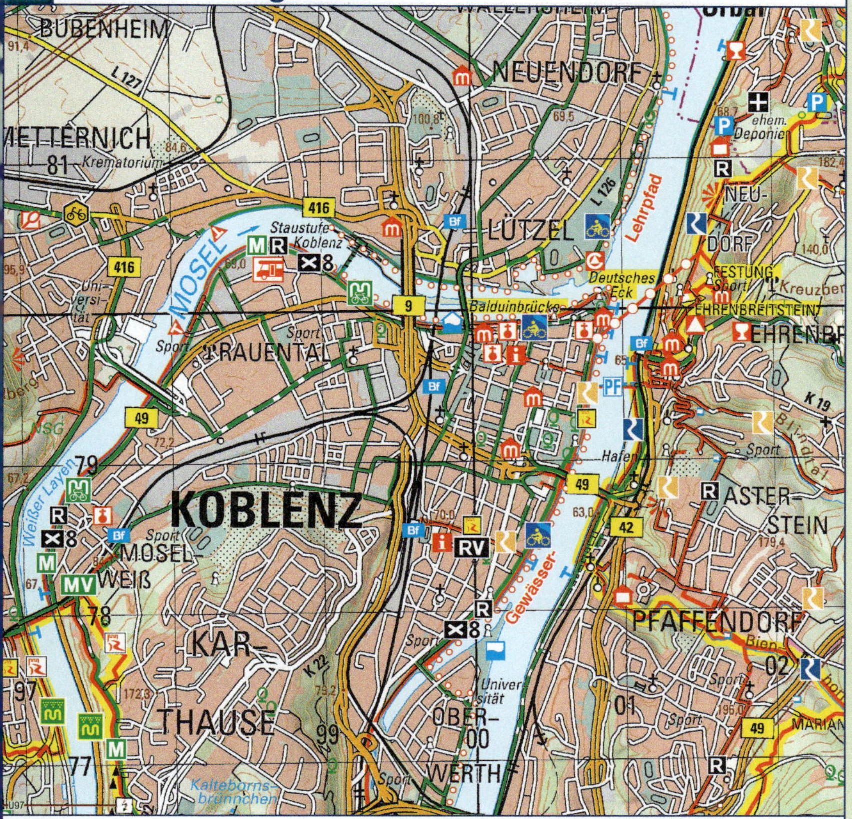

- Hauptwanderweg
- regionaler Wanderweg
- Radwanderweg auf einem Wirtschafts- oder Radweg
- Radwanderweg auf einer öffentlichen Straße ohne Radweg
- Kabinenseilbahn
- PF Personenfähre
- P Parkplatz
- Bf Bahnhof, Haltestelle für Personenverkehr
- Wohnmobilstellplatz
- i Touristikinformation
- Schutzhütte
- Essen und Trinken
- Campingplatz
- Jugendherberge
- Höhle touristisch interessantes Objekt
- Kirche, Kloster
- schöne Aussicht
- Museum
- Freibad
- Hallenbad

4 Koblenz – Großraum

Maßstab 1 : 200 000

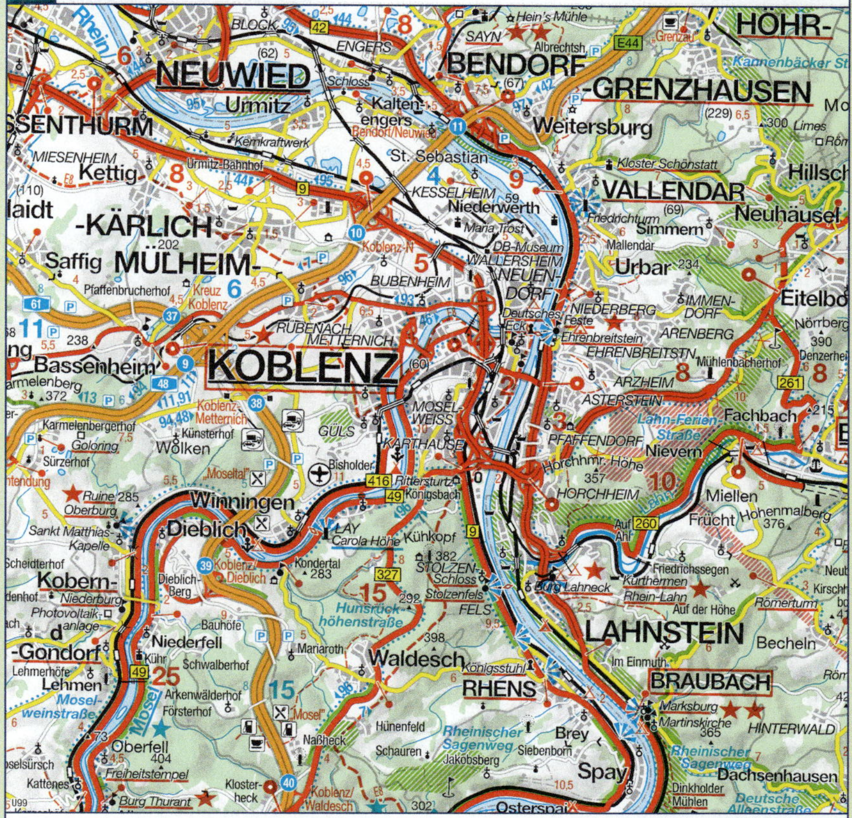

Straßen und Wege

- Autobahn mit Nummer und Anschlussstelle mit Nummer
- Raststätte, Tankstelle, Parkplatz mit/ohne WC
- Bundesstraße, Straßennummern
- wichtige Hauptstraße
- Hauptstraße, Brücke

Entfernungen

- auf der Autobahn
- auf dem übrigen Straßennetz
- Eisenbahn

Mit dem Maßstab Routen planen

Freizeitkarten eignen sich zum Beispiel für die Vorplanung von Fahrradtouren. Für die Einschätzung der Fahrradroute ist der Maßstab wichtig. Kurvige **Routenverläufe** zerlegt man am besten in kurze, gerade Messabschnitte.
Zum Schluss lässt sich die Summe der gemessenen Teilstrecken in Kilometer umrechnen.

Die Route von der Staustufe an der Mosel bis zum Freibad am Rhein lässt sich in neun geraden Teilabschnitten (in mm) genau messen. Die Summe der Teilstrecken ist 107 mm, also 10,7 cm.
Umrechnung in km:
10,7 cm • 50 000 = 535 000 cm
= 5 350 m = 5,35 km

Mit dem Maßstab Entfernungen vergleichen

Auf der **Straßenkarte** sind die **Kilometer-Entfernungen** zwischen Kreuzungen eingetragen, die mit roten „Stecknadeln" markiert sind. Wie weit es mit dem Auto von Bassenheim bis Nievern an der Lahn ist, lässt sich an den roten Zahlen neben den Straßen ablesen:
5 km + 6,5 km + 2 km + 3 km + 10 km = 26,5 km

Um wie viel die Entfernung in der Luftlinie kürzer ist, lässt sich in der Karte messen. Die direkte Strecke von Bassenheim bis Nievern an der Lahn beträgt in der Karte 8 cm. Bei einem Kartenmaßstab von 1 : 200 000 entspricht 1 cm einer wirklichen Strecke von 2 km.
Die direkte Entfernung beträgt daher:
2 km • 8 = 16 km

Maßstab 1 : 50 000

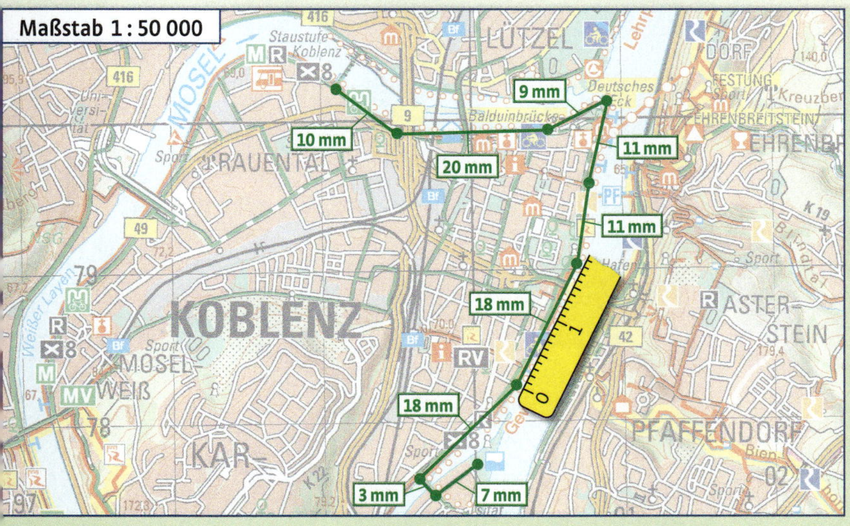

Maßstab 1 : 200 000

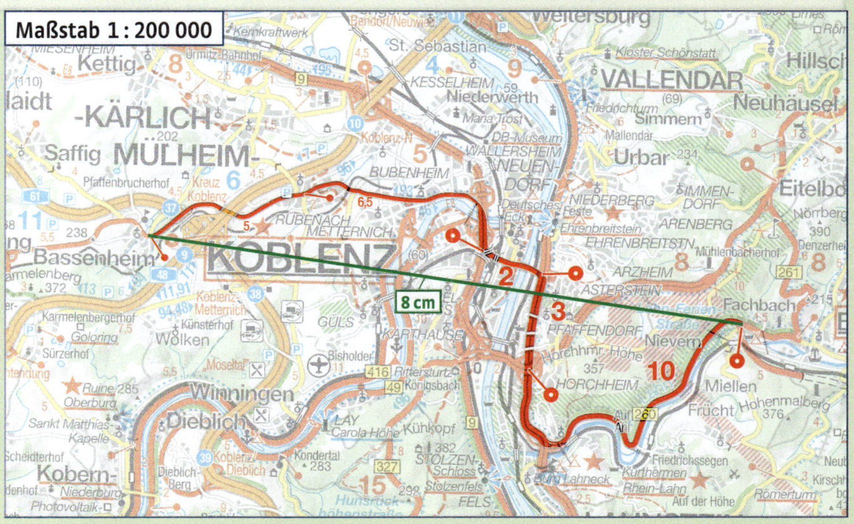

M6 Eine Karte lesen und auswerten

Einen ersten Zugang zur Karte gewinnen (Lesevorbereitung)

Der Atlas enthält Karten zu verschiedenen Themen und Räumen der Erde.
Um eine thematische Karte erfolgreich zu lesen und auszuwerten, helfen folgende Schritte weiter:

1 Nenne das Kartenthema

Der **Kartentitel** bezeichnet den abgebildeten Raum und das wichtigste Thema der Karte.

Welterbe Oberes Mittelrheintal – Tourismus, Weinbau und Verkehr

Raumangabe — Kartenthema

2 Erfasse Aufbau und Inhalte der Legende

Lies gleich zu Beginn die Legende durch. Die dortigen Zeichenerklärungen zeigen, was alles in der Karte steckt. **Zwischenüberschriften** gliedern die Kartenlegenden und grenzen verschiedene Karteninhalte voneinander ab.

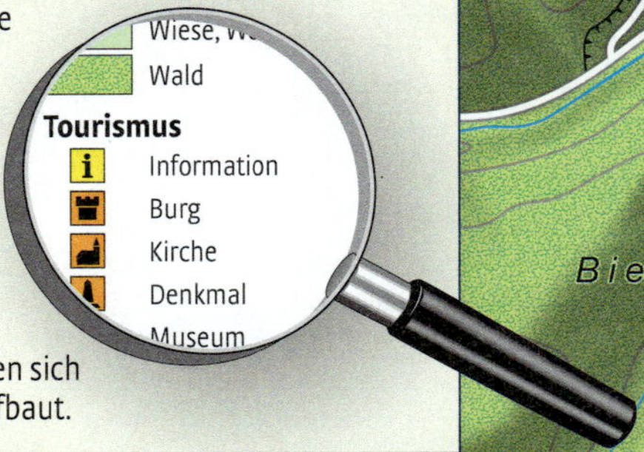

So wird deutlich, aus welchen Kartenebenen sich die thematische Karte aufbaut.

3 Ermittle die tatsächliche Größe des Kartenausschnitts

Die Größe des Ausschnitts der Erdoberfläche, den die Karte zeigt, lässt sich mit der **Maßstabsangabe** fast exakt bestimmen (siehe Seite 8).

Maßstab 1 : 25 000 — 0 250 500 750

Verkleinerungsverhältnis — Maßstabsleiste

4 Ordne den Kartenausschnitt räumlich ein

Auf den meisten Karten liegt ein **Gradnetz** mit ausgewählten Längen- und Breitenangaben. Mit seinen geographischen Koordinaten hilft es beim Auffinden des Kartenausschnitts auf einer Übersichtskarte oder auf dem Globus.

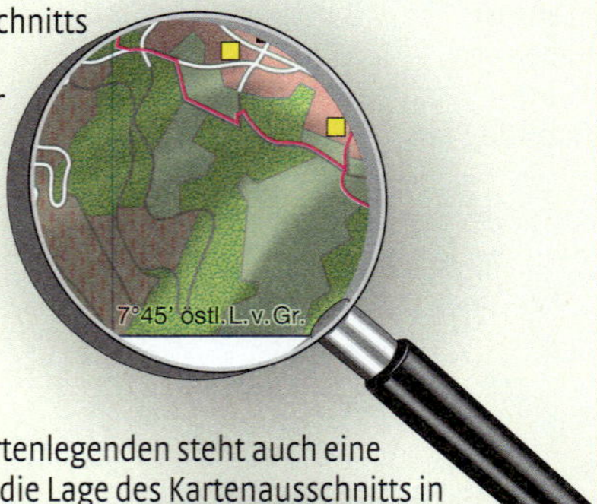

In manchen Kartenlegenden steht auch eine **Pilotkarte**, die die Lage des Kartenausschnitts in einem Bundesland, Staat oder auf einem Kontinent zeigt.

1 Welterbe Oberes Mittelrheintal – Tourismus, Weinbau und Verkehr

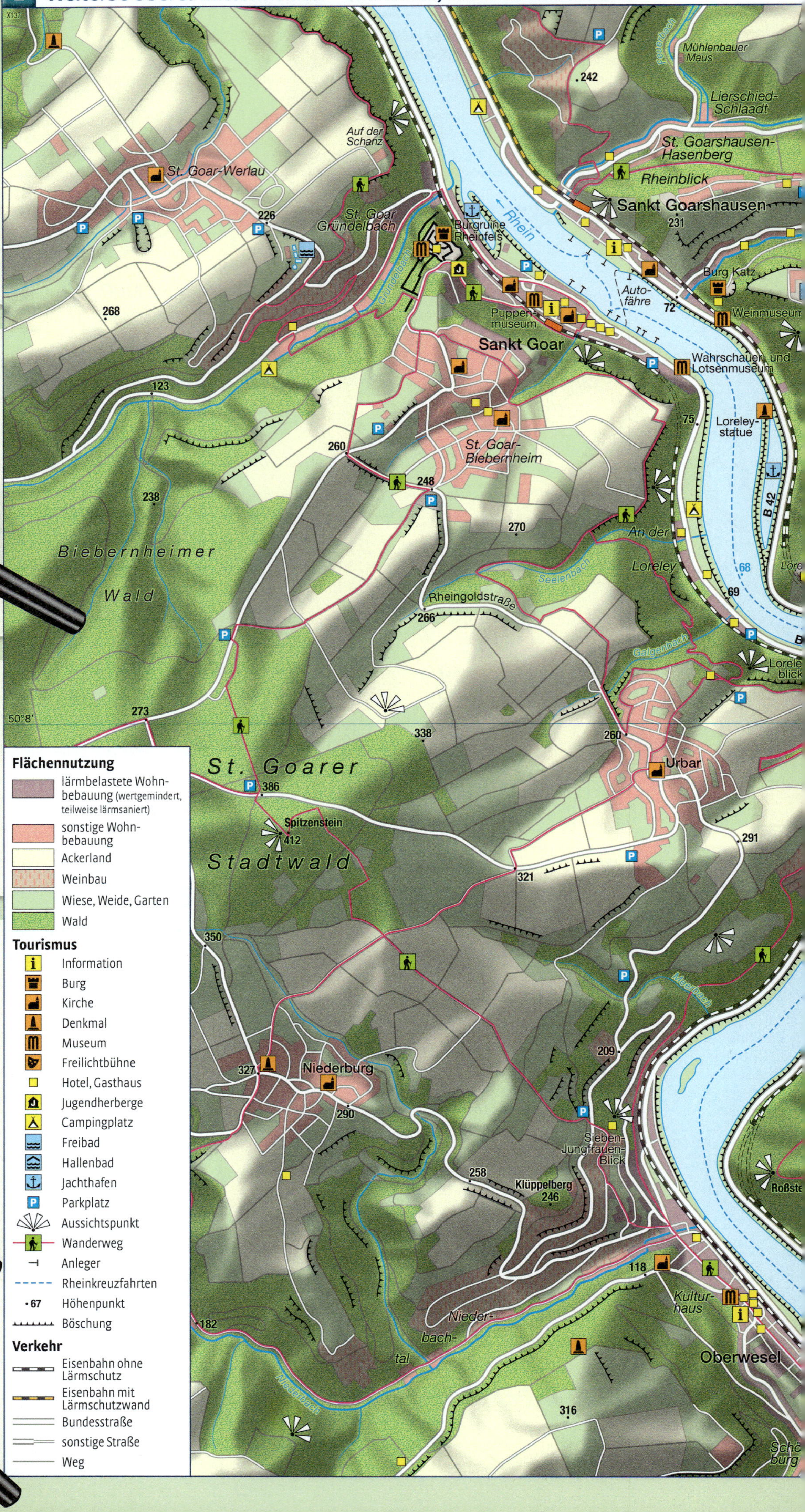

Mit Aufgaben eine Karte erschließen (Kartenauswertung)

Nachdem du dir einen ersten Überblick über die Karte verschafft hast, kannst du dich jetzt auf deine Aufgabenstellung konzentrieren.

5 Beschreibe die Karte

Orientiere dich dabei an den Kartenebenen. Jede Ebene umfasst verschiedenartige Kartenzeichen, die auch **Signaturen** genannt werden. Die Signaturen in der Karte entsprechen konkreten Bestandteilen der Landschaft.

Triff Aussagen über das Landschaftsbild und die Nutzung der Landschaft, indem du auf die Lage und Verteilung der Signaturen achtest:

„Auf meinen Urlaub im wunderschönen Rheintal habe ich mich schon lange gefreut. Doch dort herrscht so großer Lärm von diesen Güterzügen, dass man nachts nicht ruhig schlafen kann.“

Güterzugverkehr in Oberwesel

„Im Mittelrheintal stehen viele Burgen, die eine interessante Geschichte haben. Vielleicht findet man im Internet Informationen dazu.“

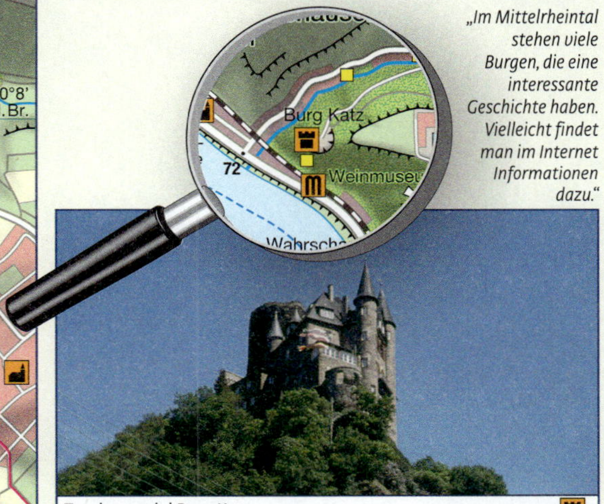

Tourismusziel Burg Katz

„Die Anbauflächen für Wein sind sehr steil im Rheintal. Deshalb ist es sicher schwierig, Maschinen für die Pflege der Reben und die Weinlese einzusetzen.“

Weinbau im Mittelrheintal

! Punkte, Linien und Flächen

Es gibt punkthaft gesetzte Kartenzeichen (Punktsignaturen), andere sind linienhaft (Liniensignaturen) oder flächenhaft (Flächensignaturen).

2 Kartenebenen

Thematische Karten lassen sich gedanklich in mehrere Ebenen zerlegen

Kartenebene mit Gewässern

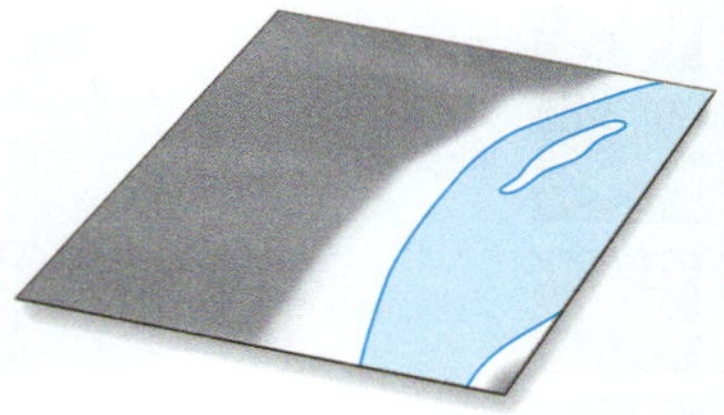

Kartenebene mit den Flächen unterschiedlicher Bodenbedeckung und Landnutzung

Kartenebene mit dem Verkehrsnetz und den Böschungen

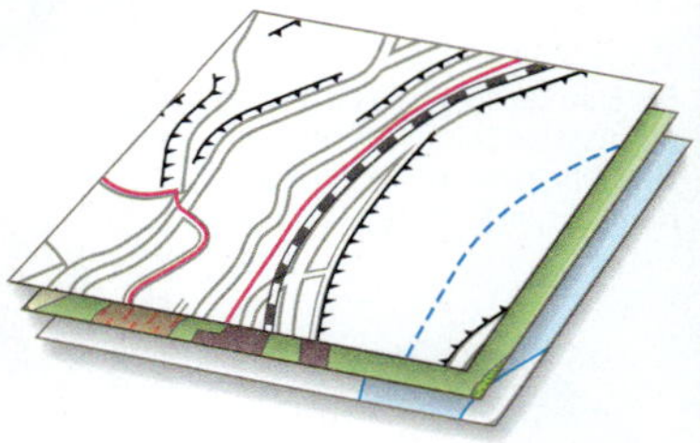

Kartenebene zum Thema der Karte, z. B. Tourismus

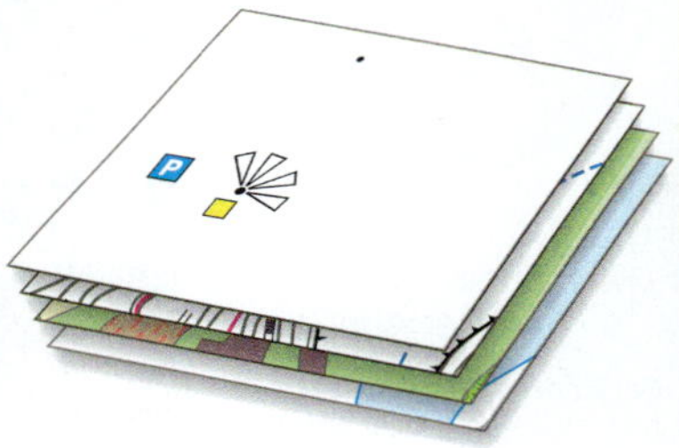

Kartenebene mit der Beschriftung

Alle Kartenebenen zusammen

Bodenbedeckung und physische Übersicht

1 M3 Bodenbedeckung im Satellitenbild

Maßstab 1 : 1 000 000 — 0 10 20 30 40 50 km

- Siedlungsgebiet
- Wald
- Ackerbaufläche
- Wiese, Weide
- Weinanbau
- See
- Fluss
- Grenze des Landes Rheinland-Pfalz
- Staatsgrenze
- Wolken
- Freifläche (z.B. Tagebau oder Flughafen)

Der Erderkundungssatellit Landsat 7 umkreist die Erde in 705 km Höhe ungefähr auf einer Kreislinie vom Nordpol zum Südpol und zurück.

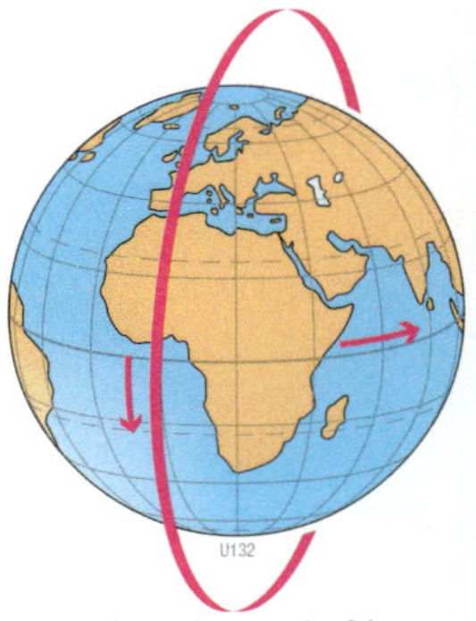

fast polarer Umlauf des Satelliten Landsat 7

Der Aufnahmestreifen ist 185 km breit. Durch Verschiebung um jeweils 185 km nach Westen wird in 15 Tagen die Erde vollständig überdeckt.

1 Landwirtschaft und Braunkohletagebau (bei Düren)

2 Laacher See mit bewaldetem Stadtrand

3 Frankfurter Flughafen und Stadtwald

4 Weinfelder und Pfälzer Wald (bei Neustadt a. d. W.)

2 M3 Physische Übersicht

Maßstab 1 : 1 000 000

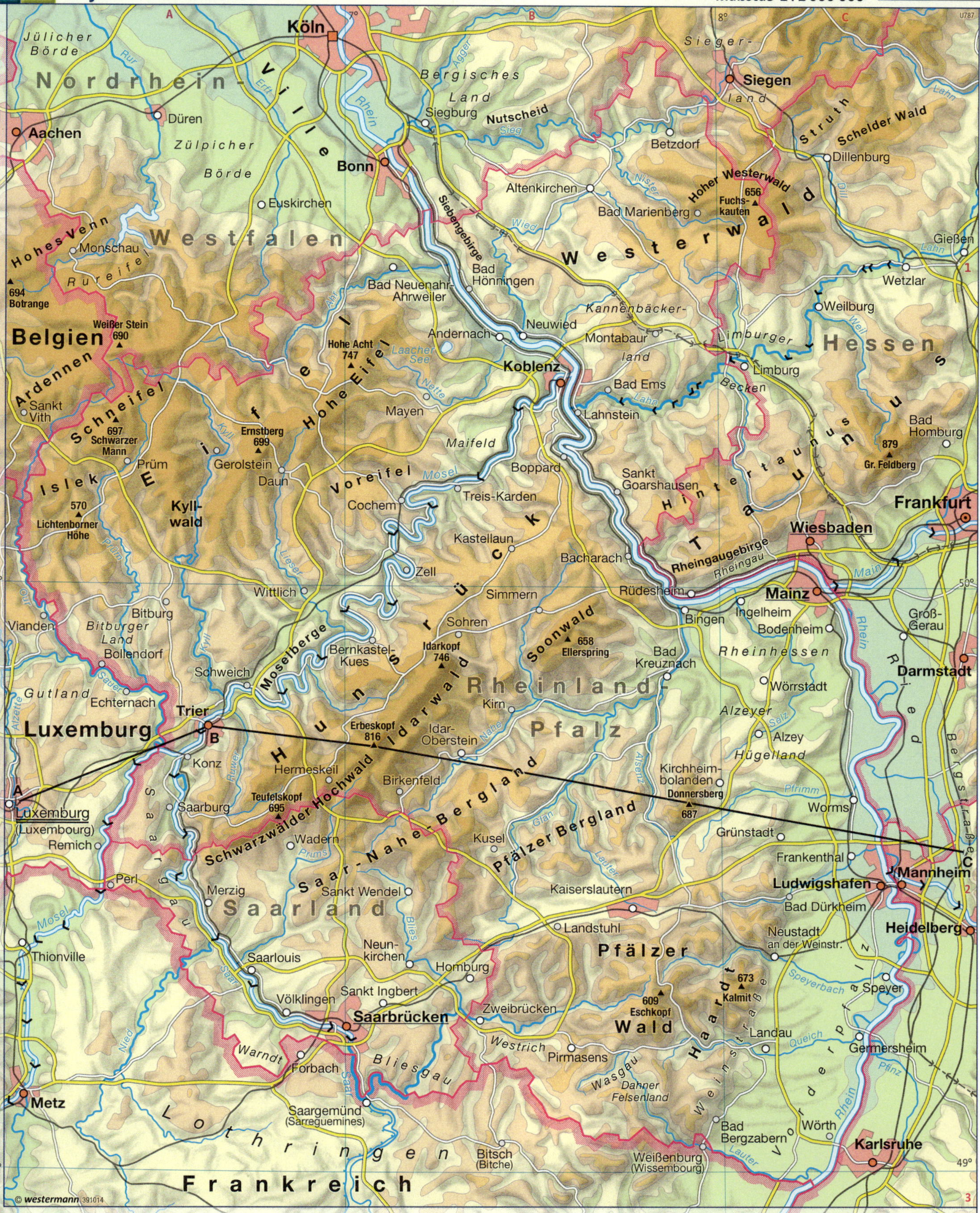

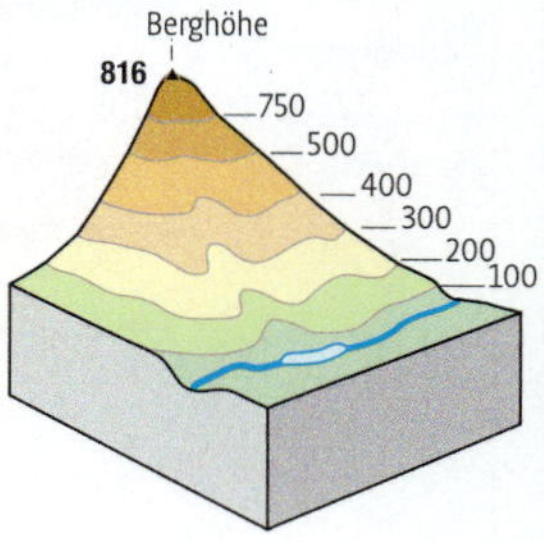

Landhöhen (in Meter)

Kannenbäckerland Landschaftsname

Hunsrück Gebirgsname

Gewässer
- Fluss
- Talsperre
- Schleuse, Staustufe

Orte (Auswahl)

	Einwohner
über	1 000 000
500 000 –	1 000 000
100 000 –	500 000
20 000 –	100 000
unter	20 000

- geschlossene Besiedlung
- Luxemburg — Hauptstadt
- **Mainz** — Landeshauptstadt

Verkehr (Auswahl)
- Eisenbahn
- Autobahn
- Fernstraße
- schiffbarer Fluss (1350 t Tragfähigkeit)
- schiffbarer Kanal (1350 t Tragfähigkeit)
- Schleuse, Staustufe

Grenzen
- Staatsgrenze
- Landesgrenze

Topographischer Profilschnitt

Längenmaßstab 1 : 1 000 000, Höhenmaßstab 25fach überhöht

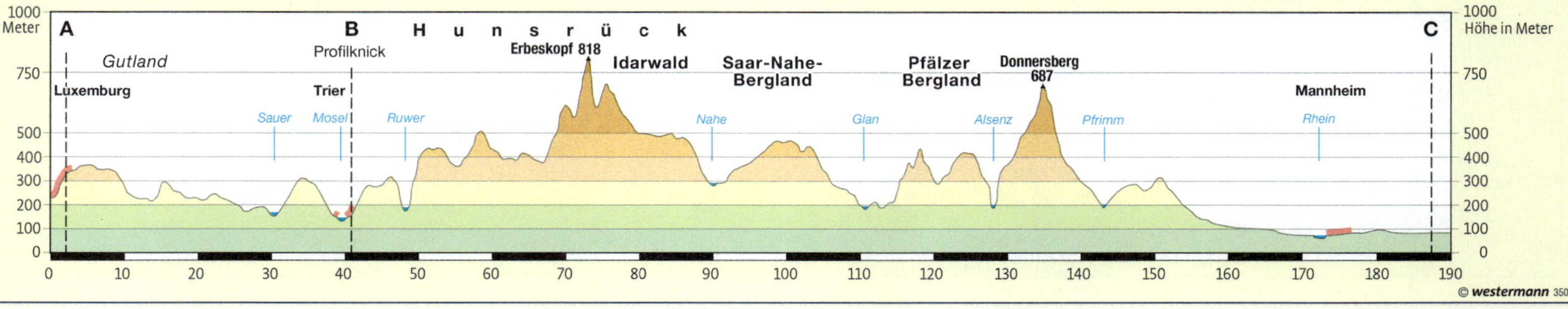

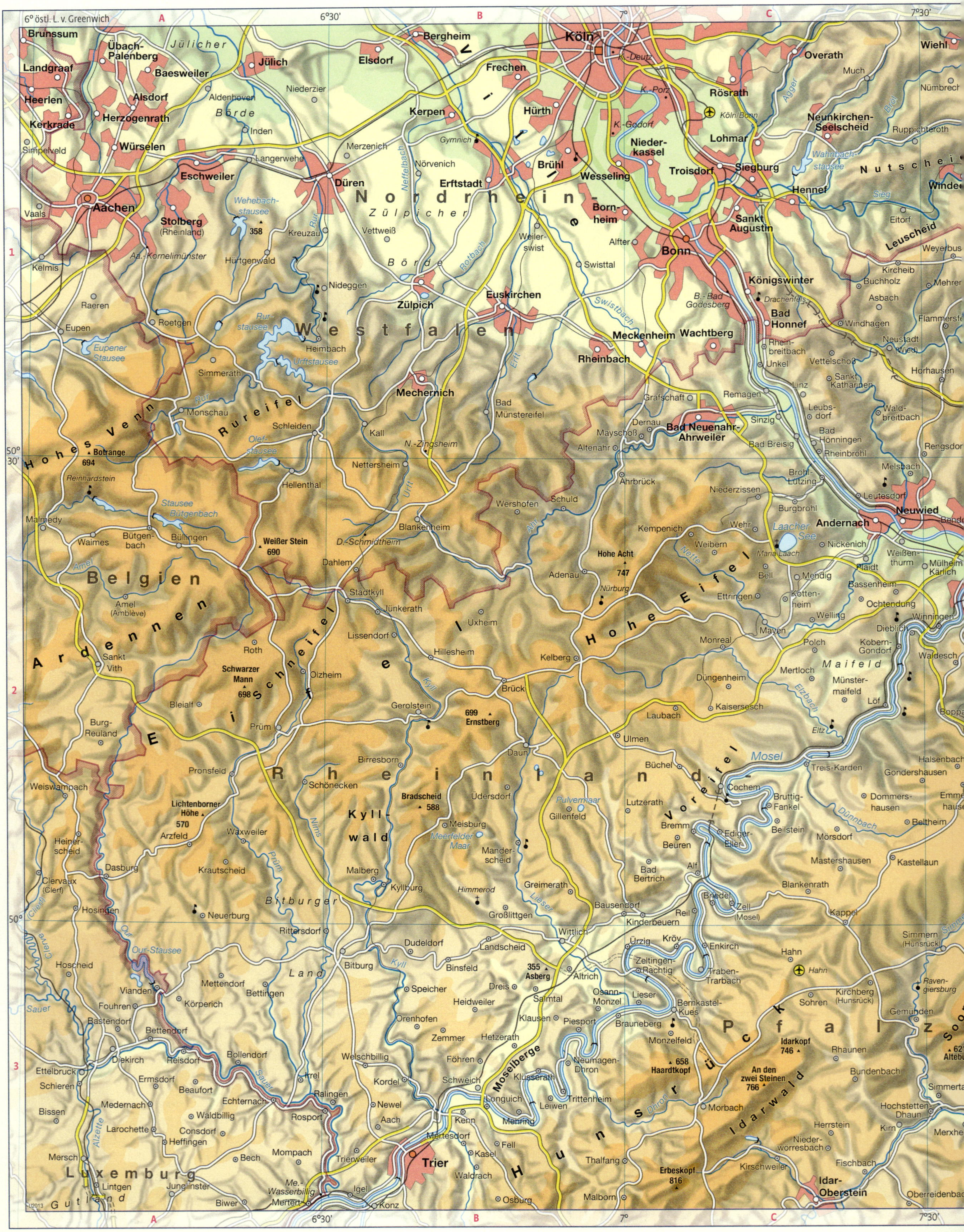
6° östl. L. v. Greenwich
6°30'
7°
7°30'
A
B
C
1
2
3
50° 30'
50°
Brunssum
Landgraaf
Heerlen
Kerkrade
Simpelveld
Übach-Palenberg
Baesweiler
Alsdorf
Herzogenrath
Würselen
Jülicher
Jülich
Aldenhoven
Börde
Inden
Niederzier
Langerwehe
Eschweiler
Aachen
Vaals
Kelmis
Stolberg (Rheinland)
Aa.-Kornelimünster
Wehebach-stausee
358
Hürtgenwald
Kreuzau
Düren
Raeren
Eupen
Eupener Stausee
Roetgen
Simmerath
Monschau
Rureifel
Hohes Venn
Botrange
694
Reinhardstein
Malmedy
Waimes
Bütgenbach
Stausee Bütgenbach
Büllingen
Belgien
Amel (Amblève)
Ardennen
Sankt Vith
Burg-Reuland
Weiswampach
Heinerscheid
Clervaux (Clerf)
Hosingen
Hoscheid
Vianden
Fouhren
Bastendorf
Diekirch
Ettelbruck
Schieren
Bissen
Mersch
Luxemburg
Lintgen
Gutland
Junglinster
Medernach
Larochette
Heffingen
Consdorf
Waldbillig
Beaufort
Ermsdorf
Reisdorf
Bettendorf
Bollendorf
Echternach
Rosport
Bech
Mompach
Biwer
Mertert
Me.-Wasserbillig
Igel
Konz
Trier
Trierweiler
Ralingen
Irrel
Welschbillig
Kordel
Newel
Aach
Bergheim
Elsdorf
Ville
Frechen
Kerpen
Hürth
Gymnich
Merzenich
Nörvenich
Neffelbach
Erftstadt
Brühl
Nordrhein-Westfalen
Zülpicher Börde
Vettweiß
Nideggen
Rotbach
Zülpich
Weilerswist
Euskirchen
Rurstausee
Heimbach
Urftstausee
Mechernich
Schleiden
Oleftstausee
Kall
Hellenthal
Nettersheim
N.-Zingsheim
Urft
Bad Münstereifel
Erft
Köln
K.-Deutz
K.-Porz
K.-Godorf
Wesseling
Nieder-kassel
Bornheim
Alfter
Swisttal
Swistbach
Bonn
B.-Bad Godesberg
Meckenheim
Rheinbach
Wachtberg
Troisdorf
Siegburg
Sankt Augustin
Rösrath
Köln/Bonn
Lohmar
Overath
Much
Agger
Neunkirchen-Seelscheid
Wahnbachstausee
Hennef
Sieg
Nutscheid
Königswinter
Drachenfels
Bad Honnef
Rheinbreitbach
Unkel
Linz
Remagen
Sinzig
Grafschaft
Bad Neuenahr-Ahrweiler
Dernau
Mayschoß
Altenahr
Bad Breisig
Ahrbrück
Wiehl
Nümbrecht
Ruppichteroth
Bröl
Windeck
Eitorf
Leuscheid
Weyerbusch
Kircheib
Buchholz
Asbach
Windhagen
Flammersfeld
Neustadt (Wied)
Horhausen
Vettelschoß
Sankt Katharinen
Leubsdorf
Waldbreitbach
Bad Hönningen
Rheinbrohl
Rengsdorf
Melsbach
Neuwied
Leutesdorf
Bendorf
Brohl-Lützing
Niederzissen
Burgbrohl
Andernach
Laacher See
Maria Laach
Nickenich
Weißenthurm
Mülheim-Kärlich
Plaidt
Bassenheim
Ochtendung
Kottenheim
Mendig
Bell
Weibern
Nette
Kempenich
Wehr
Weißer Stein
690
D.-Schmidtheim
Blankenheim
Dahlem
Wershofen
Schuld
Ahr
Adenau
Hohe Acht
747
Nürburg
Hohe Eifel
Ettringen
Mayen
Weiling
Winningen
Dieblich
Kobern-Gondorf
Polch
Maifeld
Waldesch
Mertloch
Münstermaifeld
Löf
Elzbach
Eltz
Boppard
Monreal
Dungenheim
Kaisersesch
Laubach
Stadtkyll
Jünkerath
Üxheim
Lissendorf
Hillesheim
Kelberg
Eifel
Roth
Schwarzer Mann
698
Schneifel
Olzheim
Bleialf
Prüm
Gerolstein
Kyll
Brück
699 Ernstberg
Daun
Ulmen
Birresborn
Schönecken
Pronsfeld
Rheinland-Pfalz
Lichtenborner Höhe
570
Arzfeld
Waxweiler
Krautscheid
Dasburg
Our
Our-Stausee
Neuerburg
Prüm
Nims
Kyllwald
Bradscheid
588
Üdersdorf
Pulvermaar
Gillenfeld
Meisburg
Meerfelder Maar
Manderscheid
Malberg
Kyllburg
Bitburger Land
Rittersdorf
Himmerod
Greimerath
Großlittgen
Lieser
Bausendorf
Wittlich
Dudeldorf
Landscheid
Bitburg
Binsfeld
355 Asberg
Altrich
Dreis
Salmtal
Speicher
Heidweiler
Orenhofen
Zemmer
Klausen
Hetzerath
Föhren
Schweich
Moselberge
Longuich
Kenn
Mertesdorf
Kasel
Waldrach
Fell
Osburg
Mehring
Leiwen
Trittenheim
Klüsserath
Neumagen-Dhron
Piesport
Osann-Monzel
Bernkastel-Kues
Brauneberg
Monzelfeld
658 Haardtkopf
Dhron
Morbach
Hunsrück
Thalfang
Erbeskopf
816
Malborn
Idarwald
An den zwei Steinen
766
Idarkopf
746
Rhaunen
Bundenbach
Herrstein
Niederwörresbach
Kirschweiler
Idar-Oberstein
Fischbach
Oberreidenbach
Kirn
Hochstetten-Dhaun
Merxheim
Simmertal
Altenbamberg
Sohren
Kirchberg (Hunsrück)
Gemünden
Ravengiersburg
Simmern (Hunsrück)
Hahn
Traben-Trarbach
Enkirch
Kröv
Ürzig
Zeltingen-Rachtig
Kinderbeuren
Reil
Zell (Mosel)
Briedel
Alf
Bad Bertrich
Bremm
Beuren
Ediger-Eller
Voreifel
Lutzerath
Büchel
Cochem
Mosel
Bruttig-Fankel
Beilstein
Treis-Karden
Mörsdorf
Mastershausen
Kastellaun
Blankenrath
Kappel
Dommershausen
Dünnbach
Gondershausen
Halsenbach
Emmelshausen
Beltheim
Sauer
Alzette
Clerve
Ösling
©2013

Maßstab 1 : 500 000
1 cm ≙ 5 km

0 5 10 15 20 25 km

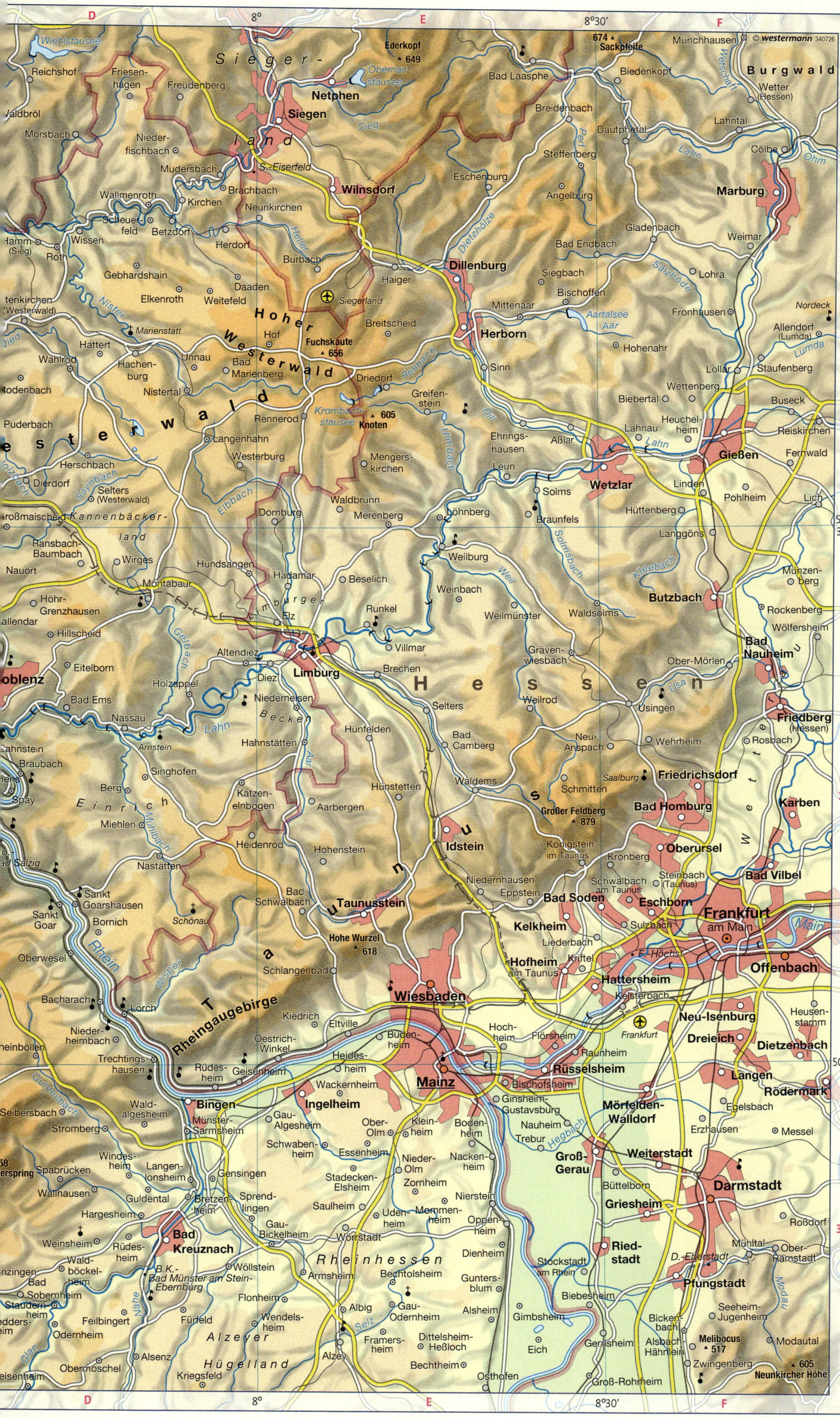

Landhöhen (in Meter)

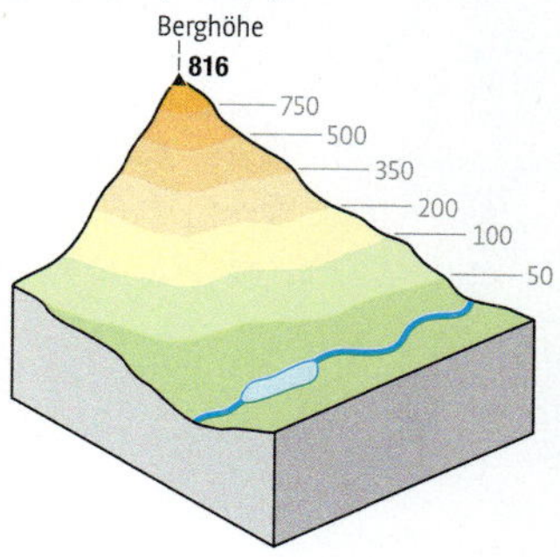

Gewässer

- Fluss
- schiffbarer Fluss, Staustufe
- Kanal
- See
- Stausee, Staumauer

Orte

Einwohner

über		500 000
100 000 –		500 000
20 000 –		100 000
5 000 –		20 000
unter		5 000

- geschlossene Besiedlung
- Kirche, Kloster
- Schloss, Burg

Verkehr

- Eisenbahn-Fernverkehr
- Eisenbahntunnel
- sonstige Eisenbahnverbindung
- Autobahn
- Autobahn im Bau
- Autobahntunnel
- Bundesstraße/Fernstraße
- Bundesstraße im Bau
- Flughafen

Verwaltung

- Staatsgrenze
- Landesgrenze
- Mainz Landeshauptstadt

Physische Karte – südlicher Teil

Maßstab 1 : 500 000
1 cm ≙ 5 km

0 5 10 15 20 25 km

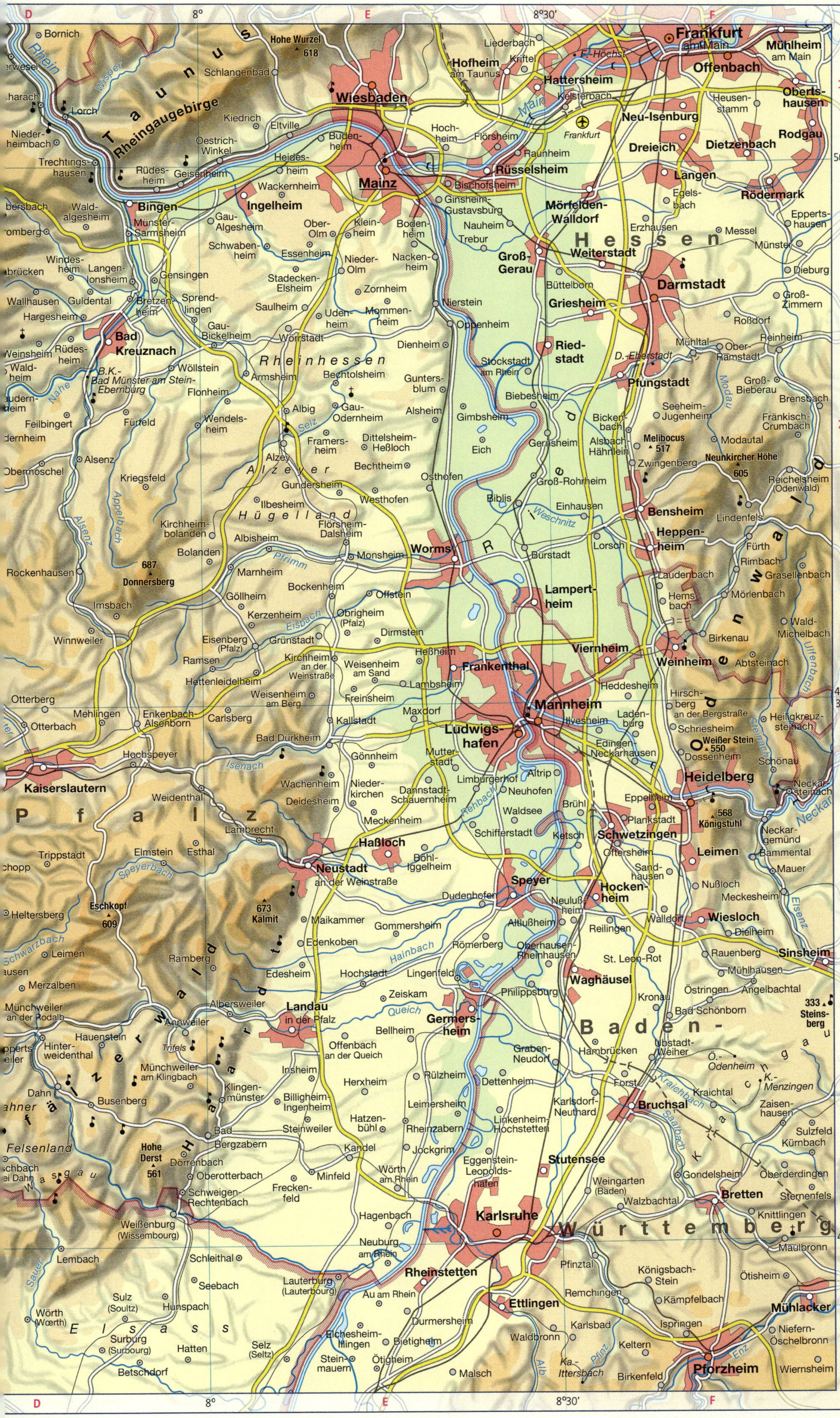

Landhöhen (in Meter)

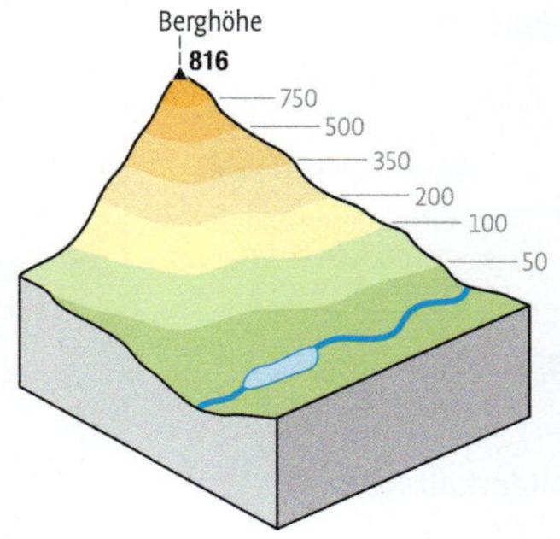

Gewässer

- Fluss
- schiffbarer Fluss, Staustufe
- Kanal
- See
- Stausee, Staumauer

Orte

Einwohner

- über 500 000
- 100 000 – 500 000
- 20 000 – 100 000
- 5 000 – 20 000
- unter 5 000
- geschlossene Besiedlung
- Kirche, Kloster
- Schloss, Burg

Verkehr

- Eisenbahn-Fernverkehr
- Eisenbahntunnel
- sonstige Eisenbahnverbindung
- Autobahn
- Autobahn im Bau
- Autobahntunnel
- Bundesstraße/Fernstraße
- Bundesstraße im Bau
- Flughafen

Verwaltung

- Staatsgrenze
- Landesgrenze
- **Luxemburg** Hauptstadt eines Staates
- **Mainz** Landeshauptstadt

Landwirtschaft und Klima

1 Landwirtschaft

Maßstab 1 : 1 000 000 — 0 10 20 30 40 50 km

Ackerbau
- auf sehr guten und guten Böden, z. T. Löss (Weizen, Zuckerrüben)
- auf mittleren und armen Böden (Roggen, Kartoffeln, Futtermittel)
- Zuckerrüben

Sonderkulturen
- Gemüse
- Obst
- Wein
- Spargel
- Tabak

Forstwirtschaft
- Wald

Viehhaltung
- Wiese, Weide
- Rinder
- Schweine
- Hühner
- Pferde

Nahrungs- und Genussmittelindustrie
- Zuckerfabrik
- Milchverarbeitung
- Obst- und Gemüseverarbeitung
- Sektkellerei
- Großbrauerei
- Fleischverarbeitung
- Mineralwasserproduktion

Verkehr
- Autobahn
- wichtige Straße
- wichtige Eisenbahn

Bodenbedeckung in Rheinland-Pfalz

Fläche: 19 854 km²

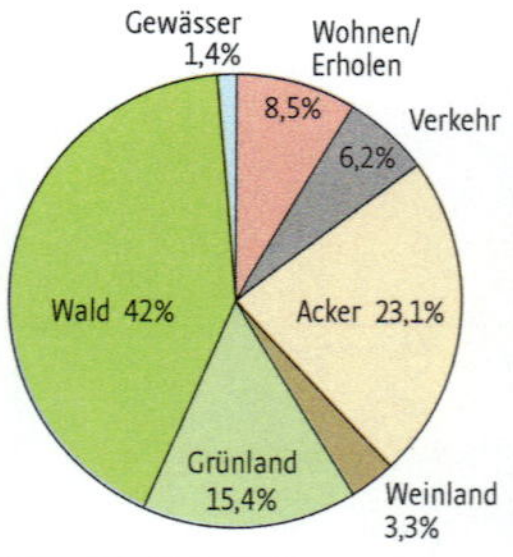

2 Klimadiagramme

- Temperaturen im Monatsmittel
- Niederschläge im Monat insgesamt
- T: 7,6 °C — Jahresdurchschnitt Temperatur
- N: 641 mm — Jahressumme Niederschlag
- m ü. M. — Meter über dem Meeresspiegel
- Klimastation

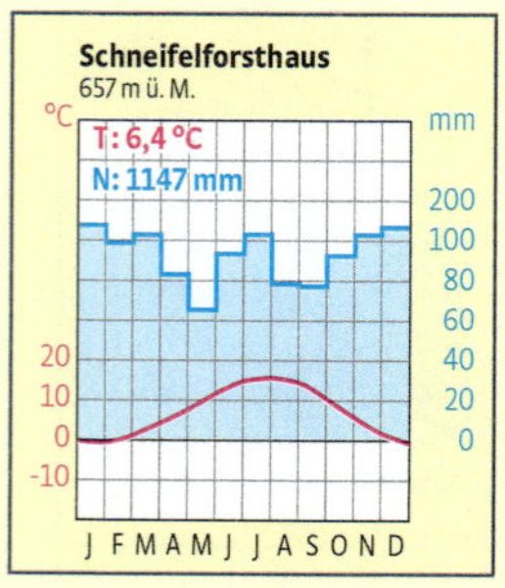

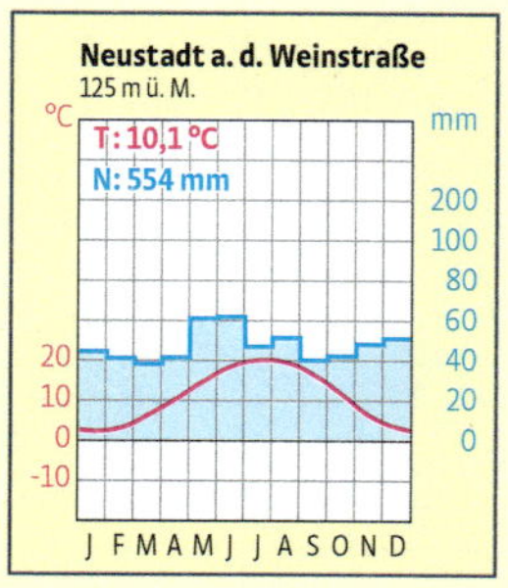

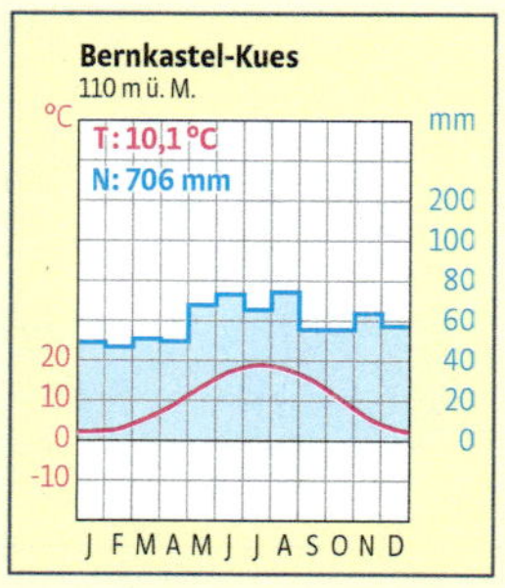

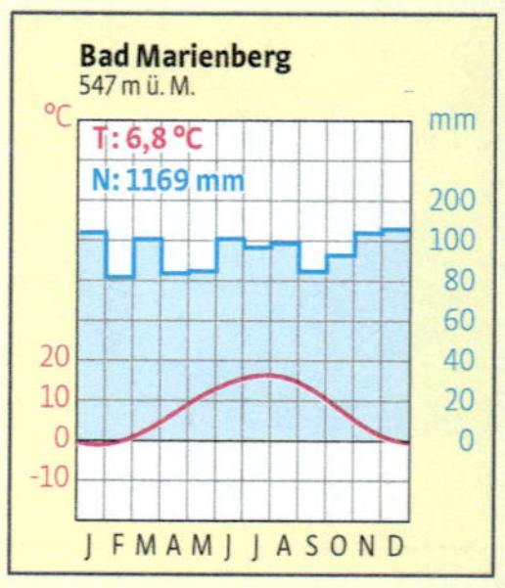

U123

3 Temperaturen im Jahr

Maßstab 1 : 1 750 000

Temperaturen (langjähriges Mittel in Grad Celsius)

7 8 9 10 °C

● Klimastation

4 Sonnenscheindauer im Jahr

Maßstab 1 : 1 750 000

Sonnenscheindauer (in Stunden pro Jahr)

1400 1500 1600

● Klimastation

◆ Solarkraftwerk (über 3 MW Maximalleistung)

5 Niederschläge im Jahr

Maßstab 1 : 1 750 000

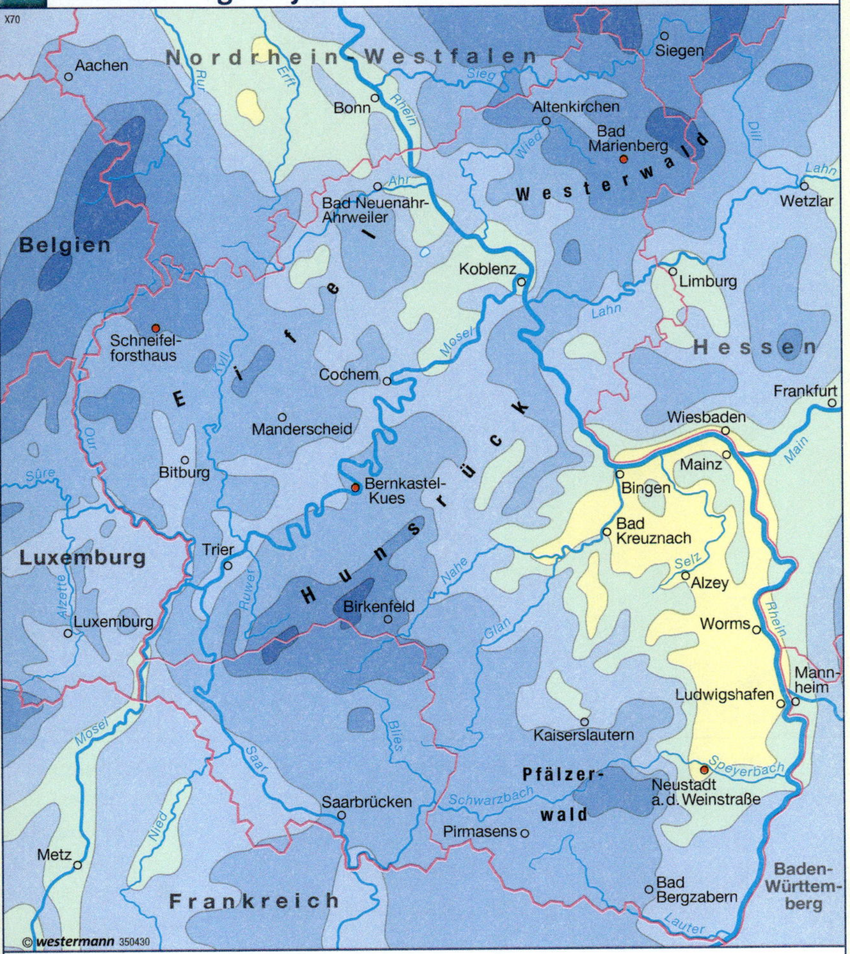

Niederschläge (langjähriges Mittel in mm)

600 700 800 1000 1200 mm

● Klimastation

6 Weinanbau-Zyklus

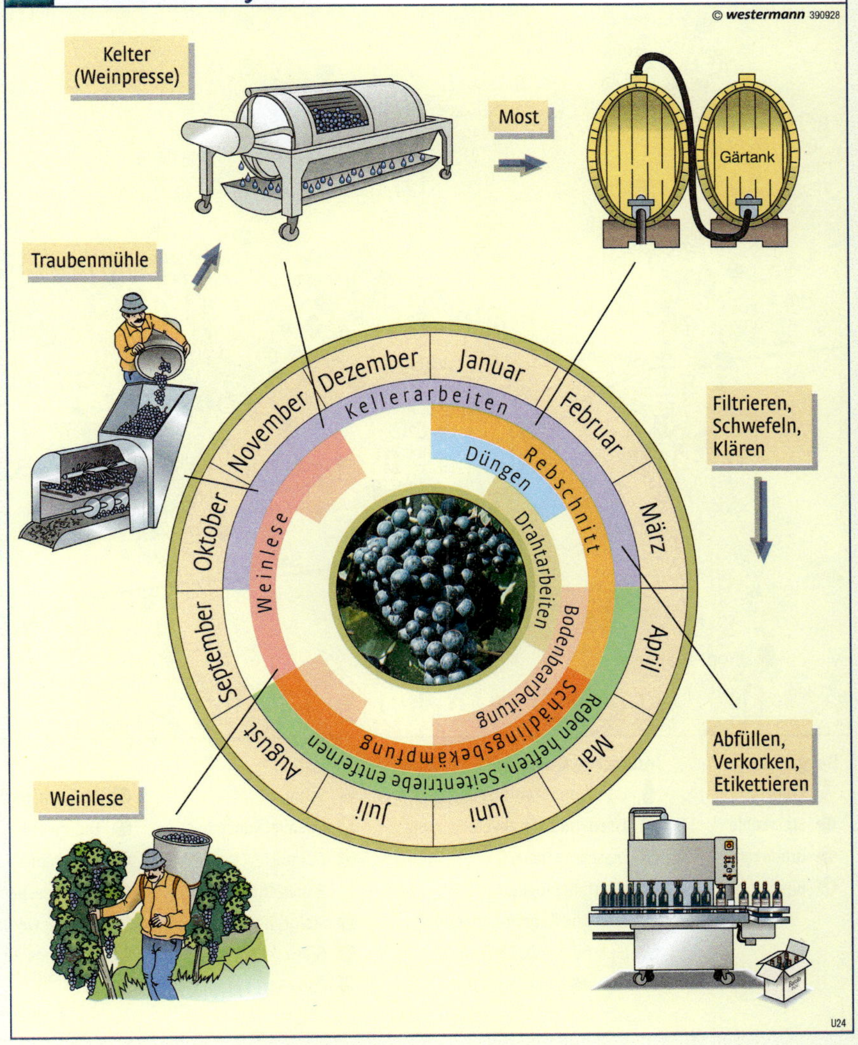

1 Wirtschaft und Verkehr

Maßstab 1 : 1 000 000 0 10 20 30 40 50 km

Bergbau
- Erdöl
- Steinkohle
- Braunkohle
- Bims

Industrie, Gewerbe
- Eisen- und Stahlerzeugung
- Eisen- und Metallverarbeitung
- Maschinenbau
- Kraftfahrzeugbau
- Luft- und Raumfahrzeugbau
- Elektrotechnik, Elektronik
- Feinmechanik, Optik, Uhren
- Schmuck
- Chemie, Kunststoffe
- Gummi
- Erdölraffinerie
- Steine, Baustoffe
- Glas
- Porzellan, Keramik
- Textilien, Bekleidung
- Lederwaren
- Holz, Möbel
- Zellulose, Papier
- Druckgewerbe
- Nahrungs- und Genussmittel

Energie
Wärmekraftwerke über 300 MW Leistung
- Kohle, Erdgas, Heizöl
- Kernkraftwerk

Wasserkraftwerke
- Speicherkraftwerk
- Laufkraftwerk

- großer Windpark

Dienstleistung
- Bundes-, Landesverwaltung
- Universität, Hochschule
- TV, Presse, Medien
- Handels- und Logistikzentrum
- Finanzzentrum
- unternehmensbezogene Dienst- und Serviceleistungen
- Messe

Verkehr/Transport
- Autobahn
- Bundesstraße
- Eisenbahn
- Flughafen
- Erdölleitung
- Erdgasleitung

2 M7 Flughafen Hahn – Konversion eines Militärstandortes

Maßstab 1 : 50 000 (0 200 400 600 800 1000 km)

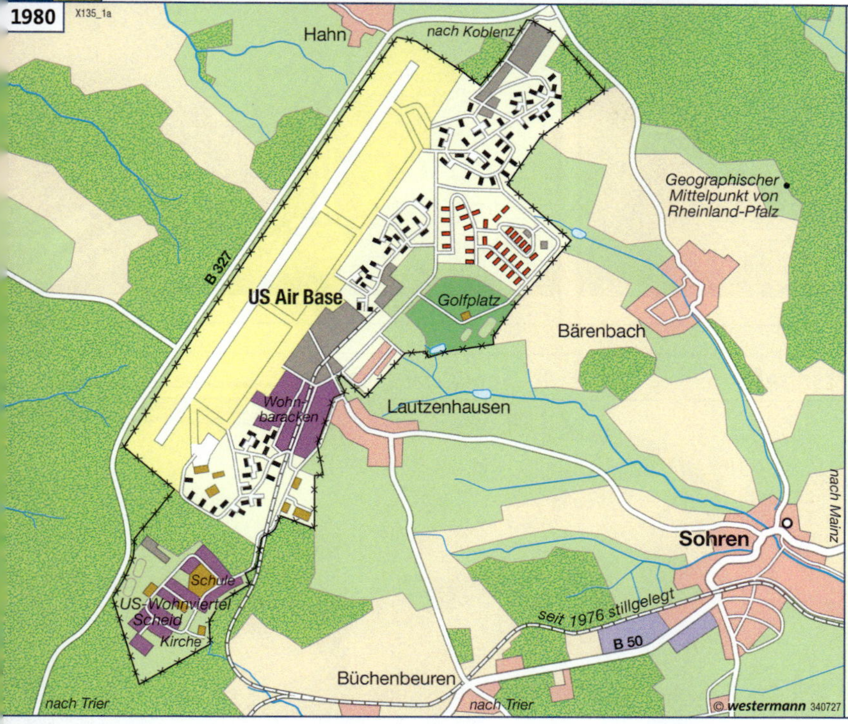

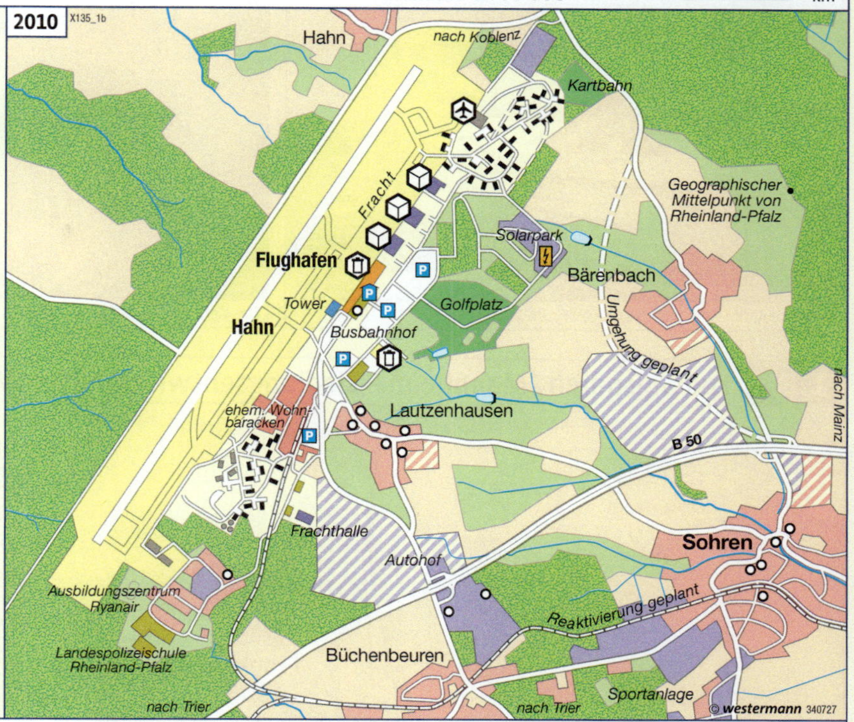

US-Luftwaffenstützpunkt Hahn 1980
- Wohngebäude
- Versorgungs- und Verwaltungsgebäude
- Nutzgebäude
- Flugzeugbunker (heute leer stehend)
- Munitionsbunker (heute leer stehend)
- militärisches Sperrgebiet

Flächennutzung
- Wald
- Wiese, Weide
- Ackerland
- Wohngebiet (bestehend/geplant)
- Gewerbe (bestehend/geplant)
- sonstige Gebäude
- Sportanlage

Verkehr
- Bundesstraße
- Bundesstraße, 4-spurig
- Straße
- Eisenbahn
- Parkplatz
- Parkhaus
- Flugfeld mit Start- und Landebahn

Flughafen Hahn 2010
- Fluggastabfertigung
- Frachtabfertigung
- Wohngebäude, heute z. T. leer
- Verwaltungs- und Bürogebäude
- Hotel
- Flugversorgung
- Spedition
- Flugzeugwartung

Fluggast- und Luftfrachtentwicklung 1999 – 2010

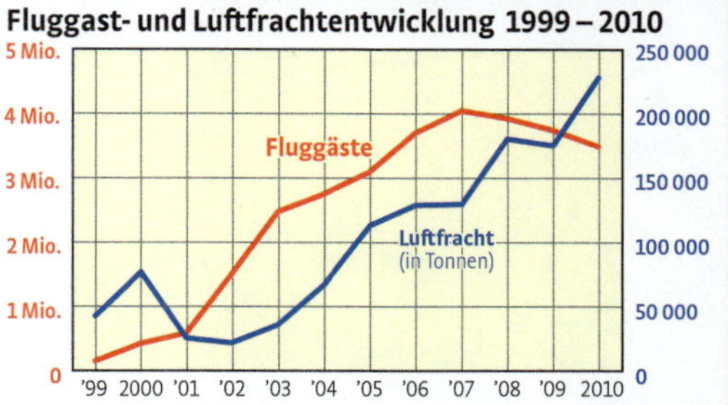

3 M7 Waldlaubersheim – Gewerbeansiedlung an der Autobahn

Maßstab 1 : 15 000 (0 150 300 450 m)

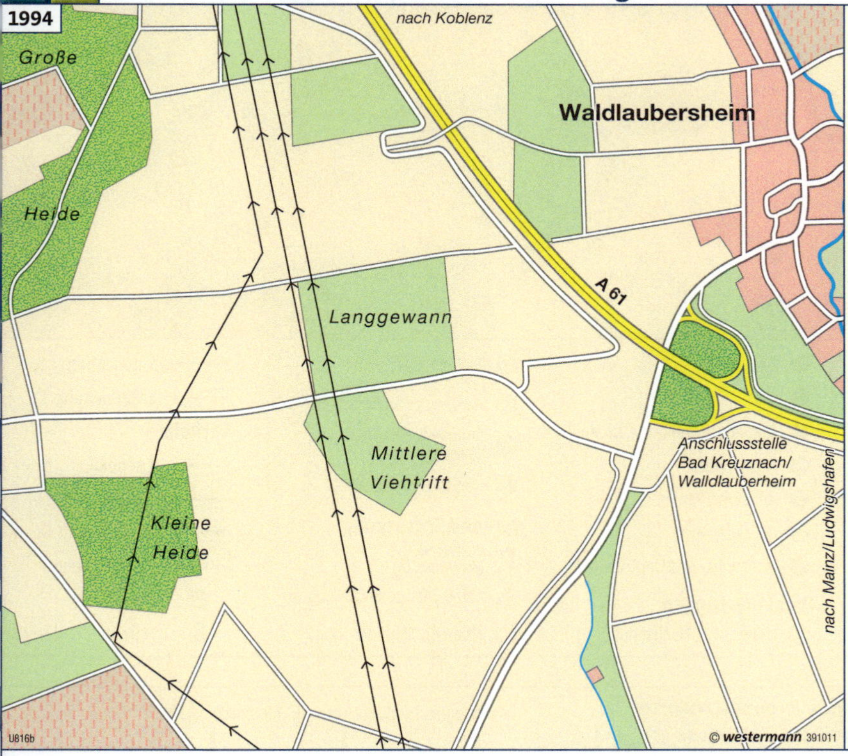

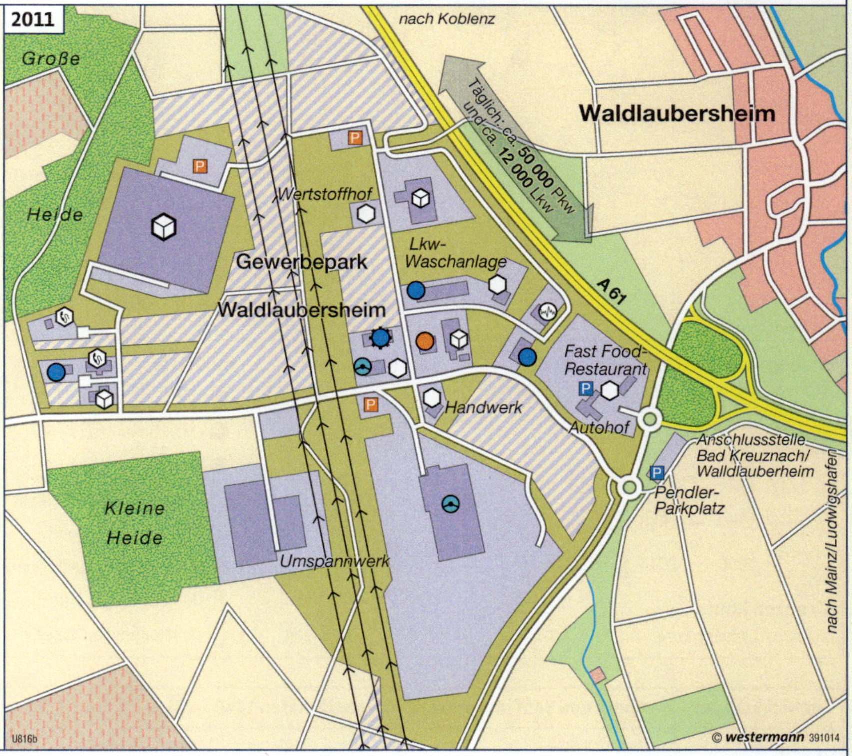

Flächennutzung

außerhalb des Gewerbeparks
- Wohngebiet
- Wald
- Wiese, Weide
- Weinbau
- Ackerland
- Überland-Stromleitung

im Gewerbepark
- Gewerbefläche, Gebäude
- Gewerbefläche, geplant
- Grünfläche
- Mitarbeiter-Parkplatz
- Parkplatz

Ansässige Unternehmen (seit 2000)

Industrie, Gewerbe
- Maschinenbau
- Metallverarbeitung
- Elektrotechnik
- Spezialfahrzeugbau
- Nahrungsmittel

Dienstleistungen
- Logistik, Handel
- unternehmensnahe Dienstleistungen (IT)
- sonstige Dienstleistungen

Im Gewerbepark Waldlaubersheim sind auf 87 Hektar insgesamt 16 Betriebe mit 590 Vollzeit- und 120 Teilzeitbeschäftigten angesiedelt.

Wichtige Faktoren für die Standortbestimmung waren der vorhandene Autobahnanschluss und die große ebene Fläche außerhalb von Schutzzonen.

Für jeden versiegelten Quadratmeter (Gebäude oder Parkplatz) muss ein unbebauter Quadratmeter (Grünfläche, Wald) vorgehalten werden.

Flächennutzung

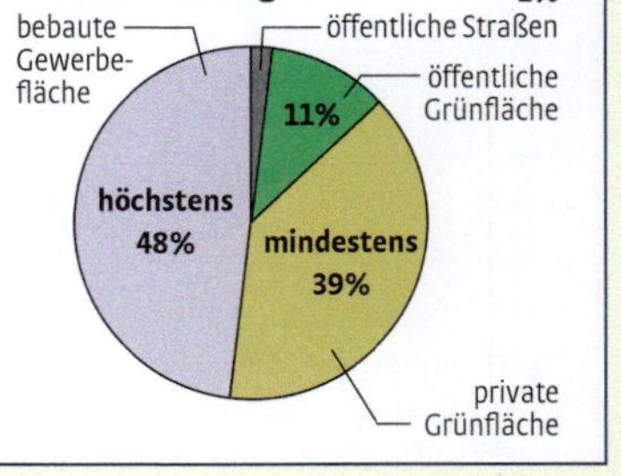

Global Player im Heimatraum

Badische Anilin- und Sodafabrik (BASF) um 1866

Das Gelände von BASF im Jahr 1930

Blick auf das BASF-Werksgelände 2011

1 M7 Ludwigshafen / Mannheim – Siedlungsentwicklung und Wirtschaft

Maßstab 1 : 100 000

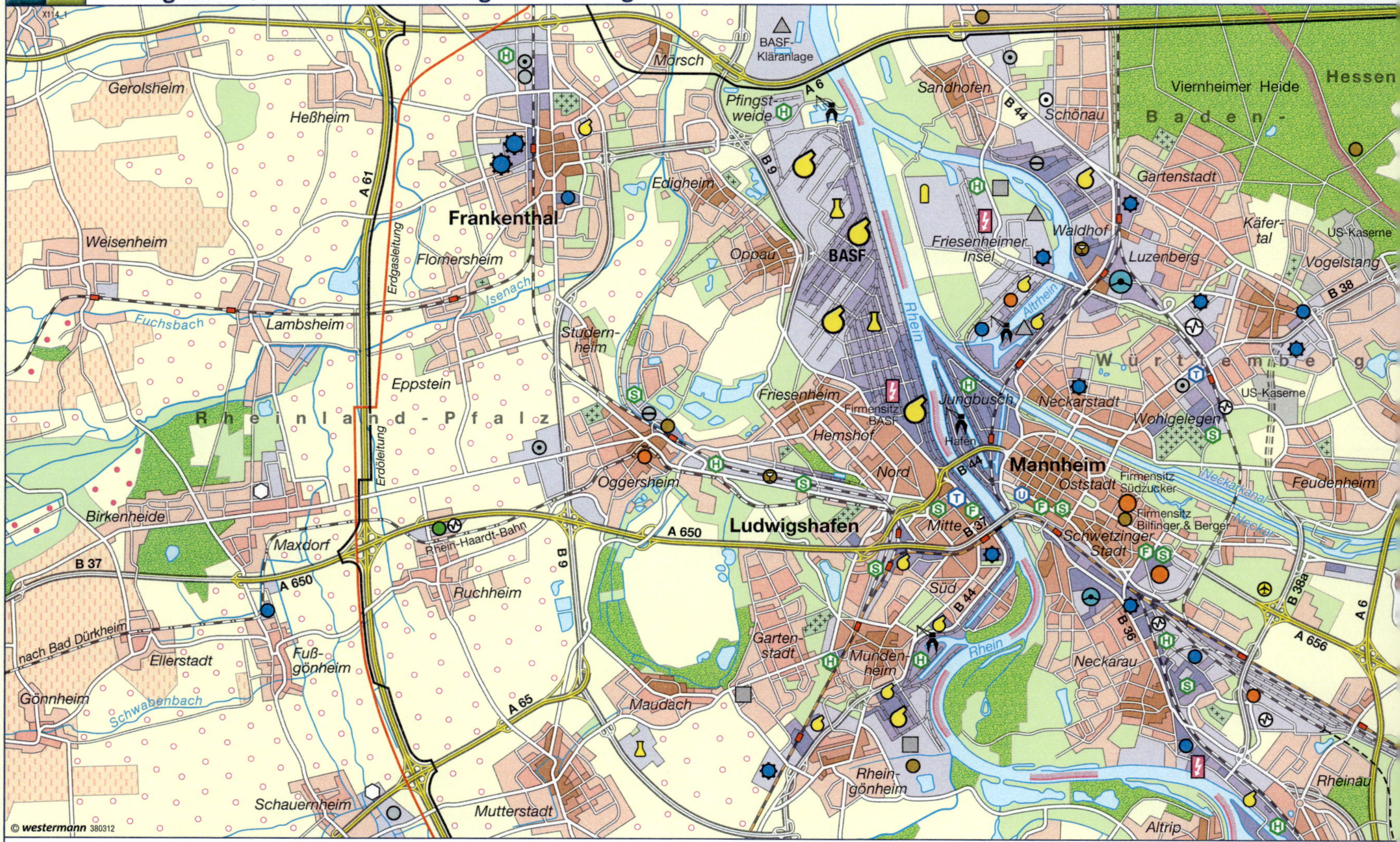

Siedlungswachstum 1850 – 2011

Wohnen, Kleingewerbe, Handel		Industrie, Gewerbe, Großhandel
	bis 1850	
	1850 – 1900	
	1900 – 1950	
	1950 – 2011	

Grenzen heute
- Landesgrenze

Landwirtschaft
- Ackerland
- Wein
- Obst
- Gemüse
- Wald
- Wiese
- Großmarkt

Industrie
- Eisen- und Metallverarbeitung
- Maschinenbau
- Kraftfahrzeugbau
- Elektrotechnik, Elektronik
- Feinmechanik, Optik
- Chemie, Kunststoffe, Gummi
- Biotechnologie, Agrochemie
- Erdölraffinerie, Öllager
- Baustoffe
- Glas
- Textilien, Bekleidung, Leder
- Holz, Möbel
- Zellulose, Papier
- Druckgewerbe
- Nahrungs- und Genussmittel

Dienstleistungen
- Universität, Hochschule
- TV, Presse, Medien
- Banken, Versicherungen
- unternehmensbezogene Services (z. B. IT)
- Handel und Logistik

Ver- und Entsorgung
- Kraftwerk (Kohle, Gas, Öl)
- Abfall-/Abwasserbeseitigung
- Altlasten, Deponie

- Erdölleitung
- Erdgasleitung

Verkehr
- Eisenbahn
- S-Bahn
- Rhein-Haardt-Bahn
- Industriebahn
- Flugplatz
- Hafen

Entwicklung der Einwohner und BASF-Mitarbeiter in Ludwigshafen 1840 – 2010

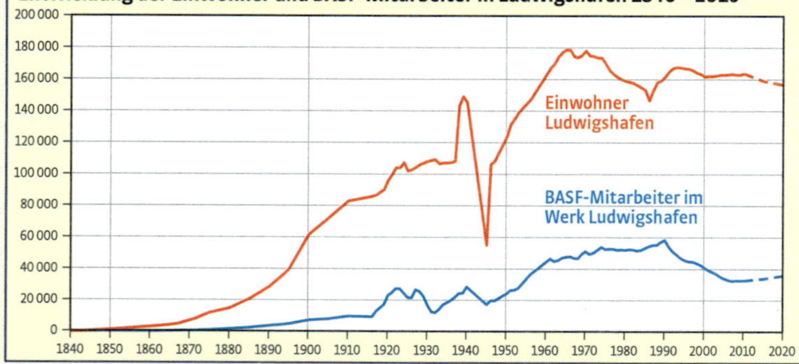

Schema eines Verbundstandortes

Mit 10 km² ist das BASF-Werk Ludwigshafen der weltgrößte Chemie-Standort.

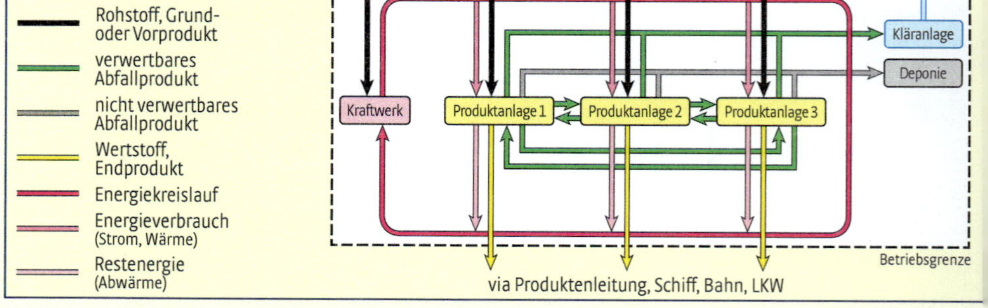

Anteil der Geschäftsbereiche am Konzernumsatz 2011

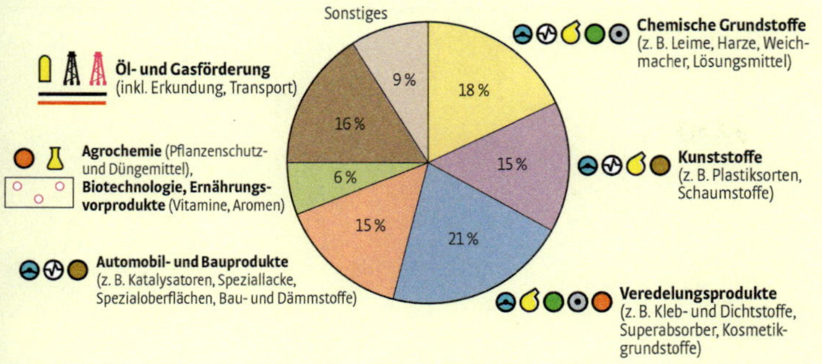

U79c

BASF – Meilensteine in Forschung und Produktion

U79d

1865: Gründung der Badischen Anilin- und Sodafabrik (BASF) in Mannheim. Aufbau der Werksproduktion in Ludwigshafen.

ab 1866: Entwicklung von synthetischen Farbstoffen (z. B. Fuchsin, Alizarin, Indigo) für die Textil- und Lederfärbung und das Druckgewerbe.

1908 –1912: Entwicklung der Ammoniaksynthese mit dem Haber-Bosch-Verfahren.

ab 1913: Herstellung von Stickstoffdüngemittel auf Ammoniakbasis zur Steigerung von Ernteerträgen in der Landwirtschaft.

1918: Chemie-Nobelpreis an Fritz Haber für die Ammoniaksynthese.

1931: Chemie-Nobelpreis an Carl Bosch für die Hochdrucktechnik bei der Ammoniaksynthese.

1933 – 1997: Produktion von Magnetbändern für Audio- und (später) Videoaufnahmen.

ab 1949: Markteinführung des selektiven Unkrautvernichtungsmittels U46, hauptsächlich für den Getreideanbau.

ab 1951: Entwicklung von Dämmprodukten (Styropor) für die Bauwirtschaft.

1968 – 2001: Zukauf, Ausbau und Wiederverkauf der pharmazeutischen Forschung und Produktion.

ab 1969: Aufbau der Petrochemie (Öl- und Gasförderung, -transport und Verkauf).

2 BASF-Standorte in Deutschland, Europa und der Welt

a Maßstab 1 : 7 000 000

b Maßstab 1 : 30 000 000

c Maßstab 1 : 180 000 000

Standorttypen

- Sitz einer Geschäftsregion
- Verbundstandort
- Einzelstandort
- Forschungszentrum (außerhalb Deutschlands auch Gentechnologie)
- Grenze der Geschäftsregionen
- Land mit BASF-Standort

Anzahl der Mitarbeiter

- 1 000 – 4 000
- unter 1 000

Umsatz nach Geschäftsregionen 2011

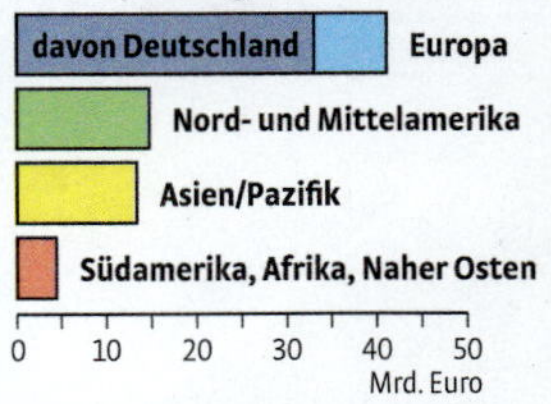

Gesamtumsatz 2011: 73,5 Mrd. Euro

1 Tourismus und Naturschutz

Maßstab 1 : 1 000 000

Erholung und Naturschutz

- geschlossene Besiedlung
- überwiegend Ackerland, Wiese, Weide
- Wald
- Naturpark
- Biosphärenreservat

Tourismus

- Luftkurort, Erholungsort
- Heilbad
- Übernachtungen pro Jahr 100 000 – 500 000
- über 500 000
- Mainz: Großstadt mit über 500 000 Übernachtungen pro Jahr

Sehenswürdigkeiten

- Burg, Schloss
- Kirche, Kloster
- sehenswertes Stadtbild
- Museum
- Denkmal
- Welterbe
- Wintersportgebiet
- Freizeitpark, Erlebnispark
- Tierpark, Zoo
- Höhle
- Stadion
- Loreley: Natursehenswürdigkeit

Verkehr

- Autobahn
- wichtige Straße
- wichtige Eisenbahn

Grenzen

- Staatsgrenze
- Landesgrenze

Formel-1 Rennen am Nürburgring

Kurhaus in Bad Ems

Felsenland Dahner Felsenland

Mainzer Dom am Rosenmontag

2 M2 Nürburgring – Sport- und Freizeitzentrum

Maßstab 1 : 15 000 0 150 300 450 m

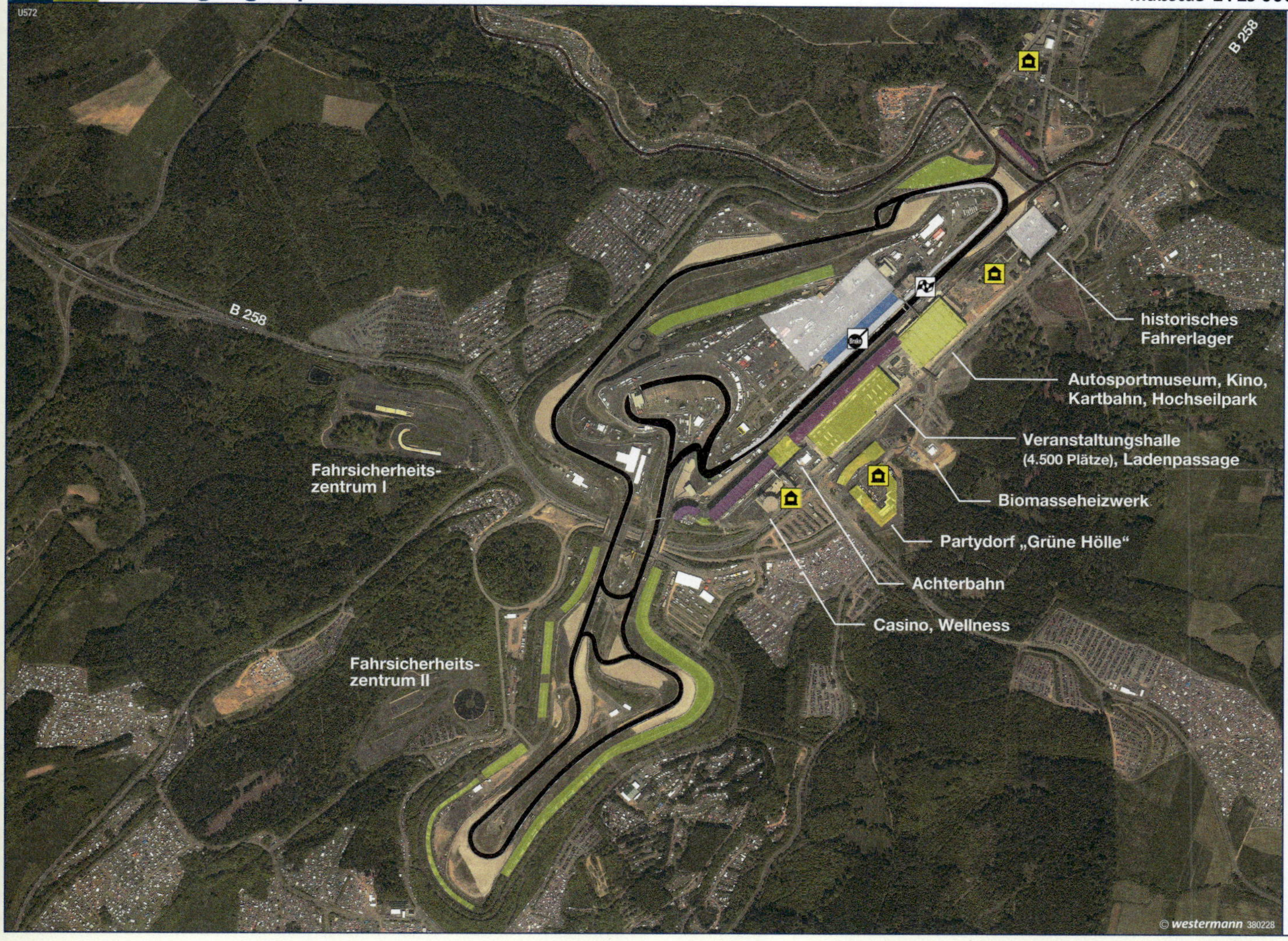

- Grand-Prix-Rennstrecke
- Boxengasse
- Fahrerlager
- Naturtribünen
- Tribünenbauten / Sponsorentribünen
- VIP-Lounges
- Freizeit / Unterhaltung
- Camping
- Parken
- alte Rennstrecke (Nordschleife)
- Start/Ziel und Pressezentrum
- Hotel

Nürburgring – die meistbesuchten Veranstaltungen
(Besucher 2009 oder 2010)

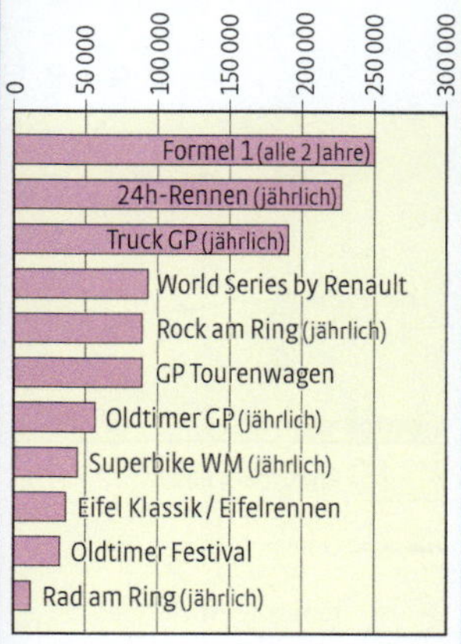

Aufnahme vom 03.06.2010, Rock am Ring-Wochenende

3 Landeshauptstadt Mainz – Innenstadt

Maßstab 1 : 15 000 0 150 300 450 m

Flächennutzung
- Ministerium, Landesbehörde
- Kulturelle und soziale Einrichtung
- Wissenschaft und Forschung
- sonstige öffentliche Einrichtung
- religiöse Einrichtung
- Geschäftszentrum mit Büros und teilweise Wohnnutzung
- überwiegend Wohnnutzung
- Grünfläche (Freizeitfläche, Park)
- Eisenbahngelände
- Gewerbe
- Hotel

Verkehr
- Eisenbahn
- S-Bahn mit Station
- Straßenbahn
- Straße
- Parkhaus
- Parkplatz
- Fußgängerzone

Mainz – monatliche Besucherzahlen
(2010: 488 000 insgesamt)
(in Tausend)

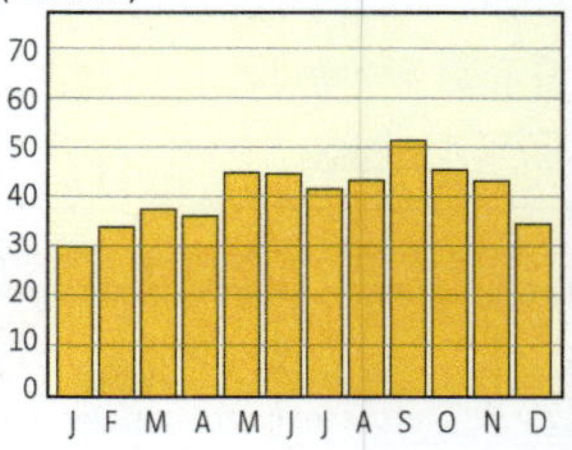

1 M7 Römerzeit um 200 n. Chr.

Maßstab 1 : 2 000 000

- Römisches Reich
- Limes
- römische Provinzgrenze
- **Belgica** Name einer Provinz
- Legionslager
- Kastell
- römische Stadt
- Vicus Beda römischer Name
- (Bitburg) heutiger Name
- Mogontiacum Provinzhauptstadt
- römische Straße

2 M7 Stauferzeit 11. – 13. Jahrhundert

Maßstab 1 : 2 000 000

- Gebiet mit überwiegendem Stauferbesitz
- Stadt
- Bischofssitz
- Reichsburg, Pfalz
- wichtiges Kloster
- Staatsgrenze

3 M7 Territorien 1789

Maßstab 1 : 2 000 000

- Habsburger
- Wittelsbacher
- Nassauer
- geistliches Gebiet
- freie Reichsstadt
- sonstige Kleinstaaten
- Gebiet mit geteiltem Hoheitsrecht
- Reichsgrenze
- Staatsgrenze

4 M7 Territorien 1920

Maßstab 1 : 2 000 000

Grenzen
- Reichsgrenze 1920
- Reichsgrenze 1914
- Staatsgrenze
- Landesgrenze
- Provinzgrenze
- Grenze des heutigen Rheinland-Pfalz

Orte
- Hauptstadt eines Staates
- Landeshauptstadt
- Provinzhauptstadt

Saarabstimmung 1935: 90,5 % für Zugehörigkeit zu Deutschland, 0,4 % für Frankreich

Zeitleiste

58-50 v. Chr.	Eroberung Galliens durch Julius Caesar
90 n. Chr.	Gründung der römischen Provinz Germania Superior
um 350	Ausbreitung des Christentums an Mittelrhein, Mosel und Oberrhein
843	Teilung des Frankenreichs Karls des Großen
959	Teilung Lotharingiens in Ober- und Unterlothringen
1349-1353	Pest-Pandemie entvölkert viele Städte und Landstriche
1440	Der Mainzer Johannes Gutenberg erfindet den Buchdruck

Skala: 0 – 200 – 400 – 600 – 800 – 1000 – 1200 – 1400 – 1600 – 1800 – 2000; Markierungen 1, 2, 3, 4, 5

5 M7 Verwaltungsgliederung heute

Maßstab 1 : 1 000 000

Grenzen

- Staatsgrenze
- Landesgrenze
- Landkreisgrenze

Orte

- Hauptstadt eines Staates
- Landeshauptstadt
- Kreisstadt
- kreisfreie Stadt, z. T. mit einer Landkreis-verwaltung
- sonstiger Ort
- MZ Kraftfahrzeug-Kennzeichen

Rheinland-Pfalz

Wesentliche Teile der früheren Kurfürstentümer Trier, Mainz und der Pfalz liegen auf dem heutigen rheinland-pfälzischen Gebiet. Darauf nimmt das Landeswappen Bezug: das rote Kreuz in Silber steht für das Kurfürstentum Trier, das silberne Rad in Rot für das Kurfürstentum Mainz und der goldene Löwe in Schwarz für die Pfalz.

Das Bundesland Rheinland-Pfalz entstand nach dem Zweiten Weltkrieg durch Beschluss der französischen Militärregierung vom 30. August 1946.

Die größten Städte in Rheinland-Pfalz:

Einwohner (Stand: 31.12.2010)

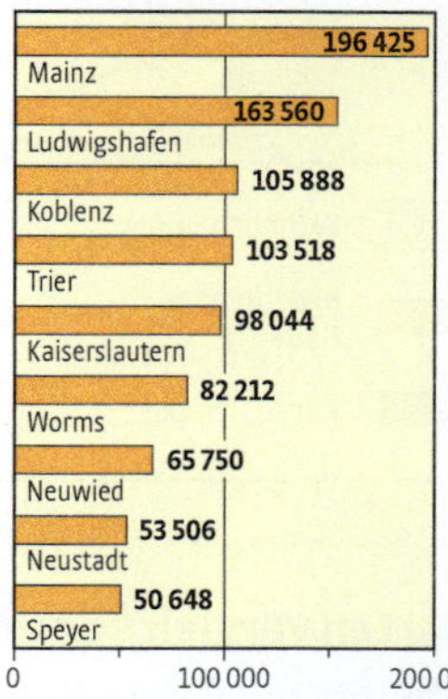

zu 1 Limes-Wachturm (Westerwald)

zu 2 Reichsburg Trifels (Pfälzer Wald)

zu 3 Schloss Wied (Neuwied)

zu 5 Landtag Rheinland-Pfalz (Mainz)

M7 Den Wandel von Räumen beschreiben

www.heimatundwelt.de
HW-RP-028

Das nördliche Stadttor des römischen Trier (Bild links) wurde um 180 n. Chr. errichtet.
Wegen der Verfärbung des Sandsteins wurde das Tor im Mittelalter als Porta Nigra („Schwarzes Tor") bezeichnet. Im 11. Jahrhundert wurde auf die Porta Nigra die Stiftskirche Sankt Simeon gebaut (Bild rechts).

- 16 v. Chr.: Gründung der Stadt Augusta Treverorum durch die Römer
- 70 v. Chr.: Erste Erwähnung der Moselbrücke, die heute noch steht
- ca. 270 n. Chr.: Christianisierung und Bischofssitz
- 367–392: Regierungssitz des Weströmischen Reiches. Größte Stadt nördlich der Alpen.
- 413–475: Überfälle der Vandalen, Franken und Hunnen
- 475: Die Franken nehmen Trier endgültig ein; die römischen Anlagen verfallen
- 721: Missionar St. Bonifatius („Apostel der Deutschen") besucht Trier
- 882: Wikinger zerstören Trier fast vollständig
- 902: Trier wird von den Trierer Erzbischöfen regiert

(Zeitleiste: 0, 200, 400, 600, 800, 1000)

1 Trier im 4. Jahrhundert   Maßstab 1 : 20 000

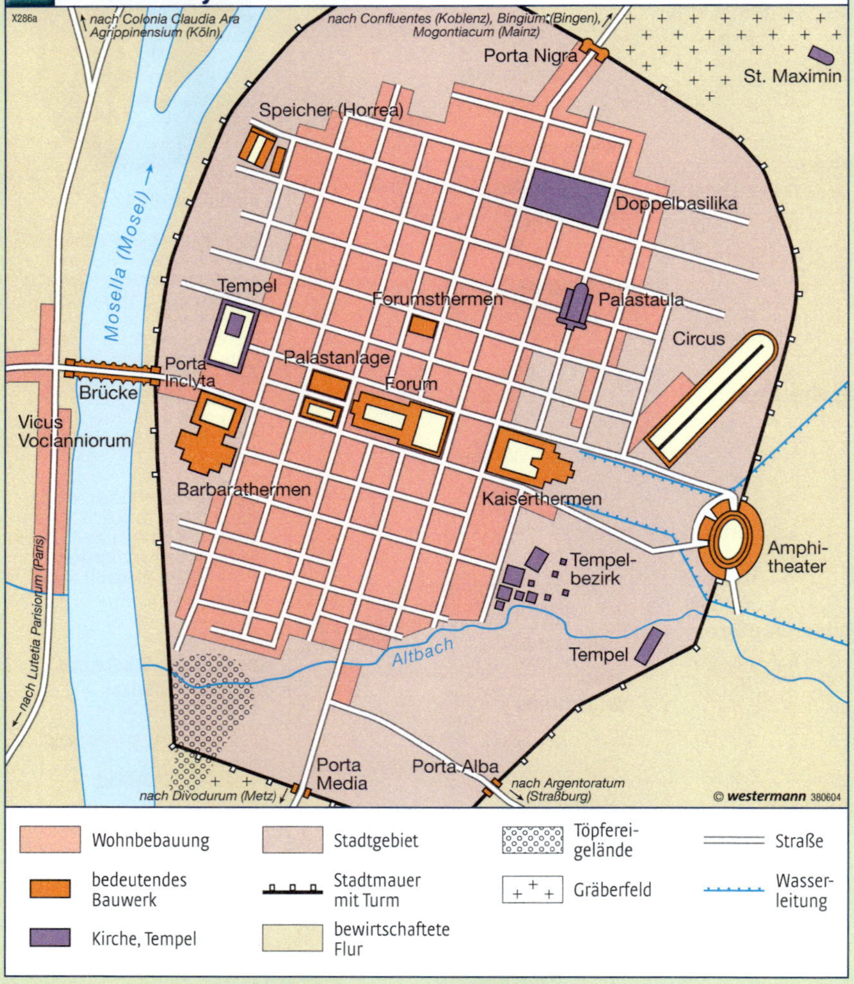

2 Trier im 11. Jahrhundert   Maßstab 1 : 20 000

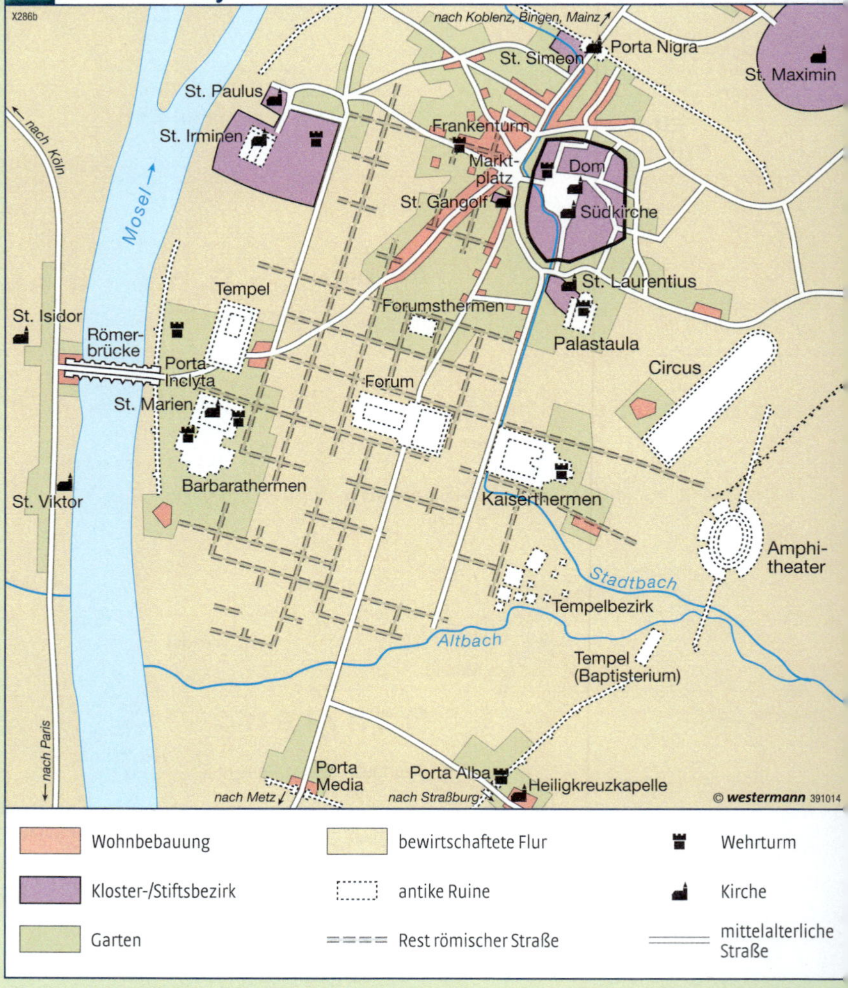

Karten vergleichen und den Wandel von Räumen untersuchen

Beim Vergleich von Karten eines Raumes zu unterschiedlichen Zeiten erkennt man räumliche Veränderungen von Landschaften, Siedlungen oder Verkehrswegen. Zur Erklärung der Veränderungen können natürliche Einflüsse oder Auswirkungen des menschlichen Lebens und Wirtschaftens herangezogen werden (z.B. Bergbau, Krieg, Bevölkerungsentwicklung).

Um Gemeinsamkeiten und Unterschiede bewerten zu können, ist eine zeitliche Einordnung der Karten hilfreich: Die Zeitspanne zwischen den Karten lässt sich z.B. in Generationen (von ca. 30 Jahren Dauer) bemessen.

Beim Kartenvergleich kann man entweder einzelne Kartenebenen einander gegenüberstellen (**Ebenen-Methode,** 1) oder sich in einem kleinen Ausschnitt auf allen Ebenen gleichzeitig konzentrieren (**Fenster-Methode,** 2).

1 **Ebenen-Methode:** Für den Vergleich hinsichtlich eines Kartenthemas werden einzelne Kartenebenen ausgewählt. Beispiele siehe Tabelle:

Kartenebenen (Vergleichskriterien)	Merkmale von Kartenebenen und ihre Beschreibung
Gewässernetz	→ Anzahl und Größe der Gewässer → Verlauf von Flüssen, Bächen und Gräben
Flächennutzung	→ Art der Vegetation und Landnutzung → Verteilung und Dichte von Vegetation/Bebauung → Anordnung, Form und Größe der Orte → Bedeutung der Orte (z.B. Hauptstadt, Ortsteil)
Verkehrsnetz	→ Verlauf und Dichte des Verkehrsnetzes → Art und Qualität des Verkehrsweges (Fluss, Straße, Eisenbahnstrecke)
Bebauung	→ Art und Verteilung der Nutzung → Namen und Funktion der Gebäude
Wirtschaft und Tourismus	→ Art und Anordnung der Signaturen → Größe und Verteilung der Signaturen

Um die Porta Nigra wieder in ihren ursprünglichen Bauzustand zurück zu versetzen, wurde die Kirche Sankt Simeon zwischen 1804 und 1809 abgerissen.
Heute ist die Porta Nigra das am besten erhaltene römische Stadttor nördlich der Alpen und wurde 1986 zum UNESCO-Weltkulturerbe erklärt.

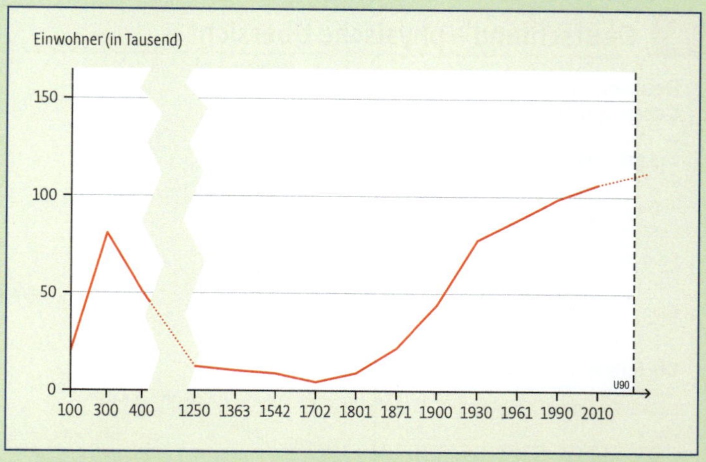

3 Trier heute – Innenstadt

Maßstab 1 : 20 000

Das Wappen von Trier zeigt den Heiligen Petrus, den Stadtpatron. Er trägt einen goldenen Schlüssel in der rechten Hand und ein rotes Buch in der linken Hand.

2 **Fenster-Methode:** Wenn man dieselben räumlichen Ausschnitte der Karten miteinander vergleicht, kann man über alle Kartenebenen hinweg schnell und übersichtlich die Unterschiede und Gemeinsamkeiten wahrnehmen.

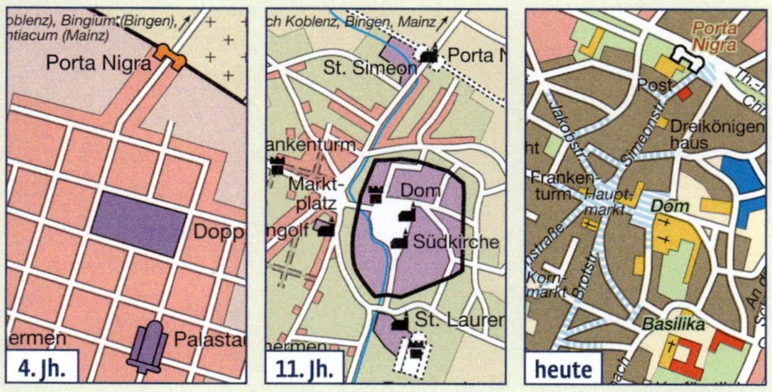

! Verteilungsmuster und Häufungen erfassen

Beim Vergleich von Karten fällt es besonders auf, wenn Punkt-, Linien- und Flächensignaturen unterschiedlich dicht verteilt sind. Durch das genaue Beschreiben der Signaturen mit Blick auf ihre Verteilung wird deutlich, was sich wo verändert hat.

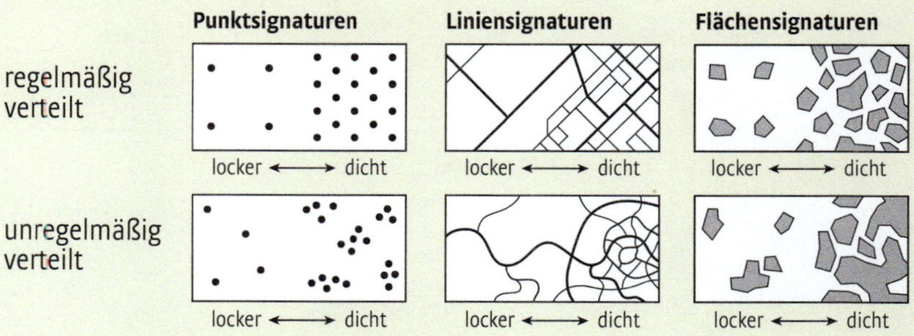

1 Deutschland – physische Übersicht

Maßstab 1 : 3 500 000

Deutschland – Geographische Rekorde

Die größten Inseln
(Fläche in km²)

Rügen	926
Usedom	373
Fehmarn	185
Sylt	99
Föhr	83

Die längsten Flüsse
Länge in Deutschland in km (Gesamtlänge in km)

Rhein	865 (1233)
Elbe	727 (1091)
Donau	647 (2845)
Main	527 (527)
Weser	440 (440)

Die wasserreichsten Flüsse
(mittlerer Abfluss in m³/s)

Rhein	2330
Donau	1490
Elbe	861
Inn	738
Oder	574

Die größten Seen

	Fläche in km²	Volumen in km³	Größte Tiefe in m
Bodensee	536	48,5	254
Müritz	109	0,7	30
Chiemsee	80	2,0	73
Schweriner See	62	0,7	52
Starnberger See	56	3,0	128

Höchste Berge der Mittelgebirge
(Höhe in m)

Schwarzwald	
Feldberg	1493
Bayerischer Wald	
Großer Arber	1456
Erzgebirge	
Fichtelberg	1215
Harz	
Brocken	1142
Fichtelgebirge	
Schneeberg	1051

Höchste Berge im Hochgebirge
(Höhe in m)

Zugspitze	2962
Hochwanner	2744
Watzmann	2713

Größte Städte
(in Mio. Einwohner)

Berlin	3,44
Hamburg	1,78
München	1,37
Köln	1,00
Frankfurt	0,68
Stuttgart	0,60
Düsseldorf	0,59

Landhöhen und Meerestiefen
(in Meter)

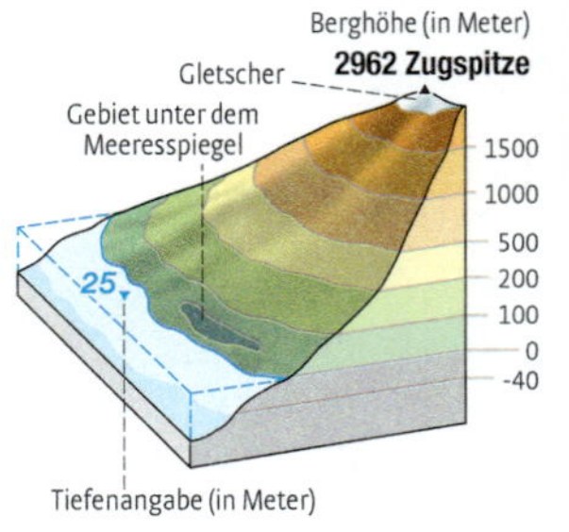

Gewässer
- Fluss
- schiffbarer Fluss (über 1350 t Tragfähigkeit)
- Kanal (bedingt schiffbar)
- schiffbarer Kanal (über 1350 t Tragfähigkeit)
- See
- Stausee, Staumauer

Orte

Einwohner
- über 1 000 000
- 500 000 – 1 000 000
- 100 000 – 500 000
- unter 100 000

Verwaltung
- Staatsgrenze
- **Berlin** Hauptstadt eines Staates

2 Deutschland – politische Übersicht

Maßstab 1 : 3 500 000 — 0 50 100 150 km

U59

Grenzen

- Staatsgrenze
- Landesgrenze
- Regierungsbezirksgrenze

Verwaltungssitze

- Hauptstadt eines Staates
- Landeshauptstadt
- Verwaltungssitz eines Regierungsbezirkes

Oberpfalz — Name eines nicht nach dem Hauptort benannten Regierungsbezirkes

Bundeswappen

Bundesrepublik Deutschland
357 100 km²
82 002 400 Einwohner

Die Bundesländer (Stand: 2010)

Baden-Württemberg
35 750 km²
10 744 900 Einwohner

Bayern
70 550 km²
12 510 300 Einwohner

Berlin
890 km²
3 442 700 Einwohner

Brandenburg
29 480 km²
2 511 500 Einwohner

Bremen
400 km²
661 700 Einwohner

Hamburg
750 km²
1 774 200 Einwohner

Hessen
21 110 km²
6 062 000 Einwohner

Mecklenburg-Vorpommern
23 190 km²
1 651 200 Einwohner

Niedersachsen
47 630 km²
7 928 800 Einwohner

Nordrhein-Westfalen
34 090 km²
17 872 800 Einwohner

Rheinland-Pfalz
19 850 km²
4 012 700 Einwohner

Saarland
2 570 km²
1 022 600 Einwohner

Sachsen
18 420 km²
4 168 700 Einwohner

Sachsen-Anhalt
20 450 km²
2 356 200 Einwohner

Schleswig-Holstein
15 800 km²
2 832 000 Einwohner

Thüringen
16 170 km²
2 249 900 Einwohner

U317b

M8 Ein Höhenprofil zeichnen und beschreiben

Ein Höhenprofil zeichnen

Physische Karten geben mit ihren farbigen Höhenschichten Auskunft über die Höhenverhältnisse. Auch ein Profil gibt die Höhenverhältnisse wieder, aber nur entlang der in der Karte eingezeichneten Strecke von A nach B, also der **Profillinie**

1. Schritt:
Karte auswählen, Profillinie festlegen

- Physische Karten verschiedener Maßstäbe prüfen: Die Strecke $\overline{AB}$ sollte möglichst lang sein, aber noch aufs Papier passen.
- A und B mit Kreuzen markieren und durch eine gerade Linie verbinden (mit Bleistift!).

2. Schritt:
Höhenlinien aus der Karte entnehmen

- Papierstreifen an die Profillinie anlegen.
- Alle Schnittpunkte mit Höhenlinien an der Papierkante markieren. (Höhenlinien bilden die Begrenzung der farbigen Höhenschichten.) Höhenwerte aufschreiben.

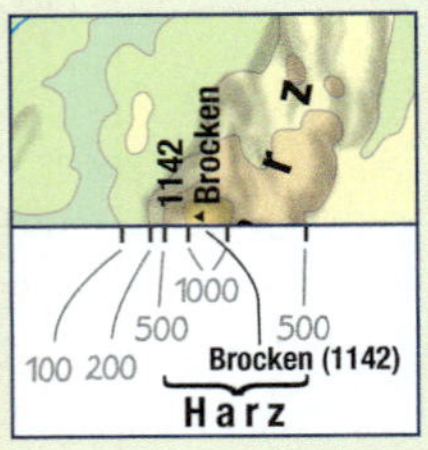

3. Schritt:
Achsen zeichnen und Maßstab festlegen

- Waagerechte Entfernungsachse auf Millimeterpapier einzeichnen; die Maßstabsleiste der Karte zeigt die passende Einteilung dieser Achse.
- Die Höhenachse kann nach einem anderen Maßstab eingeteilt werden.

4. Schritt:
Punkte der Profillinie eintragen

- Den markierten Papierstreifen unter die waagerechte Entfernungsachse legen.
- Alle Angaben vom Papierstreifen senkrecht nach oben in das Achsenkreuz übertragen. Die richtige Höhe der Punkte zeigt die senkrechte Höhenachse an.

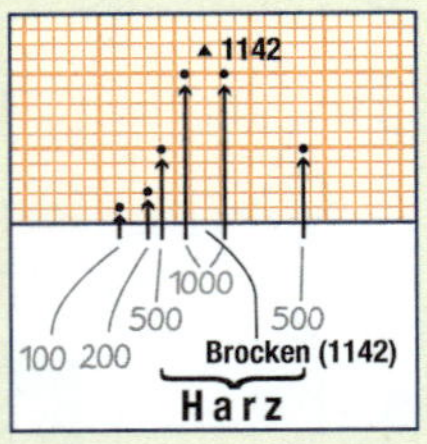

5. Schritt:
Punkte durch eine Profillinie verbinden

- Alle Punkte durch eine Linie verbinden.
- Die Höhenschichten unter der Profillinie in den Farben der physischen Karte ausmalen.

Ein Höhenprofil beschreiben

Damit man das **Relief** der Erdoberfläche gut erkennen kann, müssen die Landhöhen gegenüber der Strecke $\overline{AB}$ übertrieben werden (Überhöhung). Wenn das Profil **stark überhöht** ist, zum Beispiel um das Hundertfache, sehen Berge aus wie Nadeln.

Berghänge und Talflanken

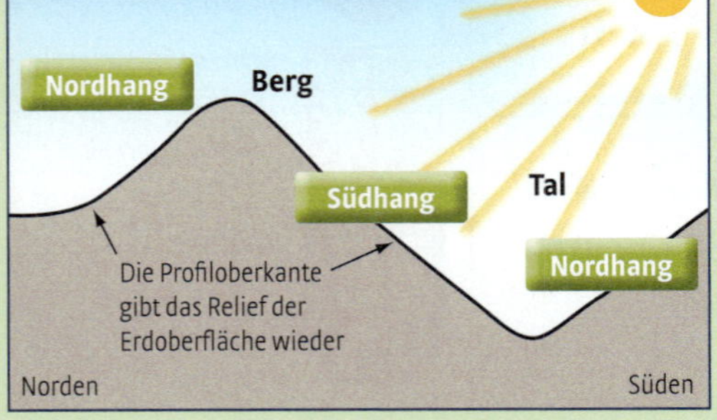

1 Anlage eines Nord-Süd-Höhenprofils durch Deutschland

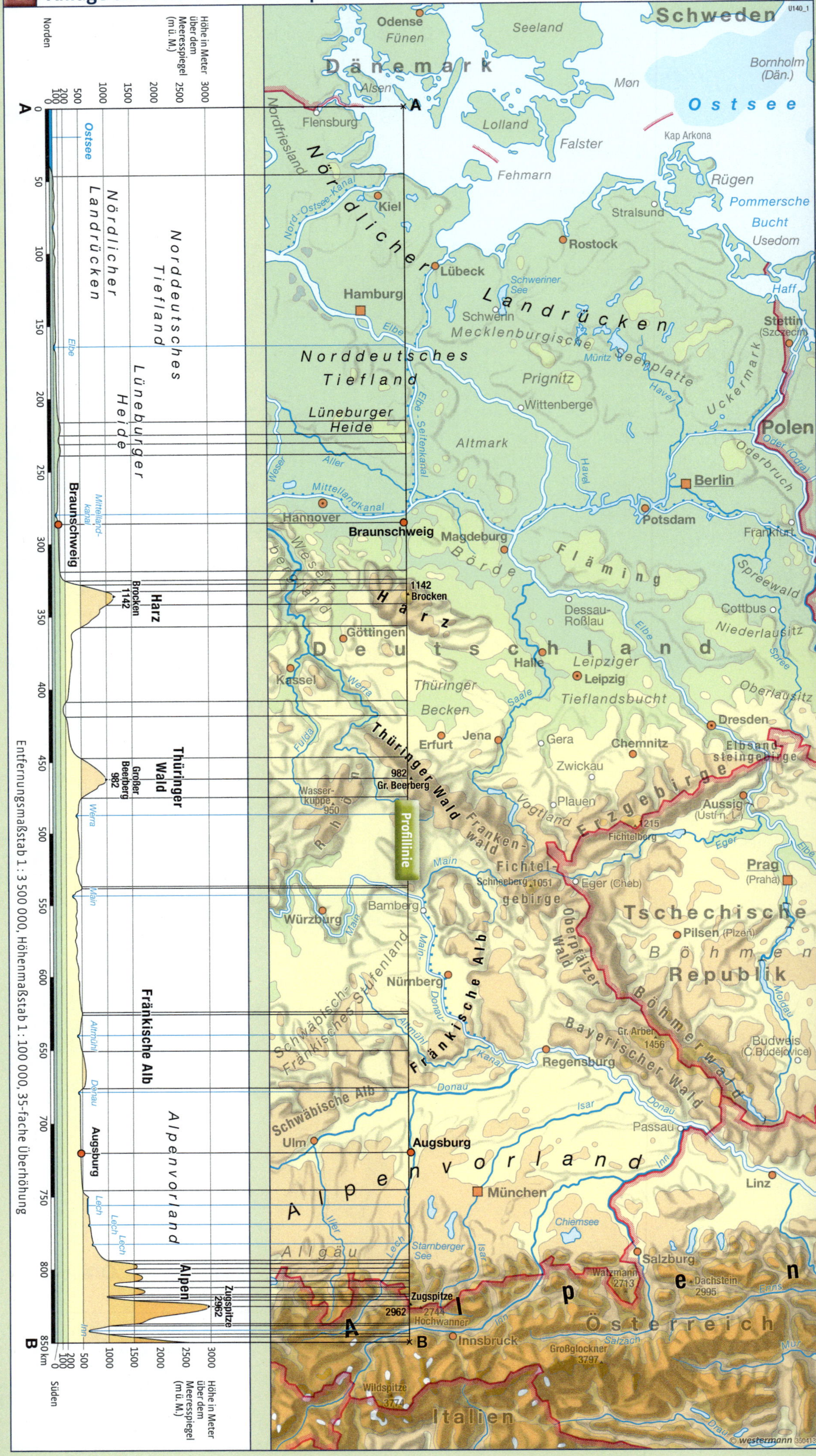

1 Physische Karte als Vorlage für die Kartenskizze

Um eine Kartenskizze zu zeichnen, eignen sich besonders physische Karten. Sie zeigen die Topographie der Flüsse, Städte und Gebirge.

2 Zeichnen der Kartenskizze auf Transparentpapier

Die wichtigen topographischen Inhalte werden auf Transparentpapier übertragen – in Form von Punkten, Linien und Flächen.

Eine Kartenskizze anfertigen

1. Schritt: Vorbereitung

- Thema der Kartenskizze wählen und als Kartentitel festlegen.
- Im Atlas die geeignete Karte auswählen.
- Transparentpapier auf die Karte legen und mit Büroklammern an der Seite befestigen.

2. Schritt: Umrisse und Grenzen zeichnen

- Den für die Kartenskizze interessanten Ausschnitt zuerst durch ein Rechteck oder eine grobe Umrisslinie einrahmen.
- Grenzen in vereinfachter Form auf das Transparentpapier übertragen. Man braucht nicht jede Biegung exakt wiederzugeben. Es geht bei der Skizze um eine vereinfachte Darstellung.

3. Schritt: Karte mit Inhalten füllen

- Die gewünschten Inhalte mit verschiedenen Farben in die Kartenskizze einzeichnen. Auch hier gilt: Es muss nicht alles exakt übertragen werden.
- Gebirge am besten als breite braune Striche wiedergeben.
- Die eingezeichneten Städte, Gebirge und Flüsse einheitlich nummerieren oder mit Buchstaben kennzeichnen.

4. Schritt: Kartenlegende anlegen

- In der Legende die verwendeten Buchstaben und Zahlen benennen.
- Zur Beschriftung einzelner Inhalte kann man andere Karten hinzuziehen.

3 Anfertigung der Legende zur Kartenskizze

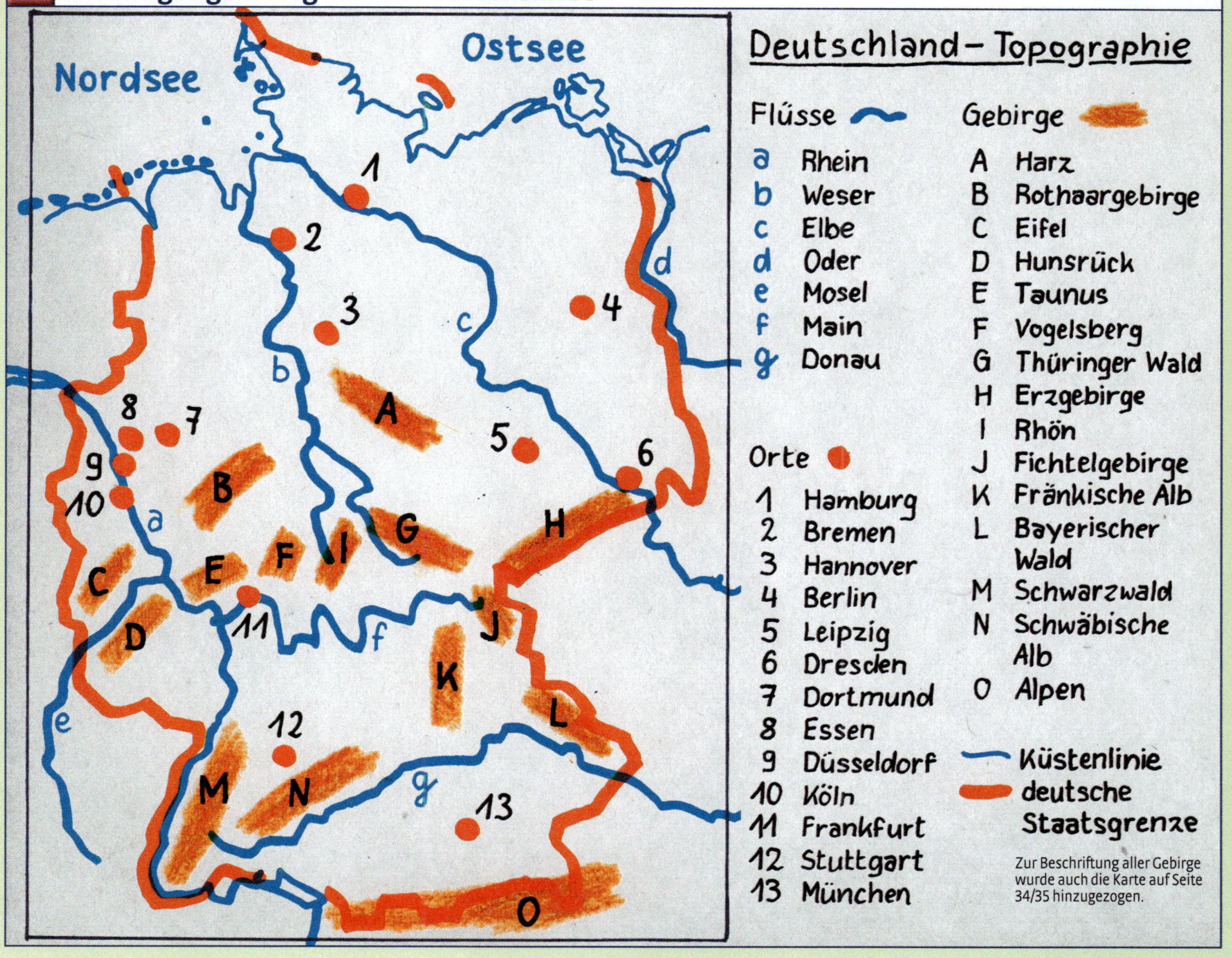

Zur Beschriftung aller Gebirge wurde auch die Karte auf Seite 34/35 hinzugezogen.

Nordsee
Ostsee
Deutsche Bucht
Pommersche Bucht
Kieler Bucht
Mecklenburger Bucht
Dänemark
Polen
Niederlande
Nordfriesische Inseln
Ostfriesische Inseln
Schleswig
Holstein
Mecklenburg
Vorpommern
Lüneburger Heide
Niedersachsen
Brandenburg
Sachsen
Anhalt
Harz
Thüringen
Westfalen
Hamburg
Bremen
Bremerhaven
Kiel
Lübeck
Rostock
Stettin
Berlin
Potsdam
Hannover
Braunschweig
Wolfsburg
Magdeburg
Halle
Leipzig
Dresden
Chemnitz
Erfurt
Jena
Göttingen
Kassel
Paderborn
Bielefeld
Osnabrück
Münster
Oldenburg
Hamm
Dortmund
Bochum
Essen
Duisburg
Düsseldorf
Wuppertal
Köln
Bonn
Aachen
Groningen
Enschede
Zwolle
Apeldoorn
Rügen
Fehmarn
Usedom
Helgoland
Bornholm

Maßstab 1 : 2 250 000
1 cm ≙ 22,5 km

0 20 40 60 80 100 km

1 Deutschland – Landschaften

Maßstab 1 : 3 500 000 0 50 100 150 km

- Grenze zwischen Großlandschaften

Küsten

- Gezeitenküste, Watt
- Küstendünen
- Moränenküste
- Förden- und Buchtenküste
- Boddenküste
- Ausgleichsküste
- Kliff (Steilküste)

Norddeutsches Tiefland

- Marsch
- hügeliges Jungmoränenland
- Sander
- Talsandebenen
- Urstromtal
- flachwelliges Altmoränenland (Geest)
- sanftes Hügelland (Kalk- und Sandstein)

Mittelgebirge

- Becken und Senken
- Berg- und Hügelland
- Höhenzüge des Mittelgebirgslandes
- Impact-Krater
- Maar

Alpenvorland

- hügeliges Jungmoränenland
- sanftes Hügelland (Mergel, Schotter)
- flache Schotterplatten

Alpen

- Alpentäler
- Hochgebirgsketten

Landformen mehrerer Großlandschaften

- Endmoränen der letzten Eiszeit
- Lössbörden und -decken
- junge vulkanische Gebiete
- Schichtstufenkante
- Schauhöhle

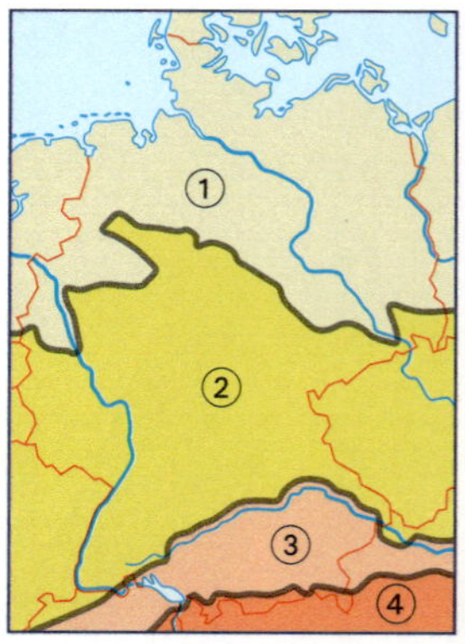

Großlandschaften

1. Norddeutsches Tiefland
2. Mittelgebirge
3. Alpenvorland
4. Alpen

2 Die Küsten – Aufbau von Steil- und Flachküsten

Steilküste auf Rügen

Flachküste auf Usedom

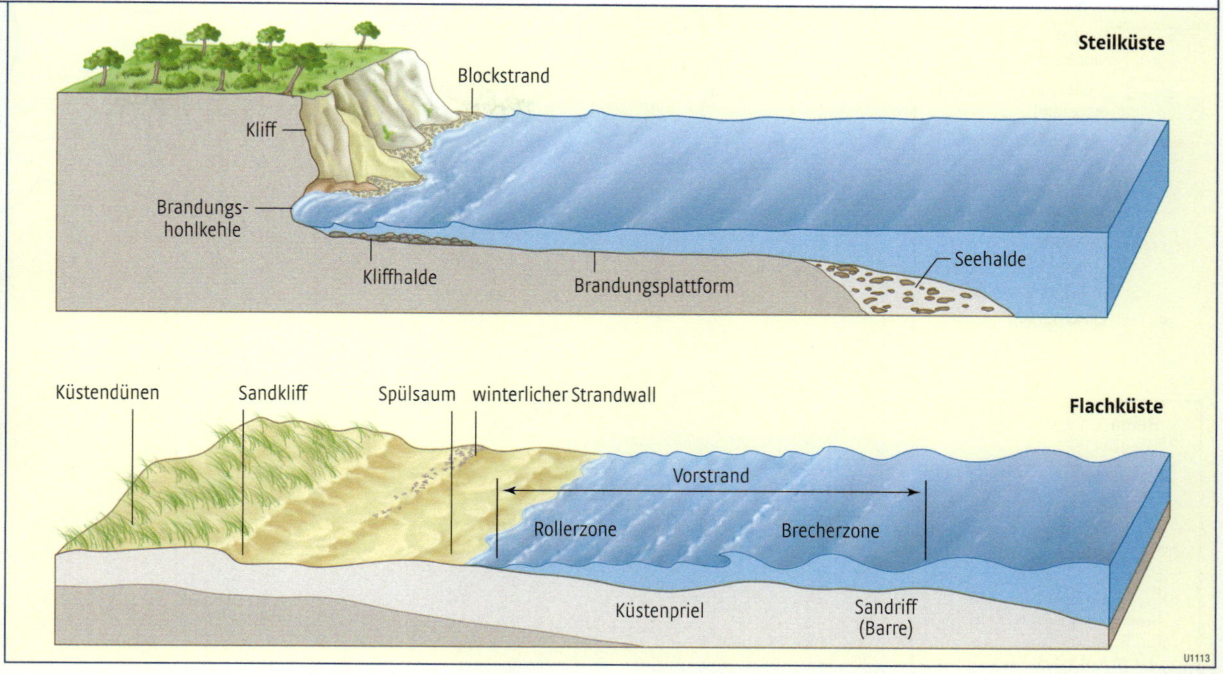

3 Die Mittelgebirge – Entstehung von Schwarzwald und Vogesen (Bruchschollengebirge mit Grabenbruch)

Der Schwarzwald

Das Oberrheinische Tiefland

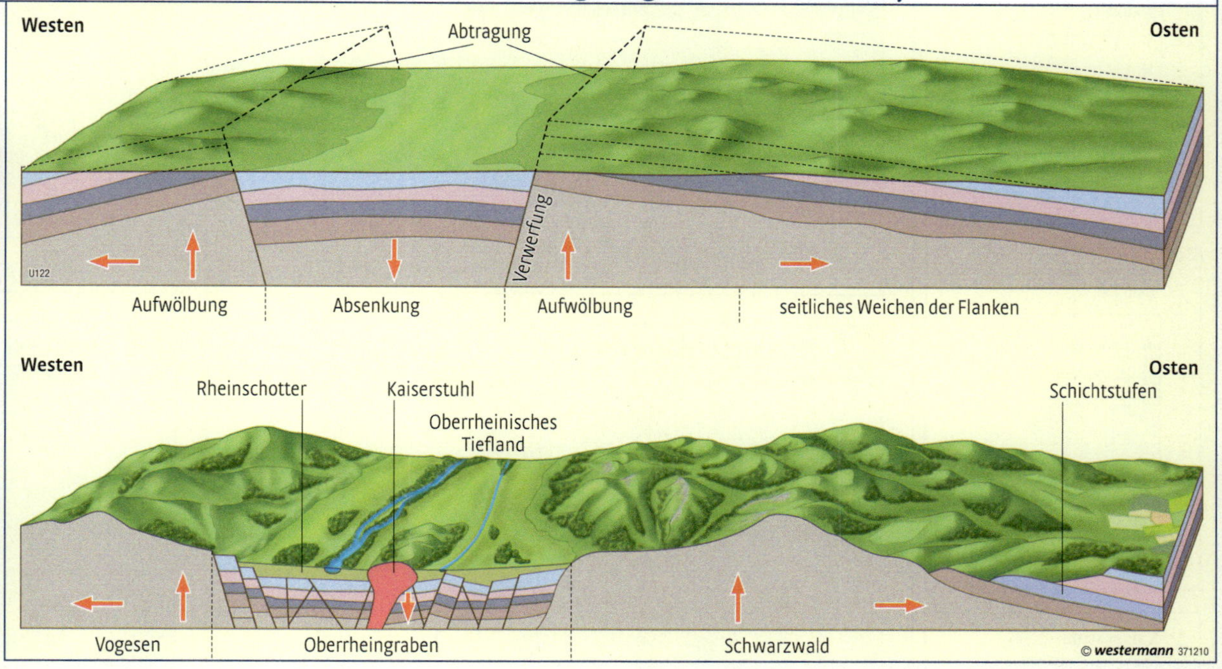

4 Die Alpen – Entstehung eines Faltengebirges

Die nördlichen Kalkalpen

Die Zentralalpen

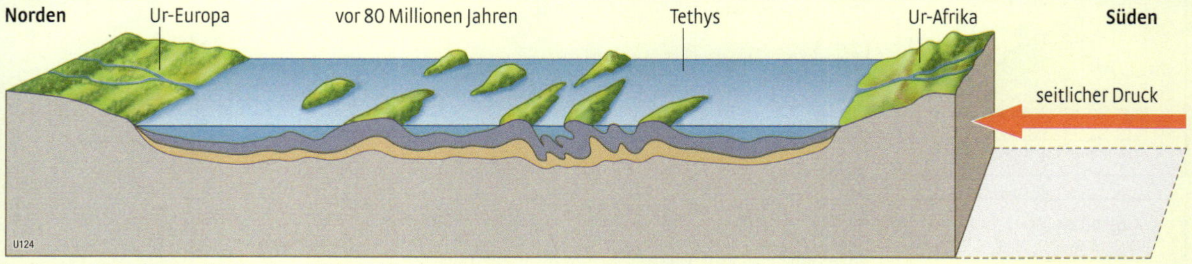

Im Urmeer Tethys lagern sich Sand- und Kalkschichten ab, die sich zu Kalk- und Sandstein verfestigen. Durch Plattenverschiebung wird das Meer allmählich zusammengedrückt.

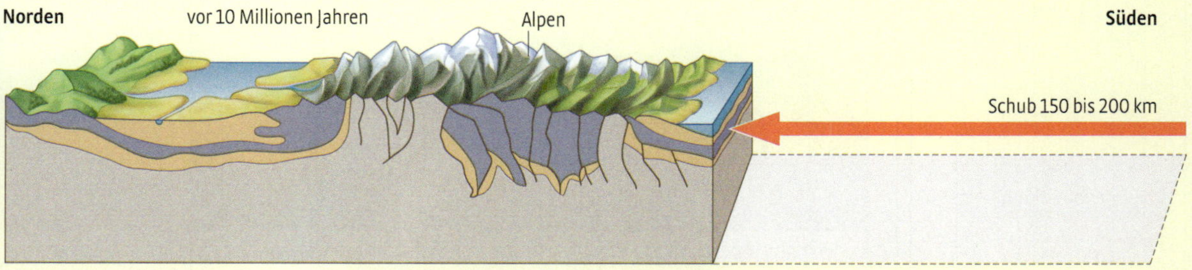

Die Gesteine werden durch erdinnere Kräfte angehoben und gefaltet. Sie verwittern und werden durch Wind und Wetter abgetragen (Erosion). Tiefer liegende Gesteinsschichten gelangen an die Oberfläche.

Klima und erneuerbare Energien

Klimadiagramme

- Temperaturen im Monatsmittel
- Niederschläge im Monat insgesamt
- T= 9,2°C Jahresdurchschnitts-temperatur
- N= 513 mm Jahressumme Niederschlag
- m ü. M. Stationshöhe (Angabe in Meter über dem Meeresspiegel)
- Klimastation

Heide
14 m ü. M.

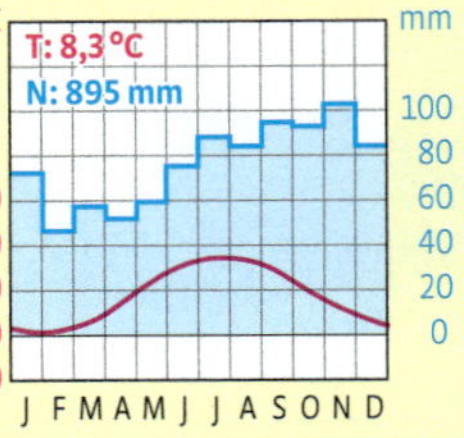

Magdeburg
79 m ü. M.

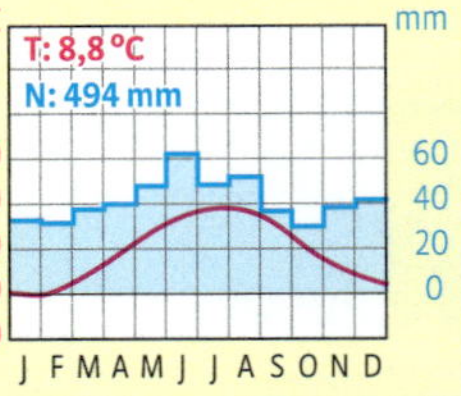

Kahler Asten
835 m ü. M.

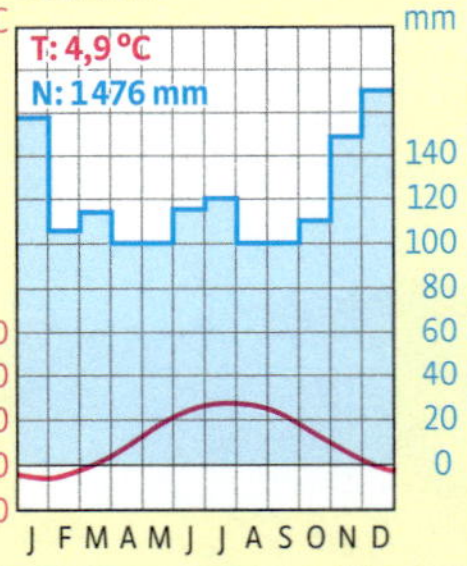

Kaiserstuhl
(Vogtsburg-Oberrotweil)
218 m ü. M.

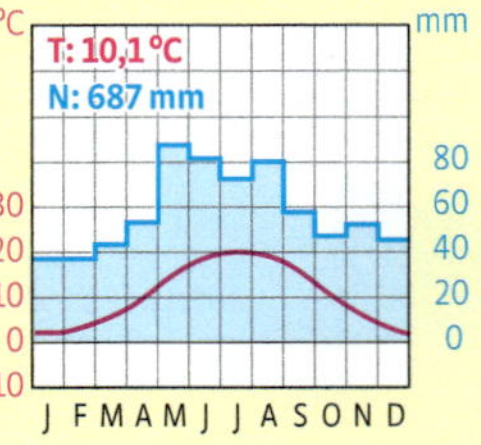

Zugspitze
2962 m ü. M.

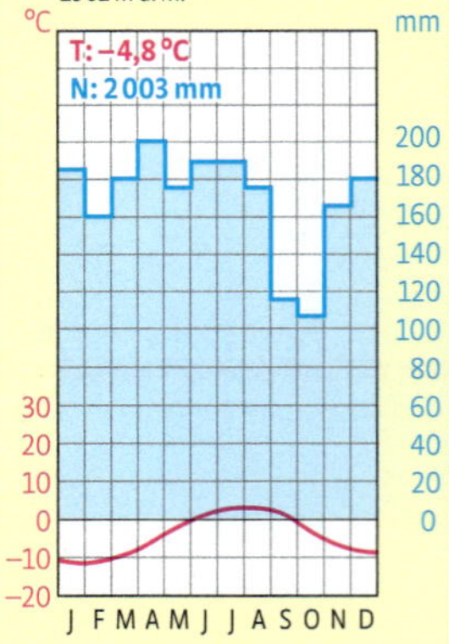

1 Temperaturen im Januar

Maßstab 1 : 7 000 000

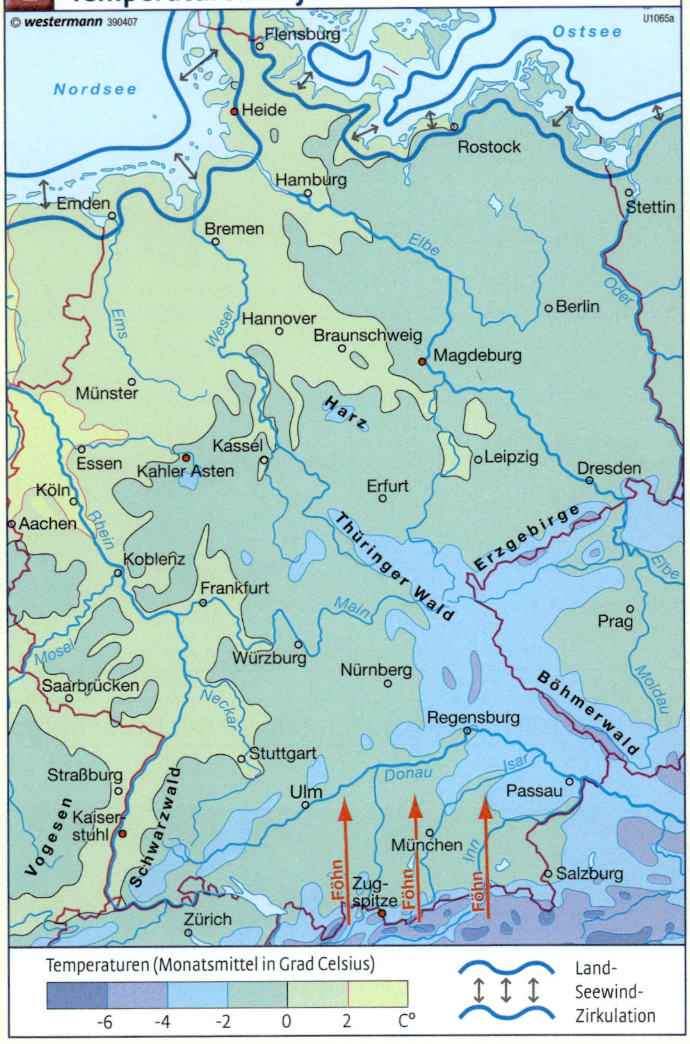

2 Temperaturen im Juli

Maßstab 1 : 7 000 000

3 Niederschläge im Jahr

Maßstab 1 : 7 000 000

4 Niederschlagsveränderung (1901 – 2000)

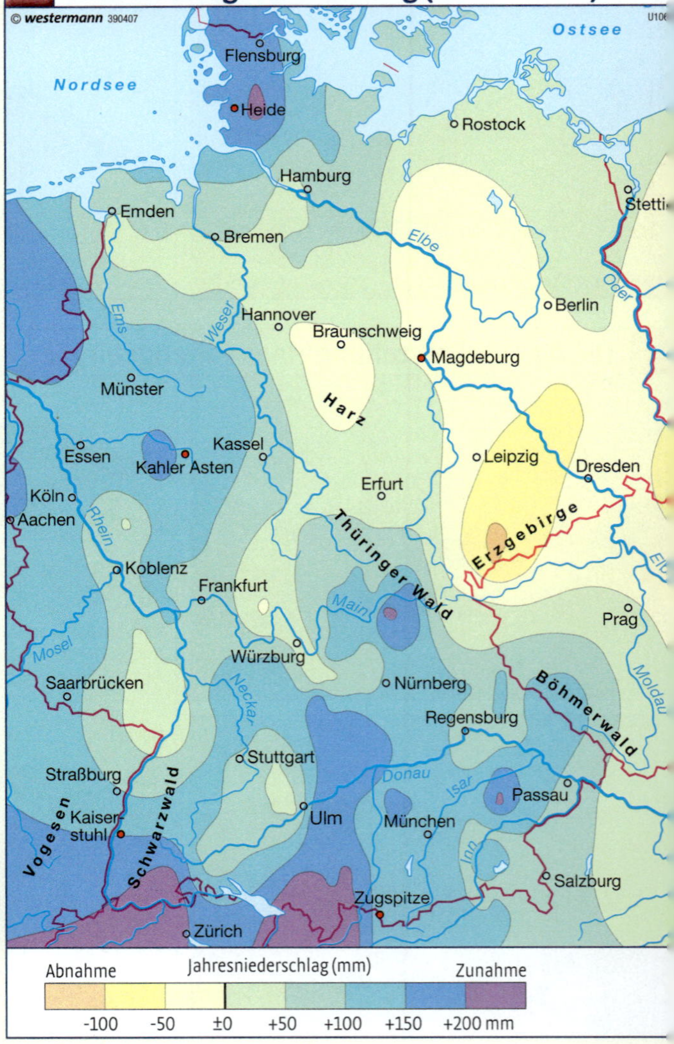

5 Regionale Windsysteme

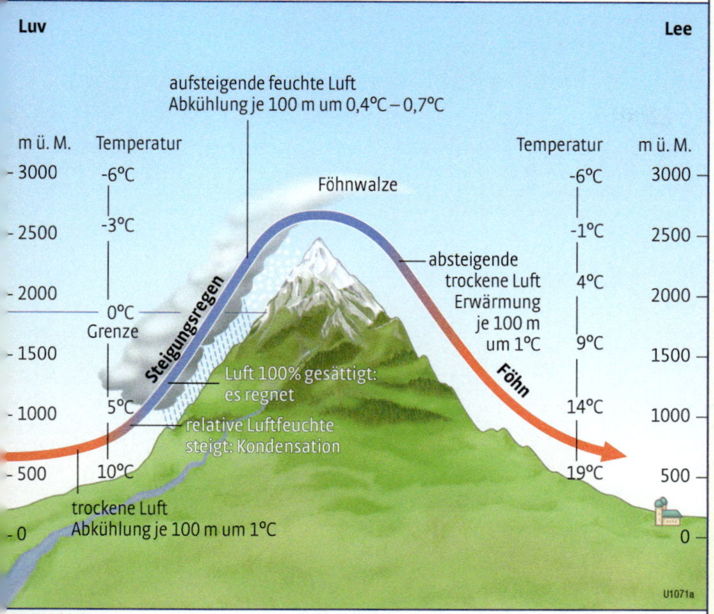

Föhnwind

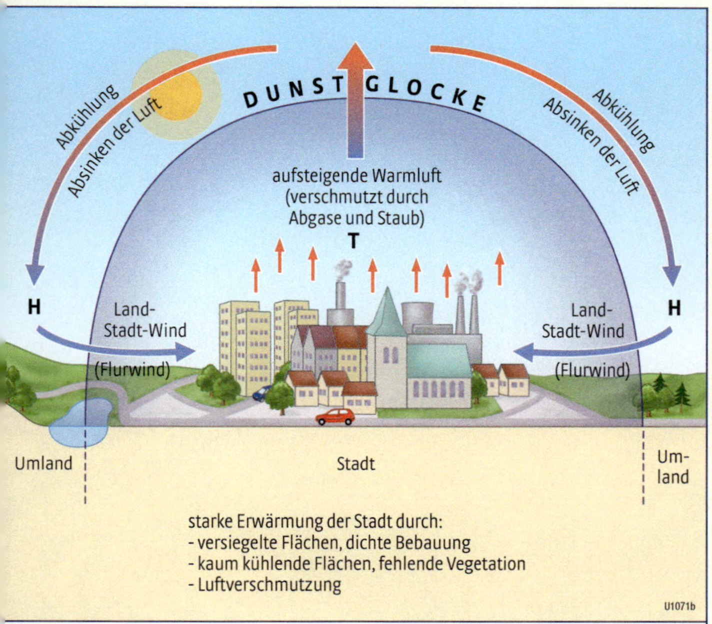

Land-Stadt-Wind

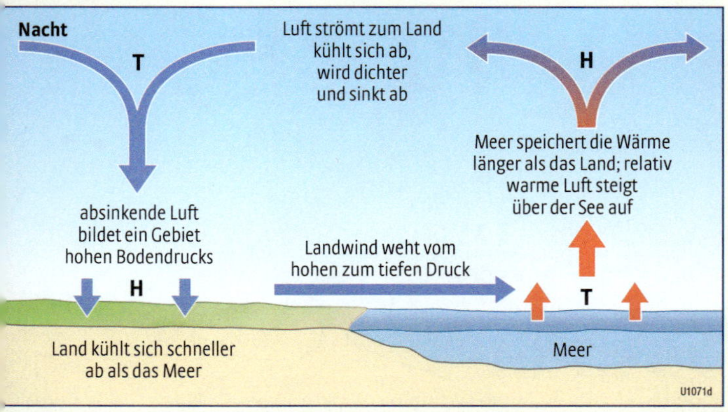

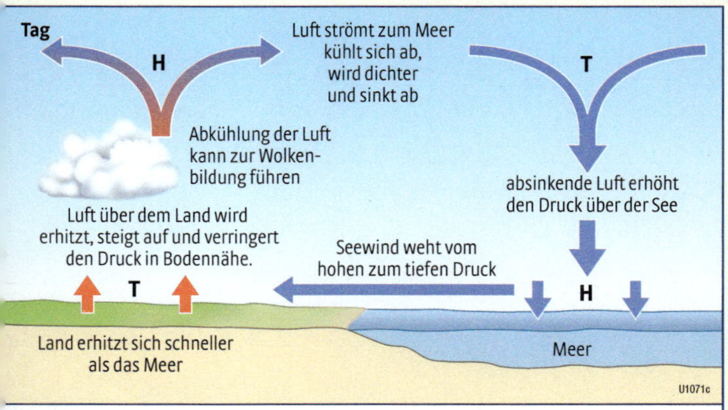

Land-Seewind-Zirkulation

6 Sonnenenergie und Erdwärme

Maßstab 1 : 7 000 000

Globalstrahlung
(jährlich eintreffende Strahlungsenergie der Sonne auf der Erdoberfläche in Kilowattstunden/m²)

- 980 KWh/m²
- 1020
- 1060
- 1100
- 1140
- 1180 KWh/m²

Photovoltaik-Orte
(installierte Solarzellenleistung in MW)

- 20 – 40 MW
- über 40 MW
- Solarpark

Geothermie (Erdwärme)

- Eignung für geothermische Nutzung

Geothermieanlage

- 2 – 10 MW
- über 10 MW

7 Windenergie

Maßstab 1 : 7 000 000

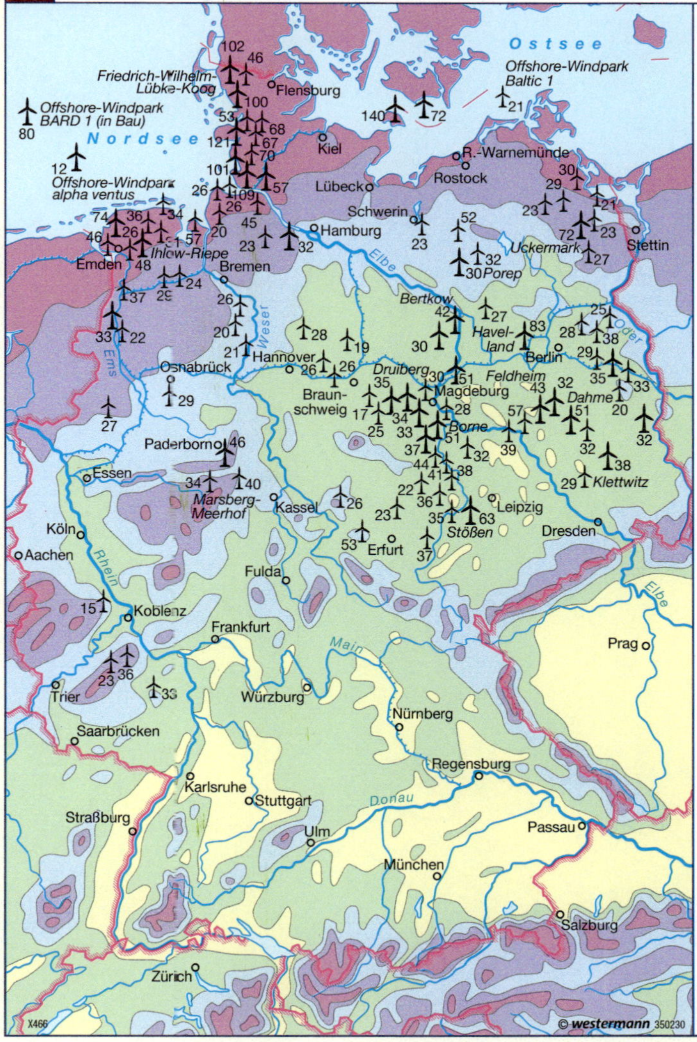

Windgeschwindigkeit
(Jahresmittel über der Erdoberfläche)

- 4 m/sek.
- 5
- 6
- 7 m/sek.

Windparks 2013
(nach Gesamtleistung in Megawatt)

- 40 – 60 MW
- über 60 MW
- 39 Anzahl der Rotoren

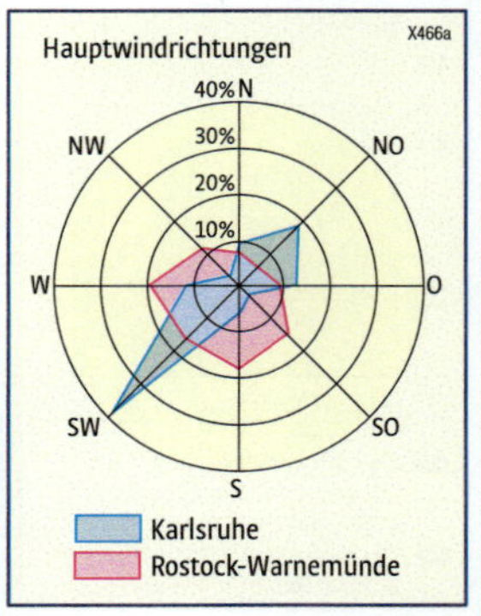

1 Deutschland – Landwirtschaft

Maßstab 1 : 3 500 000 0 30 60 90 km

Ackerbau

- auf sehr guten und guten Böden, z.T. Löss
- auf mittleren und armen Böden

Hauptanbaufrüchte

Getreide

- Weizen
- Roggen
- Gerste
- Mais

Hackfrüchte

- Zuckerrüben
- Kartoffeln

Sonderkulturen

- Obst, Gemüse
- Wein
- Franken Weinanbaugebiet
- Hopfen
- Tabak

Viehwirtschaft

- Dauergrünland
- Rinderhaltung
- Schweinehaltung
- Geflügelhaltung
- Einfuhrhafen für Futtermittel

Forstwirtschaft

- Wald

- landwirtschaftlich nicht genutztes Gebiet (z.B. geschlossene Besiedlung, Dünen, Felsen, Gletscher, Heide, Moor)

Grenzen

- Staatsgrenze
- Landesgrenze

Entwicklung des Ökolandbaus in Deutschland

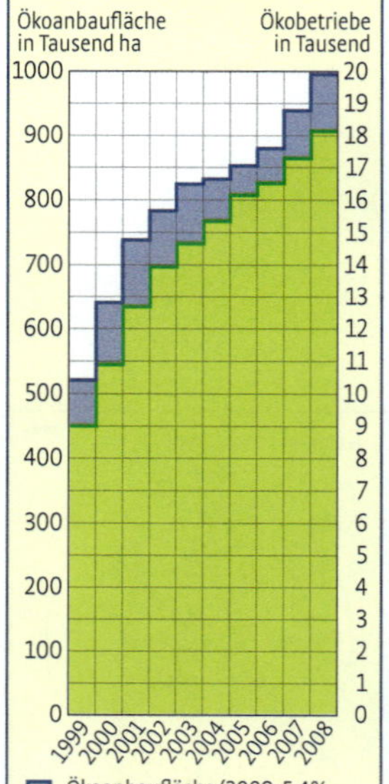

- Ökoanbaufläche (2008: 5,4% der gesamten landwirtschaftlichen Nutzfläche)
- Ökobetriebe (2008: 5,3% aller landwirtschaftlichen Betriebe)

2 Ökologischer Landbau bei Mölln (Schleswig-Holstein)

Maßstab 1 : 12 500 (0 – 100 – 200 – 300 m)

Anbauvielfalt des Lämmerhofs 2010

Getreide
- Sommerweizen
- Winterweizen
- Gerste } gefolgt von Viehfutter
- Dinkel } gefolgt von Viehfutter
- Nackt-Hafer (nach dem Dreschen spelzenfrei)
- Spelz-Hafer (Entfernung der Spelzen notwendig)

Ölpflanze
- Flachs (Leinsamen)

Obst und Gemüse
- Streuobstwiese zur Zucht alter Sorten
- Ackerbohne
- Kürbis

Viehfutter
- Leguminosen-Gemenge (Mischung aus Getreide und Hülsenfrüchten)
- Kleegras
- Zottelwicke

Grünland
- Extensive Rinderweide (spärliche Beweidung durch Angus-Rinder)
- Schweineweide

Landschaftspflege, Förderung der Artenvielfalt
- Ansaat von fünf Meter breiten Streifen aus Wildblumen und -kräutern
- Schaffung von Ackerlebensräumen für Kleintiere
- Biotop
- Wald
- Sumpf
- eiszeitliche Rinne
- Gewässer
- Bäume, Knick
- Naturschutzmaßnahme
- Vogelbeobachtung
- •20 Höhe in Meter
- *Zuschlag* Flurname

Dorfbebauung
- Gebäude des Lämmerhofs
- Gewächshaus des Hofs (Biogemüse)
- Wohngebäude
- Scheune, Stall
- Kläranlage
- Güllebehälter
- Straße
- Wirtschaftsweg
- Hausgarten
- nicht vom Lämmerhof bewirtschaftete Flächen

3 Integrierte Landwirtschaft am Niederrhein – Schweinemastbetrieb mit Biogasanlage

Maßstab 1 : 5 000 (0 – 50 – 100 – 150 m)

Funktionsschema einer Biogasanlage

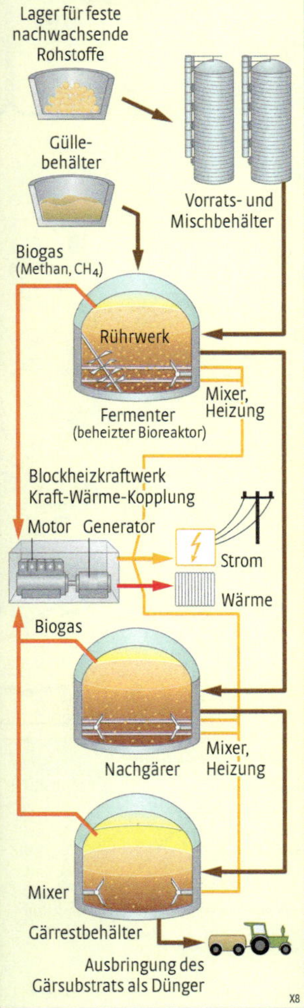

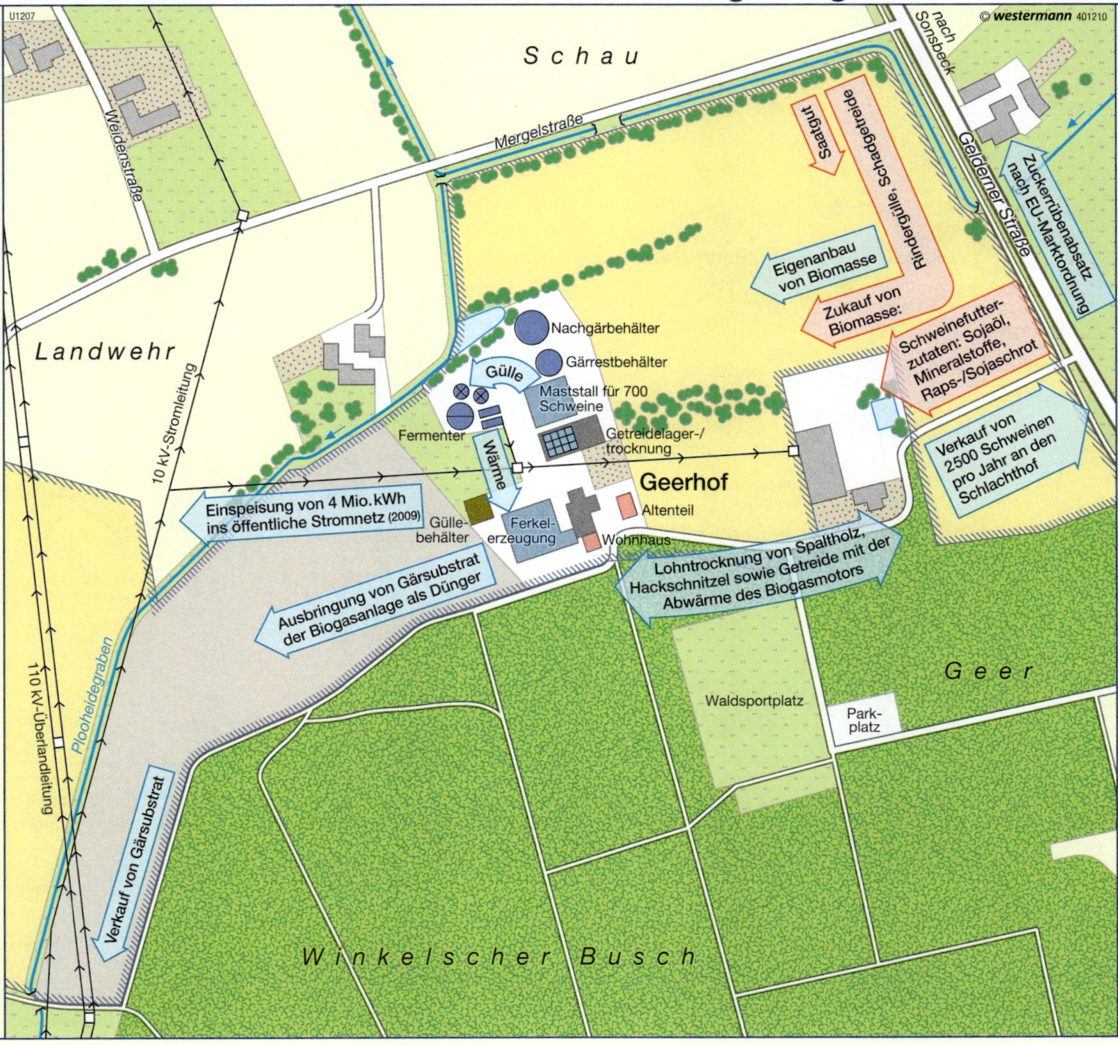

Kreislauforientierter Landwirtschaftsbetrieb Geerhof

Hofbesitz (Flur)
- Grundstücksgrenze (nur hofnahe Felder)
- Getreide
- Zuckerrüben

Biogasanlage
- Vorrats- und Mischbehälter
- Fermenter zur Erzeugung von Methangas (CH_4)
- Anlagensteuerung und Blockheizkraftwerk

Bauernhof
- Scheune, Maschinenhalle
- Photovoltaik-Anlage auf Dachfläche
- Ferkel-/Schweinestall (beheizt mit Abwärme)

Wirtschaftsgüter
- eigene Erzeugung, Dienstleistung
- Einkauf

Kulturlandschaft
- Bäume, Hecke
- Graben
- Straße
- Wirtschaftsweg
- Hausgarten
- Wiese, Weide
- nicht vom Geerhof bewirtschaftete Flächen
- Wald
- Gebäude der Nachbarhöfe

1 Deutschland – Wirtschaft

Maßstab 1 : 3 500 000

Industrie

- Eisen- und Stahlerzeugung
- Buntmetallverhüttung
- Aluminiumverhüttung
- Metallindustrie
- Maschinenbau
- Schiffbau
- Kraftfahrzeugbau
- Schienenfahrzeugbau
- Luft- und Raumfahrttechnik
- Elektrotechnik (z. B. Haushaltsgeräte)
- Elektronik (Hightech, z. B. Computer)
- Feinmechanik, Optik, Uhren
- Erdölraffinerie
  - 10 – 15 Mio. t Jahresdurchsatz
  - unter 10 Mio. Jahresdurchsatz
- Chemie, Kunststoffe
- Textilien, Bekleidung, Leder
- Keramik, Porzellan, Glas
- Holz, Zellulose, Papier
- Nahrungs- und Genussmittel

Dienstleistung

- Verwaltung
- Medien
- Finanzzentrum
- Messe

Transport/Verkehr

- Erdölleitung
- Abkürzungen:
  - *MERO* Mitteleuropäische Rohölleitung
  - *MVL* Mineralöl-Verbund-Leitung
  - *NWO* Nord-West-Ölleitung
  - *PCK* Petrolchemie und Kraftstoffe AG Schwedt
  - *SEPL* Südeuropäische Pipeline
  - *TAL* Transalpine Pipeline
- Autobahn
- Fernstraße (Auswahl)
- Eisenbahn
- schiffbarer Fluss
- schiffbarer Kanal
- Hafen
- Flughafen

Region/Verwaltung

- **Saar** Wirtschaftsregion
- städtischer Verdichtungsraum
- Staatsgrenze
- Landesgrenze

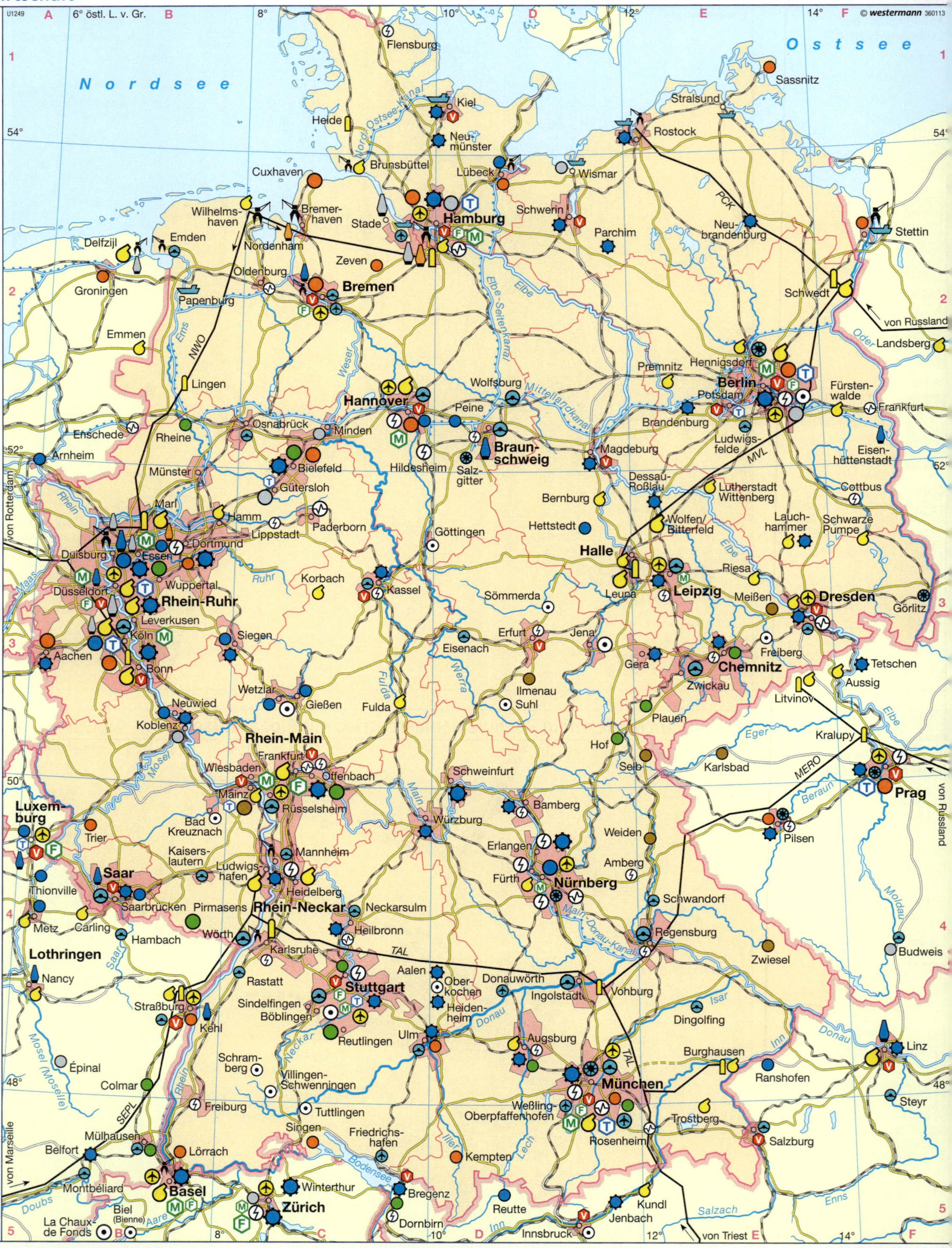

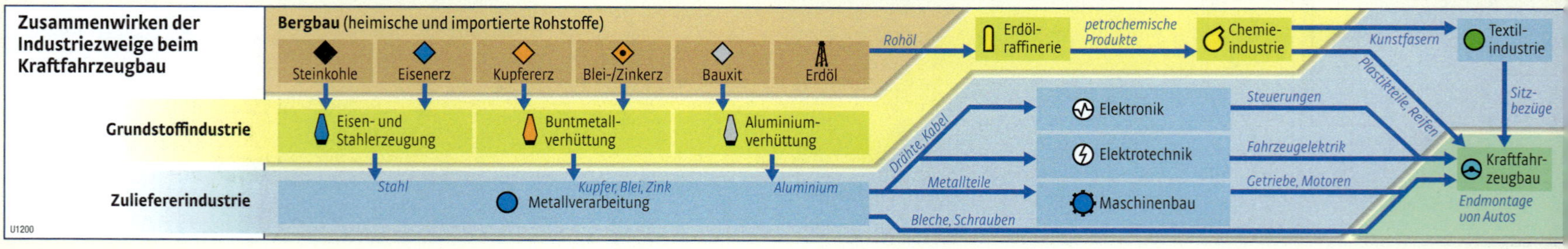

2 M7 Ruhrgebiet – Strukturwandel einer Wirtschaftsregion

Maßstab 1 : 500 000 — 0 5 10 15 20 25 km

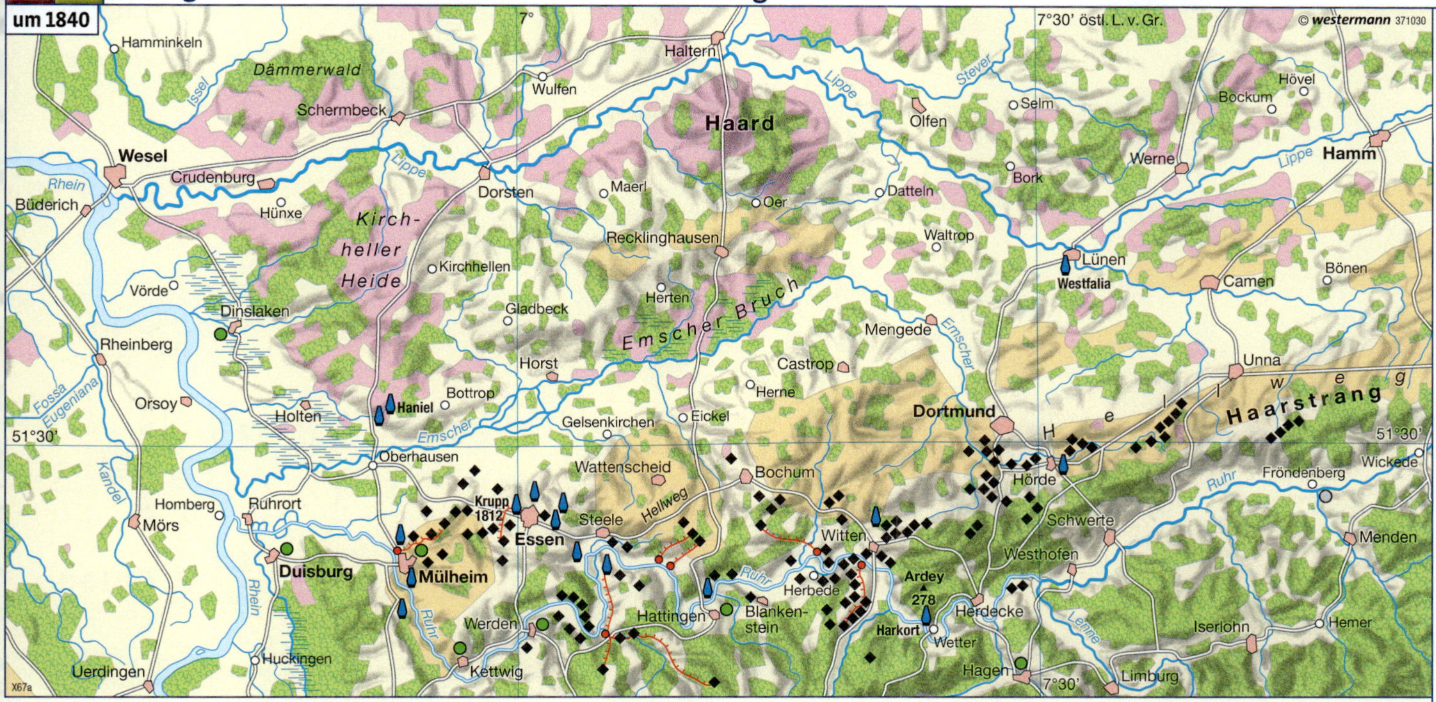

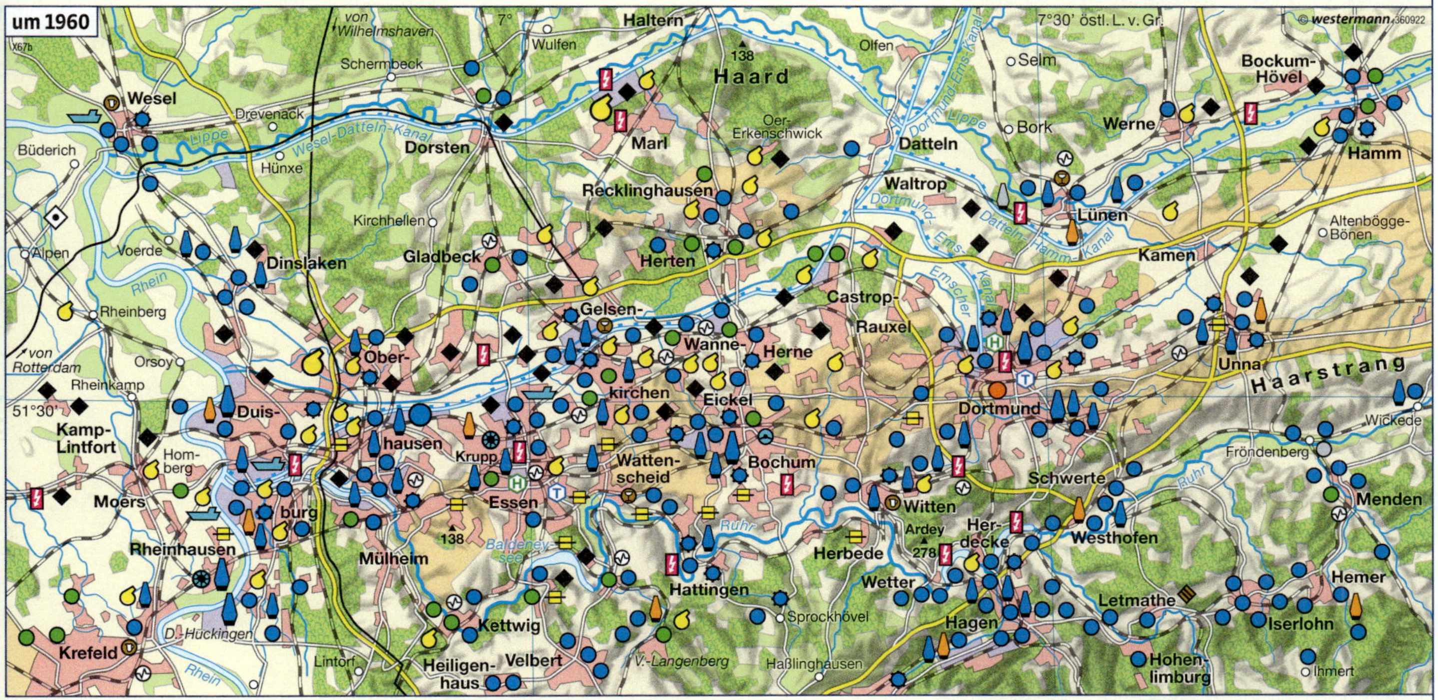

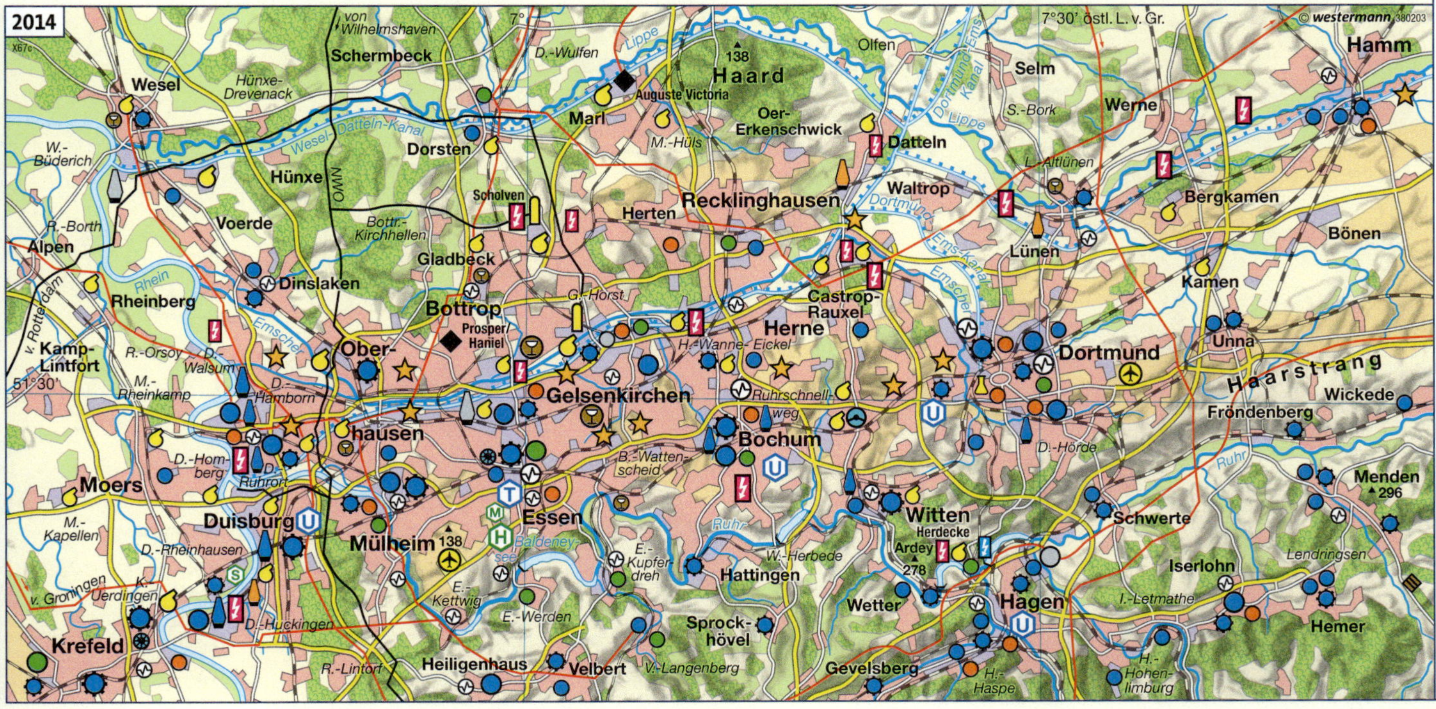

Bergbau
- Steinkohle
- Brikettfabrik
- Steinsalz
- Kalkstein

Energie
- Wärmekraftwerk
- Wasserkraftwerk

Industrie
- Stahlerzeugung
- Aluminiumverhüttung
- Buntmetallverhüttung
- Metallverarbeitung
- Maschinenbau
- Kraftfahrzeugbau
- Schienenfahrzeugbau
- Schiffbau
- Elektrotechnik, Elektronik
- Chemie, Kunststoffe
- Biotechnologie
- Erdölraffinerie
- Textilien, Bekleidung, Leder
- Papier
- Glas
- Keramik
- Nahrungs- und Genussmittel

Tourismus
- Revierpark, Industriekultur

Dienstleistung
- Universität, Hochschule
- TV, Presse, Medien
- Sitz großer Handelsunternehmen
- Service, Beratung
- Messezentrum

Verkehr/Transport
- Autobahn
- Fernstraße
- Eisenbahn
- Kohlebahn, Kohlehafen
- schiffbarer Fluss
- Kanal
- Flughafen
- Erdölleitung
- Erdgasleitung

Bodennutzung
- Heide
- Wald
- Wiese, Weide
- Ackerbau auf geringwertigen Böden
- Ackerbau auf guten bis sehr guten Böden
- Siedlungsfläche
- Industriefläche
- Orte unter 10 000 Einwohner

1 Deutschland – Verkehr

Maßstab 1 : 3 500 000 — 0 30 60 90 120 150 km

Straßenverkehr
- Autobahn
- Autobahn im Bau oder in Planung
- 7 Autobahnnummer (Auswahl)
- andere Fernverkehrsstraße

Schienenverkehr
- ICE-Hochgeschwindigkeitsstrecke (mehr als 200 km/h)
- ICE-Hochgeschwindigkeitsstrecke (bis 160 km/h)
- andere Fernverkehrsstrecke
- wichtiger ICE-Bahnhof

Luftverkehr
- Flughafen mit mehr als 30 Mio. Fluggästen/Jahr
- Flughafen mit 10 bis 30 Mio. Fluggästen/Jahr
- Flughafen mit 1 bis 10 Mio. Fluggästen/Jahr
- mehr als 100 000 t Luftfracht/Jahr

Schiffsverkehr
- Seehafen
- Binnenhafen
- wichtiger Containerhafen

Umschlag (in Tonnen)
- über 50 Mio.
- 10 – 50 Mio.
- 5 – 10 Mio.

Wasserstraßen
- Binnenwasserstraße mit mehr als 20 Mio. t Güterbeförderung/Jahr
- Binnenwasserstraße mit unter 20 Mio. t Güterbeförderung/Jahr
- Fähre

Alpentransit
- Pass (Höhe in m)
- Tunnel (Länge in km)

- dicht besiedeltes Gebiet

2 Hamburger Hafen

Maßstab 1 : 75 000 — 0 500 1000 1500 m

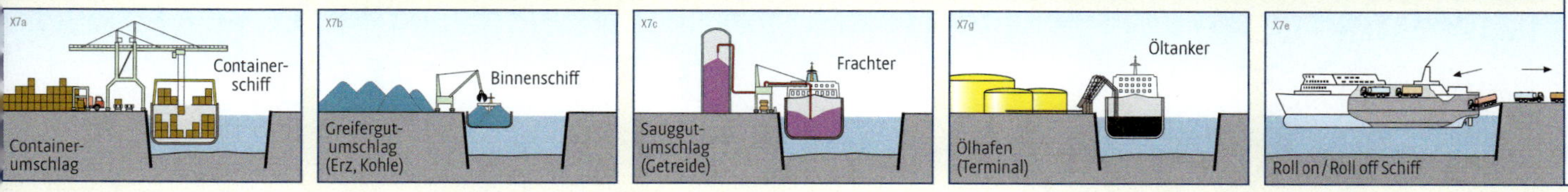

Schifffahrtswege
- Containerschifftiefe (13,5 m)
- Seeschifftiefe (8 – 12 m)
- Binnen- und Hafenschifftiefe
- 1909 Hafenbecken eröffnet
- Leuchtturm, Leuchtfeuer
- Radarstation

Stückgut: Umschlag und Lagerung
- Kreuzfahrtterminal
- Kran und Kaianlage
- Containerbrücke
- Roll on-/Roll off-Anlage
- Anleger für Binnen- und Zubringerschiffe
- Container
- Stückgut

Massengut: Umschlag und Lagerung
- Tanker-Löschbrücke
- Tanklager
- Erz, Kohle (Greifergut)
- Treibstoffe (Flüssiggut)
- Düngemittel (Schüttgut) und Getreide (Sauggut)
- Lagerei, Logistik

Hafenindustrie, -gewerbe
- Industrie-/Gewerbegebiet
- Chemie, Kunststoffe
- Erdölraffinerie
- Metallerzeugung
- Wärmekraftwerk
- Docks zum Bau und zur Reparatur großer Schiffe
- Schiffswerft
- Eisenbahn (Gütertransport)
- Industrie- und Hafenbahn

Städtische Bebauung
- Siedlungsfläche

Arbeitgeber Hafen:
78 000 Beschäftigte (2010)

3 Frankfurt/Main – Flughafen

Maßstab 1 : 75 000 — 0 500 1000 1500 m

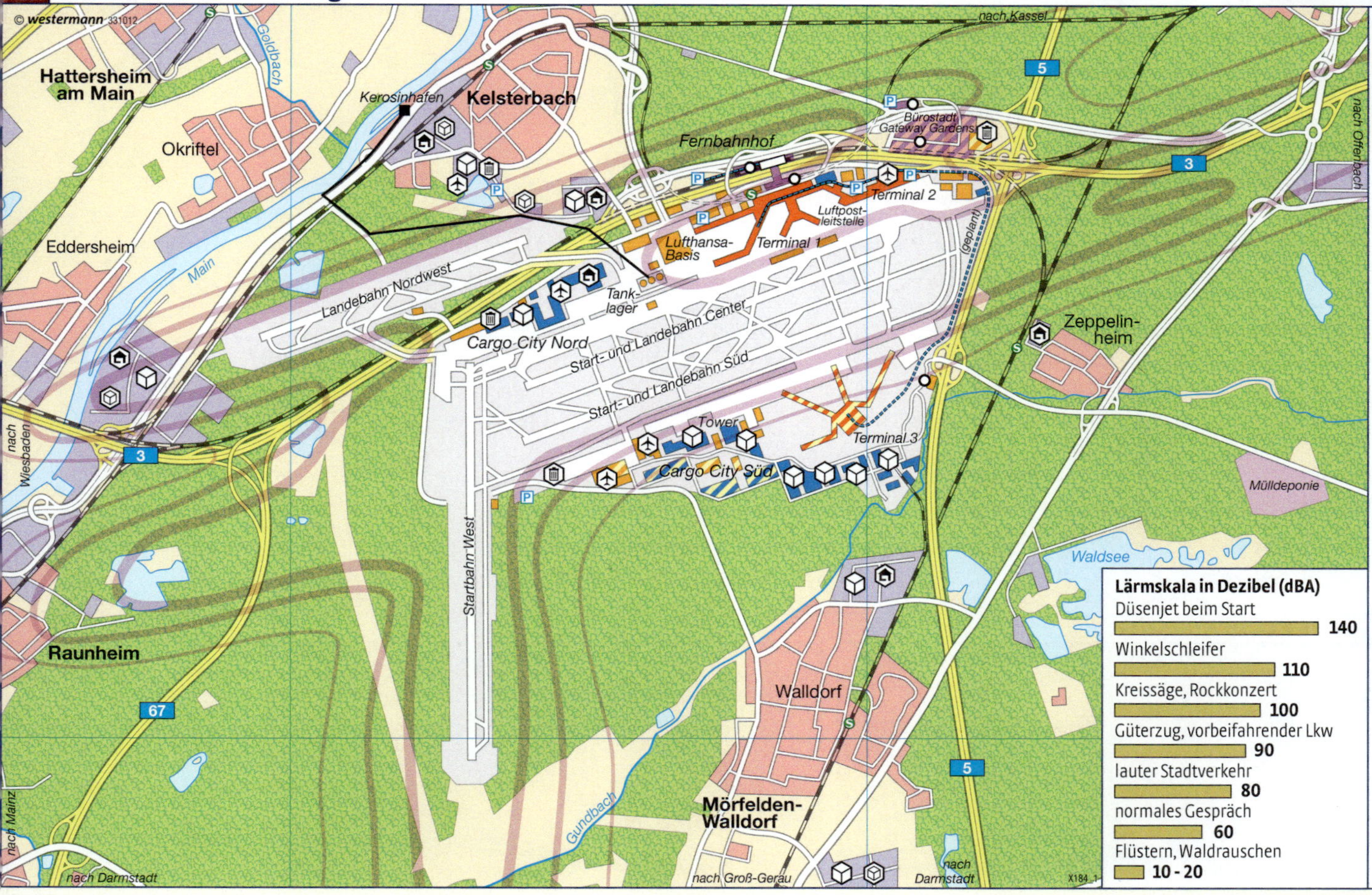

Lärmskala in Dezibel (dBA)

Düsenjet beim Start	140
Winkelschleifer	110
Kreissäge, Rockkonzert	100
Güterzug, vorbeifahrender Lkw	90
lauter Stadtverkehr	80
normales Gespräch	60
Flüstern, Waldrauschen	10 - 20

Flughafenanlagen
- Fluggastabfertigung (Schraffur: geplant)
- Frachtabfertigung
- Verwaltung, Flugzeugwartung und -service
- Flughafengelände

Verkehrsanbindung
- Fernbahn mit ICE-Bahnhof
- S-Bahn
- Hochbahn „Sky Line"
- Autobahn, Schnellstraße
- Parkhaus, Parkplatz

Dienstleistungsunternehmen
- Luftfrachtspeditionen
- Transport-, Kurierdienste
- Fluggesellschaften
- Bordversorgung, Bodendienste, Wartung
- sonstige Dienstleistungen
- Großhotel
- Bürostandorte / gemischt mit Wohnen

Arbeitgeber Flughafen:
500 Arbeitsstätten
75 000 Beschäftigte (2014)

Fluglärmbelastung
(gemittelt aus mehreren Lärmereignissen)
- 70 dBA
- 65 dBA
- 60 dBA

www.heimatundwelt.de HW-046

1 Deutschland – Energiewirtschaft

Maßstab 1 : 3 500 000

Energierohstoffe
- Erdöl
- Erdgas
- Steinkohle
- Braunkohle

Stromerzeugung

Wärmekraftwerke
- Steinkohle
- Braunkohle
- Erdgas
- Kernkraft / stillgelegt

Wasserkraftwerke
- Speicherkraftwerk, einschl. Pumpspeicher
- Laufkraftwerk

Leistung in Megawatt (MW)
- 100 – 500
- 500 – 1000
- über 1000

Verbundnetz

Überlandleitung
- 380 – 400 kV
- unter 380 kV
- Gleichstrom-Seekabel

Abfallentsorgung
- Müllverbrennungsanlage (dient auch der lokalen Strom- und Wärmeversorgung)
- Mülldeponie

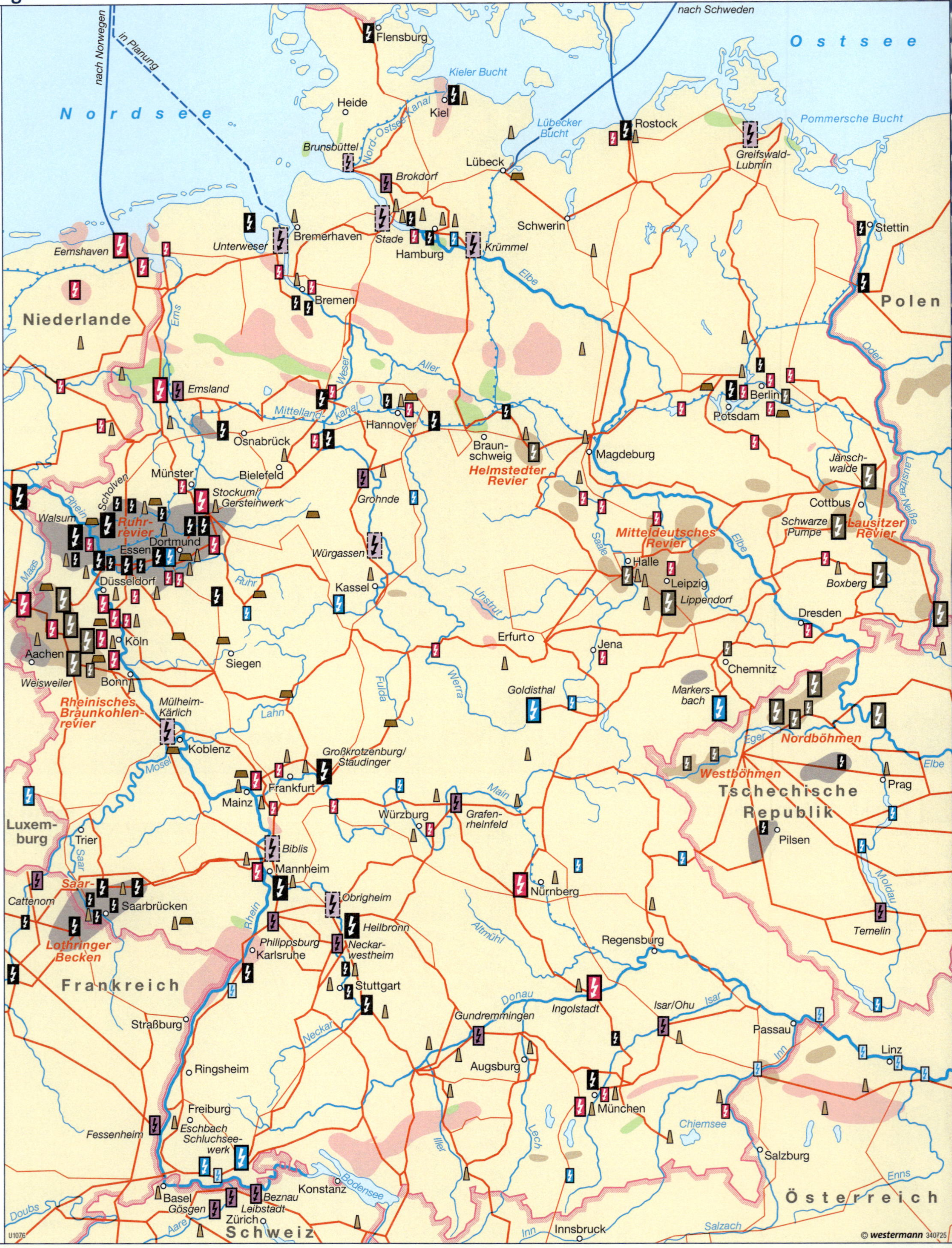

Stromerzeugung nach Energieträgern – Deutschland und Frankreich im Vergleich

Deutschland 2009
(Stromerzeugung insgesamt 596,8 Mrd. kWh bei einem Verbrauch von 582,5 Mrd. kWh)

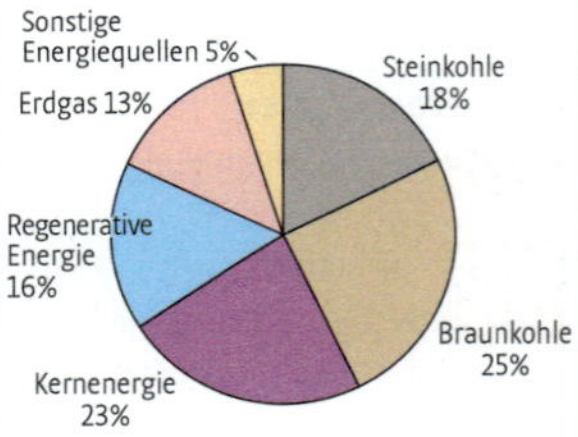

Frankreich 2009
(Stromerzeugung insgesamt 518,8 Mrd. kWh bei einem Verbrauch von 486,7 Mrd. kWh)

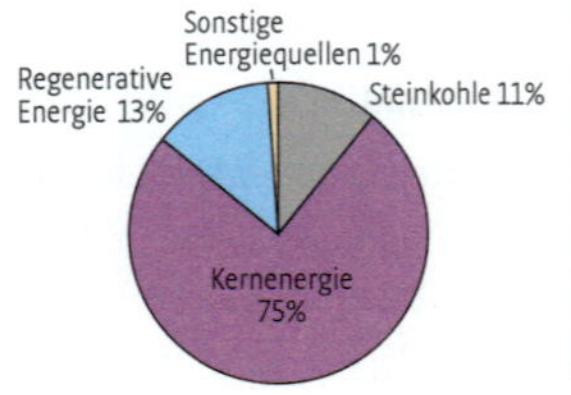

Übersicht über die Nutzung erneuerbarer Energien zur Stromerzeugung siehe Seite 39, Karten 6 und 7.

Der Wasserspeicher füllt sich entweder durch natürlichen Zulauf oder es wird Wasser aus dem Tal hochgepumpt. Dazu nutzen Pumpspeicherkraftwerke den billigeren Nachtstrom. Sie sichern die ausreichende Energieversorgung über den Tag.

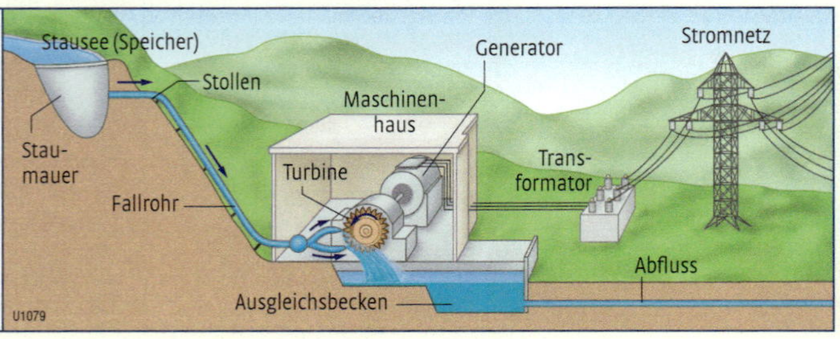

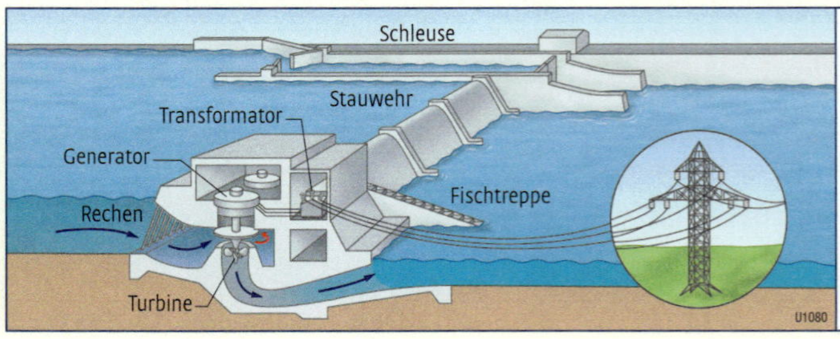

Ein Laufwasserkraftwerk nutzt die große Durchflussmenge von Flüssen zur Stromerzeugung. Es wird in der Regel rund um die Uhr betrieben. Eine Steuerung des Wasserdurchflusses in Abhängigkeit des Strombedarfs ist nicht üblich.

2 M7 Braunkohlenrevier Niederlausitz – Landschaftswandel

Maßstab 1 : 250 000 — 0 2 4 6 km

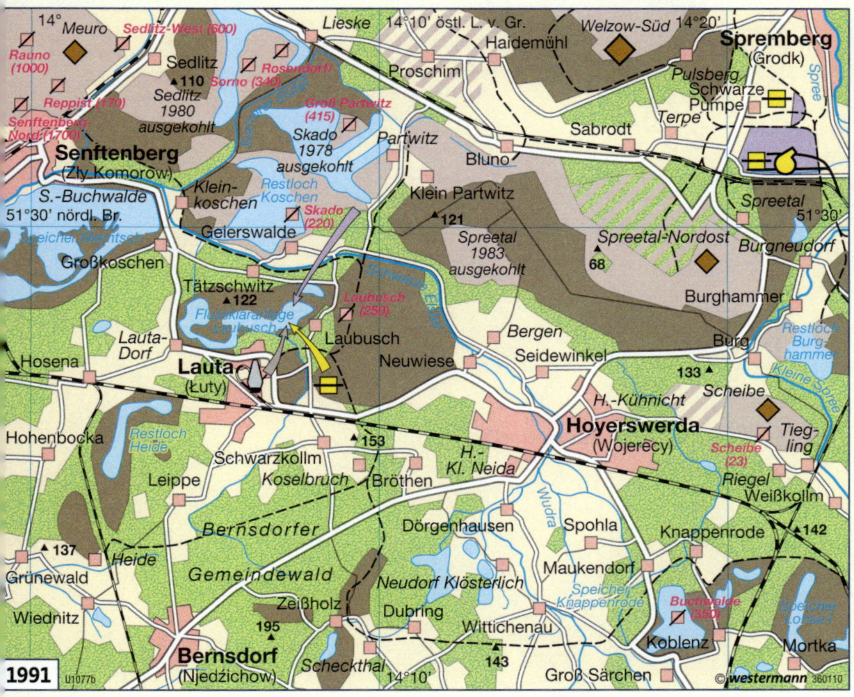

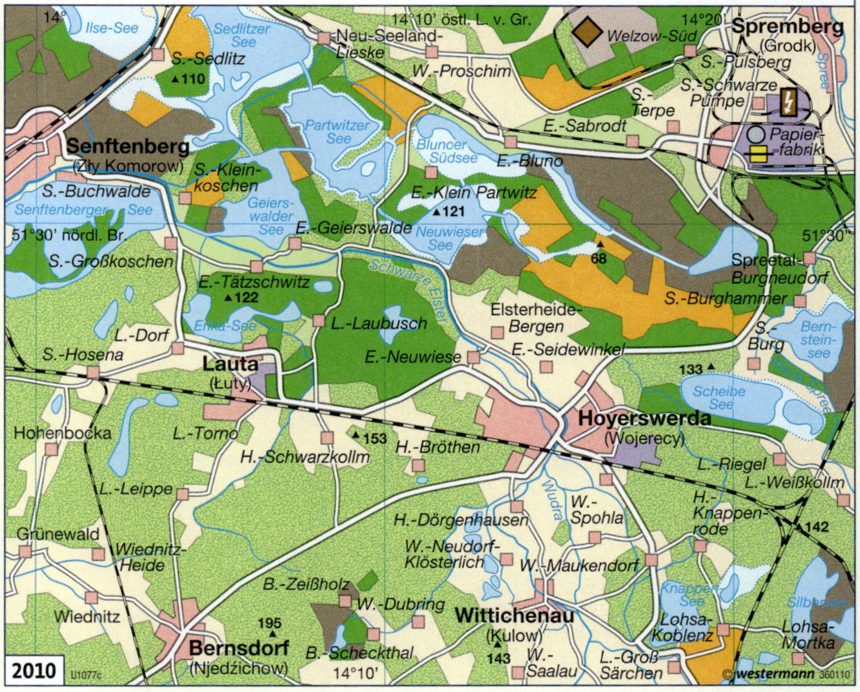

Landnutzung
- Industriepark
- Ackerland
- Wiese, Weide
- Wald

Braunkohlentagebau
- Abbaufläche
- geplante Abbaufläche

Braunkohleverarbeitung/-nutzung
Förderung im Tagebau
- unter 10 Mio. t/Jahr
- über 10 Mio. t/Jahr
- Kohleverbindungsbahn
- Brikettfabrik
- Kohlechemie
- Aluminiumwerk
- Braunkohlenkraftwerk
- Speicher, Restloch

Abwässereinleitung
- aus Brikettierung
- aus Aluminiumwerk (basisch)
- Grubenwässer (sauer)

Rekultivierung
- Sanierungsbergbau, Verkippung
- wieder nutzbar gemachte Fläche, Forstwirtschaft
- wieder nutzbar gemachte Fläche, Landwirtschaft
- Gewässer, geflutete Tagebaulöcher
- Tagebau in Flutung (geplanter Endstand)

Orte
- über 5 000 Einwohner
- unter 5 000 Einwohner
- Orts- und Teilortverlegung 1925 – 1989
- Skado 220: Anzahl der umgesiedelten Einwohner

Verkehr
- Fernverkehrsstraße, Bundesstraße
- Straße, Weg

Eisenbahn
- Hauptstrecke
- Nebenstrecke
- schiffbare Verbindung (touristische Nutzung)

3 Abfallverwertungsanlage und Deponie im Breisgau (Baden-Württemberg)

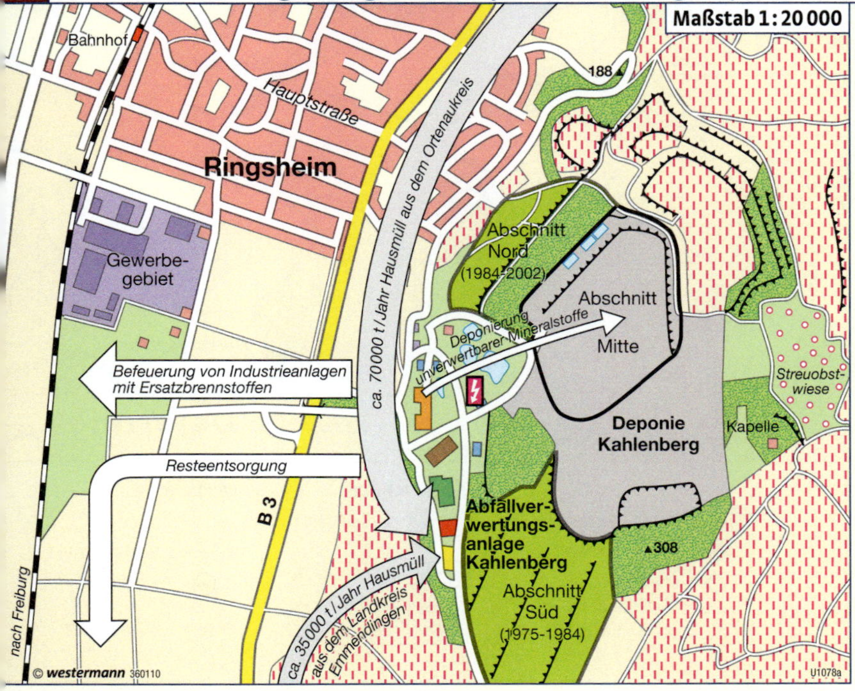

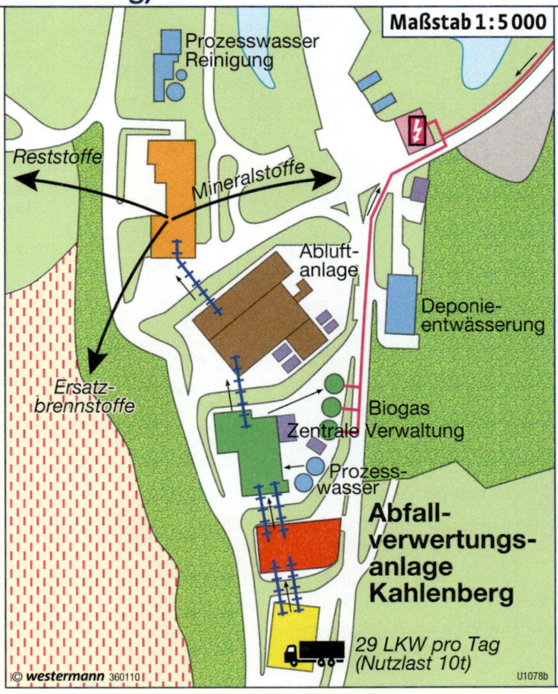

Ehemalige Erzgrube Kahlenberg
- Wein
- Böschung

Hausmülldeponie
- aktive Deponie
- rekultivierte Deponiefläche

Abfallaufbereitung
- Haumülllanlieferung (Kontrolle und Sichtung)
- Mechanische Aufbereitung (Sortierung, Zerlegung, Siebung)
- Biologische Umsetzung (Auswaschung organischer Bestandteile)
- Biologische Trocknung (Zufuhr von Warmluft)
- Mechanische Stofftrennung (Siebung, Sichtung, Verladung)
- Wasserreinigung
- Steuerung, Überwachung
- Förderband
- Blockheizkraftwerk
- Gasleitung (Biogas, Deponiegas)

1 Deutschland – Umwelt und Naturschutz

Maßstab 1 : 3 500 000

Flächennutzung Deutschland 1990 und 2010

1 Kästchen ≙ 1000 km²

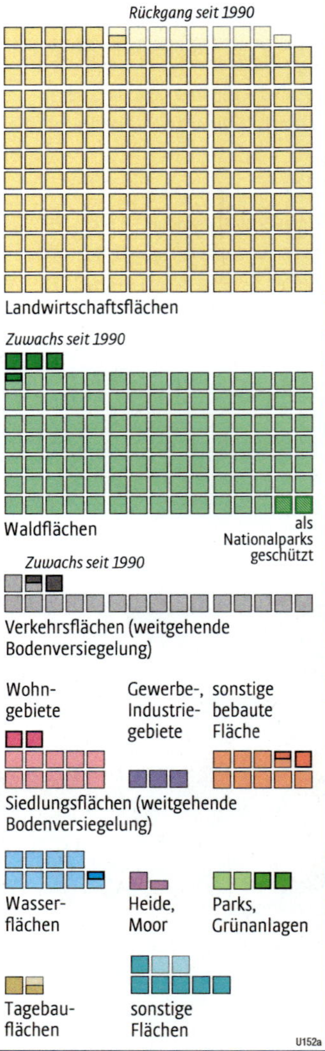

Nationalpark:
Ein vom Bund ausgewiesenes großräumiges Gebiet, das besonders schöne und seltene Naturlandschaften schützt. Bestimmte Bereiche dürfen nicht betreten werden, damit die Natur ungestört bleibt. In Deutschland gibt es 14 Nationalparks, die 2,6 % der Landesfläche einnehmen (inkl. Nord- und Ostsee-Anteile).

Biosphärenreservat:
Ein von der UNESCO ausgewiesenes großräumiges Gebiet, das der Erhaltung und Entwicklung repräsentativer Ökosysteme der Natur- und Kulturlandschaft dient. Besonders wertvolle Gebiete dürfen nicht betreten werden. In Deutschland gibt es 15 Biosphärenreservate, die 3 % der Landesfläche einnehmen (inkl. Nord- und Ostsee-Anteile).

Schema zur Zonierung von Nationalparks und Biosphärenreservaten

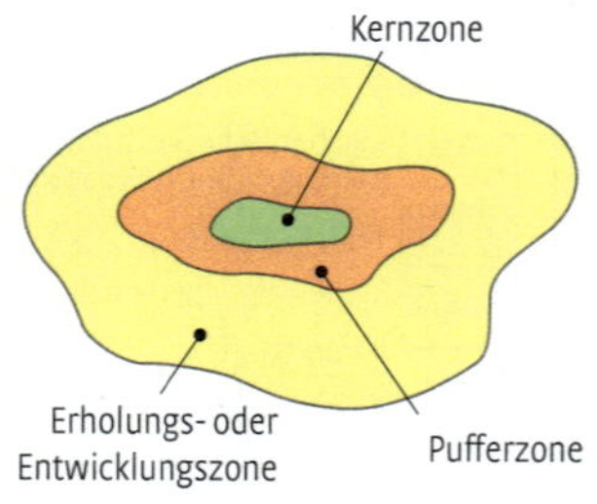

Umweltbelastungen
- sehr stark befahrene Autobahn (über 90 000 KFZ pro Tag)
- stark befahrene Autobahn (50 000 -90 000 KFZ pro Tag)
- hochwassergefährdete Flussabschnitte
- Fluglärm (zivile Flughäfen)
- Kernkraftwerk stillgelegt, Jahr der Abschaltung (2011)
- Zwischenlager für radioaktive Abfälle
- hohe Bodenversiegelung
- Braunkohletagebau
- ehemaliger Braunkohletagebau
- Müllverbrennungsanlage

Naturschutz
- Biosphärenreservat
- Nationalpark

Verkehr
- Autobahn
- Eisenbahn
- Flughafen
- Staatsgrenze

2 Wattenmeer bei Ebbe und Flut

3 Nationalparks an der Nordseeküste

Maßstab 1 : 750 000

1 Deutschland – Tourismus

Maßstab 1 : 3 500 000 (0 – 30 – 60 – 90 km)

UNESCO-Welterbe
mit Jahr der Einschreibung als Kultur- oder Naturerbestätte

1. Aachener Dom (1978)
2. Speyerer Dom (1981)
3. Würzburger Residenz (1981)
4. Wies-Wallfahrtskirche (1983)
5. Brühler Schlösser (1984)
6. Hildesheimer Dom (1985)
7. Römisches Trier, Dom (1986)
8. Hansestadt Lübeck (1987)
9. Schlösser und Parks von Potsdam und Berlin (1990)
10. Kloster Lorsch (1991)
11. Bergwerk Rammelsberg, Altstadt von Goslar (1992) und Oberharzer Wasserregal (2010)
12. Altstadt von Bamberg (1993)
13. Kloster Maulbronn (1993)
14. Quedlinburger Altstadt (1994)
15. Völklinger Hütte (1994)
16. Grube Messel (1995)
17. Kölner Dom (1996)
18. Bauhaus in Weimar und Dessau (1996)
19. Luthergedenkstätten in Eisleben und Wittenberg (1996)
20. Klassisches Weimar (1998)
21. Wartburg (1999)
22. Museumsinsel Berlin (1999)
23. Gartenreich Dessau-Wörlitz (2000)
24. Klosterinsel Reichenau (2000)
25. Zeche Zollverein in Essen (2001)
26. Altstädte von Stralsund und Wismar (2002)
27. Oberes Mittelrheintal (2002)
28. Bremer Rathaus, Roland (2004)
29. Fürst-Pückler-Park in Bad Muskau (2004)
30. Römischer Grenz-Limes (2005)
31. Regensburger Altstadt (2006)
32. Siedlungen der Berliner Moderne (2008)
33. Wattenmeer (2009 / 2011)
34. Naturnahe Buchenwälder in den Nationalparks Jasmund, Kellerwald-Edersee, Müritz, Hainich und im Biosphärenreservat Schorfheide-Chorin (2011)
35. Fagus-Werk in Alfeld (2011)
36. Prähistorische Pfahlbauten um die Alpen (2011)
37. Markgräfliches Opernhaus, Bayreuth (2012)
38. Bergpark Wilhelmshöhe, Kassel (2013)
39. Kloster Corvey, Höxter (2014)
40. Speicherstadt und Kontorhausviertel mit dem Chilehaus in Hamburg (2015)
41. Architektonisches Werk Le Corbusiers in der Weißenhofsiedlung in Stuttgart (2016)

Tourismusgebiete
- bedeutendes Tourismusgebiet
- Harz – Bezeichnung eines Tourismusgebietes

Tourismusorte
- Heilbad
- Seebad
- Luftkurort

Übernachtungen pro Jahr
- 100 000 - 1 000 000
- über 1 000 000
- sonstiger Tourismusort

Übernachtung in Großstädten
- 500 000-1 000 000
- über 1 000 000 pro Jahr
- Freizeitpark / Erlebnispark (über 1 000 000 Besucher pro Jahr)

Naherholung
- Waldgebiet
- Gewässer
- Verdichtungsraum
- Staatsgrenze

Verkehrswege (in Auswahl)
- Autobahn
- Fernstraße
- Eisenbahn
- Fähre

2 Seebadtourismus auf Sylt (Nordseeküste)

Maßstab 1 : 100 000

Sommertourismus auf Sylt

Wintertourismus auf Sylt

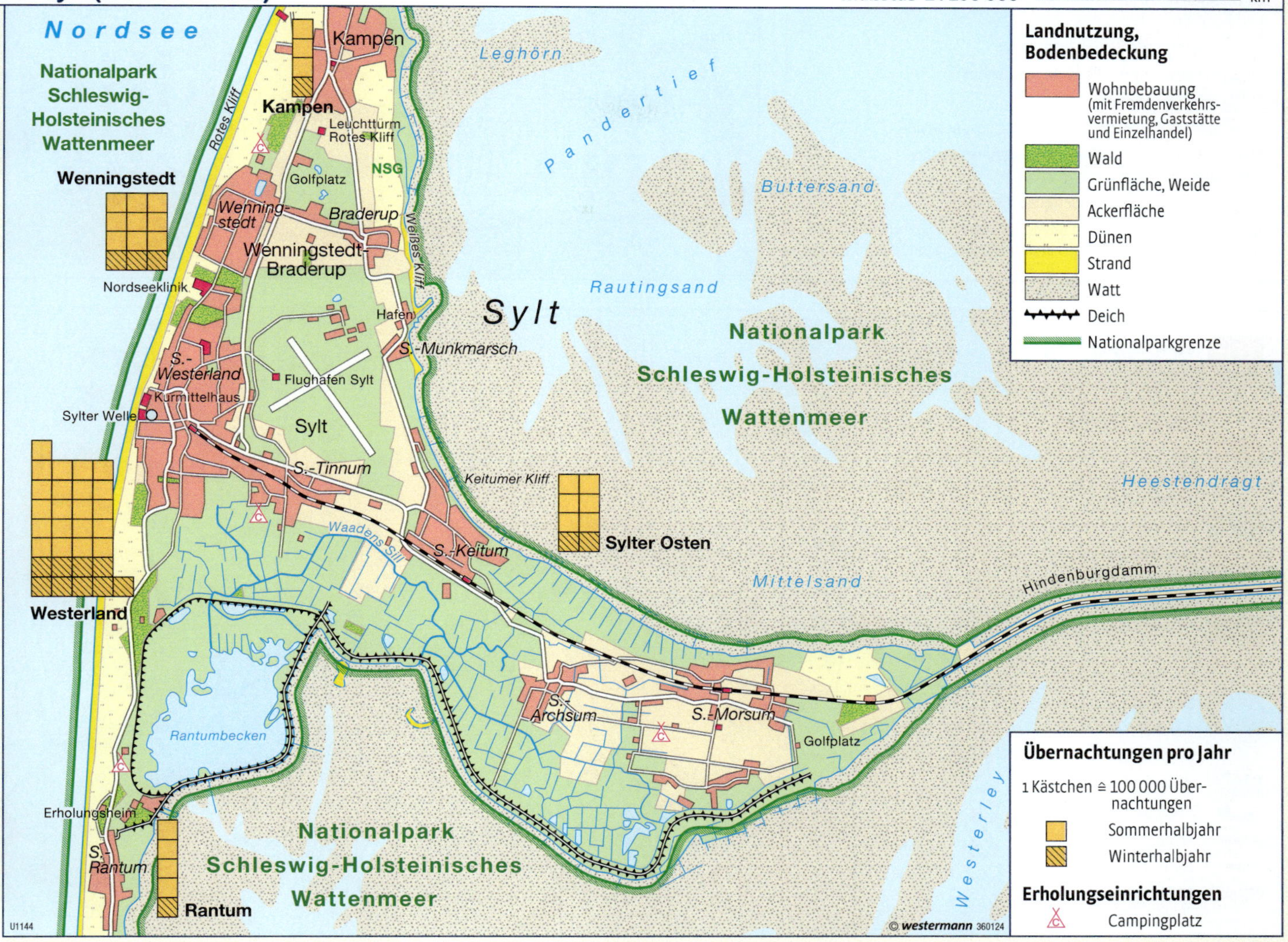

3 Bergtourismus im Wettersteingebirge (Alpen)

Maßstab 1 : 100 000

Sommerwandern im Wetterstein

Wintersport im Wetterstein

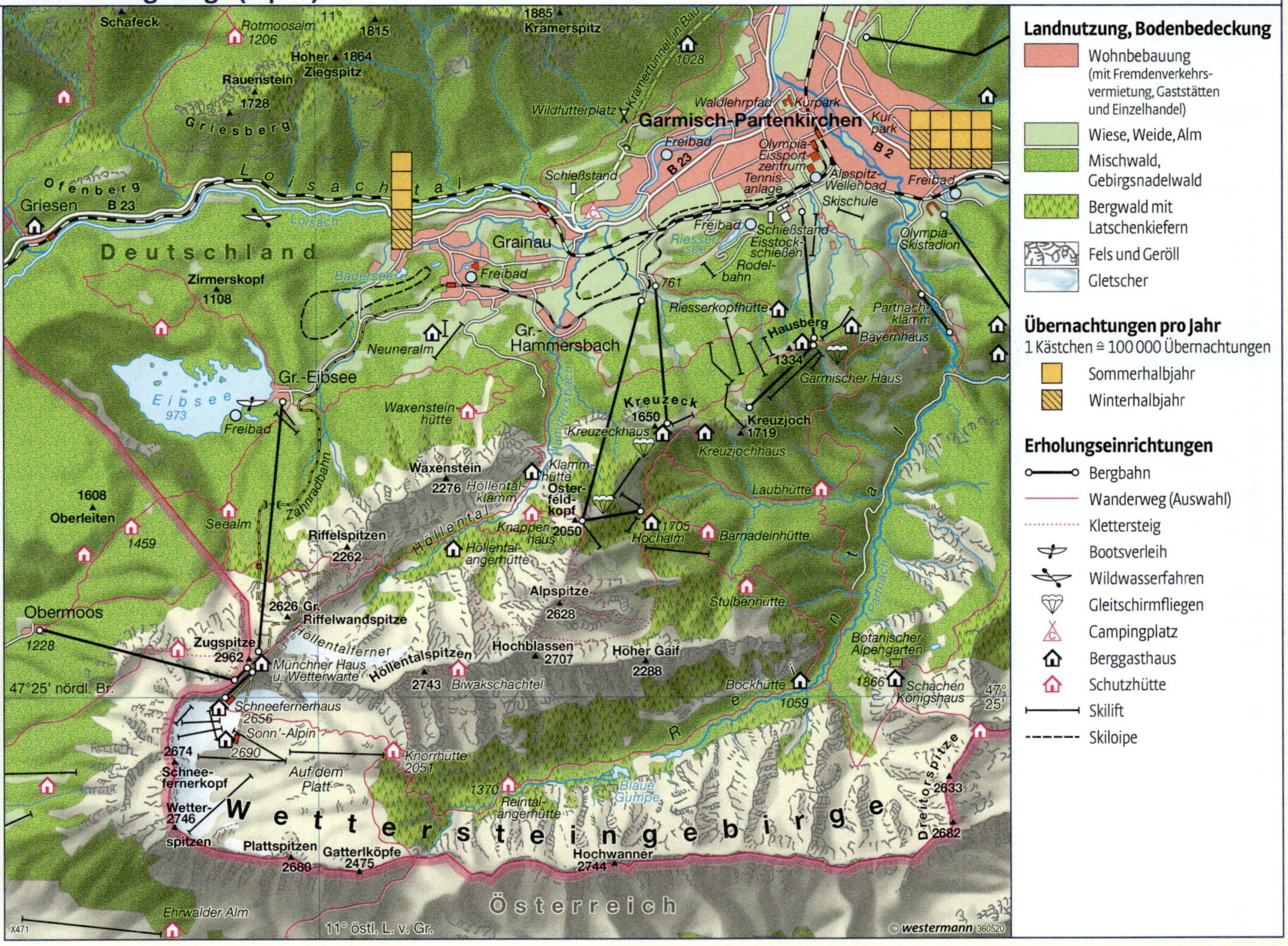

Hauptstadt Berlin

Seit 1990 ist Berlin die Hauptstadt der Bundesrepublik Deutschland und Sitz vieler Verfassungsorgane:

1 Bundestag im Reichstagsgebäude
2 Bundesrat im preußischen Ständehaus
3 Bundeskanzleramt
4 Sitz des Bundespräsidenten im Schloss Bellevue

Mehr als 120 Staaten und alle 16 Bundesländer haben Botschaften oder Vertretungen in Berlin:

5 Vertretung eines Bundeslandes (Bremen)

Darüber hinaus sind internationale Einrichtungen und viele Fernseh- und Radiostationen, Zeitungen und Nachrichtenagenturen vertreten.

1

2

- Bundesbehörde
- *Justiz* Bundesministerium
- □ ausländische Vertretung (Konsulat, Botschaft)
- Landesbehörde (Berlin)
- ▲ Landesvertretung (Bundesländer)
- Bildungseinrichtung
- kulturelle Einrichtung
- kirchliche und soziale Einrichtung
- Hauptgeschäftszentrum
- Wohnnutzung, z. T. Handel, Gewerbe
- Bahngelände, Industrie
- Friedhof
- Grünfläche
- Wald
- Zoogebäude
- Fernbahn, S-Bahn
- Fernbahn unterirdisch
- DB Fernbahnhof
- S-Bahn unterirdisch
- S S-Bahnhof
- U-Bahn
- U-Bahn oberirdisch
- U-Bahn (im Bau)
- U U-Bahnhof
- Straßentunnel
- **Mitte** Ortsteil
- ehemaliger Verlauf der Berliner Mauer

Landesvertretung

- ▲ 1 Baden-Württemberg
- ▲ 2 Bayern
- ▲ 3 Berlin
- ▲ 4 Brandenburg
- ▲ 5 Bremen
- ▲ 6 Hamburg
- ▲ 7 Hessen
- ▲ 8 Mecklenburg-Vorpommern
- ▲ 9 Niedersachsen
- ▲ 10 Nordrhein-Westfalen
- ▲ 11 Rheinland-Pfalz
- ▲ 12 Saarland
- ▲ 13 Sachsen
- ▲ 14 Sachsen-Anhalt
- ▲ 15 Schleswig-Holstein
- ▲ 16 Thüringen

Mit 5,4 Mio. Übernachtungsgästen aus Deutschland, 2,9 Mio. aus dem Ausland und 132 Mio. Tagestouristen ist Berlin das beliebteste Reiseziel in Deutschland (2008). Damit gehört Berlin nach London und Paris und zusammen mit Rom auch zu den beliebtesten Reisezielen in Europa. Neben den politischen Institutionen gibt es zahlreiche Sehenswürdigkeiten, Museen sowie viele Geschäfte und Kulturangebote, die Touristen nach Berlin ziehen:

6 Brandenburger Tor
7 Holocaust-Mahnmal
8 Potsdamer Platz
9 Gendarmenmarkt
10 Museumsinsel mit Fernsehturm im Hintergrund

6

7

3

4

5

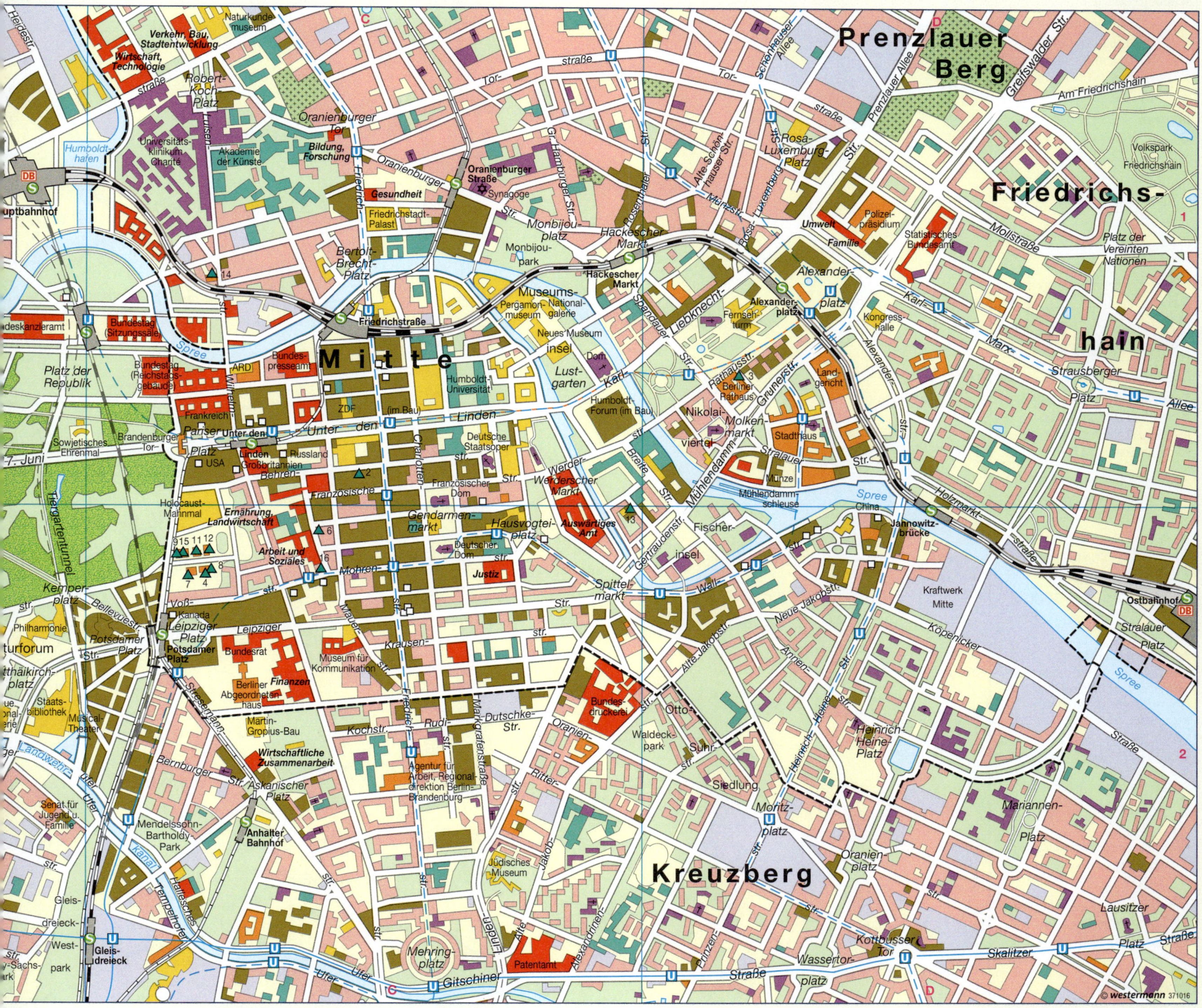
Prenzlauer Berg
Friedrichs-
hain
Mitte
Kreuzberg
Naturkunde-museum
Verkehr, Bau, Stadtentwicklung
Wirtschaft, Technologie
Robert-Koch-Platz
Universitäts-klinikum Charité
Akademie der Künste
Humboldt-hafen
Oranienburger Tor
Bildung, Forschung
Oranienburger Straße
Synagoge
Gesundheit
Friedrichstadt-Palast
Bertolt-Brecht-Platz
Monbijou-platz
Monbijou-park
Hackescher Markt
Museums-insel
Pergamon-museum
National-galerie
Neues Museum
Dom
Lustgarten
Humboldt-Forum (im Bau)
Friedrichstraße
Bundestag (Sitzungssäle)
Bundes-presseamt
Platz der Republik
Bundestag (Reichstags-gebäude)
ARD
ZDF
Humboldt-Universität
Unter den Linden
Pariser Platz
Brandenburger Tor
Frankreich
USA
Russland
Großbritannien
Sowjetisches Ehrenmal
17. Juni
Tiergartentunnel
Holocaust-Mahnmal
Ernährung, Landwirtschaft
Arbeit und Soziales
Französische Str.
Französischer Dom
Deutsche Staatsoper
Gendarmen-markt
Deutscher Dom
Hausvogtei-platz
Auswärtiges Amt
Werderscher Markt
Justiz
Mohrenstr.
Kemper-platz
Philharmonie
Kulturforum
Potsdamer Platz
Leipziger Platz
Voß-str.
Kanada
Bundesrat
Finanzen
Berliner Abgeordneten-haus
Museum für Kommunikation
Krausenstr.
Spittel-markt
Fischer-insel
Neue Jakobstr.
Kraftwerk Mitte
Köpenicker Str.
Bundes-druckerei
Martin-Gropius-Bau
Kochstr.
Wirtschaftliche Zusammenarbeit
Askanischer Platz
Anhalter Bahnhof
Staats-bibliothek
Musical-Theater
Landwehrkanal
Senat für Jugend u. Familie
Mendelssohn-Bartholdy-Park
Gleis-dreieck
West-park
Agentur für Arbeit, Regionaldirektion Berlin-Brandenburg
Dutschke-Str.
Jüdisches Museum
Mehring-platz
Patentamt
Gitschiner
Alexanderplatz
Alexander-platz
Fernseh-turm
Berliner Rathaus
Rathausstr.
Nikolai-viertel
Molken-markt
Mühlendamm
Mühlendamm-schleuse
Stadthaus
Münze
Land-gericht
Kongress-halle
Polizei-präsidium
Statistisches Bundesamt
Umwelt
Familie
Rosa-Luxemburg-Platz
Torstraße
Karl-Marx-Allee
Strausberger Platz
Platz der Vereinten Nationen
Volkspark Friedrichshain
Am Friedrichshain
Greifswalder Str.
Prenzlauer Allee
Mollstraße
Holzmarkt-straße
Jannowitz-brücke
Spree
China
Ostbahnhof
Stralauer Platz
Heinrich-Heine-Platz
Waldeck-park
Moritz-platz
Oranien-platz
Mariannen-Platz
Kottbusser Tor
Wassertor-platz
Skalitzer Str.
Lausitzer Platz
Siedlung
© westermann 371016

8

9

10

1 Deutschland – Bevölkerungsdichte

Maßstab 1 : 3 500 000 0 50 100 150 km

Einwohner je km²
auf Gemeindebasis

- unter 25
- 25 – 50
- 50 – 100
- 100 – 200
- 200 – 400
- 400 – 1000
- über 1000

Städte (Einwohner)

- □ über 1 000 000
- ⊙ 500 000 – 1 000 000
- ○ 100 000 – 500 000
- • unter 100 000

Grenzen

- Staatsgrenze
- Landesgrenze

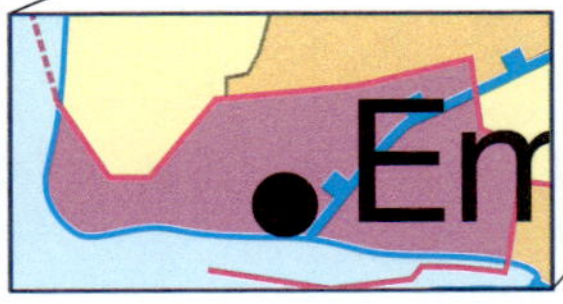

Emden – Berechnung der Bevölkerungsdichte

Bevölkerung 2009: 51 292 Einwohner
Fläche der Stadt: 112,33 km²

Berechnung der Bevölkerungsdichte:

$\frac{\text{Einwohner}}{\text{Fläche}} = \frac{51\,292 \text{ Einw.}}{112{,}33 \text{ km}^2} = 456{,}61 \text{ Einw./km}^2$

Mit 457 Einwohner/km² fällt Emden in Karte 1 in folgende Bevölkerungsdichteklasse:

400 – 1000

Zur Veranschaulichung:
Wenn man nun wissen möchte, wie viele Einwohner auf ein Fußballfeld kommen, ergibt sich folgende Rechnung:

1 Fußballfeld = 7 140 m²
Stadtfläche Emden = 112 330 000 m²

Stadtfläche Emdens in Fußballfeldern:

$\frac{112\,330\,000 \text{ m}^2}{7\,140 \text{ m}^2} = 15\,732{,}5 \text{ Felder}$

Einwohner Emdens pro Fußballfeld:

$\frac{51\,292 \text{ Einw.}}{15\,732{,}5 \text{ Felder}} = 3{,}26 \text{ Einw./Feld}$

Teilt man Emden also in Fußballfelder auf, so wohnen auf jedem Feld mehr als 3 Einwohner.

Maßstabswechsel
Der gezoomte Kartenausschnitt zeigt Emden im Vergleich zur Deutschlandkarte in einem größeren Maßstab.
Jetzt lassen sich die 20 Stadtteile von Emden mit ihrer Bevölkerungsdichte darstellen.
Dabei wird deutlich, dass die Bevölkerung von Emden im Stadtgebiet unterschiedlich verteilt ist.

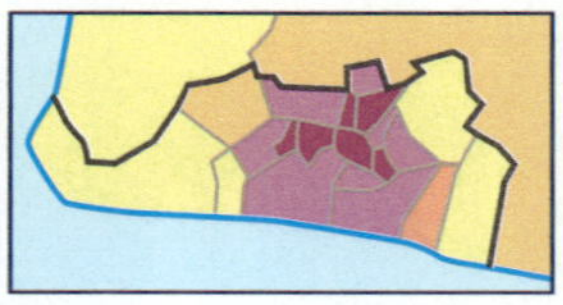

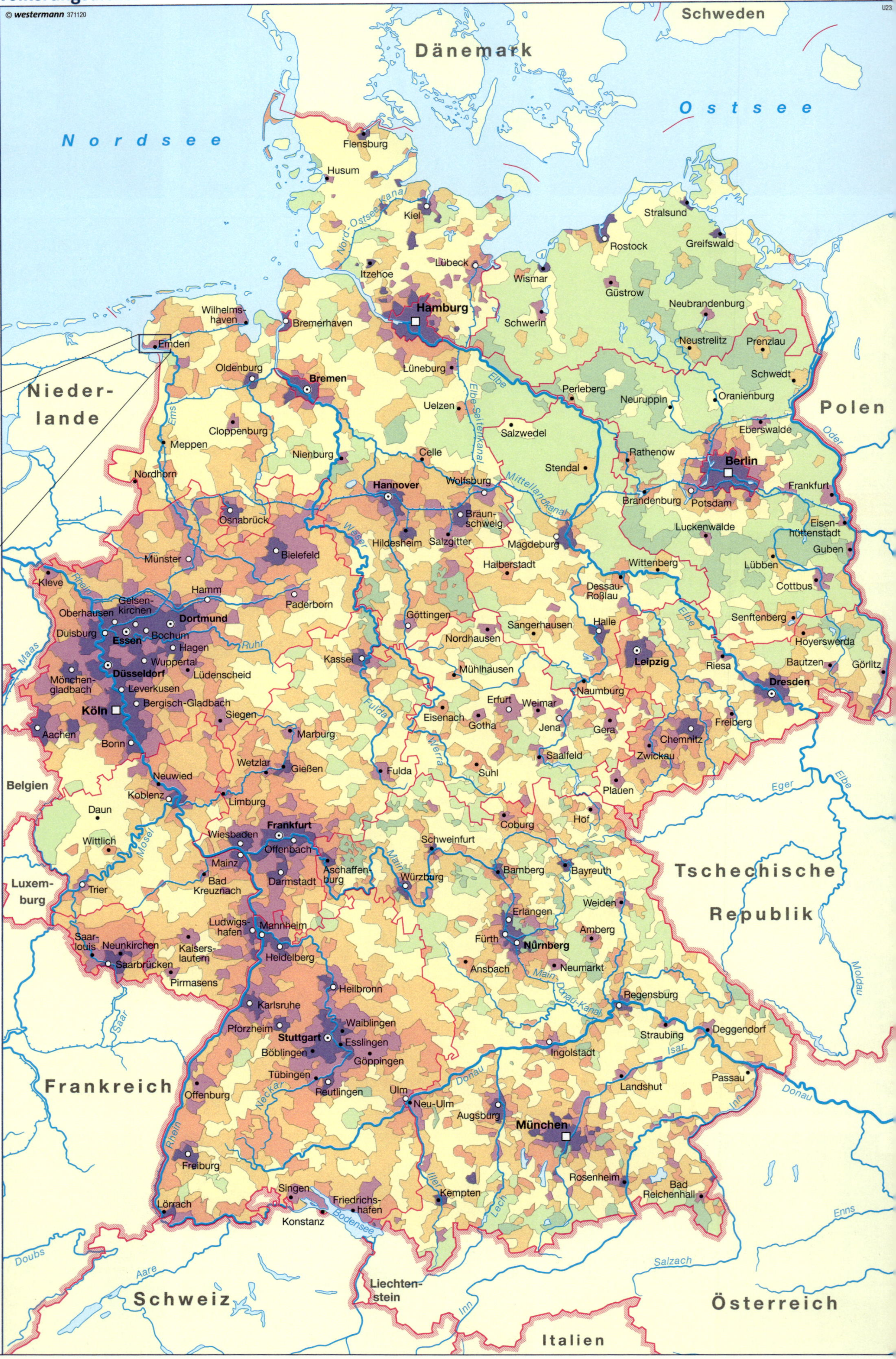

2 Altersaufbau

U174_1

Deutschland 1900
56,4 Millionen Einwohner

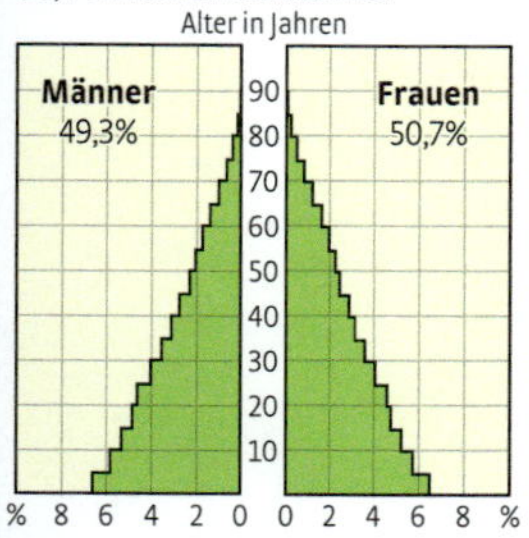

Pyramidenform
– hohe Geburtenrate
– hohe Sterblichkeit in allen Altersstufen
Folgen:
– gleichmäßige Abnahme der Bevölkerungszahl in jeder Altersstufe
– geringe Lebenserwartung

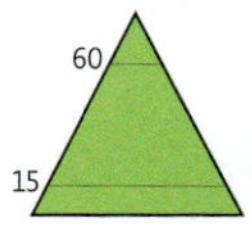

Deutschland 1950
68,5 Millionen Einwohner

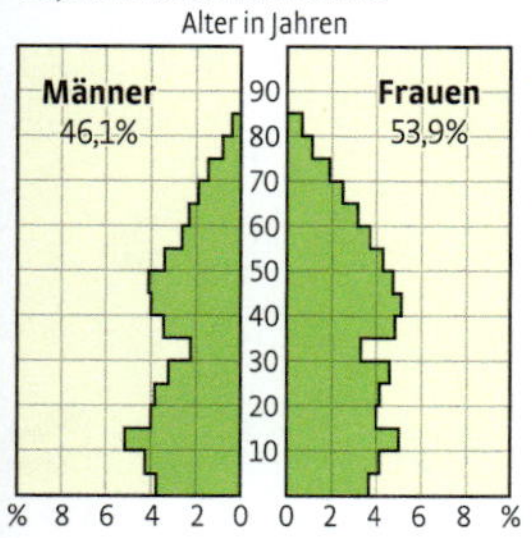

Bienenstockform (angenähert; auch Glockenform genannt)
– bis 55 Jahre ähnlich große Altersstufen – mittlere Geburtenrate von etwa 2,1 Kinder pro Frau, damit bleibt die Bevölkerungszahl konstant
– Einschnitte durch den 1. bzw. 2. Weltkrieg

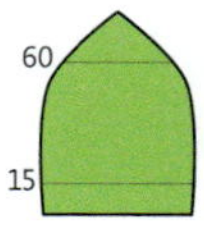

Deutschland 2010
80,3 Millionen Einwohner

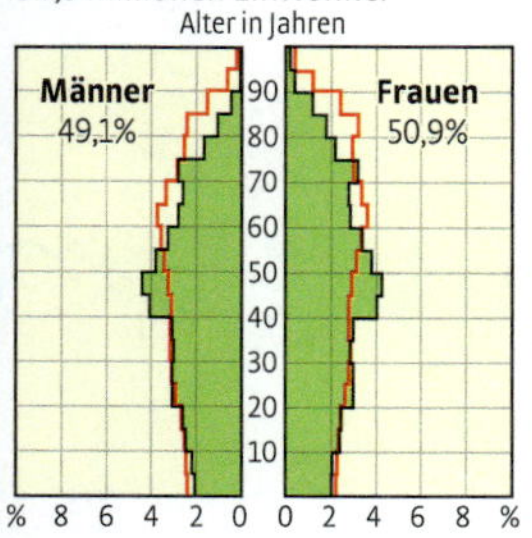

Prognose 2050

Urnenform (angenähert)
– immer stärker abnehmende jüngere Jahrgänge
– stark besetzte ältere Jahrgänge
Folge:
– zunehmende Überalterung

Urnenform (klassisch) – Prognose 2050
– niedrige Geburtenrate
– konstant abnehmende Geburtenzahl
– immer längere Lebensdauer
Folge:
– starke Überalterung

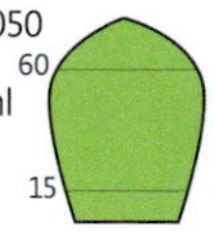

3 Natürliche Bevölkerungsentwicklung

Maßstab 1 : 7 000 000

Zunahme
Geburten minus Sterbefälle je 1 000 Einwohner (in Promille); 2011, Basis Kreise
- 2 – 3 ‰
- 0 – 2

Abnahme
- 0 – -2
- -2 – -4
- -4 – -6
- -6 – -8 ‰

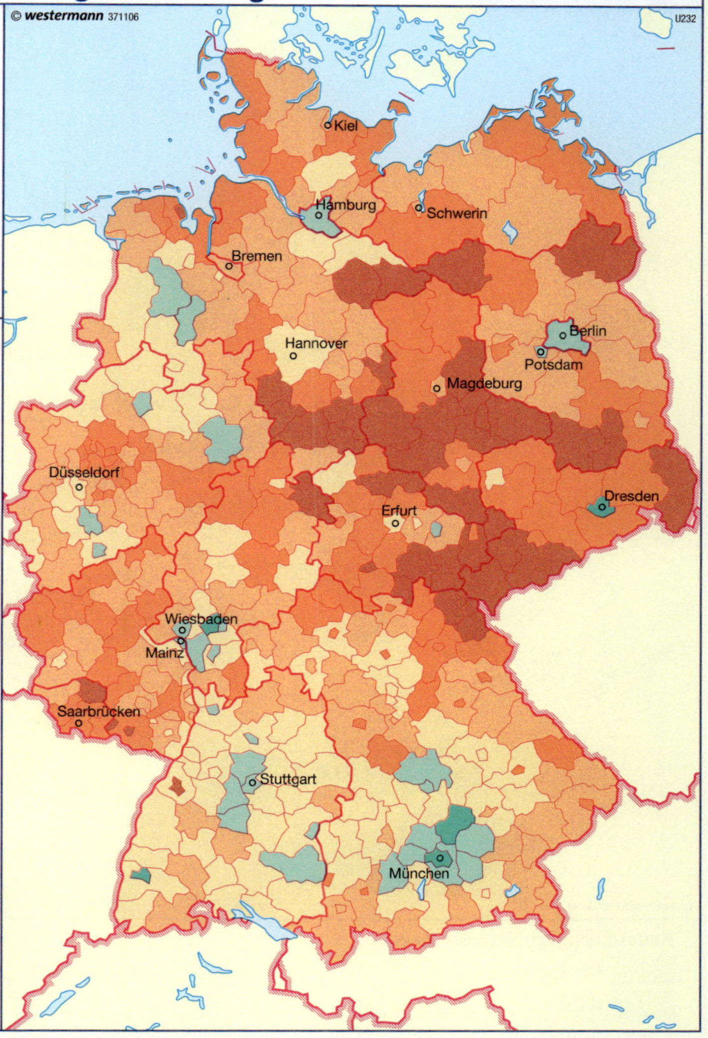

Entwicklung von Geburten- und Sterbefällen in Deutschland
- Lebendgeborene je 1 000 Einw.
- Sterbefälle je 1 000 Einw.

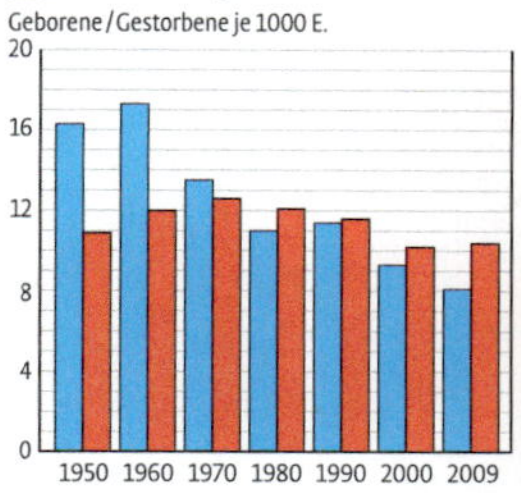

Entwicklung der Lebenserwartung bei Geburt in Deutschland
- Männer
- Frauen

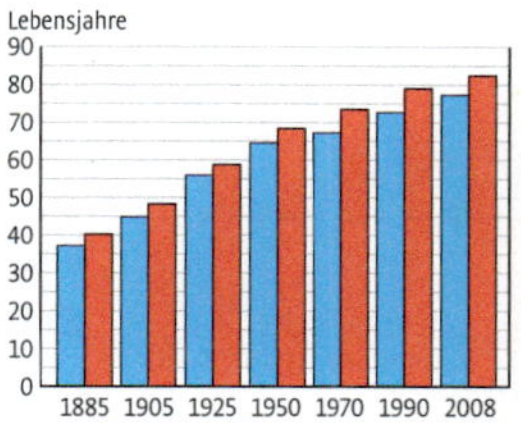

4 Ausländische Bevölkerung

Maßstab 1 : 7 000 000 0 50 100 150 km

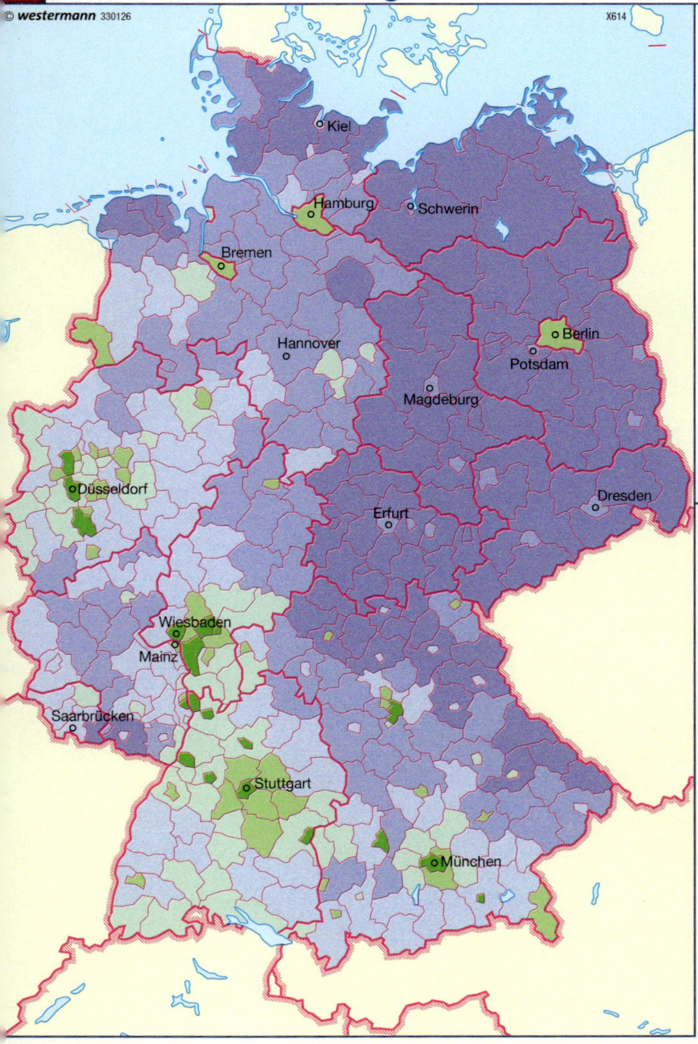

Ausländische Bevölkerung
Anteil an der Gesamtbevölkerung (in Prozent); 2011; Basis Kreise
- unter 3 %
- 3 – 5
- 5 – 8
- Durchschnitt Deutschland: 7,7 %
- 8 – 11
- 11 – 14
- über 14 %
- Staatsgrenze
- Landesgrenze
- Kreisgrenze

5 Bevölkerungsveränderung

Maßstab 1 : 7 000 000

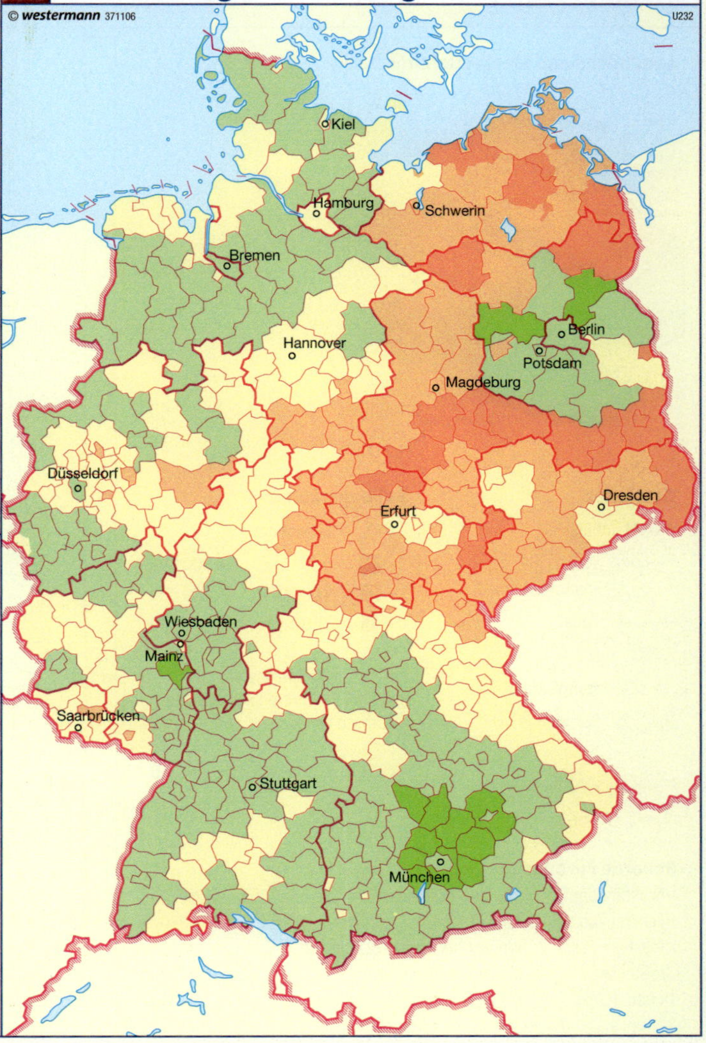

Bevölkerungsveränderung 2007 – 2025
Geschätzte Veränderung der Einwohnerzahl 2007 – 2025 (in Prozent); Basis Kreise

Zunahme
- +10 bis +20 %
- +0,1 bis +10

Abnahme
- 0 bis -10
- -10 bis -20
- mehr als -20 %

- Staatsgrenze
- Landesgrenze
- Kreisgrenze

1 Flusseinzugsgebiete

Maßstab 1 : 36 000 000

Haupteinzugsgebiete der Meere

- Atlantischer Ozean
- Nordsee
- Ostsee
- Polarmeer
- Mittelmeer
- Adria
- Ägäis
- Schwarzes Meer
- Kaspisches Meer

Die dunklen Farben kennzeichnen die Stromgebiete der längsten Flüsse Europas.

- Europäische Hauptwasserscheide
- weitere Hauptwasserscheide
- sonstige Grenze eines Einzugsgebiets

Längste Flüsse

- **Ebro** Name des Stroms
- 3534 Länge des Stroms in km
- 1360 Größe des Einzugsgebiets in 1 000 km²

2 M3 Europa – physischer Überblick

Landhöhen und Meerestiefen (in Meter)

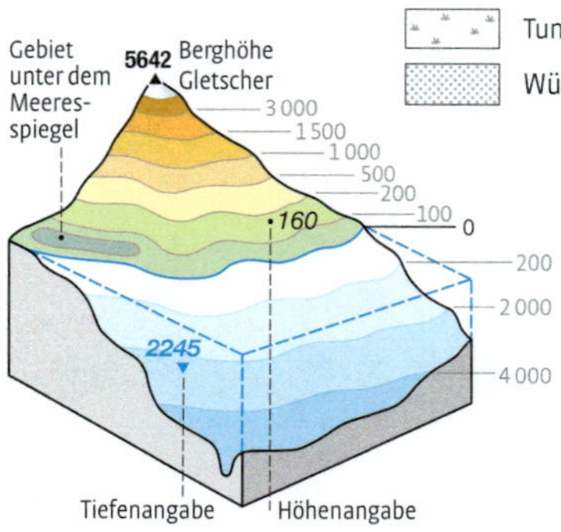

- Tundra
- Wüste

Gewässer

- Fluss
- Wadi, Trockental
- Kanal
- See
- Sumpf, Moor
- Salzpfanne
- Kontinentalgrenze

Ballungsräume

Einwohner	
über	10 000 000
3 000 000 –	10 000 000
1 000 000 –	3 000 000

Ein Ballungsraum besteht aus einer oder mehreren Kernstädten und ihren Vororten.

Rekorde Europas

Höchster Berg:	Mont Blanc (Frankreich)	4 810 m
Höchster Vulkan:	Ätna (Italien)	3 330 m
Längster Fluss:	Wolga (Russland)	3 531 km
Größter See:	Ladogasee (Russland)	17 703 km
Tiefster Punkt:	Kaspische Senke (Russland)	– 26 m

Bäreninsel
Nowaja Semlja
Karasee
Barentssee
Europäisches Nordmeer
Jan Mayen
Nordkap
Lofoten
Vestfjord
Nördlicher Polarkreis
Halbinsel Kola
Weißes Meer
Kolgujew
Waigatsch
Pai Choi
Jamal
Kanin-Halbinsel
Timanrücken
Ural
Uralgebirge
Westsibirisches Tiefland
Nordrussisches Tiefland
Nordrussischer Landrücken
Skandinavien
Lappland
Finnische Seenplatte
Bottnischer Meerbusen
Finnischer Meerbusen
Ladogasee
Onegasee
Sankt Petersburg
Helsinki
Stockholm
Oslo
Vänersee
Vättersee
Skagerrak
Kattegat
Jütland
Kopenhagen
Ostsee
Gotland
Öland
Ösel
Bornholm
Peipussee
Waldaihöhe
Moskau
Nishnij Nowgorod
Kasan
Perm
Jekaterinburg
Tscheljabinsk
Ischim
Ufa
Jamantau
Samara
Obschtschij Syrt
Saratow
Wolgograd
Wolgaplatte
Mittelrussische Platte
Mugodscharyberge
Turgaisenke
Kaspische Senke
Kaspisches Meer
Ustjurt-plateau
Manytschniederung
Rostow
Donezk
Donezplatte
Charkiw
Dnipropetrowsk
Kiew
Minsk
Pripjatsümpfe
Baltischer Landrücken
Wolynisch-Podolische Platte
Warschau
Łódź
GOP
Berlin
Hamburg
Hannover
Ruhrgebiet
Norddeutsches Tiefland
Deutsche Mittelgebirge
Frankfurt
Nürnberg
Stuttgart
München
Prag
Sudeten
Wien
Budapest
Karpaten
Ungarisches Tiefland
Siebenbürgen
Südkarpaten
Bukarest
Walachei
Belgrad
Zagreb
Alpen
Großglockner
Ortler
Mont Blanc
Zürich
Mailand
Turin
Po-Ebene
Apennin
Gran Sasso
Rom
Neapel
Korsika
Sardinien
Sizilien
Ätna
Tyrrhenisches Meer
Adriatisches Meer
Ionisches Meer
Str. v. Otranto
Dinarisches Geb.
Balkan
Sofia
Rhodopen
Pindos
Olymp
Athen
Peloponnes
Kap Tänaron
Kreta
Ägäisches Meer
Istanbul
Bosporus
Schwarzes Meer
Europa
Asien
Odessa
Krim
Asowsches Meer
Kuban
Kaukasus
Elbrus
Tiflis
Baku
Jerewan
Ararat
Pontisches Gebirge
Ankara
Bursa
Izmir
Anatolien
Kleinasien
Taurus
Adana
Gaziantep
Aleppo
Homs
Zypern
Beirut
Damaskus
Tel Aviv-Jaffa
Gaza
Amman
Totes Meer
Syrische Wüste
Mesopotamien
Mosul
Bagdad
Basra
Kuwait
Täbris
Teheran
Elburs
Zagrosgebirge
Qom
Isfahan
Shiraz
Arabien
Wüste Nefud
Mittelmeer
Malta
Tunis
Kleine Syrte
Tripolis
Tripolitanien
Al-Hamadah al-Hamra
Große Syrte
Syrtika
Jabal al-Akhdar
Cyrenaika
Marmarika
Alexandria
Kairo
Suezkanal
östl. L. v. Gr.
© westermann

Staaten, Bündnisse und Regionen

1 Europa – politische Übersicht

Maßstab 1 : 24 000 000

— Staatsgrenze
- - - - umstrittene Grenze
● Hauptstadt

* Die Halbinsel Krim gehört völkerrechtlich zur Ukraine, wird aber derzeit faktisch von Russland kontrolliert.

Abkürzungen:
Dän. = zu Dänemark
Lux. = Luxemburg
Li. = Liechtenstein
G. B. = zu Großbritannien
Norw. = zu Norwegen

2 Europäischer Wirtschaftsraum – Wirtschaftskraft

Maßstab 1 : 30 000 000 (0 – 500 – 1000 – 1500 km)

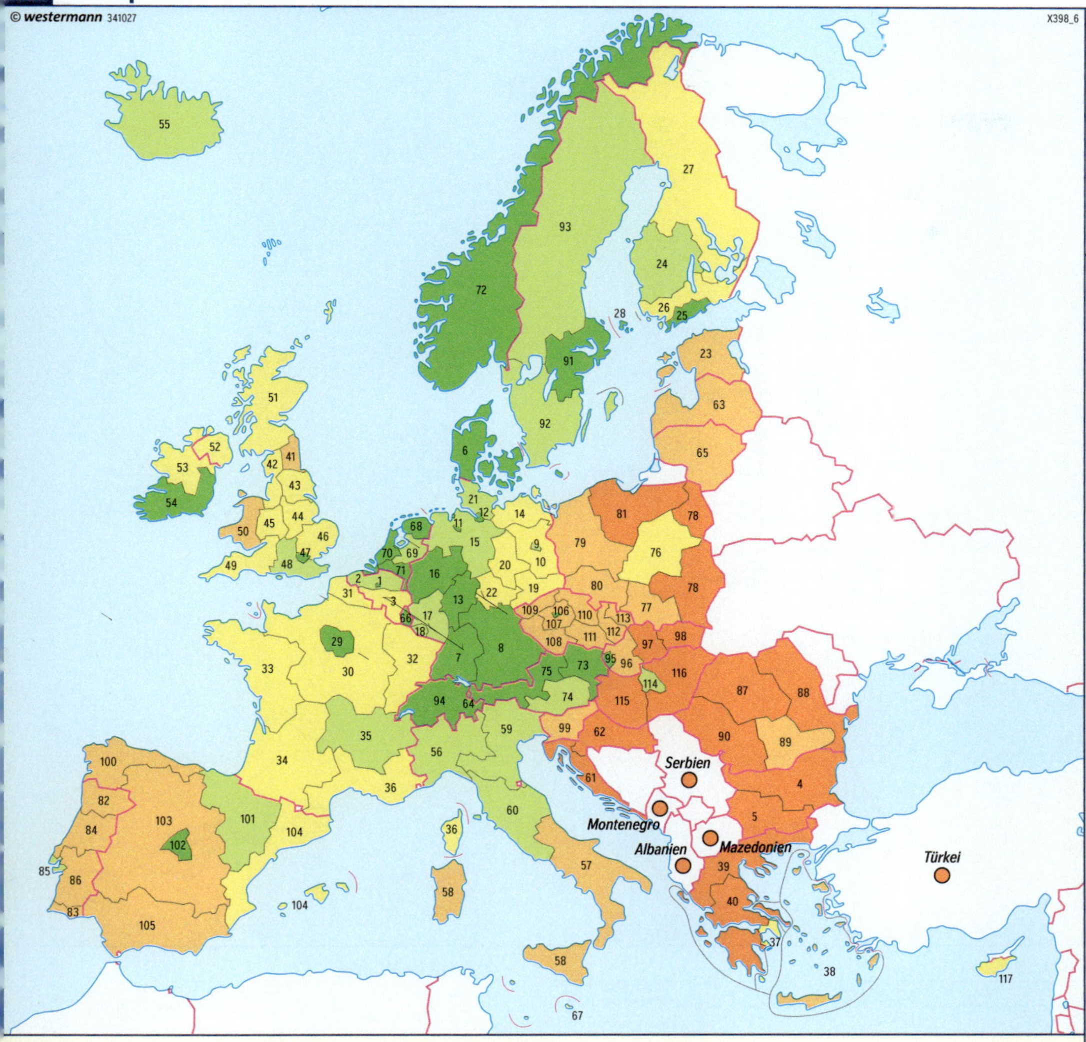

Bruttoinlandsprodukt
(BIP, in Kaufkraft-Euro* je Einwohner; Durchschnitt 2012–2014)

30% – 60% – 80% – 100% – 120% – 300%
7800 – 16400 – 21900 – 27400 – 32900 – 82200 €
(EWR-Durchschnitt)

*Der Kaufkraft-Euro gleicht Verzerrungen aus, die durch unterschiedliche regionale Preisniveaus entstehen.

Staatsgrenze
Grenze der statistischen Regionen (mit Nummer, in Deutschland Landesgrenzen)
EU-Beitrittskandidat

Statistische Regionen des Europäischen Wirtschaftsraums (EWR)

Belgien
1 Flandern
2 Wallonien
3 Brüssel
Bulgarien
4 Nord- und Südost-Bulgarien
5 Südwest- und Südzentral-Bulgarien
6 Dänemark
Deutschland
7 Baden-Württemberg
8 Bayern
9 Berlin
10 Brandenburg
11 Bremen
12 Hamburg
13 Hessen
14 Mecklenburg-Vorpommern
15 Niedersachsen
16 Nordrhein-Westfalen
17 Rheinland-Pfalz
18 Saarland
19 Sachsen
20 Sachsen-Anhalt
21 Schleswig-Holstein
22 Thüringen
23 Estland
Finnland
24 Westfinnland
25 Helsinki-Uusimaa
26 Südfinnland
27 Nord- und Ostfinnland
28 Åland-Inseln
Frankreich
29 Île de France
30 Pariser Becken
31 Nordfrankreich-Ärmelkanal
32 Ostfrankreich
33 Westfrankreich
34 Südwest-Frankreich
35 Zentral- und Ostfrankreich
36 Mittelmeer
Griechenland
37 Attika
38 Ägäische Inseln, Kreta
39 Nordgriechenland
40 Zentralgriechenland
Großbritannien und Nordirland
41 Nordost-England
42 Nordwest-England
43 Yorkshire und Humber
44 Ost-Midlands
45 West-Midlands
46 Ost-England
47 London
48 Südost-England
49 Südwest-England
50 Wales
51 Schottland
52 Nordirland
Irland
53 Midlands und Westirland
54 Süd- und Ostirland
55 Island
Italien
56 Nordwest-Italien
57 Süditalien
58 Sizilien und Sardinien
59 Nordost-Italien
60 Zentralitalien
Kroatien
61 Adriatisches Kroatien
62 Kontinentalkroatien
63 Lettland
64 Liechtenstein
65 Litauen
66 Luxemburg
67 Malta
Niederlande
68 Nordniederlande
69 Ostniederlande
70 Westniederlande
71 Südniederlande
72 Norwegen
Österreich
73 Ostösterreich
74 Südösterreich
75 Westösterreich
Polen
76 Zentralpolen
77 Südpolen
78 Ostpolen
79 Nordwest-Polen
80 Südwest-Polen
81 Nordpolen
Portugal
82 Nordportugal
83 Algarve
84 Zentralportugal
85 Lissabon
86 Alentejo
Rumänien
87 Nordwest-, Zentralrumänien
88 Ostrumänien
89 Südrumänien
90 Südwest-Rumänien
Schweden
91 Ostschweden
92 Südschweden
93 Nordschweden
94 Schweiz*
Slowakei
95 Bratislava
96 Westslowakei
97 Mittelslowakei
98 Ostslowakei
99 Slowenien
Spanien
100 Nordwest-Spanien
101 Nordost-Spanien
102 Madrid
103 Zentralspanien
104 Ostspanien
105 Südspanien
Tschechische Republik
106 Prag
107 Mittelböhmen
108 Südwest-Böhmen
109 Nordwest-Böhmen
110 Nordost-Böhmen
111 Südost-Böhmen
112 Mittelmähren
113 Mähren-Schlesien
Ungarn
114 Mittelungarn
115 Transdanubien
116 Ungarische Tiefebene, Nordungarn
117 Zypern

nur Beobachter im EWR

3 Europäische Zusammenschlüsse

Maßstab 1 : 30 000 000

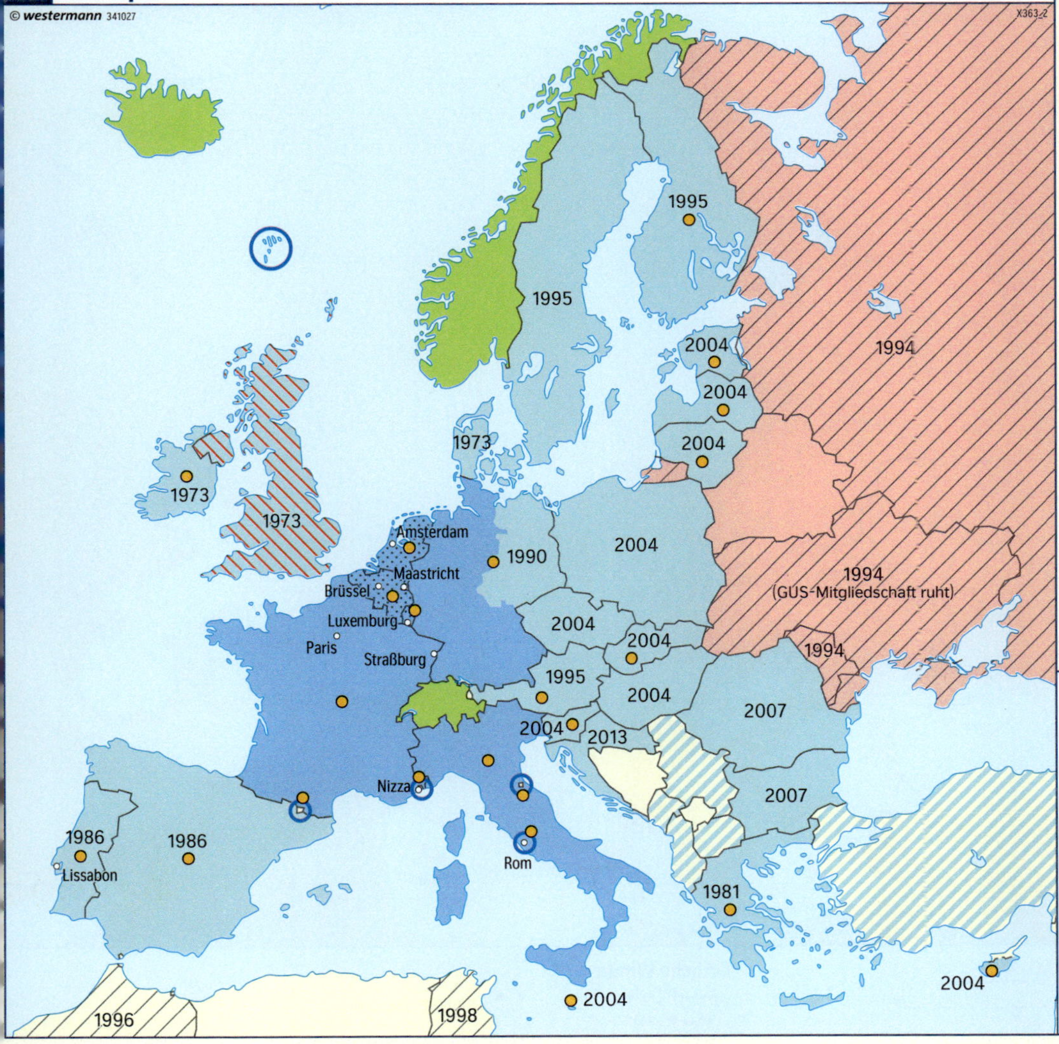

EU (seit 1993 Europäische Union, vorher Europäische Gemeinschaft (EG))

Europäische Wirtschaftsgemeinschaft 1957 (Montanunion 1951–2002)
1986 Neumitglied (Beitrittsjahr)
Beitrittskandidat
Austrittskandidat
Euro-Staat (Euro ist die offizielle Währung)
assoziiert (Gebiet, Staat)
Vertragsort, Konferenzort
1994 Partnerschafts- und Handelsabkommen mit der **EU** (Vertragsjahr)
BENELUX 1921 (Union Douanière Benelux)
EFTA 1960 (European Free Trade Association)
EWR 1993 (Europäischer Wirtschaftsraum) ohne die Schweiz
GUS 1991 (Gemeinschaft Unabhängiger Staaten)

Klimadiagramme

U1093a

Temperaturen im Monatsmittel

Niederschläge im Monat insgesamt

T: 7,7 °C Jahresdurchschnitt Temperatur

N: 552 mm Jahressumme Niederschlag

45 m ü. M. Stationshöhe (Angabe in Meter über dem Meeresspiegel)

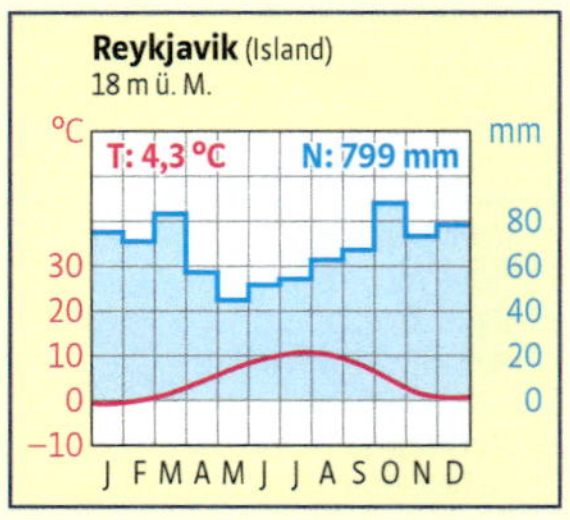

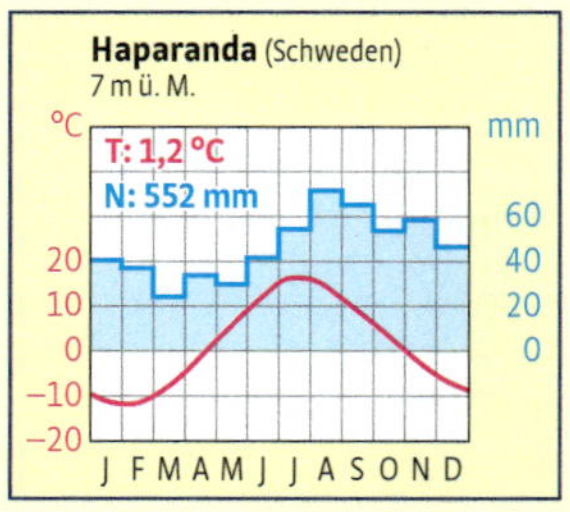

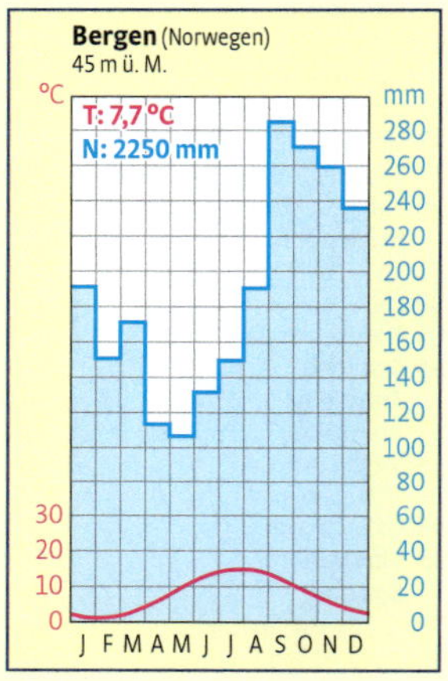

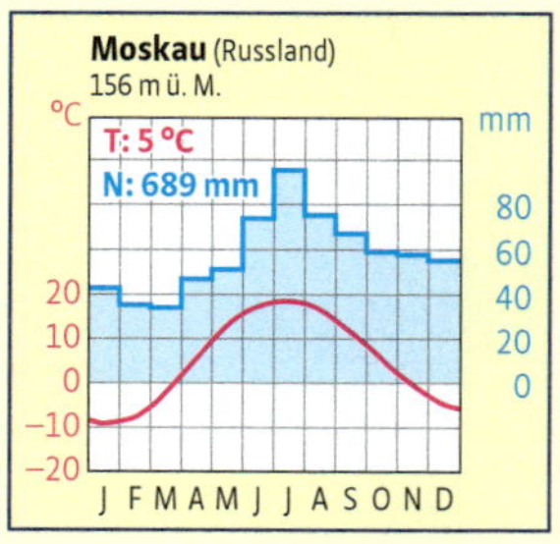

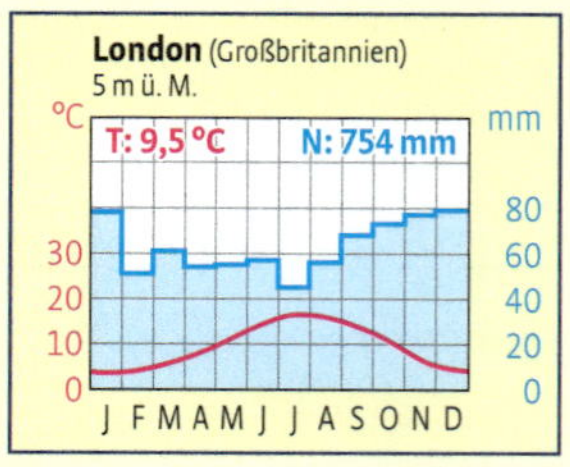

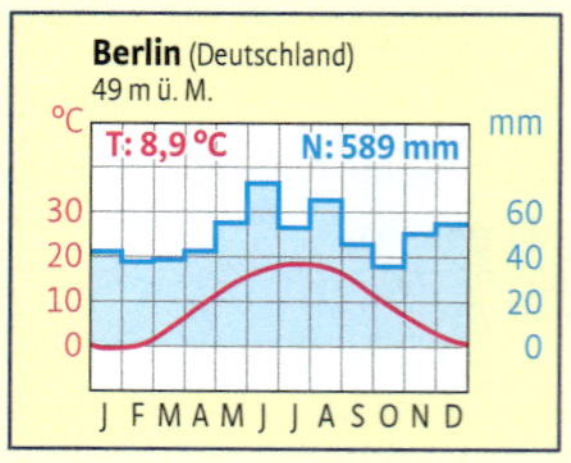

1 Temperaturen im Januar

Maßstab 1 : 36 000 000 0 200 400 600 800 1000 km

Temperaturen (Monatsmittel in Grad Celsius)

15 °C, 10°, 5°, 0°, -5°, -10°, -15°

äußerste Ausdehnung der Meeresvereisung

örtliche Winde
kalt
warm

Ort mit Klimadiagramm

2 Temperaturen im Juli

Maßstab 1 : 36 000 000 0 200 400 600 800 1000 km

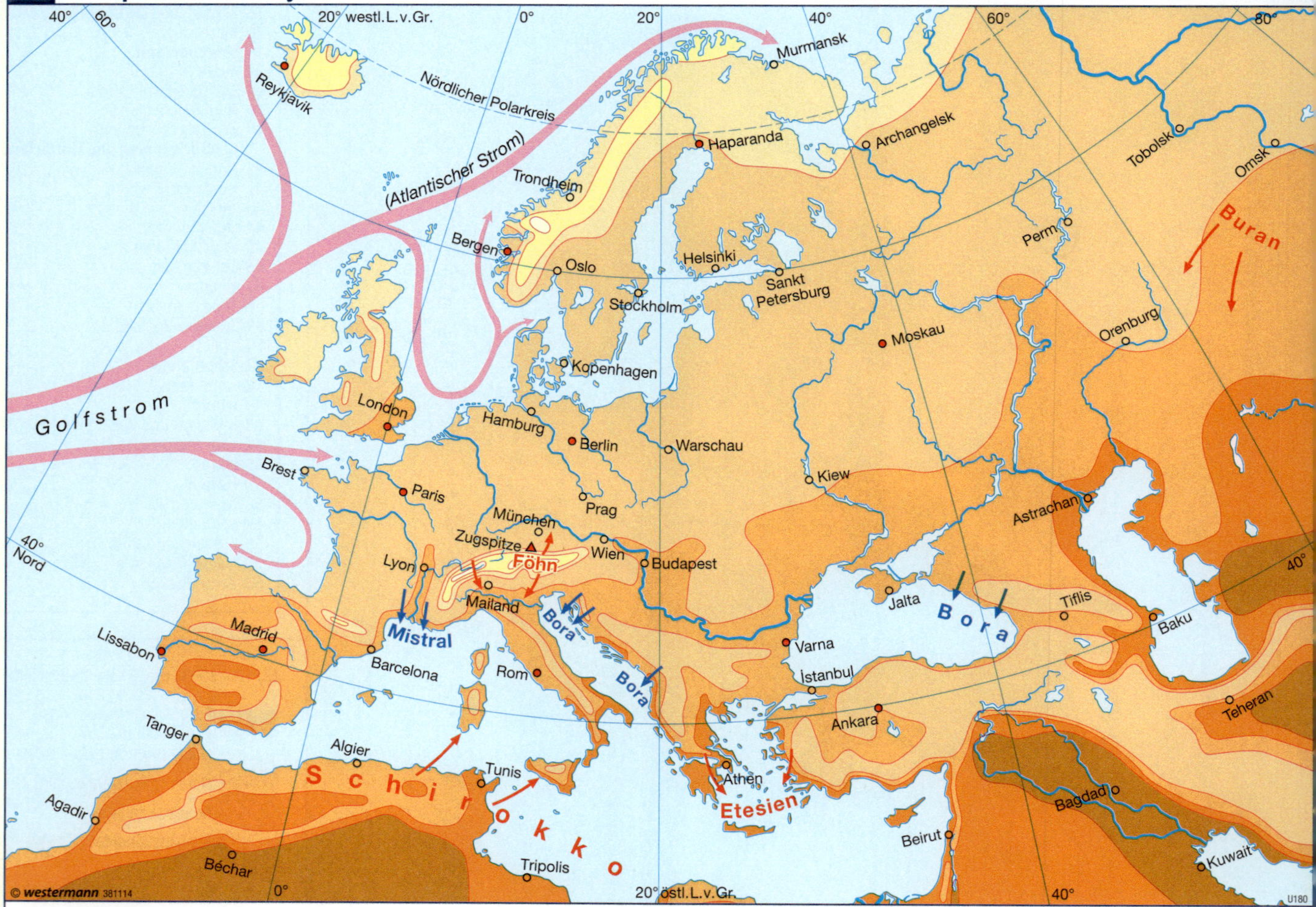

Temperaturen (Monatsmittel in Grad Celsius)

30 °C, 25°, 20°, 15°, 10°, 5°

örtliche Winde
kalt
warm

Ort mit Klimadiagramm

3 Niederschläge im Jahr

Maßstab 1 : 36 000 000 — 0 200 400 600 800 1000 km

Niederschläge (in mm)

2000 | 1500 | 1000 | 750 | 500 | 250 | 100

● ▲ Ort mit Klimadiagramm

Klimadiagramme

Erläuterungen zu den Klimadiagrammen siehe Seite 60

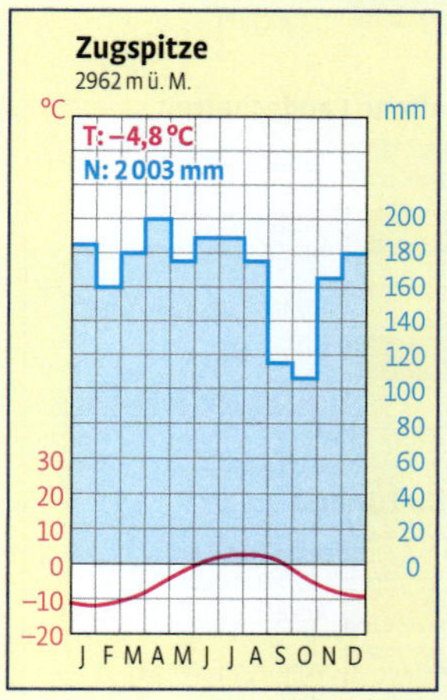

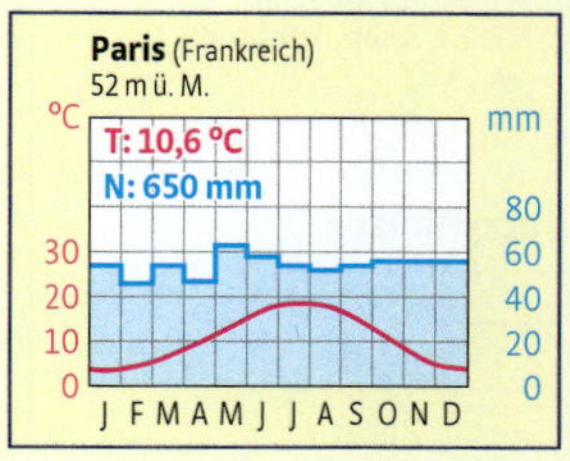

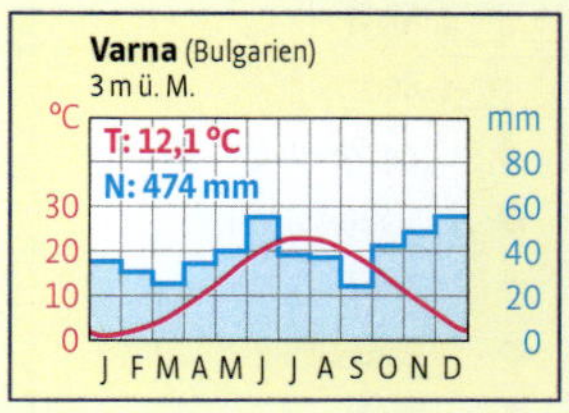

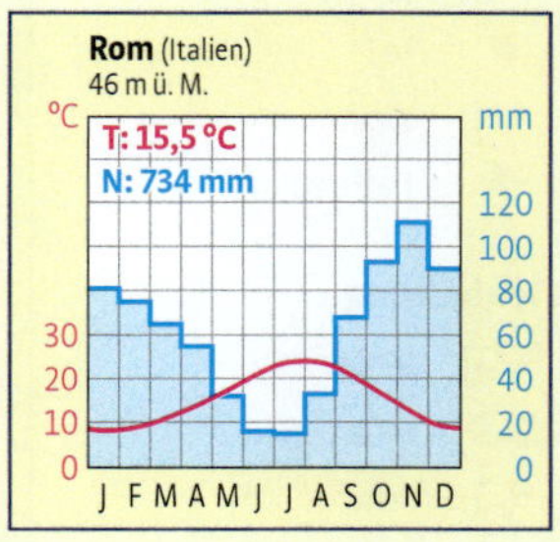

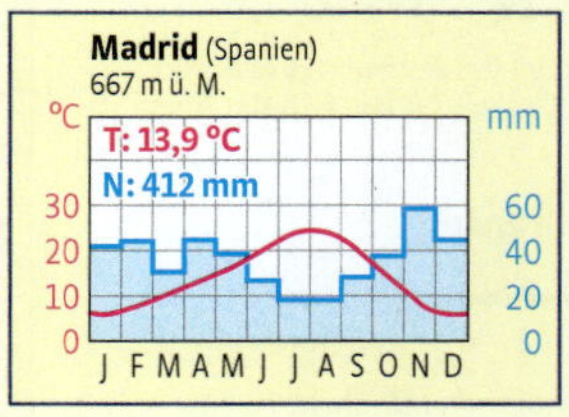

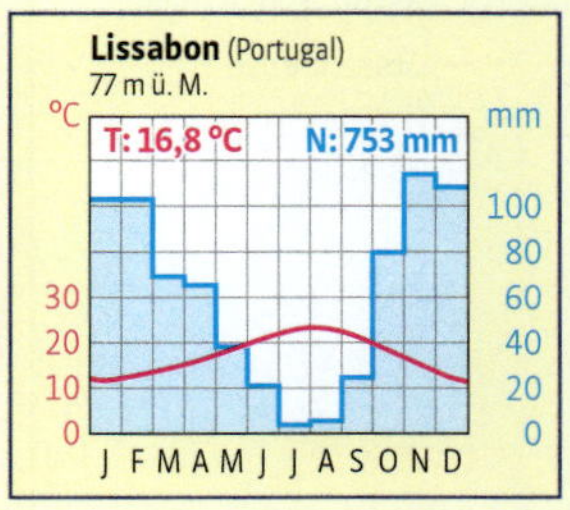

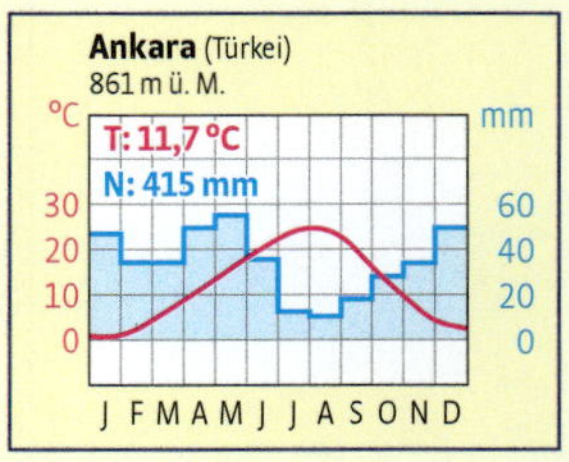

4 Europa – Klimazonen nach A. Siegmund und P. Frankenberg

Maßstab 1 : 36 000 000 — 0 200 400 600 800 1000 km

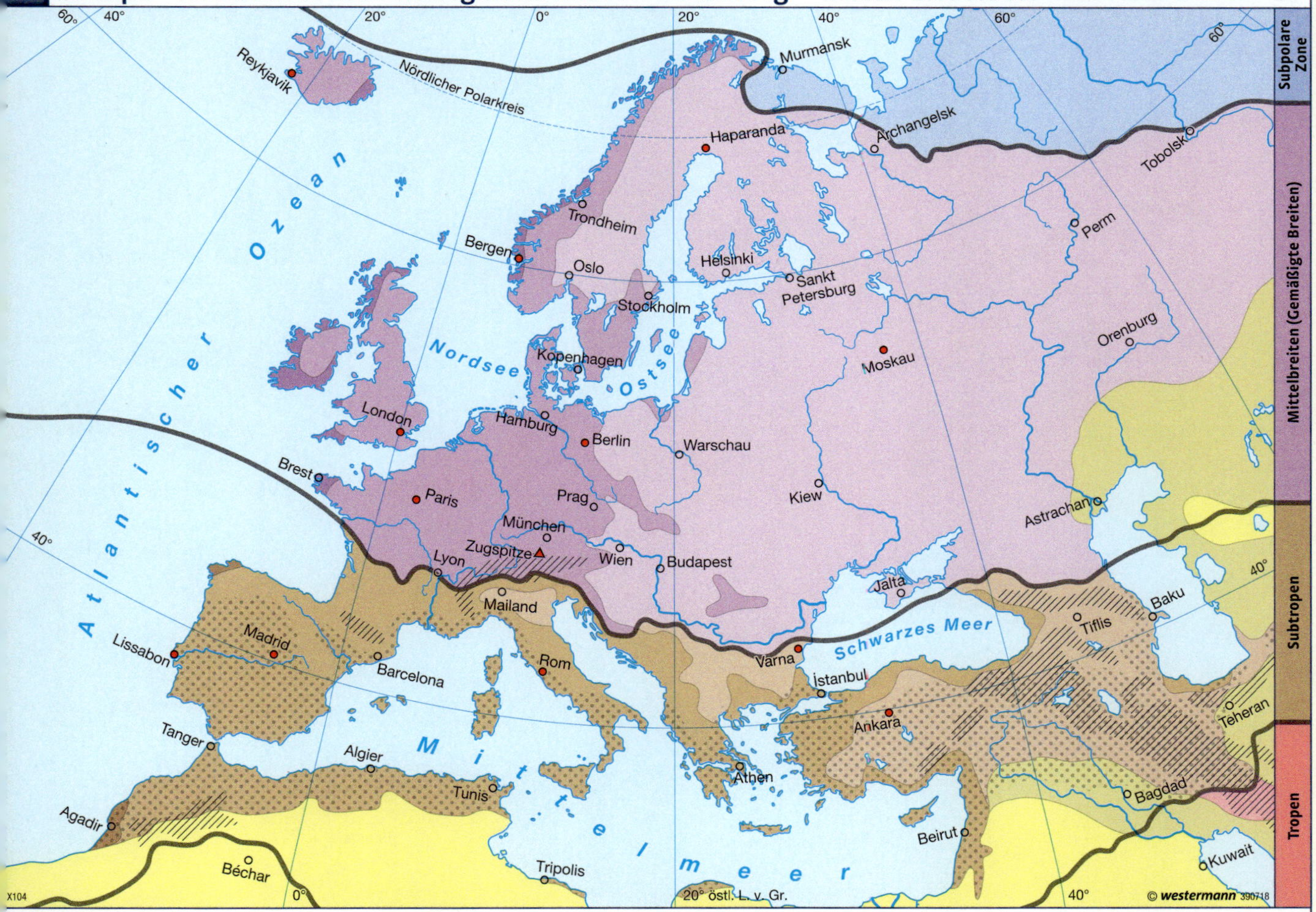

Thermische Klimazonen siehe Kartenrand — Höhenklimate des jeweiligen Klimatyps

Trockenklimate arid, semiarid (unter 250mm Niederschlag/Jahr)

Kontinentalität (außerhalb der Tropen) hochmaritim, maritim, kontinental

subtropisches Winterregengebiet

1 Europa – Bodenbedeckung und Landwirtschaft

Waldlandschaften
- Nadelwald, Gebirgsnadelwald
- sommergrüner Laub- und Mischwald
- Hartlaubgehölze (Macchie)

offene Landschaften
- Tundra
- Steppe und Hochgebirgsgrasland
- Halbwüste und Wüste
- Heide, Moor
- Eiswüste, Gletscher, Fels

Kulturland
- Ackerbau
- Ackerbau auf Lössboden
- Weide, z.T. Wiese
- mediterrane Anbaukulturen
- Oase

Nutzpflanzen
- Weizen
- Gerste
- Roggen
- Mais
- Reis
- Zuckerrüben
- Sonnenblumen
- Zitrusfrüchte
- Baumwolle
- Tabak
- Tee
- Wein
- Dattelpalmen

Viehhaltung
- Rinder
- Schweine
- Schafe
- Ziegen

(1 großes Zeichen ≙ 20 Mio. Stück
1 kleines Zeichen ≙ 5 Mio. Stück)

Grenzen
- Südgrenze des Dauerfrostbodens
- nördliche Anbaugrenze von Getreide
- Staatsgrenze

Maßstab 1 : 18 000 000

2 Würm-/Weichselkaltzeit

Maßstab 1 : 40 000 000

Vergletscherung
Löss
eiszeitliches Süßwassermeer
maximale Ausdehnung der pleistozänen Vergletscherung
heutige Vergletscherung
Linien gleicher nacheiszeitlicher Landhebung (50 m)

Vegetationszonen
- Tundra
- borealer Nadelwald
- Steppe und Waldsteppe
- Laub- und Mischwald
- mediterrane Vegetation (z.B. Hartlaubgehölze)

Altsteinzeit - Fundorte

Altmensch, z.B. Neandertaler
- Knochen, Geräte

Cro-Magnon-Mensch und Jetztmensch
- Knochen, Geräte
- Fels- und Höhlenmalerei

3 Entstehung von Lössböden durch eiszeitliche Lössverwehung

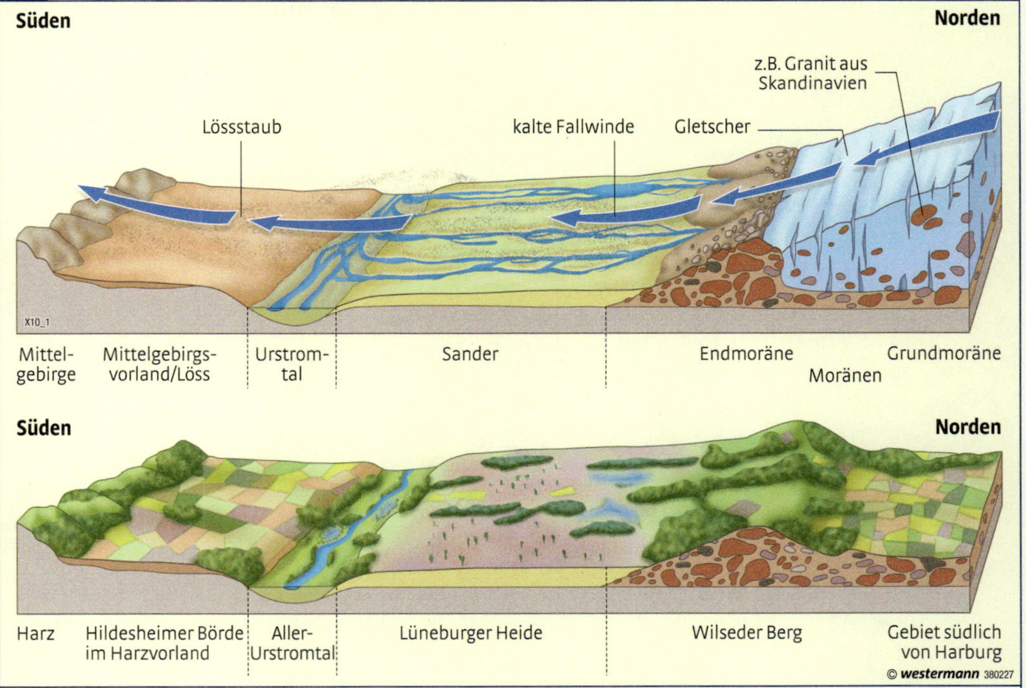

Löss ist ein vom Wind angewehtes Sediment, feiner als Sand und gröber als Ton. Der Löss hat die **Korngröße** von Schluff (Silt).

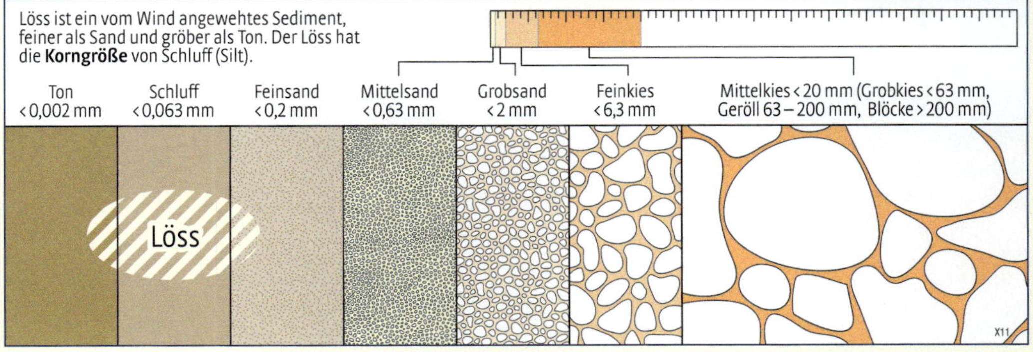

M10 Signaturen in Karten

Signaturen zu Nutzpflanzen und zur Viehhaltung

Die in der Landwirtschaftskarte gesetzten Kartensignaturen zeigen, wo es auffällige Anbauschwerpunkte wichtiger Getreide-, Gemüse- oder Obstarten gibt – und wo besonders viel Vieh gehalten wird.

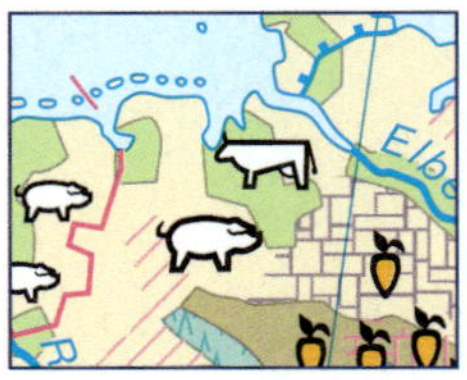

Die große Schweine-Signatur steht für ca. 20 Millionen Tiere in Nordwestdeutschland.

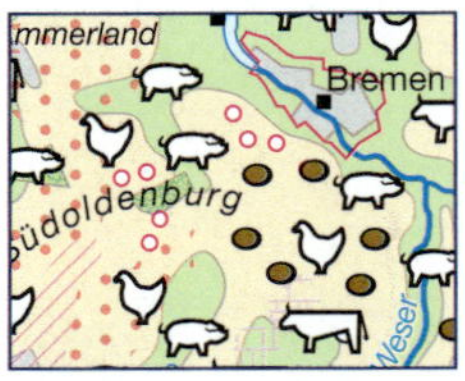

Im größeren Maßstab (aus Karte 40 1) sieht man, wo welche Viehhaltung intensiv betrieben wird.

1 Waldlandschaften

Nadelwald, Gebirgsnadelwald
Teilweise hochwüchsiger Nadelbaumbestand (z.B. Fichte, Kiefer, Lärche), zum Pol hin lichter werdend. Vereinzelt bewirtschaftet.

Sommergrüner Laub- und Mischwald
Hochwüchsige Mischwälder, teilweise bewirtschaftete Nadelholzmonokulturen und vereinzelt reine Laubwälder.

Hartlaubgehölz
Mischform aus Zypressen, Steineichen und Macchia – niedrigwüchsig und in einzelnen Lagen waldbrandgefährdet.

2 Offene Landschaften

Tundra
Baumlose Strauch- und Bodenvegetation (Gräser, Moose, Flechten) auf dauerhaft gefrorenem Boden (Permafrost), der im Sommer oberflächlich auftaut.

Halbwüste, Wüste
Übergang von inselhafter Gras-, Strauch- und vereinzelter Baumvegetation zu vegetationsfreien Fels-, Geröll- und Sandlandschaften.

Fels, Gletscher, Eiswüste
Vegetationslose Fels- oder Eisbedeckung (z.T. Gletscher) von teils erheblicher Mächtigkeit. Saisonal schneebedeckt.

3 Kulturland

Ackerbau
Vom Menschen für den Anbau von Getreide und Ackerfrüchten veränderte Landschaft, meist von einzelnen Bäumen oder Waldstücken durchsetzt.

Lössboden
Nach der Eiszeit angewehter, teils meterdicker und sehr fruchtbarer, feinkörniger Boden, auf dem ertragreicher Ackerbau möglich ist.

Wiese, z.T. Weide
Grasen von Nutztieren. Futterproduktion für die Nutztierhaltung. Bienenhaltung für die Honiggewinnung.

mediterrane Anbaukulturen
Getreideanbau (Weizen, z.T. Reis) und in engem Wechsel stehende Sonderkulturen wie Oliven, südländisches Obst und Gemüse (z.B. Orangen, Paprika).

Oase
Vegetationsinsel in der Halbwüste oder Wüste aufgrund eines Wasservorkommens (Grundwasser oder Flussoase). Meist mit Dattelanbau verbunden.

4 Nutzpflanzen

Weizen (Getreide)
Weizen ist nach Reis das wichtigste Getreide. Weizen kann Frost ebenso überstehen wie trockenheiße Sommer.

Gerste (Getreide)
Gerste wird nicht nur zur Lebensmittelproduktion, sondern auch als Tierfutter und zur Bierherstellung genutzt.

Roggen (Getreide)
Roggenmehl ist dunkler als Weizenmehl und wird für die Brotproduktion und als Lebensmittelgrundstoff eingesetzt.

Mais (Getreide)
Mais wird zum Verzehr (nur 20% des Anbaus) oder als Lebensmittelgrundstoff, vor allem aber als Tierfutter angebaut.

Reis (Getreide)
Das weltweit wichtigste Getreide wird zu 20% im Trockenund zu 80% im Nassfeldanbau kultiviert. Der Anbau erfolgt in den Subtropen und Tropen.

Zuckerrüben (Zuckerpflanze)
Zuckerrüben werden in Zuckerfabriken zu verschiedenen Zuckersorten verarbeitet. Sie dienen auch als nachwachsender Rohstoff für die Treibstoffgewinnung.

Sonnenblumen (Ölpflanze)
Sonnenblumen dienen der Produktion von Öl, Fett und Margarine sowie als nachwachsender Rohstoff für die Treibstoffgewinnung.

Zitrusfrüchte (Obst)
Hartschalige, an Bäumen wachsende Beerenformen, die ursprünglich aus Südostasien stammen: Orangen, Mandarinen, Zitronen, Grapefruit, Granatäpfel.

Baumwolle (Faserpflanze)
Baumwolle ist die wichtigste Faserpflanze weltweit. Sie wächst an Sträuchern und wird in der Textil- und Bekleidungsindustrie weiterverarbeitet.

Tabak (Genussmittel)
Tabak dient der Herstellung von Zigaretten, Zigarren und Pfeifentabak. Es handelt sich um ein Genussmittel.

Wein (Genussmittel)
Weinreben wachsen auch in mittleren Breiten, wenn die Lage ausreichend sonnig ist. Aus Weintrauben wird vor allem Wein gekeltert.

5 Viehhaltung

Rinder
Modernes Haustier, Fleisch- und Milchlieferant, aber regional ebenso wichtig als Zugtier und für die Energiegewinnung aus Dung. Im Hinduismus heilig.

Schweine
Traditionelles Haustier und wichtigste Fleischquelle weltweit. Schweinefleisch gilt in der jüdischen und islamischen Religion als unrein und darf nicht verzehrt werden.

Schafe
Traditionelles Haustier, wichtig als Woll-, Fleisch- und Milchlieferant. Weidetier, wird nicht im Stall gehalten.

Ziegen
Traditionelles Haustier, wichtig als Milch- und Fleischlieferant. Weidet auch in Fels- und Trockengebieten, frisst Sträucher und Hartlaub.

Wichtige Wirtschaftsstandorte auf der Karte

Die in der Wirtschaftskarte dargestellten Standorte sind von hoher Bedeutung für Europa. Sie haben zahlreiche Beschäftigte und eine hohe Wertschöpfung. Die Anzahl der Unternehmen sieht man nicht.

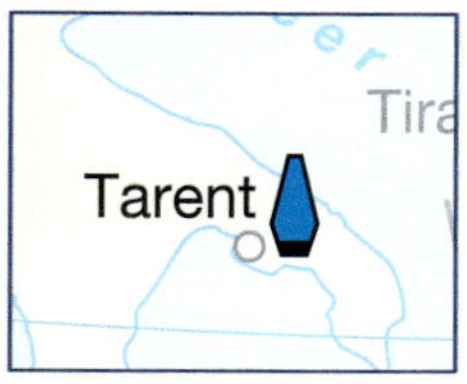

Eine Signatur entspricht hier einem großen Industriebetrieb der Stahlerzeugung.

Eine Signatur entspricht hier vielen kleinen und mittleren Betrieben der Pharmazie und Biotechnologie.

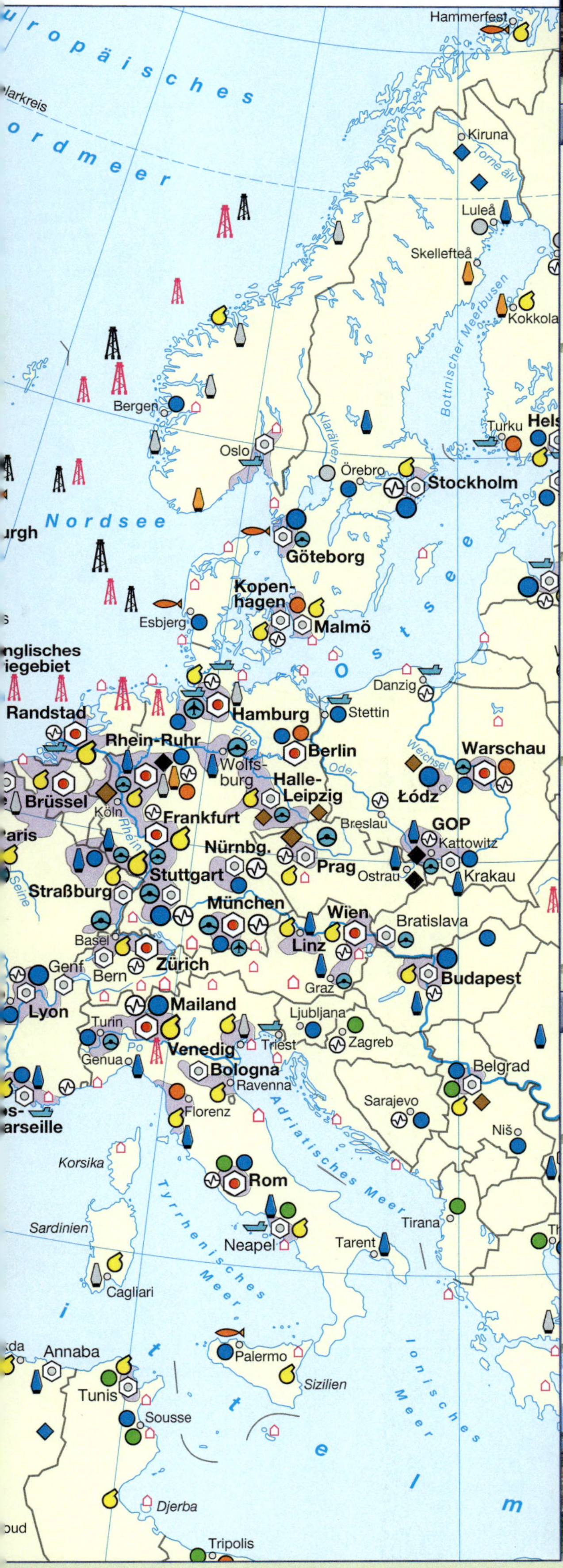

1 Bergbau

Erdöl (fossiler Energieträger)
Nur die wichtigsten Erdölförderstandorte werden gezeigt. Das Symbol – ein schwarzer Förderturm – erscheint in zwei Größen.

Erdgas (fossiler Energieträger)
Der rote Förderturm zeigt die wichtigsten Erdgasförderstandorte in zwei Symbolgrößen.

Steinkohle (fossiler Energieträger)
Steinkohle wird zur Strom- und Wärmeerzeugung und als Grundstoff für die chemische Industrie benötigt.

Braunkohle (fossiler Energieträger)
Braunkohle hat einen geringeren Energiegehalt als Steinkohle, wird aber für ähnliche Zwecke eingesetzt.

Eisenerz
Eisenerz bildet sich aus unterirdisch erstarrendem Magma. Es ist wichtigster Rohstoff für die Eisen- und Stahlproduktion.

2 Industrie

Stahlerzeugung
Das Kartensymbol zeigt einen Hochofen. An diesen Standorten wird Eisenerz mit Stahlveredlern unter hohem Energiebedarf zu Stahl verschmolzen.

Buntmetallverhüttung
Standort von Hochöfen für die Schmelze von Kupfererz und anderen nichteisenhaltigen Erzen zu Buntmetallen.

Aluminiumverhüttung
Standort für die stromintensive Gewinnung von Aluminium aus Bauxit-Erz, die nur in der Nähe von preiswerter Elektroenergie (z.B. Wasserkraft) wirtschaftlich ist.

Eisen- und Metallverarbeitung, Maschinenbau
Produktionsstandorte von Primärmetallprodukten (Röhren, Drähte) und ihre Weiterverarbeitung mit Elektronikkomponenten im Maschinenbau.

Schiffbau
Große Schiffswerften mit Trocken- und Schwimmdocks zum Bau und zur Reparatur von Hochsee- und Kriegsschiffen.

Kraftfahrzeugbau
Produktionsstandorte für PKW, LKW, Busse und Spezialfahrzeuge. Zusammenbau von Komponenten der Zulieferindustrie.

Luft- und Raumfahrzeugbau
Hightech-Standort für Forschung, Entwicklung und Konstruktion von Flugzeugen, Hubschraubern, Satelliten und Raumschiffen.

Elektrotechnik, Elektronik
Standort für die Entwicklung und Herstellung von elektronischen Geräten (Computer, Handys) und Komponenten (Chips, Regler).

Chemie, Kunststoffe, Pharmaindustrie, Biotechnologie
Standort zur Entwicklung und Herstellung von Basischemikalien, synthetischen, pharmazeutischen und genetisch veränderten Erzeugnissen.

Textilien, Bekleidung, Leder
Arbeits- oder maschinenintensiver Standort zur Erzeugung von Kleidung, Textilien, Schuhen, Taschen und Lederprodukten.

Holz, Papier
Holzverarbeitung in Sägewerken und Weiterverarbeitung in der Möbelherstellung, Zellulose- und Papier- bzw. Pappenproduktion.

Nahrungs- und Genussmittel
Standort zur Verarbeitung von natürlichen Landwirtschaftserzeugnissen unter Beifügung von Zusatzstoffen zu verpackten Lebensmitteln.

Fischverarbeitung
Meist in Hafennähe gelegene Fischfabriken zur Verarbeitung von frischem Fisch zu Lebensmitteln.

3 Dienstleistungszentrum

Klein-, Mittel- und Großstädte verfügen über ein grundlegendes, sehr ähnliches Dienstleistungsangebot, das mit steigender Einwohnerzahl vielfältiger und umfassender wird. Beispiel Gesundheitswesen: In Kleinstädten mit bis zu 5 000 Einwohnern sind Haus- und einige Fachärzte ansässig, in Mittel- und Großstädten (> 20 000 Einwohner) hingegen allgemeine und Spezialkrankenhäuser. Daneben gibt es übergeordnete Dienstleistungszentren von regionaler, nationaler und internationaler Bedeutung.

mit internationaler Bedeutung
Große Stadt mit einem breiten Dienstleistungsangebot. Führendes Finanz-, Wirtschafts- und Kulturzentrum, politisch bedeutsam, teils Weltstadt/Global City.

mit nationaler Bedeutung
Bedeutende Stadt eines Landes mit hoher Konzentration vor allem solcher Dienstleistungen, die von regional bedeutsamen Zentren nicht angeboten werden.

mit regionaler Bedeutung
Regional wichtige Stadt, in der oft und häufig genutzte Dienstleistungen ansässig sind (z.B. unternehmensnahe Dienstleistungen, spezialisierter Einzelhandel).

Tourismusregion
Region mit attraktiver Natur, in der viele Dienstleistungen auf die Versorgung von Touristen ausgerichtet sind (z.B. Gastronomie, Hotellerie).

Rhein-Ruhr
Europaweit wichtige Wirtschaftsregion mit großem Industrie- und Dienstleistungsangebot. Ballungsraum mit einer oder mehreren Kernstädten.

1 Bergbau, Industrie und Dienstleistungen

Maßstab

Bergbau
- Erdöl
- Erdgas
- Steinkohle
- Braunkohle
- Eisenerz

Industrie
- Stahlerzeugung
- Buntmetallverhüttung
- Aluminiumverhüttung
- Eisen-, Metallverarbeitung, Maschinenbau
- Schiffbau
- Kraftfahrzeugbau
- Luft- und Raumfahrzeugbau
- Elektrotechnik, Elektronik
- Chemie, Kunststoffe
- Textilien, Bekleidung, Leder
- Holz, Papier
- Nahrungs- und Genussmittel
- Fischverarbeitung

Dienstleistungszentrum
- mit internationaler Bedeutung
- mit überregionaler Bedeutung
- mit regionaler Bedeutung
- Tourismusregion

GOP = Górnośląski Okręg Przemysłowy (Oberschlesisches Industrierevier)

000 000 0 200 400 600 km

yon durch ihre Industrie- oder Dienstleistungsstandorte wichtige Wirtschaftsregion

Staatsgrenze

rnbg. = Nürnberg

2 Nicht erneuerbare Energierohstoffe

Maßstab 1 : 40 000 000 0 500 1000 1500 km

Rohstoff-Reserven

Lagerstätten von Erdöl und Erdgas
- an Land
- auf See (offshore)

Energierohstoff-Reserven eines Staates

hoch	niedrig	
		Erdöl
		Erdgas
		Steinkohle
		Braunkohle
		Uran

Staatsgrenze

Rohstoff-Förderung

Fördermenge (2012) im weltweiten Vergleich
- bedeutend
- unbedeutend
- Erdölleitung
- Erdgasleitung
- Verschiffung von Erdöl und Erdgas

3 Erneuerbare Energiereserven

Maßstab 1 : 40 000 000 0 500 1000 1500 km

Wasserkraft
- Fluss (Wasserkraft- und Laufkraftwerke)
- Tidenhub über 3 m
- extrem hoher Tidenhub
- Gezeitenkraftwerk

Sonnenenergie

Durchschnittliche Sonnenscheindauer in Stunden pro Jahr
- über 3000
- 2400 – 3000
- 1600 – 2400
- unter 1600

Geothermie
- 3000 m-Tiefenstufe über 100 °C (z.T. vermutet)
- geothermisches Kraftwerk/Heizkraftwerk

Windenergie
- durchschnittliche Windgeschwindigkeit über 6 m pro Sekunde (bisher untersucht)
- große Windparkanlagen (über 100 MW)

Desertec-Projekt

Vision der Erzeugung von Ökostrom in der Wüste
- geplante Konzentration solarthermischer Kraftwerke (Parabolrinnen)
- Grundzüge einer möglichen Verbundnetz-Erweiterung

1 Europa – Tourismus

Tourismusregionen

Binnenland
- überwiegend Sommererholung
- Sommer- und Wintererholung

Meeresküste
- Sommererholung
- Sommer- und Wintererholung

Bedeutende Tourismusorte
(über 1 Million Übernachtungen im Jahr bzw. über 10 000 Fremdenbetten; in Auswahl)

- ○ Tourismusort (südlich 60° nördl. Breite an der Küste Badetourismus)
- ○ Wintersportzentrum
- ♁ Wallfahrtsort
- • Heilbad, Kurort
- ⌂ Städtetourismus (über 5 Millionen Übernachtungen pro Jahr)
- ✲ Freizeitpark

Kreuzfahrtrouten

Meer / Fluss
- besonders häufig befahren
- häufig befahren

Abkürzungen:

A. = Altötting
A.T. = Abano Terme
B.-B. = Baden-Baden
B.R. = Bad Reichenhall
B.W. = Bad Wildungen
K. = Kevelaer
M. = Mariazell
O.-M. = Orcières-Merlette
W. = Winterberg
Wk. = Wieskirche

○ Tourismusort

○ Wintersportort

♁ Wallfahrtsort

• Heilbad, Kurort

⌂ Städtetou

Maßstab 1 : 18 000 000 — 0 200 400 600 km

Freizeitpark

2 M14 Balearen – Tourismus

Maßstab 1 : 2 000 000 — 0 20 40 60 80 100 km

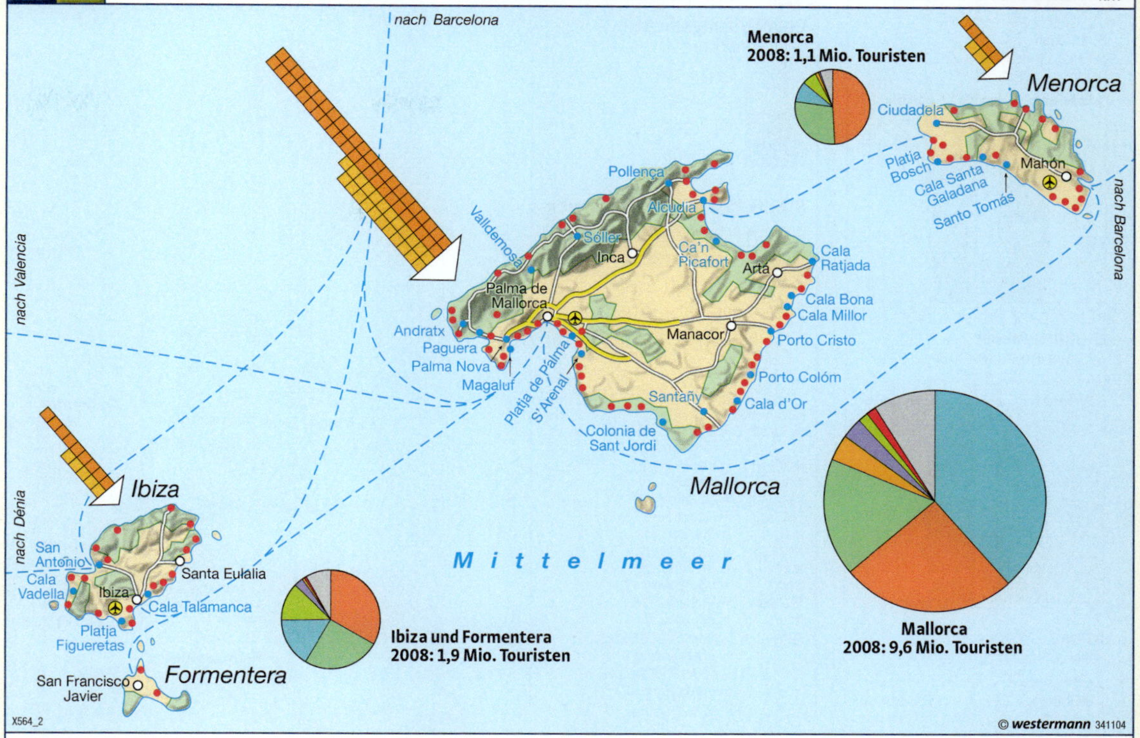

- Natur- und Landschaftsschutzgebiet
- Kulturland
- ○ Palma — wichtiger Ort
- • Sóller — Tourismusort
- Feriensiedlung
- Fährverbindung
- internationaler Flughafen

Fluggäste (Ankünfte)
1990 2008
1 Kästchen ≙ 250 000 Fluggäste
(Touristen und andere Einreisende)

Herkunft der Touristen
- Deutschland
- Großbritannien
- Spanien
- Skandinavien
- Frankreich
- Italien
- Österreich
- Sonstige

3 Mallorca – Landnutzung und Tourismusstandorte

Maßstab 1 : 800 000

Bodenbedeckung, Landnutzung
- Wald, Macchie
- Sträucher, Macchie, Weide
- Sonderkulturen (Oliven, Obst, Wein)
- Bewässerungsfeldbau
- gemischte Landwirtschaft
- Trockenfeldbau

Verkehr, Transport
- Autobahn
- Hauptstraße
- Eisenbahn
- Flughafen

Orte
- geschlossene Bebauung
- Orte

Freizeit und Erholung
- Badestrand
- Jachthafen
- Golfplatz

Sehenswürdigkeiten
- Kirche, Kloster
- Burg, Schloss

Zahl und Herkunft der Touristen (2008, nach Inselregionen)
- Costa de Ponent — Region
- Grenze einer Region
- Deutschland
- Großbritannien
- Spanien
- sonstige Länder

(ein Kästchen entspricht 100 000 Touristen)

1 M14 Altersaufbau

U172_1

Finnland
5,4 Mio. Einwohner 2011

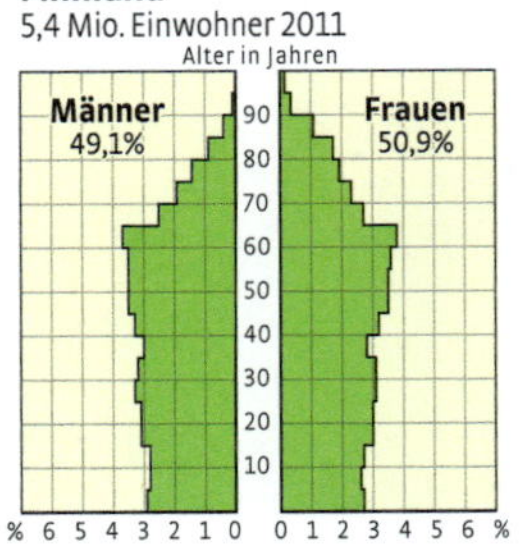

Großbritannien
62,5 Mio. Einwohner 2011

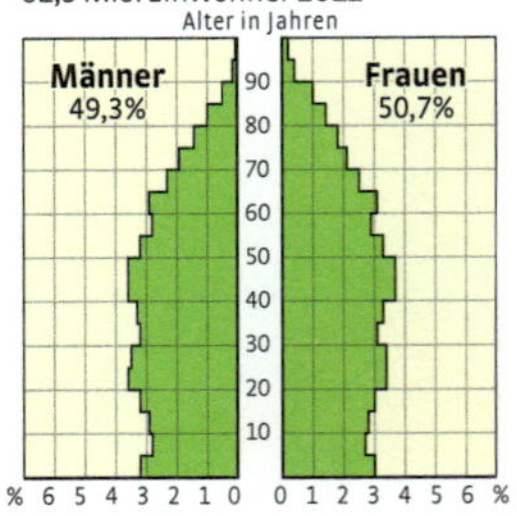

Irland
4,6 Mio. Einwohner 2011

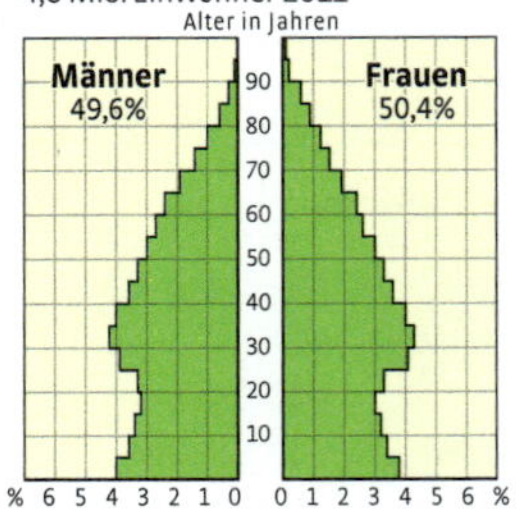

Frankreich
65,0 Mio. Einwohner 2011

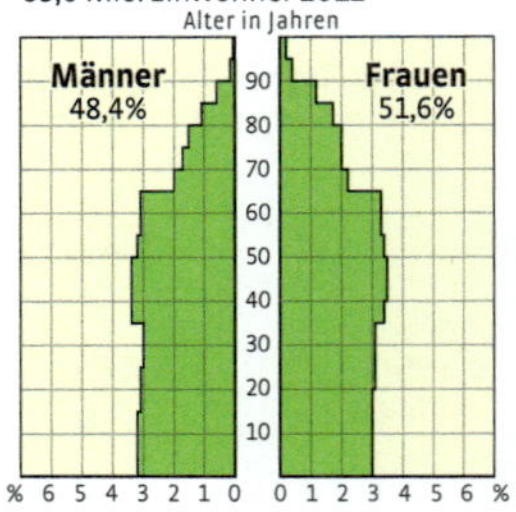

Polen
38,5 Mio. Einwohner 2011

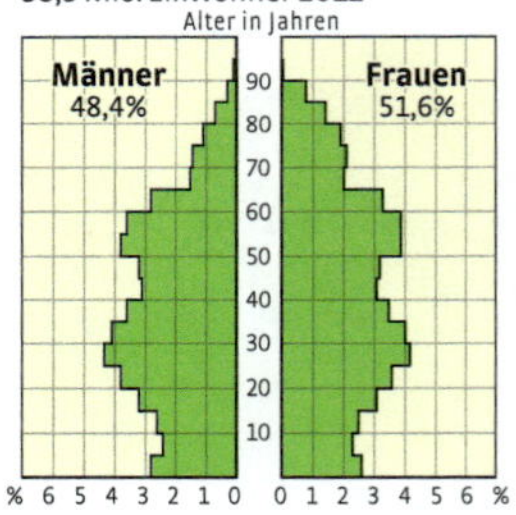

Russland
142,9 Mio. Einwohner 2011

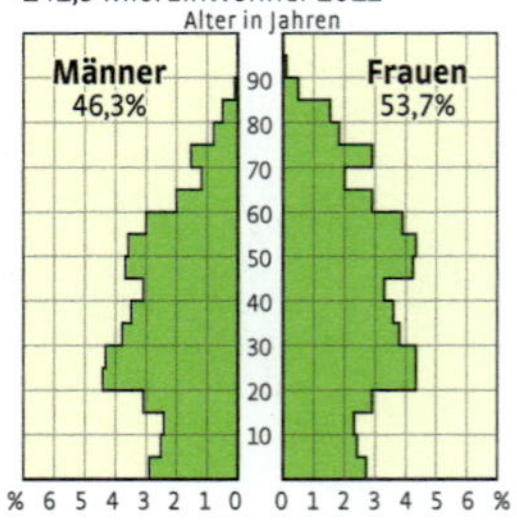

Türkei
73,7 Mio. Einwohner 2011

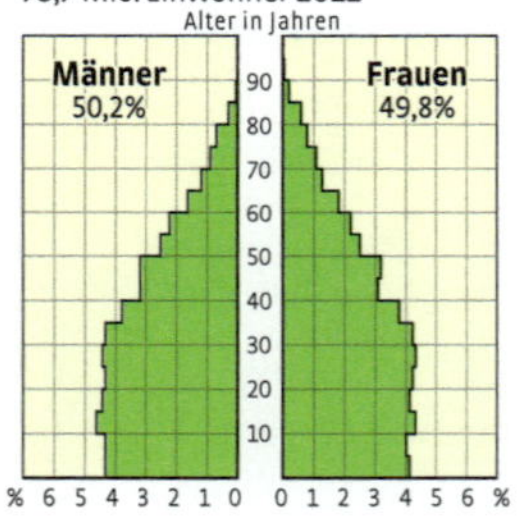

2 Europa – Bevölkerungsdichte

Maßstab 1 : 30 000 000 (0 – 500 – 1000 – 1500 km)

Bevölkerungsdichte
(Einwohner/km²)

- unter 10
- 10 – 50
- 50 – 200
- über 200

Städtische Agglomerationen
über 2 Mio. Einwohner

- über 10 000 000 (Megastadt)
- 5 000 000 – 10 000 000
- 2 000 000 – 5 000 000

Abkürzungen:
Bos.u.Herz. = Bosnien und Herzegowina
Jord. = Jordanien
Kos. = Kosovo
Lib. = Libanon
Lux. = Luxemburg
Maz. = Mazedonien
Monten. = Montenegro
Niederl. = Niederlande
Slow. = Slowenien
Tschech. Rep. = Tschechische Republik
GOP = Górnośląski Okręg Przemysłowy (Oberschlesisches Industrierevier)

Bevölkerungswachstum
(Angaben in Millionen)

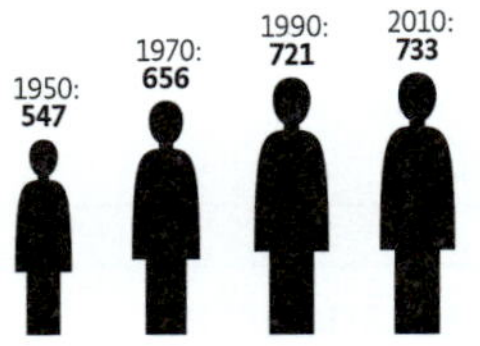

3 Europa – Bevölkerungsveränderung

Maßstab 1 : 30 000 000 (0 – 500 – 1000 – 1500 km)

Natürliche Bevölkerungsveränderung
(jährlicher Durchschnitt 2005–2009)

- Zunahme mehr als 0,5%
- Zunahme bis 0,5%
- Stagnation ±0%
- Abnahme bis -0,3%
- Abnahme mehr als -0,3% (max. -0,7%)

Bevölkerungsveränderung insgesamt
(Summe der Jahre 2005–2009)

- 1,5 Zunahme mehr als 1 Mio.
- Zunahme 0,2 bis 1 Mio.
- Zunahme 0,1 bis 0,2 Mio.
- Stagnation 0,1 bis -0,1 Mio.
- Abnahme -0,1 bis -0,2 Mio.
- Abnahme -0,2 bis -1 Mio.
- -2,3 Abnahme mehr als 1 Mio.
- Staatsgrenze

Die **natürliche Bevölkerungsveränderung** ergibt sich aus der Differenz der Geburten- und Sterberate eines Landes.

Nimmt man die Migration hinzu, also die Differenz der Zu- und Abwanderungen eines Landes, erhält man die **Bevölkerungsveränderung insgesamt**.

Abkürzungen:
Bos.u.Herz. = Bosnien und Herzegowina
Jord. = Jordanien
Kos. = Kosovo
Lib. = Libanon
Lux. = Luxemburg
Maz. = Mazedonien
Monten. = Montenegro
Niederl. = Niederlande
Slow. = Slowenien
Tschech. Rep. = Tschechische Republik

4 Staatssprachen und Sprachminderheiten

Maßstab 1 : 30 000 000 — 0 500 1000 1500 km

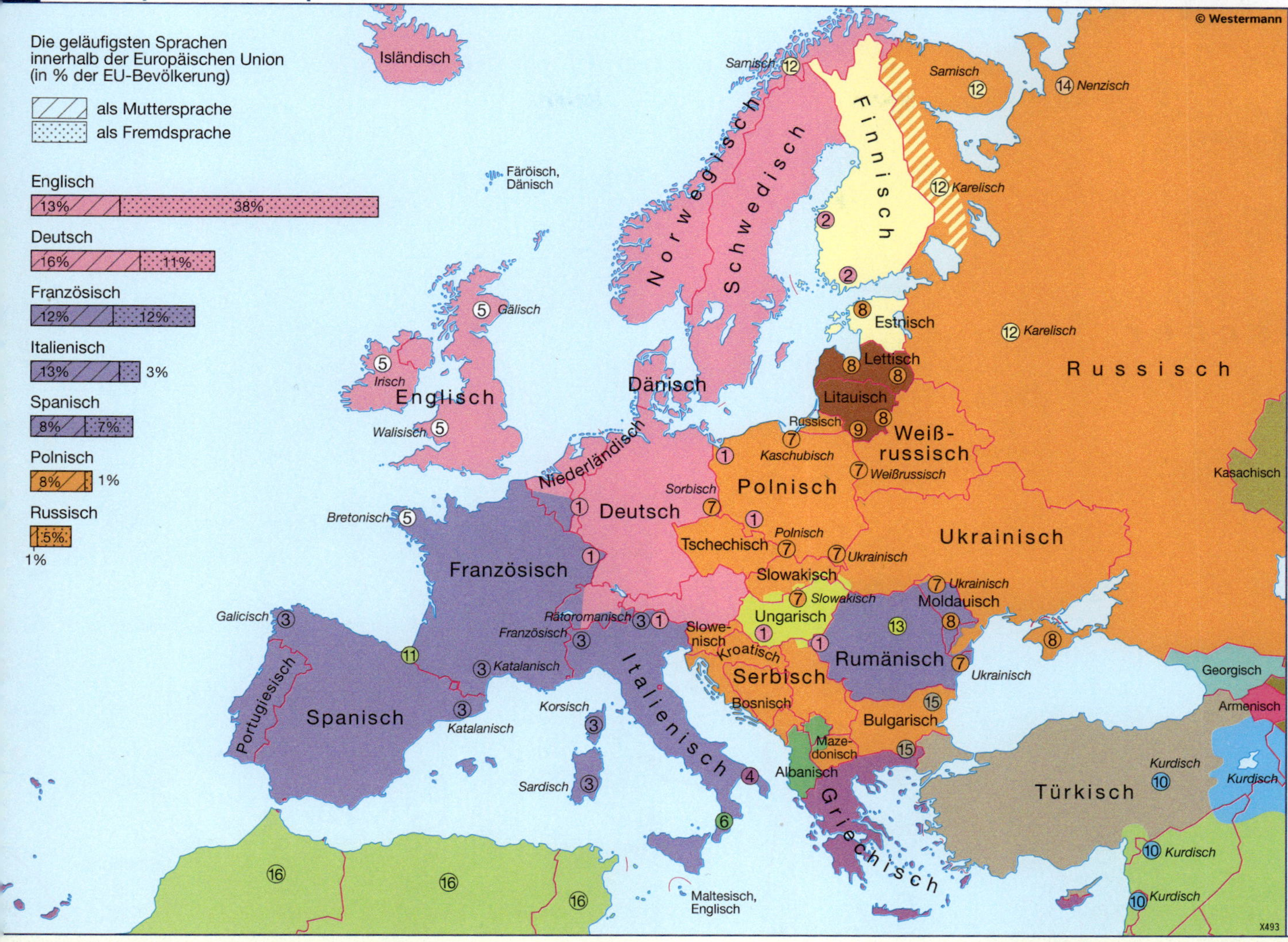

Indoeuropäische Sprachen
- Germanische Sprachen
- ① Deutsch
- ② Schwedisch
- ③ Romanische Sprachen
- ④ Griechisch
- ⑤ Keltische Sprachen
- ⑥ Albanisch
- ⑦ Slawische Sprachen
- ⑧ Russisch
- ⑨ Polnisch
- Baltische Sprachen
- Armenisch
- ⑩ Indo-Iranische Sprachen

⑪ **Baskisch**

Uralische Sprachen
- ⑫ Ostseefinnische Sprachen
- ⑬ Ungarisch
- ⑭ Nenzisch

Altaische Sprachen
- ⑮ Türkisch
- Kasachisch

Kaukasische Sprachen
- Georgisch

Afroasiatische Sprachen
- Arabisch
- Hebräisch
- ⑯ Berberisch

Deutsch Staatssprache
⑤ Gälisch Minderheitensprache

5 Individuelle Mobilität

Maßstab 1 : 30 000 000 — 0 500 1000 1500 km

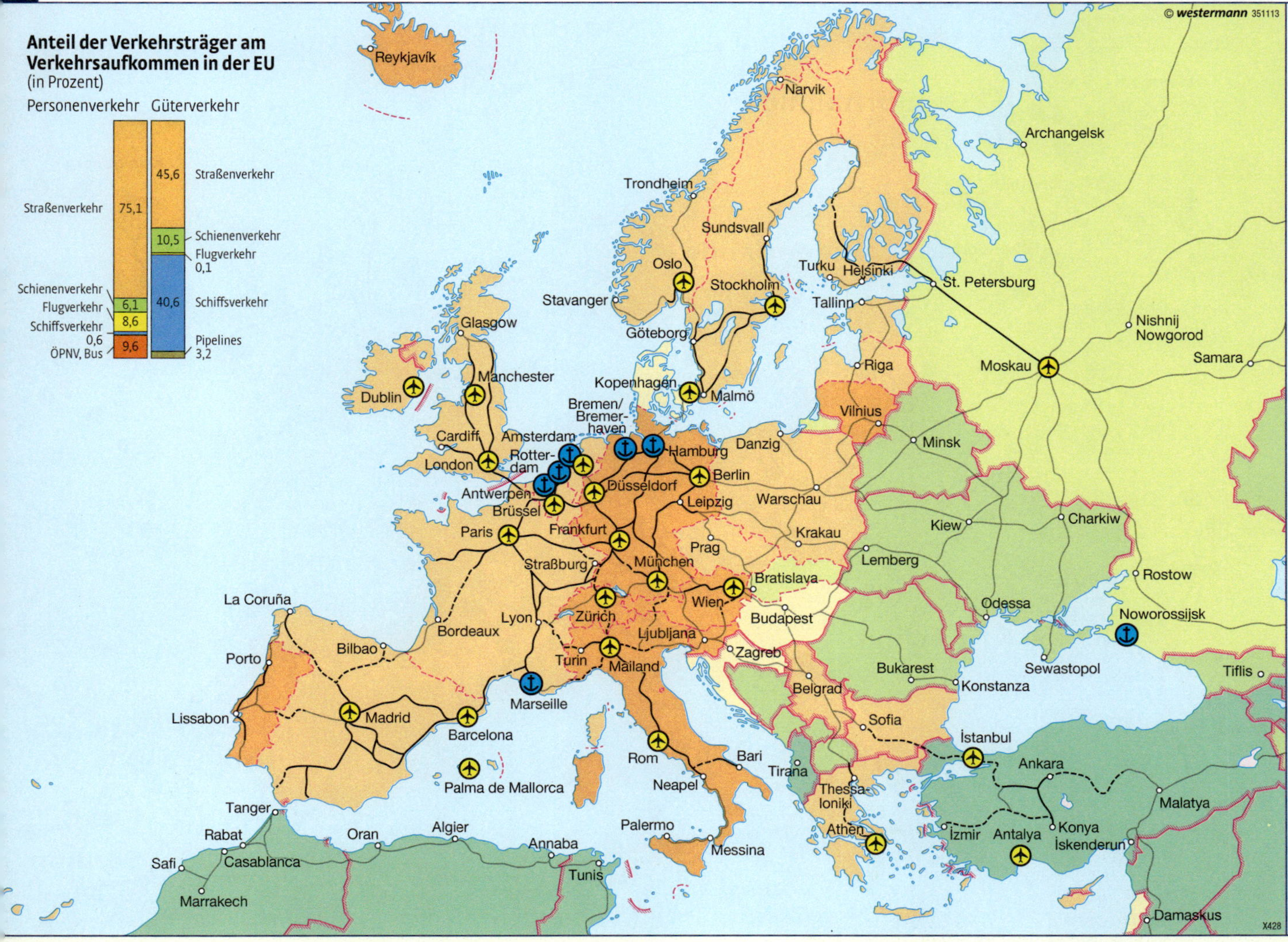

PKW-Dichte
(Zahl der Personenkraftwagen je 100 Einwohner)
- bis 10
- 10 – 20
- 20 – 30
- 30 – 40
- 40 – 50
- über 50

Hochgeschwindigkeitsnetz der Bahn (über 200 km/h)
- vorhanden
- im Bau
- sonstige Strecken

Drehkreuze des Luftverkehrs
- Großflughafen (über 15 Mio. Passagiere pro Jahr)

Drehkreuze des Seeverkehrs
- Welthafen (über 80 Mio. t Güter- und Warenumschlag pro Jahr, hohes Containeraufkommen)

Staatsgrenzen
- freier Grenzverkehr (Schengenraum)
- mit Ausweiskontrolle oder Visumspflicht

Nördliches Europa – Wirtschaft

Maßstab 1 : 10 000 000
1 cm ≙ 100 km
0 100 200 300 400 500 km

Waldlandschaften
- nördlicher Nadelwald
- sommergrüner Laub- und Mischwald, Gebirgsnadelwald

offene Landschaften
- Tundra
- Sumpfgebiet
- Steppe und Hochgebirgsgrasland
- Halbwüste und Wüste
- Fels- und Gletscherregion

Kulturland
- Ackerbau
- mittelmeerischer Anbau (Oliven, Kork, Zitrusfrüchte)
- Bewässerungsland
- Weide, z.T. Wiese

Bergbau
- Erdöl
- Erdgas
- Steinkohle
- Braunkohle
- Uran
- Eisen
- Stahlveredler (Chrom, Mangan, Kobalt)
- Kupfer
- Blei, Zink
- Silber
- Bauxit (Aluminiumrohstoff)
- Phosphat
- Pottasche

Industrie
- Eisen- und Stahlerzeugung
- Buntmetallverhüttung
- Aluminiumverhüttung
- Eisen- und Metallverarbeitung
- Kraftfahrzeugbau
- Luft- und Raumfahrzeugbau
- Schiffbau
- Elektroindustrie
- Feinmechanik
- Atomindustrie
- Chemie, Kunststoffe
- Erdölraffinerie
- Textilien, Bekleidung
- Holz, Papier
- Nahrungs- und Genussmittel
- Fischverarbeitung

Dienstleistungszentrum
- internationale Bedeutung
- überregionale Bedeutung
- regionale Bedeutung
- Tourismus

Transport und Verkehr
- Erdölleitung
- Erdgasleitung
- wichtige Eisenbahn
- Fernstraße

Grenzen
- Staatsgrenze

© westermann
Barentssee
Halbinsel Kola
Weißes Meer
Murmansk
Nordkap
Finnmark
Lappland
Finnland
Oulu
Kemi
Luleå
Bottnischer Meerbusen
Umeå
Sundsvall
Norrland
Schweden
Dalarna
Jämtland
Trondheim
Norwegen
Jotunheimen
Bergen
Europäisches Nordmeer
Lofoten
Bodø
Narvik
Tromsø
Kiruna
Petrosawodsk
Sankt Petersburg
Russland
Ladogasee
Onegasee
Lahti
Tampere
Jyväskylä
Salpausselkä
Manselkä
Island
Vatnajökull
Reykjavík
Akureyri
Hekla
Atlantischer Ozean
Nördlicher Polarkreis
heiße Quelle, Geysir
Inlandeis, Gletscher

Maßstab 1 : 6 000 000
1 cm ≙ 60 km
0 50 100 150 200 250 km

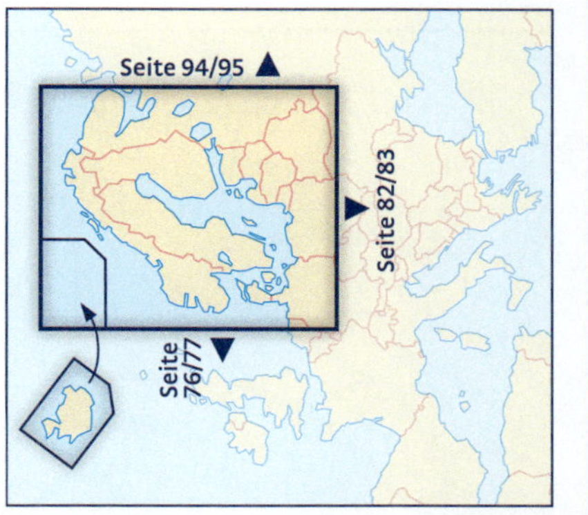

2 M8 Höhenprofil durch Skandinavien

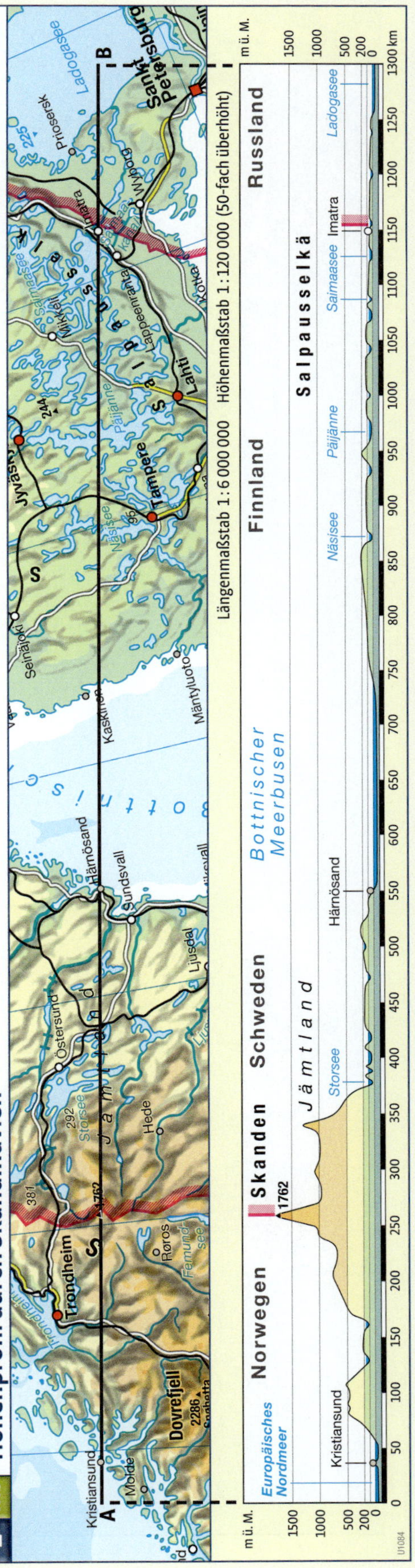

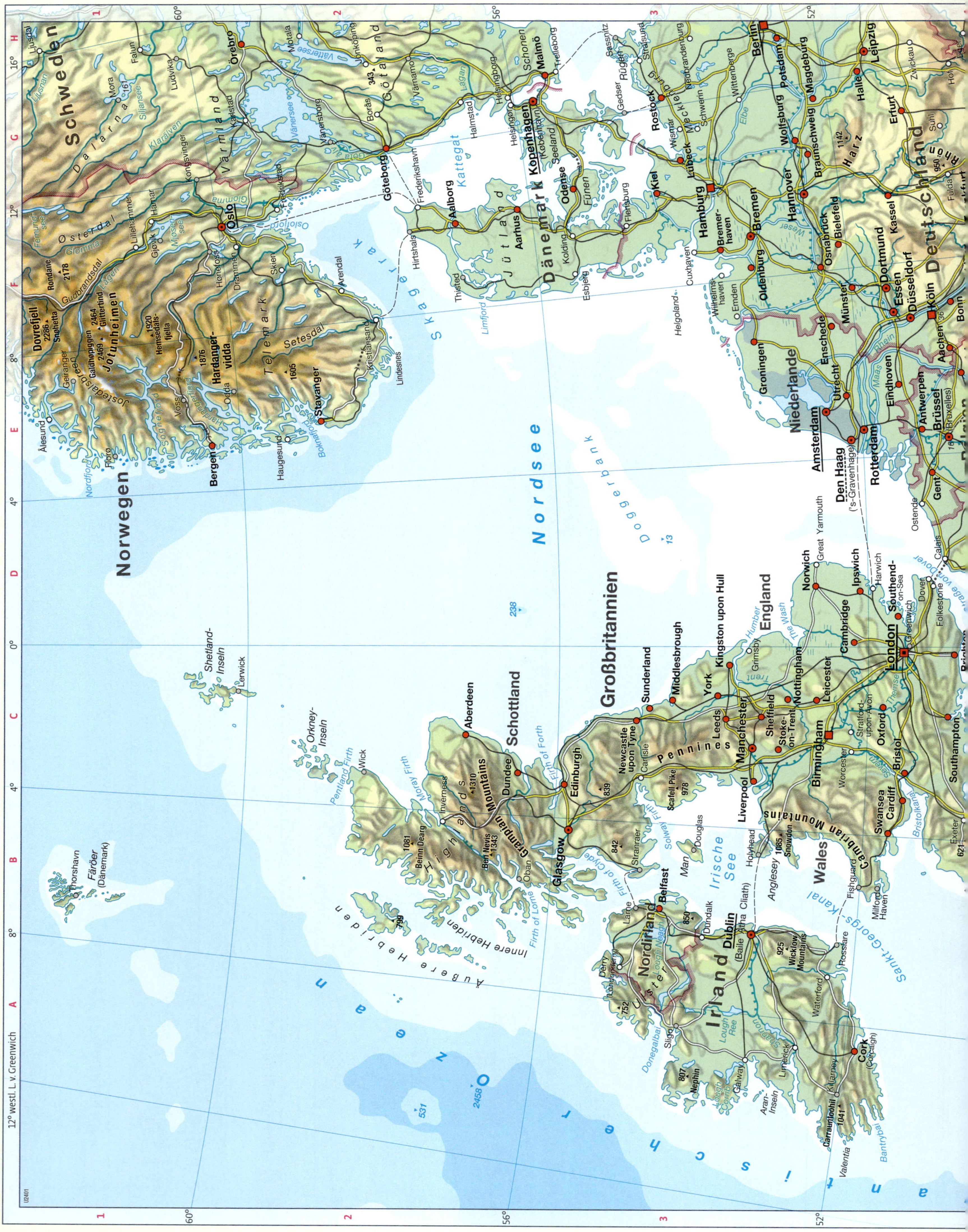
Schweden
Norwegen
Nordsee
Skagerrak
Kattegat
Dänemark
Jütland
Deutschland
Niederlande
Großbritannien
Schottland
England
Wales
Irland
Nordirland
Irische See
Doggerbank
Shetland-Inseln
Orkney-Inseln
Färöer (Dänemark)
Äußere Hebriden
Innere Hebriden
Sankt-Georgs-Kanal
Grampian Mountains
Cambrian Mountains
Pennines
Highlands
Jotunheimen
Hardangervidda
Telemark
Setesdal
Dalarna
Värmland
Götaland
Oslo
Bergen
Stavanger
Kristiansand
Göteborg
Kopenhagen (København)
Malmö
Aalborg
Aarhus
Odense
Kiel
Hamburg
Bremen
Hannover
Berlin
Leipzig
Köln
Düsseldorf
Essen
Dortmund
Amsterdam
Den Haag ('s-Gravenhage)
Rotterdam
Utrecht
Antwerpen
Brüssel (Bruxelles)
London
Birmingham
Manchester
Liverpool
Leeds
Sheffield
Newcastle upon Tyne
Edinburgh
Glasgow
Aberdeen
Dundee
Inverness
Belfast
Dublin (Baile Átha Cliath)
Cork (Corcaigh)
Limerick
Galway
Ben Nevis 1343
Snowdon 1085
Scafell Pike 978
Galdhøpiggen 2469
Glittertind 2464
Rondane 2178
Dovrefjell
12° westl. L. v. Greenwich
60°
56°
52°

Landhöhen und Meerestiefen (in Meter)
Gebiet unter dem Meeresspiegel
4807 Berghöhe
Gletscher
3000
1500
1000
500
200
100
0
40
200
2000
4000
.34
▼531
Höhenangabe
Tiefenangabe
Gewässer
Fluss
schiffbarer Fluss (über 1350 t Tragfähigkeit)
Stromschnelle, Wasserfall
Kanal, bedingt schiffbar
schiffbarer Kanal (über 1350 t Tragfähigkeit)
See
Stausee, Staumauer
Sumpf, Moor
Orte (z. T. mit Umlandgemeinden)
Einwohner
über 5 000 000
1 000 000 – 5 000 000
500 000 – 1 000 000
100 000 – 500 000
20 000 – 100 000
unter 20 000
Verkehr
Eisenbahn
Fähre
Autobahn
Fernstraße
Tunnel
Pass
Verwaltung
Staatsgrenze
Grenze innerhalb Großbritanniens
Dublin Hauptstadt eines Staates
Den Haag Regierungssitz eines Staates
Seite 74/75
Seite 82/83
Seite 90/91
Seite 88/89
© westermann 361121
Frankreich
Spanien
Portugal
Schweiz
Italien
Andorra
Monaco
Liechtenstein
Korsika (Frankreich)
Sardinien (Italien)
Golf von Biscaya
Mittelmeer
Ligurisches Meer
Der Kanal
Kanalinseln (Großbritannien)
Pyrenäen
Westalpen
Zentralmassiv
Kantabrisches Gebirge
Jura
Vogesen
Schwarzwald
Paris
Lyon
Marseille
Toulouse
Bordeaux
Nantes
Madrid
Barcelona
Zaragoza
Bilbao
Porto
Genf
Zürich
Bern
Turin (Torino)
Mailand (Milano)
Genua (Genova)
München
Stuttgart
Luxemburg

1 M7 Die Entwicklung von London

Maßstab 1 : 1 000 000 — 0 10 20 30 40 50 km

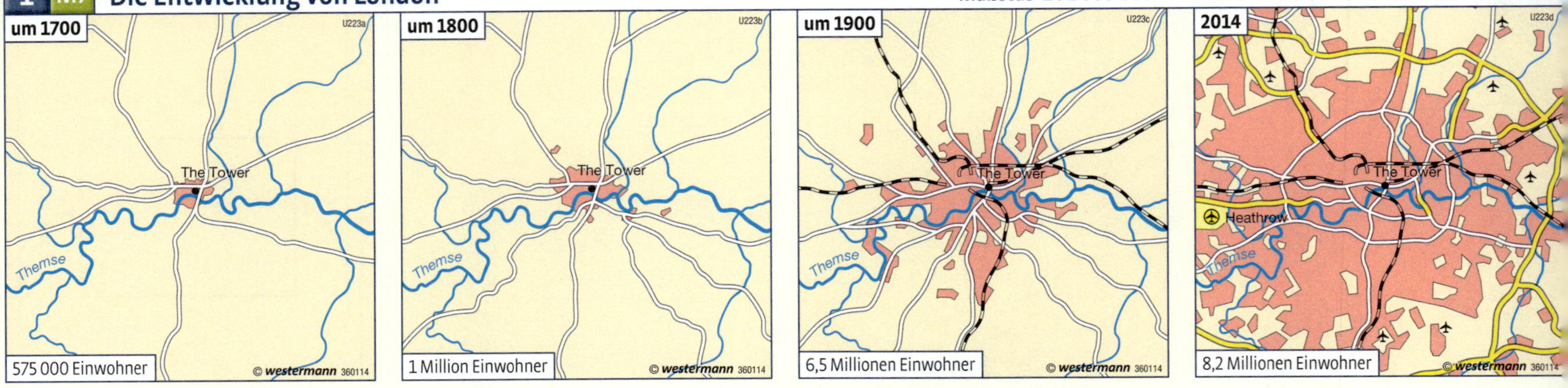

2 London

Maßstab 1 : 50 000 — 0 500 1000 1500 m

Hauptgeschäftszentrum (vorwiegend Banken, Versicherungen, Büros)	Gewerbe und Industrie
sonstiges Geschäftszentrum (vorwiegend Kaufhäuser, Einzelhandel, Restaurants)	Eisenbahngelände
Wohngebiet, gemischt mit Handel und Gewerbe	Park, Grünanlage, Friedhof
Regierung und Verwaltung	Eisenbahn mit Bahnhof
kulturelle Einrichtung (Theater, Museum, Baudenkmal)	S-Bahn mit Station
Bildungs- und Sozialeinrichtung (Universität, Krankenhaus)	Docklands Light Railway
	U-Bahn mit Station

Global Cities – Weltstädte im Zeitalter der Globalisierung

Global Cities sind Städte, in denen besonders viele global tätige Unternehmen der Finanz- und Versicherungsbranche, internationale Organisationen sowie Hauptsitze anderer Branchenführer ansässig sind.

Global Cities verfügen außerdem über exzellente Verkehrsbedingungen, insbesondere im internationalen Flugverkehr.

Herausragende kulturelle und touristische Angebote sowie renommierte Universitäten und Forschungseinrichtungen stärken die weltweite Bedeutung der Global Cities.

Im House of Parliament tagt das britische Parlament. Es steht im Londoner Stadtteil Westminster, dem politischen Zentrum Großbritanniens, in dem sich außerdem viele Ministerien und der Buckingham Palace befinden.

Neben New York und Tokio ist die City of London der wichtigste Finanzplatz der Welt. Viele internationale Banken, Versicherungen, Unternehmen und Börsen haben hier ihren Sitz. Über 200 000 Londoner arbeiten im Finanzsektor und nur noch 300 000 in der Industrie.

3 M7 Die Entwicklung von Paris

Maßstab 1 : 1 000 000 — 0 10 20 30 40 50 km

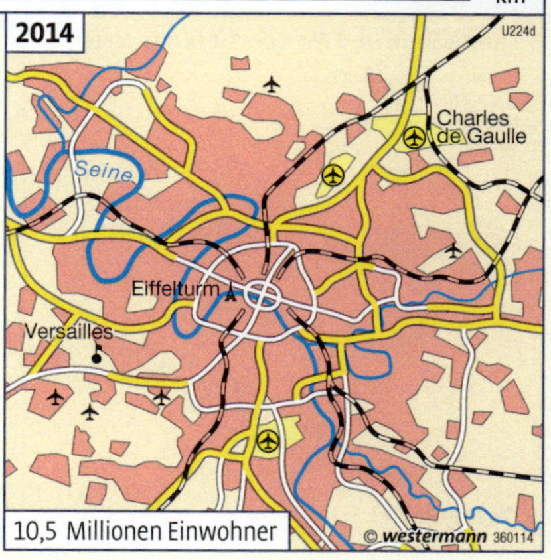

4 Paris

Maßstab 1 : 50 000 — 0 500 1000 1500 m

Hauptgeschäftszentrum (vorwiegend Banken, Versicherungen, Büros)
sonstiges Geschäftszentrum (vorwiegend Kaufhäuser, Einzelhandel, Restaurants)
Wohngebiet, gemischt mit Handel und Gewerbe
Gewerbe und Industrie
Eisenbahngelände
Park, Grünanlage, Friedhof
Regierung und Verwaltung
kulturelle Einrichtung (Theater, Museum, Baudenkmal)
Bildungs- und Sozialeinrichtung (Universität, Krankenhaus)
Eisenbahn mit Bahnhof
S-Bahn mit Station
U-Bahn mit Station

Der Louvre ist eines der größten Museen der Welt. Sein berühmtestes Bild ist die Mona Lisa von Leonardo da Vinci. In Paris gibt es über 160 Museen und 100 Theater mit mehreren Millionen Besuchern pro Jahr. Dies belegt die kulturelle Bedeutung dieser Metropole.

Der Flughafen Charles-de-Gaulle ist nach Fluggästen der sechstgrößte und nach Luftfracht der viertgrößte Flughafen weltweit (2009). Zusammen mit seiner zentralen Lage im europäischen Verkehrsnetz ist Paris damit einer der am besten erreichbaren Ballungsräume weltweit.

Die wichtigsten Global Cities

		Rang* (Bedeutung) in		
		Weltpolitik	Wirtschaft	Kultur, Medien
1	New York	2	1	3
2	**London**	**6**	**5**	**1**
3	Tokio	5	2	4
4	**Paris**	**4**	**3**	**2**
5	Hongkong	20	4	32
6	Chicago	26	10	10
7	Los Angeles	27	19	6
8	Singapur	31	7	46
9	Seoul	21	9	12
10	Brüssel	3	18	42
11	San Francisco	33	27	7
12	Washington	1	30	20

* Fehlende Rangplätze entfallen auf nicht gelistete Global Cities mit geringer Gesamtbedeutung. Zur Gesamtbewertung tragen noch weitere Teilbedeutungen bei (Wohlstand, Bildung, Verkehr).

1 M3 Niederlande/Belgien/Luxemburg – physisch

Maßstab 1 : 2 000 000

2 Niederlande – Neulandgewinnung

Maßstab 1 : 2 000 000

Zeitraum der Einpolderung
- vor 1600
- 1600 – 1800
- 1800 – 1900
- 1900 – 2000
- nach 2000
- *1961* Jahr der Trockenlegung bzw. Fertigstellung, seitdem Entwässerung
- Kanal
- heutige Grenze

Küstenschutz
- Küstendünen
- Abschlussdamm
- Seedeich

Naturrisiko Überflutung
- Gebiet mit Hochwasser-Schutzkonzept (Landhöhen unter 8 m)
- überflutungssicheres Gebiet (Landhöhen über 8 m)

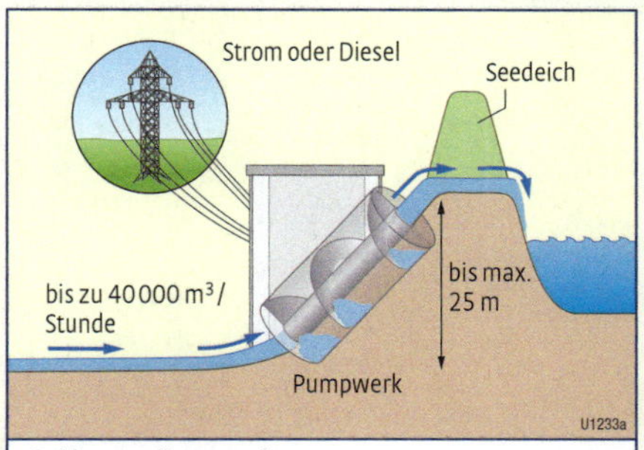

Polderentwässerung heute...

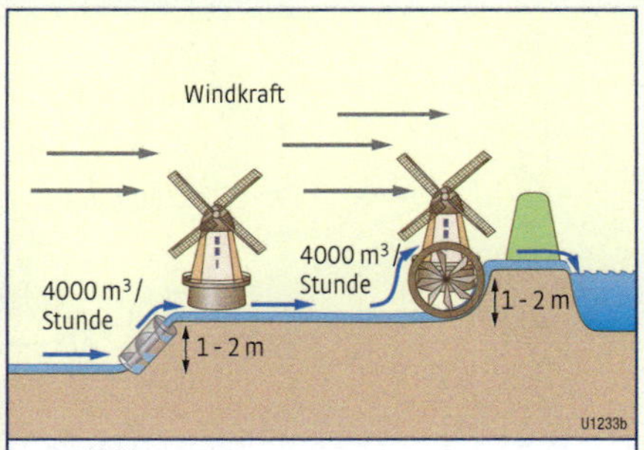

...und früher

3 Niederlande um 1300

0 20 40 60 km

Bodenbeschaffenheit
- Watt, Seemarsch
- Dünen
- Hochmoorboden
- Niedermoorboden
- Tonboden durch Flussablagerung
- Tonboden durch Meeresablagerung

Küstenschutz
- Seedeich

4 Rotterdam – Europoort

Maßstab 1 : 250 000

0 2 4 6 8 10 km

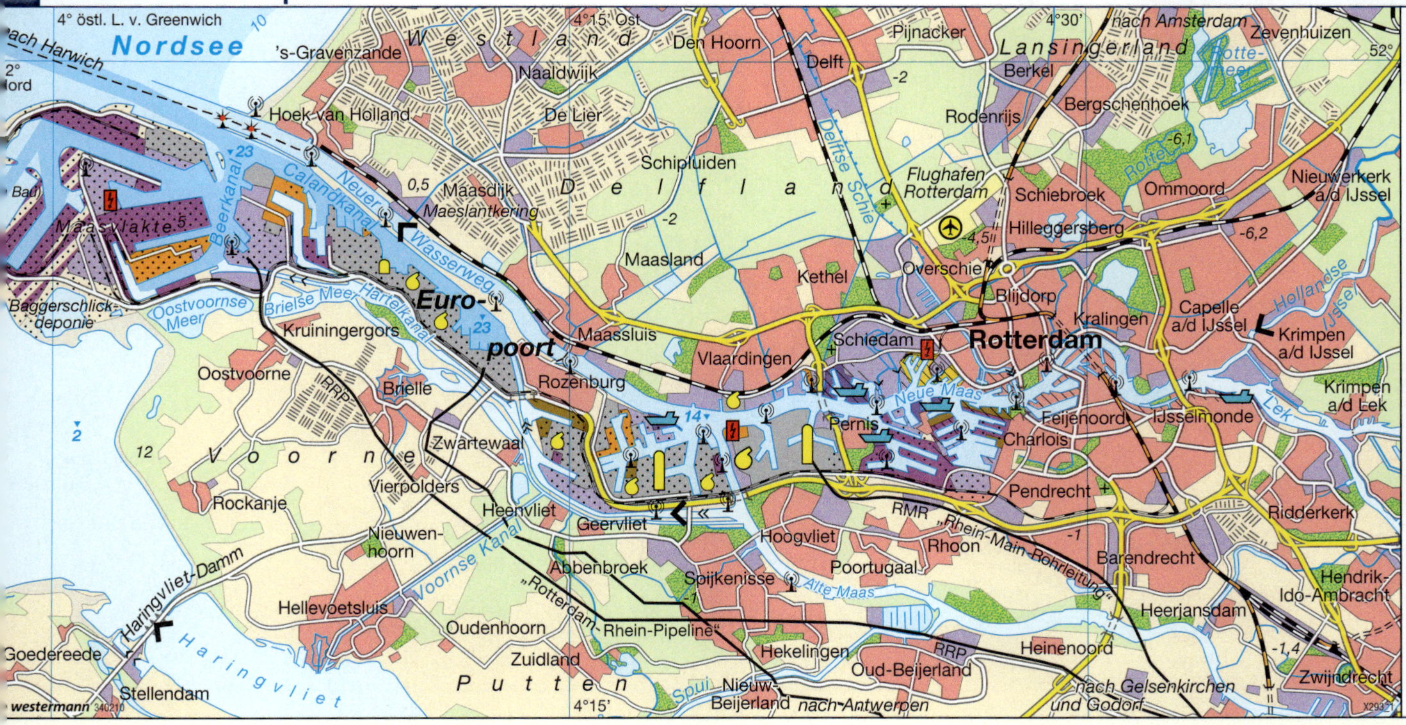

Schifffahrtswege
- über 20 m Fahrwassertiefe (für Großtanker geeignet)
- 10 – 20 m Fahrwassertiefe
- Radarstation
- Leuchtfeuer
- Schleuse, Sturmflutwehr

Hafenfunktion
- Stückgut
- Containerterminal, Roll on/Roll off
- Greifer, Sauggut
- Ölhafen mit Raffinerie und Petrochemie
- Werft
- Lebensmittelhafen
- sonstige Industrieanlage
- Erdölleitung
- Kraftwerk

Hafenerweiterung
- Betriebsfläche vor 1954
- Erweiterung bis 1969
- Erweiterung nach 1969

Mitteleuropa – physisch

Lettland
Litauen
Russland
Weißrussland (Belarus)
Polen
Ukraine
Moldau
Rumänien
Ungarn
Serbien
Bulgarien
Schwarzes Meer
Rigaischer Meerbusen
Riga
Vilnius
Minsk
Warschau (Warszawa)
Kiew (Kyjiw)
Moskau (Moskwa)
Chişinău
Bukarest (Bucureşti)
Budapest
Belgrad (Beograd)
Sarajevo
Königsberg (Kaliningrad)
Lemberg (L'viv)
Odessa
Karpaten
Siebenbürgen
Galizien
Wolynien
Polesje
Pripjat-sümpfe
Masuren
Ostpreußen
Kurland
Livland
Beskiden
Hohe Tatra
Bukowina
Banat
Dobrudscha
Schlangeninsel
Landhöhen und Meerestiefen (in Meter)
Gebiet unter dem Meeresspiegel
Berghöhe
Gletscher
Tiefenangabe
Höhenangabe
Gewässer
Fluss
schiffbarer Fluss (über 1350 t Tragfähigkeit)
Kanal, bedingt schiffbar
schiffbarer Kanal (über 1350 t Tragfähigkeit)
See
Stausee, Staumauer
Sumpf, Moor
Orte (z. T. mit Umlandgemeinden)
Einwohner
über 5 000 000
1 000 000 – 5 000 000
500 000 – 1 000 000
100 000 – 500 000
20 000 – 100 000
unter 20 000
Verkehr
Eisenbahn
Fähre
Autobahn
Fernstraße
Tunnel
Pass
Verwaltung
Staatsgrenze
Wien Hauptstadt eines Staates
Den Haag Regierungssitz eines Staates
Seite 74/75
Seite 76/77
Seite 94/95
Seite 88/89
Seite 90/91
© westermann 351113

Karlsruhe
Stuttgart
Pforzheim
Nancy
Straßburg (Strasbourg)
Kehl
Offenburg
Freiburg
Reutlingen
Tübingen
Ulm
Augsburg
Schwarzwald
Schwäbische Alb
Vogesen
Mülhausen (Mulhouse)
Colmar
Basel
Schaffhausen
Konstanz
Bodensee
Friedrichshafen
Lindau
Bregenz
Winterthur
Zürich
Dijon
Besançon
Frankreich
Plateau von Langres
Burgundische Pforte
Belfort
Vesoul
Schweizer Jura
Bern
Luzern
Olten
Solothurn
Biel (Bienne)
Neuenburg (Neuchâtel)
Lausanne
Genfer See
Genf (Genève)
Freiburg (Fribourg)
Thun
Interlaken
Berner Alpen
Schweiz
4158 Jungfrau
Glarner Alpen
Liechtenstein
Vaduz
Rätische Alpen
Silvretta
Davos
Chur
Tessiner Alpen
Walliser Alpen
Zermatt
Matterhorn 4478
Dufourspitze 4634
Monte Rosa
Mont Blanc 4810
Chamonix-Mont-Blanc
Savoyer Alpen
Annecy
Lyon
Villeurbanne
Chambéry
Grenoble
Grajische Alpen
Gran Paradiso 4061
Aosta
Dauphiné-Alpen
Cottische Alpen
Monte Viso 3841
Briançon
Turin (Torino)
Mailand (Milano)
Monza
Bergamo
Brescia
Bergamasker Alpen
Lugano
Locarno
Bellinzona
Como
Novara
Piacenza
Parma
Italien
Alessandria
Genua (Genova)
Ligurischer Apennin
Toskanischer Apennin
Provenzalische Alpen
Meeralpen
Ligurische Alpen
Französische Kalkalpen
Mont Ventoux 1909
Avignon
Aix-en-Provence
Marseille
Provence
Nizza (Nice)
Monaco
Cannes
Riviera di Ponente
Riviera di Levante
Golf von Genua
Ligurisches Meer
La Spezia
Livorno
Pisa
6° östl. L. v. Greenwich

Landhöhen und Meerestiefen (in Meter)

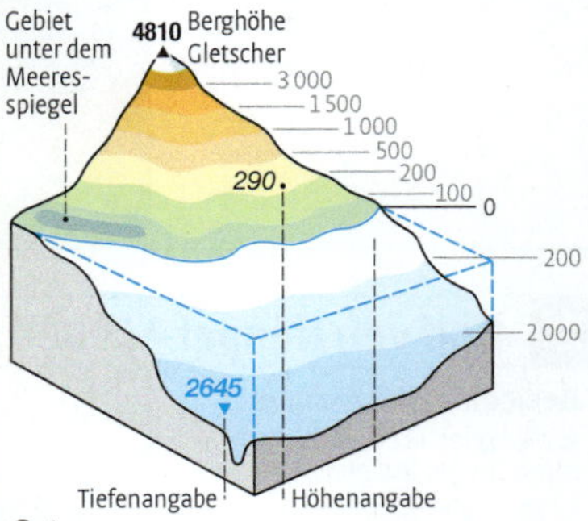

Orte

Einwohner

- über 1 000 000
- 500 000 – 1 000 000
- 100 000 – 500 000
- 20 000 – 100 000
- unter 20 000

Verkehr

- Eisenbahn
- Autobahn
- Fernstraße
- Tunnel
- Pass

Verwaltung

- Staatsgrenze
- **Bern** Hauptstadt eines Staates

Weitere Erläuterungen siehe Seite 82 / 83

Südliches Europa – Tektonik und Vulkanismus

1 Toskana (Italien) – Nutzung geothermischer Energie

Maßstab 1 : 50 000

Seit über 100 Jahren nutzt man in der Toskana die Erdwärme. Hier ist die Erdkruste so dünn, dass sich Grundwasser durch das Magma darunter erhitzt und als Heißdampf an die Oberfläche drängt.
Den Dampf setzte man zunächst für die chemische Industrie ein, seit 1913 wird damit Strom erzeugt (heute: > 3 Mrd. kWh/Jahr).

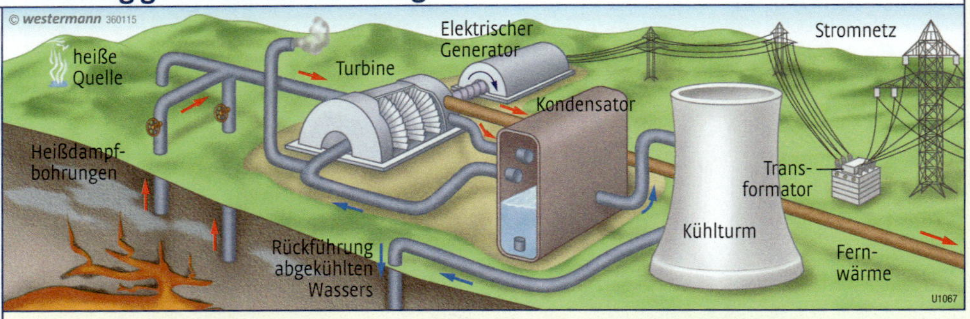

Flächennutzung

- Industriefläche mit Soffioni (Erdspalten mit Dampfaustritt)
- Wohnbebauung
- Ackerland
- Weide, Hartlaubgeölze
- Wald
- Landstraße, Weg

Geothermie

- warme Quellen

Nutzung von Erdwärme

- Tiefenbohrung von > 200°C heißem Dampf
- < 200°C heißem Dampf
- oberirdisch verlegtes Heißdampfrohr
- Einpressung von kühlem Wasser in den Untergrund
- Kraftwerk mit Baujahr und Leistung (in Megawatt)

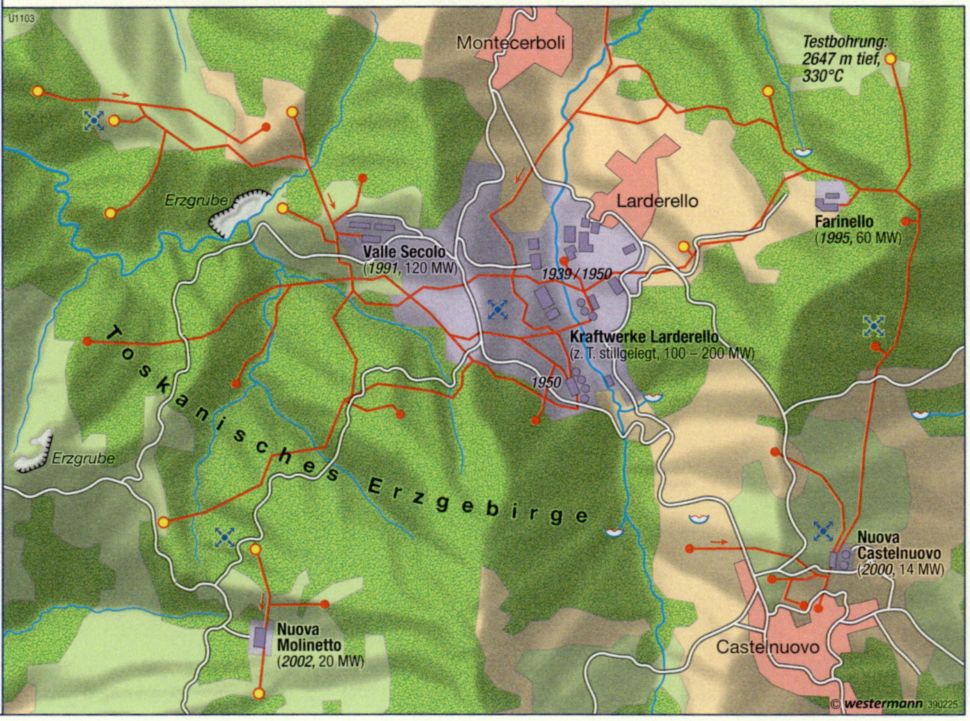

Geothermie-Kraftwerk Larderello (➪ 1)

Ruinen Pompeis vor dem Vesuv (➪ 2)

Erdbebensichere Bosporusbrücke (➪ 5)

2 Golf von Neapel – Leben am Vulkan

Maßstab 1 : 300 000

3 Erdzeitalter

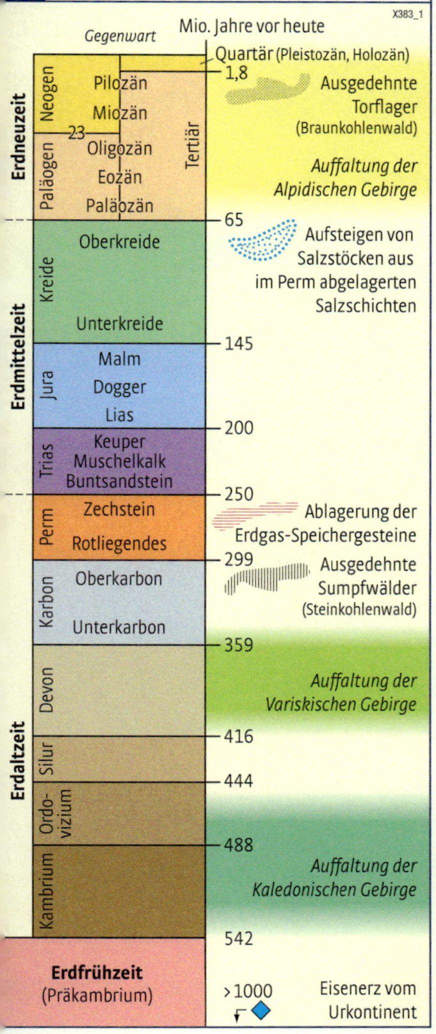

4 Europa – Alter der Gebirge / Rohstofflagerstätten

Maßstab 1 : 36 000 000

Alter der Gebirge
- Urkontinent (älter als 2000 Mio. Jahre)
- Kaledonisches Gebirge, gefaltet im Erdaltertum (vor 500 – 450 Mio. Jahren)
- Variskisches Gebirge, gefaltet im Erdaltertum (vor 400 – 350 Mio. Jahren)
- Alpidisches Gebirge, (Beginn der Faltung vor 50 Mio. Jahren, reicht bis in die Gegenwart)
- Tafelländer und Becken

Tektonik der Gegenwart
- tätiger Vulkan
- schweres Erdbeben

Rohstofflagerstätten
- Salz
- Steinkohle
- Erdgas
- Braunkohle
- Eisenerz vom Urkontinent

5 İstanbul (Türkei) – erdbebengefährdete Megastadt

Maßstab 1 : 1 000 000 (0 10 20 30 40 50 km)

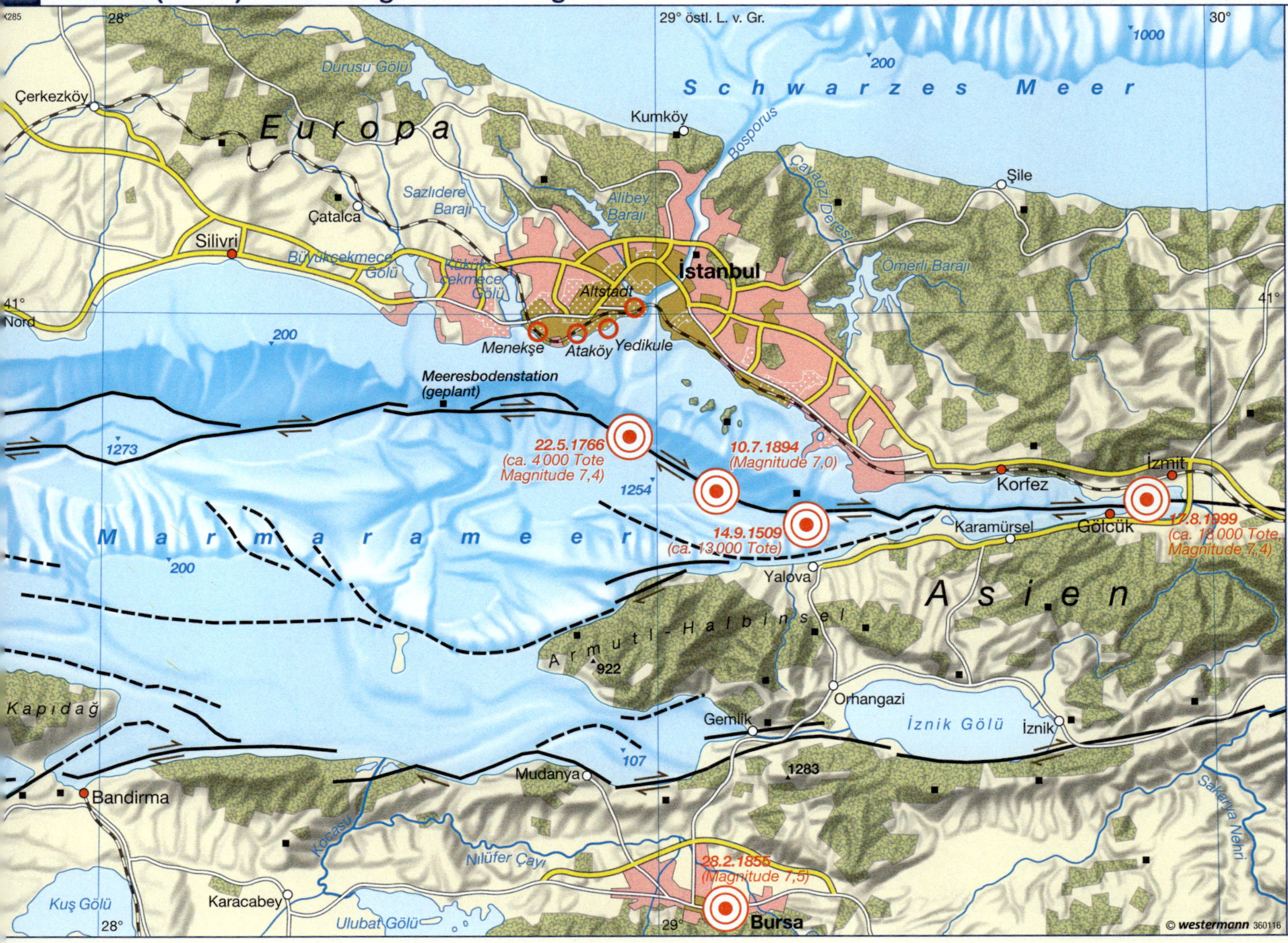

Städtisches Wachstum
- Bebauung 1975 (Istanbul: 2,5 Mio. Einw.)
- Bebauung 2010 (Istanbul: 10 Mio. Einw.)
- Großstadt mit 100 000 - 250 000 Einw.
- sonstiger Ort

Plattentektonik
- aktive Verwerfung mit Richtung der horizontalen Verschiebung
- vermuteter Verlauf tektonischer Störung

Erdbebengefährdung
- Epizentrum eines Schadensbebens
- Erdbebenstation zur seismischen Überwachung

Erkenntnisse der Erdbebenvorsorge
- Stadtteile mit dem höchsten Zerstörungsrisiko
- für schnelle Evakuierung zu enge Gassen

Verkehrswege

(Fluchtwegenetz, erdbebensicher ertüchtigt)
- Eisenbahn (ab 2009: Bau des Bosporustunnels)
- Autobahn
- Fernstraße
- Ackerbau
- Wald, Hartlaubgehölze

Atlantischer Ozean
Golf von Biscaya
Kanalinseln (Großbritannien)
Guernsey
Jersey
Frankreich
Normandie
Bretagne
Champagne
Burgund
Gascogne
Languedoc
Auvergne
Zentral-massiv
Cevennen
Médoc
Pyrenäen
Andorra
Spanien
Portugal
Galicien
Kantabrisches Gebirge
Baskenland
Iberisches Randgebirge
Altkastilien
Kastilisches Scheidegebirge
Neukastilien
La Mancha
Sierra Morena
Extremadura
Alentejo
Algarve
Andalusien
Betische Kordillere
Aragonien
Katalonien
Costa Brava
Costa Blanca
Costa del Sol
Balearen
Menorca
Mallorca
Ibiza
Formentera
Mittelmeer
Atlas
Algerien
Marokko
Er Rif
Straße von Gibraltar
Golf de Cádiz
Cherbourg-Octeville
Le Havre
Rouen
Caen
Reims
Paris
Versailles
Fontainebleau
Troyes
Brest
Morlaix
St-Brieuc
St-Malo
Rennes
Laval
Le Mans
Orléans
Quimper
Pointe du Raz
Lorient
St-Nazaire
Nantes
Angers
Tours
Blois
Bourges
Dijon
Besançon
Le Creusot
Chalon-sur-Saône
Châteauroux
Poitiers
Montluçon
Vichy
La Rochelle
Clermont-Ferrand
Limoges
Lyon
St-Etienne
Cognac
Périgueux
Puy de Sancy 1886
Brive
Bordeaux
Arcachon
Valence
Mont Lozère 1702
Montauban
Toulouse
Nîmes
Avignon
Montpellier
Arles
Béziers
Sète
Carcassonne
Marseille
Bayonne
Biarritz
Lacq
Pau
Lourdes
Perpignan
Port-Vendres
Pico de Aneto 3404
Andorra la Vella
Girona
Lérida
Sabadell
Badalona
Barcelona
L'Hospitalet
Tarragona
Tortosa
Peñiscola
Castellón de la Plana
Valencia
Gandia
Benidorm
Alicante
Elche (Elx)
Murcia
Cartagena
Palma de Mallorca
El Arenal
La Coruña
Kap Finisterre
Santiago de Compostela
Pontevedra
Vigo
Orense
Lugo
Ribadeo
Avilés
Gijón
Oviedo
Villaviciosa
Santander
Bilbao (Bilbo)
Donostia-San Sebastián
Vitoria-Gasteiz
Pamplona
León
Burgos
Logroño
Palencia
Valladolid
Soria
Zaragoza
Huesca
Braga
Matosinhos
Porto
Zamora
Salamanca
Coimbra
Serra da Estrela 1993
Guarda
Segovia
Ávila
Madrid
Getafe
Guadalajara
Aranjuez
Toledo
Cuenca
Teruel
Cáceres
Mérida
Badajoz
Estoril
Lissabon (Lisboa)
Setúbal
Évora
Sines
Beja
Ciudad Real
Puertollano
Valdepeñas
Albacete
Alcázar
Córdoba
Linares
Jaén
Sevilla
Huelva
Lagos
Portimão
Faro
Kap São Vicente
Jerez de la Frontera
Cádiz
Ronda
Granada
Sierra Nevada 3478
Málaga
Almería
Lorca
Marbella
Torremolinos
Algeciras
La Línea
Gibraltar (Großbritannien)
Ceuta (Spanien)
Tanger
Tétouan
El Araich (Larache)
Kenitra (El Qenitra)
Melilla (Spanien)
Nador
Oujda
Saka
Tlemcen
Sidi bel Abbès
Oran
Mostaganem
Mascara
Saïda
Tiaret
Ech Chéliff
Blida
Algier (Al Djazaïr)
Tizi-Ouzou
Bejaia
Sétif
El Eulma
Aïn Oussera
Bou Saâda
Biskra
Loire
Seine
Marne
Garonne
Dordogne
Lot
Tarn
Adour
Rhône
Saône
Ebro
Duero
Douro
Tajo
Tejo
Guadiana
Guadalquivir
Genil
Júcar
Segura
Sil
Miño
Esla
Chéliff
4° westl. L. v. Greenwich
4° östl. L. v. Greenwich

Maßstab 1 : 6 000 000
1 cm ≙ 60 km
0 50 100 150 200 250 km

Landhöhen und Meerestiefen (in Meter)

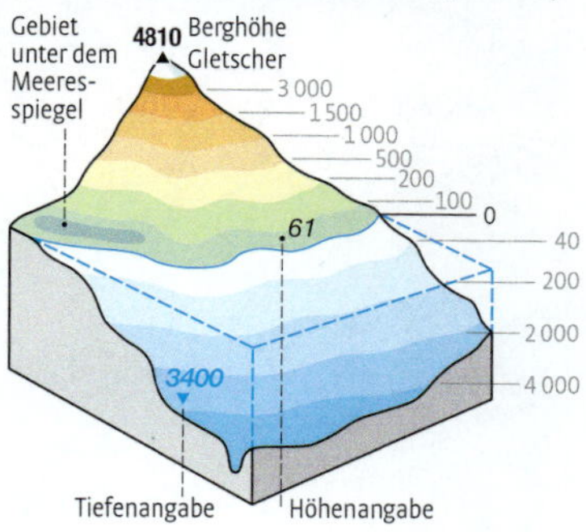

Gewässer

- Fluss
- schiffbarer Fluss (über 1350 t Tragfähigkeit)
- Wadi, Trockental
- Kanal, bedingt schiffbar
- schiffbarer Kanal (über 1350 t Tragfähigkeit)
- See
- Stausee, Staumauer
- Sumpf, Moor
- Salzpfanne

Orte

Einwohner	
über	5 000 000
1 000 000 –	5 000 000
500 000 –	1 000 000
100 000 –	500 000
20 000 –	100 000
unter	20 000

Ruinenstätte, geschichtlich bedeutsamer Ort

Verkehr

- Eisenbahn
- Fähre
- Autobahn
- Fernstraße
- Tunnel
- Pass

Verwaltung

- Staatsgrenze
- Teilungsgrenze
- **Paris** Hauptstadt eines Staates

Erläuterungen siehe Seite 89

Ukraine
Kirowohrad
Dniprodsershynsk
Dnipropetrowsk
Krywyj Rih
Nikopol
Saporishshja
Donezk
Horliwka
Makijiwka
Schachty
Wolgodonsk
Rostow
Nowotscherkassk
Taganrog
Mariupol
Bataisk
Manytschniederung
Mykolajiw
Melitopol
Kachiwkaer Stausee
Cherson
Schwarzmeertiefland
Berdjansk
Asowsches Meer
Primorsko-Achtarsk
Jeja
Salsk
Manytsch-Gudilo-See
Elista
Kaspische Senke
Astrachan
Sarpasee
Wolga
Jergeni-hügel
Russland
Stawropoler Hochland
Stawropol
Dshankoi
Krim (von Russland kontrolliert)
Kertsch
Jewpatorija
Simferopol
Krimgebirge
1545
Jalta
Sewastopol
Straße von Kertsch
Krasnodar
Kuban
Laba
Armawir
Newinnomyssk
Noworossijsk
Tchab
905
Krasnodarer Stausee
Maikop
Tscherkessk
Pjatigorsk
Kislowodsk
Prochladny
Mosdok
Terek
Grosnyj
Gudermes
Sulak
Kuma
Terek-Kuma-Niederung
Tuapse
Fischt 2867
Tschugusch 3238
Selentschukskaja
Karatschajewsk
Agepsta 3256
Pschisch 3790
Elbrus 5642
Dych-Tau 5204
Naltschik
Beslan
Wladikawkas
Kasbek 5033
Chasawjurt
Kisiljurt
Machatschkala
Buinaksk
Kaspijsk
Sotschi
Adler
Suchumi
Kaukasus
Tebulosmta 4493
Botlich
Beshta
Zudachar
Chosrech
Djultydag 4127
Georgien
Kutaisi
Poti
Rioni
Tiflis (Tbilissi)
Rustawi
Alasani
Batumi
2850
Mingaçevir-Stausee
Kura
Schwarzes Meer
2245
Sinop
Cide
1985
Pontisches Gebirge
Samsun
Zonguldak
Karabük
Bolu
Köroğlu Tepesi 2400
Köroğlugebirge
Ankara
Amasya
Çorum
Hattusa
Tokat
Sivas
Kırıkkale
Ordu
Trabzon
Karagöl Dağı 3095
3305
Kösedağı 3577
Kızılırmak
Yeşilırmak
Kelkit
Erzincan
Erzurum
Kaçkar 3931
Artvin
Çoruh
Kars
Gjumri
Atschkassar 3196
Wanadsor
Armenien
Gäncä
Gjamysch 3724
Aserbaidschan
Aragaz 4090
Rasdan
Sewansee
Jerewan
Ararat 5137
Ağrı
Aras
zu Aserbaidschan
Naxçıvan
Kiyamaki 3347
3904
Türkei
Anatolien
Hirfanlı-Stausee
Tuz gölü
Kayseri
Erciyes Dağı 3917
Aksaray
Konya
Ereğli
Karaman
Taurus
Mittlerer Taurus
Aladağ 3756
Innerer Taurus
Östlicher Taurus
Westlicher Euphrat
Östlicher Euphrat
Keban-Stausee
Karakaya-Stausee
Elâzığ
Malatya
Nurhakdağı 3081
Bingöl 3194
Süphan 4434
Vansee 1720
Tatvan
Van
Batman
Siirt
Diyarbakır
Karaca 1957
Kahramanmaraş
Atatürk-Stausee
Tigris
Ilisu-Stausee
Arnas 3550
Reşko Tepesi 4168
Kurdistan
Cizre
Zakhu
Dahuk
Khvoy
Marand
Täbris (Tabriz)
Kuh-i Sahand 3712
Urmiasee
Urmia (Orumiyeh)
Maragheh
Miandoab
Mahabad
Iran
Saqqez
Şanlıurfa
Kızıltepe
Al-Qamishli
Gaziantep
Osmaniye
Adana
Tarsus
Mersin (İçel)
Ak dağ 2647
Alanya
Golf von Antalya
Anamur
Kap Anamur
Golf von İskenderun
İskenderun
Antakya
Al-Bab
Aleppo (Halab)
Assad-Stausee
Ar-Raqqah
Tall Afar
Sinjar 1463
Mosul
Ninive
Nimrud
Irbil
Kleiner Zab
As-Sulaymaniya
Kirkuk
Hatra
Assur
Wadi Tharthar
Irak
Idlib
Latakia (Al Laziqiya)
Hama
Syrien
867
Dayr az-Zawr
Khabur
Euphrat
Zypern
Nikosia (Lefkosia)
Famagusta
Larnaca
Limassol
1952
Kap Sankt Andreas
Tartus
Homs (Hims)
1385
Jabal Abu Rujmayn 1391
Palmyra
Tadmor (Tudmor)
Abu Kamal
Tikrit
Tharthar-see
Balad
Baqubah
Khanaqin
Diyala
Tripoli (Tarabulus)
3088
Libanon
Beirut (Bayrut)
Baalbek
Sidon (Sayda)
2814
Duma
Damaskus (Dimashq)
Syrische Wüste
Wadi Hauran
Wadi al-Ghudaf
Ar-Ramadi
Al-Fallujah
Bagdad (Baghdad)
Al-Milh-See
Kerbala
© westermann 340315

Südliches Europa (Mittelmeerraum) – Wirtschaft und Tourismus

Waldlandschaften
- sommergrüner Laub- und Mischwald, Gebirgsnadelwald
- Hartlaubgehölz (Macchie)

offene Landschaften
- Steppe und Hochgebirgsgrasland
- Halbwüste und Wüste
- Salzpfanne
- Fels- und Gletscherregion

Kulturlandschaften
- Ackerbau
- mittelmeerischer Anbau (Oliven, Kork, Zitrusfrüchte)
- Bewässerungsland
- Weide, z. T. Wiese

Kontinentalschelf
- 200 m-Tiefenlinie

Bergbau
- Erdöl
- Erdgas
- Steinkohle
- Braunkohle
- Eisen
- Stahlveredler (Chrom, Mangan, Wolfram)
- Kupfer
- Blei, Zink
- Silber
- Bauxit (Aluminiumrohstoff)
- Phosphat

Transport und Industrie
- Erdölleitung
- Erdgasleitung
- Ölhafen

Industrie
- Erdölraffinerie
- Chemie, Kunststoffe
- Eisen- und Stahlerzeugung
- Buntmetallverhüttung
- Aluminiumverhüttung
- Eisen- und Metallverarbeitung (Maschinenbau, Stahl- und Leichtmetallbau, Metallwaren)

Kraftfahrzeugbau
- Kraftfahrzeugbau
- Luft- und Raumfahrzeugbau
- Schiffbau
- Elektrotechnik, Elektronik
- Feinmechanik, Optik, Uhren
- Textilien, Bekleidung, Leder
- Nahrungs- und Genussmittel
- Fischverarbeitung

Dienstleistungszentrum
- mit internationaler Bedeutung
- mit überregionaler Bedeutung
- mit regionaler Bedeutung

Grenzen
- Staatsgrenze
- Grenze Palästinensischer Autonomiegebiete

Tourismus
- Städtetourismus (vor allem Kulturtourismus)
- Badetourismus im Sommer
- ganzjähriger Badetourismus
- Pilgerort
- Wintersport
- Kurort, Heilbad
- Algarve — touristisch bedeutender Küstenabschnitt

Tourismus als bedeutende Dienstleistung
Von je 100 Erwerbstätigen dieser Beispiel-Staaten leben vom Tourismus in

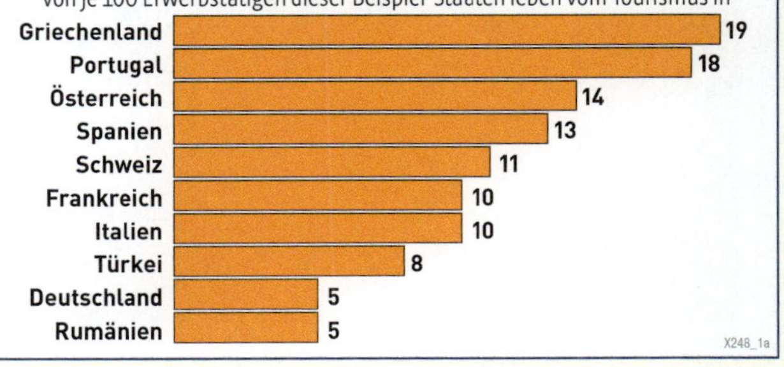

Russland / Zentralasien – physisch

Sewernaja Semlja
Komsomolzen-Insel
Oktober-revolutions-Insel
Bolschewik-Insel
Kap Tscheljuskin
Wilkizkistraße
Laptewsee
Neusibirische Inseln
Kotelnyj-Insel
Sannikowstraße
Ljachow-Inseln
Neusibirien
Laptewstraße
Ostsibirische See
Medweshi-Inseln (Bären-Inseln)
Wrangel-Insel
Tschuktschensee
Kap Deschnew
Tschuktschen-Halbinsel
Sankt-Lorenz-Insel
Linie des Datumswechsels
Anadyr-Golf
Anadyr
Beringowskij
Beringmeer
Korjakengebirge
Kap Oljutorskij
Karaginski-Insel
Bering-Insel
Mednyj-Insel
Kommandeurinseln
Anjuigebirge
Nishnekolymsk
Kolymagebirge
Tschokurdach
Ust-Jansk
Lenadelta
Tiksi
Taimyr-Halbinsel
Byrrangagebirge
Taimyrsee
Nordsibirisches Tiefland
Chatanga
Werchojansker Gebirge
Werchojansk
Momagebirge
Tscherskigebirge
Pobeda
Ust-Nera
Seimtschan
Susuman
Oimjakon
Magadan
Schelichowgolf
Gishiga
Kamtschatka
Ust-Kamtschatsk
Kljutschewskaja Sopka
Petropawlowsk-Kamtschatski
Bolscherezk
Paramuschir
Kurilen
Ochotskisches Meer
Ochotsk
Ajan
Dshugdshurgebirge
Eldikan
Chandyga
Sangar
Jakutsk
Mittelsibirisches Bergland
Putorana-Gebirge
Olenjok
Udatschnij
Wiljuisk
Mirnyj
Suntar
Lensk
Oljokminsk
Tura
Nördlicher Polarkreis
Untere Tunguska
Steinige Tunguska
Jerbogatschon
Patomhochland
Bodaibo
Peleduj
Keshma
Ust-Ilimsk
Ust-Kut
Kirensk
Bratsk
Taischet
Tulun
Aldan
Tommot
Stanowoigebirge
Nerjungri
Tynda
Skoworodino
Seja
Tschumikan
Schantar-Inseln
Nikolajewsk
Sachalin
Ocha
Alexandrowsk-Sachalinskij
Tatarensund
Juschno-Sachalinsk
Korsakow
La Pérouse-Straße
Urup
Iturup
Kunaschir
Komsomolsk
Chabarowsk
Birobidshan
Sowjetskaja Gawan
Sichote-Alin
Blagoweschtschensk
Belogorsk
Swobodnyj
Heihe
Kleiner Chingan
Witimplateau
Baikalgebirge
Baikalsee
Ust-Bargusin
Jablonowyjgebirge
Tschita
Nertschinsk
Sretensk
Ulan-Ude
Angarsk
Irkutsk
Usolje-Sibirskoje
Ostsajan
Kjachta
Suhbaatar
Darchan
Ulan Bator (Ulaanbaatar)
Mörön
Chövsgöl Nuur
Changaigebirge
Karakorum
Mongolei
Bajanhongor
Gobi-Altai
Dalan-Dzadgad
Gobi
Sajnschand
Erenhot
Tschoibalsan
Baruun Urt
Borsja
Manzhouli
Hulun Nur
Hailar
Großer Chingan
Yakeshi
Jiagedagi
Zalantun
Qiqihar
Bei'an
Yichun
Hegang
Jiamusi
Suihua
Harbin
Mandschurei
Mudanjiang
Ussurijsk
Wladiwostok
Nachodka
Dalnegorsk
Terneij
Olga
Ulan Hot
Baicheng
China
Changchun
Jilin
Yanji
Siping
Tongliao
Shenyang
Fushun
Fuxin
Anshan
Chifeng
Jinzhou
Dandong
Sinuiju
Abagnar Qi
Zhangjiakou
Jining
Yin Shan
Qinhuangdao
Chongjin
Kimchaek
Hamhung
Hungnam
Wonsan
Pjöngjang
Nordkorea
Südkorea
Ulleung
Dokdo/Takeshima
Japanisches Meer (Ostmeer)
Japan
Hokkaido
Asahikawa
Sapporo
Kushiro
Hakodate
Wakkanai
Aomori
Morioka
Honshu
Akita
Sendai
Niigata
Kanazawa
Tokio
Kawasaki
Yokohama
Nagoya
Kyoto
Osaka
Kobe
Hamamatsu
Fujisan

Russland/Zentralasien – Wirtschaft

Waldlandschaften
- nördlicher Nadelwald/Taiga
- sommergrüner Laub- und Mischwald, Gebirgsnadelwald

offene Landschaften
- Tundra
- Steppe und Hochgebirgsgrasland
- Halbwüste und Wüste
- Fels- und Gletscherregion
- Meeresvereisung

Kulturland
- Ackerbau
- Bewässerungsland
- Weide, z.T. Wiese

Bergbau
- Erdöl
- Erdgas
- Steinkohle
- Braunkohle
- Uran
- Eisen
- Stahlveredler (Chrom, Mangan, Kobalt)
- Graphit
- Kupfer
- Zinn
- Blei, Zink
- Metalle der Seltenen Erden (Hightech-Rohstoffe)
- Gold
- Platin
- Diamanten
- Bauxit (Aluminiumrohstoff)

Industrie
- Eisen- und Stahlerzeugung
- Buntmetallverhüttung
- Aluminiumverhüttung
- Eisen- und Metallverarbeitung
- Kraftfahrzeugbau
- Luft- und Raumfahrzeugbau
- Schiffbau
- Elektroindustrie
- Atomindustrie
- Chemie, Kunststoffe
- Erdölraffinerie
- Textilien, Bekleidung
- Holz, Papier
- Nahrungs- und Genussmittel
- Fischverarbeitung
- Kernkraftwerk
- Wärmekraftwerk
- Wasserkraftwerk

Dienstleistungszentrum
- internationale Bedeutung
- überregionale Bedeutung
- regionale Bedeutung
- Tourismus

Transport und Verkehr
- Erdölleitung
- Erdgasleitung
- wichtige Eisenbahn
- Fernstraße

Grenzen
- Staatsgrenze

Nordpolarmeer
Franz-Josef-Land
Sewernaja Semlja
Linie des Datumswechsels
Wrangelinsel
Ostsibirische See
Neusibirische Inseln
Laptewsee
Karasee
Beringstraße
Anadyr
Bilibino
Kolymagebirge
Korf
Kamtschatka
Syrjanka
Dukat
Tscherskigebirge
Sussuman
Magadan
Ochotsk
Ochotskisches Meer
Tiksi
Werchojansk
Werchojansker Gebirge
Kutien
Dudinka
Norilsk
Igarka
Tasowskij
Nowyj Port
Nowyi Urengoi
Nördlicher Polarkreis
Aichal
Wiljuisk
Jakutsk
Lena
Sibirien
Russland
Mirny
Lensk
Tommot
Aldan
Dshugdshurgebirge
Ocha
Nogliki
Sachalin
Nikolajewsk
Sewero-Jenissejski
Jenissei
Untere Tunguska
Steinige Tunguska
Angara
Bodaibo
Nerjungri
Stanowoigebirge
Tynda
Seja
Skoworodino
Baikal-Amur-Magistrale (BAM)
Ust-Ilimsk
Tomsk
Atschinsk
Krasnojarsk
Kansk
Kemerowo
Nowokusnezk
Abakan
Taischet
Bratsk
Shelesnogorsk-Ilimsk
Tulun
Sima
Ostsajan
Westsajan
Tscheremchowo
Angarsk
Irkutsk
Baikalsee
Ulan-Ude
Tschita
Petrowsk-Sabaikalski
Krasnokamensk
Hailar
Transsib
Amur
Blagoweschtschensk
Komsomolsk
Sowjetskaja Gawan
Uglegorsk
Jushno-Sachalinsk
Chabarowsk
Bikin
Dalnegorsk
Nachodka
Wladiwostok
Hegang
Fujin
Jiamusi
Mandschurei
Daqing
Harbin
Mudanjiang
Jilin
Changchun
Großer Chingan
Altai
Ulan-Gom
Selenga
Erdenet
Tschoibalsan
Kerulen
Ulan Bator
Mongolei
Mongolischer Altai
Urumchi
Hami
Gobi
Oyu Tolgoi
China
Baotou
Datong
Xuanhua
Peking
Tangshan
Jinzhou
Anshan
Shenyang
Fushun
Dalian
Dandong
Chongjin
Nordkorea
Hungnam
Wonsan
Pjöngjang
Südkorea
Seoul
Japanisches Meer (Ostmeer)
Japan
Ussuri
Songhua
90°
100° östl. L.v. Gr.
130°
40°
50°
60°
70°
170°
180°

1 Osteuropa / Russland / Zentralasien – Umweltschäden und -gefahren

Maßstab 1 : 40 000 000

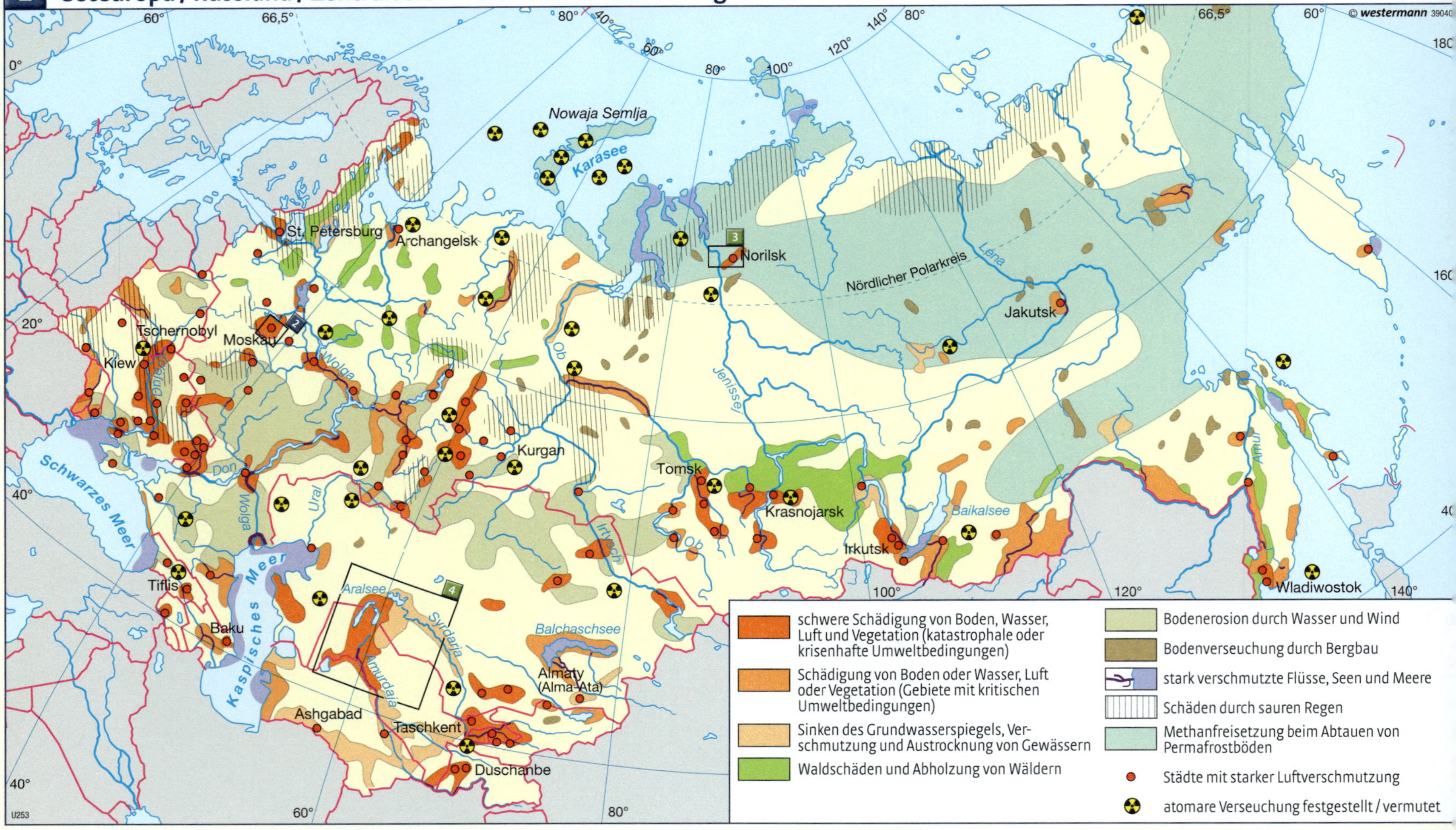

2 Ballungsraum Moskau – Verkehr

Maßstab 1 : 500 000

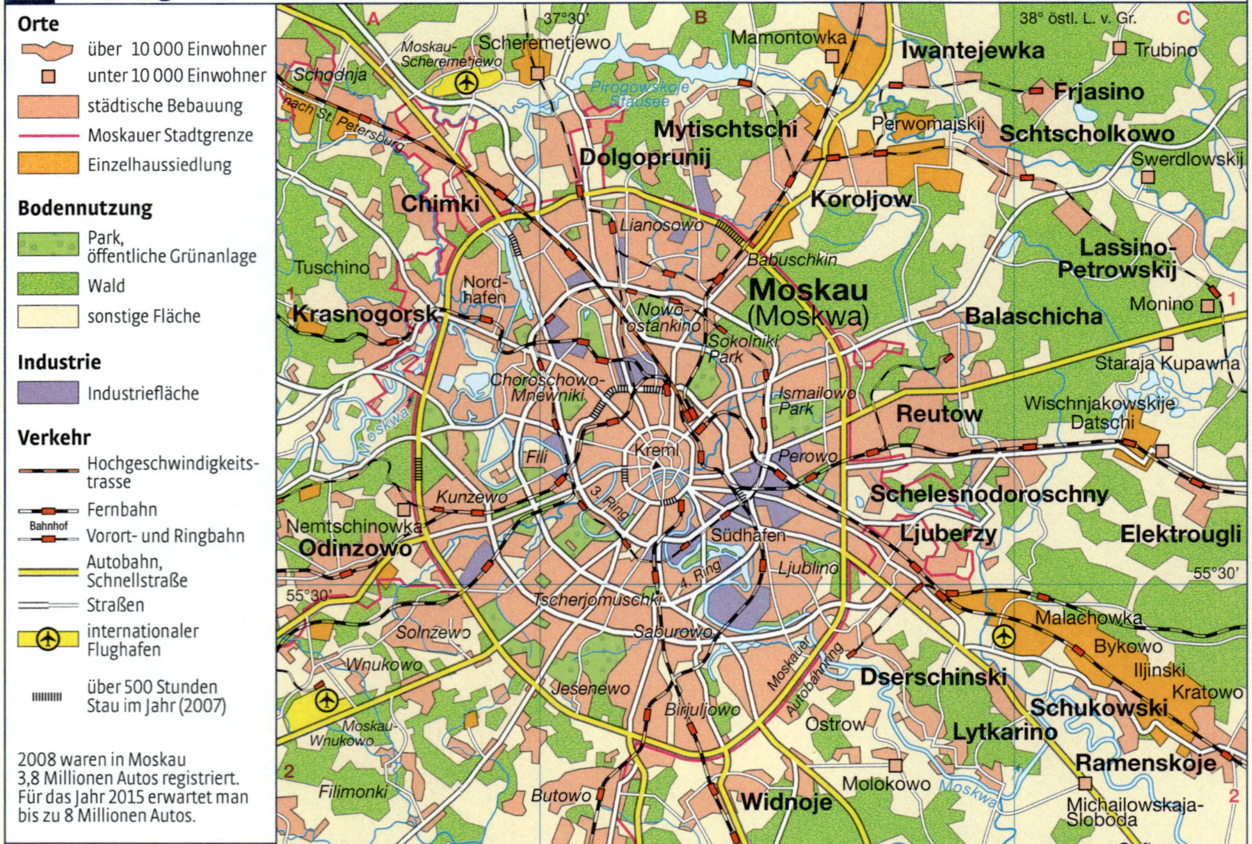

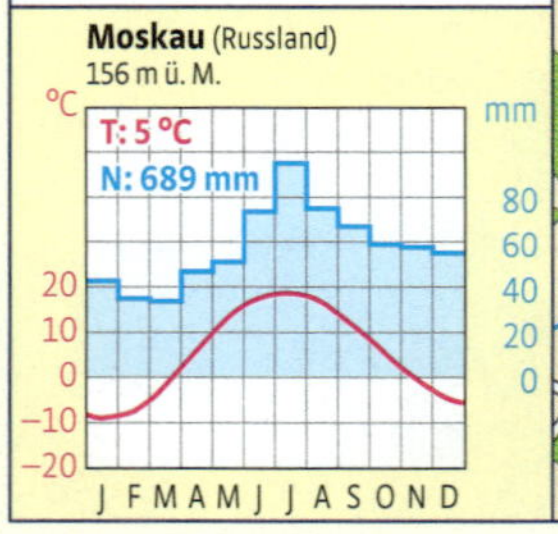

Täglicher Stau auf einer Moskauer Ringstraße

Norilsk: Nickelhütte in der Tundra

Aralsee: junge Salzwüste Aralkum

3 Norilsk – Nickelabbau unter subpolaren Bedingungen

Maßstab 1 : 500 000 — 0 5 10 15 km

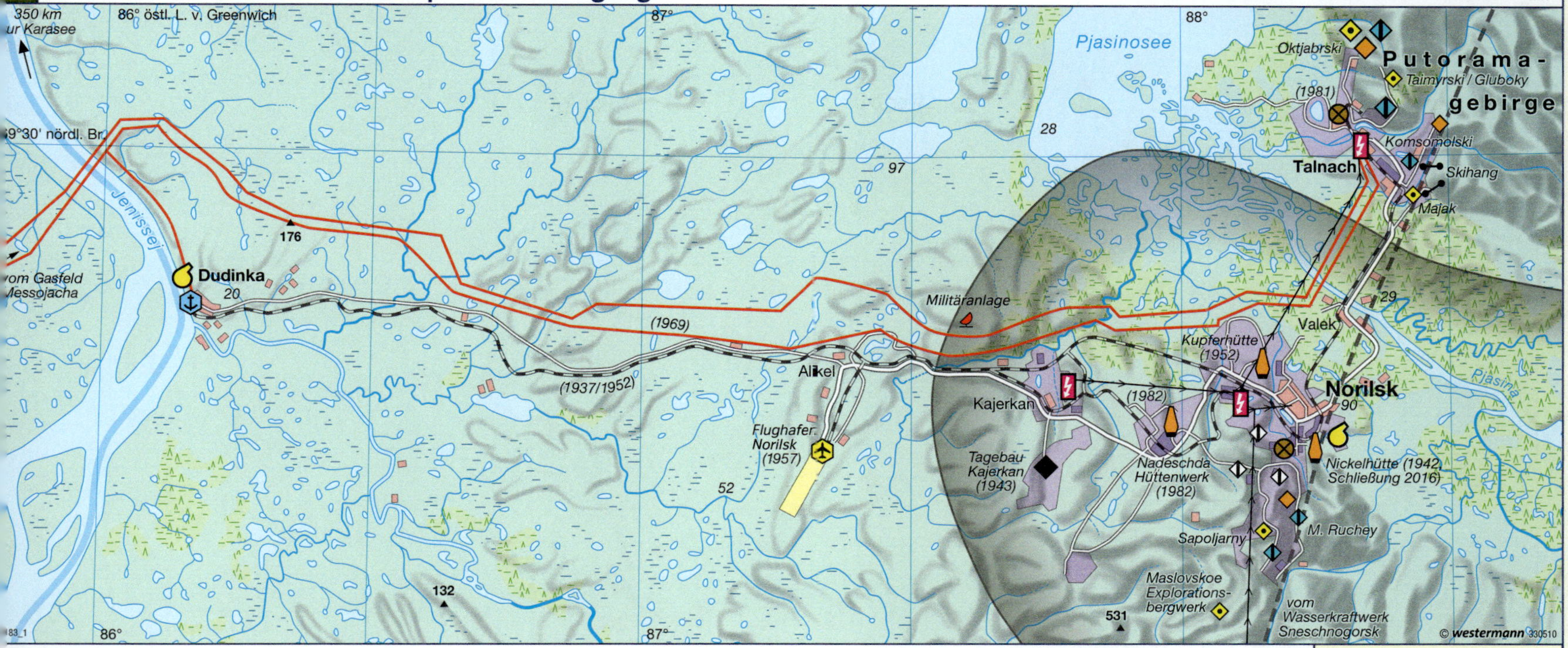

Bodenbedeckung (Dicke des Permafrostbodens 300 – 500 m)
- Tundra
- Moor, Sumpf
- Waldtundra
- Bebauung
- tektonische Verwerfung

Energie
- Erdgasleitung (mit Baujahr)
- Überlandleitung
- Heizkraftwerk (liefert Strom und Wärme)

Umweltbelastung
- Betriebsflächen von Industrie und Bergbau (Fabriken, Gruben, Deponien, Halden, stark mit Schwermetallen belastet)
- durch Schwefeldioxid-Ausstoß geschädigte Vegetation

Bergbau (mit Jahr der Erschließung)
- Nickel
- Kupfer
- Platin
- Steinkohle
- geschlossene Schachtanlage

Industrie (mit Jahr der Errichtung)
- Erz-Aufbereitung und -Konzentration
- Buntmetall-verhüttung
- Chemie

Verkehr
- Eisenbahn (Baujahr)
- Straße
- Flughafen (Eröffnung)
- Erz- und Ölhafen, mit hochseetauglichen Frachtern zu erreichen

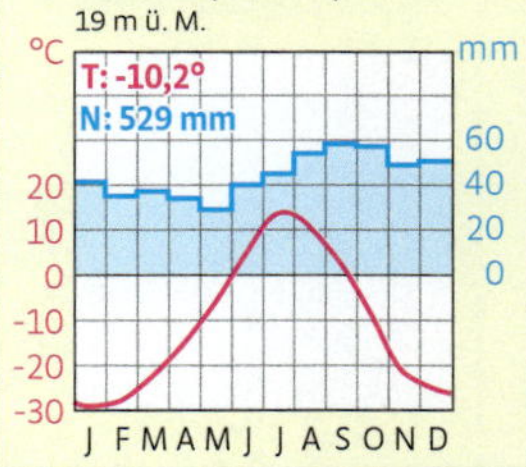

4 M7 Aralsee – Landschaftswandel 1960 / 2010

Maßstab 1 : 6 000 000 — 0 50 100 150 km

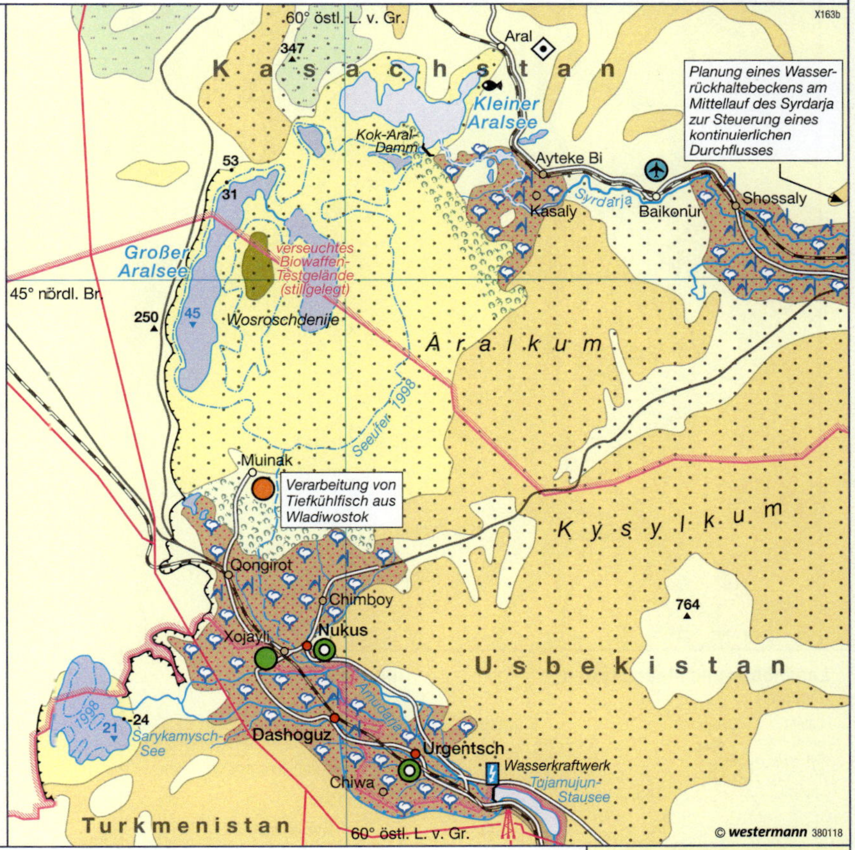

Naturvegetation
- Steppe
- Halbwüste
- Salzwüste
- Sandwüste
- Flussdelta
- Auenwald

- 5 | 70 Salzwasser (Salzgehalt in g/l)
- periodischer Fluss
- Steilhang

Landnutzung und Umweltfolgen
- Bewässerungsland
- Reis
- Baumwolle
- Bodenversalzung
- Sand- und Salzverwehungen

Umweltsanierung
- Staudammbau (2005)
- Flussbett-Sanierung (Eindämmung der Versickerung)
- Waldschutzstreifen mit salzresistanten Bäumen (Saxaul)
- Wiederbelebung der Fischerei

Industrie
- Fischereihafen
- Nahrungsmittelindustrie
- Landmaschinenbau
- Baumwollentkernung
- Textilindustrie
- Baustoffindustrie
- Salzgewinnung
- Erdgasförderung
- Erdgasleitung
- Atomindustrie

- Eisenbahn
- Straße
- Piste
- Grenze einer Sowjetrepublik
- Staatsgrenze

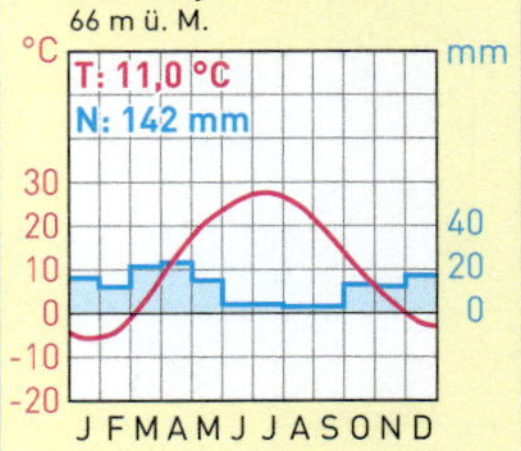

1 Physische Übersicht

Maßstab 1 : 36 000 000

GOP = Górnośląski Okręg Przemysłowy (Oberschlesisches Industrierevier)

2 Bangladesch – physisch

Maßstab 1 : 4 000 000 (0 20 40 60 80 100 km)

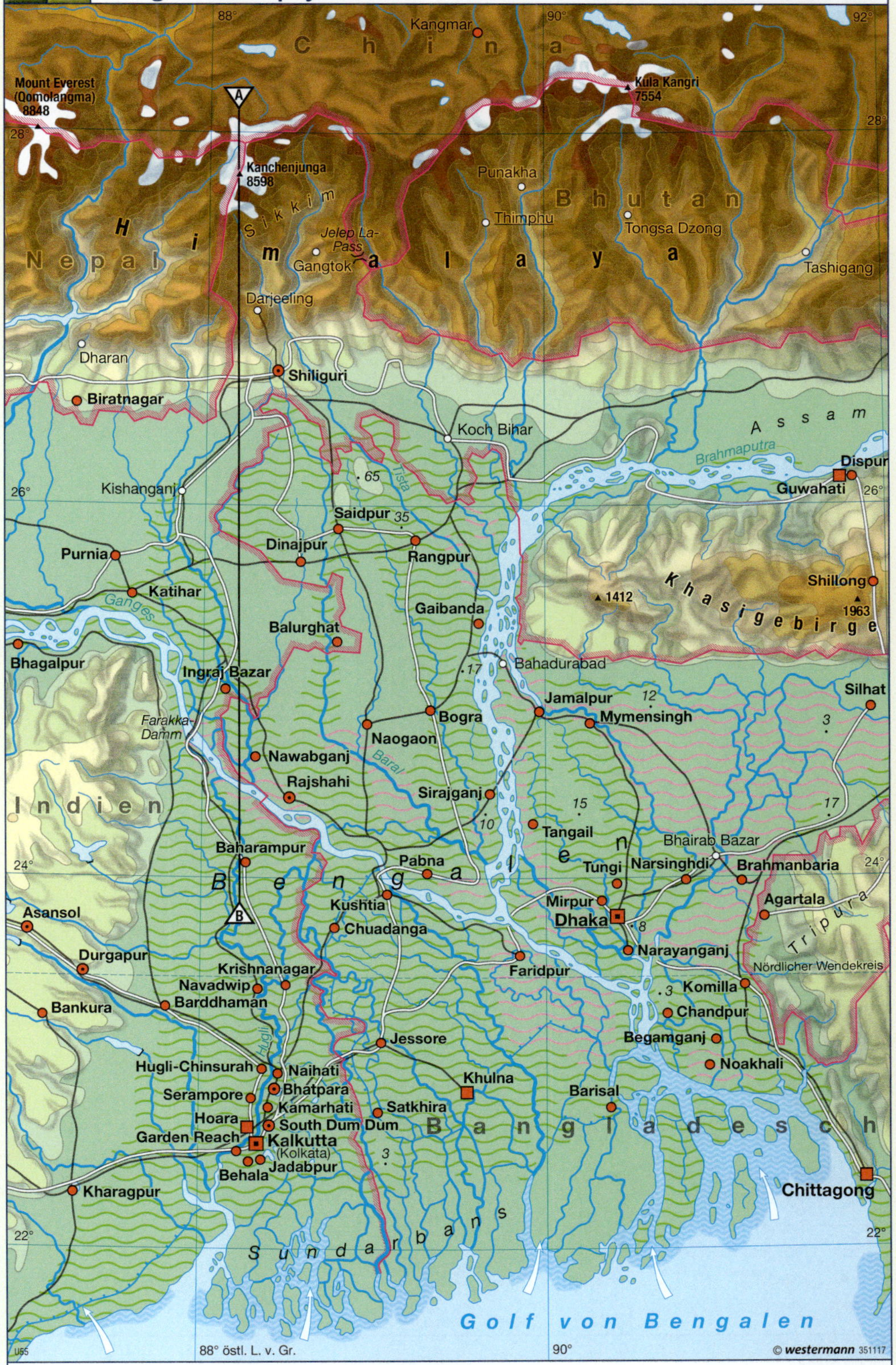

Landhöhen (in Meter)

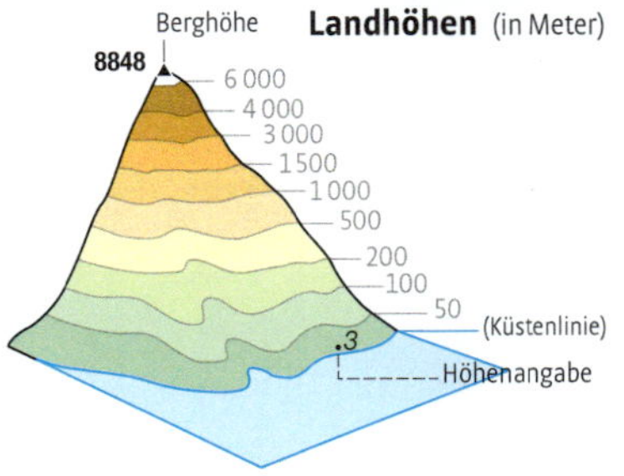

Überschwemmungsgebiete

- jährliche Überflutung durch Monsunregen
- gelegentliche Überflutung bei extremem Hochwasser
- sturmflutgefährdeter Küstenabschnitt

Verkehr

- Eisenbahn
- Fernstraße

Orte

Einwohner	
über	5 000 000
1 000 000 –	5 000 000
500 000 –	1 000 000
100 000 –	500 000
unter	100 000

Dhaka Hauptstadt eines Staates

Grenze

- Staatsgrenze

Profil vom Himalaya in die Gangesebene

Längenmaßstab 1 : 4 000 000
Höhen sind 12-fach überhöht.

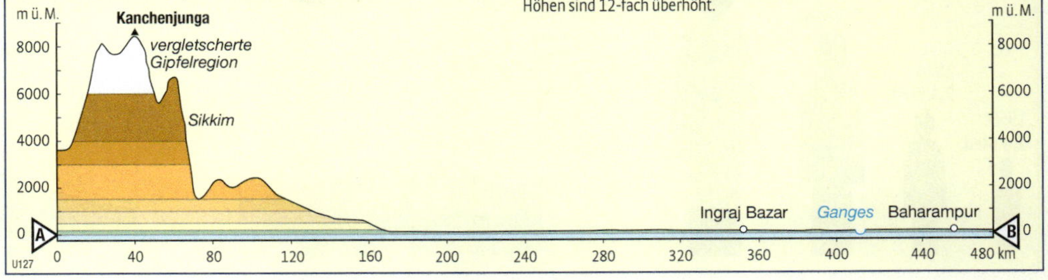

1 Asien – politische Übersicht

Maßstab 1 : 56 000 000 (0 500 1000 1500 2000 2500 km)

2 M14 Stadt- und Landbevölkerung in Asien

Mit 4,2 Mrd. Menschen ist Asien der einwohnerstärkste Kontinent. Davon wohnen 42% in Städten – 1950 waren es nur 16%, 2050 sollen es 65% sein. Die Gesamtbevölkerung und die Anteile von Stadt- und Landbevölkerung entwickeln sich dabei in einzelnen Ländern sehr unterschiedlich.

Bevölkerungswachstum in Asien:

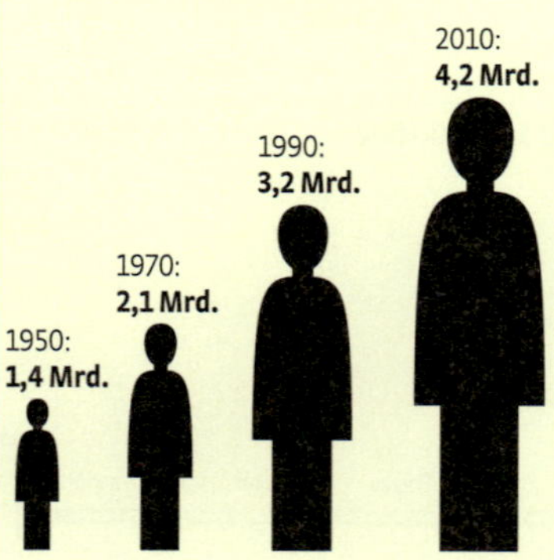

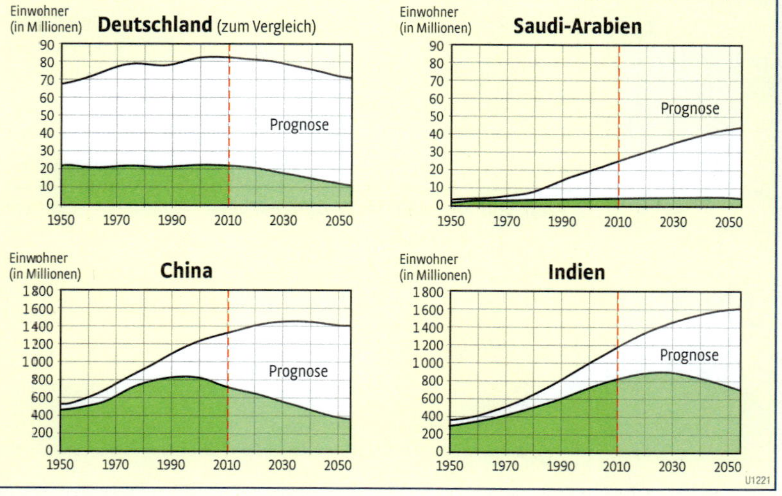

Die harten Arbeitsbedingungen in der Landwirtschaft sind ein Grund für Landflucht, zu dem oft auch Landknappheit, Ernteverluste oder Bevölkerungswachstum hinzukommen.

3 Asien – Bevölkerung

Maßstab 1 : 56 000 000

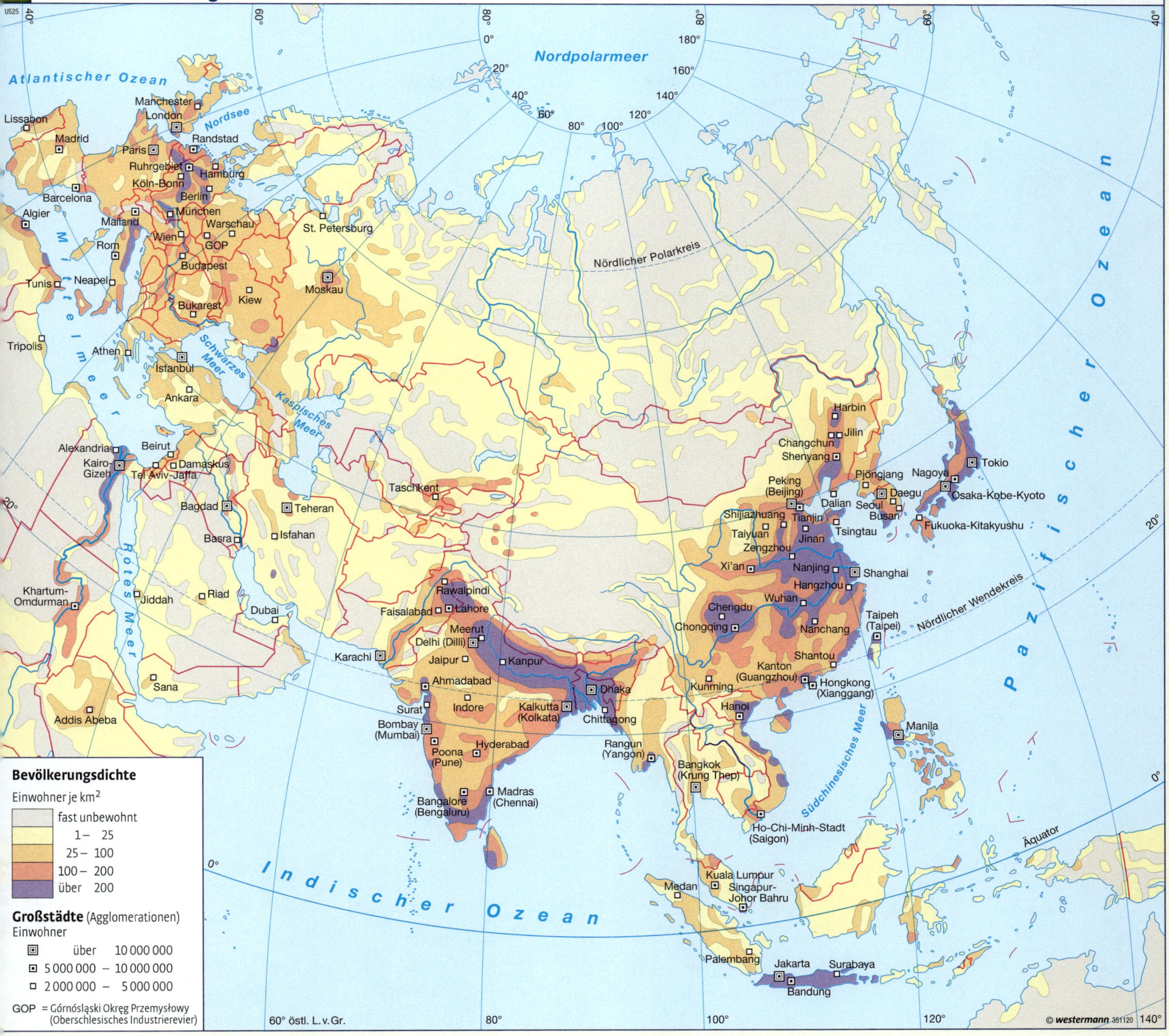

Auf der Suche nach besseren Lebensbedingungen müssen viele Landflüchtlinge in städtischen Slums leben – vorübergehend oder für immer.

4 Städtewachstum in Asien

Viele Städte in Asien wachsen sehr schnell, besonders in Süd- und Südostasien. Sie erreichen dabei enorme Ausmaße, was Fläche und Bevölkerung angeht. Das Städtewachstum verläuft jedoch nicht immer gleich intensiv und schnell.

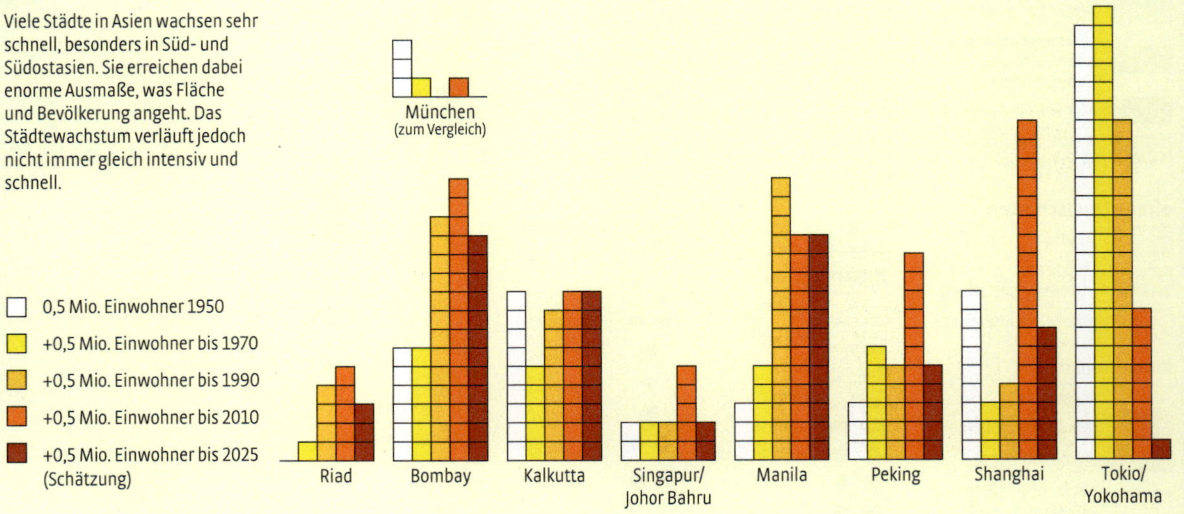

1 Asien – Landwirtschaft

Maßstab 1 : 36 000 000

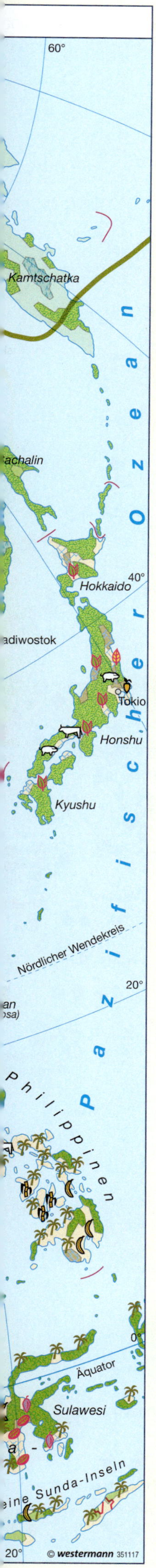

2 Temperaturen und Winde im Januar

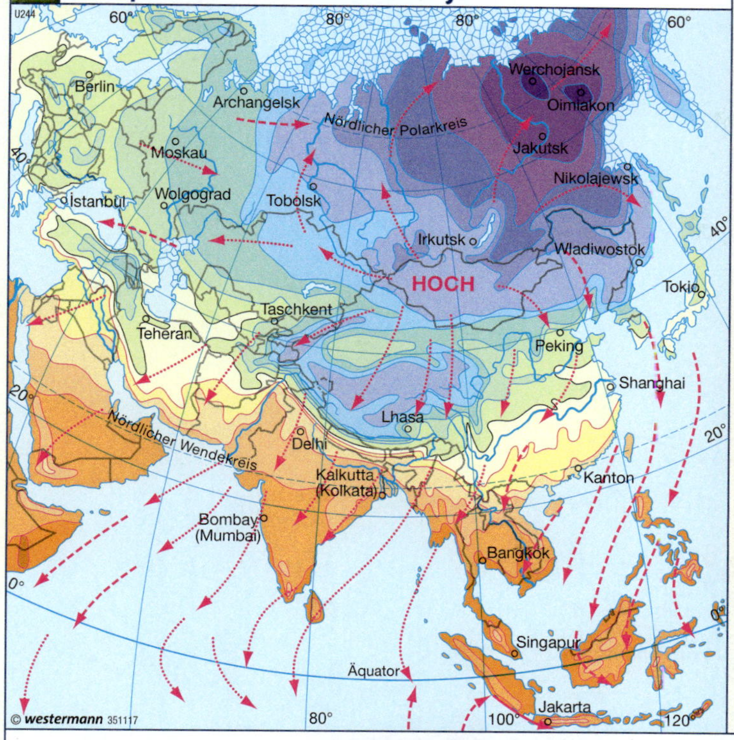

3 Temperaturen und Winde im Juli

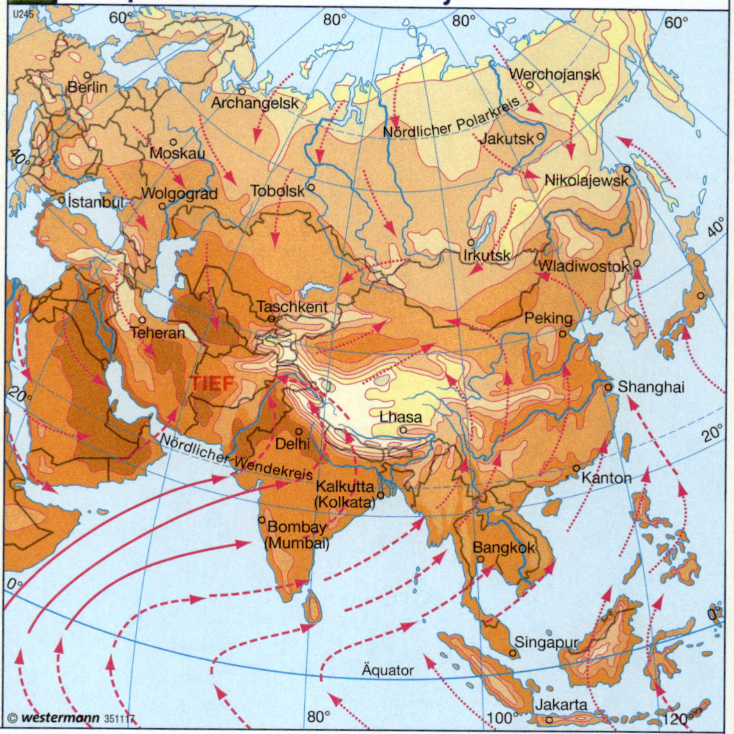

Durchschnittstemperaturen: -50°C, -45°, -40°, -35°, -30°, -25°, -20°, -15°, -10°, -5°, 0°, 5°, 10°, 15°, 20°, 25°, 30°C

äußerste Ausdehnung der Meeresvereisung

Windstärke: schwach, mäßig, stürmisch

Windbeständigkeit: lange Pfeile = beständig, kurze Pfeile = veränderlich

Maßstab 1:100 000 000

4 Niederschläge im Jahr

Maßstab 1 : 100 000 000

0 mm, 100, 250, 500, 1000, 2000, 3000, 4000 mm

Staatsgrenze

5 Südasien – Monsun

Maßstab 1 : 36 000 000

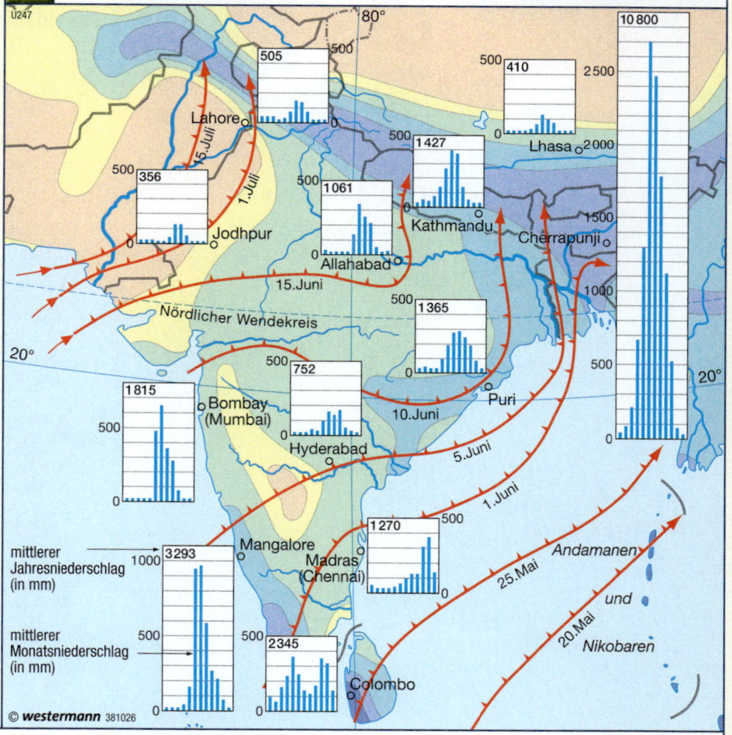

Zahl der humiden Monate: 0, 2, 4, 6, 8, 10

Einsetzen des Südwest-Monsuns

6 Südwest-Monsun

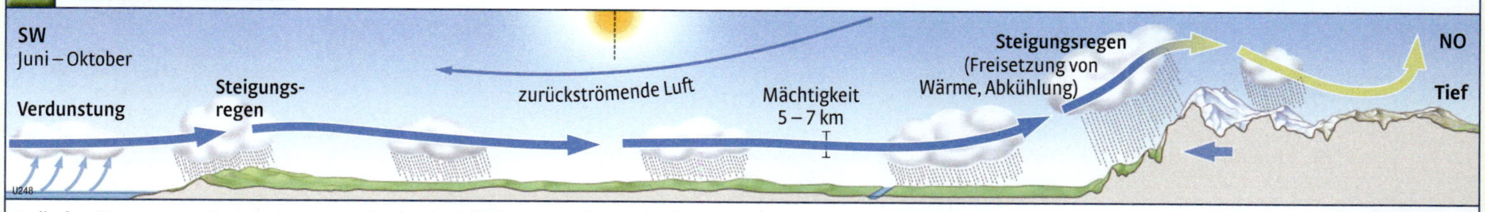

Indischer Ozean | Westghats | Dekkanhochfläche | (Wendekreis) | Ganges | Himalaya | Zentralasien

SW-Monsun (Juni - Oktober): warme feuchte Luft aus südwestlicher Richtung → **Regenzeit**

NO-Monsun (November - Februar): kühle trockene Luft aus nordöstlicher Richtung → **Trockenzeit**

feuchte warme Luftmassen vom Indischen Ozean regnen über dem Festland ab

1 Asien – Wirtschaft (Übersicht)

Maßstab 1 : 36 000 000

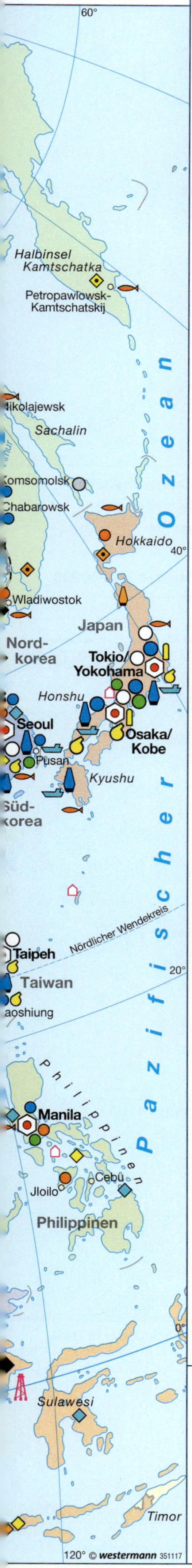

2 Metropolregion Perlflussdelta (Südchina)

Maßstab 1 : 1 000 000 — 0 10 20 30 40 50 km

Banken und Firmenzentralen in Hongkong

Massenproduktion von Konsumgütern in Shenzhen

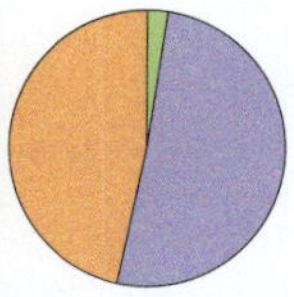

Bruttoinlandsprodukt (BIP) nach Wirtschaftsbereichen 2008
- Landwirtschaft, Bergbau
- produzierendes Gewerbe
- Dienstleistungen

Städte des Perlflussdeltas (Provinz Guangdong)
294 Mrd. Euro (über 10% des chines. BIP)

Macau
21 Mrd. Euro
vor allem aus Casino-Tourismus

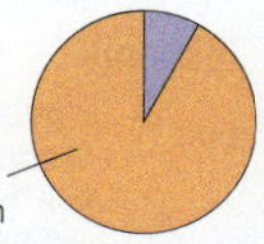

Hongkong
208 Mrd. Euro
vor allem Handel und Finanzwesen

Flächennutzung
- Bebauung bis 1990
- Bebauung bis 2010
- Neulandgewinnung seit 1990
- Marktgemüseanbau, Reis
- Aquakultur (Fisch, Garnelen)
- Buschwald

Produktionsstandorte der Industrie
(Mittel- und Großbetriebe ab einem Jahresumsatz von 500 000 Euro, 2008; zu ²/₃ von Hongkong aus verwaltet)
- über 1000 } Betriebe im Stadtgebiet
- 100 – 1000 } Betriebe im Stadtgebiet

zu Industriebranchen und Dienstleistungen siehe Kartenlegende 1

Verkehr
- Eisenbahn
- Autobahn/Schnellstraße
- Straße
- internationaler Flughafen
- Seehafen
- Tiefwasser (> 10m tief)

Verwaltung
- Sonderverwaltungszone Chinas (wirtschaftlich unabhängig)
- Stadtgrenze
- Sonderwirtschaftszone mit Steuervergünstigungen für Auslandsinvestitionen
- Freihandelszone (zollfrei)

Bergbau
- Erdöl
- Erdgas
- Erdölleitung
- Erdgasleitung
- Steinkohle
- Uran
- Eisen
- Stahlveredler
- Kupfer
- Zinn
- Blei/Zink
- Bauxit (Aluminiumrohstoff)
- Metalle der Seltenen Erden (Hightech-Rohstoffe)
- Gold
- Silber
- Platin
- Phosphat
- Diamanten

Industrie
- Eisen- und Stahlerzeugung
- Buntmetall- und Aluminiumverhüttung
- Eisen- und Metallverarbeitung, Maschinenbau
- Schiffbau
- Elektroindustrie, Optik
- Chemie, Kunststoffe
- Erdölraffinerie
- Textilien, Bekleidung, Leder
- Holz, Papier
- Nahrungsmittel
- Fischfang, Fischverarbeitung

Dienstleistungszentrum
- mit intenationaler Bedeutung
- mit überregionaler Bedeutung
- mit regionaler Bedeutung
- Tourismusregion

- Eisenbahn
- Staatsgrenze

1 Naturrisiken

Maßstab 1 : 16 000 000

Wetterrisiken
- hohe Wahrscheinlichkeit heftiger Schneefälle
- häufige Überschwemmungen
- Durchzugsbahnen von Taifunen

Tektonik
- Plattengrenze mit Subduktion (Die Dreiecke kennzeichnen den abtauchenden Plattenrand.)
- Grabenbruch
- als aktiv eingeschätzter Vulkan
- schweres Erdbeben zwischen 1885 und 2011
- verlustreiches Erdbeben (über 1000 Tote)
- Tsunami-gefährdeter Küstenabschnitt

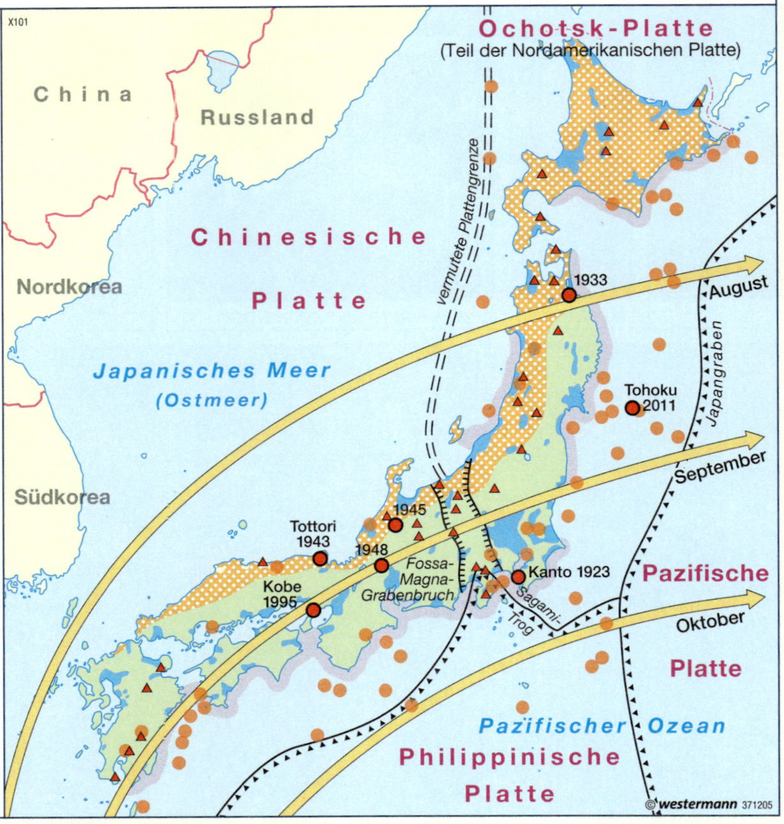

2 Erdbeben im Raum Tokio

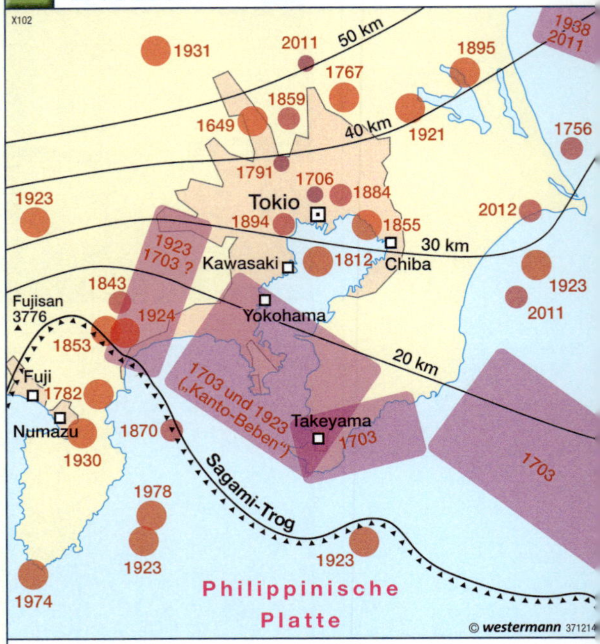

Tektonik
- Plattengrenze mit Subduktion
- 20 km Tiefenlage der Philippinischen Platte (Oberseite, z.T. vermutet)

Schwere Erdbeben
Magnitude (Stärke)
5 6 7 größer als 7,5

Maßstab 1 : 3 000 000

3 Tokio – erdbebengefährdete Weltstadt

Maßstab 1 : 500 000 0 5 10 15 20 25 km

Flächennutzung
- Bebauung 1950
- Bebauung heute
- Geschäfts- und Dienstleistungszentrum (Büros, Banken, Konzernsitze, Hotels)
- Industrie, Gewerbe
- altes Holzhausviertel (Großbrandgefahr)
- landwirtschaftliche Nutzfläche
- Grünfläche, Wald

Neulandgewinnung nach 1950
- Wohnfläche
- neue Stadtteile (Wohnen, Arbeiten, Einkaufen, Erholen)
- Freizeitfläche
- Industrie, Hafenanlagen
- Reservefläche

Industrie
- Eisen- und Stahlerzeugung
- Eisen-, Blech-, Metallwaren
- Maschinenbau
- Kraftfahrzeugbau
- Schienenfahrzeugbau
- Schiffbau
- Elektrotechnik, Elektronik
- Feinmechanik, Optik
- Chemie, Kunststoffe
- Erdölraffinerie
- Druckgewerbe
- Nahrungsmittel

Stromversorgung
- Wärmekraftwerk (über 1000 MW)

Verkehr
- Shinkansen
- Fernbahn
- S-Bahn
- Autobahn
- Straße
- Tunnel
- Flughafen
- Stadtgrenze von Tokio

4 Bevölkerung

Maßstab 1 : 16 000 000

5 Wirtschaft

Maßstab 1 : 6 000 000

Kasachische Schwelle
Kasachstan
Russland
Westsajan
Tannugebirge
Altai
Mongolischer Altai
Changaigebirge
Mongo
Gobi-Altai
Ustjurt-Plateau
Betpak-Dala
Mujunkum
Karakum
Turkmenistan
Usbekistan
Kirgisistan
Tadschikistan
Pamir
Hindukusch
Afghanistan
Dsungarei
Sinkiang (Xinjiang)
Tarimbecken
Wüste Takla Makan
Kunlun
Altun Shan
Nan Shan
Qaidambecken
Bei Shan
Badain Jaran Shamo
Hochland von Tibet
Tanggula Shan
Transhimalaya
Karakorum
Himalaya
Bayan Har Shan
Pakistan
Belutschistan
Sulaimangebirge
Thar
Indien
Dekkan
Westghats
Malabarküste
Koromandelküste
Vindhyagebirge
Satpuragebirge
Arawalligebirge
Bhutan
Bangladesch
Khasigebirge
Patkaigebirge
Arakangebirge
Gangesdelta
Thailand
Arabisches Meer
Golf von Bengalen
Indischer Ozean
Andamanisches Meer
Andamanen (Indien)
Nikobaren (Indien)
Lakkadiven (Indien)
Malediven
Sri Lanka
Golf von Thailand
Astana
Qaraghandy (Karaganda)
Almaty
Bishkek
Taschkent
Duschanbe
Ashgabat
Kabul
Islamabad
Neu-Delhi
Kathmandu
Thimphu
Dhaka
Colombo
Naypyidaw
Vientiane
Bangkok (Krung Thep)
Phnom Penh
Ulan Bator (Ulaanbaatar)
Urumchi
Lhasa
Lanzhou
Chengdu
Kunming
Karachi
Bombay (Mumbai)
Kalkutta (Kolkata)
Madras (Chennai)
Bangalore (Bengaluru)
Hyderabad
Rangun (Yangon)
Mandalay
Mount Everest 8848
© westermann 351116
70° östl. L. v. Greenwich

Landhöhen und Meerestiefen (in Meter)

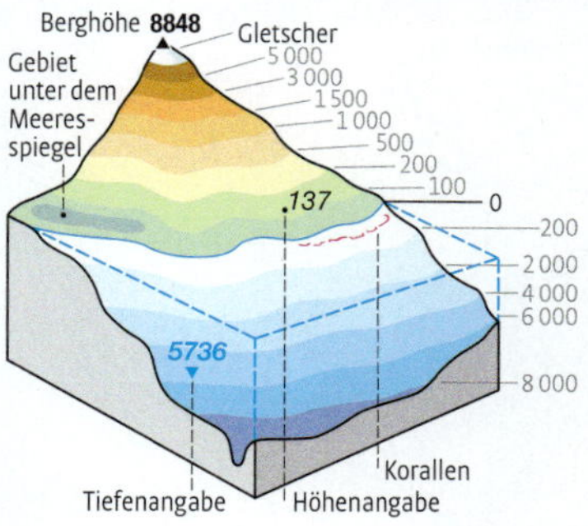

Gewässer

- Fluss
- schiffbarer Fluss
- Fluss, zeitweilig Wasser führend
- Kanal, bedingt schiffbar
- schiffbarer Kanal
- See
- Salzsee
- Stausee, Staumauer
- Sumpf, Moor
- Salzpfanne

Orte

Einwohner	
über	5 000 000
1 000 000 –	5 000 000
500 000 –	1 000 000
100 000 –	500 000
20 000 –	100 000
unter	20 000

- Ruinenstätte, geschichtlich bedeutsamer Ort

Verkehr

- Eisenbahn
- wichtige Fernstraße
- Pass

Verwaltung

- Staatsgrenze
- Grenze einer autonomen Provinz in China
- Waffenstillstandslinie
- nicht festgelegte Grenze
- Grenze von Jammu und Kaschmir
- Chinesische Mauer
- **Hanoi** Hauptstadt eines Staates
- **Kotte** Regierungssitz eines Staates
- **Hohhot** Hauptstadt einer autonomen Provinz in China

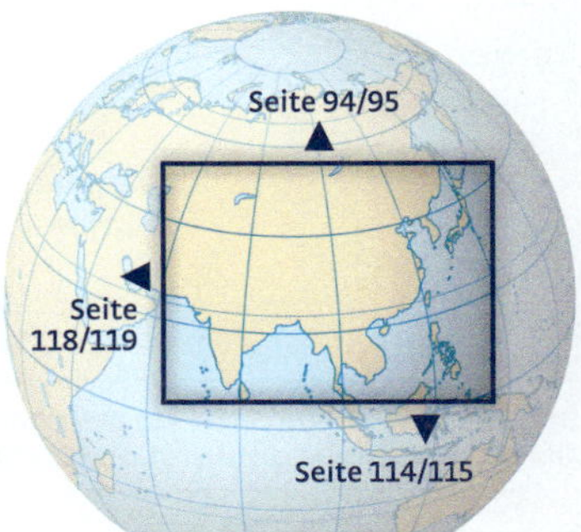

1 Huang He und Jangtsekiang

Maßstab 1 : 16 000 000

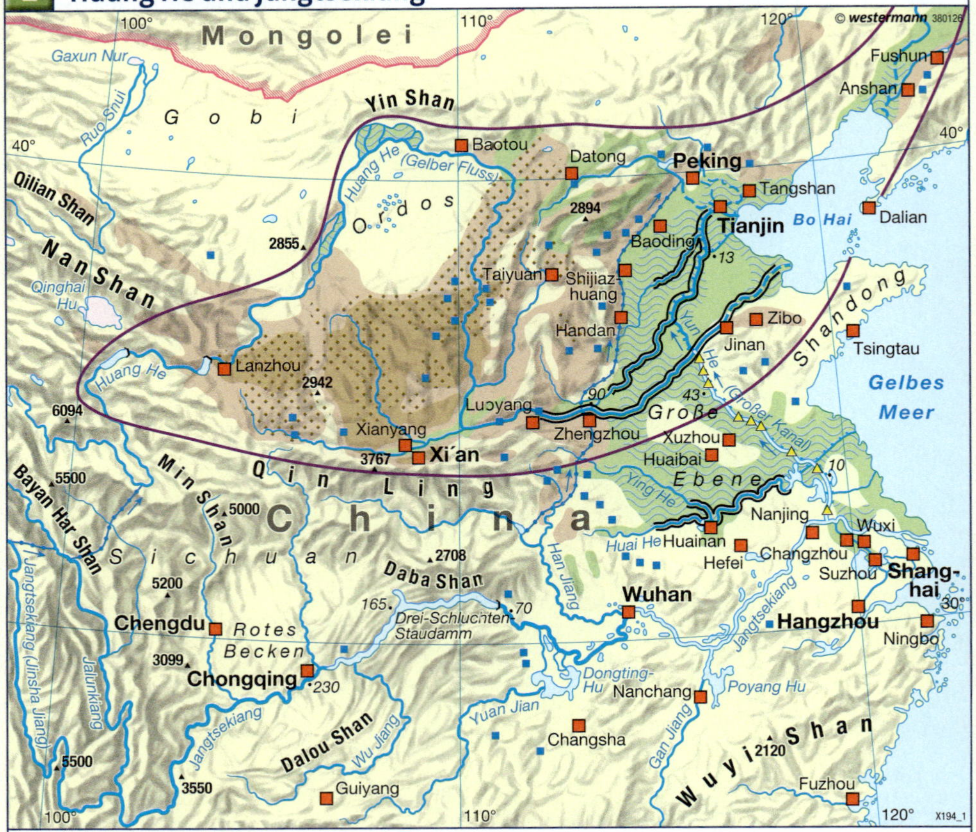

Löss Ablagerungen/Erosion
- Löss, unter 50 m dick
- Löss, über 50 m dick
- starke Erosion im Lösshügelland
- Schwemmlöss

Hochwassergefährdung
- überschwemmungsgefährdetes Gebiet
- Deich
- 3099 Berghöhe
- •70 sonstige Höhenangabe

Fernwasserversorgung
- vom Menschen verursachte Wasserknappheit
- Rückhaltebecken
- durch Wasserentnahme nicht mehr dauerhaft Wasser führend
- Fernwasserkanal
- Schleuse mit Pumpstation
- Millionenstadt mit hohem Wasserbedarf

2 China – regionale Entwicklungsunterschiede

Maßstab 1 : 36 000 000

Bruttoinlandsprodukt (BIP) in den chinesischen Provinzen
Abweichung vom nationalen Durchschnitt (2008: 3.267 US-Dollar pro Einw.)
- unter -25%
- 0 bis -25%
- 0 bis +100%
- über +100%
- Provinz mit besonders hohem BIP-Wachstum (2000–2008: > 17,5%; im selben Zeitraum wuchs das deutsche BIP um 10,4%)
- Sonderverwaltungszone
- *Sinkiang* autonomes Gebiet

3 Ostasien – Wirtschaft

Waldlandschaften
- nördlicher Nadelwald
- sommergrüner Laub- und Mischwald, Gebirgsnadelwald
- Monsun- und Regenwald
- Sekundär- und Buschwald, z. T. Weide
- Mangrove

offene Landschaften
- Steppe und Hochgebirgsgrasland
- Halbwüste und Wüste
- Fels- und Gletscherregion

- Staatsgrenze
- nicht festgelegte Grenze

...turland
- Ackerbau
- Bewässerungsland
- Weide, z. T. Wiese
- Erdölleitung
- Erdgasleitung
- wichtige Eisenbahn

Bergbau
- Erdöl
- Erdgas
- Steinkohle
- Braunkohle
- Uran
- Eisen
- Stahlveredler
- Graphit
- Kupfer
- Zinn
- Blei/Zink
- Quecksilber
- Bauxit (Aluminium-Rohstoff)
- Metalle der Seltenen Erden (Hightech-Rohstoffe)
- Gold
- Silber
- Phosphat

Industrie
- Eisen- und Stahlerzeugung
- Buntmetallverhüttung
- Aluminiumverhüttung
- Eisen-, Metallverarbeitung, Maschinenbau
- Kraftfahrzeugbau
- Luft-, Raumfahrttechnik
- Schiffbau
- Elektroindustrie, Optik
- Chemie, Kunststoffe
- Erdölraffinerie
- Textilien, Bekleidung, Leder
- Holz, Papier
- Nahrungs- und Genussmittel
- Fischverarbeitung
- Kernkraftwerk
- Wasserkraftwerk
- Wärmekraftwerk

Dienstleistungszentrum
- mit internationaler Bedeutung
- mit überregionaler Bedeutung
- mit regionaler Bedeutung
- Tourismusregion

Südostasien – physisch

Landhöhen und Meerestiefen (in Meter)

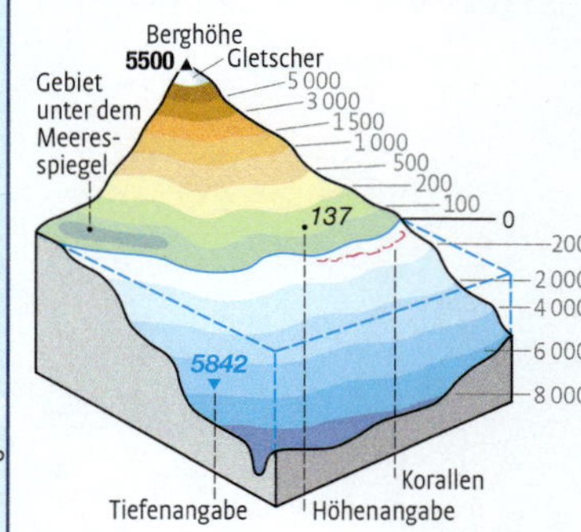

Gewässer

- Fluss
- schiffbarer Fluss
- Fluss, zeitweilig Wasser führend
- Kanal, bedingt schiffbar
- schiffbarer Kanal
- See
- Salzsee
- Stausee, Staumauer
- Sumpf, Moor

Orte

Einwohner

über		5 000 000
1 000 000	–	5 000 000
500 000	–	1 000 000
100 000	–	500 000
20 000	–	100 000
unter		20 000

- Ruinenstätte, geschichtlich bedeutsamer Ort

Verkehr

- Eisenbahn
- wichtige Fernstraße
- Pass

Verwaltung

- Staatsgrenze
- Hanoi Hauptstadt eines Staates
- Putrajaya Regierungssitz eines Staates

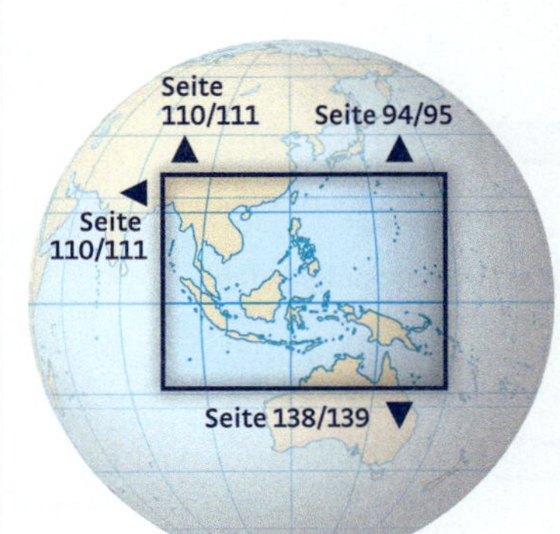

Indien – Wasser und Wirtschaft

1 Bombay (Mumbai) – Überflutung nach Monsunregen

Überschwemmungsgefahr im Stadtgebiet
- Wohn- und Mischgebiete mit ausreichender Entwässerung
- Wohn- und Mischgebiete mit hoher Überflutungsgefahr nach Monsunregen

Überschwemmungsgefahr von unbebauten Flächen
- überschwemmungssicher gelegene Freiflächen
- niedrig gelegene, oft überschwemmte Flächen (zum Teil Mangroven)

Wohnen, Versorgung/Entsorgung

Im Kartenausschnitt wohnen über 17 Mio. Menschen, davon etwa 9 Mio. in Slums.
- Slum mit mehr als 10.000 Bewohnern
- Wasserwerk (90% des Trinkwassers kommen aus dem weiteren Hinterland in die Stadt.)
- Klärwerk (Slums sind oft nicht ans Abwassernetz angeschlossen.)
- zentrales Abwasserrohr
- Mülldeponie

Maßstab 1 : 250 000
0 2 4 6 km

Verkehr, Transport
- Autobahn
- Hauptstraße
- Nebenstraße
- Eisenbahn
- internationaler Flughafen
- Hafengebiet, Industriegebiet
- Stadtgrenze von Greater Mumbai
- 214 30 Höhe über dem Meer/ unter dem Meer

Monsun setzt Straßen unter Wasser

Noch unfertiger Staudamm im Anantapur-District

2 Anantapur (Südindien) – Bewässerungsprojekte

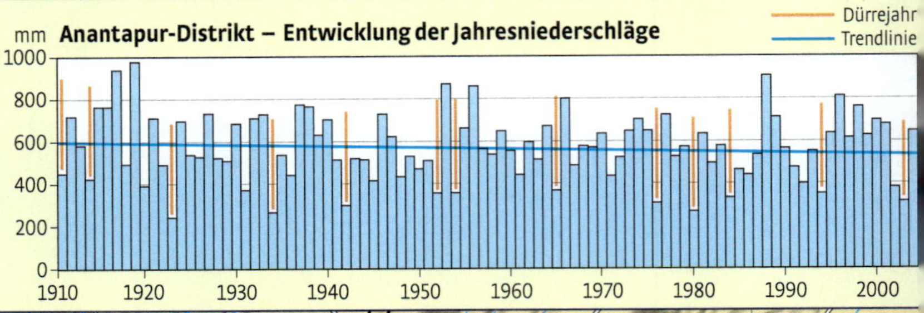

Fluss, nur in der Regenzeit Wasser führend

Großprojekte zur Bewässerung, getragen von mehreren indischen Bundesstaaten
- Stausee mit Staumauer
- Bewässerungsfernkanal
- Kanal in Bau / in Planung
- Bewässerte Fläche (z.T. noch im Ausbau)

Mittelgroße Bewässerungsprojekte, getragen vom Bundesstaat Andhra Pradesh
- Renovierter Stauteich mit Verteilerkanal
- wieder bewässerbar gemachte Fläche

Kleinprojekte zur Stauteich-Erhaltung/-Renovierung

Durch Stauteich bewässerte Fläche (in Hektar)
- 40 - 200 ha
- 200 - 400 ha
- mehr als 400 ha

Die über 1000 Stauteiche im Anantapur-Distrikt sind schon Jahrhunderte alt und zum großen Teil nicht mehr intakt.

Maßstab 1 : 1 500 000
0 15 30 45 km

- Grenze des Bundesstaats Andhra Pradesh
- Distriktgrenze

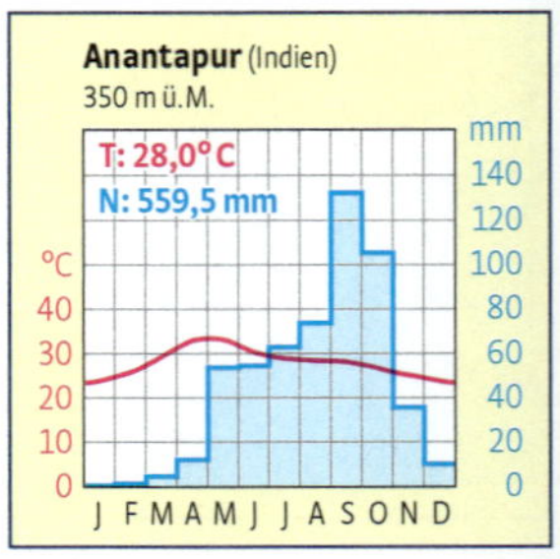

3 Südasien – Wirtschaft

Maßstab 1 : 18 000 000

Waldlandschaften
- sommergrüner Laub- und Mischwald, Gebirgsnadelwald
- Monsun- und Regenwald
- Mangrove

offene Landschaften
- Dornstrauchsavanne
- Steppe, Hochgebirgsgrasland
- Halbwüste, Wüste
- Fels- und Gletscherregion

Kulturland
- Ackerbau
- Bewässerungsland
- Weide, z. T. Wiese

Bergbau
- Erdöl
- Erdgas
- Steinkohle
- Braunkohle
- Uran
- Eisen
- Stahlveredler (Chrom, Mangan, Kobalt)
- Kupfer
- Blei/Zink
- Bauxit
- Metalle der Seltenen Erden (Hightech-Rohstoffe)
- Phosphat
- Gold

Industrie
- Eisen- und Stahlerzeugung
- Buntmetallverhüttung
- Aluminiumverhüttung
- Metallverarbeitung, Maschinenbau
- Kraftfahrzeugbau
- Luft- und Raumfahrzeugbau
- Schiffbau
- Elektroindustrie, Optik
- Chemie, Kunststoffe
- Erdölraffinerie
- Textilien, Bekleidung, Leder
- Holz, Papier
- Nahrungsmittel
- Fischverarbeitung

Stromerzeugung
- Wasserkraftwerk
- Wärmekraftwerk
- Kernkraftwerk

Dienstleistungszentrum
- mit internationaler Bedeutung
- mit überregionaler Bedeutung
- mit regionaler Bedeutung
- Tourismusregion

Transport
- Erdölleitung
- Erdgasleitung
- Eisenbahn
- Fernstraße

Israel und Palästinensische Autonomiegebiete / Westasien

1 Jerusalem – Altstadt

Maßstab 1 : 25 000 (0 – 250 – 500 – 750 m)

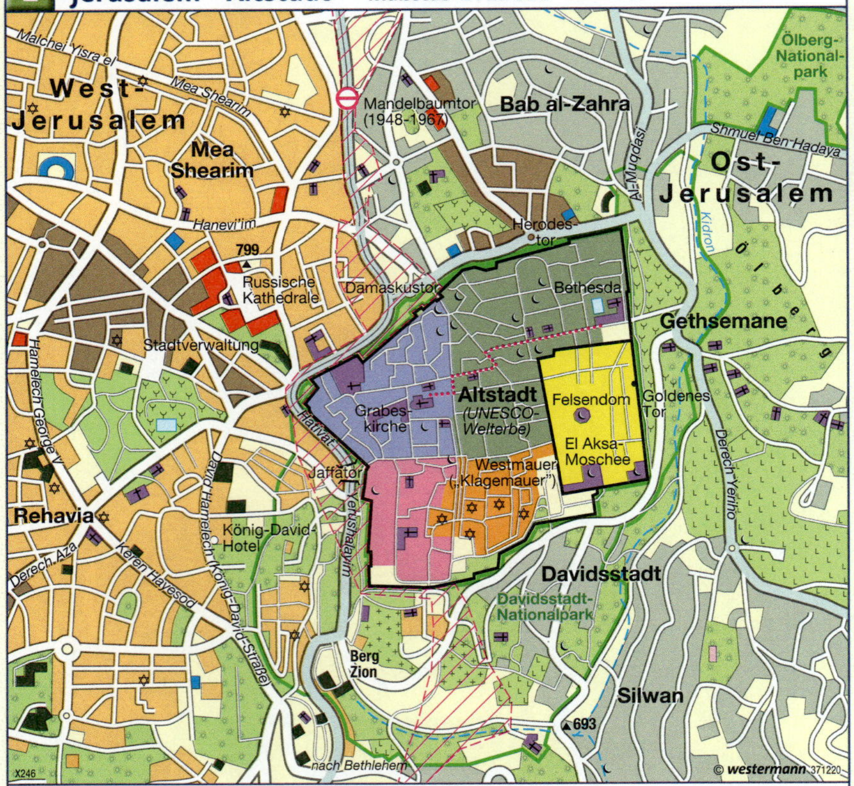

Altstadt
- Stadtmauer (16. Jahrhundert)
- muslimisches Viertel
- christliches Viertel
- armenisches Viertel
- jüdisches Viertel
- Tempelberg
- Via Dolorosa (Kreuzweg)

Wohngebiete
- jüdisch
- palästinensisch

sonstige Bebauung
- Hauptgeschäftszentrum
- öffentliche Verwaltung
- kulturelle Einrichtung
- Bildung
- religiöse Einrichtung

- Niemandsland 1949–1967
- ehemaliger Grenzübergang
- Bypass Road (Nutzung durch Palästinenser nur eingeschränkt möglich)
- Park, Grünanlage
- israelischer Nationalpark
- Synagoge
- jüdischer Friedhof
- Moschee
- islamischer Friedhof
- Kirche, Kloster
- christlicher Friedhof

2 Siedlungsgebiete

Maßstab 1 : 1 000 000

Bauarbeiten am Grenzzaun zwischen Israel und dem Westjordanland

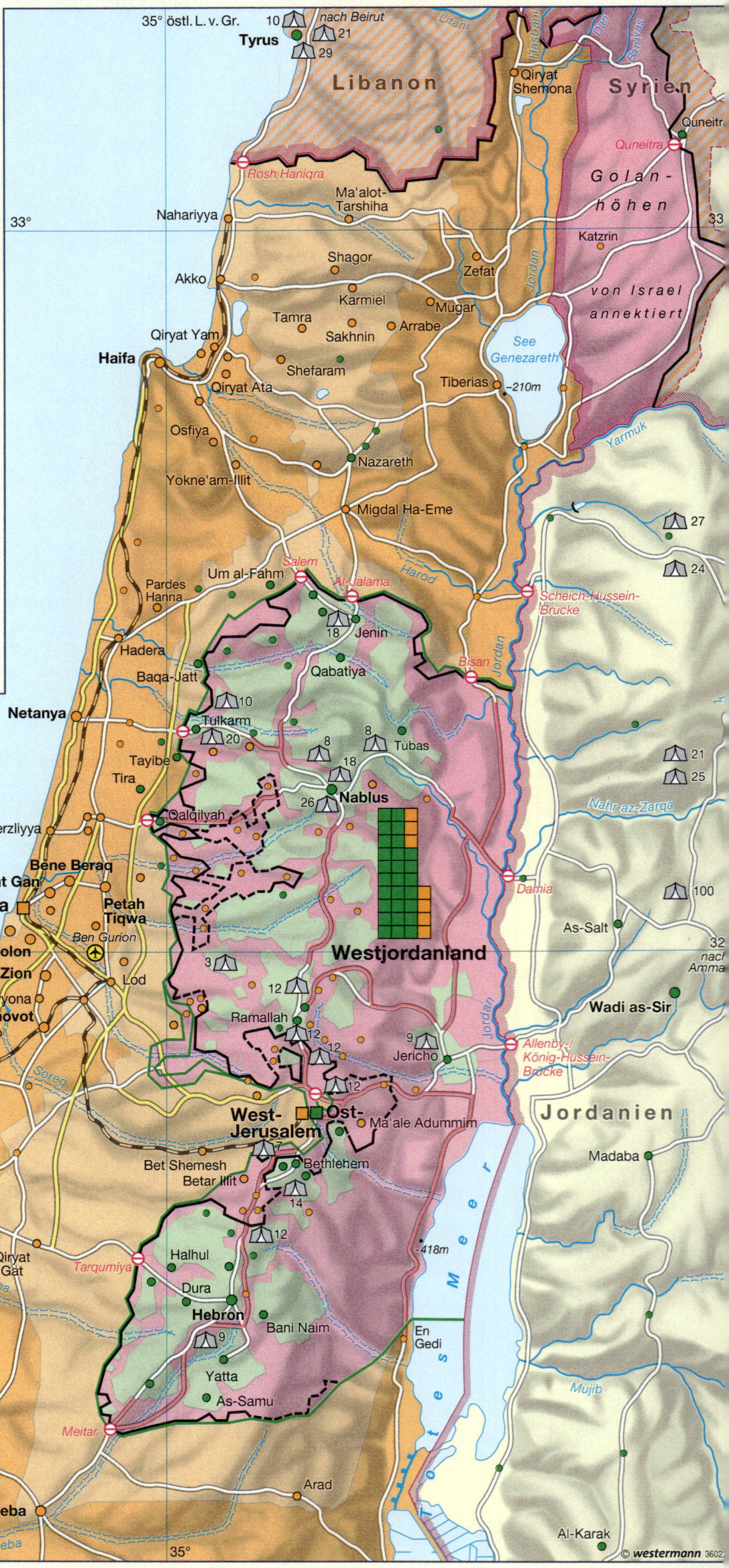

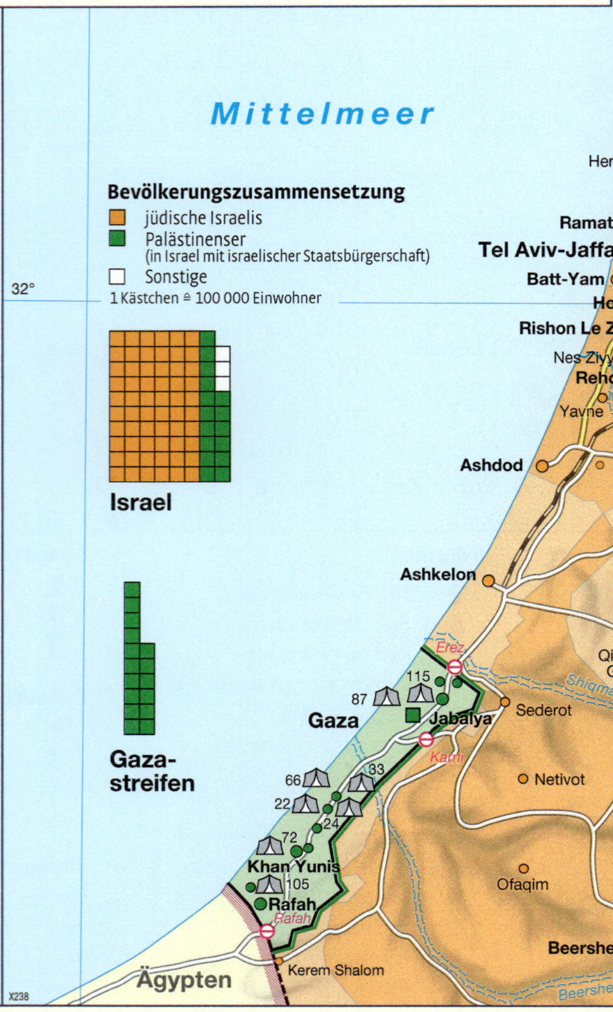

Orte / Siedlungen
Bevölkerungsmehrheit
- jüdisch
- palästinensisch / arabisch

Einwohnerzahl

über	250 000
100 000 –	250 000
20 000 –	100 000
unter	20 000

- Flüchtlingslager (Flüchtlinge in 1 000)

Gebiete
- UN-Planung für einen jüdischen Staat von 1947
- Israel heute
- von Israel kontrolliert
- palästinensische Autonomiegebiete (seit 1994)
- UN-Pufferzone

Grenzen
- Waffenstillstandslinie von 1949
- Grenzzaun / Mauer
- Grenzzaun / Mauer in Bau / Planung
- Staatsgrenze
- Grenzübergang / Checkpoint
- für Palästinenser gesperrte Straße

3 Westasien – physisch

Maßstab 1 : 18 000 000

Landhöhen und Meerestiefen (in Meter)

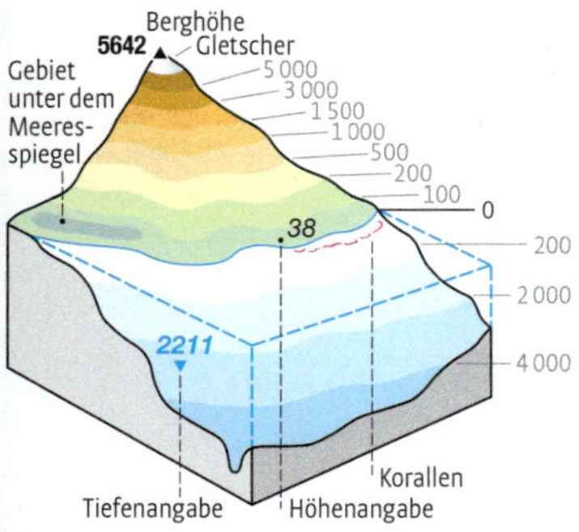

Gewässer

- Fluss
- Stromschnelle, Wasserfall
- schiffbarer Kanal
- Fluss, jahreszeitlich Wasser führend
- Wadi, Trockental
- Kanal, bedingt schiffbar
- See
- Salzsee
- Stausee, Staumauer
- Sumpf, Moor
- Salzpfanne

Orte

Einwohner

über	5 000 000
1 000 000 –	5 000 000
500 000 –	1 000 000
100 000 –	500 000
20 000 –	100 000
unter	20 000

- Ruinenstätte, geschichtlich bedeutsamer Ort
- Oase

Verkehr

- Eisenbahn
- wichtige Fernstraße
- Pass

Verwaltung

- Staatsgrenze
- nicht festgelegte Grenze
- **Teheran** Hauptstadt eines Staates

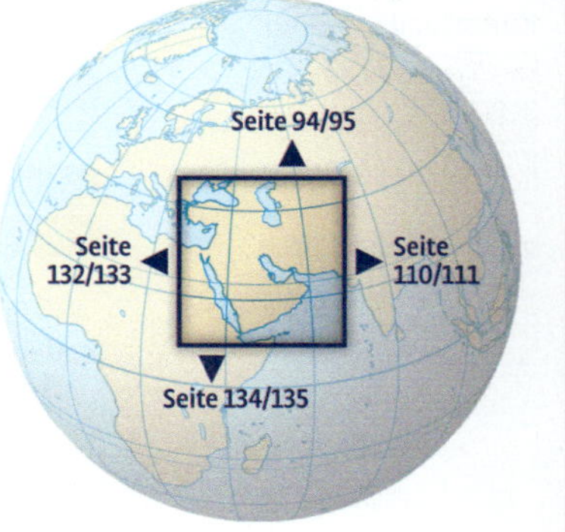

Westasien (Naher und Mittlerer Osten)

1 Westasien – Wirtschaft

Maßstab 1 : 18 000 000

Kulturland
- Ackerbau
- Bewässerungsland
- Weide, z. T. Wiese

offene Landschaften
- Steppe, Gebirgsweide
- Dornstrauchsavanne
- Trockensavanne
- Halbwüste, Wüste
- Salzpfanne

Waldlandschaften
- sommergrüner Laub- und Mischwald, Gebirgsnadelwald
- Mangrove
- Hartlaubgehölz

Bodenschätze
- Erdöl
- Erdgas
- Steinkohle
- Braunkohle
- Uran
- Eisen
- Stahlveredler (Chrom, Mangan, Kobalt)
- Kupfer
- Blei/Zink
- Bauxit (Aluminiumrohstoff)
- Phosphat
- Gold

Industrie
- Eisen- und Stahlerzeugung
- Buntmetallverhüttung
- Aluminiumverhüttung
- Metallverarbeitung und Maschinenbau
- Kraftfahrzeugbau
- Schiffbau
- Elektroindustrie, Optik
- Chemie, Kunststoffe
- Erdölraffinerie
- Textilien, Bekleidung, Leder
- Holz, Papier
- Nahrungsmittel
- Fischverarbeitung

Strom-/Wasserversorgung
- Wasserkraftwerk
- Wärmekraftwerk
- Kernkraftwerk
- Meerwasserentsalzung

Dienstleistungszentrum
- mit internationaler Bedeutung
- mit überregionaler Bedeutung
- mit regionaler Bedeutung
- Tourismusregion

Transport
- Erdölleitung
- Erdgasleitung

2 M7 Dubai – Wandel zur Tourismusmetropole

Maßstab 1 : 250 000 0 2 4 6 8 10 km

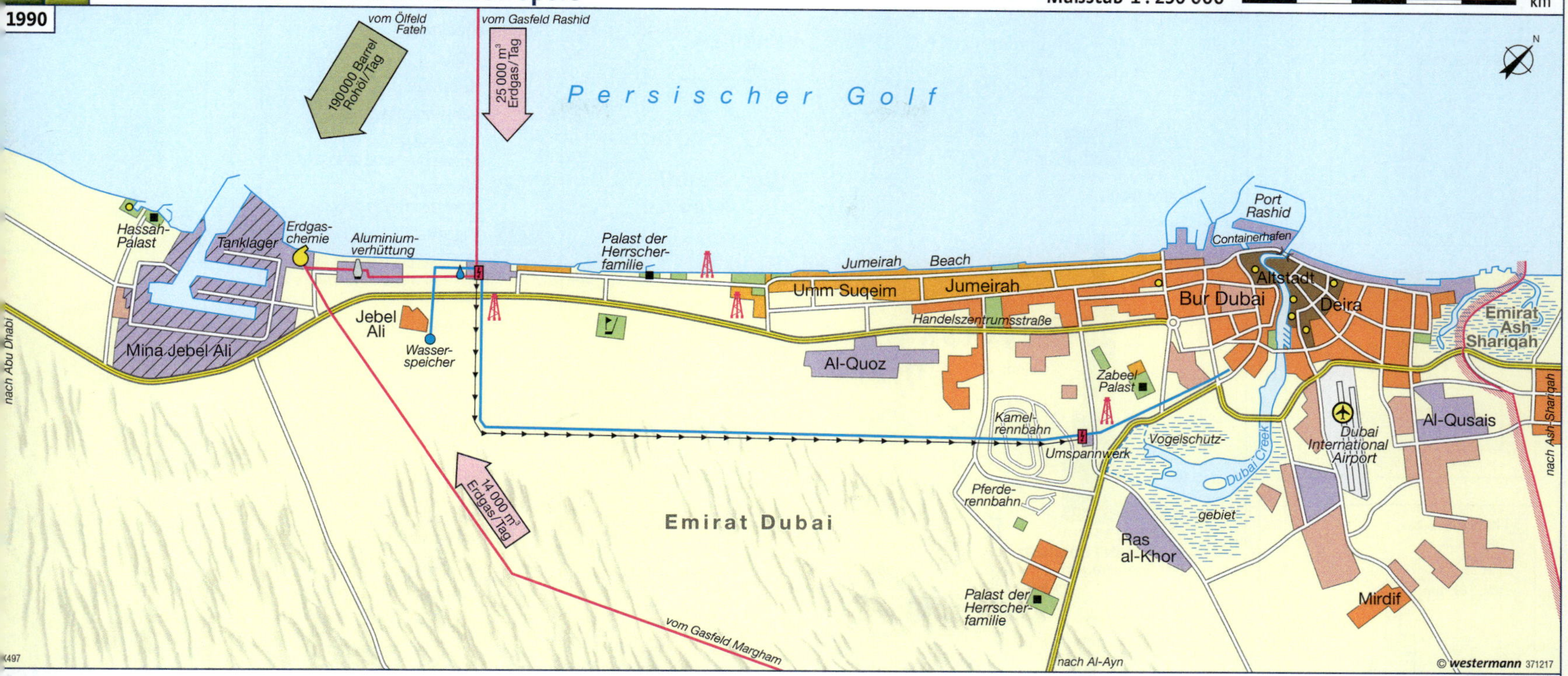

Bebauung
- luxuriöser/hoher Wohnkomfort
- mittlerer Wohnkomfort
- einfacher/niedriger Wohnkomfort
- bewachtes Wohnviertel (Gated community, private Großinvestition)
- Hochhaus über 200m Höhe

Tourismus
- bewässerte Grünanlage
- Wüste
- Golfplatz
- Luxushotel
- Einkaufs-/Vergnügungszentrum

Wirtschaft
- Industrie-/Gewerbegebiet
- Geschäfts-/Einkaufsviertel
- Freihandelszone
- Arbeitercamp
- Gas (erschöpftes Vorkommen)
- Wärmekraftwerk
- Erdgasleitung
- tägliche Fördermenge
- Meerwasser-entsalzungsanlage
- Hauptwasser-leitung
- Hochspannungs-leitung

Verkehr
- Autobahn
- sonstige Straße
- Hochbahn/U-Bahn
- Emiratsgrenze

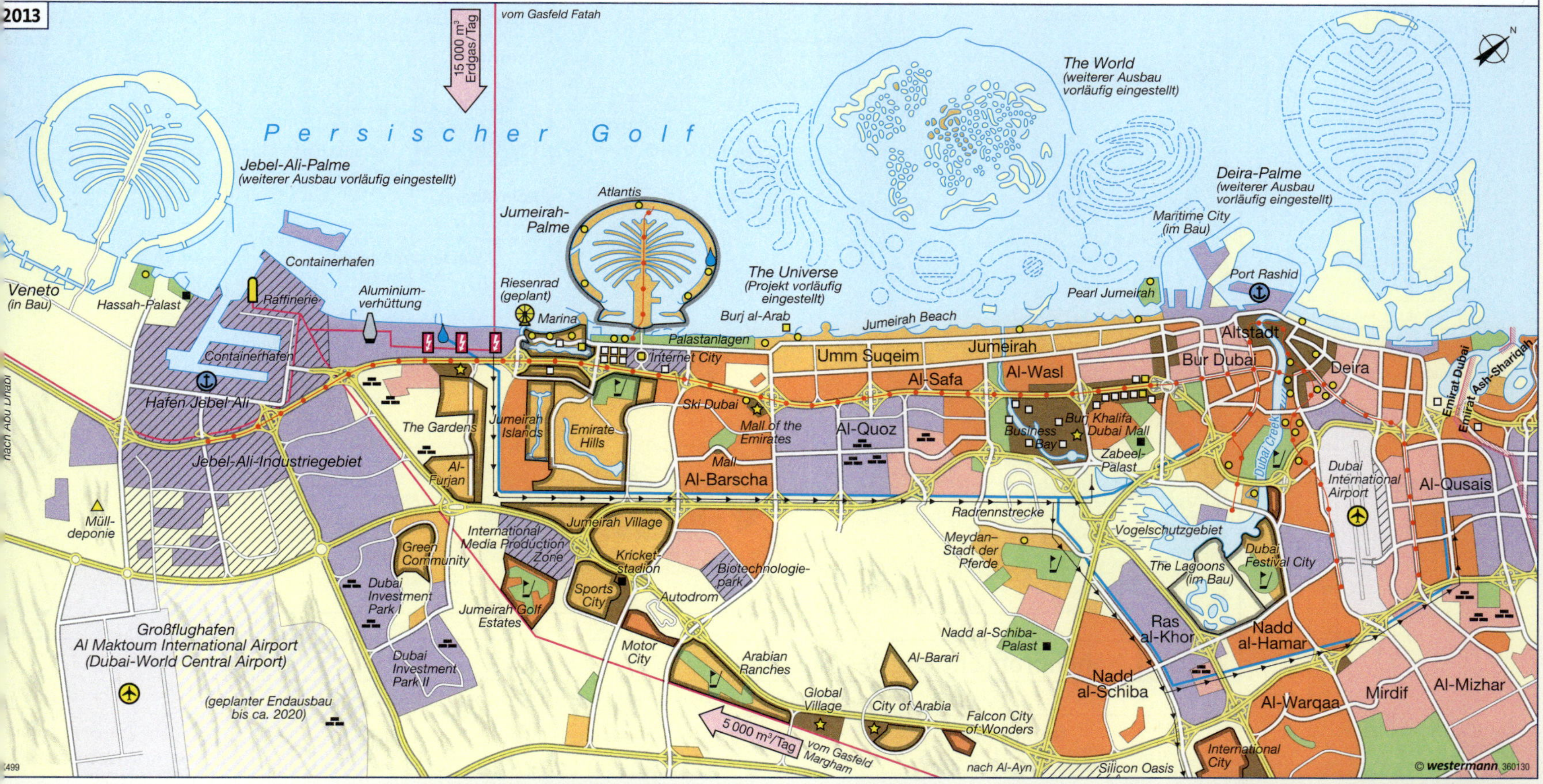

Am Dubai Creek 1990

Luxushotel Burj al-Arab (seit 1999)

Bau der Dubai Marina (seit 2003)

Burj Khalifa (2009): höchstes Haus der Welt

Klimadiagramme (Nil)

U1252

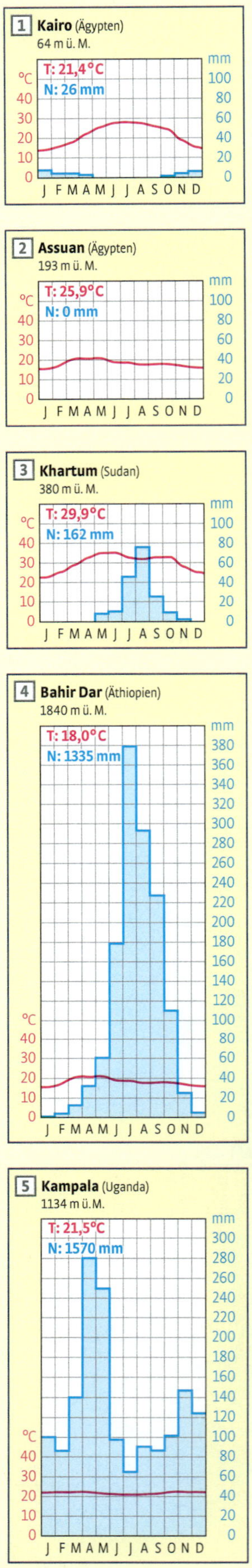

Klimadiagramme

- Temperaturen im Monatsmittel
- Niederschläge im Monat insgesamt
- T: 25,8 °C Jahresdurchschnitt Temperatur
- N: 368 mm Jahressumme Niederschlag
- 47 m ü. M. Angabe in Meter über dem Meeresspiegel

1 Der Nil – ein Fremdlingsfluss

Maßstab 1 : 18 000 000

Bodenbedeckung

- Wüste
- Halbwüste
- Dornstrauchsavanne
- Trockensavanne (schwach genutztes Weideland)
- Feuchtsavanne (stark genutztes Weideland)
- Regenwald
- Bewässerungsland (heute vorwiegend Baumwoll- und Zuckerrohranbau)
- Ackerbau
- Staatsgrenze

Wasserführung

- Fluss
- Fluss (ganzjährig schiffbar)
- Staudamm
- Wasserkraftwerk
- Schleuse
- Stromschnelle (Katarakt)
- Wadi
- zeitweilig überschwemmtes Gebiet
- 480 Höhenangabe
- Ablagerung von fruchtbarem Nilschlamm
- Ort mit Klimadiagramm

Abflussdiagramme

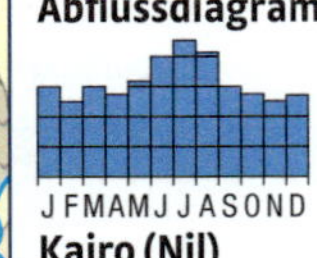

monatliche Wasserführung (2 mm Säulenhöhe ≙ 1 Milliarde m³)

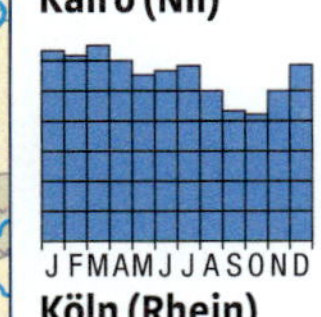

Zum Vergleich: monatliche Wasserführung des Rheins

Wasserstand des Nils bei Assuan

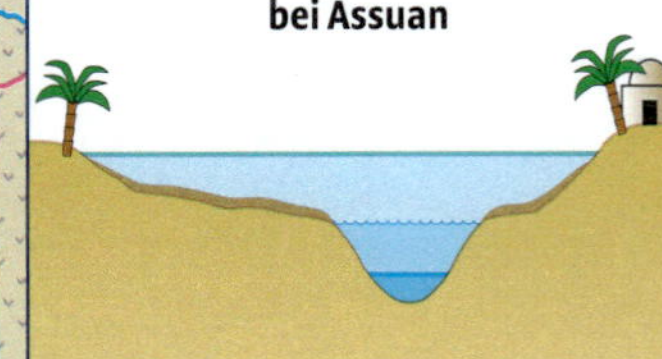

- heute
- vor dem Bau des Assuan-Staudammes
- Februar bis Juni
- Juni bis Oktober
- Nilschlamm

X236a

2 M8 Höhenprofil entlang des Äquators

Längenmaßstab 1 : 36 000 000 Höhenmaßstab 1 : 360 000 (100-fach überhöht)

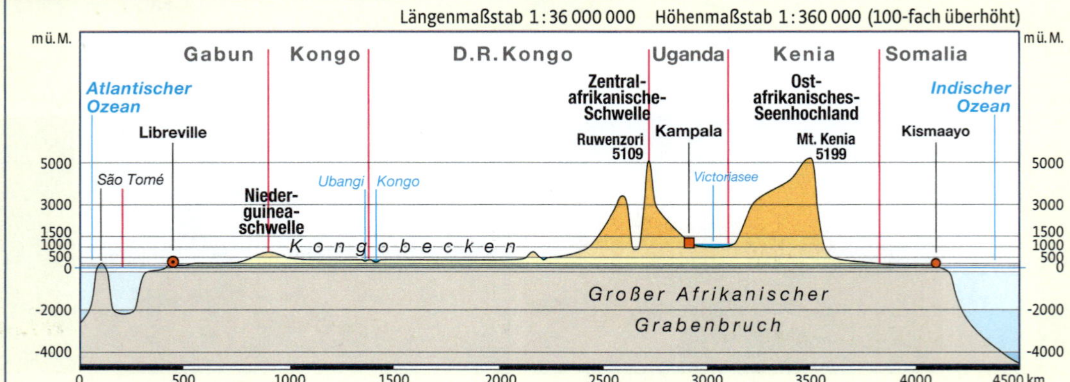

3 Afrika – physis

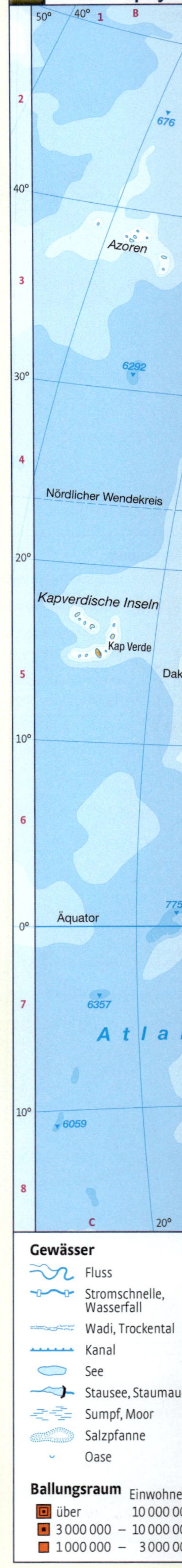

Gewässer

- Fluss
- Stromschnelle, Wasserfall
- Wadi, Trockental
- Kanal
- See
- Stausee, Staumauer
- Sumpf, Moor
- Salzpfanne
- Oase

Ballungsraum

Einwohner

- über 10 000 000
- 3 000 000 – 10 000 000
- 1 000 000 – 3 000 000

…e Übersicht

Maßstab 1 : 36 000 000 — 0 200 400 600 800 1000 km

1 Afrika – politische Übersicht

Maßstab 1 : 36 000 000

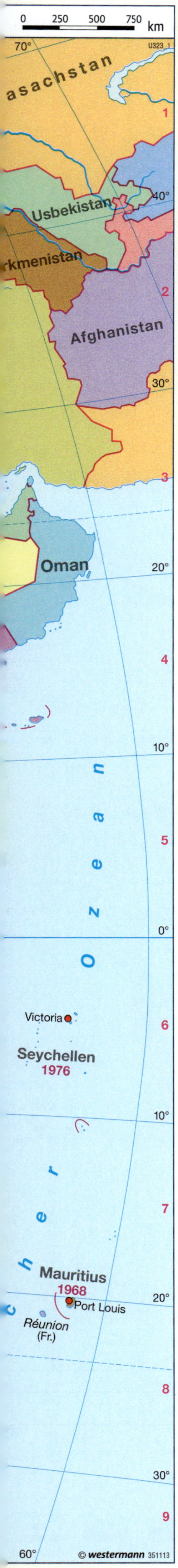

2 Afrika – 1914/1918

Maßstab 1 : 72 000 000

Kolonialbesitz der europäischen Mächte in Afrika 1914

(1 Mio. km² ≙ 50 mm²)

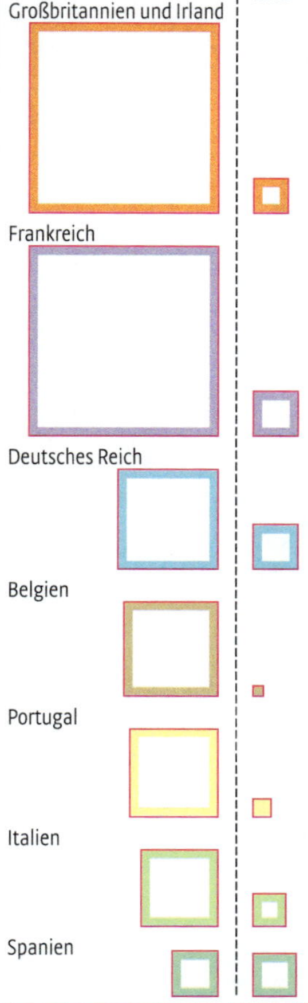

Selbstständige Staaten in Flächenfarbe

1848 Jahr der Unabhängigkeit

Kolonialgebiete europäischer Staaten 1914

1787 Beginn der Kolonialherrschaft
- belgisch
- britisch
- deutsch
- französisch
- italienisch
- portugiesisch
- spanisch
- Außengrenze der Kolonien und Staaten
- Grenze zwischen Kolonien der gleichen Macht

Wirtschaftliche Bedeutung der afrikanischen Kolonien

Anteil der afrikanischen Kolonien an den Gesamtimporten des Mutterlandes 1911–1913 (in %).

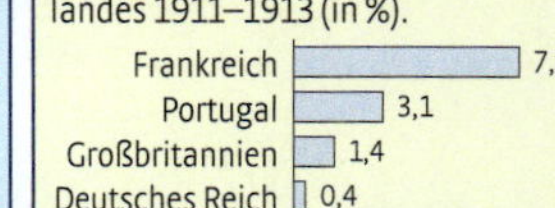

3 Afrika – Bevölkerung

Maßstab 1 : 72 000 000

Einfluss von HIV auf den Altersaufbau

(5-Jahresgruppen in Prozent der Bevölkerung)

Botsuana 2005
1,8 Millionen Einwohner

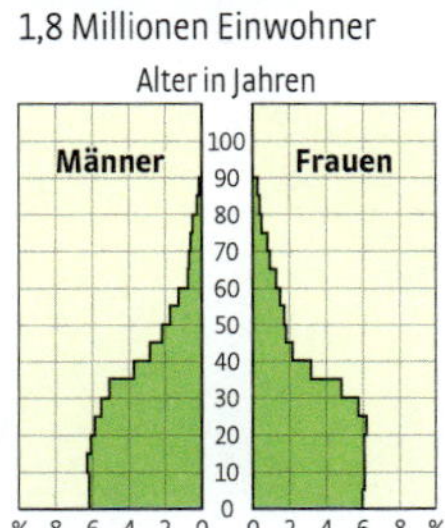

Botsuana 2025
1,2 Millionen Einwohner (Schätzung)

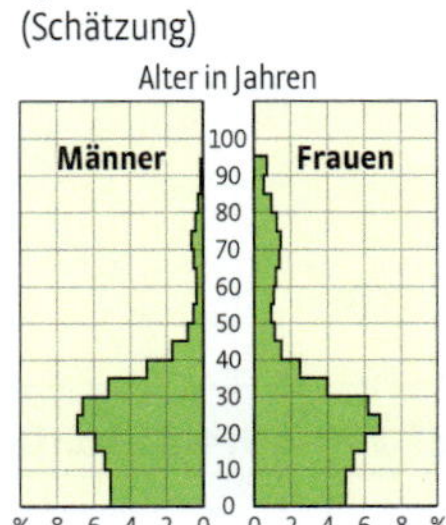

Die Länder südlich der Sahara haben weltweit die höchste HIV/AIDS-Infektionsrate. Im Jahr 2005 waren 23,9% der Bevölkerung in Botsuana mit dem Virus infiziert.

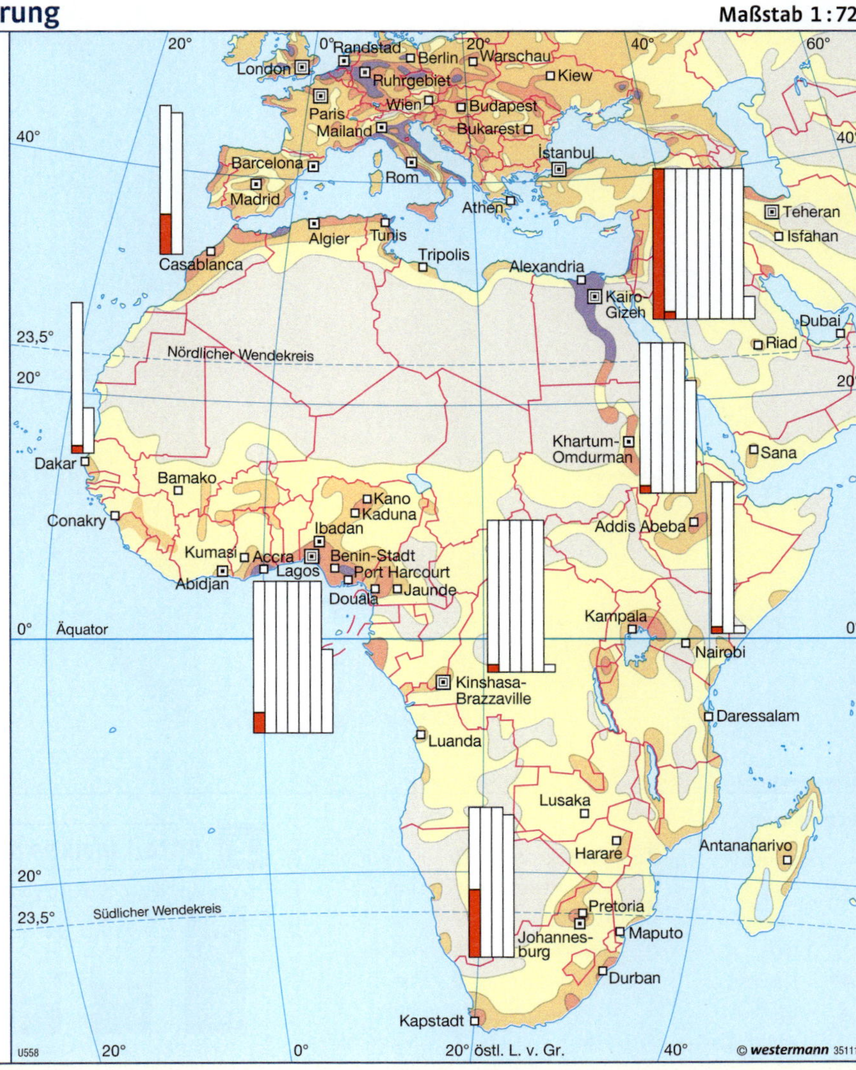

Bevölkerungsdichte

Einwohner je km²
- fast unbewohnt
- 1 – 25
- 25 – 100
- 100 – 200
- über 200

Großstädte (Agglomerationen)
Einwohner
- über 10 000 000
- 5 000 000 – 10 000 000
- 1 000 000 – 5 000 000

Wachstum afrikanischer Städte
- Wachstum bis 2009
- davon Einwohner bis um 1950

1mm Säulenhöhe ≙ 100000 Einwohner
Quelle: UN Centre for Human Settlements and UN Population Division

Bevölkerungswachstum

In Afrika wächst die Bevölkerung pro 100 Einwohner um 4,8 Menschen im Jahr (1990 – 2010). Das ist die höchste Wachstumsrate der Erde. (Angaben in Millionen)

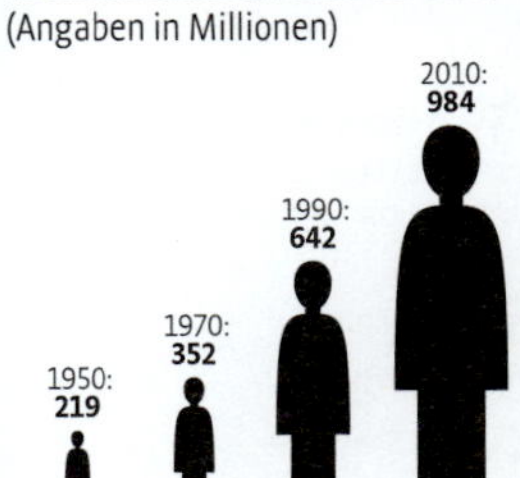

Landwirtschaft und Klima

1 Afrika – Landwirtschaft

Maßstab 1 : 36 000 000 — 0 200 400 600 800 1000 km

Waldlandschaften
- sommergrüner Laub- und Mischwald, Gebirgsnadelwald
- Hartlaubgehölz
- Monsun- und Regenwald

offene Landschaften
- Steppe und Hochgebirgsgrasland
- Trocken- und Dornstrauchsavanne
- Feuchtsavanne
- Halbwüste und Wüste

Kulturland
- Ackerbau
- mittelmeerischer und kapländischer Anbau
- Bewässerungsland
- Weide, z. T. Wiese
- dürregefährdete Zone

Viehhaltung
- Kleinvieh, überwiegend für den Eigenbedarf
  1 Zeichen ≙ 5 Mio. Stück Schafe und Ziegen (außerdem bis zu 10 Mio. Stück Hühner)
- Kamele
  1 großes Zeichen ≙ 5 Mio. Stück
  1 kleines Zeichen ≙ 1 Mio. Stück
- Rinder
- Schafe
- Schweine
  1 großes Zeichen ≙ 20 Mio. Stück
  1 kleines Zeichen ≙ 5 Mio. Stück

Nutzpflanzen
- Weizen
- Mais
- Reis
- Hirse
- Erdnüsse
- Bananen
- Zitrusfrüchte
- Dattelpalmen
- Kokospalmen
- Ölpalmen
- Kautschuk
- Baumwolle
- Sisal
- Jute
- Zuckerrohr
- Kaffee
- Tee
- Kakao
- Tabak
- Wein
- Schnittblumen

2 Anteil Afrikas an der Weltproduktion

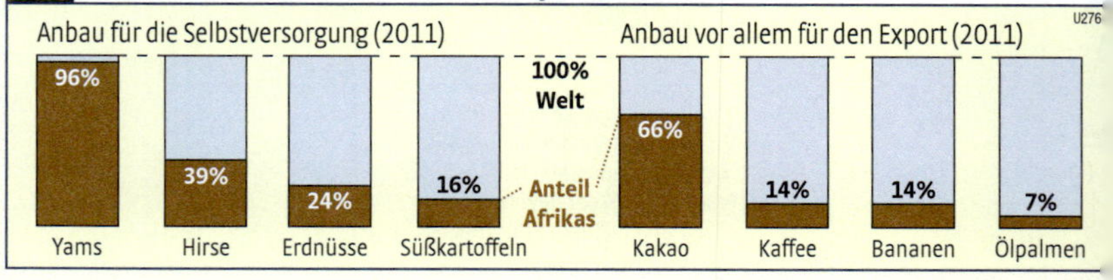

3 Temperaturen im Januar

Maßstab 1 : 72 000 000

(Monatsmittel in Grad Celsius)

-10°C, -5°, 0°, 5°, 10°, 15°, 20°, 25°, 30°C

—— Staatsgrenze

4 Temperaturen im Juli

Maßstab 1 : 72 000 000

(Monatsmittel in Grad Celsius)

-10°C, -5°, 0°, 5°, 10°, 15°, 20°, 25°, 30°, 35°C

5 Niederschläge im Januar

Maßstab 1 : 72 000 000

(langjähriges Monatsmittel in mm)

25 mm, 50, 100, 200, 300, 400 mm im Januar

6 Niederschläge im Juli

Maßstab 1 : 72 000 000

(langjähriges Monatsmittel in mm)

25 mm, 50, 100, 200, 300, 400 mm im Januar

—— Staatsgrenze

1 Wüstenarten und Wüstenausbreitung (Desertifikation)

Maßstab 1 : 36 000 000 — 0 200 400 600 800 1000 km

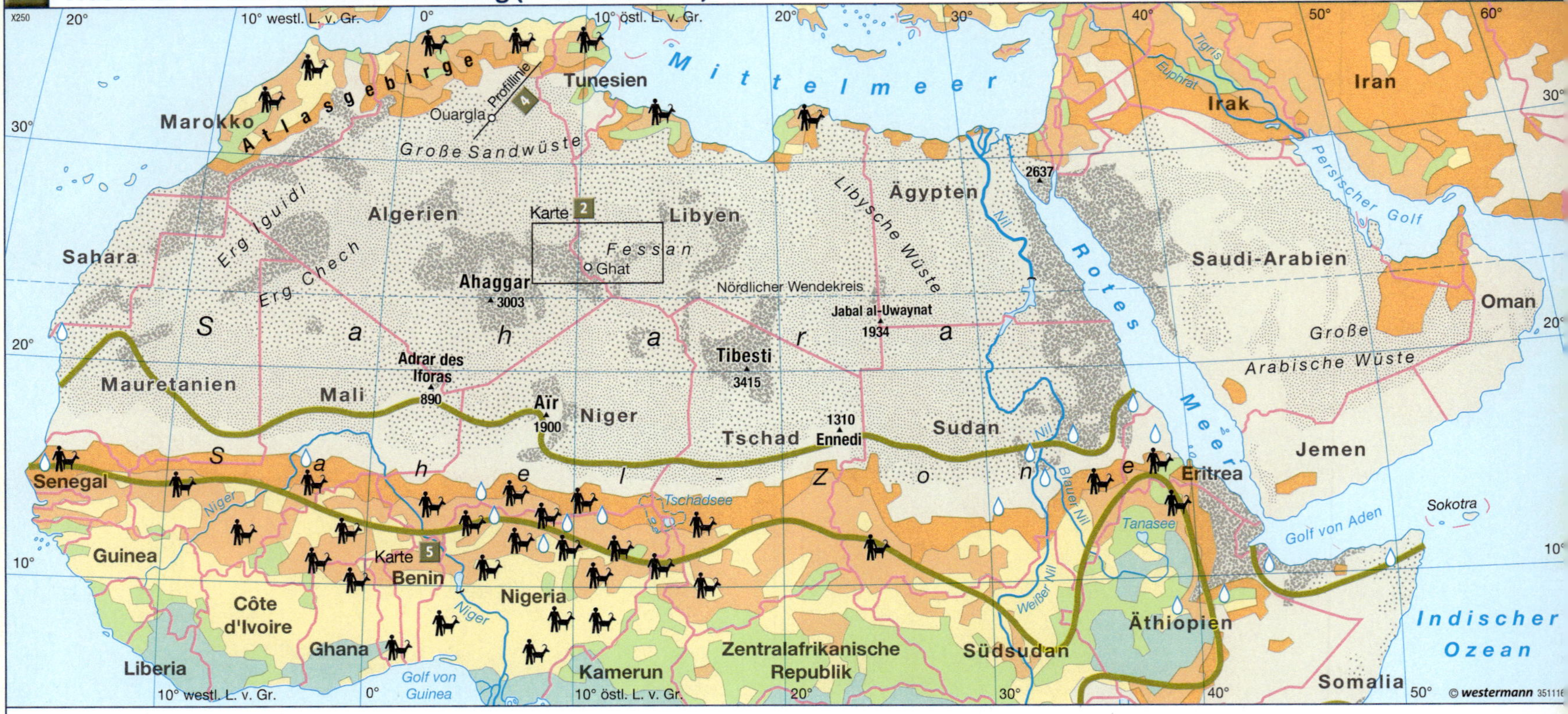

Wüstenarten
- Felswüste, Blockwüste, Schuttwüste
- Kieswüste
- Sandwüste
- Halbwüste

Desertifikation
Empfindlichkeit der Landschaft für fortschreitende Wüstenbildung
- sehr hoch
- hoch
- mäßig
- gering
- keine (humide Zone)

- dürregefährdete Zone
- Beschleunigung der Desertifikation durch hohen Bevölkerungsdruck und Überweidung
- Wassermangel durch hohen Bevölkerungsdruck

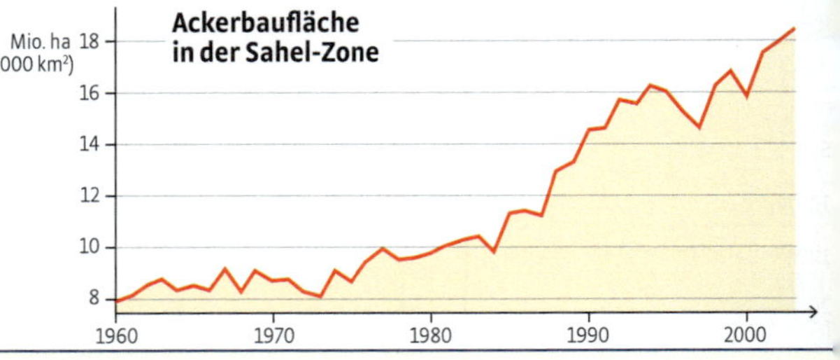

2 Sahara – Wüstenarten im Satellitenbild

Maßstab 1 : 3 000 000 — 0 30 60 90 120 150 km

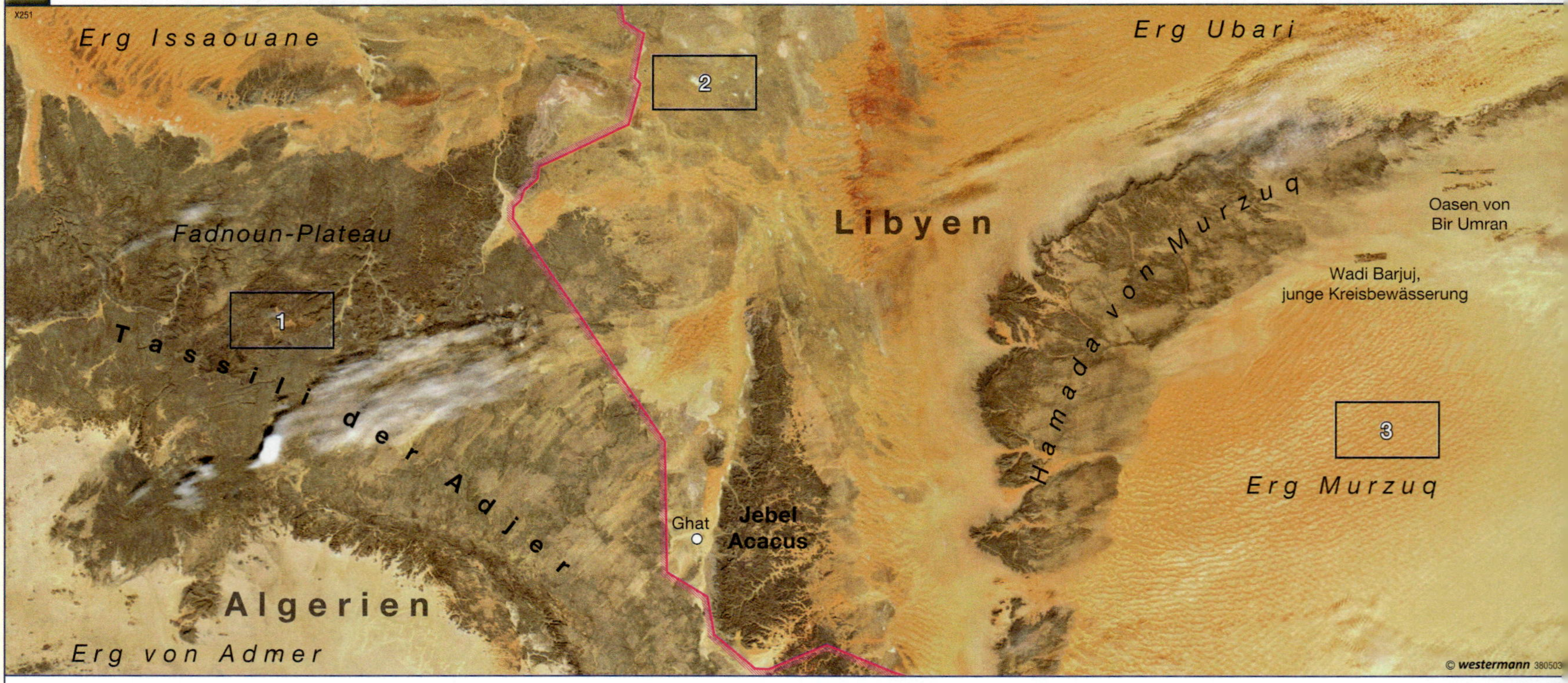

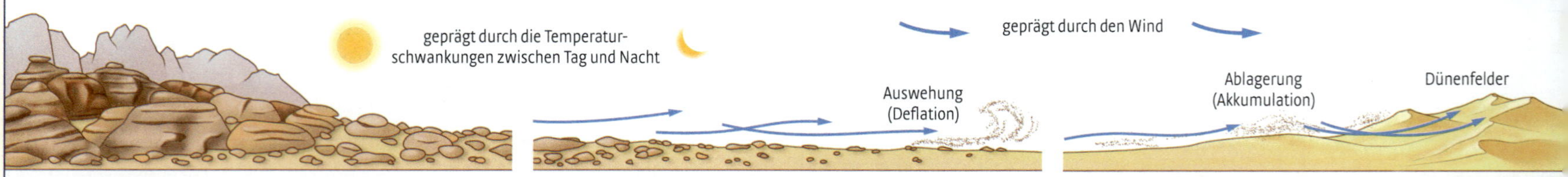

1 Fels- und Blockwüste (Hamada)

2 Kieswüste (Serir)

3 Sandwüste (Erg)

3 Ouargla – Brunnenoase in Algerien

Maßstab 1 : 100 000

Der Ksar von Ouargla

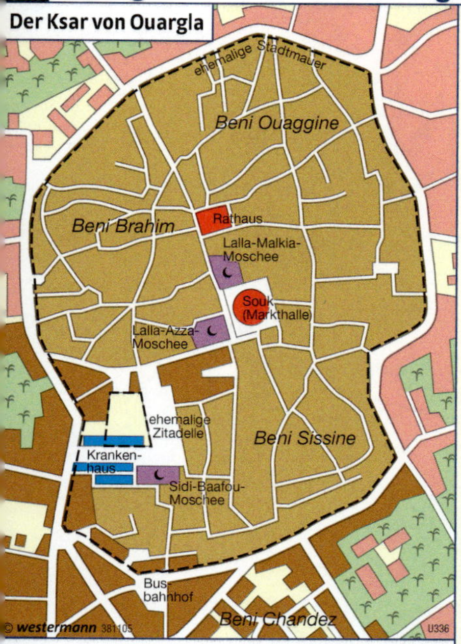

Autostraße — Maßstab 1 : 10 000

Gasse, z.T. überdacht

Der Ksar, die ehemals befestigte Wohnburg der Berber, ist die orientalische Altstadt von Ouargla.

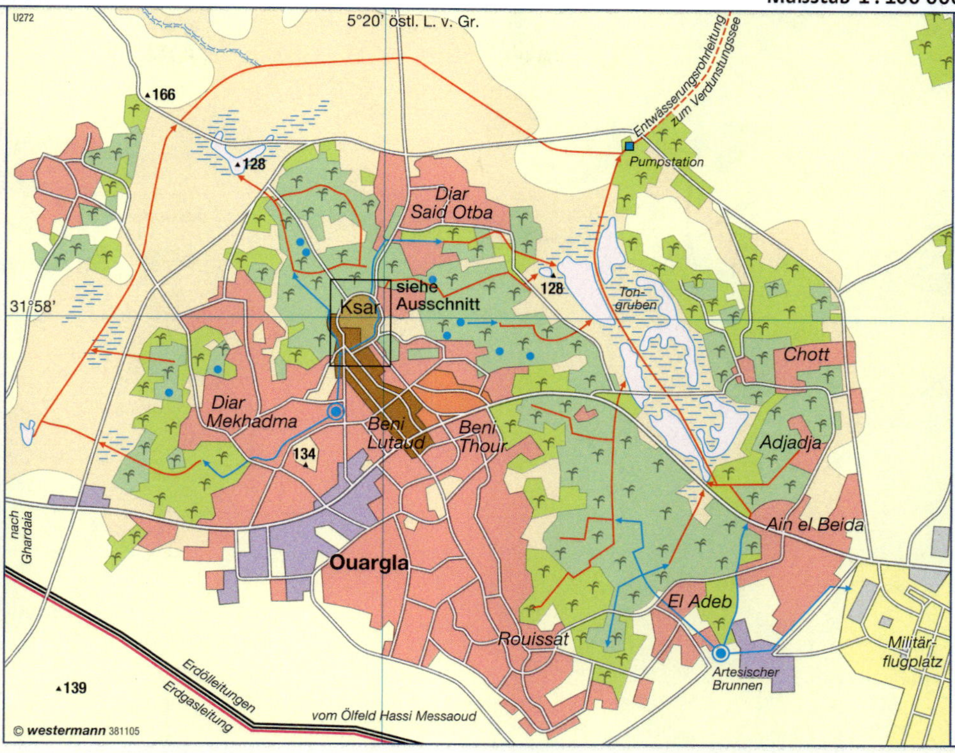

Wüste
- Sandwüste (Erg)
- Schott (Salztonebene)
- Verdunstungssee
- Wadi (selten Wasser führend)
- Sumpf

Siedlung
- alte Berber-Stadt (Medina)
- modernes Geschäftsviertel
- europäisch geprägtes Viertel
- jüngere Stadterweiterung,
- u. a. Nomadenansiedlungen
- Gewerbegebiet

Dattelpalmkulturen
- ältere Palmenhaine (Unterkultur: Getreide, Luzerne)
- junge Palmenhaine seit 1960 (z. T. mit Gemüse-/Obstgärten)
- Artesischer Brunnen (aufsteigendes Grundwasser)
- Brunnen/Pumpstation
- Bewässerung
- Entwässerung

4 Grundwasser führende Gesteinsschichten in der Nordostsahara

Längenmaßstab 1 : 4 000 000

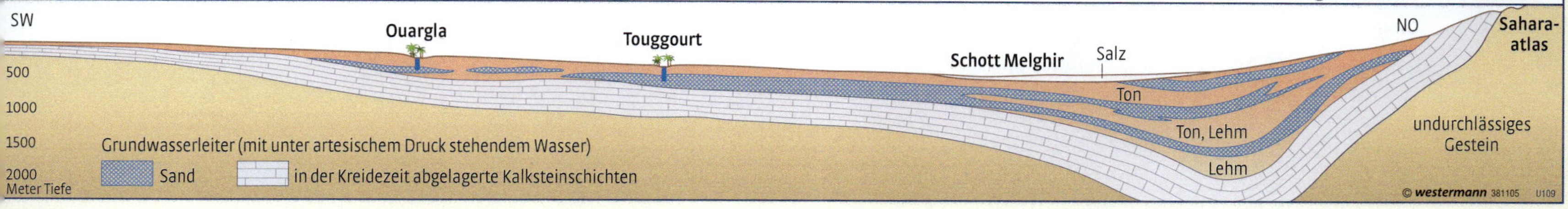

5 Halbnomadismus der Fulbe in der Sahel-Zone

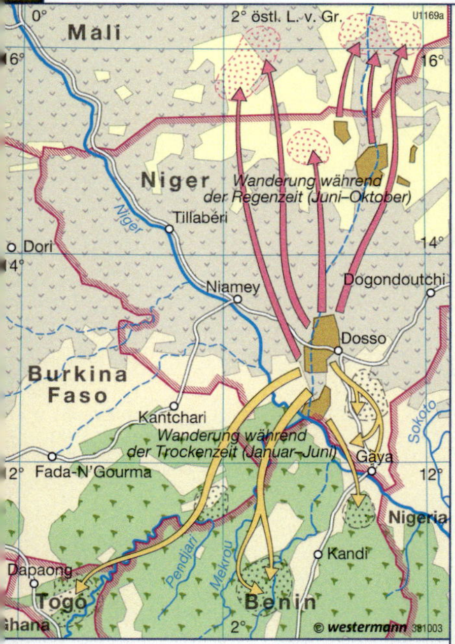

Dauersiedlungsgebiet des Fulbe-Volkes — Maßstab 1 : 8 000 000

Beweidung (Trockenzeit) — Halbwüste

Beweidung (Regenzeit)

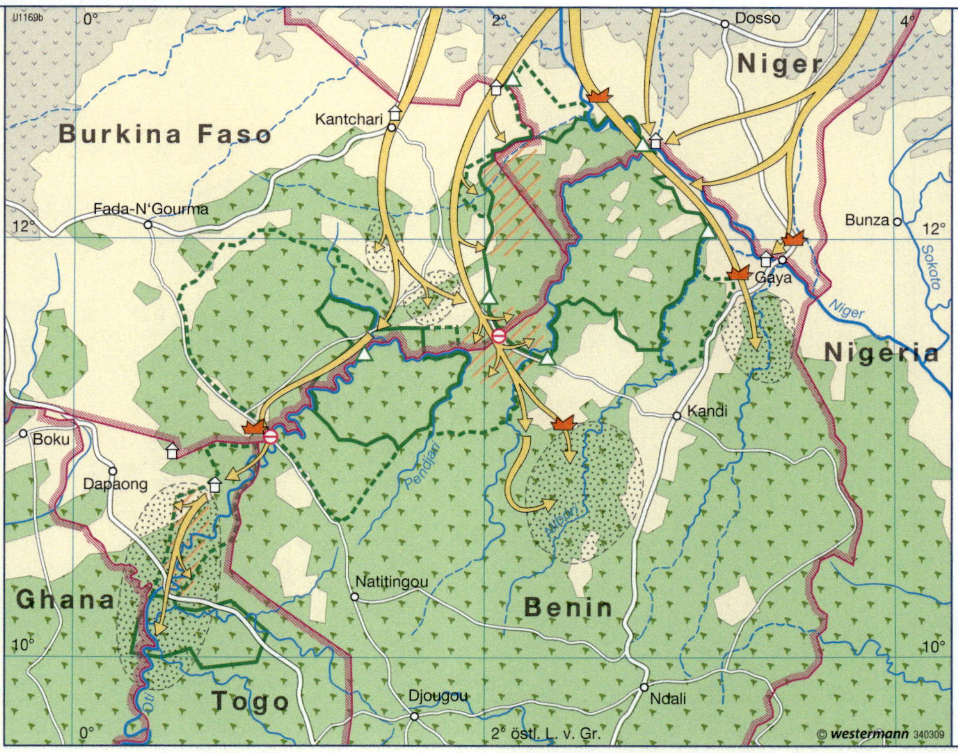

Maßstab 1 : 4 000 000

Landnutzung
- Dornstrauch- und Trockensavanne
- Feuchtsavanne
- Ackerbau (Hirse, Mais)
- Nationalpark
- Naturreservat mit Jagdzonen

Wanderweidewirtschaft (insgesamt mehr als 100 000 Rinder, Ziegen und Schafe)
- saisonale Wanderung (während der Trockenzeit Januar – Juni)
- saisonale Beweidung

Nutzungskonflikte
- illegale Beweidung
- gewaltsame Konflikte mit lokalen Bauern
- Grenzschließung durch Benin 2003 – 2004

Verwaltung
- Posten staatlicher Wildhüter
- Grenzposten
- Staatsgrenze

6 Niederschlagsvariabilität in der Sahel-Zone

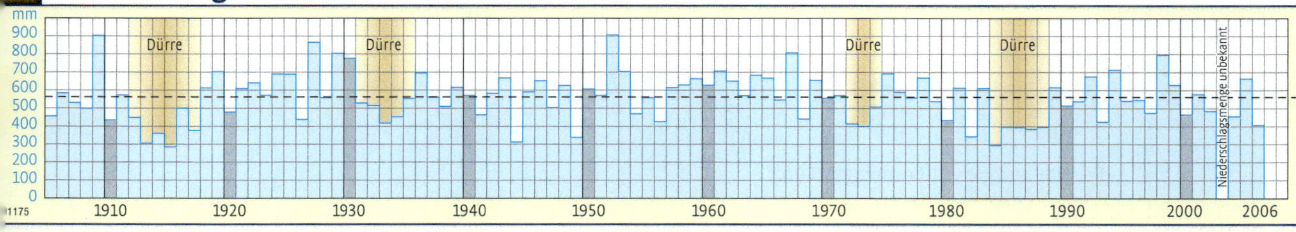

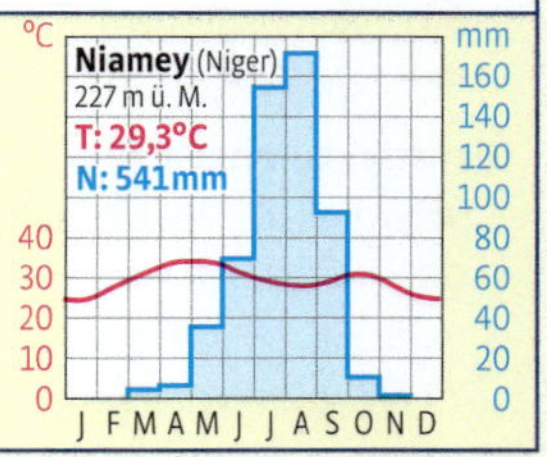

1 Afrika – Wirtschaft (Übersicht)

Maßstab 1 : 36 000 000 — 0 200 400 600 800 1000 km

Bergbau
- Erdöl
- Erdgas
- Steinkohle
- Uran
- Eisen
- Stahlveredler (Chrom, Mangan, Kobalt, Nickel)
- Coltan
- Kupfer
- Blei, Zink
- Bauxit (Aluminiumrohstoff)
- Gold
- Platin
- Phosphat
- Diamanten

Industrie
- Eisen- und Stahlerzeugung
- Buntmetall- und Aluminiumverhüttung
- Eisen- und Metallverarbeitung, Maschinenbau
- Elektroindustrie, Optik
- Chemie, Kunststoffe
- Erdölraffinerie
- Textilien, Bekleidung, Leder
- Holz, Holzverarbeitung
- Nahrungsmittel
- Fischfang

Dienstleistungszentrum
- mit internationaler Bedeutung
- mit überregionaler Bedeutung
- mit regionaler Bedeutung
- Fremdenverkehrsregion

Transport und Verkehr
- Erdölleitung
- Erdgasleitung
- wichtige Eisenbahn
- Staatsgrenze

2 Afrikas Stellung am Weltmarkt

Anteil Afrikas an der Weltproduktion

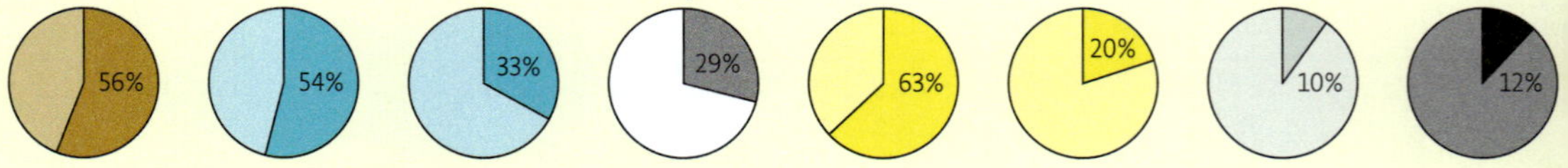

	Diamanten	Kobalt	Coltan	Phosphat	Platin	Gold	Bauxit	Erdöl
Anteil Afrikas an der Weltproduktion	56%	54%	33%	29%	63%	20%	10%	12%
Weltweite Produktionsmenge 2008	159 Mio. Karat	76 Mio. t	1170 t	50 Mio. t	465 t	2280 t	205 Mio. t	3821 Mio. t

3 Nigerdelta – Erdölwirtschaft

Maßstab 1 : 2 250 000

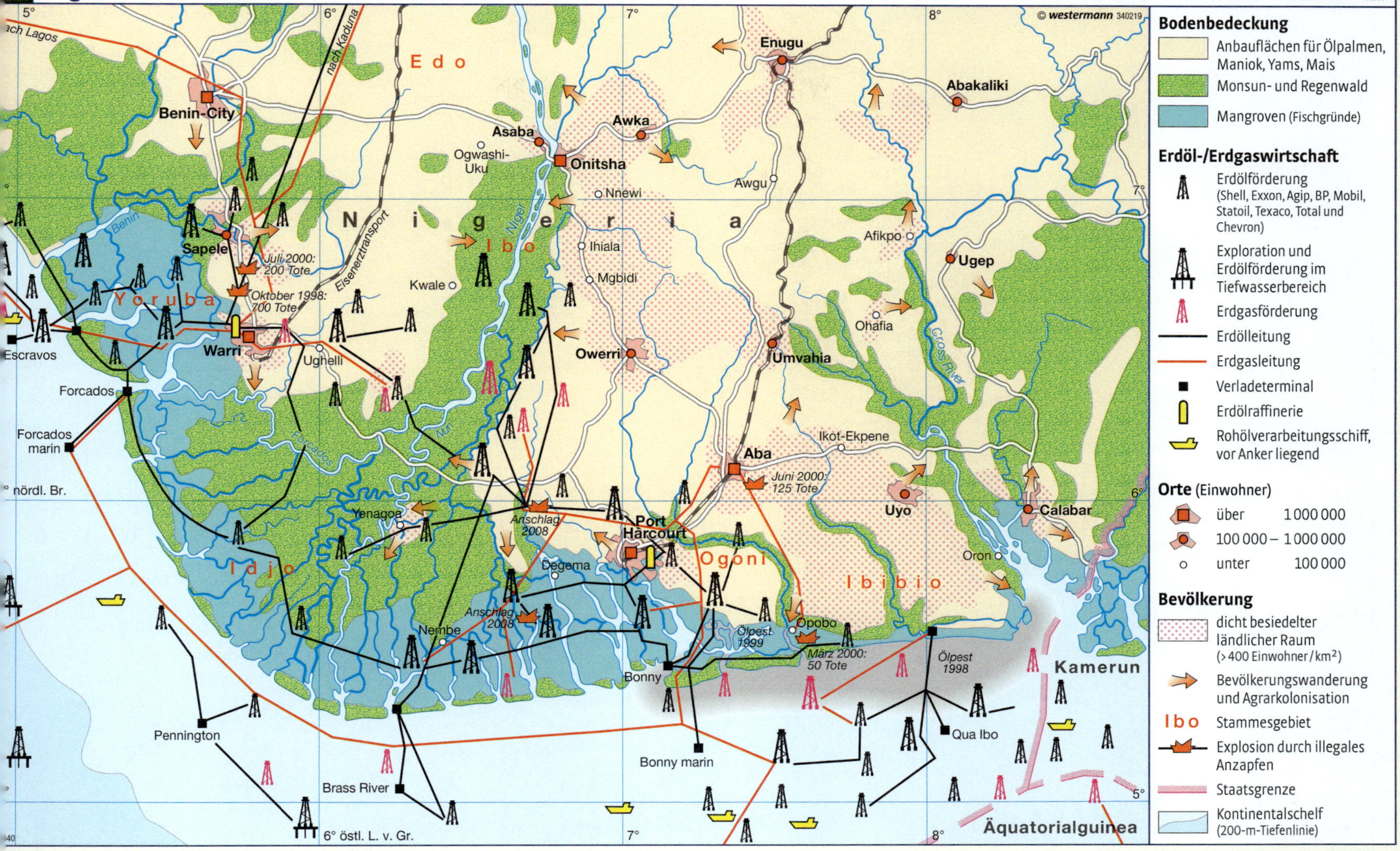

4 Victoriasee – Fischerei und Landnutzung

Maßstab 1 : 4 500 000

Atlantischer Ozean
Portugal
Spanien
Porto
Madrid
Lissabon
Barcelona
Zaragoza
Valencia
Alicante
Sevilla
Córdoba
Málaga
Cádiz
Gibraltar (Großbritannien)
Ceuta (Spanien)
Melilla (Spanien)
Tanger
Tétouan
Balearen
Mallorca
Menorca
Korsika
Sardinien
Italien
Rom
Neapel
Bari
Palermo
Messina
Catania
Sizilien
Malta
Valletta
Tyrrhenisches Meer
Ionisches Meer
Adriatisches Meer
Madeira (Portugal)
Funchal
Kanarische Inseln (Spanien)
La Palma
Teneriffa
Santa Cruz de Tenerife
Lanzarote
Fuerteventura
Las Palmas
Gran Canaria
Marokko
Rabat
Casablanca
Kenitra
Fès
Meknès
Mazagan
Safi
Marrakech
Agadir
Oujda
Hoher Atlas
Antiatlas
Er Rif
Sahara-Atlas
Tell-Atlas
Algier (Al Djazâir)
Oran (Wahran)
Mostaganem
Blida
Sétif
Skikda
Annaba
Constantine
Tebessa
Biskra
Djelfa
Laghouat
Béchar
Touggourt
Ouargla
Hassi Messaoud
Ghardaïa
El-Goléa
Timimoun
Adrar
Reggâne (Riggân)
In Salah
Tamanrasset (Tamenghest)
Ahaggar (Hoggar)
Tassili der Adjer
Westlicher Großer Erg
Östlicher Großer Erg
Erg Iguidi
Erg Chech
Tanezrouft
Algerien
Tunesien
Tunis
Bizerte
Sousse
Sfax
Gafsa
Gabès
Djerba
Tripolis (Tarabulus)
Zuwara
Al-Khums
Misrata
Große Syrte
Surt
Ghadamis
Tripolitanien
Al-Hamadah al-Hamra
Fessan
Sabha
Marzuq
Ghat
Libyen
Tibesti
Djado-plateau
Bilma
Ténéré
Tintumma-steppe
Aïr (Azbine)
Agadez
Iférouane
Niger
Niamey
Tahoua
Maradi
Zinder
El-Aaiún
Es-Semara
Boujdour (Bu Jaydur)
Ad-Dakhla
Sahara (von Marokko besetzt)
Nördlicher Wendekreis
Nouadhibou (Nawadibu)
Kap Blanc
Zouérat (Zawarat)
Atar
Akjoujt
Nouakchott (Nawaksut)
Tidjikdja
Mauretanien
Al-Jawf
Taoudenni
Adrar des Iforas
Kidal
Azaouad
Timbuktu (Tombouctou)
Bourem
Gao
Mali
Mopti
Ségou
Bamako
Kayes
Nara
Koutiala
Sikasso
Saint-Louis
Rosso
Kaédi
Linguère
Thiès
Touba
Dakar
Kap Verde
Kaolack
Senegal
Banjul (Bathurst)
Gambia
Ziguinchor
Bissau
Guinea-Bissau
Bissagos-Inseln
Fouta Djalon
Guinea
Conakry
Kankan
Freetown
Sierra Leone
Bo
Nzérékoré
Liberia
Monrovia
Buchanan
Greenville
Kap Palmas
Côte d'Ivoire (Elfenbeinküste)
Man
Daloa
Bouaké
Yamoussoukro
Abidjan
San Pédro
Elfenbeinküste
Burkina Faso
Ouagadougou
Dédougou
Koudougou
Bobo Dioulasso
Ghana
Tamale
Kumasi
Sekondi-Takoradi
Cape Coast
Accra
Tema
Goldküste
Togo
Lomé
Kara
Sokodé
Kpalimé
Benin
Parakou
Porto Novo
Cotonou
Sklavenküste
Nigeria
Lagos
Ibadan
Oshogbo
Oyo
Ilorin
Benin-Stadt
Okene
Abuja
Kaduna
Zaria
Kano
Katsina
Sokoto
Birnin Kebbi
Minna
Jos
Bauchi
Gombe
Maiduguri
Damaturu
Nguru
Azare
Lafia
Makurdi
Port Harcourt
Bucht von Benin
Golf von Guinea
Kamerun
Douala
Jaunde (Yaoundé)
Garoua
Maroua
Ngaoundéré
Bertoua
Nkongsamba
Adamaoua
Malabo
Bioko
Bucht von Bonny
Äquatorial-guinea
Bata
Príncipe
São Tomé und Príncipe
São Tomé
Annobón
Libreville
Gabun
Lambaréné
Port Gentil
Kap Lopez
Franceville (Masuku)
Kongo
N'Djamena
Moundou
Sarh
Tschad
Bangui
Bossangoa
Bouar
Berbérati
Äquator
Atlantischer Ozean
10° westl. L. v. Greenwich
10° östl. L. v. Greenwich
© westermann

Sofia
Plovdiv
Thessaloniki
Istanbul
Bursa
Eskişehir
Ankara
İzmir
Athen
Konya
Antalya
Adana
Kayseri
Malatya
Gaziantep
Samsun
Trabzon
Erzurum
Pontisches Gebirge
Türkei
Taurus
Jerewan
Armenien
Aserbaidschan
Baku
Kaspisches Meer
Täbris
Urmia
Rasht
Babol
Demawend 5604
Teheran
Qom
Qazvin
Semnan
Große Salzwüste
Meschhed
Ashgabat
Mary
Serdar
Kopetdag
Herat
Afghanistan
Farah
Kuschka
Mazar-e Sharif
Elburs
Iran
Hamadan
Kermanshah
Arak
Isfahan
Yazd
Tabas
Birjand
Lut
Zabol
Zahedan
Kerman
Rafsanjan
Sirjan
Shiraz
Zagrosgebirge
Jahrom
Bandar-e Abbas
Bandar-e Bushehr
Ahvaz
Abadan
Basra
Diyarbakir
Ninive
Mosul
Irbil
Kirkuk
Assur
Mesopotamien
Bagdad
Ar-Ramadi
Al-Kut
Irak
Kerbala
An-Najaf
Babylon
Uruk
Ur
Euphrat
Tigris
Aleppo
Hama
Homs
Syrien
Palmyra
Syrische Wüste
Damaskus
Latakia
Tripoli
Libanon
Beirut
Nikosia (Lefkoşa)
Zypern
Haifa
Israel
Tel Aviv-Yafo
Jerusalem
Amman
Hebron
Gaza
Jordanien
Akaba
Elat
Kreta
Heraklion
Griechenland
Tobruk (Tubruq)
Es-Sallum
Alexandria
El-Mansura
Tanta
Port Said
Ismailia
Suez
Damanhur
El-Alamein
Kattara-Senke
Siwa
Gizeh
Pyramiden
Kairo
El-Faiyum
El-Minya
Asyut
Sohag
Qina
Ägypten
El-Kharga
Luxor
Theben
Idfu
Assuan
Baris
Al-Jawf
Libysche Wüste
Toshkasee
Nassersee
Abu Simbel
Arabische Wüste
Hurghada
Sinai
Ras Mohammed
Rotes Meer
Al-Jawf
Nefud
Arar
Tabuk
Tayma
Ha'il
Buraydah
Hafar al-Batin
Kuwait
Persischer Golf
Al-Jubayl
Ad-Dammam
Bahrain
Manama
Katar
Doha
Al-Hufuf
Riad
Al-Kharj
Ad-Dawadimi
Afif
Nedschd
Hedschas
Al-Wajh
Yanbu al-Bahr
Medina
Saudi-Arabien
Mekka
Jiddah
Taif
Qal'at Bishah
Al-Bahah
Khamis Mushayt
Abha
Najran
Tuwaik
Große Arabische Wüste
Farasan-Inseln
Jizan
Ash-Shariqah
Dubai
Abu Dhabi
Vereinigte Arabische Emirate
Straße von Hormus
Mekran
Chabahar
Golf von Oman
Suhar
Maskat
Matrah
Omangebirge
Ibri
Sur
Ras al-Hadd
Oman
Masirah
Dhofar
Salalah
Kuria-Muria-Inseln
Jemen
Hadramaut
Sana
Al-Mukalla
Hodeida
Ta'izz
Aden
Golf von Aden
Sokotra (Jemen)
Wadi Halfa
Jabal al-Uwaynat
Nubische Wüste
3. Katarakt
Abu Hamed
Karima
4. Katarakt
5. Katarakt
Atbara
Ad-Damir
Bajuda-steppe
Port Sudan
Jebel Oda
Tokar
Eritrea
Massawa
Dahlak-Archipel
Asmara
Kassala
6. Katarakt
Omdurman
Khartum
Sudan
Kordofan
Wad Madani
Sennar
Gedaref
El-Fasher
El-Obeid (Al Ubayyid)
El-Geneina (Al Junaynah)
Jabal Marra
Darfur
Nyala
Ad-Du'ayn
An-Nuhud
Kosti
Kaduqli
Ad-Damazin
Gezira
Weißer Nil
Blauer Nil
Aksum
Ras Daschan
Mekele
Assab
Bab el-Mandab
Gonder
Tanasee
Bahir Dar
Dese
Debre Markos
Dschibuti
Dire Dawa
Harar
Hargeysa
Berbera
Burco
Boosaaso
Caluula
Kap Guardafui
Ras Xaafun
Xaafun
Qardho
Nogal
Garoowe
Eyl
Gaalkacyo
Hobyo
Indischer Ozean
Addis Abeba
Nazret
Äthiopien
Gore
Jimma
Awasa
Goba
Ogaden
Shebele
Negele
Dolo Odo
Somalia
Baydhabo (Baidoa)
Benadir
Jawhar
Mogadischu (Muqdisho)
Marka
Kismaayo
Jubba
Malakal
Sobat
Akobo
Sudd
Waw
Rumbek
Südsudan
Bor
Juba
Yambio
Kinyeti (Agoro)
Birao
Jabal Ngaja
Ouadda
Bria
Yalinga
Bangassou
Zentralafrikanische Republik
Mbomou
Uele
Buta
Isiro
Mungbere
Aruwimi
Bumba
Kongo
Kisangani
Lindi
Opala
Ubundu
Tshuapa
R. Kongo
Lomela
Kindu
Butembo
Virunga-Nationalpark
Ruwenzori
Kasese
Karisimbi
Goma
Kivusee
Ruanda
Kigali
Bukavu
Gulu
Arua
Lira
Masindi
Kyoga-see
Uganda
Kampala
Jinja
Victoriasee
Kisumu
Mwanza
Musoma
Serengeti-Nationalpark
Loolmalasin
Turkanasee
Moyale
Marsabit
Marsabit-Nationalpark
Nyiru
Elgon
Eldoret
Nakuru
Kenia
Meru
Mount Kenia
Nyeri
Thika
Nairobi
Tsavo-Nationalpark
Tana
Arusha
Kilimandscharo
Voi
Malindi
Zum Vergleich
Hamburg
Hannover
Berlin
Köln
Frankfurt
Stuttgart
München
600 km

Afrika (südlicher Teil) – physisch

Landhöhen und Meerestiefen (in Meter)

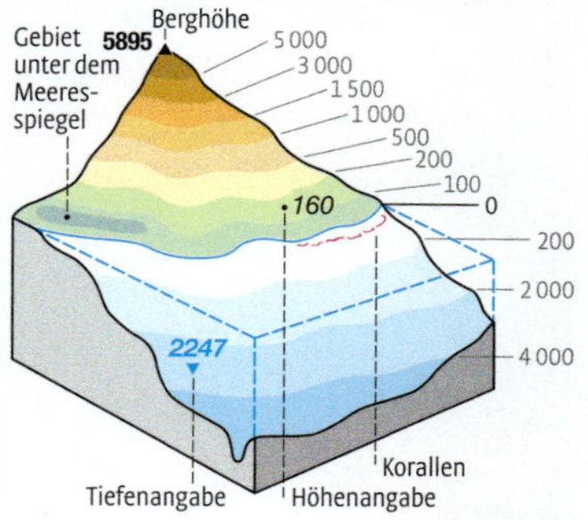

Gewässer

- Fluss
- schiffbarer Fluss
- Stromschnelle, Wasserfall
- Fluss, jahreszeitlich Wasser führend
- Wadi, Trockental selten Wasser führend
- Kanal, bedingt schiffbar
- schiffbarer Kanal
- See
- Salzsee
- Stausee, Staumauer
- Sumpf, Moor
- Salzpfanne

Orte

Einwohner

über	5 000 000
1 000 000 –	5 000 000
500 000 –	1 000 000
100 000 –	500 000
20 000 –	100 000
unter	20 000

- Ruinenstätte, geschichtlich bedeutsamer Ort
- Oase

Verkehr

- Eisenbahn
- wichtige Fernstraße
- Piste

Verwaltung

- Staatsgrenze
- nicht festgelegte Grenze
- Nationalparkgrenze

Nairobi	Hauptstadt eines Staates
Daressalam	Regierungssitz eines Staates
Kapstadt	Parlamentssitz

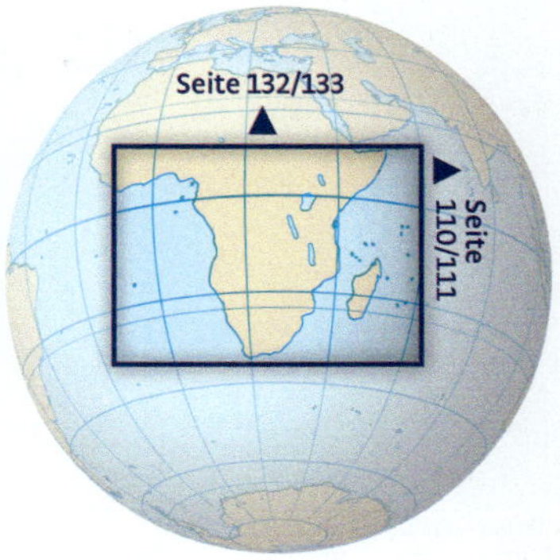

Indischer Ozean / Pazifischer Ozean

Landhöhen und Meerestiefen
(in Meter)

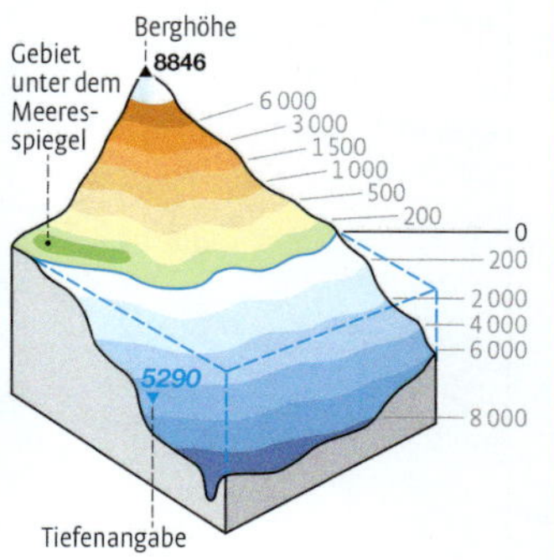

Gewässer

- Fluss
- Kanal
- See
- Schelfeis
- Packeisgrenze
- äußere Treibeisgrenze

20°-Isotherme des Meerwassers
- im Februar
- im August

Orte

- über 1 000 000 Einwohner
- unter 1 000 000 Einwohner

Verteilung Land / Wasser

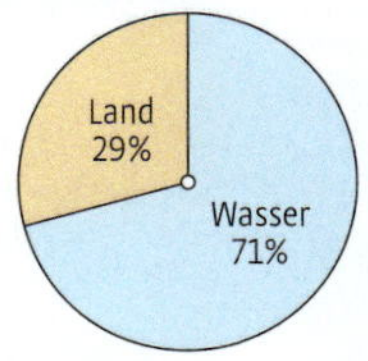

Größe der Kontinente
(in Prozent der Landoberfläche)

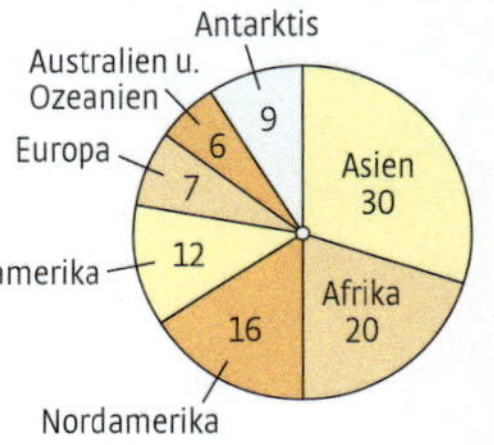

Größe der Weltmeere
(in Prozent der Wasseroberfläche)

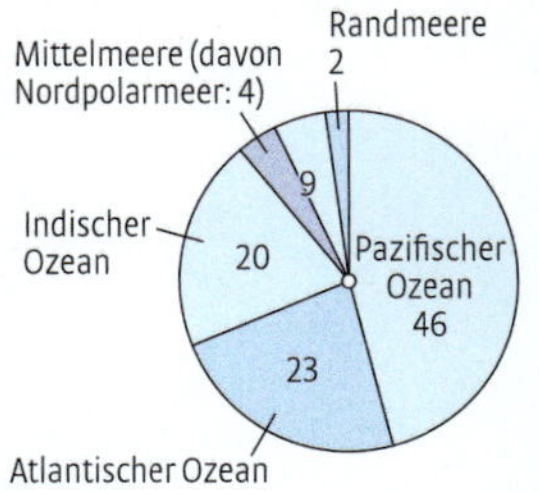

Höchster Berg auf dem Kontinent
(Meter über dem Meeresspiegel)

Afrika Kilimandscharo	5 895 m
Antarktis Mount Vinson	4 892 m
Asien Mount Everest	8 848 m
Australien und Ozeanien Mount Kosciuszko	2 230 m
Europa Mont Blanc	4 810 m
Noramerika Denali (Mount McKinley)	6 190 m
Südamerika Aconcagua	6 960 m

Tiefste Stelle im Ozean
(Meter unter dem Meeresspiegel)

Atlantischer Ozean Milwaukee-Tief	9 219 m
Indischer Ozean Diamantina-Tief	8 047 m
Pazifischer Ozean Witjas-Tief	11 034 m

1 Australien und Neuseeland – physische Übersicht

Landhöhen und Meerestiefen (in Meter)

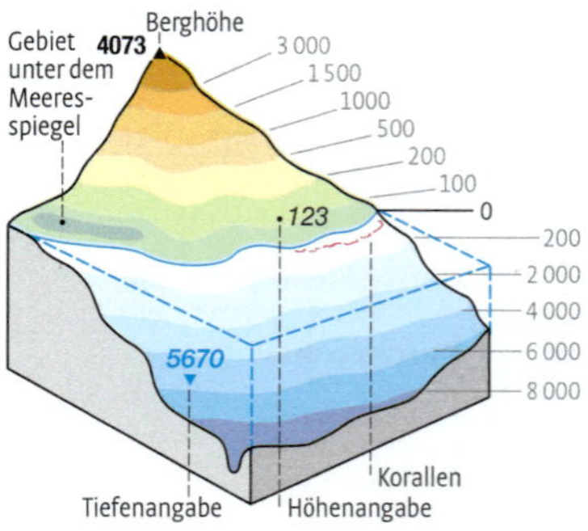

Gewässer

- Fluss
- Wadi, Trockental
- See
- Salzsee
- Stausee, Staumauer
- Sumpf, Moor
- Salzpfanne

Orte

Einwohner

- 1 000 000 – 5 000 000
- 500 000 – 1 000 000
- 100 000 – 500 000
- 20 000 – 100 000
- unter 20 000

Verkehr

- Eisenbahn
- Fernstraße

Verwaltung

- Staatsgrenze
- Grenze australischer Bundesstaaten
- **Canberra** Hauptstadt eines Staates
- **Hobart** Hauptstadt eines Bundesstaates oder Überseegebiets

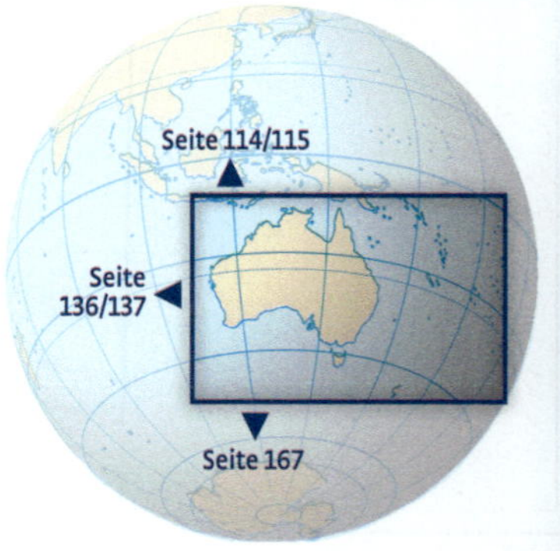

Maßstab 1 : 18 000 000

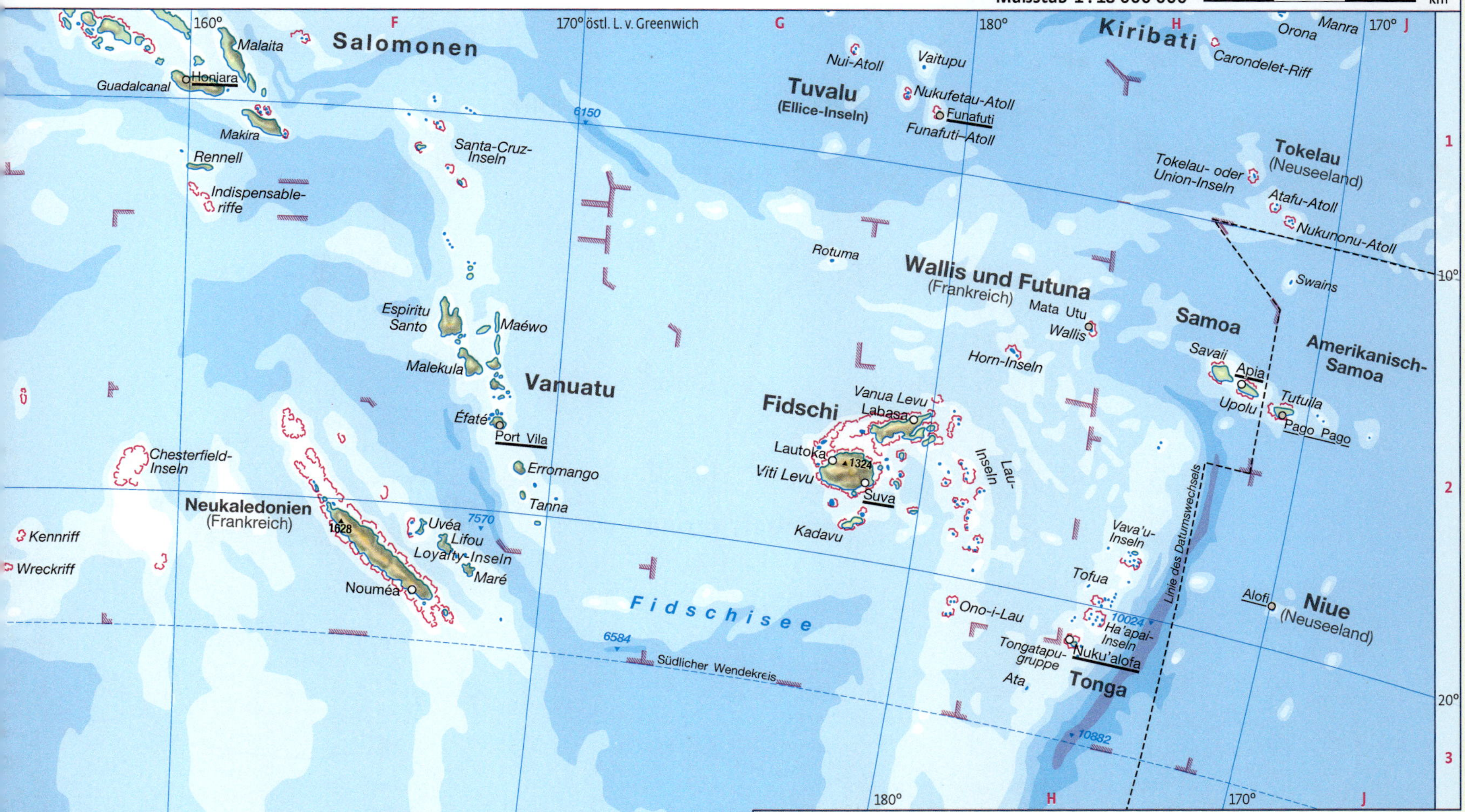

2 Ureinwohner (Aborigines)

Maßstab 1 : 54 000 000

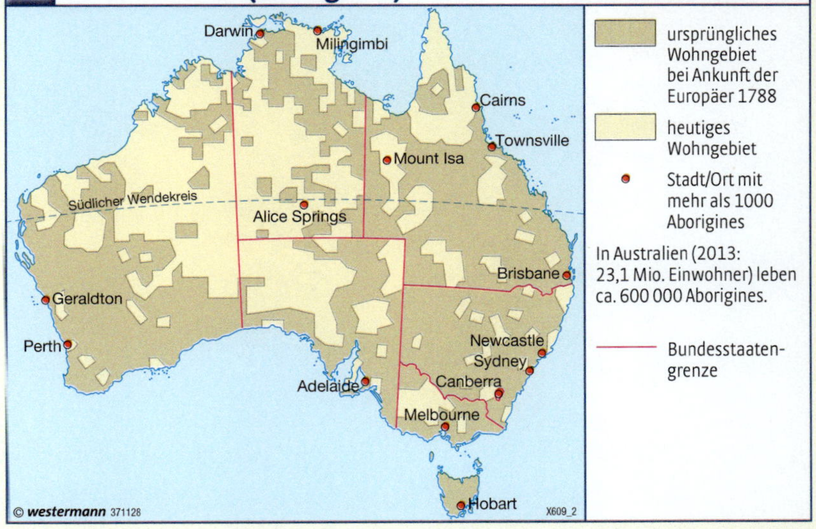

3 Bevölkerungsdichte

Maßstab 1 : 54 000 000

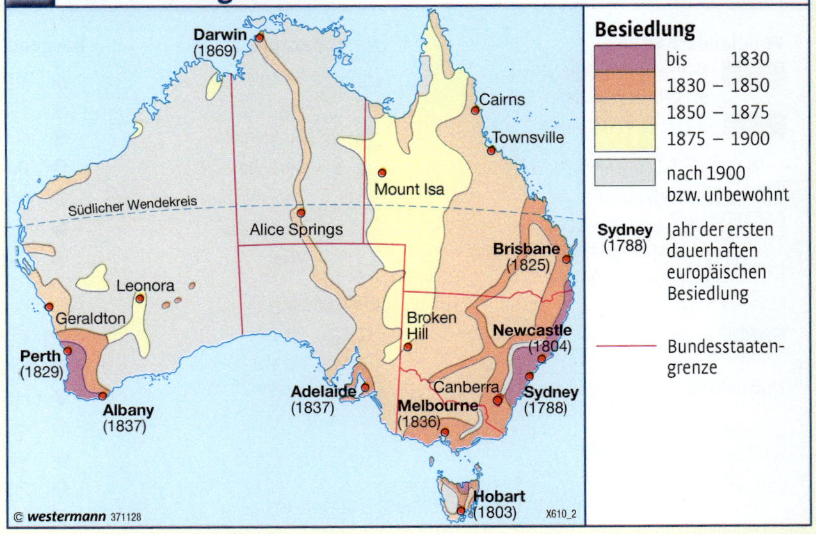

1 Australien und Neuseeland – Wirtschaft

Waldlandschaften
- Feucht- und Trockenwald der gemäßigten Zone
- tropischer Feucht- und Regenwald

offene Landschaften
- Trockensavanne (Eukalyptus) und Dornstrauchsavanne (Akazie)
- Halbwüste und Wüste
- Feuchtsavanne
- Mangrove

Kulturland
- Ackerbau
- Bewässerungsland
- Weide, z. T. Wiese

Nutzpflanzen
- Weizen
- Reis
- Zuckerrohr
- Bananen
- Zitrusfrüchte
- Baumwolle
- Wein

Viehhaltung
- Rinder
- Schafe

(1 Zeichen ≙ 5 Millionen Stück)

Bergbau
- Erdöl
- Erdgas
- Steinkohle
- Braunkohle
- Uran
- Eisen
- Stahlveredler (Chrom, Mangan, Nickel, Kobalt, Wismut, Wolfram)
- Bauxit
- Kupfer
- Zinn
- Blei, Zink
- Gold
- Silber
- Diamanten

Industrie
- Eisen- und Stahlerzeugung
- Buntmetallverhüttung
- Aluminiumverhüttung
- Eisen- und Metallverarbeitung, Maschinenbau
- Elektrotechnik, Elektronik
- Chemie, Kunststoffe
- Erdölraffinerie
- Textilien, Bekleidung, Leder
- Holz, Papier
- Nahrungsmittel
- Wasserkraftwerk
- Wärmekraftwerk

Dienstleistungszentrum
- mit internationaler Bedeutung
- mit überregionaler Bedeutung
- mit regionaler Bedeutung
- Tourismusregion

Verkehr und Transport
- Erdölleitung
- Erdgasleitung
- Eisenbahn
- Straße
- Grenze der Bundesstaaten in Australien

Maßstab 1 : 18 000 000

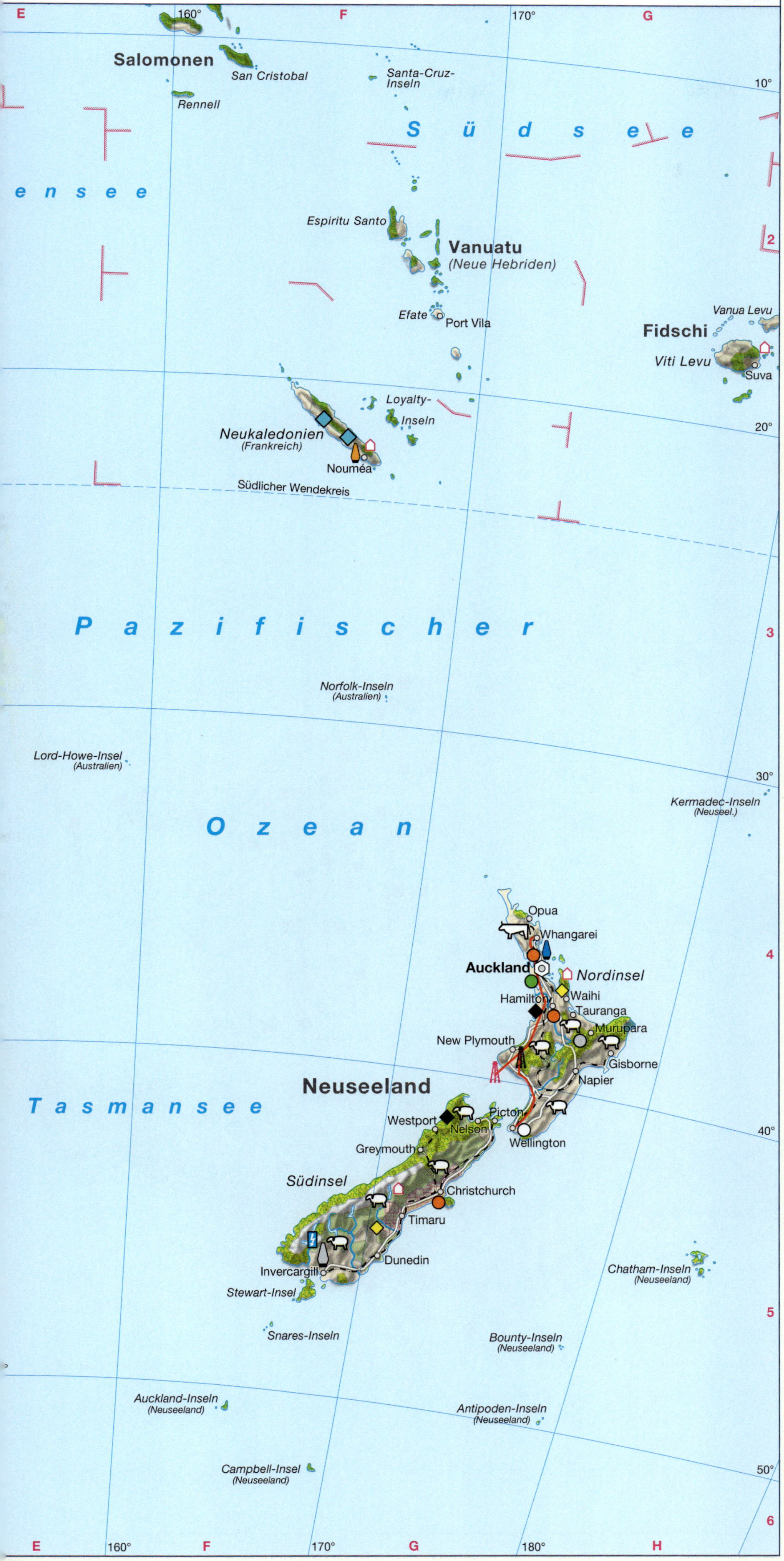

2 Temperaturen im Januar

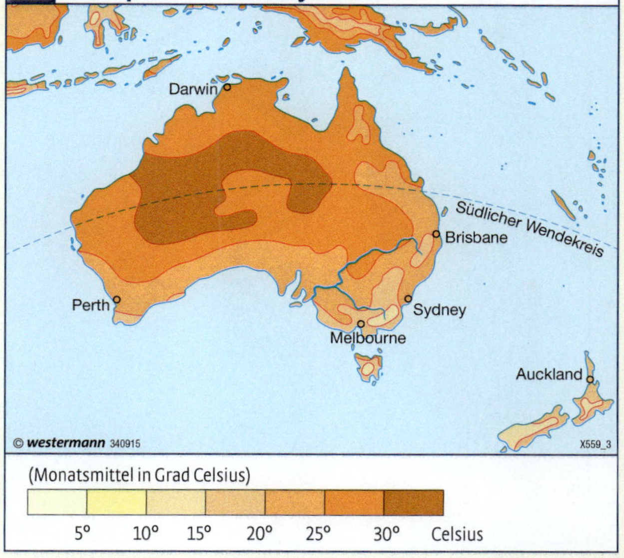

3 Temperaturen im Juli

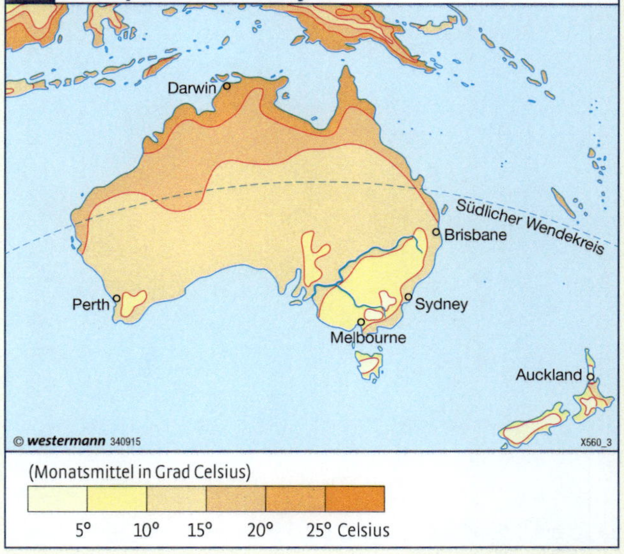

4 Niederschläge im Jahr

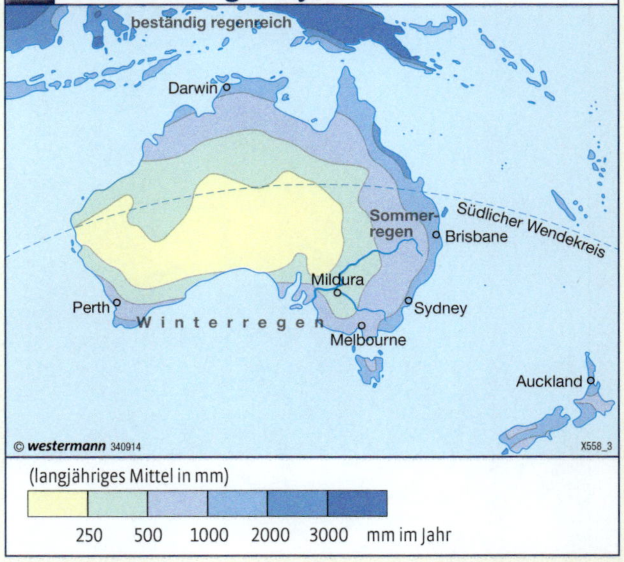

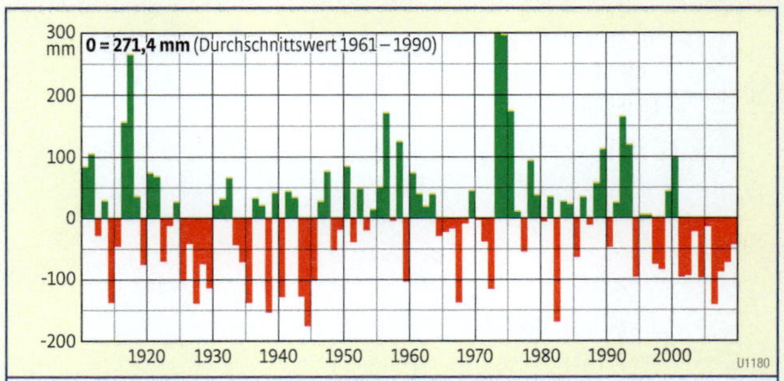

Mildura am Murray (Victoria) – Niederschlagsvariabilität

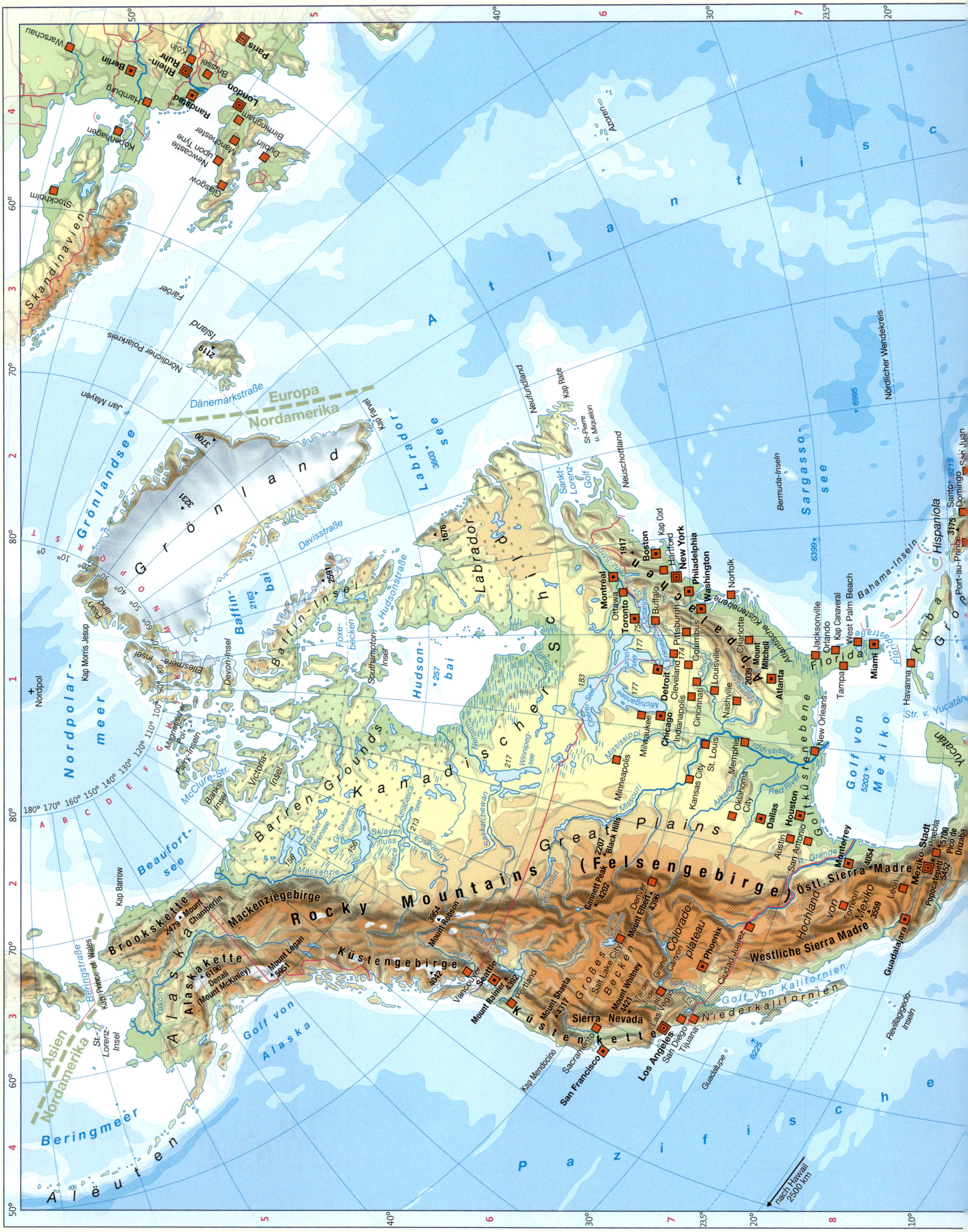
Nordpolarmeer
Nordpol
Kap Morris Jesup
Grönlandsee
Grönland
3700
3231
Europa
Nordamerika
Dänemarkstraße
Jan Mayen
Island
2119
Nördlicher Polarkreis
Färöer
Skandinavien
Stockholm
Kopenhagen
Hamburg
Berlin
Warschau
Randstad
Rhein-Ruhr
Köln
Brüssel
Paris
London
Birmingham
Manchester
Newcastle upon Tyne
Dublin
Glasgow
Azoren
Atlantischer Ozean
Kap Farvel
Labradorsee
3803
Davisstraße
Baffinbai
2163
Baffin-Insel
2591
Ellesmere-Insel
Devon-Insel
Foxebecken
Southampton-Insel
Hudsonstraße
Hudsonbai
257
Labrador
1676
Neufundland
Kap Race
St-Pierre u. Miquelon
Sankt-Lorenz-Golf
Neuschottland
Kanadischer Schild
Barren Grounds
Großer Bärensee
Großer Sklavensee
Athabascasee
Winnipegsee
Mackenzie
Peace
Saskatchewan
Nelson
Beaufortsee
Banks-Insel
Victoria-Insel
Parry-Inseln
McClure-Str.
Kap Barrow
Brookskette
Mount Chamberlin
2479
Mackenziegebirge
Rocky Mountains (Felsengebirge)
Mount Robson
3954
Küstengebirge
4042
Alaskakette
Denali (Mount McKinley)
6190
Mount Logan
5951
Yukon
Alaska
Golf von Alaska
Beringstraße
Kap Prince of Wales
St.-Lorenz-Insel
Asien
Nordamerika
Beringmeer
Aleuten
Vancouver
Seattle
Mount Rainier
4392
Portland
Mount Shasta
4317
Küstenkette
Sierra Nevada
Mount Whitney
4421
Großes Becken
Salt Lake City
Sacramento
San Francisco
Kap Mendocino
Los Angeles
Las Vegas
San Diego
Tijuana
Colorado-plateau
Grand Canyon
Phoenix
Ciudad Juárez
Denver
Mount Elbert
4396
Gannett Peak
4202
Black Hills
2207
Great Plains
Missouri
Mississippi
Minneapolis
Milwaukee
Chicago
Detroit
Oberer See
183
Michigansee
Huronsee
Eriesee
Ontariosee
Montreal
Ottawa
Toronto
Buffalo
Boston
Kap Cod
Hartford
New York
Philadelphia
Washington
Pittsburgh
Cleveland
Columbus
Indianapolis
Cincinnati
Louisville
Nashville
Charlotte
Norfolk
Appalachen
Mount Mitchell
2039
Atlanta
Atlantische Küstenebene
Kansas City
St. Louis
Memphis
Oklahoma City
Arkansas
Dallas
Houston
Austin
San Antonio
Red River
Golfküstenebene
New Orleans
Rio Grande
Monterrey
Östl. Sierra Madre
Westliche Sierra Madre
Hochland von Mexiko
Torreón
León
Guadalajara
Mexiko-Stadt
Puebla
Popocatépetl
5452
Pico de Orizaba
5700
4054
3559
Golf von Kalifornien
Niederkalifornien
Guadalupe
Revillagigedo-Inseln
Golf von Mexiko
5203
Str. v. Yucatán
Yucatán
Havanna
Kuba
Große Antillen
Hispaniola
Port-au-Prince
Santo Domingo
San Juan
3175
Florida
Tampa
Orlando
Jacksonville
Kap Canaveral
West Palm Beach
Miami
Floridastraße
Bahama-Inseln
Sargassosee
Bermuda-Inseln
6399
6995
Nördlicher Wendekreis
Pazifischer Ozean
6225
nach Hawaii 2500 km

Maßstab 1 : 36 000 000
1 cm ≙ 360 km

0 500 1000 1500 2000 2500 km

1 Amerika – politische Übersicht

Maßstab 1 : 36 000 000 (0 200 400 600 800 1000 km)

Gründung eines Staates

- **1981** Jahr der Staatsgründung
- Hauptstadt
- Staatsgrenze
- Innerstaatliche Grenze (Bundesstaat, Provinz) weiterer Staat mit Bundesstaaten: Mexiko, Venezuela

Vereinigte Staaten von Amerika (USA)

Aufnahme der 50 Einzelstaaten in den Bund

- **Virginia** vor 1790 (13 Neuenglandstaaten)
- **Maine** bis zum Bürgerkrieg 1861
- **Idaho** zwischen 1862 und 1912
- **Hawaii** nach 1912
- Indianerreservat

Geschichtliche Entwicklung

- spanisch-portugiesische Interessengrenze 1494 (45°45' westl. Länge)
- spanische Nordgrenze um 1750
- französisches Gebiet (Louisiana) um 1750, östlich und nördlich dieser Linie englisches Gebiet

Herkunft der Bevölkerung

Gruppen mit einem Bevölkerungsanteil von über 10%

- Indigene Völker (Indianer, Inuit)
- aus Europa (Weiße)
- aus Afrika (Afroamerikaner)
- aus Asien (Asiaten)
- gemischte Herkunft
- verschiedene Gruppen mit einem Bevölkerungsanteil von jeweils unter 10%

Gesamtbevölkerung eines Staates

unter 1 Mio — 1 – 15 Mio. — 15 – 35 Mio.

Größere Kreisdurchmesser:
1 mm² ≙ 250 000 Einwohner
(Einwohnerzahlen der Staaten siehe Seite 208/209)

Bevölkerung (in Millionen)

	1950	1960	1970	1980	1990	2000	2010
Nordamerika	172	204	231	254	283	319	352
Mittel- und Südamerika	167	220	286	363	442	521	594

Bevölkerungswachstum 2000 – 2010 (in %)

Afrika	26,1
Australien/Ozeanien	15,0
Mittel- u. Südamerika	12,9
Asien	12,7
Nordamerika	10,4

2 Bevölkerungsdichte 1 : 80 000 000

1 Temperaturen im Januar

1 : 64 000 000

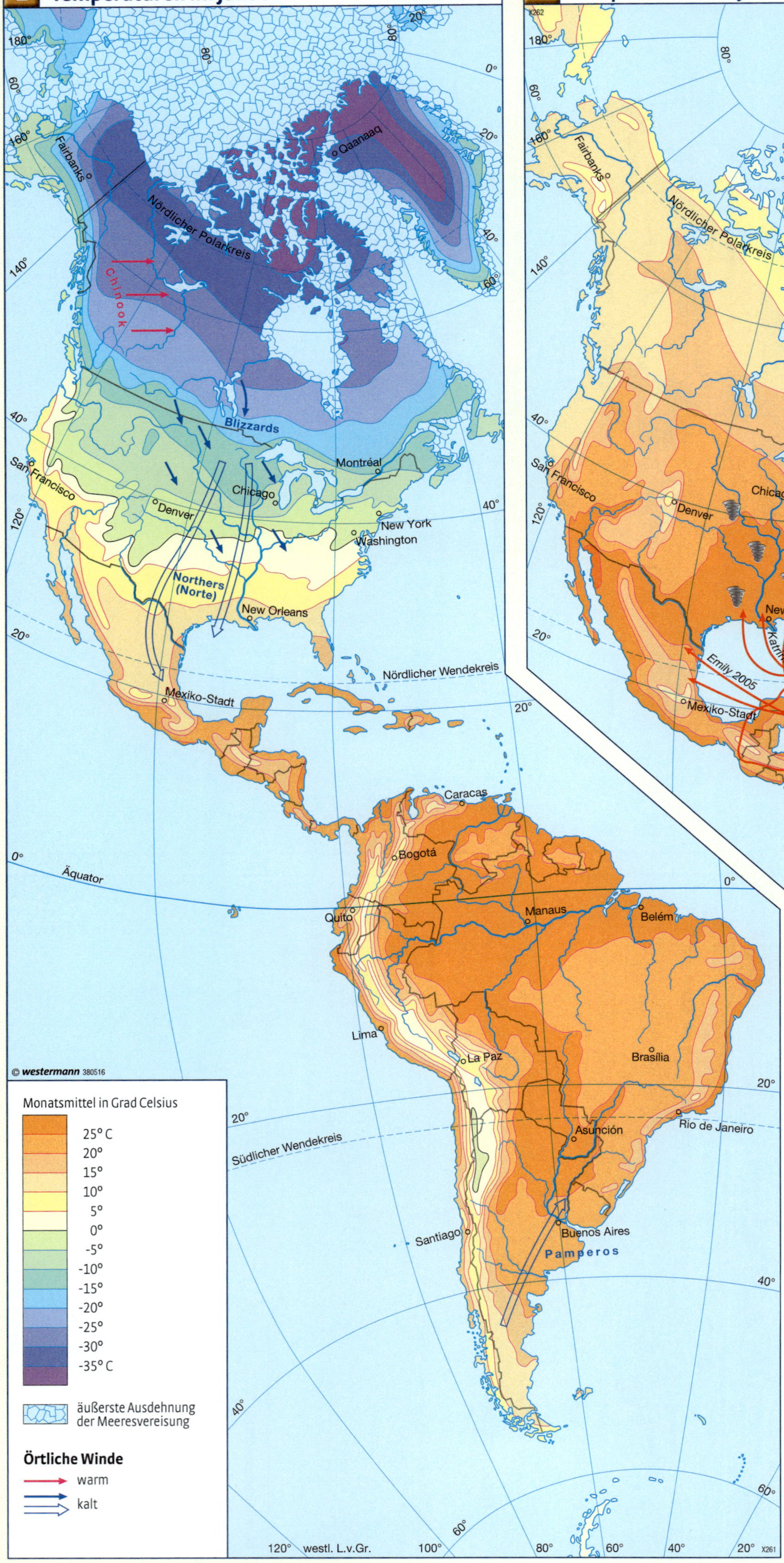

2 Temperaturen im Juli

Maßstab 1 : 64 000 000

3 Niederschläge im Jahr

1 : 64 000 000

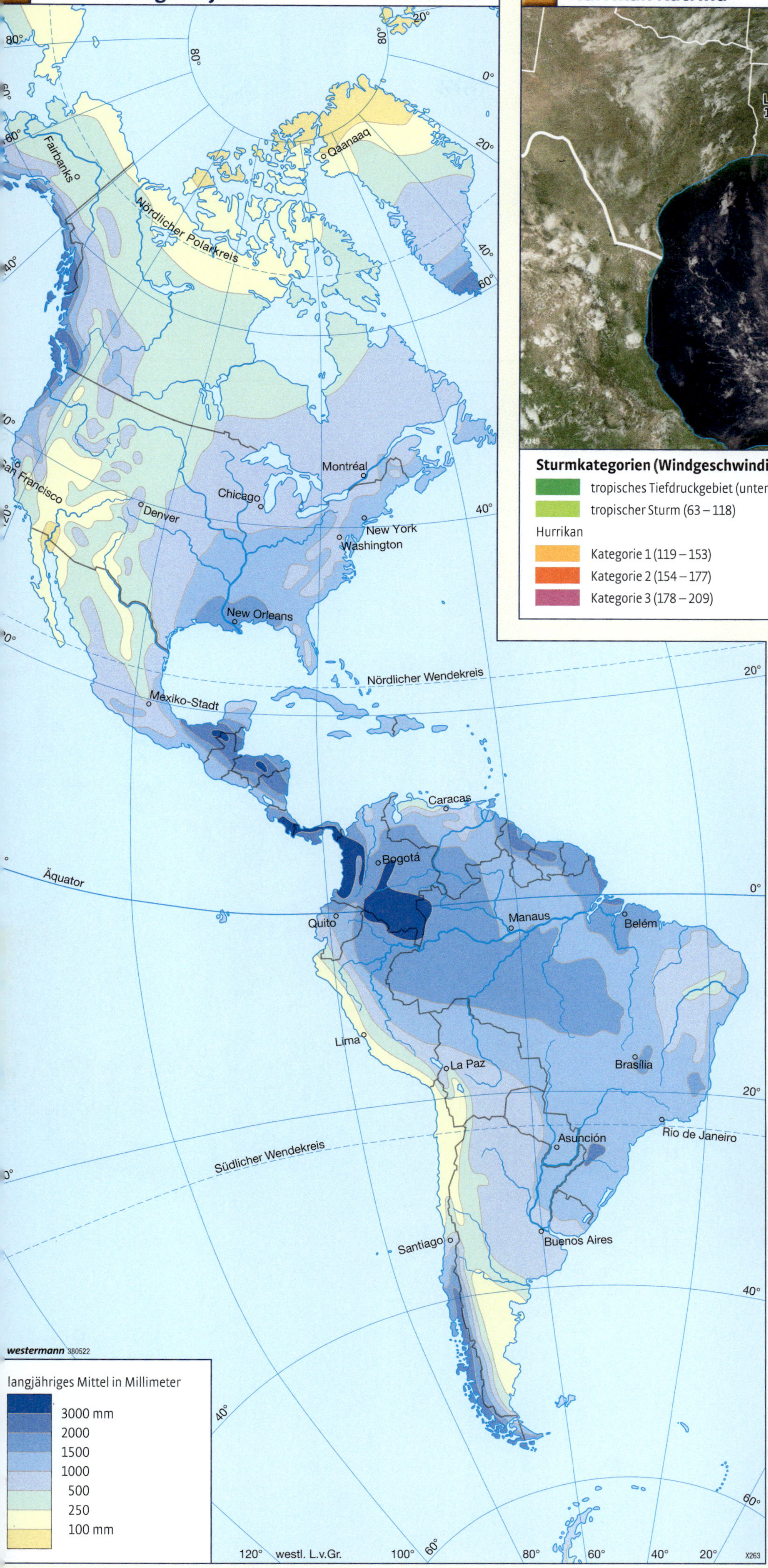

4 Hurrikan Katrina

Maßstab 1 : 24 000 000

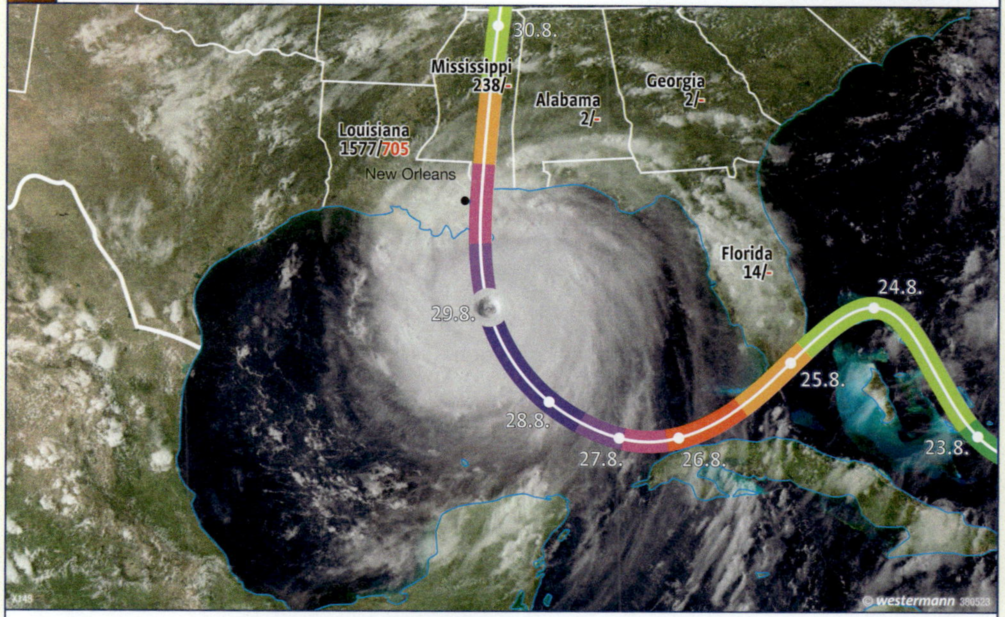

Sturmkategorien (Windgeschwindigkeit in km/h)

- tropisches Tiefdruckgebiet (unter 63)
- tropischer Sturm (63 – 118)

Hurrikan

- Kategorie 1 (119 – 153)
- Kategorie 2 (154 – 177)
- Kategorie 3 (178 – 209)
- Kategorie 4 (210 – 249)
- Kategorie 5 (über 250)
- Zugbahn des Hurrikans Ende August 2005
- 27.8. Lage des Hurrikans um 0 Uhr Greenwichzeit
- 1577/705 Tote/Vermisste in den Bundesstaaten

5 Entstehung eines Hurrikans

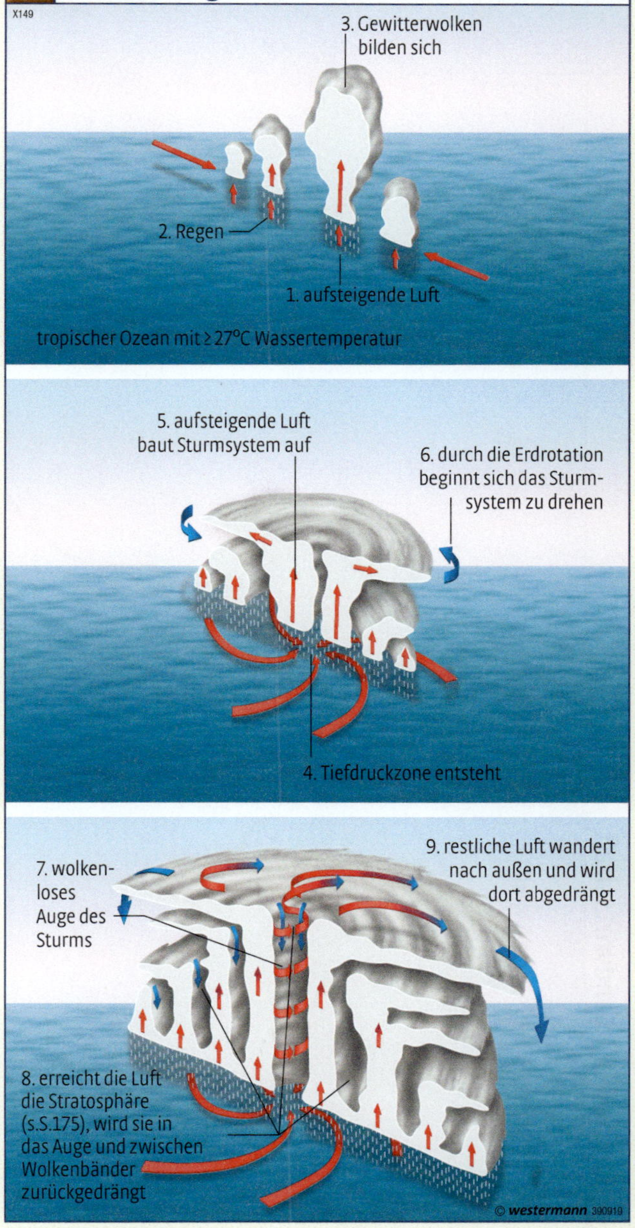

1 Amerika – Landwirtschaft

Maßstab 1 : 36 000 000 — 0 200 400 600 800 1000 km

Waldlandschaften
- nördlicher Nadelwald
- sommergrüner Laub- und Mischwald, Gebirgsnadelwald
- Feuchtwald
- Monsun- und Regenwald

offene Landschaften
- Tundra
- Steppe und Hochgebirgsgrasland
- Trocken- und Dornstrauchsavanne
- Feuchtsavanne
- Halbwüste und Wüste
- Fels- und Gletscherregion

Kulturland
- Ackerbau
- Bewässerungsland
- Weide, z.T. Wiese
- nördliche und südliche Anbaugrenze von Getreide
- Staatsgrenze

Nutzpflanzen
- Weizen
- Reis
- Mais
- Sojabohnen
- Erdnüsse
- Sonnenblumen
- Zuckerrüben
- Zuckerrohr
- Bananen
- Zitrusfrüchte
- Baumwolle
- Kautschuk
- Tabak
- Kaffee
- Kakao
- Tee
- Wein

Viehhaltung
- Rinder
- Schweine
- Schafe
- Ziegen

1 großes Zeichen ≙ 20 Mio. Stück
1 kleines Zeichen ≙ 5 Mio. Stück

2 Der Weg von Bananen

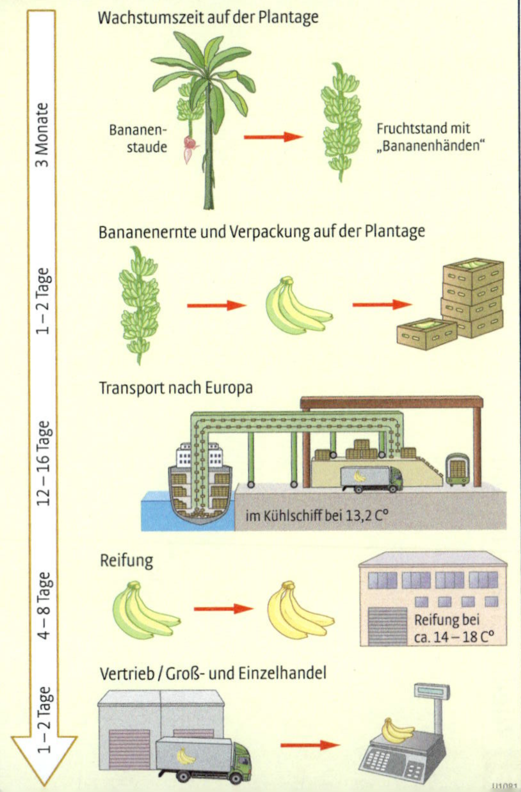

Karibisches Meer
Kleine Antillen
Trinidad
Caracas
Georgetown
Bergland von Guayana
Bogotá
Quito
Cali
Panama-Stadt
San José
Managua
Guatemala
Manaus
Belém
Recife
Salvador
Caatingas
Brasilia
Brasilianisches Bergland
Hochland von Mato Grosso
Rio de Janeiro
São Paulo
Porto Alegre
Montevideo
Rio de la Plata
Buenos Aires
Asunción
Gran Chaco
Pampa
Córdoba
Salta
La Paz
Hochland von Bolivien
Lima
Atacama
Santiago
Valdivia
Anden
Patagonien
Feuerland
Falkland-Inseln
Südgeorgien
Südlicher Wendekreis
Äquator
Ozean
westl. L.v. Gr.
© westermann

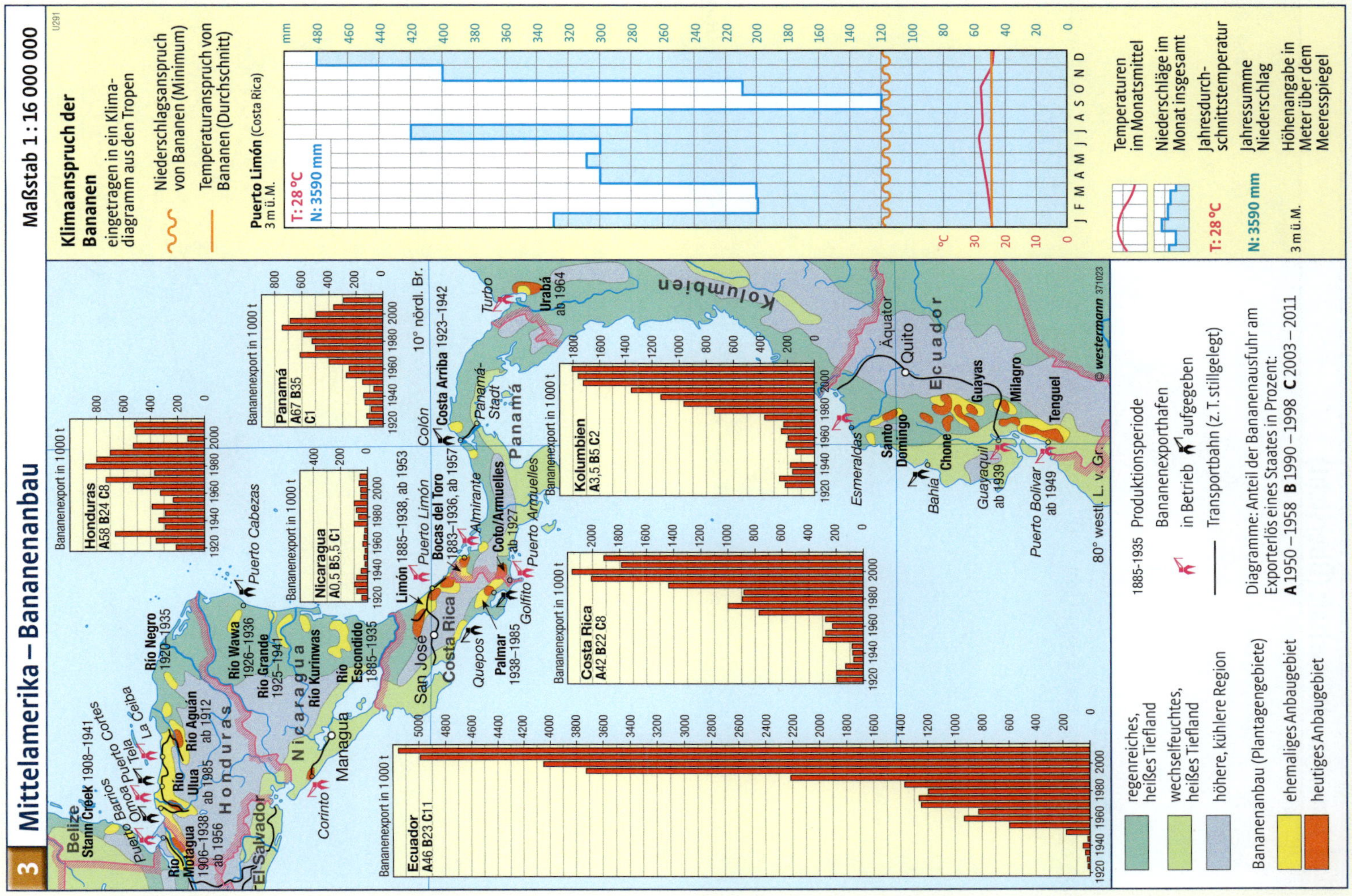
3 Mittelamerika – Bananenanbau
Maßstab 1 : 16 000 000
Belize
Stann Creek 1908–1941
Puerto Barrios
Omoa
Puerto Cortés
Tela
La Ceiba
Rio Motagua 1906–1938 ab 1956
Ulua ab 1985
Rio Aguán ab 1912
Honduras
El Salvador
Nicaragua
Managua
Corinto
Rio Negro 1920–1935
Puerto Cabezas
Rio Wawa 1926–1936
Rio Kurinwas
Rio Grande 1925–1941
Rio Escondido 1885–1935
Limón 1885–1938, ab 1953
Puerto Limón
Costa Rica
San José
Quepos
Palmar 1938–1985
Golfito
Coto/Armuelles ab 1927
Puerto Armuelles
Bocas del Toro 1883–1936, ab 1957
Almirante
Costa Arriba 1923–1942
Colón
Panama-Stadt
Panama
Turbo
Urabá ab 1964
Kolumbien
Äquator
Quito
Ecuador
Esmeraldas
Santo Domingo
Bahía
Chone
Guayas
Milagro
Guayaquil ab 1939
Tenguel
Puerto Bolívar ab 1949
10° nördl. Br.
80° westl. L. v. Gr.
Bananenexport in 1000 t
Ecuador A46 B23 C11
Honduras A58 B24 C8
Nicaragua A0,5 B5,5 C1
Panamá A67 B35 C1
Costa Rica A42 B22 C8
Kolumbien A3,5 B5 C2
Klimaanspruch der Bananen eingetragen in ein Klimadiagramm aus den Tropen
Niederschlagsanspruch von Bananen (Minimum)
Temperaturanspruch von Bananen (Durchschnitt)
Puerto Limón (Costa Rica) 3 m ü.M.
T: 28°C
N: 3590 mm
Temperaturen im Monatsmittel
Niederschläge im Monat insgesamt
Jahresdurchschnittstemperatur
Jahressumme Niederschlag
Höhenangabe in Meter über dem Meeresspiegel
regenreiches, heißes Tiefland
wechselfeuchtes, heißes Tiefland
höhere, kühlere Region
Bananenanbau (Plantagengebiete)
ehemaliges Anbaugebiet
heutiges Anbaugebiet
1885–1935 Produktionsperiode
Bananenexporthafen in Betrieb / aufgegeben
Transportbahn (z.T. stillgelegt)
Diagramme: Anteil der Bananenausfuhr am Exporterlös eines Staates in Prozent: A 1950–1958 B 1990–1998 C 2003–2011
© westermann

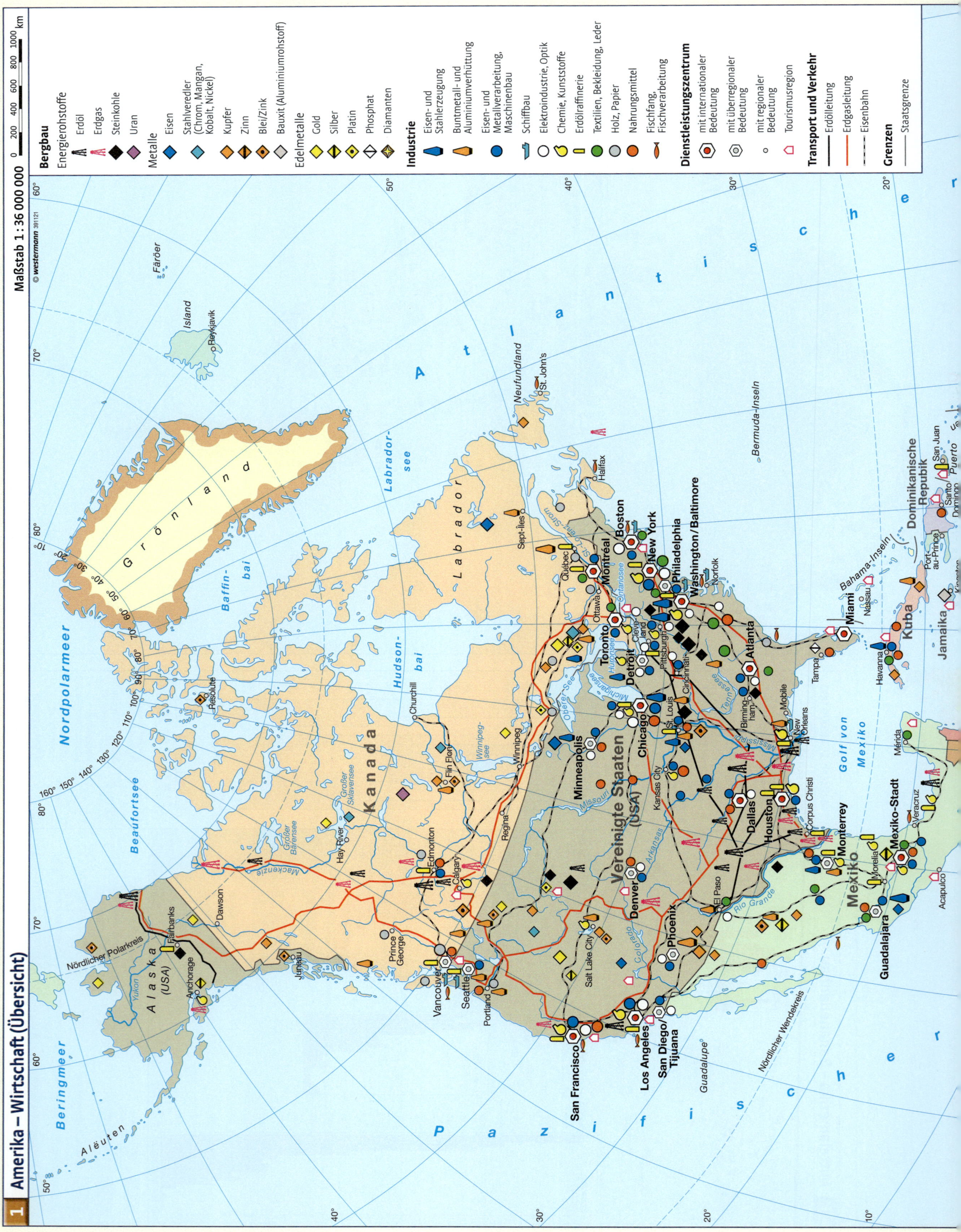
1 Amerika – Wirtschaft (Übersicht)
Maßstab 1 : 36 000 000
0 200 400 600 800 1000 km
© westermann
Bergbau
Energierohstoffe
Erdöl
Erdgas
Steinkohle
Uran
Metalle
Eisen
Stahlveredler (Chrom, Mangan, Kobalt, Nickel)
Kupfer
Zinn
Blei/Zink
Bauxit (Aluminiumrohstoff)
Edelmetalle
Gold
Silber
Platin
Phosphat
Diamanten
Industrie
Eisen- und Stahlerzeugung
Buntmetall- und Aluminiumverhüttung
Eisen- und Metallverarbeitung, Maschinenbau
Schiffbau
Elektroindustrie, Optik
Chemie, Kunststoffe
Erdölraffinerie
Textilien, Bekleidung, Leder
Holz, Papier
Nahrungsmittel
Fischfang, Fischverarbeitung
Dienstleistungszentrum
mit internationaler Bedeutung
mit überregionaler Bedeutung
mit regionaler Bedeutung
Tourismusregion
Transport und Verkehr
Erdölleitung
Erdgasleitung
Eisenbahn
Grenzen
Staatsgrenze
Nordpolarmeer
Beringmeer
Beaufortsee
Grönland
Island
Färöer
Reykjavík
Baffinbai
Labradorsee
Hudsonbai
Labrador
Neufundland
St. John's
Kanada
Alaska (USA)
Vereinigte Staaten (USA)
Mexiko
Kuba
Jamaika
Dominikanische Republik
Atlantischer Ozean
Pazifischer Ozean
Golf von Mexiko
Bermuda-Inseln
Bahama-Inseln
Aleuten
Nördlicher Polarkreis
Nördlicher Wendekreis
Anchorage
Fairbanks
Juneau
Dawson
Vancouver
Seattle
Portland
Edmonton
Calgary
Regina
Winnipeg
Churchill
Resolute
Toronto
Ottawa
Montréal
Québec
Halifax
Boston
New York
Philadelphia
Washington/Baltimore
Norfolk
Pittsburgh
Cleveland
Detroit
Chicago
Minneapolis
St. Louis
Kansas City
Cincinnati
Atlanta
Miami
Tampa
Birmingham
Mobile
New Orleans
Houston
Dallas
Corpus Christi
El Paso
Denver
Phoenix
Salt Lake City
San Francisco
Los Angeles
San Diego/Tijuana
Monterrey
Guadalajara
Mexiko-Stadt
Morelia
Veracruz
Acapulco
Mérida
Havanna
Nassau
Port-au-Prince
Santo Domingo
San Juan
Guadalupe

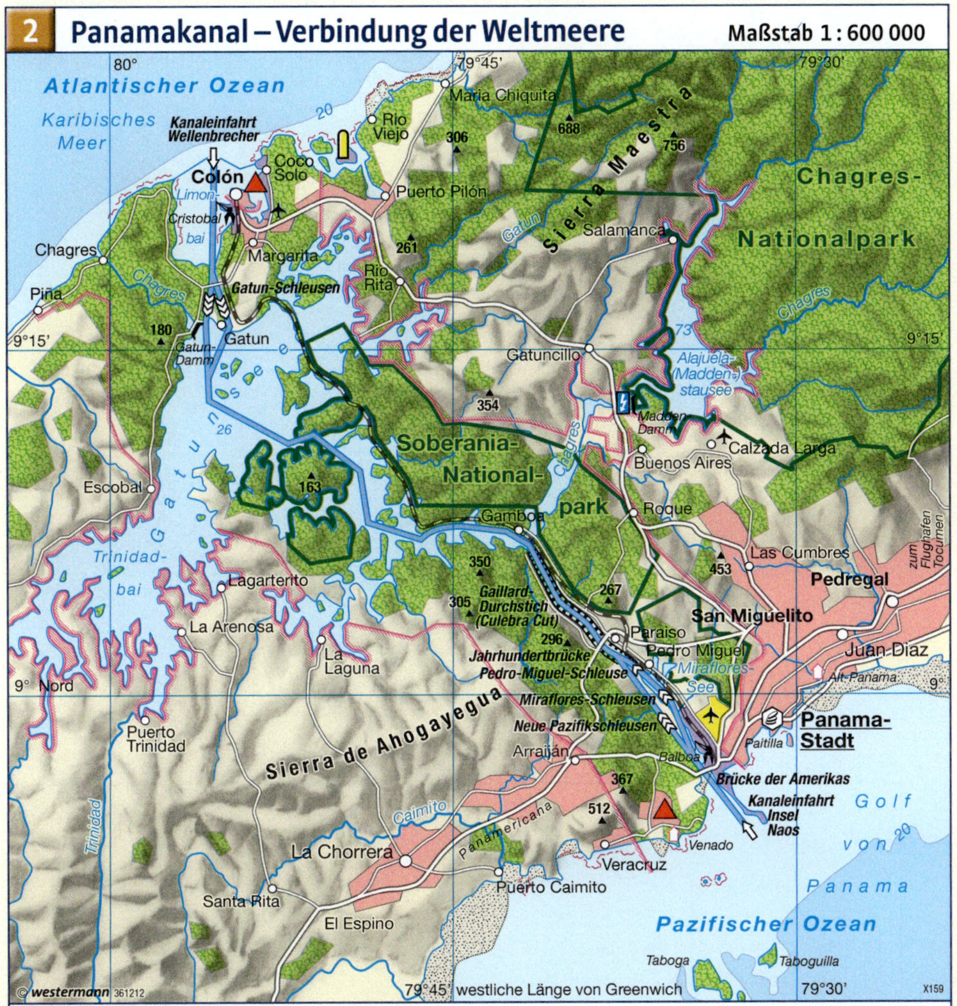

Siedlungsfläche
Hafenanlagen, z. T. Militäreinrichtungen
vorwiegend Ackerbau
Tropischer Regenwald
Watt
Korallenriff

Kanalzone
Kanaleinschnitt
Fahrrinne für Containerschiffe
Schleuse
Grenze der Kanalzone

Die zwischen 1903 und 1979 von den USA kontrollierte Kanalzone wurde 1999 ganz an Panama zurückgegeben.

Staudamm
Wasserkraftwerk
Erdölraffinerie
Freihandelszone
Finanzzentrum
Tourismusort
Nationalpark

Profil entlang des Panamakanals

Längenmaßstab 1 : 800 000
Höhen sind 100fach überhöht

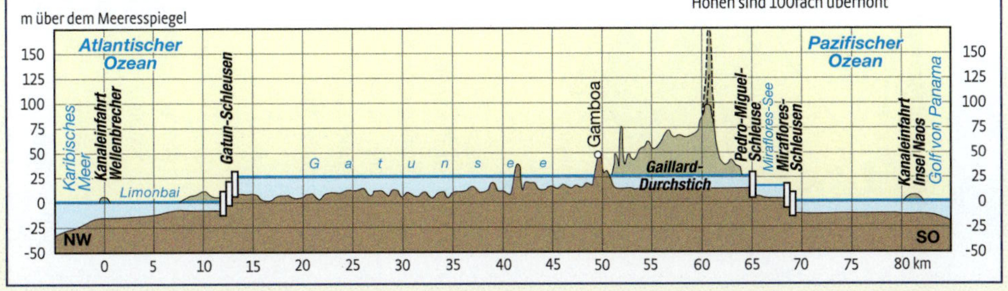

Nordamerika (nördlicher Teil) – physisch

Landhöhen und Meerestiefen (in Meter)

Gebiet unter dem Meeresspiegel – Berghöhe 6190 – Gletscher – 3 000 – 1 500 – 1 000 – 500 – 200 – 100 – 0 – 114 – 200 – 2 000 – 4 000 – 6 000 – 3809 – Tiefenangabe – Höhenangabe

Gewässer

- Fluss
- schiffbarer Fluss
- Stromschnelle, Wasserfall
- See – Salzsee
- Stausee, Staumauer
- Sumpf, Moor

Orte

Einwohner

- über 5 000 000
- 1 000 000 – 5 000 000
- 500 000 – 1 000 000
- 100 000 – 500 000
- 20 000 – 100 000
- unter 20 000

Verkehr

- Eisenbahn
- Alaska Highway, Panamerican Highway
- Fernstraße
- Pass

Verwaltung

- Staatsgrenze
- Grenze einer Provinz in Kanada oder eines Bundesstaates in den USA
- Nationalparkgrenze
- **Ottawa** Hauptstadt eines Staates
- **Québec** Hauptstadt einer Provinz in Kanada oder eines Bundesstaates in den USA

Grönlandsee
Europäisches Nordmeer
Island
Reykjavík
Grönland (Kalaallit Nunaat) (mit Dänemark assoziiert)
Baffinbai
Baffin-Insel
Ellesmere-Insel
Devon-Insel
Davisstraße
Dänemarkstraße
Labradorsee
Atlantischer Ozean
Hudsonbai
Hudsonstraße
Foxebecken
Ungava-Halbinsel
Ungavabai
Labrador
Québec
Ontario
Manitoba
Newfoundland and Labrador
Neufundland
Nova Scotia
New Brunswick
Prince Edward Island
Sankt-Lorenz-Golf
Sankt-Lorenz-Strom
Anticosti
Cabotstraße
Saint John's
Halifax
Québec
Montréal
Ottawa
Toronto
Hamilton
Kingston
Sudbury
Thunder Bay
Oberer See
Huronsee
Michigansee
Ontariosee
Eriesee
Detroit
Milwaukee
Minneapolis
Saint Paul
Wisconsin
Minnesota
Michigan
Buffalo
Rochester
New York
Boston
Providence
Hartford
Maine
Vermont
New Hampshire
Massachusetts
Connecticut
Rhode Island
Pennsylvania
Churchill
York Factory
Iqaluit (Frobisher Bay)
Nuuk (Godthåb)
Kap Farvel
Nördlicher Polarkreis
Nordpol
Alert
Eureka
Qaanaaq (Thule)
Färöer
Shetland-Inseln
Orkney-Inseln
Hebriden
Britische Inseln
Rockall
Jan Mayen (Norwegen)
Zum Vergleich
Hamburg
Hannover
Berlin
Köln
Frankfurt
Stuttgart
München
600 km
© westermann 340315

Landhöhen und Meerestiefen (in Meter)

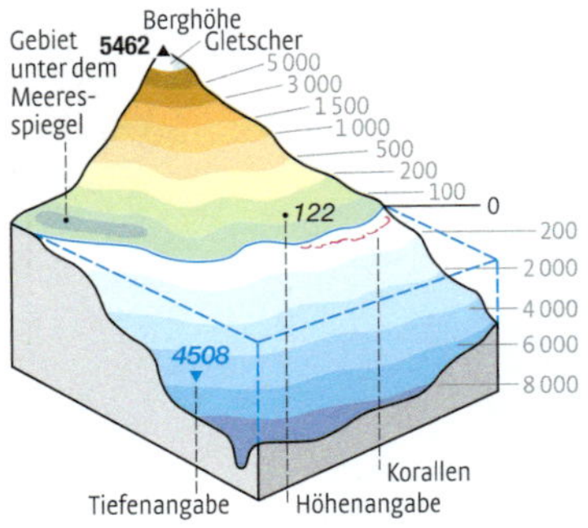

Gewässer

- Fluss
- schiffbarer Fluss
- Stromschnelle, Wasserfall
- Kanal, bedingt schiffbar
- schiffbarer Kanal
- Wasserleitung
- See
- Salzsee
- Stausee, Staumauer
- Sumpf, Moor

Orte

Einwohner

- über 5 000 000
- 1 000 000 – 5 000 000
- 500 000 – 1 000 000
- 100 000 – 500 000
- 20 000 – 100 000
- unter 20 000
- Ruinenstätte, geschichtlich bedeutsamer Ort

Verkehr

- Eisenbahn
- Panamerican Highway
- Fernstraße
- Pass

Verwaltung

- Staatsgrenze
- Grenze eines Bundesstaates in den USA oder einer Provinz in Kanada
- Nationalparkgrenze
- **Nassau** Hauptstadt eines Staates
- **Salem** Hauptstadt eines Bundesstaates in den USA oder einer Provinz in Kanada

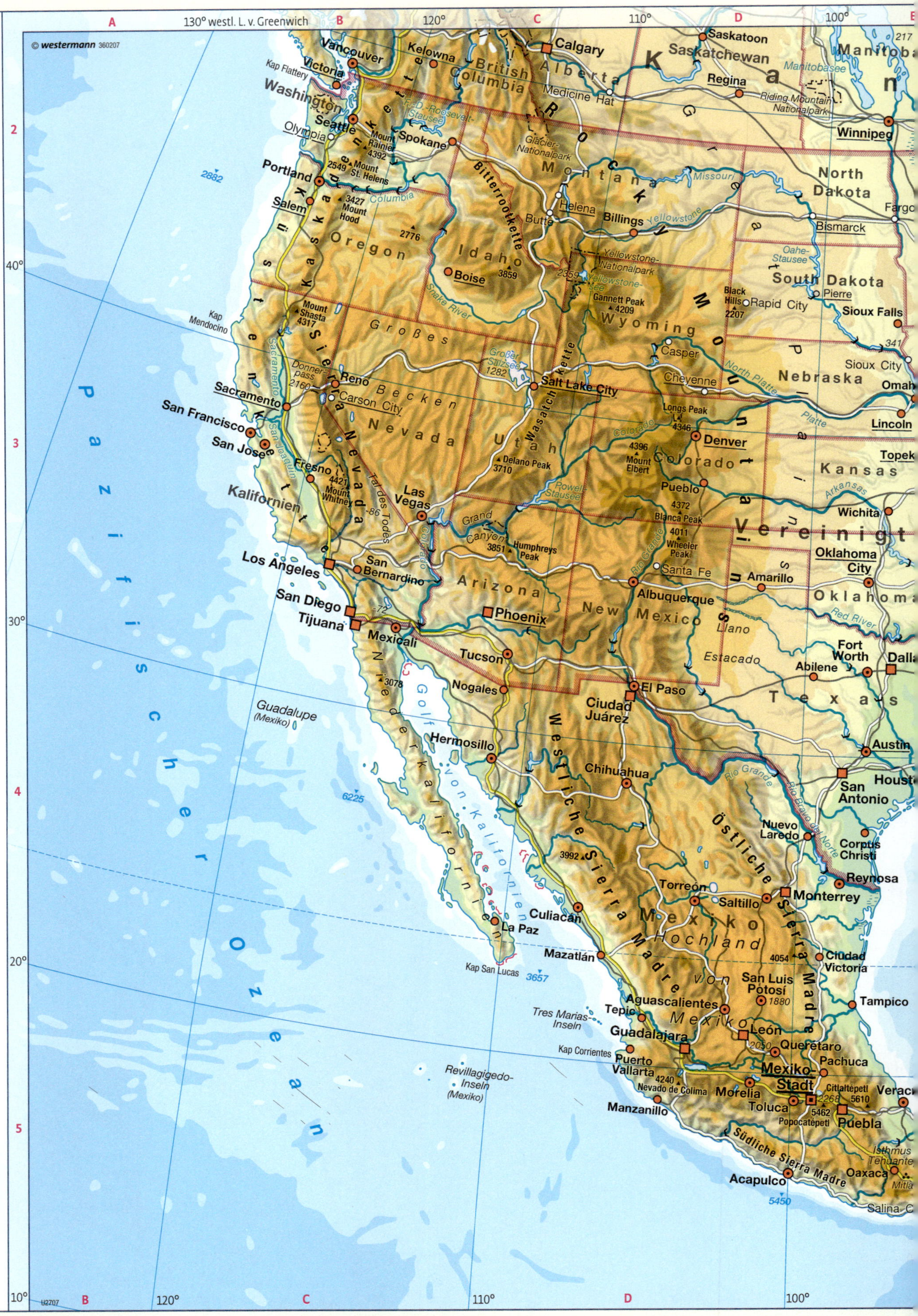

Höhenprofil durch die Vereinigten Staaten

Längenmaßstab 1 : 18 000 000 Höhenmaßstab 1 : 180 000 (100-fach überhöht)

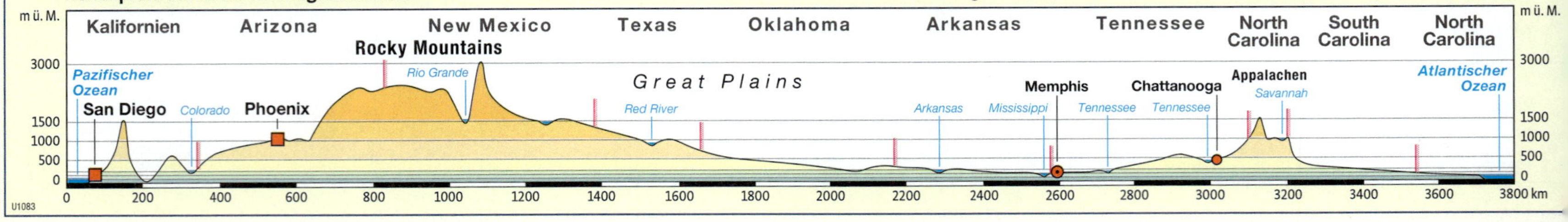

Zum Vergleich
Hamburg
Hannover
Berlin
Köln
Frankfurt
Stuttgart
München
600 km
Ontario
Québec
Moosonee
Cochrane
Thunder Bay
Minnesota
Duluth
Sault Sainte Marie
Sudbury
North Bay
Saguenay
Baie-Comeau
Trois-Rivières
Montréal
Ottawa
Kingston
Sherbrooke
Toronto
Hamilton
Rochester
Buffalo
New York
Albany
Boston
Hartford
Providence
Concord
Montpelier
Augusta
Maine
New Hampshire
Massachusetts
Connecticut
Rhode Island
Kap Cod
Fredericton
Saint John
Halifax
Nova Scotia
Charlottetown
Prince Edward Island
New Brunswick
Sydney
Kap Breton-Insel
Sable-Insel
Kap Sable
Cabotstraße
Sankt-Lorenz-Strom
Sankt-Lorenz-Golf
Channel-Port-aux-Basques
Saint-Pierre und Miquelon (Frankreich)
Wisconsin
Saint Paul
Madison
Milwaukee
Chicago
Michigan
Grand Rapids
Lansing
Flint
Detroit
Toledo
Cleveland
Erie
Pennsylvania
Harrisburg
Trenton
Philadelphia
New Jersey
Dover
Delaware
Baltimore
Annapolis
Maryland
Washington D.C.
Pittsburgh
Ohio
Columbus
Cincinnati
Indiana
Indianapolis
Illinois
Springfield
Des Moines
Kansas City
Jefferson City
Saint Louis
Missouri
Evansville
Louisville
Frankfort
Kentucky
West Virginia
Charleston
Virginia
Richmond
Norfolk
Chesapeakebai
Greensboro
Raleigh
North Carolina
Kap Hatteras
Nashville
Tennessee
Chattanooga
Mount Mitchell
Charlotte
South Carolina
Columbia
Charleston
Atlanta
Birmingham
Alabama
Columbus
Georgia
Savannah
Memphis
Arkansas
Little Rock
Mississippi
Jackson
Montgomery
Shreveport
Louisiana
Baton Rouge
New Orleans
Mobile
Tallahassee
Gainesville
Jacksonville
Florida
Orlando
Kap Canaveral
Tampa
Saint Petersburg
West Palm Beach
Miami
Everglades
Kap Sable
Key West
Florida Keys
Mississippi-delta
Golf von Mexiko
Bermuda-Inseln (Großbritannien)
Sargassosee
Atlantischer Ozean
Nördlicher Wendekreis
Grand Bahama
Great Abaco
Nassau
Eleuthera
Bahamas
Andros
Cat
San Salvador (Watlings Island, Guanahani) am 12.10.1492 von Kolumbus entdeckt
Große Bahamabank
Caicos-Inseln (Großbritannien)
Turks-Inseln (Großbritannien)
Inagua-Inseln
Havanna
Pinar del Río
Santa Clara
Cienfuegos
Kuba
Camagüey
Holguín
Guantánamo
Santiago de Cuba
Turquino
Cayman-Inseln (Großbritannien)
Kap Cruz
Jamaika
Kingston
Hispaniola
Cap-Haïtien
Haiti
Port-au-Prince
Puerto Plata
Dominikanische Republik
Santiago
Pico Duarte
Santo Domingo
San Juan
Ponce
Puerto Rico (USA)
Jungferninseln
Anguilla
Saint-Martin
Barbuda
Antigua und Barbuda
Saint John's
Sint Eustatius
Saint Kitts und Nevis
Montserrat
Guadeloupe (Fr.)
Basse-Terre
Roseau
Dominica
Martinique (Fr.)
Fort-de-France
Castries
Saint Lucia
Barbados
Bridgetown
Saint Vincent und die Grenadinen
Kingstown
Grenada
Saint George's
Tobago
Port of Spain
Trinidad
Trinidad und Tobago
Inseln über dem Winde
Inseln unter dem Winde
Kleine Antillen
Große Antillen
Karibisches Meer
Niederländische Antillen
Aruba
Curaçao
Bonaire
Willemstad
Margarita
Bank von Campeche
Kap Catoche
Straße von Yucatán
Kap San Antonio
Mérida
Chichén Itzá
Cancún
Campeche
Halbinsel Yucatán
Chetumal
Villahermosa
Belize
Belmopan
Tikal
Tuxtla Gutiérrez
Guatemala
Quezaltenango
Guatemala-Stadt
San Salvador
El Salvador
San José
Puerto Barrios
La Ceiba
San Pedro Sula
Honduras
Copán
Tegucigalpa
Kap Gracias a Dios
Moskito-Küste
Moskito-Bank
Santanilla (Honduras)
San Andrés (Kolumbien)
León
Nicaragua
Managua
Nicaraguasee
Costa Rica
Puerto Limón
Puntarenas
San José
Chirripó
Colón
Panamá-Stadt
Panamá
Panamakanal
Isthmus von Panamá
Golf von Panamá
Golf von Darién
Santa Marta
Barranquilla
Cartagena
Sincelejo
Montería
Medellín
Bucaramanga
Tunja
Kolumbien
Cúcuta
San Cristóbal
Maracaibo
Maracaibo-see
Barquisimeto
Mérida
Pico Bolívar
Kordillere von Mérida
Barinas
Valencia
Maracay
Caracas
Petare
Cumaná
Anaco
Ciudad Bolívar
Ciudad Guayana
Venezuela
Orinoco
Orinoco-delta
Puerto Carreño
Cerro Bolívar
Auyán-Tepuí
Roraima
Serra Pacaraima
Brasilien
Boa Vista
Guyana
Georgetown
Kap Gallinas

1 USA – Wirtschaft

Bodenbedeckung
- Tundra
- nördlicher Nadelwald
- sommergrüner Laub- und Mischwald, Gebirgsnadelwald
- Steppe, z. T. Halbwüste
- Wüste
- Sumpf
- Mangrove

Bodennutzung

Ackerbau
- auf ärmeren Böden
- auf guten Böden (Löss)
- Bewässerungsland
- Wiese, z. T. Weide
- Prärie/extensive Weide

Hauptanbaufrüchte
- Weizen
- Mais
- Reis
- Sojabohnen
- Erdnüsse
- Sonnenblumen
- Baumwolle
- Zuckerrohr
- Zuckerrüben
- Zitrusfrüchte
- Tabak
- Wein

Bergbau
- Eisen
- Stahlveredler (Chrom, Kobalt, Molybdän, Nickel)
- Blei, Zink
- Kupfer
- Steinkohle
- Braunkohle
- Erdöl
- Erdgas
- Uran
- Gold
- Silber
- Platin
- Phosphat
- Steinsalz

Stromerzeugung
- Wasserkraftwerk
- Wärmekraftwerk
- Kernkraftwerk
- Geothermiekraftwerk

Industrie
- Eisen- und Stahlerzeugung
- Buntmetallverhüttung
- Aluminiumverhüttung
- Metallindustrie
- Schiffbau
- Kraftfahrzeugbau
- Luft- und Raumfahrttechnik
- Elektroindustrie, Elektronik (Hightech), Optik
- Chemie, Kunststoffe
- Biotechnologie, Pharmazie
- Erdölraffinerie
- Atomindustrie

Maßstab 1 : 15 000 000

2 USA – Industrieräume

Maßstab 1 : 45 000 000

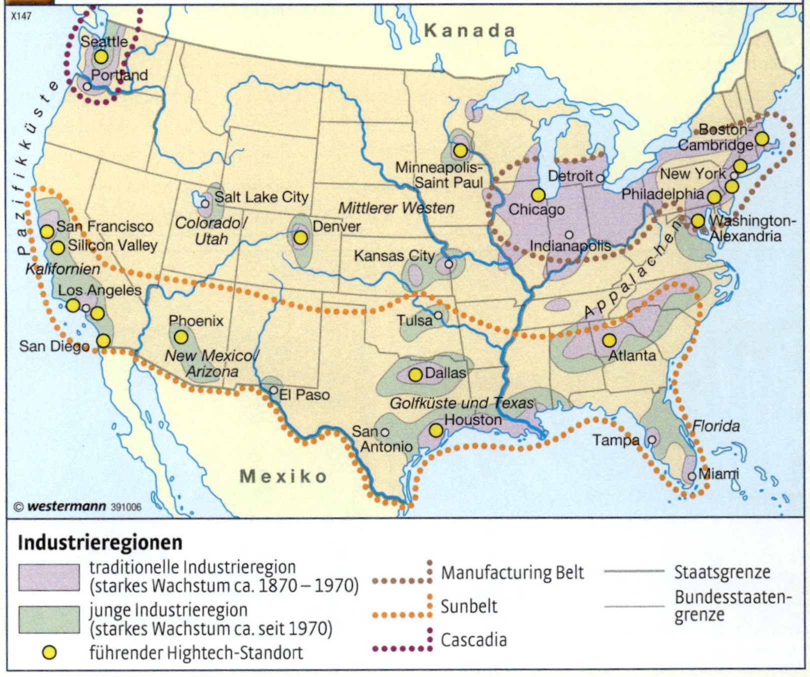

1 Ballungsraum BosWash – Bevölkerungsdichte

Maßstab 1 : 5 000 000 (0 50 100 150 km)

Bevölkerungsdichte
Einwohner je km²
- 1 – 50
- 50 – 100
- 100 – 250
- 250 – 500
- 500 – 1 000
- über 1 000
- Kleinstädte und Dörfer

Verwaltung
- Staatsgrenze
- Bundesstaatengrenze
- US-Stadtregion (Metropolitan Statistical Area) mit mehr als 1 Mio. Einwohnern
- US-Stadtregion mit weniger als 1 Mio. Einwohnern

Mit „BosWash Region" wird das Städteband zwischen Washington im Südwesten und Boston im Nordosten bezeichnet. Es erstreckt sich über mehr als 700 km und hat ca. 45 Mio. Einwohner (15 % der US-Bevölkerung).

2 New York – Bevölkerungsdichte

Maßstab 1 : 500 000

Wohngebiete
- über 15 000
- 5 000 – 15 000
- 2 500 – 5 000
- 1 000 – 2 500
- unter 1 000 Einw./km²
- Industriegebiet, sonstige Flächen
- Grünanlage, Wald
- Bundesstaatengrenze
- Stadtgrenze New York City
- Stadtteil- und Countygrenze
- Kings – Countyname
- *Manhattan* – Stadtteilname
- Newark – Stadtname

Vorort (Suburb) mit unter 2 500 Einwohner/km²

Innerstädt. Wohngebiet mit bis zu 15 000 Einw./km²

3 New York – kulturgeprägte Wohngebiete

Maßstab 1 : 200 000

Bevölkerungsanteil (über 25 Prozent)
- Hispanics / Latinos
- Asiaten
- Afroamerikaner
- Gebiete mit älteren Häusern (vor 1900 erbaut)

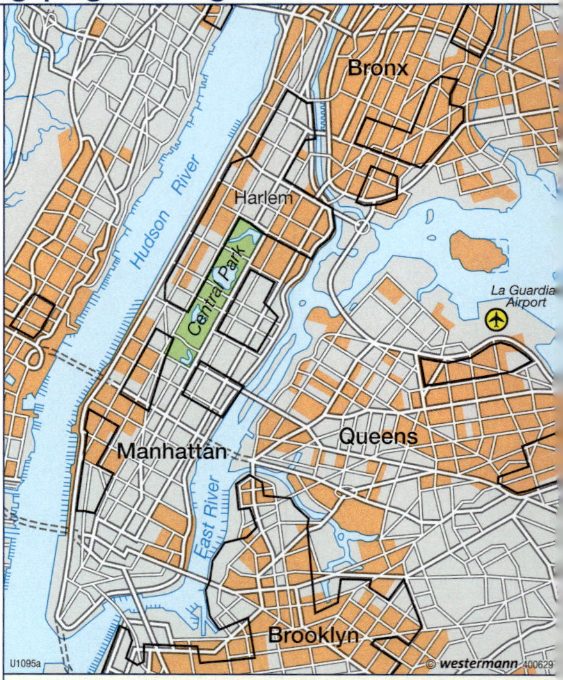

Bevölkerungsgruppen von New York City 2008
(Einwohner insgesamt: 8.308.163)

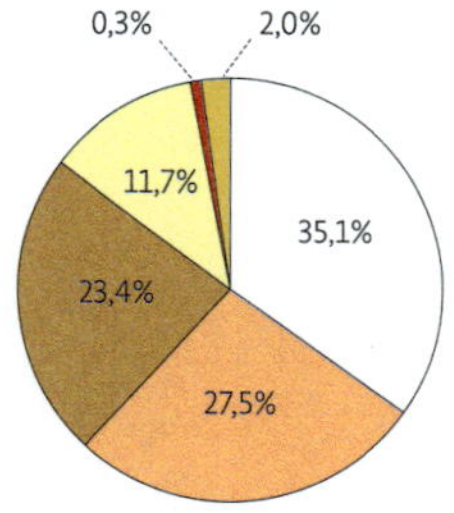

Bevölkerungsgruppen von New York City 1990
(Einwohner insgesamt: 7.322.564)

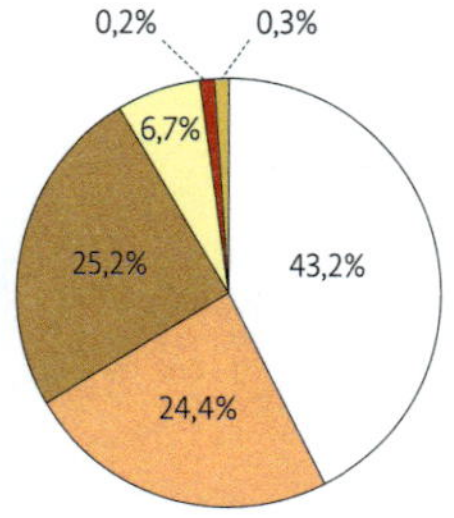

- Weiße
- Hispanics / Latinos
- Schwarze / Afroamerikaner
- Asiaten
- Indianer, Alaskaner, Pazifikinsulaner
- andere

4 M2 Manhattan – Gebäudehöhenmodell

5 New York – Manhattan

Maßstab 1 : 50 000

Flächennutzung

- Hauptgeschäftszentrum (Central Business District) Hochhausviertel – vorwiegend Verwaltung von Industrie und Handel, Geschäftsstraßen
- wichtiges Handelszentrum (Major Commercial Center) – vorwiegend Kaufhäuser und Geschäfte
- Finanzzentrum – Banken, Börsen und Versicherungen
- sehr hohe Wohndichte – vorwiegend Hochhäuser, sehr stark durchsetzt mit Geschäften sowie Büros privater und öffentlicher Institutionen
- Wohngebiete mit mehrgeschossigen Häusern alter und neuer Bauart, gemischt mit Geschäften und Büros
- Industrie, Gewerbe und Lagerhäuser, Großmärkte, Verkehrs- und Hafenflächen
- Universitätsgelände
- Parkanlage
- Friedhof
- Freifläche

Kultur und Tourismus

- Theater, Konzertsaal, Museum, Sportstätte
- Großhotel (Auswahl)

Vereinte Nationen

- diplomatische Vertretung
- internationale Nichtregierungsorganisation (NGO)

Verkehr und Verwaltung

- Straßentunnel
- Hauptbahn mit Bahnhof
- Neben- und Industriebahn
- Eisenbahntunnel
- Untergrundbahn
- Fähre
- Bundesstaatengrenze
- Stadtgrenze
- Stadtteilgrenze

www.heimatundwelt.de HW-160

1 M2 Kalifornisches Längstal – Panoramabild

Staumauer Lake Shasta

California Aquädukt

Grenze zwischen den USA und Mexiko bei Calexico

2 Wasserwirtschaft

Maßstab 1 : 6 000 000

Niederschläge im Jahr

über	2 000 mm
1 000 –	2 000
500 –	1 000
250 –	500
100 –	250
unter	100

Wasserbevorratung

Stausee mit Speicherkapazität
1 Kästchen ≙ 500 Mio. m³

Wassertransport

Bewässerungskanal
Trinkwasser-Fernleitung
1913 Jahr der Fertigstellung

Wasserverbrauch

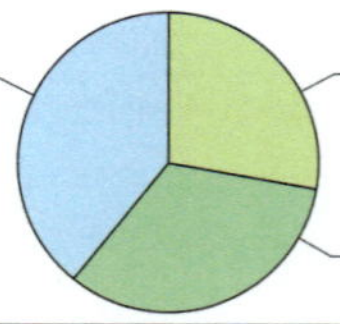

Trinkwasser **39 %**
Brauchwasser für Landwirtschaft (Bewässerung) **28 %**
Brauchwasser für Industrie / Gewerbe **33 %**

3 Kalifornien – Klima

Klimadiagramme

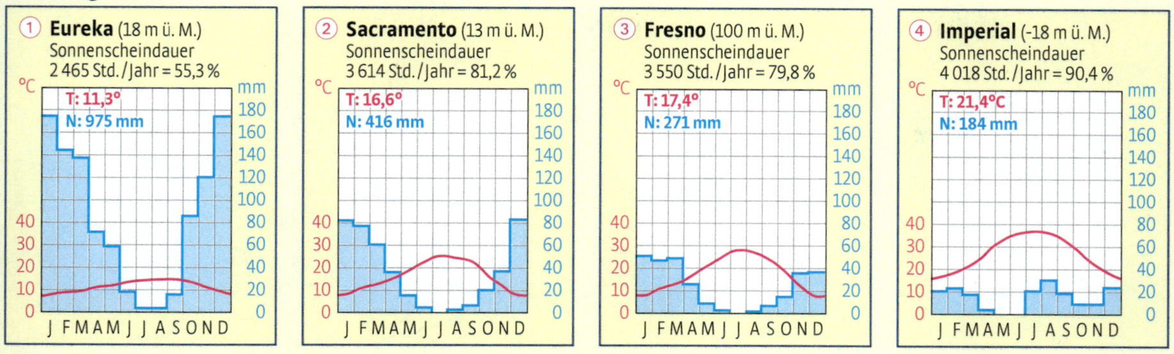

Sacramento River – Schwankungen des Oberflächenabflusses (in Mrd. m³)

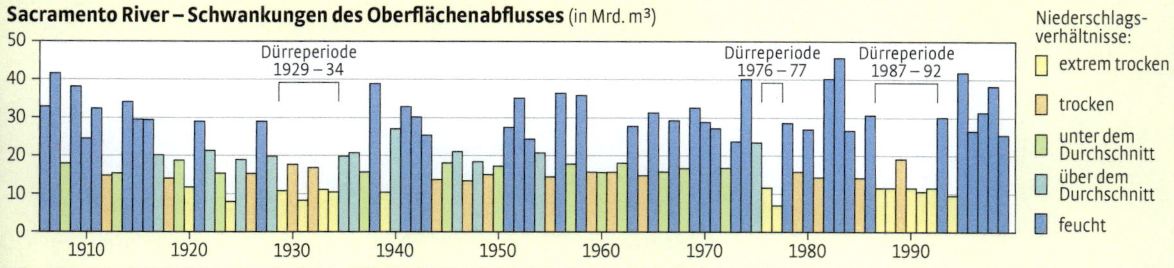

4 Landwirtschaftsexporte

Anteil der Exporte an der kalifornischen Landwirtschaft: 35,6 %
Anteil der kalifornischen Landwirtschaft an der US-Landwirtschaft: 11,3 %

Wichtigste Exportprodukte Kaliforniens (2008)

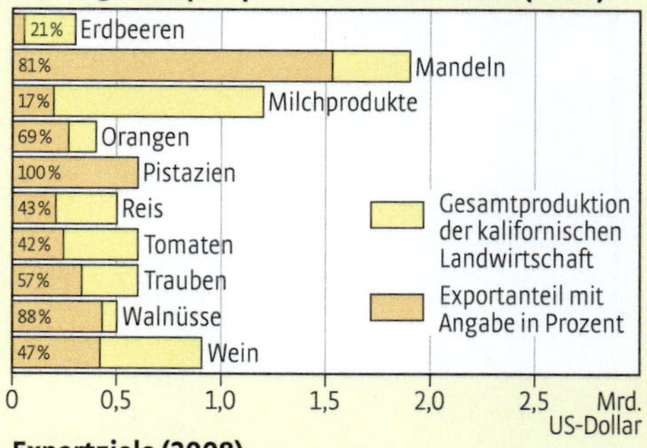

Exportziele (2008)

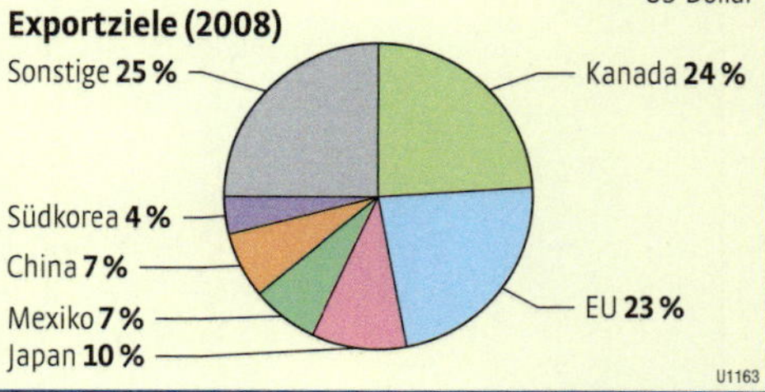

5 Landwirtschaft

Maßstab 1 : 6 000 000

Bodenbedeckung

- Weide (Ranching)
- Wald, z. T. Weide
- Strauchsteppe
- Hartlaubgehölze
- Halbwüste, Wüste
- Nationalparkgrenze

Verkehr, Gewässer

- wichtige Autobahn
- Stausee
- Bewässerungskanal
- überregionaler Bewässerungskanal

Anbauarten

- Feldfrüchte auf Bewässerungsland (Weizen, Gerste, Mais, Alfalfa und Gemüse)
- Reis
- Baumwolle
- Wein
- Zitrusfrüchte
- Mandeln, Walnüsse
- Erdbeeren
- sonstiges Obst (Pfirsiche, Aprikosen, Pflaumen u.a.)
- Tomaten
- Kopfsalat

Salatfelder mit Furchenbewässerung

Apfelsinenplantage in Kalifornien

Baumwollplantage in Kalifornien

Atlantischer Ozean
Karibisches Meer
Antillen
Inseln über dem Winde
Inseln unter dem Winde
Äquator
Amazonas
Amazonas-delta
Orinoco-delta
Venezuela
Kolumbien
Ecuador
Peru
Bolivien
Brasilien
Guyana
Suriname
Franz.-Guayana
Bergland von Guayana
Mato Grosso
Rondônia
Serra dos Parecis
Serra dos Cachimbo
Caracas
Bogotá
Quito
Lima
La Paz
Brasília
Manaus
Belém
São Luís
Fortaleza
Recife
Salvador
Santarém
Porto Velho
Rio Branco
Iquitos
Cuiabá
Goiânia
Georgetown
Paramaribo
Cayenne
Maracaibo
Medellín
Cali
Guayaquil
Panamá
Kingston
Port-au-Prince
Santo Domingo
San Juan
Kuba
Jamaika
Haiti
Dominikanische Republik
Puerto Rico
Trinidad und Tobago
Barbados
© westermann

Maßstab 1 : 18 000 000
1 cm ≙ 180 km
0 200 400 600 km

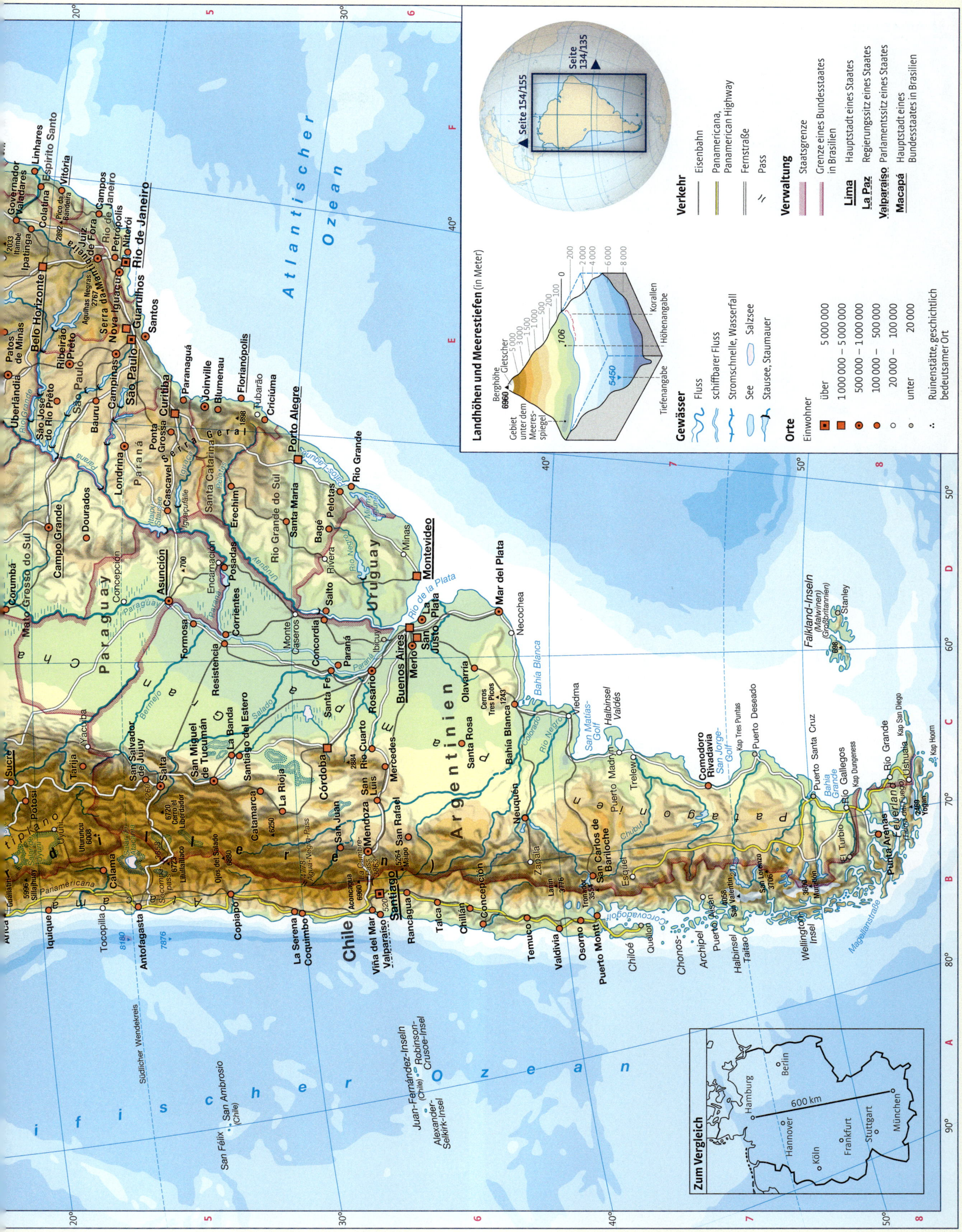

1 Amazonien – Eingriffe in den tropischen Regenwald

Maßstab 1 : 15 000 000

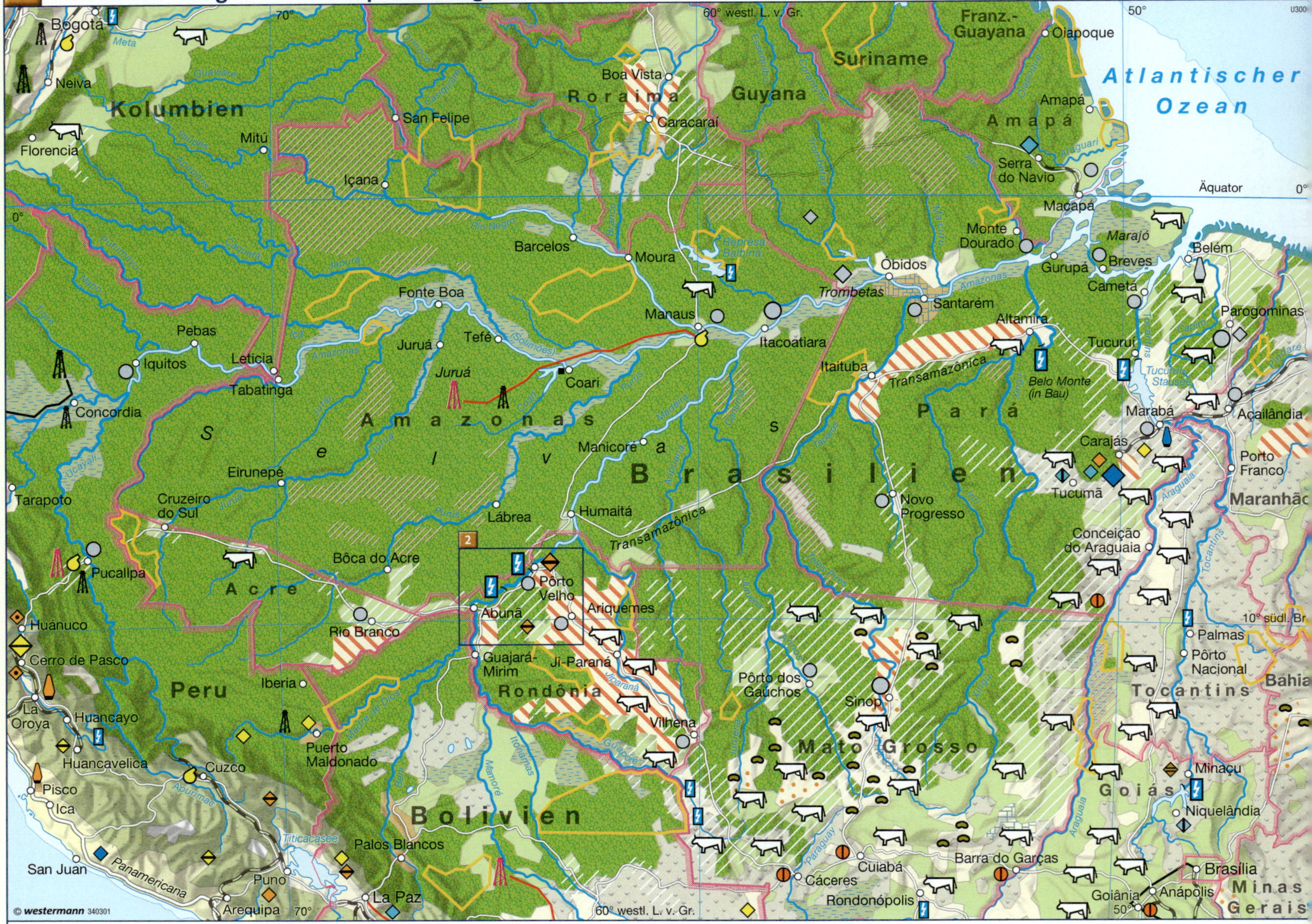

Bodenbedeckung
- tropischer Regenwald
- Sumpfland
- Trockenwald und Strauchsavanne
- Steppe und Hochgebirgsgrasland
- Wüste, Halbwüste

Landwirtschaft
- Ackerbau
- Weideland
- Mais
- Sojabohnen
- landwirtschaftliches Kolonisationsgebiet
- starke Rodungen
- Rinderhaltung in Großbetrieben
- Waldschutzgebiet
- vermessene Indianerreservate

Bergbau
- Eisen
- Stahlveredler
- Nickel
- Blei, Zink
- Kupfer
- Gold
- Silber
- Bauxit
- Asbest
- Erdöl
- Erdgas

- Petrochemie
- Aluminiumverhüttung
- Eisenverhüttung
- Buntmetallverhüttung
- Fleischverarbeitung
- Holz, Papier

- Erdgasleitung
- Erdölleitung
- Wasserkraftwerk
- Stausee, Staumauer
- Staatsgrenze
- Grenze eines Bundesstaates

2 Rondônia (Amazonien) – Rodung des tropischen Regenwaldes

Maßstab 1 : 3 000 000

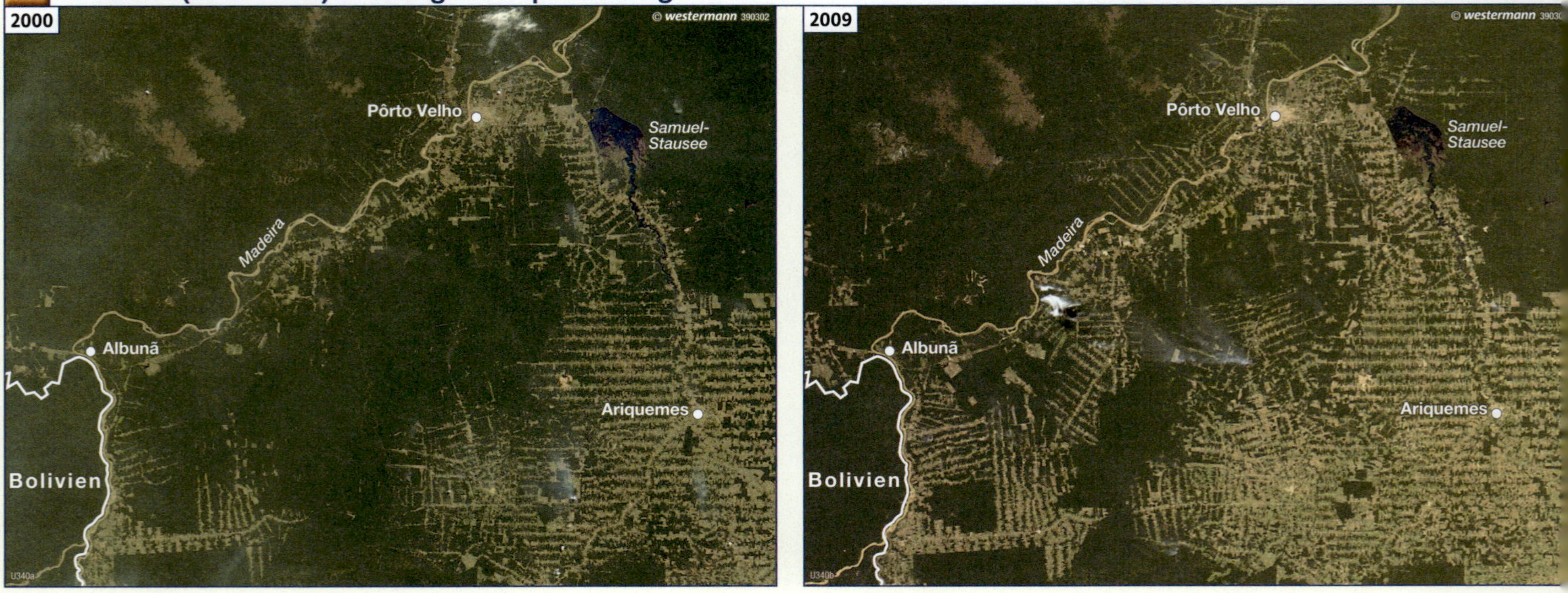

3 M2 Rio de Janeiro – Segregation

Maßstab 1 : 250 000 0 2 4 6 km

Blick vom Corcovado auf den Zuckerhut

Einkaufsstraße im Stadtzentrum

Die Favela da Rocinha

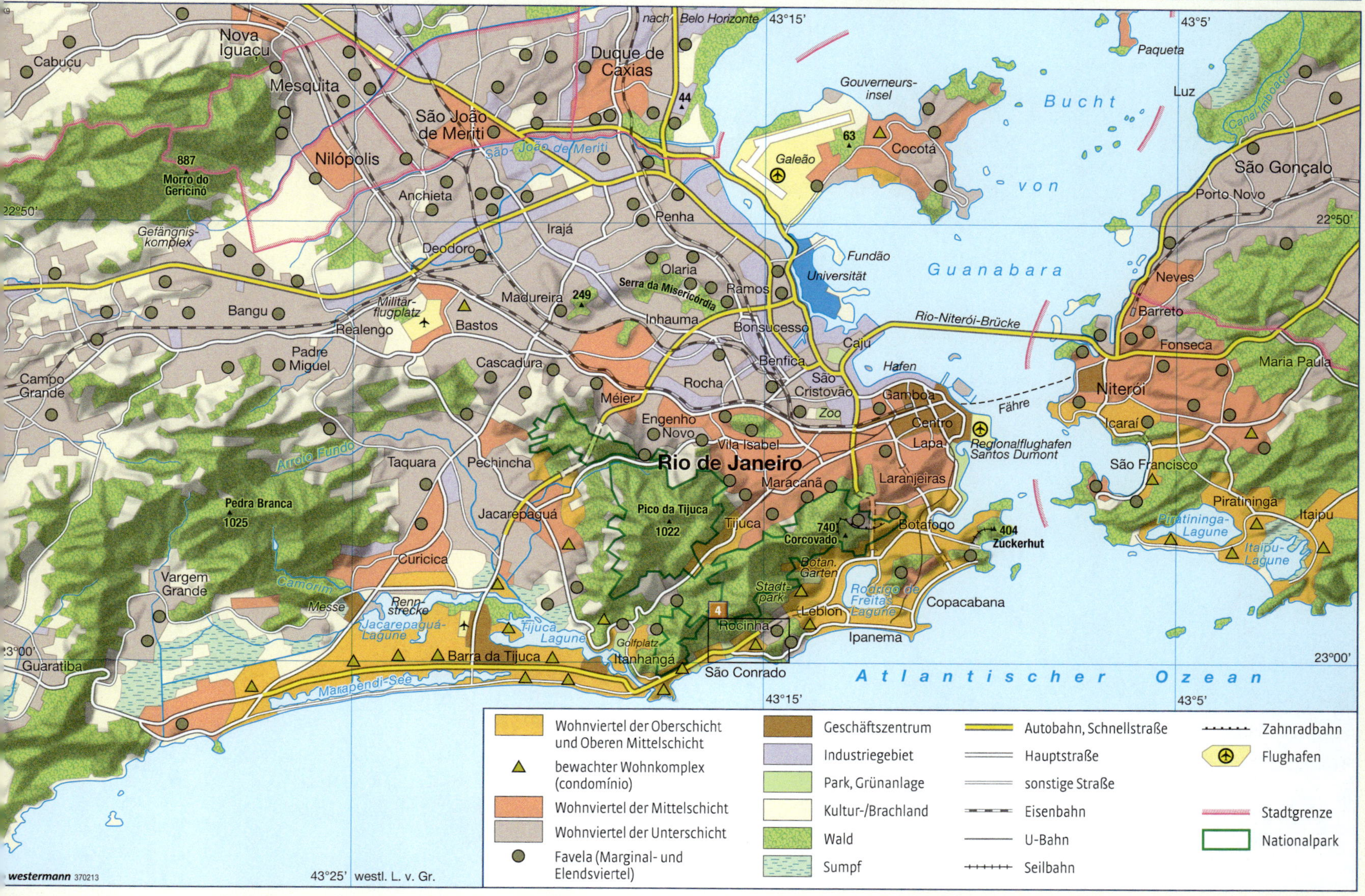

4 São Conrado/Favela da Rocinha – Benachbarte Wohnviertel der Ober- und Unterschicht

Maßstab 1 : 15 000 0 150 300 450 m

Im Satellitenbild erkennbare Stadtstrukturen

- Apartmenthochhäuser
- Favela
- Golfplatz
- Villenviertel

Die Favela da Rocinha ist ein traditionelles, legalisiertes Wohnviertel der Unterschicht. Es liegt an den Hängen eines steil zulaufenden Tales, in direkter Nähe zum Villenviertel São Conrado. An den umgebenden Bergrücken finden sich noch weitgehend unberührte Wälder. In Rocinha leben zwischen 100 000 und 250 000 Menschen. Das größte Einzelproblem ist die Trinkwasserversorgung und Abwasserentsorgung.

www.heimatundwelt.de HW-166

1 Nordpolargebiet (Arktis)

Maßstab 1 : 36 000 000

Eisverhältnisse
- Inlandeis
- tätiger Vulkan
- Meereisgrenze (minimale Eisausdehnung nach warmen Sommern)
- durchschnittliche Packeisgrenze
- äußerste Treibeisgrenze
- 3488 / 3700 Höhe über dem Meeresspiegel, Eisdicke (in Meter)
- 10°C-Juli-Isotherme (Grenze der Arktis)

Meeresströmungen
- kalt
- warm

Dauerfrostboden (Permafrost)
- geschlossene Verbreitung
- inselartiges Vorkommen

Vegetation
- Tundra
- nördlicher Nadelwald
- sommergrüner Laub- und Mischwald
- Steppe (Prärie), Hochgebirgssteppe
- Halbwüste, Wüste
- landwirtschaftliche Nutzfläche

Bergbau
- Kohle
- Eisen
- Stahlveredler
- Buntmetalle
- Edelmetalle
- Erdöl
- Erdgas
- radioaktive Verseuchung des Meeres durch Atommüll

Ballungsräume (Einwohner)
- über 10 000 000
- 3 000 000 – 10 000 000
- 1 000 000 – 3 000 000
- 500 000 – 1 000 000
- 100 000 – 500 000
- unter 100 000

Weitere Erläuterungen siehe Karte 2 Südpolargebiet (Antarktis).

2 Südpolargebiet (Antarktis)

Maßstab 1 : 36 000 000

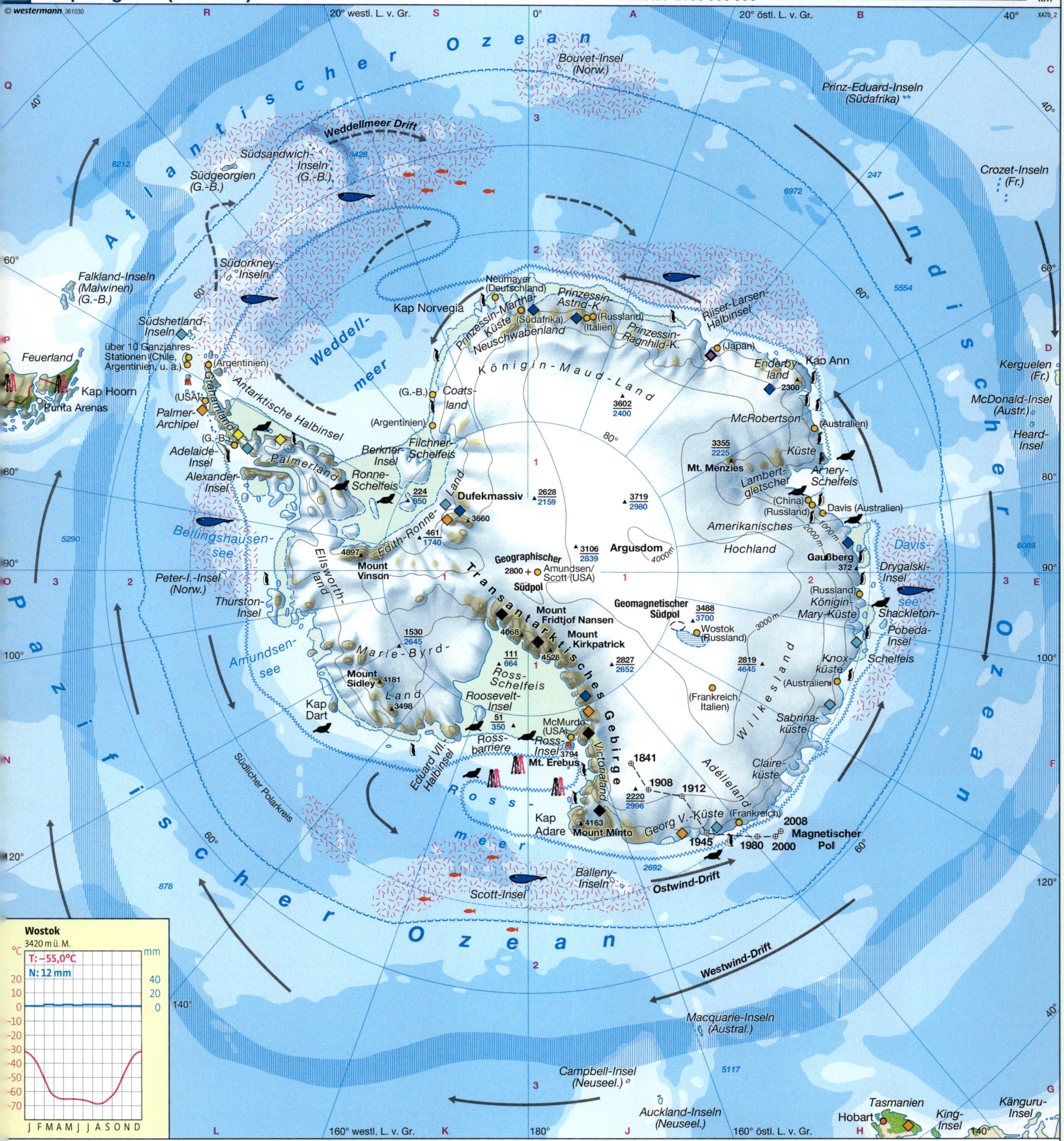

Eisverhältnisse

- Inlandeis
- Gebiete mit eisfreien Arealen
- Schelfeis
- Gletscher
- Packeisgrenze
- äußerste Treibeisgrenze
- tätiger Vulkan
- antarktische Konvergenz (Aufeinandertreffen kalter und warmer Oberflächenströmungen, Grenze der Antarktis)
- Winddrift
- 3488 / 3700 Höhe über dem Meeresspiegel, Eisdicke (in Meter)
- Unter-Eis-See (bisher erkundet)

Lebensräume

- Krill (Hauptverbreitungsgebiet)
- Wal
- ganzjährig besetzte Polarstation (Forschungsnation)
- Robbe
- Pinguine (bedeutende Kolonien)
- Fischgründe

Fundorte von Erzen und Energierohstoffen

- Eisen
- Stahlveredler
- Buntmetalle
- Edelmetalle
- Kohle
- Erdöl / Erdgas (fündige Bohrungen)
- Uran

Meerestiefen

- 0 – 200
- 200 – 2 000
- 2 000 – 4 000
- 4 000 – 6 000
- 6 000 – 8 000
- über 8 000 m

1 Frühe Hochkulturen

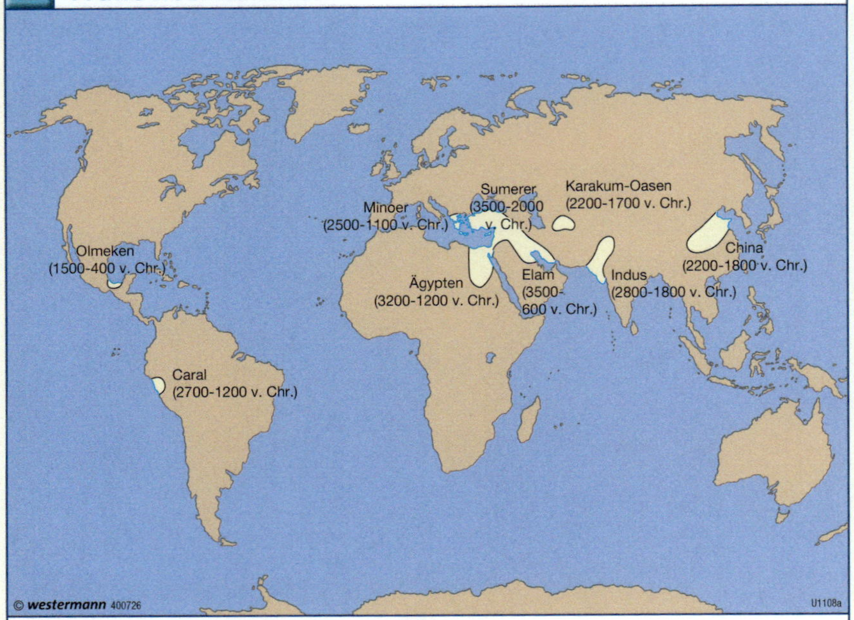

frühe Hochkulturen (Städte, Landwirtschaft, Arbeitsteilung, Schrift)

weitere jungsteinzeitliche und metallzeitliche Kulturen (Antarktis ausgenommen)

2 Bekannte Welt aus europäischer Sicht um 100 n. Chr.

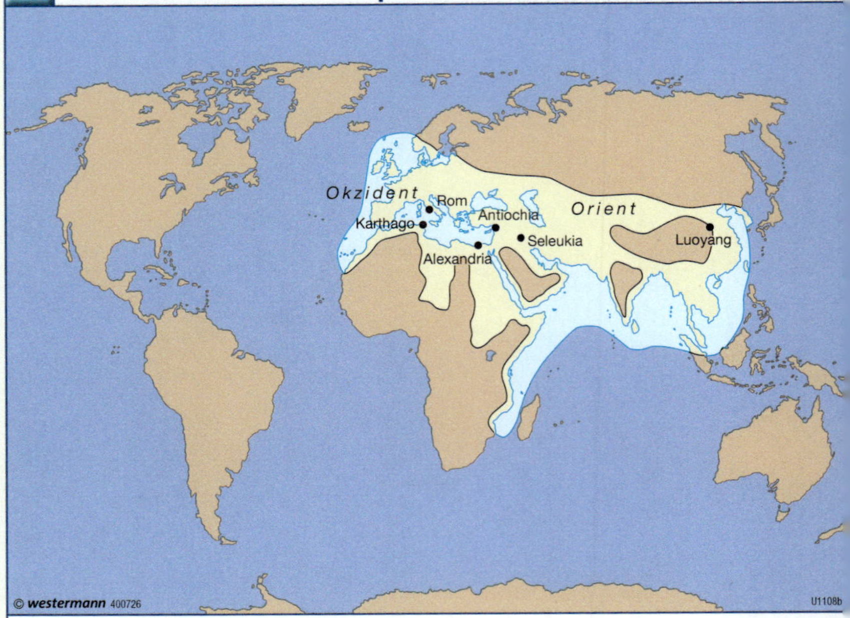

bekannte Welt aus europäischer Sicht

den Europäern unbekannte Landfläche

• weltgrößte Städte um 100 n. Chr.

5 Entdeckungsreisen und koloniale Eroberungen (15. Jahrhundert bis Mitte 17. Jahrhundert)

Breitengradmessung mit Astrolabium

Entdeckungsreisen für

Portugal
- Diaz
- da Gama
- Vespucci
- Sequeira
- Perestrello
- Mascarenhas
- Pinto

Spanien
- Kolumbus
- Magellan/Elcano
- Rodriguez/Legazpi

England
- Caboto
- Drake
- Hudson

Frankreich
- Cartier

Niederlande
- Barents
- Tasman

Russland
- Deschnew

Kolonialmächte mit Besitzungen und Niederlassungen (Auswahl) um 1650
- Portugal
- Spanien
- Niederlande
- Frankreich
- England
- Dänemark-Norwegen
- Russland
- Osmanisches Reich

1508 (Port.) Jahr der ersten Inbesitznahme durch die angegebene Kolonialmacht, bei Orten (•) auch Gründungsjahr

wichtige außereuropäische Großreiche

Aden Ziel der chinesischen Schatzflotte (Zheng He, 15. Jh.)

Die größten Städte der Erde (1600)
- über 500 000 Einwohner
- 200 000 – 500 000 Einwohner

Demarkationslinie

spanisch-portugiesische Interessensgrenze:
Im atlantischen Raum nach dem Vertrag von Tordesillas (1494) und im pazifischen Raum nach dem Vertrag von Zaragoza (1529).

3 Bekannte Welt aus europäischer Sicht um 1500 n. Chr.

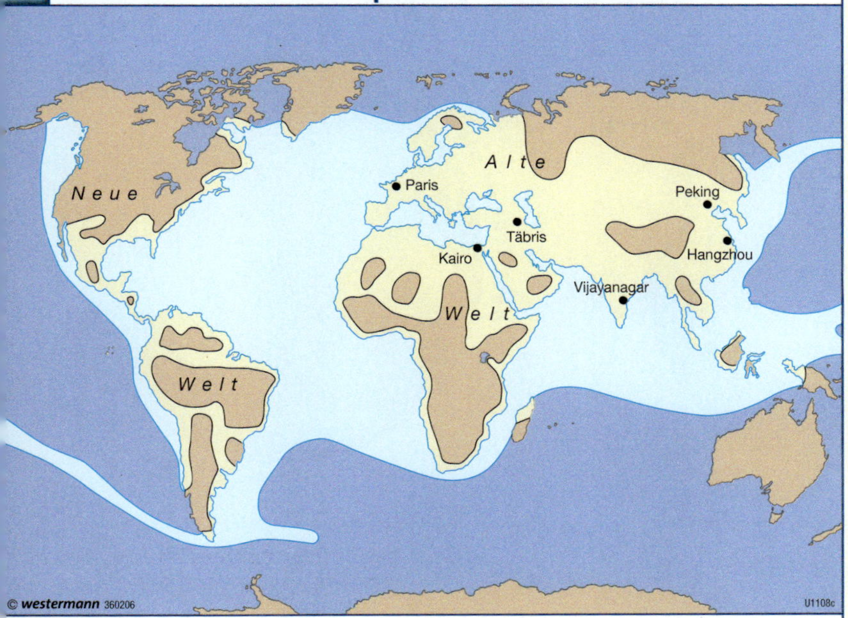

bekannte Welt aus europäischer Sicht

durch Entdeckungs- und Eroberungsreisen bekannte Meeresfläche

• weltgrößte Städte um 1500 n. Chr.

4 Weitgehend unberührte Weltregionen heute

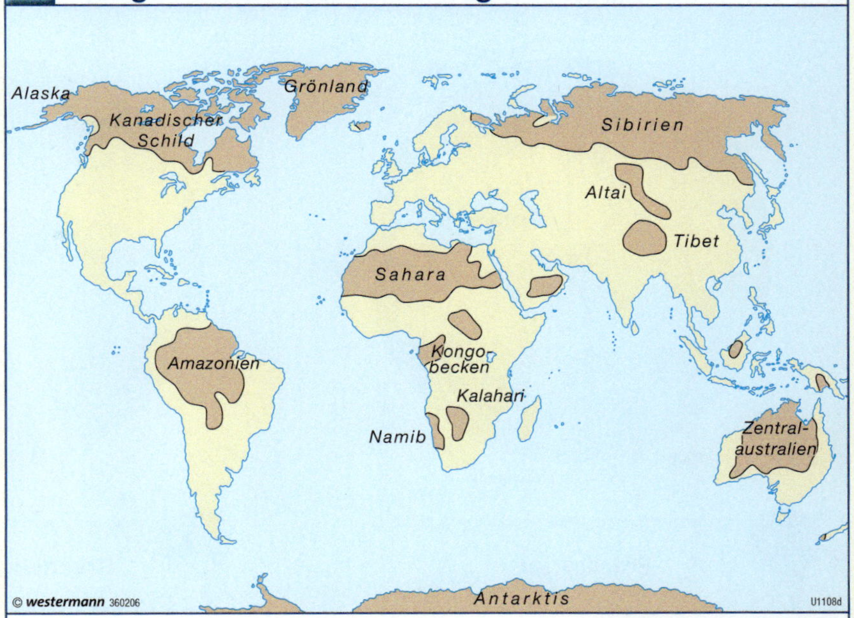

kaum erschlossene Landschaft heute

mäßig bis gut erschlossenes Kulturland

Maßstab der Karten 1 – 4
1 : 240 000 000

Maßstab 1 : 90 000 000

1 Das Gradnetz der Erde (Geographisches Koordinatensystem)

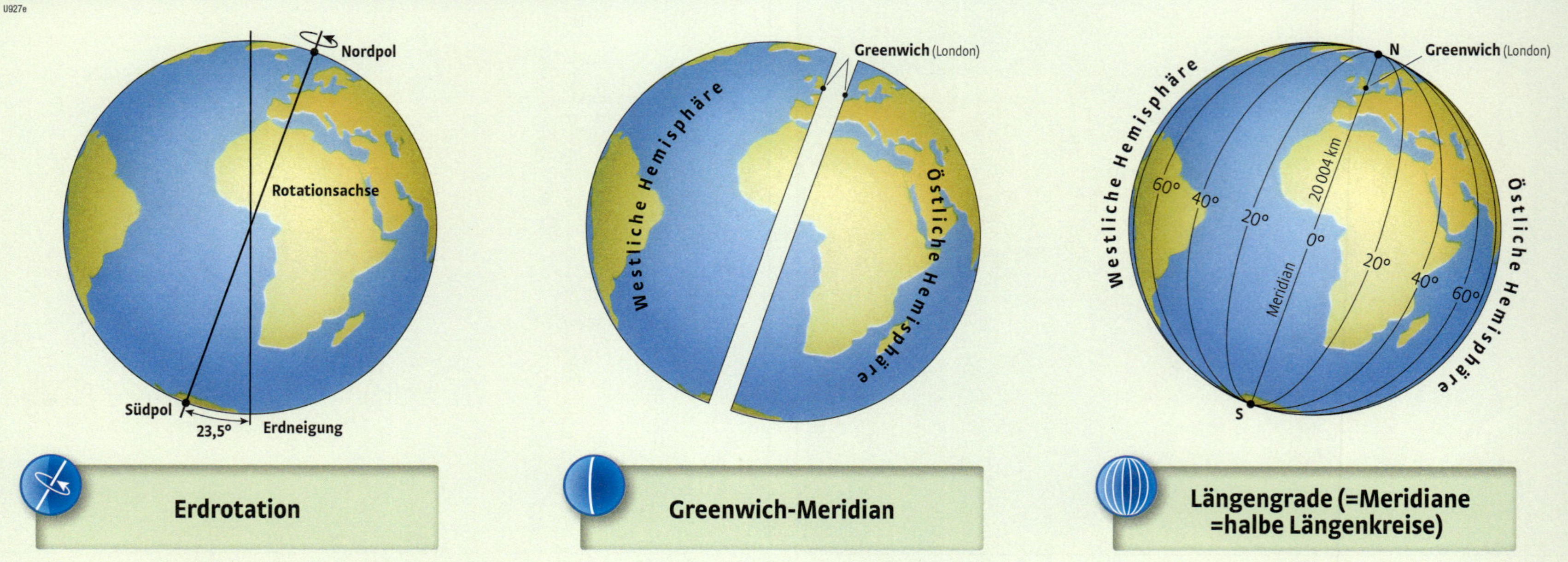

2 Orientierung im Gelände in Mitteleuropa

Der Tagesgang der Sonne hängt von der Uhrzeit und der Jahreszeit ab: Die Sonne geht im Osten auf, nimmt im Süden ihren Lauf und geht im Westen unter. Sie steht im Sommer höher am Himmel als im Winter.

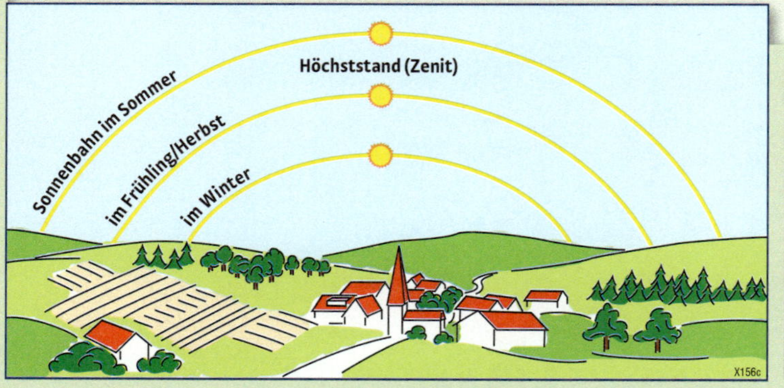

Mit der Winterzeit lässt sich durch den Stundenzeiger einer Armbanduhr die Himmelsrichtung Süden bestimmen. Mittags um 12.00 Uhr steht die Sonne direkt im Süden, der Stundenzeiger steht auf 12.00 Uhr. Am Vormittag ist Süden zwischen Stundenzeiger und 12.00 Uhr, am Nachmittag zwischen 12.00 Uhr und Stundenzeiger.

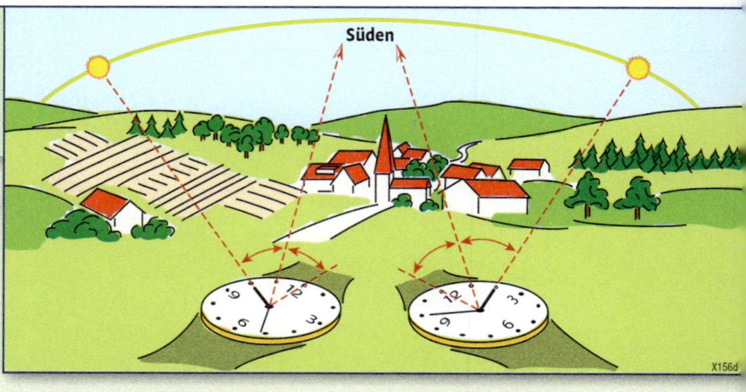

3 Orientierung mit dem Kompass und Magnetfeld

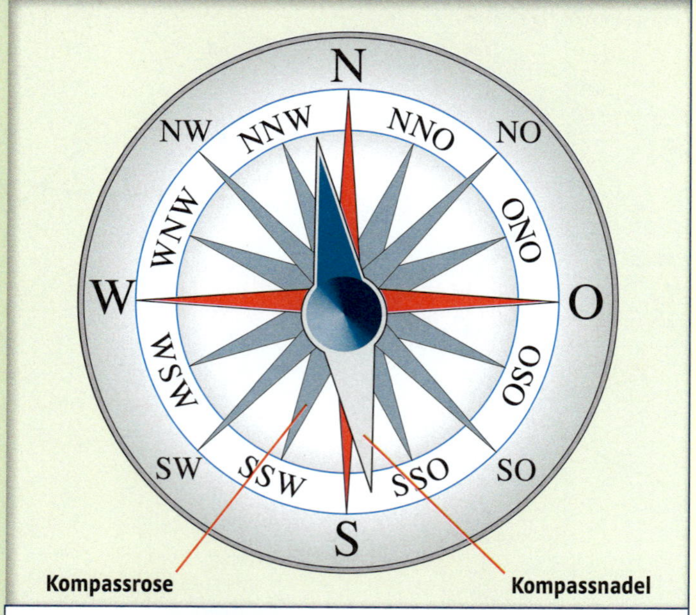

Die Erde hat im Modell die Wirkung eines großen Stabmagneten. Der magnetische Nordpol (N) und Südpol (S) liegen entgegengesetzt zum geographischen Nordpol **N** und Südpol **S**.

- fester innerer Erdkern aus Eisen (Fe) und Nickel (Ni)
- äußerer flüssiger Kern mit Wärmeströmungen (Konvektion)
- Erdmantel
- Erzeugung des elektromagnetischen Feldes durch unterschiedliche Drehgeschwindigkeit von flüssigem und festem Kern.
- magnetische Feldlinie

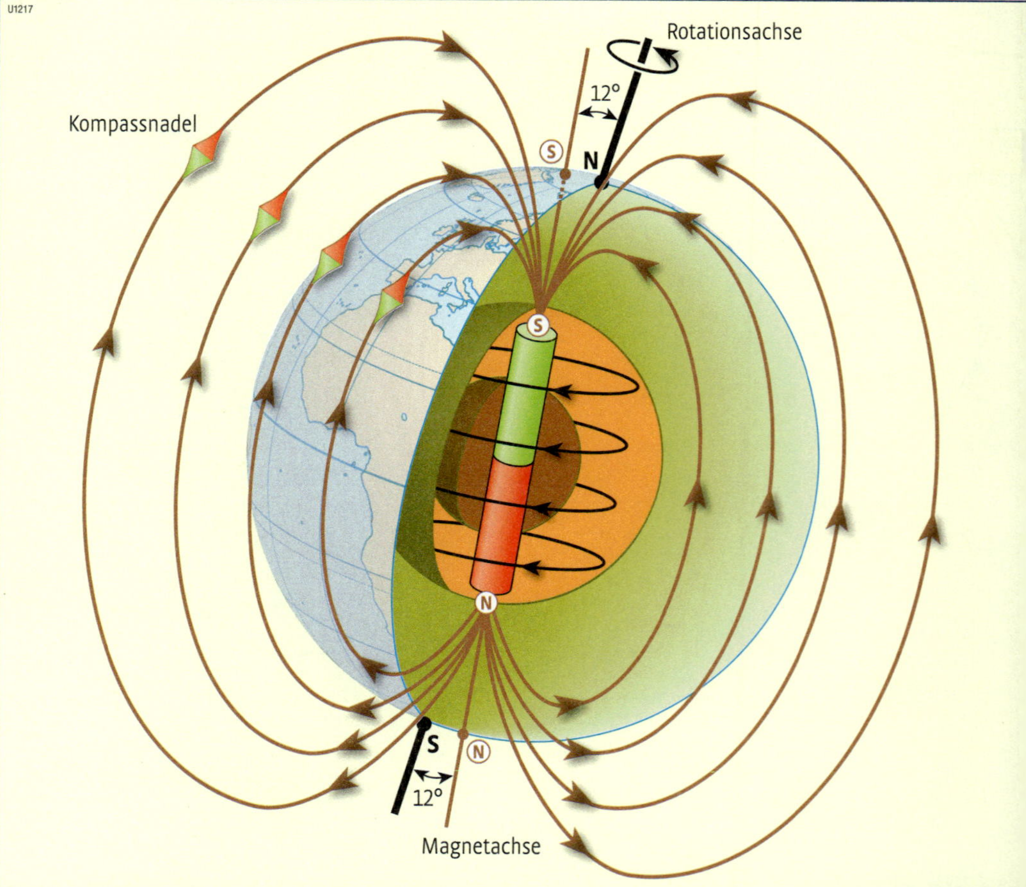

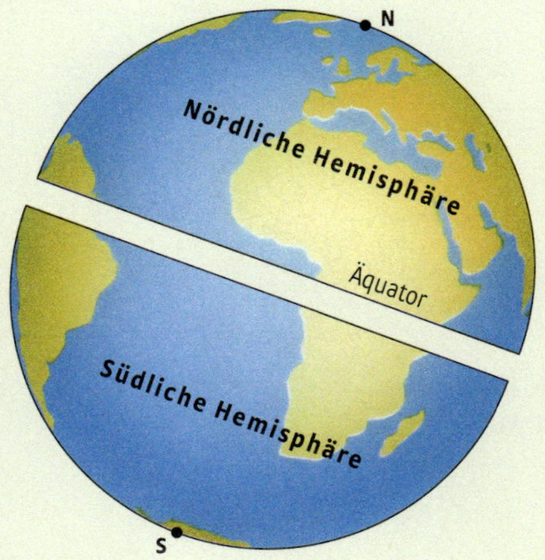

Äquator

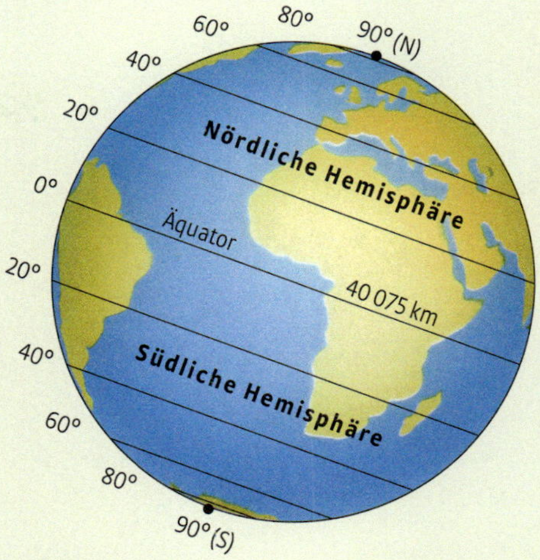

Breitengrade (=Breitenkreise)

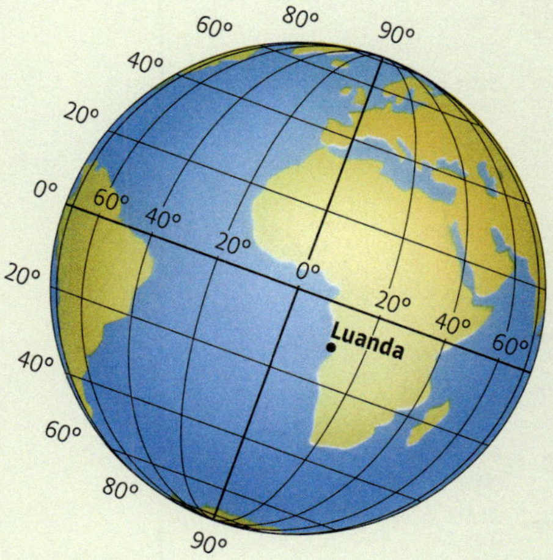

Gradnetz

4 Global Positioning System (GPS)

GPS Satelliten im Orbit

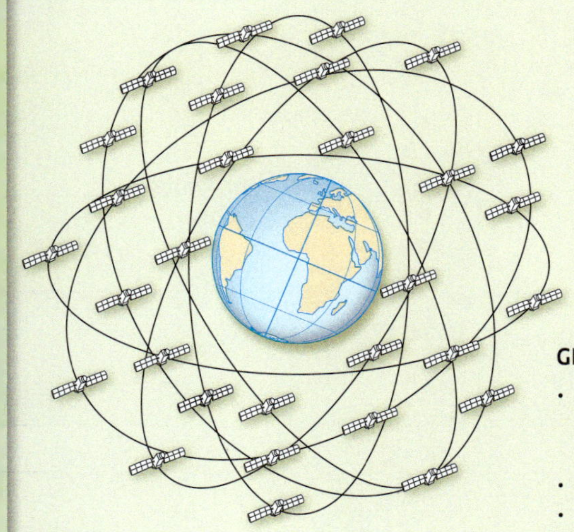

Komponenten des GPS

GPS Satelliten

- 24 Satelliten (8 in Reserve)
- 6 Umlaufbahnen um die Erde
- 20 000 km über der Erde
- Übertragung der Radiowellen mit 300 000 km/s

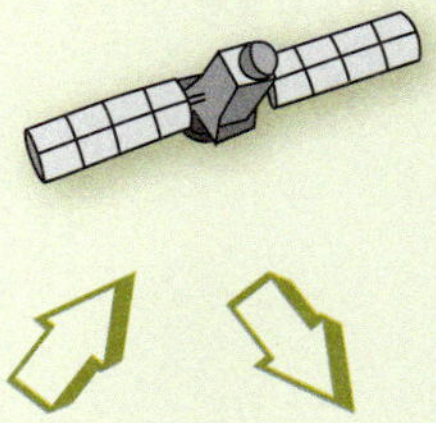

GPS Kontrollsystem

- 31 Kontrollstationen (Hauptstation Schriever Air Force Base in Colorado Springs, USA)
- Zeitliche Synchronisation der Satelliten
- Datenabruf
- Fernwartung der Satelliten

GPS Empfänger

- Empfang der Satellitensignale
- Auswertung der Signale
- Positionsbestimmung

Positionsbestimmung

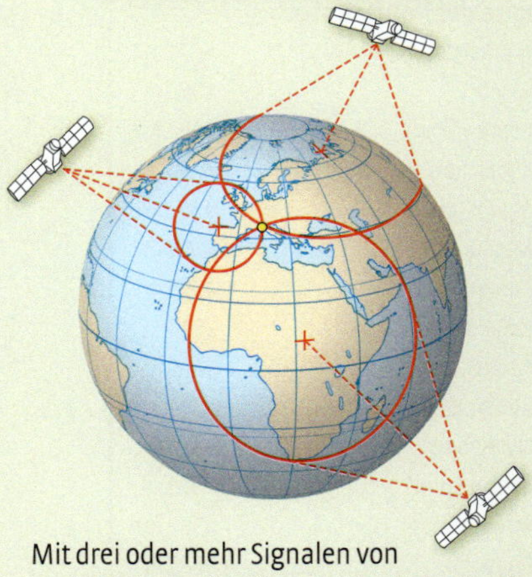

Mit drei oder mehr Signalen von verschiedenen Satelliten in der Erdumlaufbahn kann ein Empfänger seine Position berechnen. Die Berechnung des Längen- und Breitengrades erfolgt in Grad, Minuten und Sekunden (M12).

M12 Vom Globus zur Karte

Der Globus als Modell der Erde in Kugelgestalt. Die Oberfläche ist allseits gewölbt.

Aufklappen der Oberfläche der Kugel.

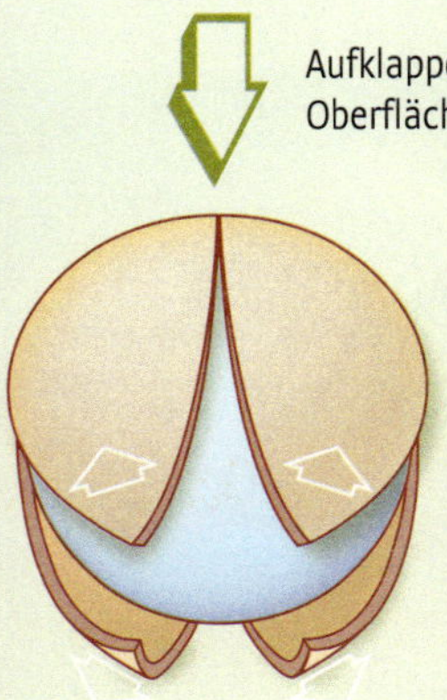

Stauchung und Dehnung zur sternenförmigen Planisphäre.

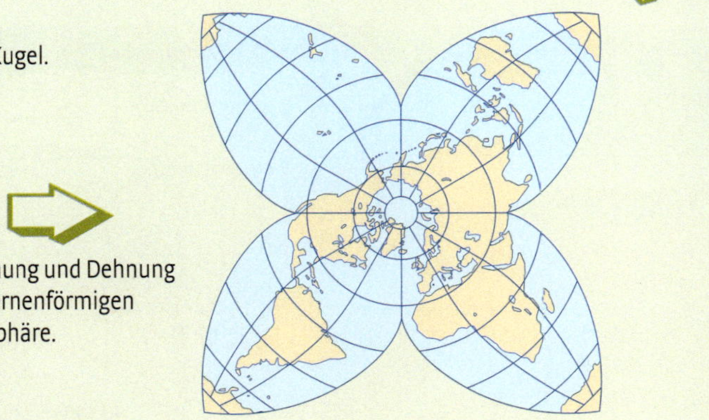

Umbau der Planisphäre zu einer elliptischen Karte der Erde.

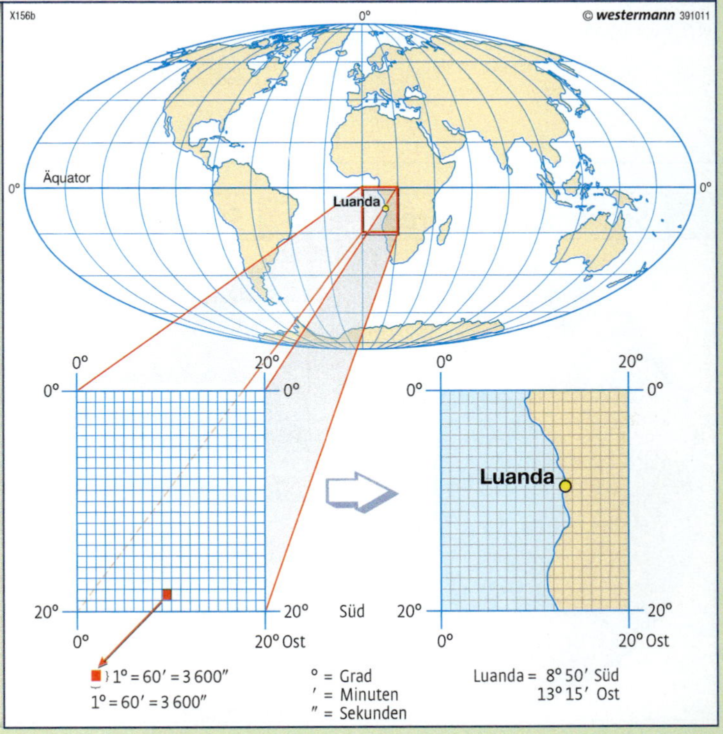

1 Plattentektonik, Vulkanismus und Erdbeben

Urkontinent (alter Festlandskern)

ältere Faltungszone (Erdaltertum)

junge Faltungszone (Erdmittelalter bis Gegenwart)

Plattengrenzen
(zum Teil vermutet)

Tektonische Platten

driften auseinander (ozeanische Rücken)

tauchen ab (Tiefseegraben)

verschieben sich gegeneinander

stoßen zusammen (Kollision)

Naturkatastrophen seit 1980

aktiver Vulkan

schweres Erdbeben 2001 im Jahr

Erdbeben mit Flutwelle (Tsunami)

schwere Flutwelle (Tsunami) 1996 im Jahr

Auswahl hoher aktiver Vulkane der Kontinente:

1	Guallatiri	6071 m
2	Lascar	5992 m
3	Popocatépetl	5462 m
4	Kljutschewskaja Sopka	4750 m
5	Mount Rainier	4392 m
6	Mauna Loa	4169 m
7	Kamerunberg	4070 m
8	Colima	3820 m
9	Kerinci	3805 m
10	Mount Erebus	3794 m
11	Nyiragongo	3470 m
12	Mount Spurr	3374 m
13	Ätna	3350 m
14	Ruapehu	2797 m
15	Big Ben	2745 m
16	Stromboli	926 m

Wanderung der Kontinente
(Nebenkärtchen ⓐ bis ⓓ)

ⓐ vor 220 Mio. Jahren (Ende Perm)
ⓑ vor 190 Mio. Jahren (Ende Trias)
ⓒ vor 135 Mio. Jahren (Ende Jura)
ⓓ vor 65 Mio. Jahren (Ende Kreide)

2 Schalenbau der Erde

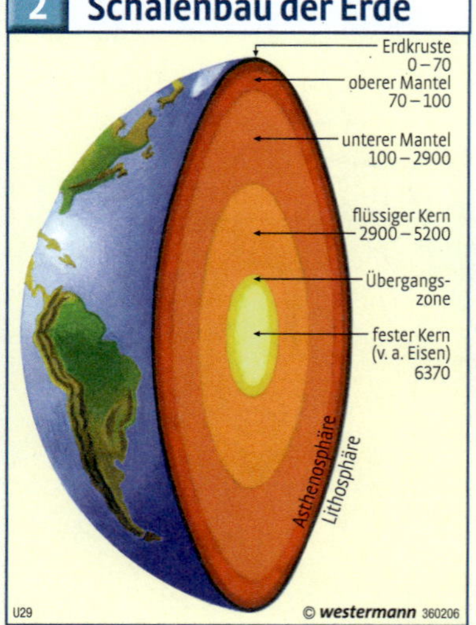

3 Schnitt durch die Erdkruste

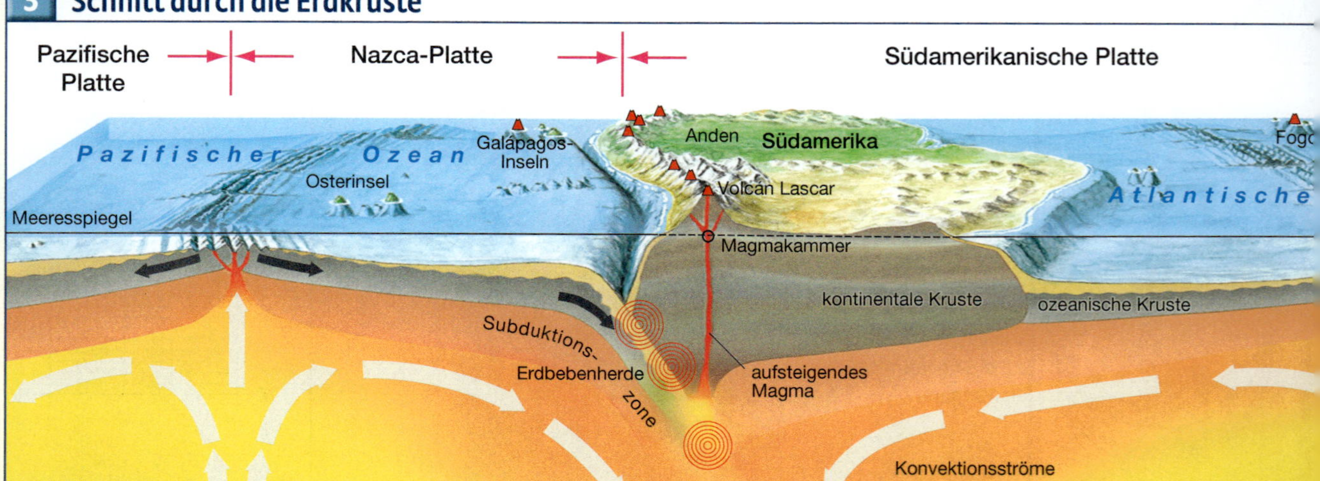

Maßstab 1 : 90 000 000

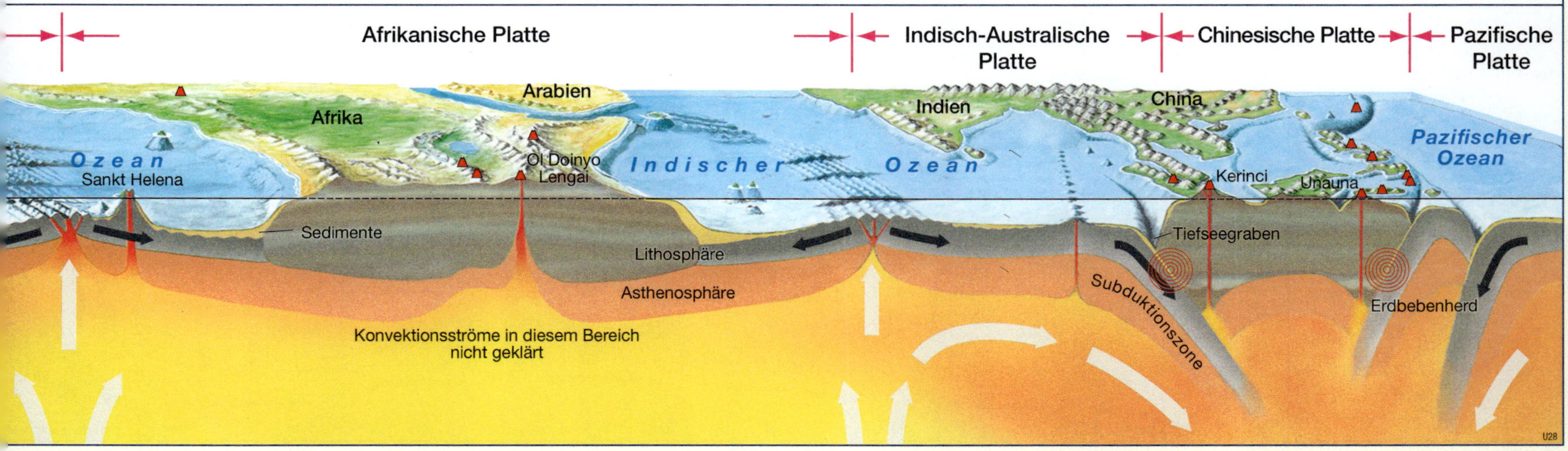

1 Klimate der Erde (genetische Gliederung nach Neef)

I Polare Klimazone
- Polarklima

II Subpolare Klimazone
- subpolares Klima

III Gemäßigte Klimazone
- 1 maritimes Westseitenklima
- 2 Übergangsklima
- 3 kühles Kontinentalklima
- 4 sommerheißes Kontinentalklima mit Frühjahrsregen
- 5 Ostseitenklima

IV Subtropische Klimazone
- 1 Winterregenklima der Westseiten
- 2 subtropisches Ostseitenklima

V Passatklimazone
- 1 trockenes Passatklima
- 2 feuchtes Passatklima stark beregnete Außenseiten, trockenere Binnenländer

VI Zone des tropischen Wechselklimas
- tropisches Wechselklima

VII Äquatoriale Zone
- Äquatorialzone

VIII Hochgebirgsklimate
- Hochgebirgsklimate
- Trockengebiete
- Klimazonengrenze

Druckverhältnisse und Luftströmungen
- HOCH / TIEF – Druckgebiete (ganzjährig)
- HOCH$_W$ / TIEF$_W$ – Druckgebiete (Nordwinter)
- TIEF$_S$ – Druckgebiete (Nord- und Südsommer)
- Luftströmungen (ganzjährig, sowie Nord- und Südsommer)
- winterliche Luftströmungen (Nordhalbkugel)
- Klimastation (Klimadiagramme siehe Seite 176/177)

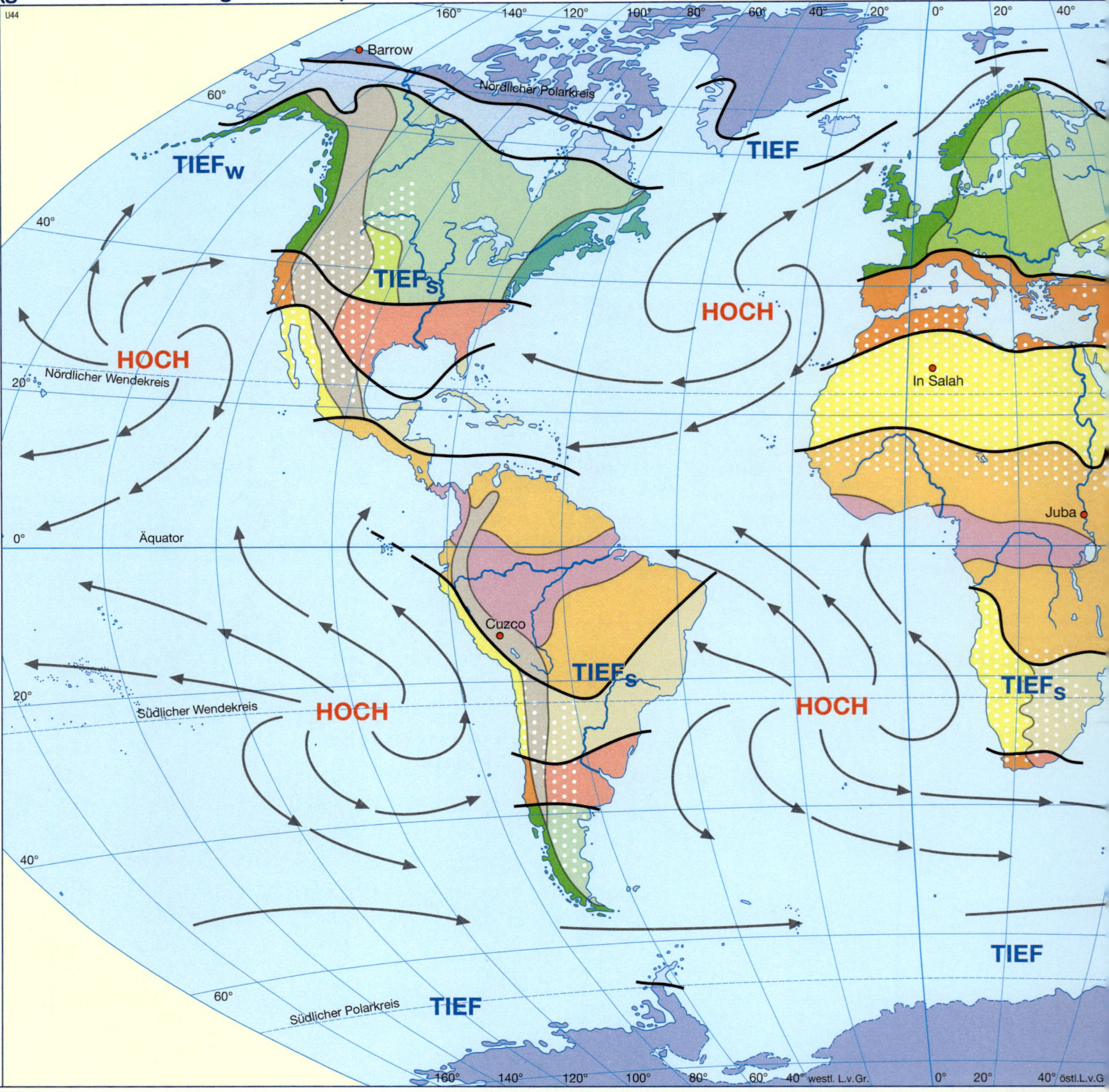

3 Niederschläge im Juli (Nordsommer / Südwinter)

Maßstab 1 : 180 000 000

Monatliche Niederschläge
- über 400 mm
- 300 – 400
- 200 – 300
- 100 – 200
- 50 – 100
- 25 – 50
- unter 25

nördliche innertropische Konvergenz (ITC) im Juli (nach Flohn)

weitere Erläuterungen siehe Karte 4

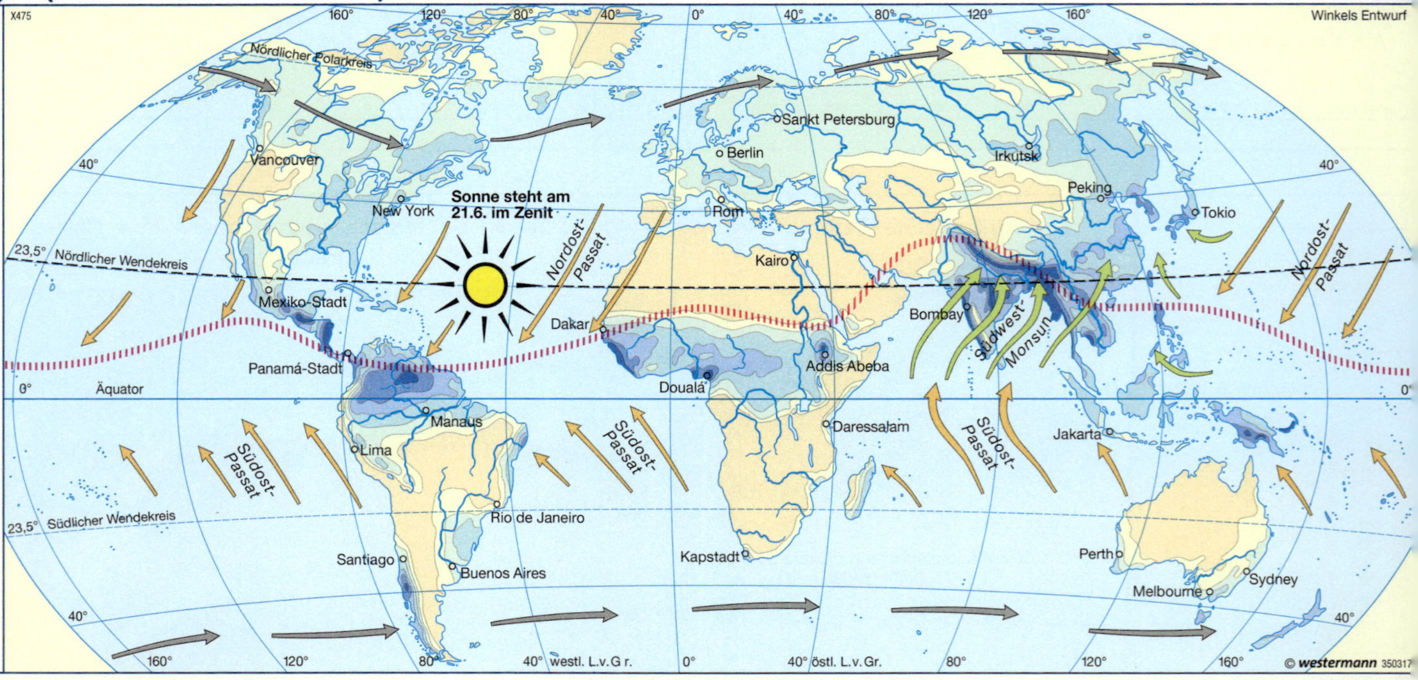

Tageslänge

Beleuchtung der Erde am 21. Juni

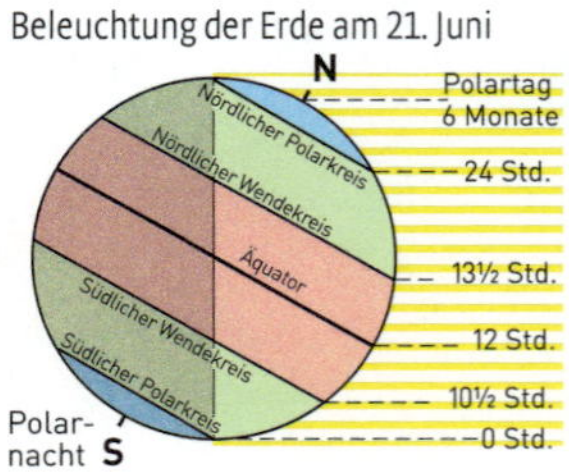

Maßstab 1 : 100 000 000

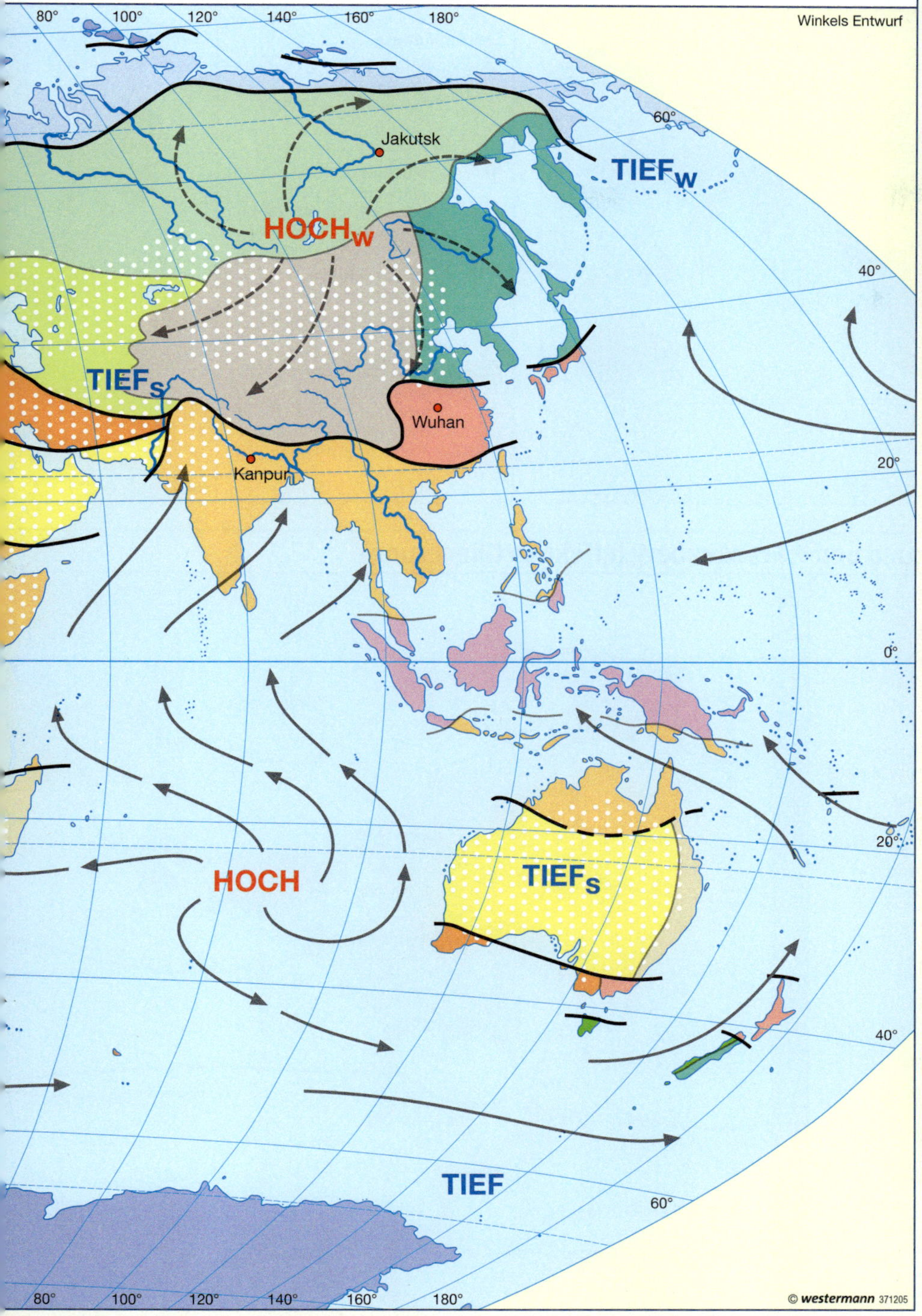

2 Schema der globalen Windzirkulation

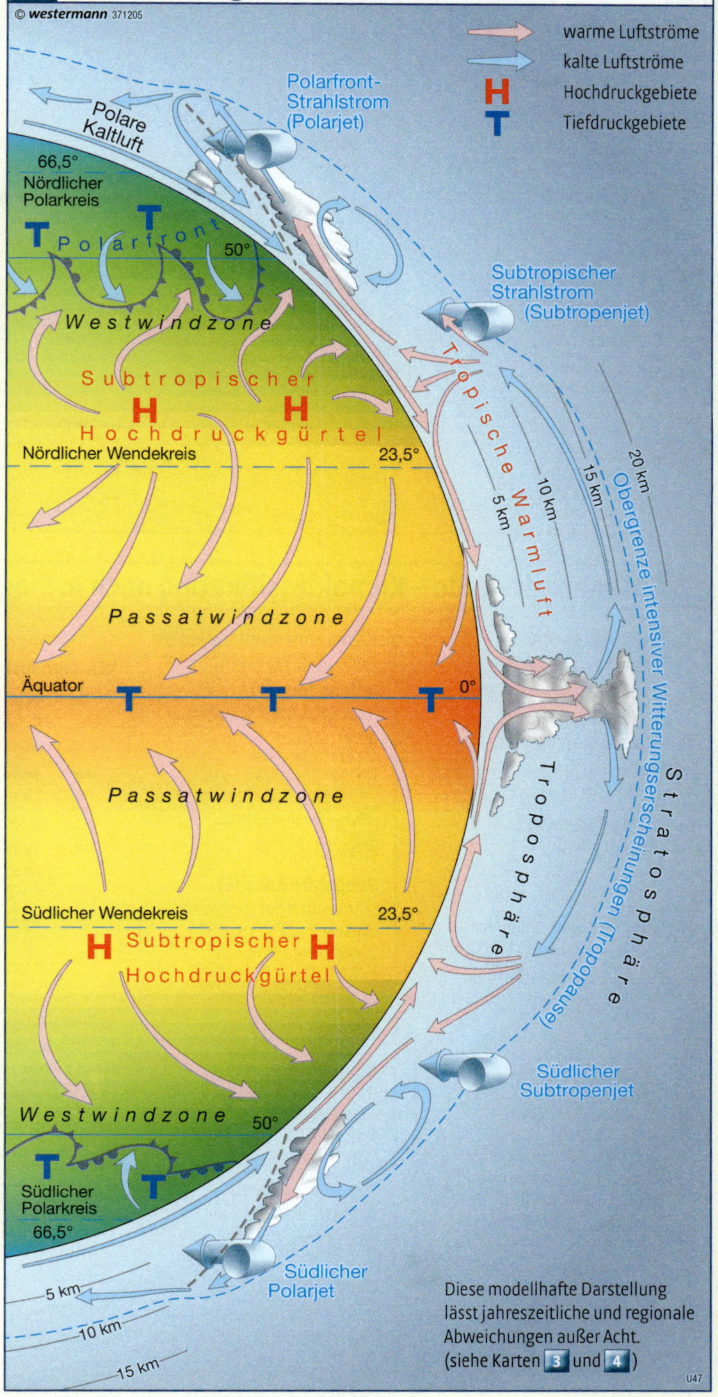

Diese modellhafte Darstellung lässt jahreszeitliche und regionale Abweichungen außer Acht. (siehe Karten 3 und 4)

4 Niederschläge im Januar (Nordwinter / Südsommer)

Maßstab 1 : 180 000 000

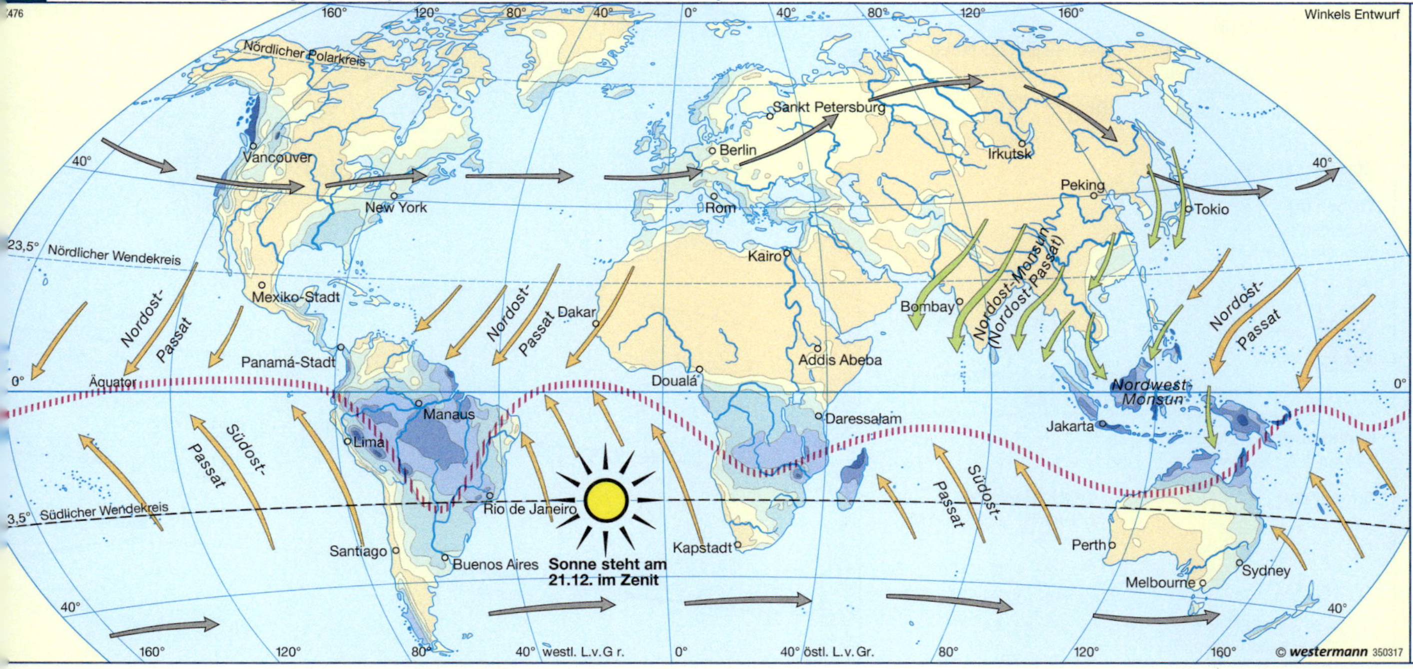

Die großen Windsysteme der Erde

- Passat
- Monsun
- Westwind der hohen nördlichen und südlichen Breiten
- südliche innertropische Konvergenz (ITC) im Januar (nach Flohn)

weitere Erläuterungen siehe Karte 3

Tageslänge
Beleuchtung der Erde am 21. Dezember

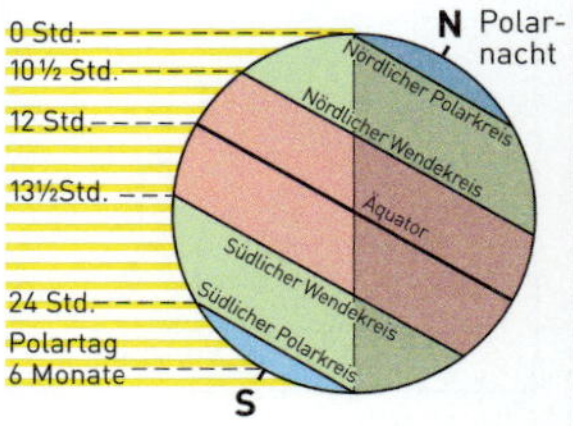

www.heimatundwelt.de HW-176

1 Thermische Klimazonen

Maßstab 1 : 250 000 000

Thermische Klimazonen werden nach der Jahresdurchschnittstemperatur abgegrenzt.

- **F** **Polare Zone** (Eiszone) Jahresmittel der Temperatur unter -10°C
- **E** **Subpolare Zone** (Kalte Zone) Jahresmittel der Temperatur zw. -10°C und 0°C
- **D** **Mittelbreiten** (Kühle Zone) Jahresmittel der Temperatur zw. 0°C und 12°C
- **C** **Subtropen** (Warme Zone) Jahresmittel der Temperatur zw. 12°C und 24°C
- **A** **Tropen** (Heiße Zone) Jahresmittel der Temperatur über 24°C

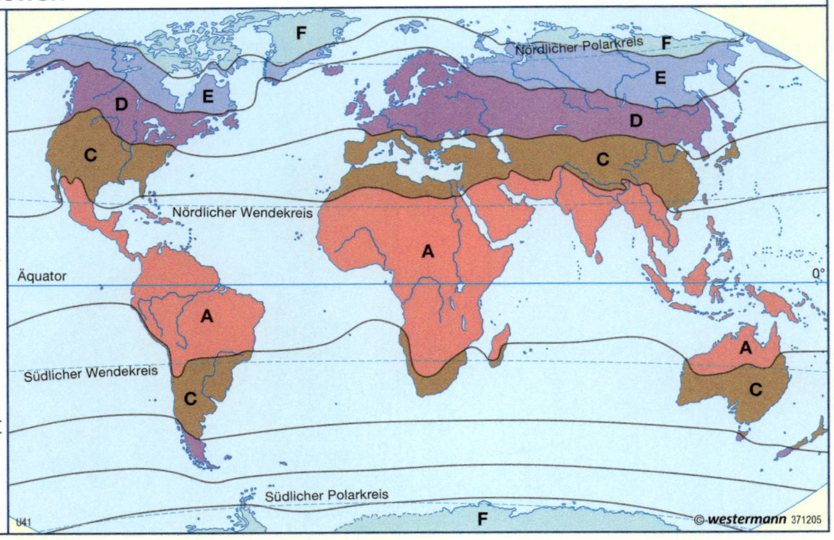

2 Extremklimate der Erde

Extremklimate

- **F** **Polare Zone** Jahresmittel der Termperatur unter -10°C (zu kalt für intensive landwirtschaftliche Nutzung)
- **B** **Trockenklimate** Jahresmittel des Niederschlags unter 250 mm (zu trocken für intensive landwirtschaftliche Nutzung)
- **Höhenklimate** (zu kalt für intensive landwirtschaftliche Nutzung)

Agrarklimate

- **Feuchtklimate** Jahresmittel des Niederschlags über 250 mm (Eignung für landwirtschaftliche Nutzung hängt von anderen Faktoren ab)

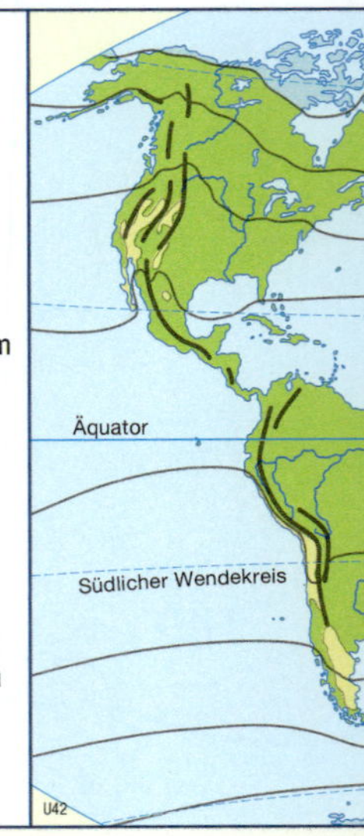

4 Klimate der Erde – Klimaklassifikation nach A. Siegmund und P. Frankenberg (effektive Gliederung)

U69a

Klimadiagramme

- Temperaturen im Monatsmittel
- Niederschläge im Monat insgesamt
- T: 16,8 °C Jahresdurchschnitt Temperatur
- N: 213 mm Jahressumme Niederschlag
- 7 m ü. M. Angabe in Meter über dem Meeresspiegel
- Fh Klimaschlüssel der jeweiligen Klimazone
- Cuzco zum Klimadiagramm gehöriger Ort in der Karte

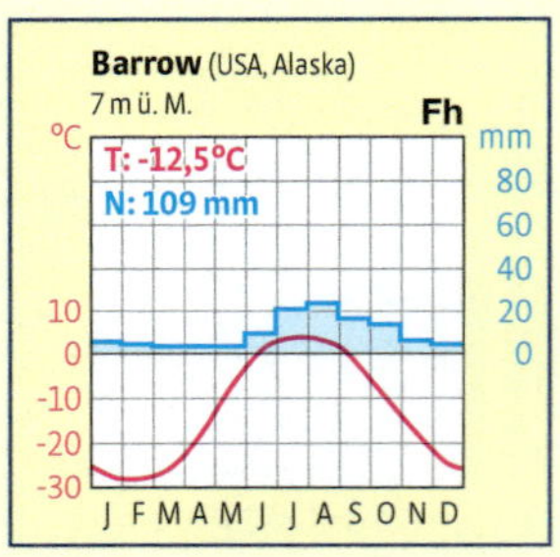

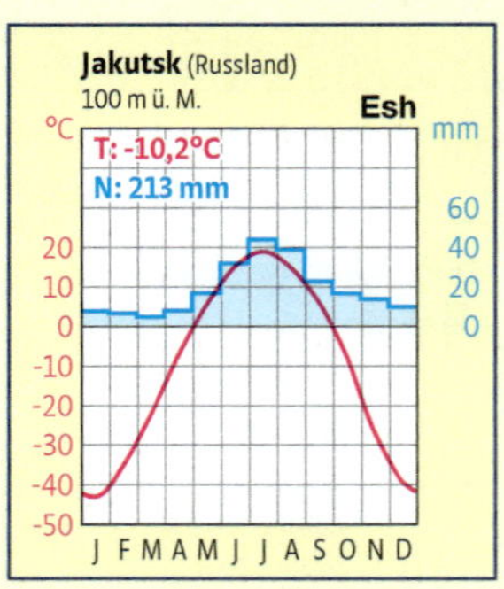

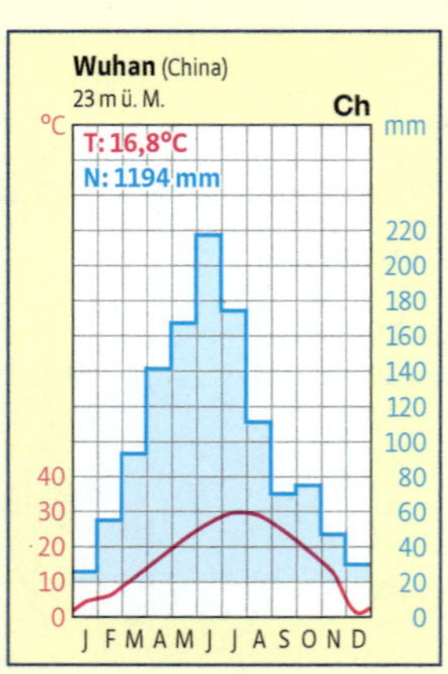

Klimazonen untergliedert nach dem Wasserhaushalt

Polare Zone (F)
Jahresmittel der Temperatur unter -10°C
(zu kalt für intensive landwirtschaftliche Nutzung)

Fsh	semihumid
Fh	humid

Subpolare Zone (E)
Jahresmittel der Temperatur zwischen -10°C und 0°C
(zu kalt für intensive landwirtschaftliche Nutzung)

Esh	semihumid
Eh	humid

Mittelbreiten (D)
(Gemäßigte Breiten)
Jahresmittel der Temperatur zwischen 0°C und 12°C

Da	arid
Dsa	semiarid
Dsh	semihumid
Dh	humid

Subtropen (C)
Jahresmittel der Temperatur zwischen 12°C und 24°C

Ca	arid
Csa	semiarid
Csh	semihumid
Ch	humid

Trockenklimate (B)
Jahresmittel des Niederschlags unter 250 mm
(zu trocken für intensive landwirtschaftliche Nutzung)

Ba	arid
Bsa	semiarid

Tropen (A)
Jahresmittel der Temperatur über 24°C

Aa	arid
Asa	semiarid
Ash	semihumid
Ah	humid

Wasserhaushalt

a	**arid** (trocken, 0 – 2 humide Monate)
sa	**semiarid** (wechseltrocken, 3 – 5 humide Monate)
sh	**semihumid** (wechselfeucht, 6 – 9 humide Monate)
h	**humid** (feucht, 10 – 12 humide Monate)

Wärmehaushalt/ Kontinentalität
(außerhalb der Tropen)

- maritim
- kontinental
- hochkontinental

Jahresschwankung der monatlichen Durchschnittstemperaturen

maritim	unter 20°C
kontinental	20°C bis 40°C
hochkontinental	über 40°C

Höhenklimate

- Höhenklimate des jeweiligen Klimatyps

Lesebeispiel für einen Klimatyp:

Dsh semihumides, maritimes Klima der Mittelbreiten

Winterregengebiete im Mittelmeerraum siehe Seite 61 4

Klimamotor Meeresströmungen
dargestellt für den Nordwinter / Südsommer

Temperatur

- warm
- kühl
- kalt
- Küstennebel (Winter/Sommer)

Geschwindigkeit
in Seemeilen (sm) pro 24 Std.
(1 sm = 1852 m)

- über 24
- 12 – 24
- 6 – 12

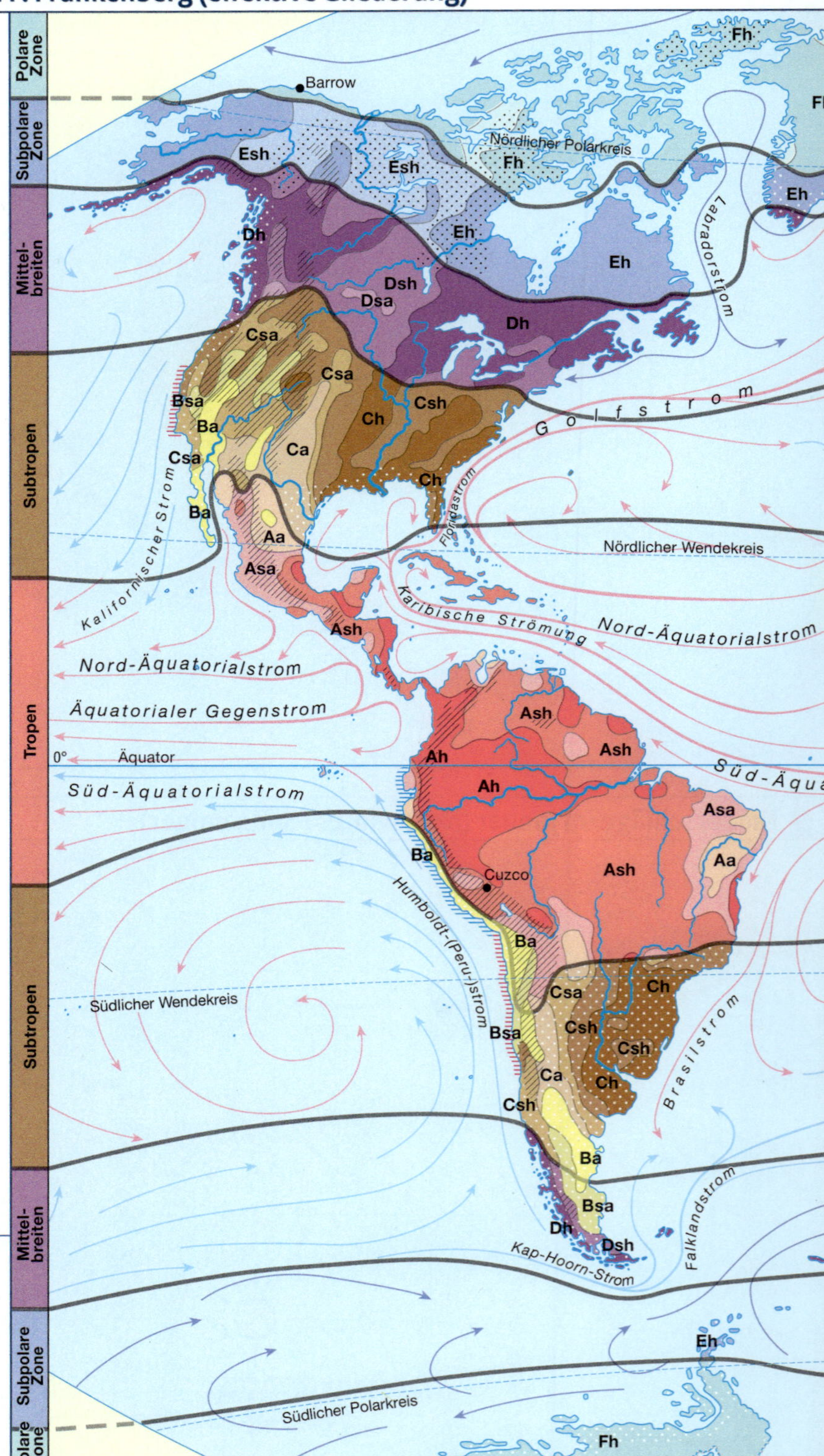

Maßstab 1 : 250 000 000

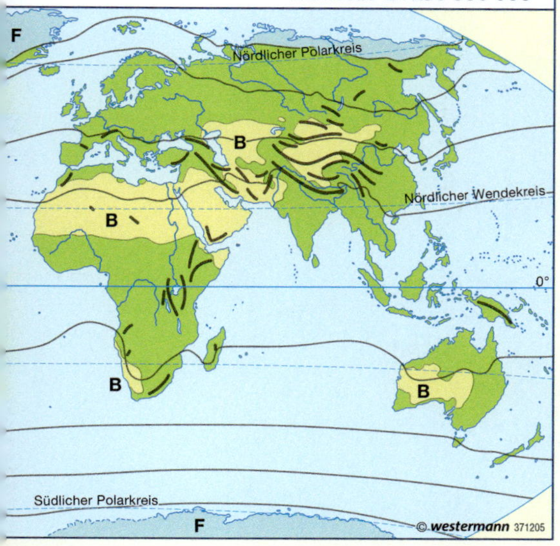

3 Jahreszeitenklima und Tageszeitenklima

Maßstab 1 : 250 000 000

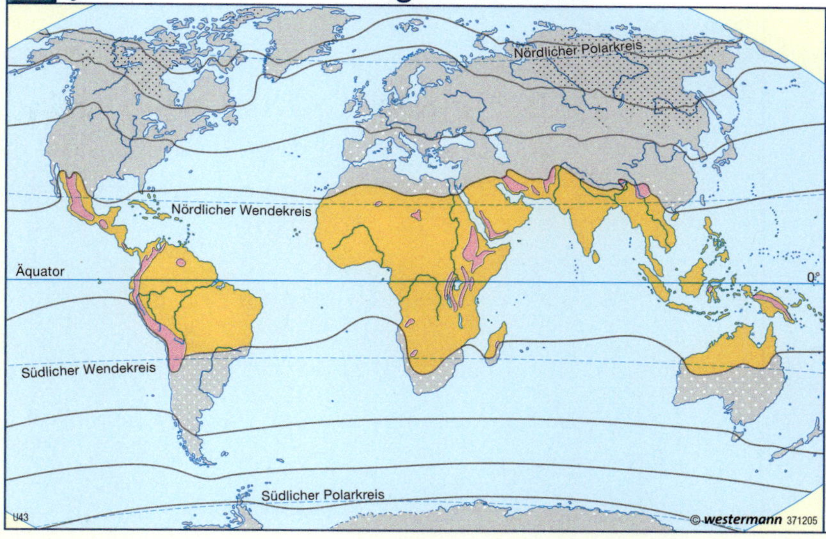

Jahreszeitenklimate außerhalb der Tropen

Innerhalb des Jahres beträgt der Unterschied zwischen dem Monat mit der höchsten und dem mit der niedrigsten Durchschnittstemperatur beim

- maritimen Klima bis zu 20°C
- kontinentalen Klima 20°C bis 40°C
- hochkontinentalen Klima über 40°C

Tageszeitenklimate der Kalt- und Warmtropen

- Kalttropen (über 1600 m kann Frost auftreten)
- Warmtropen (Frost tritt nie auf)

Maßstab 1 : 90 000 000

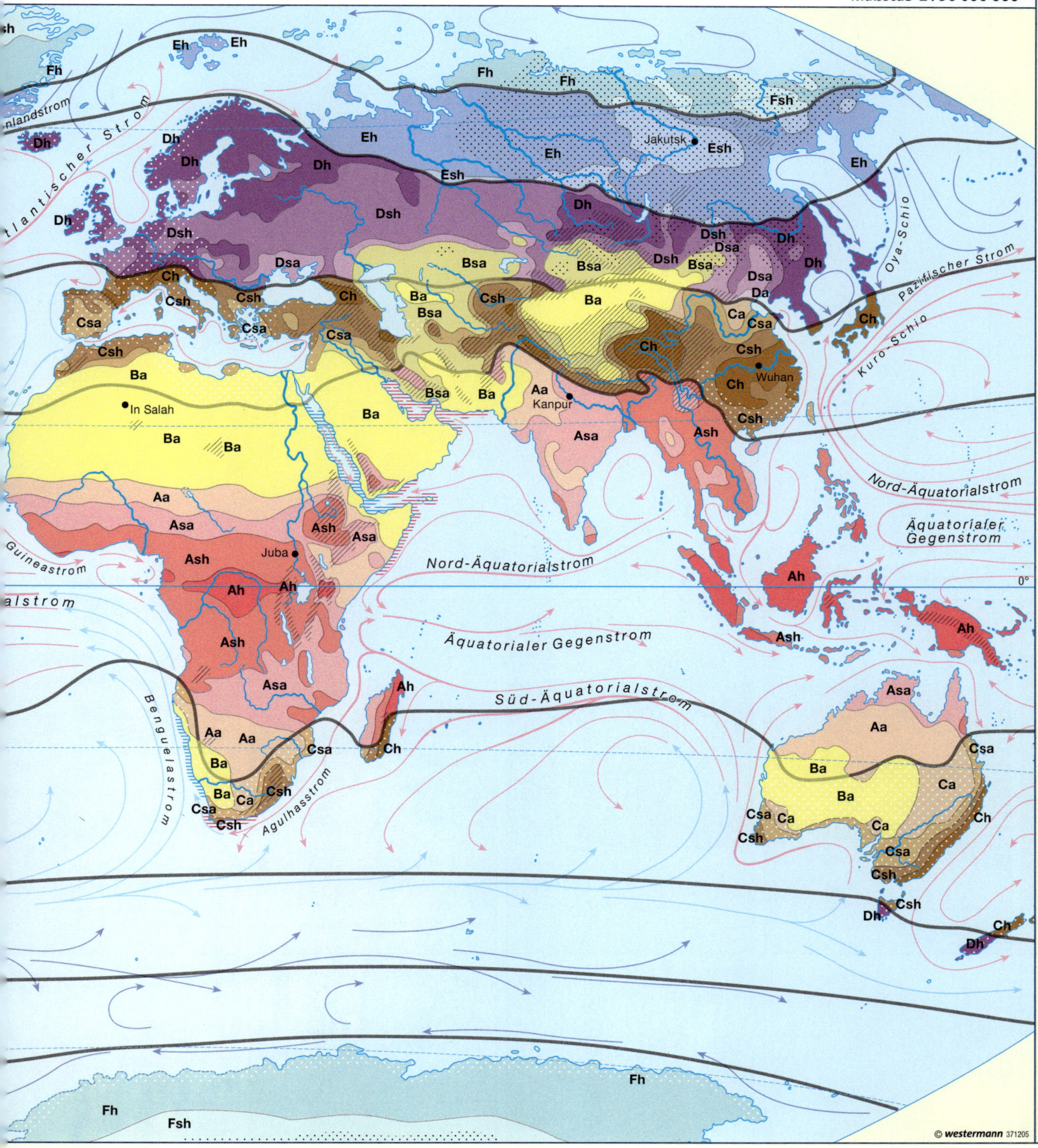

Klimadiagramme zu Europa auf den Seiten 60/61

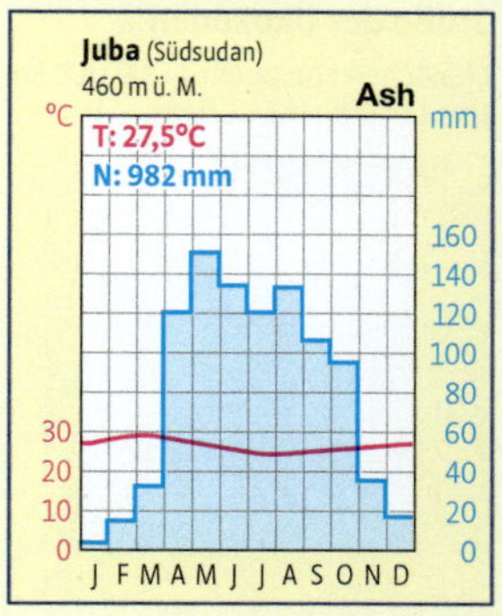

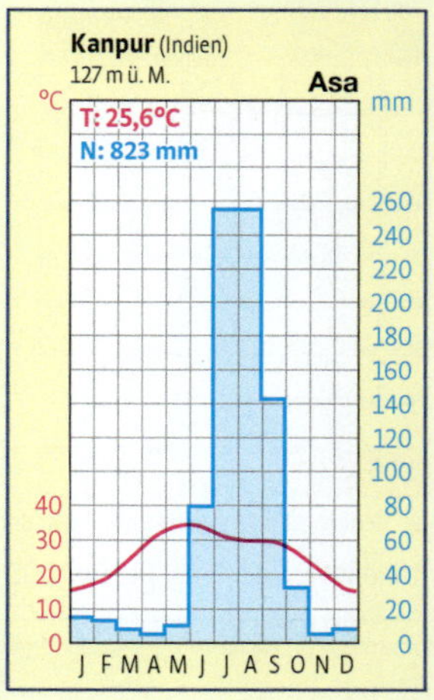

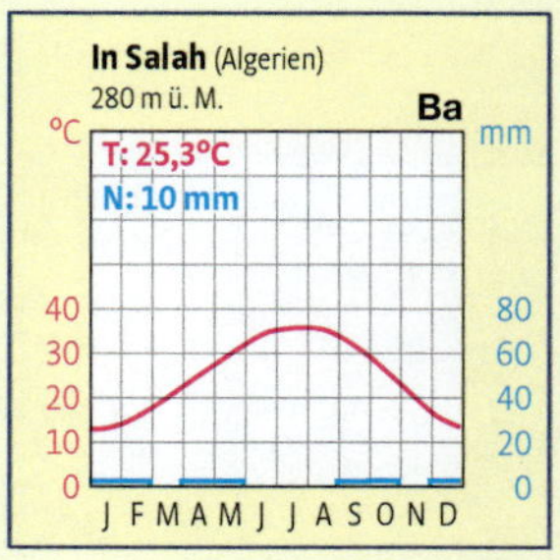

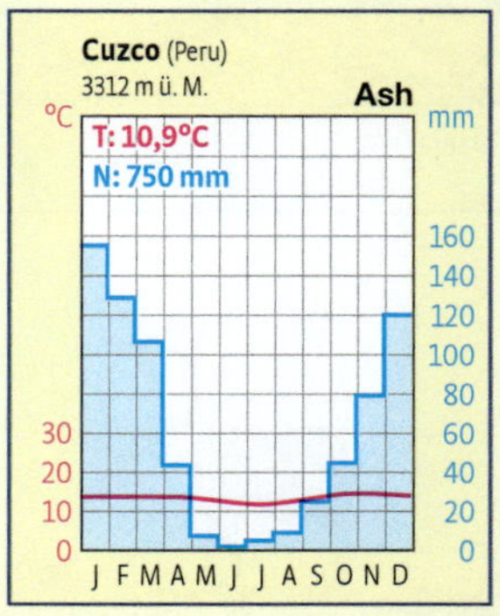

Ökozonen / Vegetation

Waldlandschaften
- nördlicher Nadelwald
- sommergrüner Laub- und Mischwald, Gebirgsnadelwald
- Feuchtwald
- Hartlaubgehölz
- Monsunwald und Regenwald

offene Landschaften
- polare Kältewüste
- Tundra
- Steppe und Hochgebirgsgrasland
- Dornstrauchsavanne
- Trockensavanne
- Feuchtsavanne
- Halbwüste und Wüste

Kulturland
- Ackerbau, Grünland

Größe der Ökozonen
1 Kästchen entspricht 1 000 000 km², also 1 000 km x 1 000 km.

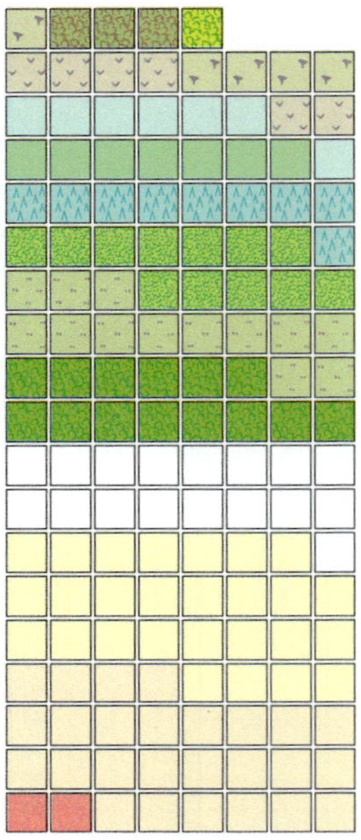

▲ Siedlungsfläche (in der Karte nicht dargestellt)

(Landflächen der Erde: 148 900 000 km²)

Tundra

nördlicher Nadelwald

sommergrüner Laub- und Mischwald

Steppe und Hochgebirgsgrasland

Hartlaubgehölze

Halbwüste und Wüste

Dornstrauchsavanne

Trockensavanne

Feuchtsavanne

Monsunwald und Regenwald

1 Erde bei Nacht

Maßstab 1 : 140 000 000

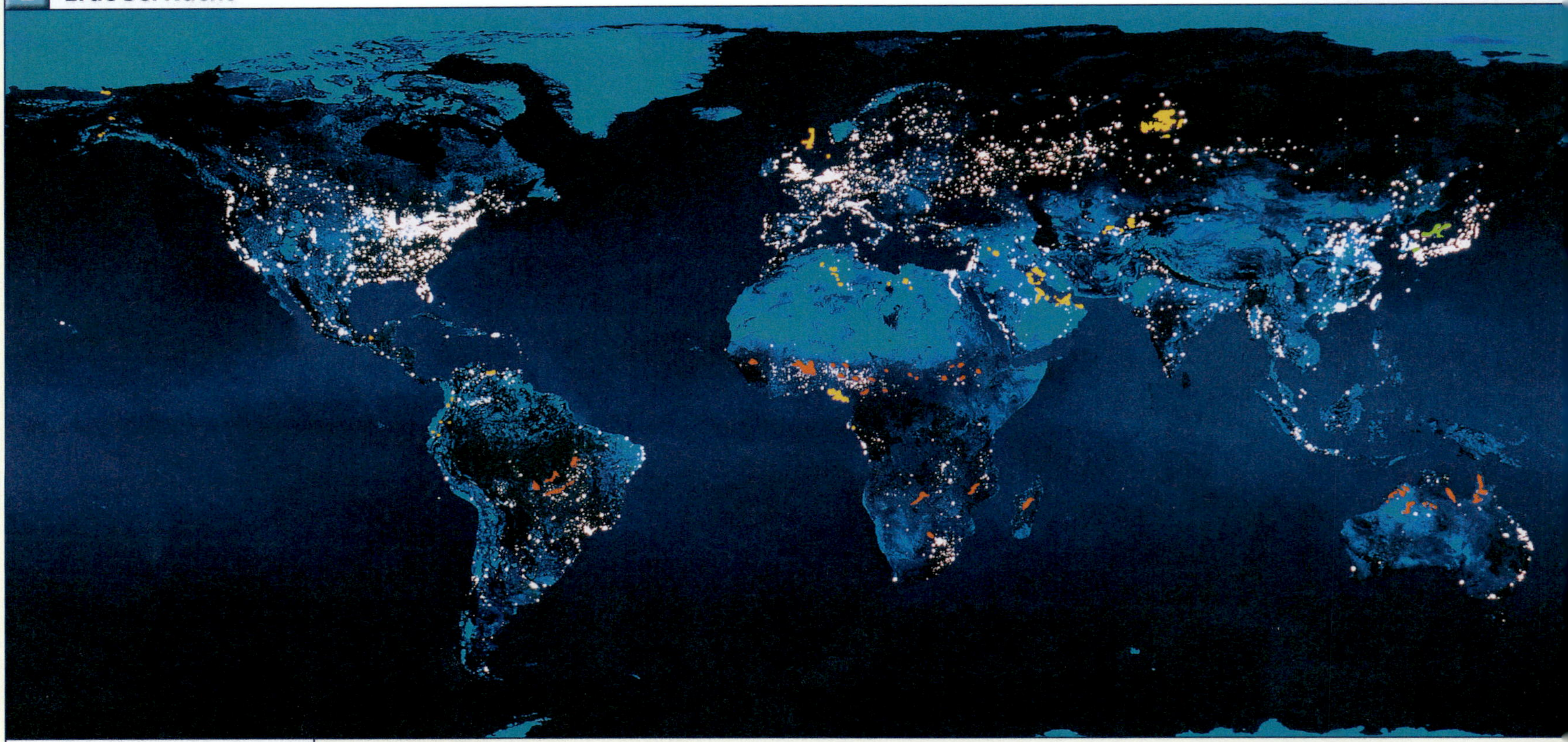

Lichtquellen
- Wald- und Buschbrände
- Erdöl- und Erdgasfackeln
- Beleuchtung
- Lichtfischerei

2 Treibhausgas Kohlenstoffdioxid

Maßstab 1 : 140 000 000

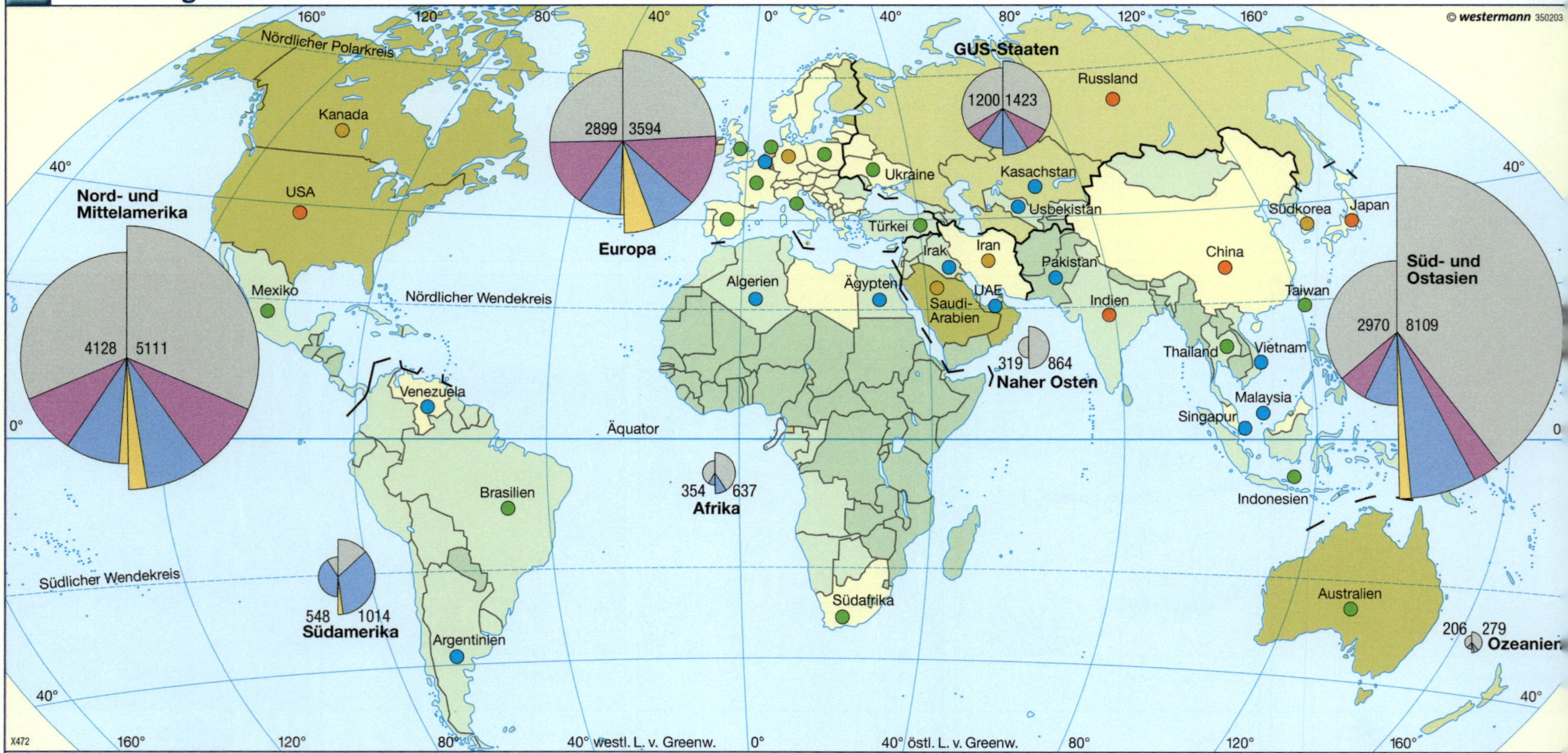

CO_2-Emission pro Einwohner (in Tonnen je Einwohner, 2011)
- unter 1
- 1 – 5
- 5 – 10
- 10 – 15
- über 15

Bei einem Flug von Berlin nach London und zurück werden pro Kopf 1,2 t CO_2 emittiert. Im Emissionshandel kostet das ca. 20 Euro. Dafür können in Südostasien etwa 100 m² Ödland renaturiert werden.

CO_2-Emission absolut (in Mio. Tonnen, 2011)
- 100 – 250
- 250 – 500
- 500 – 1000
- über 1000

Stromerzeugung (in Mrd. kWh/Jahr)

1995 2011
- fossile Energieträger (CO_2-Emission bei Verbrennung)
- Kernkraft
- Wasserkraft
- erneuerbare Energieträger (außer Wasserkraft)
- Regionsgrenze

Treibhausgasemissionen nach Quelle (2011)
(Treibhausgase sind CO_2, CH_4, N_2O, FKW, SF_6)

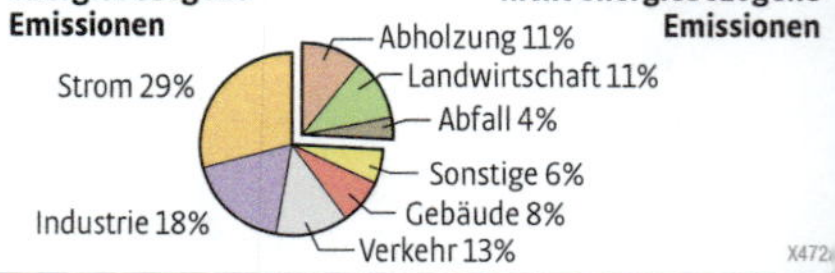

3 Landschaftswandel

Maßstab 1 : 140 000 000

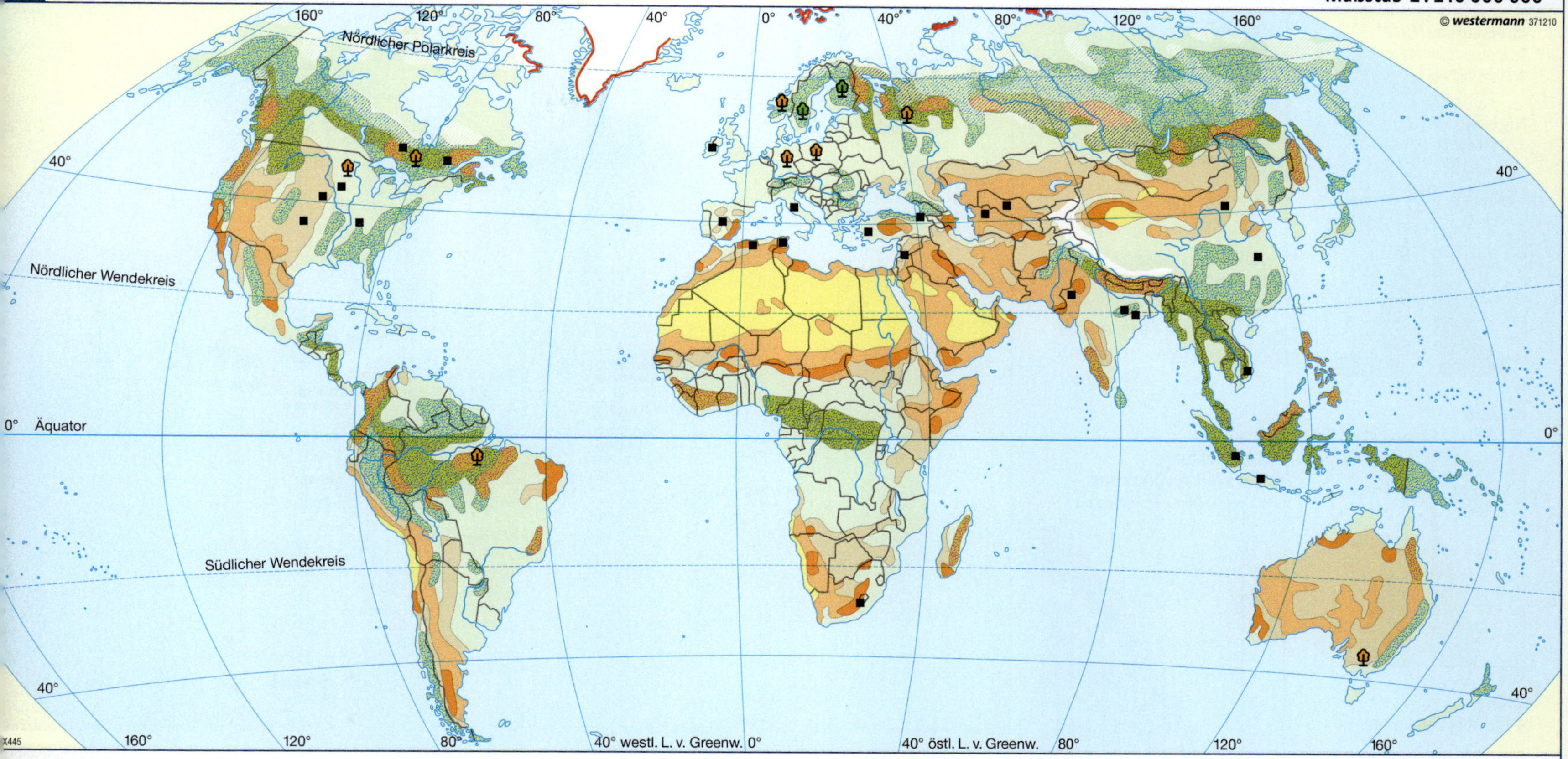

Waldrückgang

Bedrohung der Wälder durch Holzeinschlag und Brandrodung

- Wald ist stark betroffen
- betroffen
- wenig betroffen

Waldsanierung

- ■ umfangreiche Aufforstung

Nachhaltige Waldwirtschaft

- 5 – 50 Mio. ha
- 50 – 100 Mio. ha

Desertifikation (Wüstenbildung)

Trockenwüsten und deren Ausbreitung durch Dürre, Überweidung und unsachgemäßen Ackerbau

- Trockenwüste
- Gebiet ist stark betroffen, Verschlechterung des Bodens
- betroffen
- gefährdet

Kältewüsten und deren Rückgang durch ansteigende Temperaturen (Treibhauseffekt)

- Kältewüste (Inlandeis, Gletscher)
- Gebiet ist stark von Eisabschmelzung betroffen
- Gebiet mit tauendem Permafrostboden (Methanemissionen)

4 Fleischproduktion / Fischfang

Maßstab 1 : 140 000 000

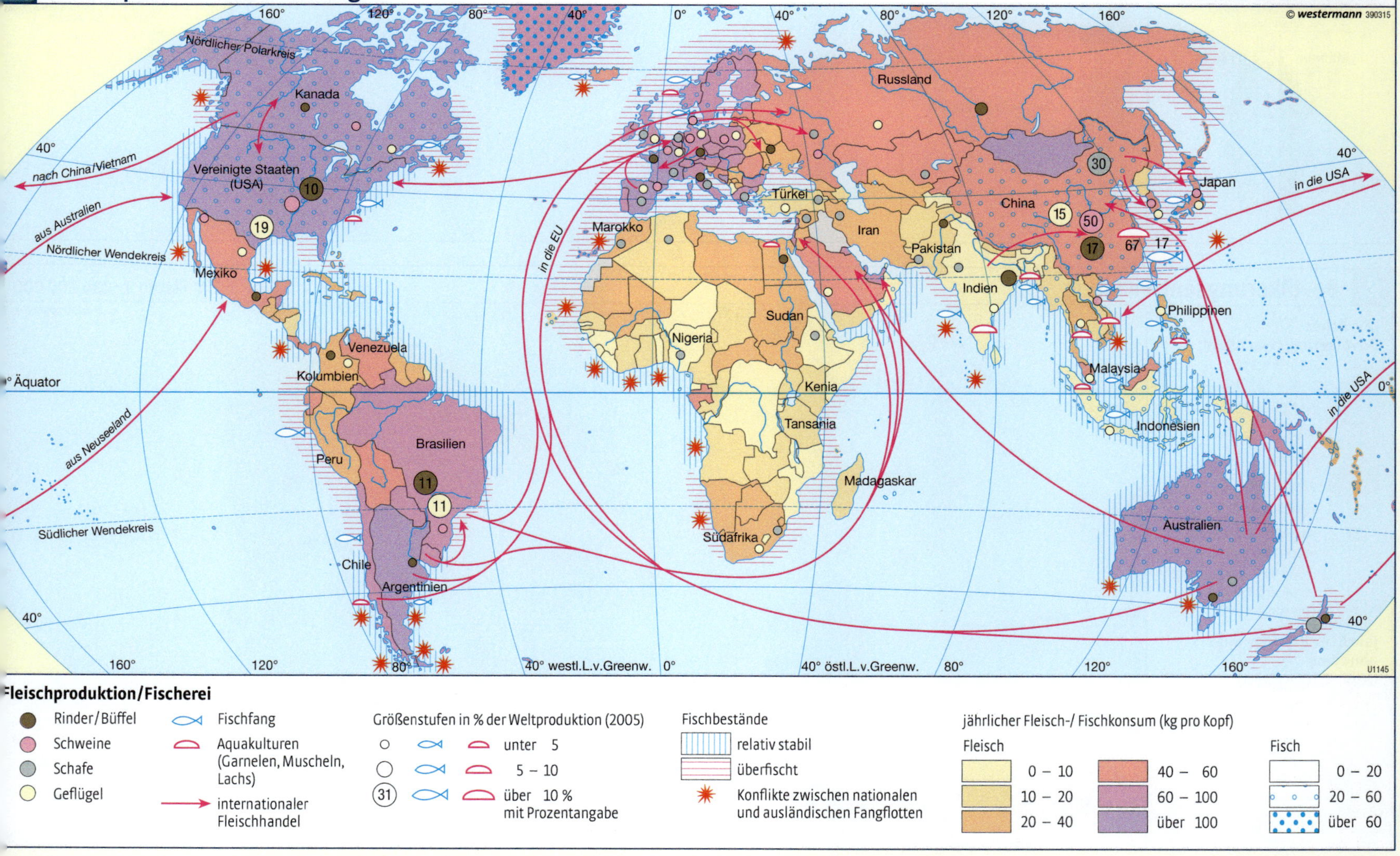

Fleischproduktion/Fischerei

- Rinder/Büffel
- Schweine
- Schafe
- Geflügel
- Fischfang
- Aquakulturen (Garnelen, Muscheln, Lachs)
- internationaler Fleischhandel

Größenstufen in % der Weltproduktion (2005)

- unter 5
- 5 – 10
- über 10 % mit Prozentangabe (31)

Fischbestände

- relativ stabil
- überfischt
- Konflikte zwischen nationalen und ausländischen Fangflotten

jährlicher Fleisch-/ Fischkonsum (kg pro Kopf)

Fleisch		Fisch
0 – 10	40 – 60	0 – 20
10 – 20	60 – 100	20 – 60
20 – 40	über 100	über 60

1 Bevölkerungsdichte und Megastädte

Altersaufbau (2012)
5-Jahresgruppen in Prozent der Bevölkerung

Nigeria
170 Millionen Einwohner

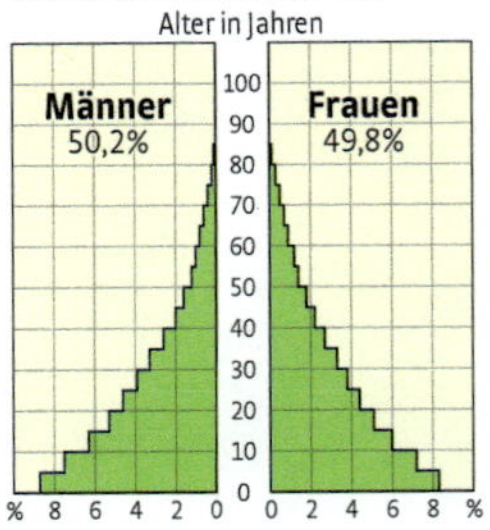

Mexiko
111 Millionen Einwohner

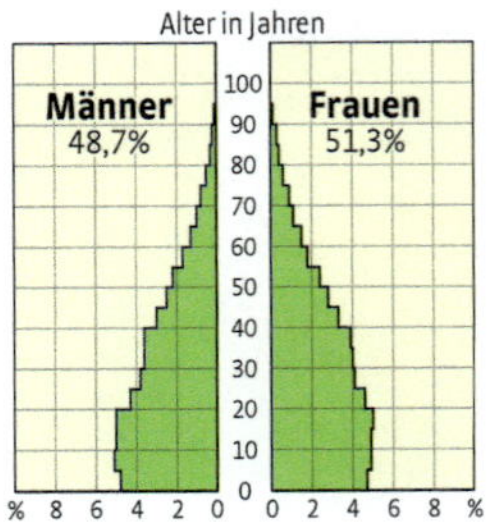

China
1 346 Millionen Einwohner

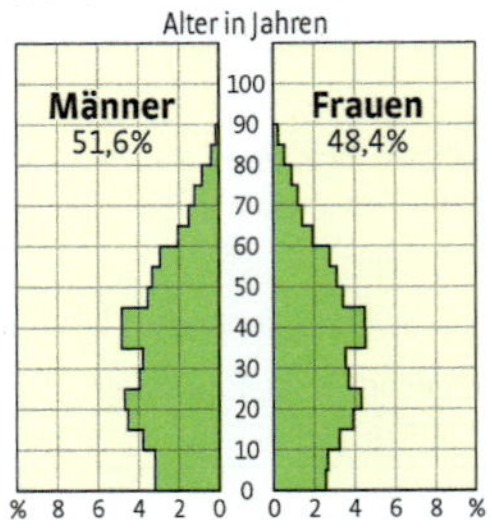

Japan
128 Millionen Einwohner

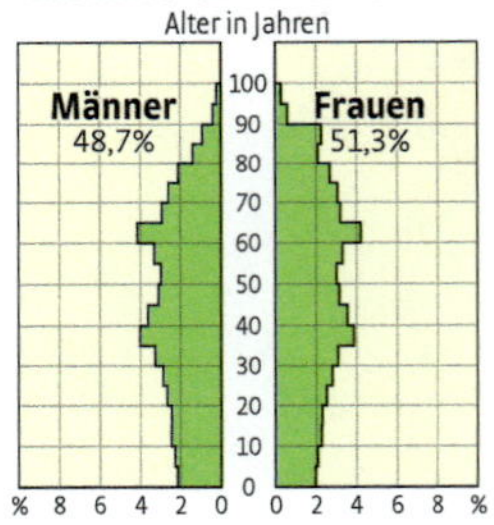

X412_1a

Einwohner je km²

- über 200
- 100 – 200
- 50 – 100
- 25 – 50
- 10 – 25
- 1 – 10
- unter 1

Millionenstädte (2014)
Städtische Agglomeration mit

- über 10 000 000 (Megastädte)
- 5 000 000 – 10 000 000 Einwohnern

Entwicklung der Weltbevölkerung

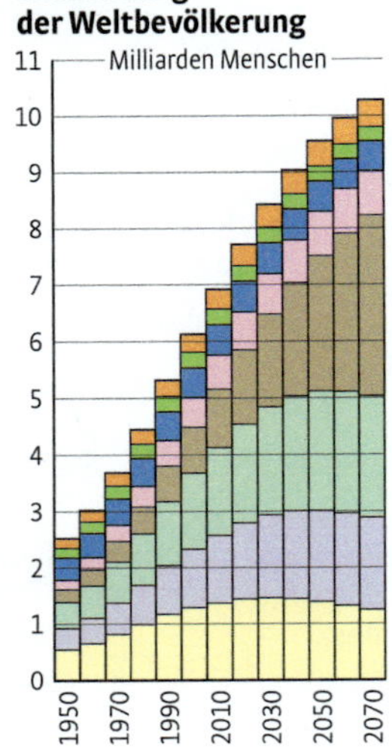

Länder und Ländergruppen

- USA und Kanada
- GUS-Staaten
- Europa
- Mittel- und Südamerika
- Afrika
- übriges Asien/Ozeanien
- Indien
- China

X412_1b

A	Österreich
BG	Bulgarien
CZ	Tschechische Republik
D	Deutschland
DK	Dänemark
GE	Georgien
GR	Griechenland
H	Ungarn
K	Kambodscha
RO	Rumänien
TJ	Tadschikistan
UAE	Vereinigte Arabische Emirate
UK	Großbritannien

2 Bevölkerungsentwicklung

Maßstab 1 : 180 000 000

Jährliches Bevölkerungswachstum
(2010 – 2012 in Prozent; Weltdurchschnitt = 1,2 %/Jahr)

- bis 1,0
- 1,0 – 2,0
- 2,0 – 3,0
- 3,0 und mehr
- keine Angabe
- **27** jährliche Veränderung in 100 000 Einwohner (2010 – 2012, nur Staaten mit über 20 Millionen Einwohnern)

Jährliche Bevölkerungsabnahme
(2010 – 2012 in Pozent)

- 0 bis -1,0

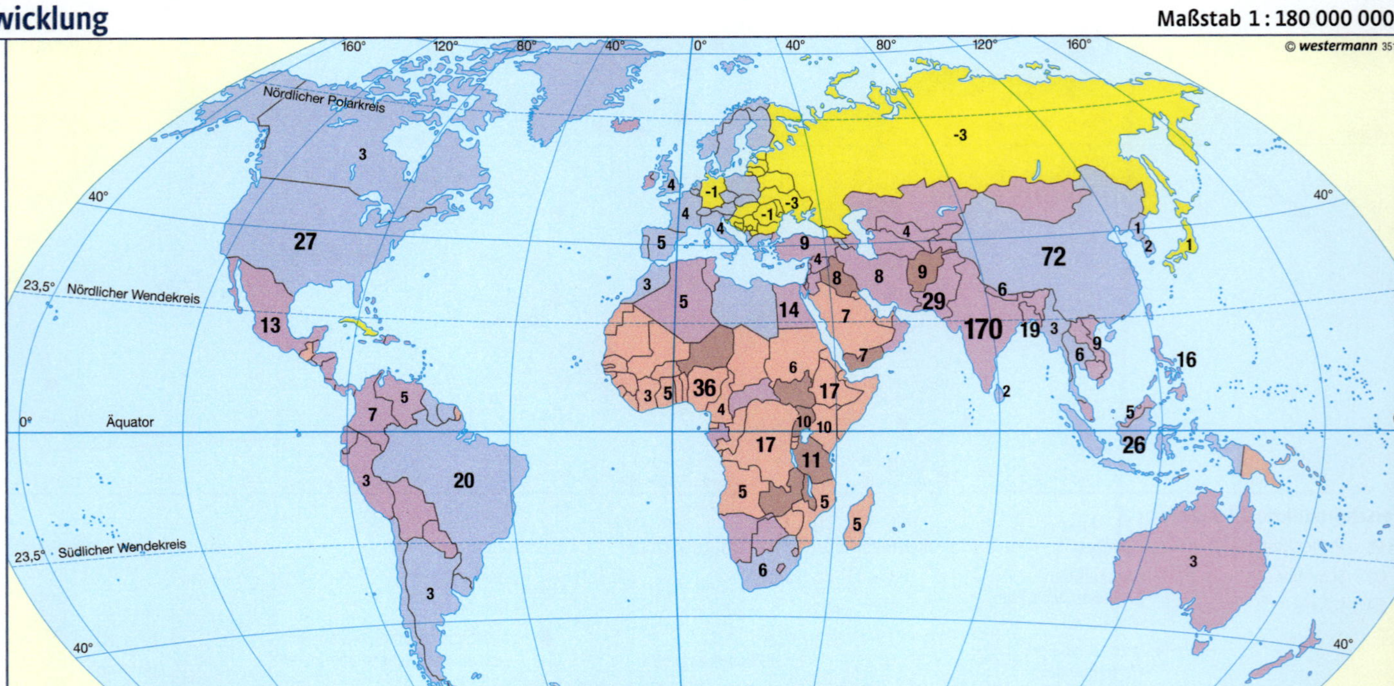

Maßstab 1 : 90 000 000

3 Religionen

Maßstab 1 : 180 000 000

Christentum
- Katholiken
- Protestanten
- Orthodoxe und Orientale

Islam
- Sunniten
- Schiiten
- Wahhabiten u. a.

Judentum
- Juden
- Ort mit bedeutender jüdischer Gemeinde

Buddhismus
- nördliche und südliche Buddhisten
- Lamaisten
- Hindus
- Konfuzianer, Taoisten
- Schintoisten
- Naturreligionen
- Pilgerzentrum

1 Lebensbedingungen

Maßstab 1 : 140 000 000

Lebensbedingungen (Menschlicher Entwicklungsindex HDI, 2010)

- sehr gut (hochentwickeltes Land)
- gut (entwickeltes Land z.T. Schwellenländer)
- mittelmäßig (z.T. Entwicklungsländer)
- schlecht (Entwicklungsländer)
- keine Angaben

Zur Berechnung des menschlichen Entwicklungsindex (engl. Human Development Index – HDI) werden folgende Merkmale herangezogen:

1. Lebenserwartung
2. Mittlere Zahl an Schuljahren und mittlere Dauer der gesamten Ausbildung (Jahre)
3. Bruttonationaleinkommen pro Einwohner (nach Kaufkraft, in US-Dollar)

Der HDI-Wert liegt immer zwischen 0 und 1.

HDI-Rang	Land	HDI 2010
1.	Norwegen	0,938
4.	Vereinigte Staaten von Amerika	0,902
10.	Deutschland	0,885
65.	Russische Föderation	0,719
89.	China	0,663
119.	Indien	0,519
169.	Simbabwe	0,140

2 Wirtschaftskraft

Maßstab 1 : 140 000 000

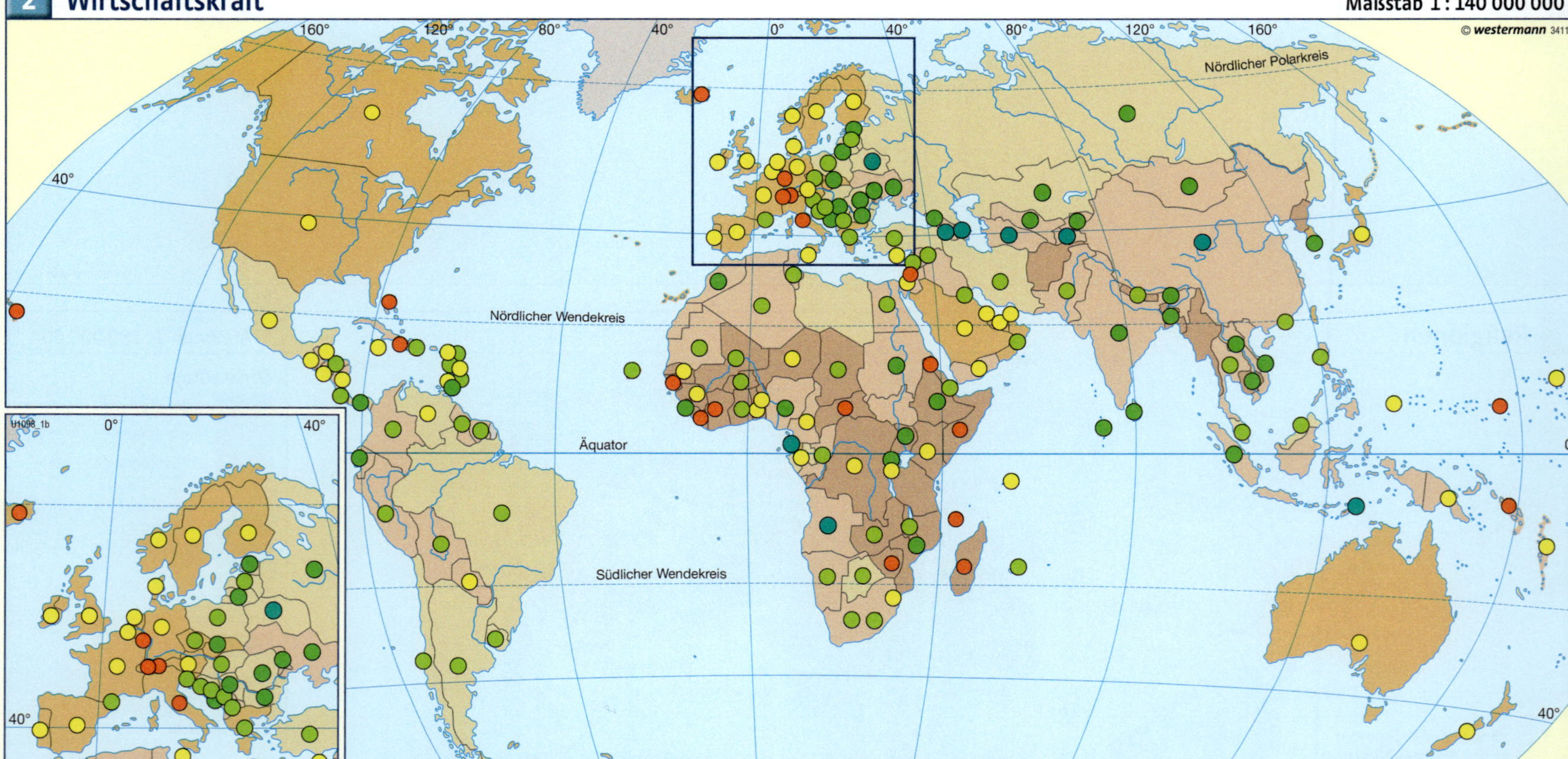

Bruttonationaleinkommen (BNE, 2008)
(in US-Dollar pro Einwohner, Weltdurchschnitt = 10 631 US-Dollar)

- hohes Einkommen (über 20 000 US-Dollar)
- oberes mittleres Einkommen (10 000 – 20 000 US-Dollar)
- unteres mittleres Einkommen (2 000 – 10 000 US-Dollar)
- niedriges Einkommen (unter 2 000 US-Dollar)

Veränderung des Bruttonationaleinkommens (BNE) 2000 – 2008
(in Prozent, Weltdurchschnitt = 45%)

- über 100 %
- 46 – 100 %
- 21 – 45 %
- 0 – 20 %
- unter 0 %

BNE-Veränderung 1995 – 2009 in Deutschland und China

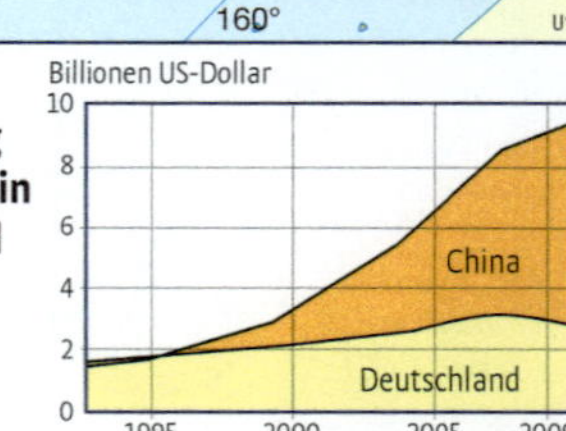

3 Lebenserwartung und Säuglingssterblichkeit

Maßstab 1 : 140 000 000

Lebenserwartung 2010

- unter 50 Jahre
- 50 – 59
- 60 – 69
- 70 – 79
- 80 Jahre und älter
- keine Angabe

Durchschnittliche Lebenserwartung der Weltbevölkerung 2010 (in %)

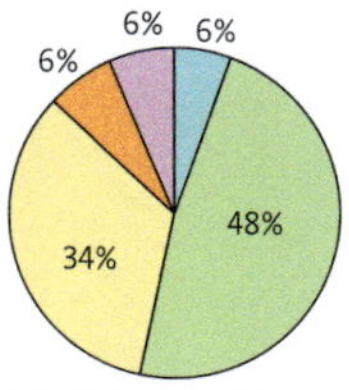

Säuglingssterblichkeit 2010
(je 1 000 Geburten)

- unter 10
- 10 – 49
- 50 – 99
- über 100

Anteil der Kinder (bis 14 Jahre) and der Gesamt-bevölkerung 2010 (in %)

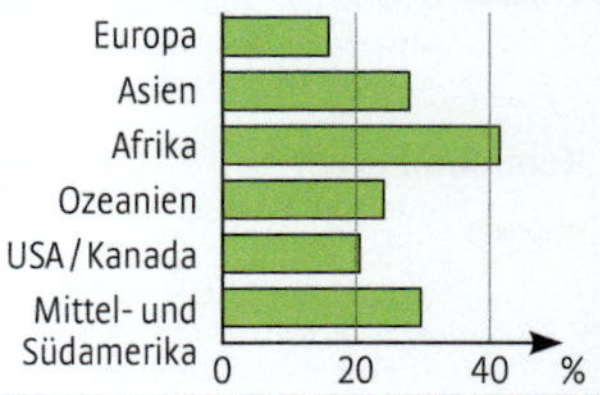

4 Alphabetismus und Ernährung

Maßstab 1 : 140 000 000

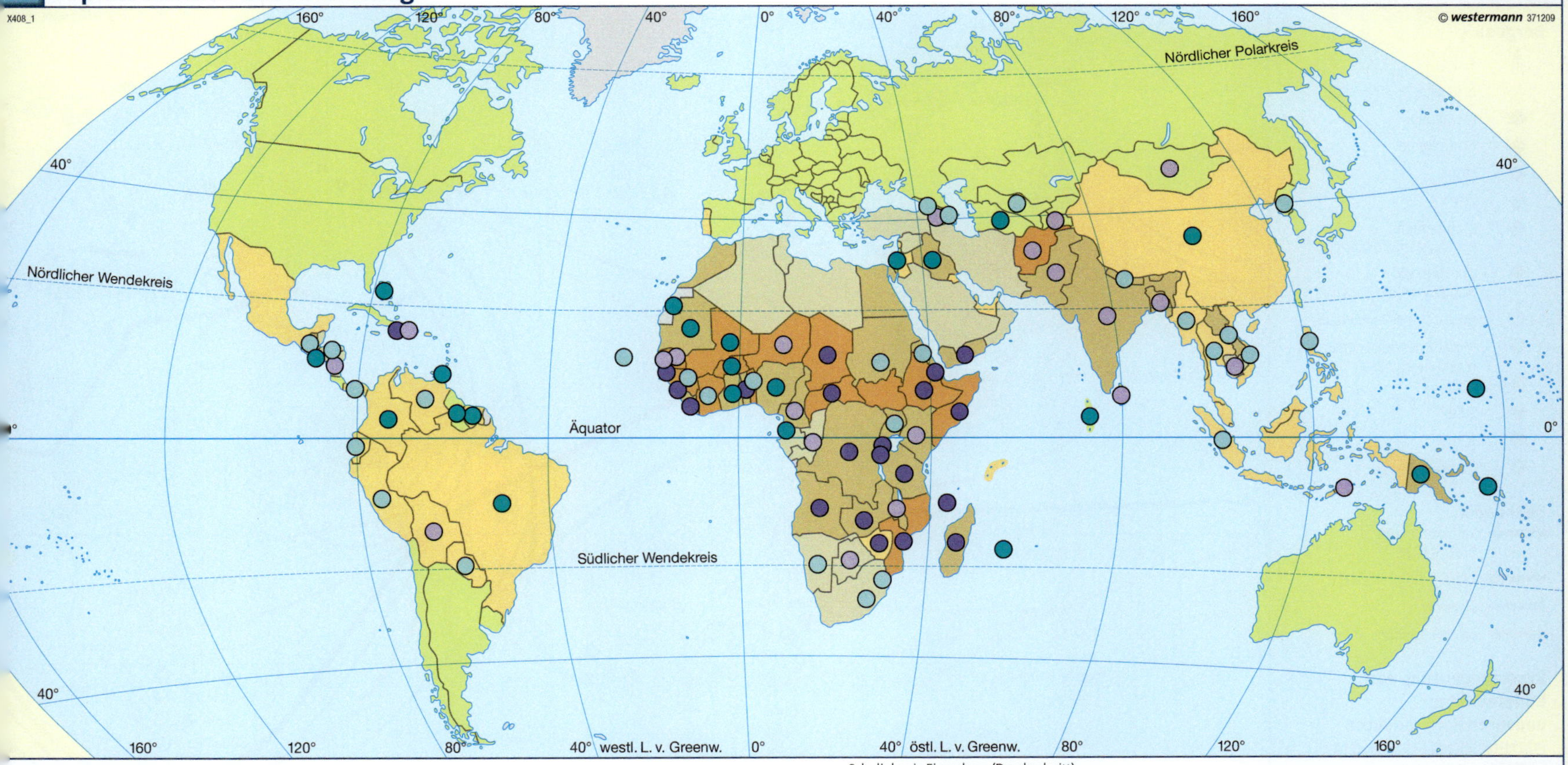

Lese- und Schreibkundige 2010
(Anteil der Landesbevölkerung über 14 Jahre in Prozent)

- bis 50
- 50 – 75
- 75 – 90
- 90 – 95
- über 95
- keine Angaben

Entwicklung des durchschnittlichen Schulbesuchs in Deutschland und China 1980 – 2010
Grundlage: Gesamtbevölkerung

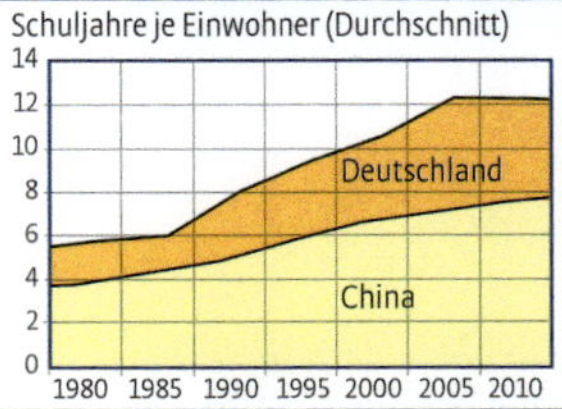

Unterernährte 2004 – 2006
(Anteil der Landesbevölkerung in Prozent)

- über 30%
- 21 – 30%
- 11 – 20%
- 6 – 10%

www.heimatundwelt.de
HW-186

1 Wirtschaftsbündnisse und Kommunikation

Wirtschaftszentrum
- global bedeutendes Zentrum (Weltstadt, Global City)
- kontinental bedeutendes Zenrum
- Steuerparadies

Wirtschaftsbündnisse
- Europäische Union (EU)
- Organisation für wirtschaftliche Zusammenarbeit und Entwicklung (Organisation for Economic Cooperation and Development = OECD)
- Organisation Erdöl exportierender Länder (Organization of the Petroleum Exporting Countries = OPEC)
- Nordamerikanische Freihandelszone (North American Free Trade Agreement = NAFTA)
- Gemeinsamer Südamerikanischer Markt (Mercado Común del Cono Sur = Mercosur)
- Entwicklungsgemeinschaft Südliches Afrika (Southern African Development Community = SADC)
- Gemeinschaft Unabhängiger Staaten (GUS)
- Verband Südost-asiatischer Staaten (Association of Southeast Asian Nations = ASEAN)

Kommunikation
- interkontinentale Datenströme (Telefongespräche, Routen mit über 100 Millionen Minuten Telekommunikation im Jahr)

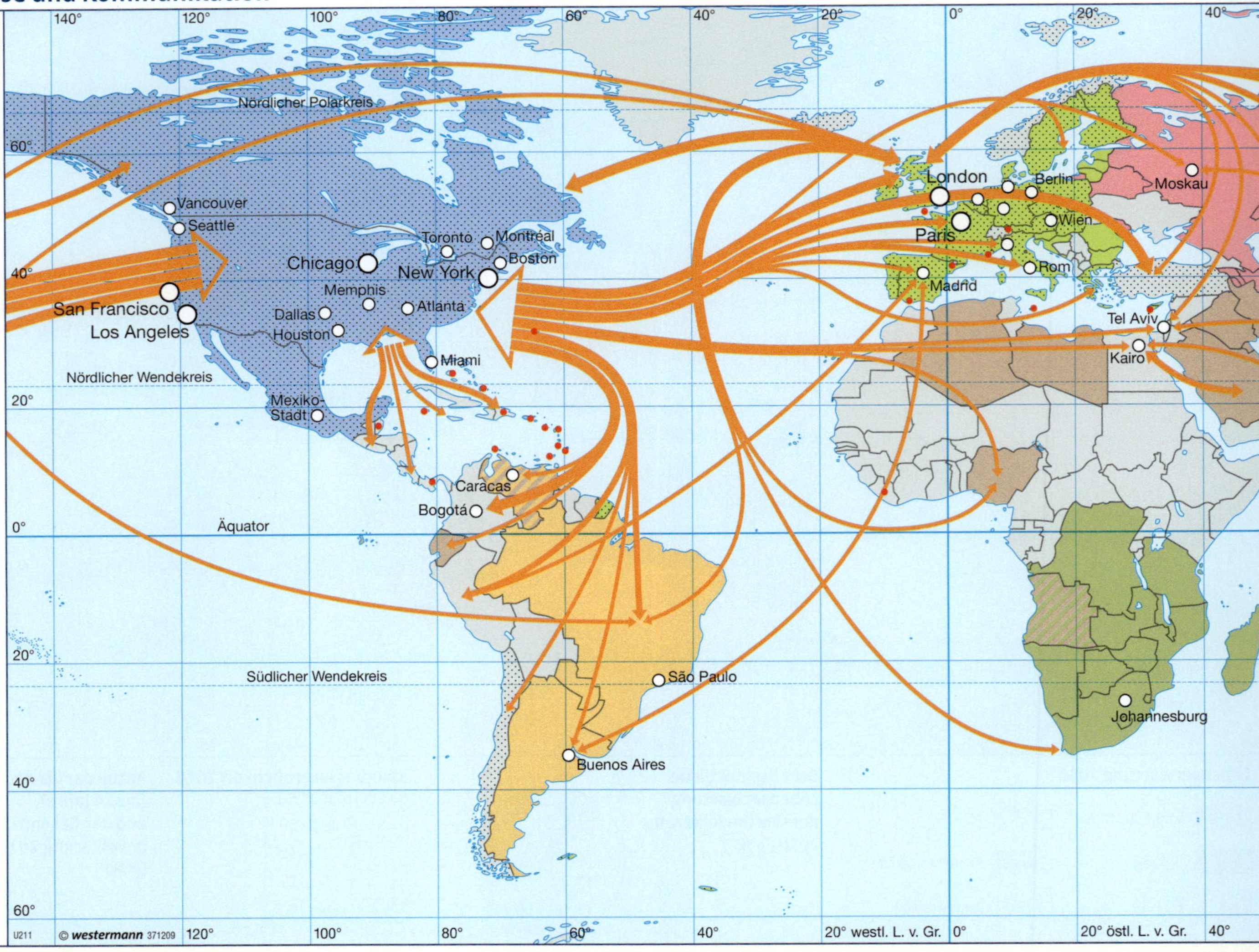

2 Bodenschätze und der Welthandel mit Rohstoffen

Bergbau
- Erdöl
- Erdgas
- Steinkohle
- Braunkohle
- Uran
- Eisen
- Stahlveredler (Chrom, Mangan, Kobalt u.a.)
- Buntmetalle (Kupfer, Zinn, Blei, Zink u.a.)
- Bauxit (Aluminiumrohstoff)
- Metalle der Seltenen Erden (Hightech-Rohstoffe)
- Gold
- Silber
- Platin
- Diamanten

Seehandel
- Steinkohle und Braunkohle
- Erdöl, Erdölprodukte
- Eisenerz
- Buntmetallerze

Exportbedeutung von Bodenschätzen und ihren Rohprodukten
Prozentanteil am Gesamtexport
- unter 4
- 4 – 8
- 8 – 16
- 16 – 35
- 35 – 70
- über 70 %
- keine Angaben

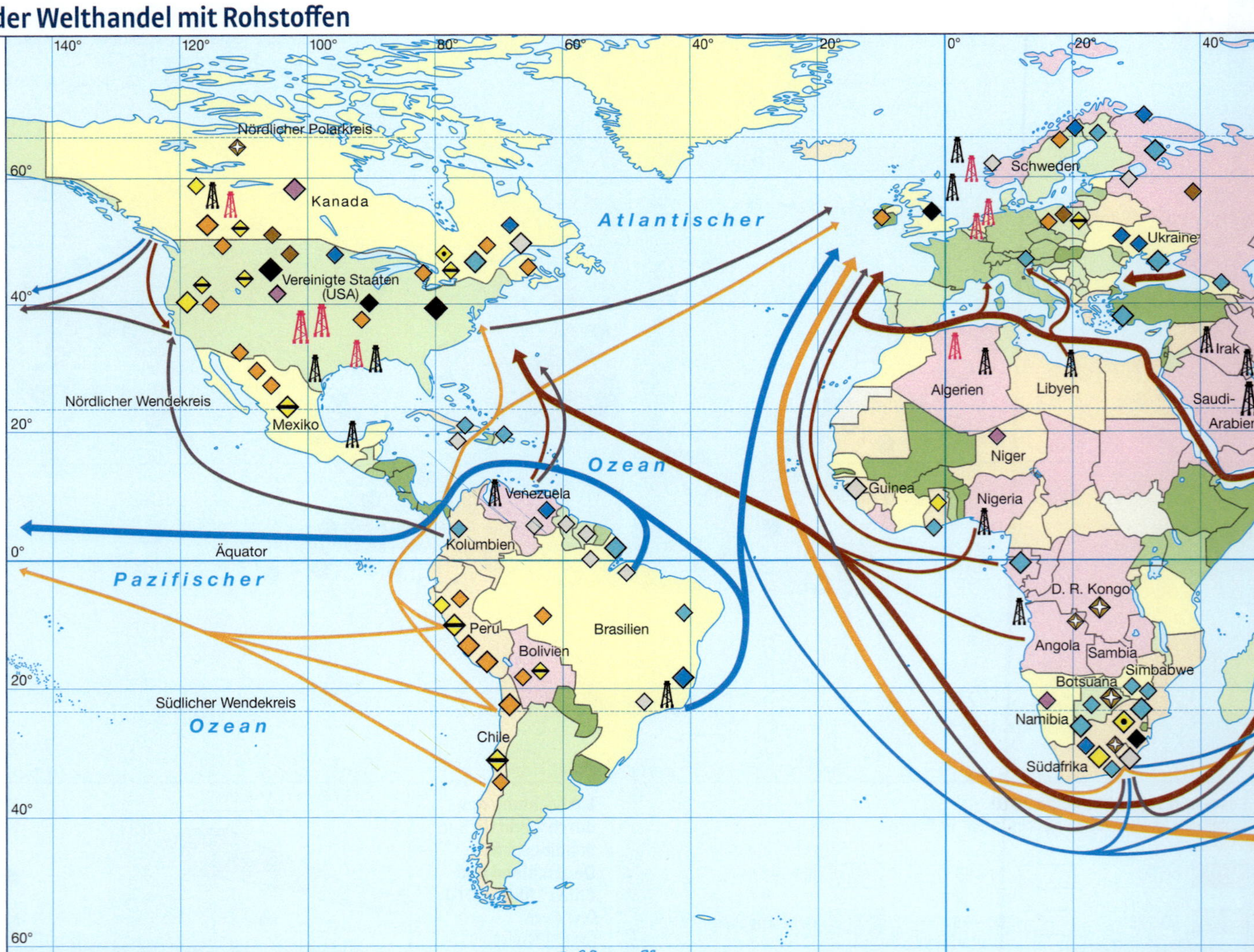

Maßstab 1 : 120 000 000 *

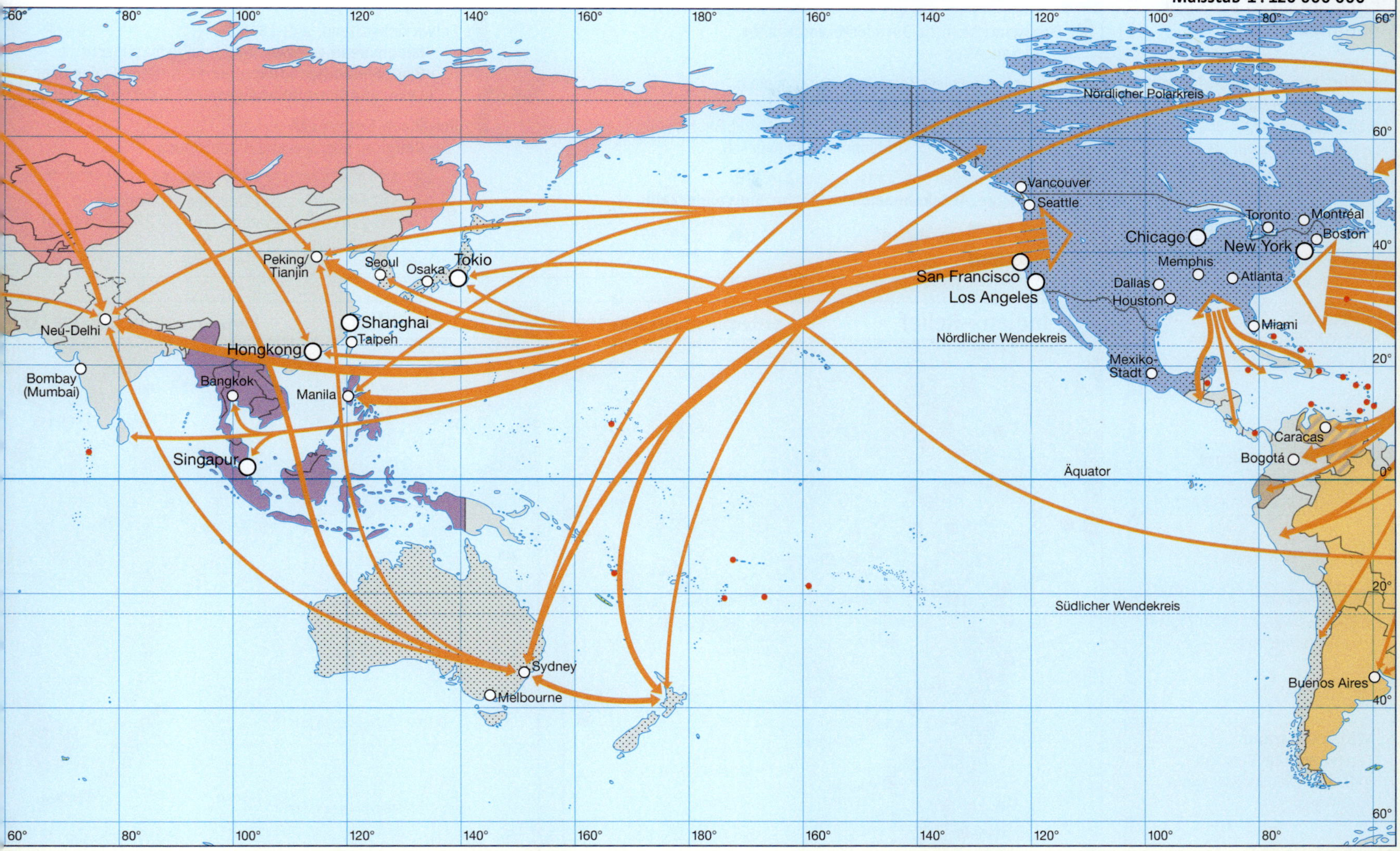

Maßstab 1 : 120 000 000 *

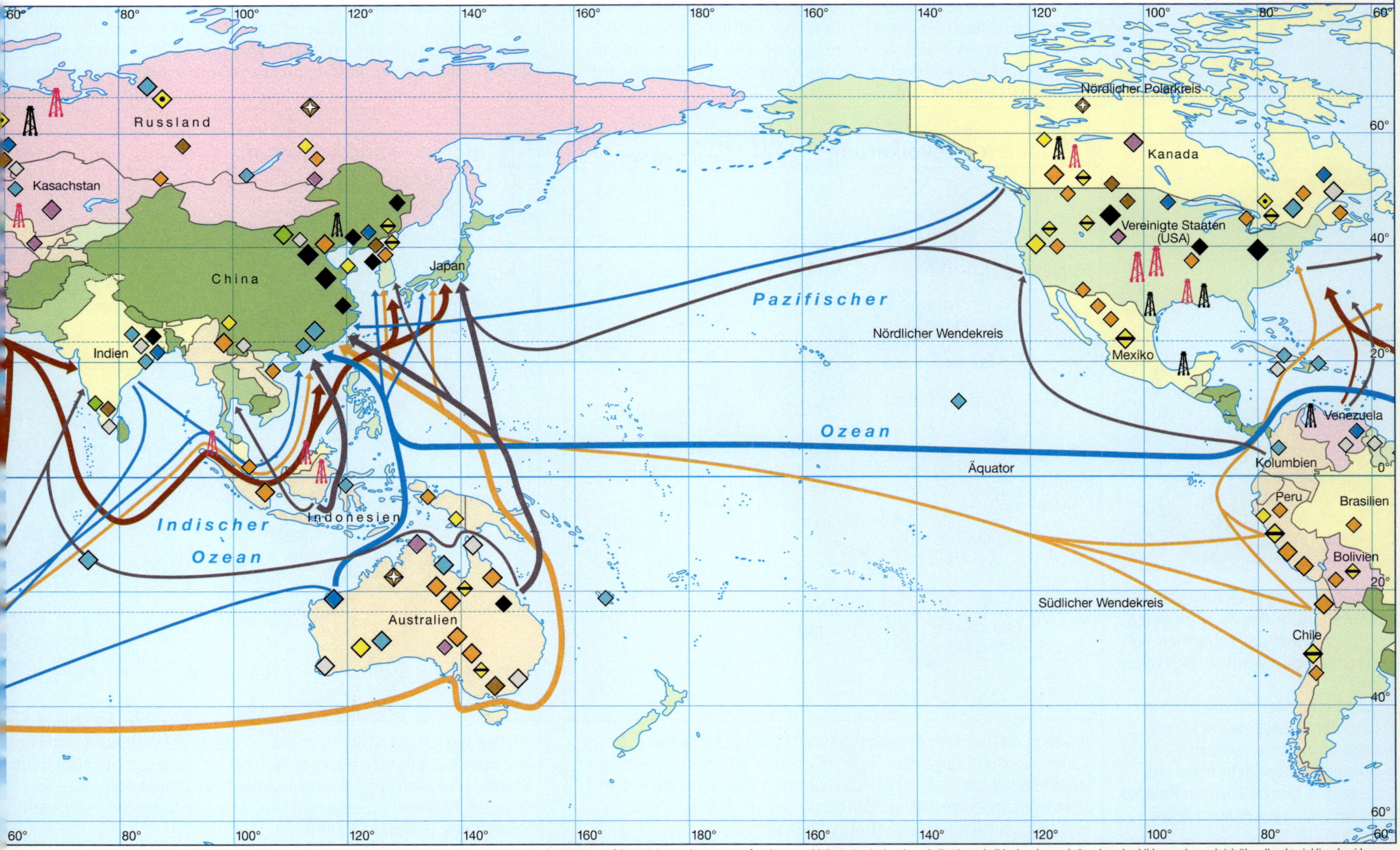

* Die Karten auf dieser Seite wurden so entworfen, dass sowohl die Breitenkreise als auch die Längenhalbkreise als gerade Strecken abgebildet werden und sich überall rechtwinklig schneiden. Bei dieser sogenannten Zylinderprojektion kann die Erdoberfläche mehrfach abgebildet werden. Der Maßstab 1 : 120 000 000 gilt nur am Äquator und in Messrichtung vom Äquator zu den Polen.

M13 Informationen zu einem Raum sammeln

Ein Land unter die Lupe nehmen

Um eine Region oder ein Land zu beschreiben, werden die Merkmale, die einen geographischen Raum prägen, untersucht. Dabei sollen typische oder besondere Kennzeichen des Raumes herausgestellt werden. Ein Raum kann umfassend und systematisch oder unter einem ausgewählten Gesichtspunkt (z.B. Bevölkerung) betrachtet werden.

Kulturraum
Religion, Sprache, Tradition, Bauweise, Kleidung

Politik und Geschichte
politische Verhältnisse, geschichtliche Entwicklung

Verkehrsraum
Kraftfahrzeug-, Eisenbahn-, Luft- und Wasserverkehr

Wirtschaftsraum
Landwirtschaft, Bergbau, Industrie, Dienstleistungen, Tourismus

Bevölkerung
Bevölkerungsdichte, Bevölkerungsverteilung, Städte und Dörfer, soziale Aspekte (z. B. Einkommen, Altersaufbau)

Naturraum
Oberflächenformen, Boden, Landschaften, Gewässer, Klima, Pflanzen- und Tierwelt

Gesamtraum

Zur Einordnung des Raumes ist es sinnvoll, ihn zu Beginn im größeren Zusammenhang zu betrachten. Für ein Land bieten sich dazu Weltkarten an.
Spezifische Informationen können dann den Detailkarten des Kontinents entnommen werden. Hinweise auf Spezialthemen und besondere Kennzeichen des Raumes können Fallbeispielkarten geben.

1 Indien – Allgemeine Informationen aus Weltkarten

Physische Übersicht, Buchdeckel vorne innen:
- **Lage:** Asien

Politische Übersicht, Buchdeckel hinten innen:
- **Hauptstadt:** Neu-Delhi
- **Nachbarstaaten:** Pakistan, China, Nepal, Bhutan, Myanmar, Bangladesch

Staaten – Flaggen und Statistik, Seite 208/209:
- **Flagge, Autokennzeichen, Fläche, Einwohnerzahl:**

(IND) **Indien**		3 287 263	(7)
		1 139 965 000	(2)

Entwicklungsstand, Seite 184/185:
- **Lebensbedingungen:** mittelmäßig bis schlecht
- **Bruttoinlandsprodukt:** unteres mittleres Einkommen
- **Lese- und Schreibkundige:** 50-75 % der Bevölkerung

Religionen, Seite 183 3:
- **Religion:** überwiegend Hinduismus

! Es ist hilfreich die Angaben und Kennzeichen in Bezug zu einem bekannten Land (z.B. Deutschland) zu betrachten.

2 Indien – Relief

Kartenausschnitt Seite 100

Die physische Karte gibt Auskunft über die Oberflächenformen Indiens. Im Norden markiert der Himalaya die Grenze zum übrigen Asien. Südlich davon erstrecken sich die großen Stromebenen. Im Süden Indiens liegt das Hochland von Dekkan, das durch zwei Gebirge, die West- und die Ostghats begrenzt wird.

3 Indien – Klima

Kartenausschnitt Seite 176 / 177

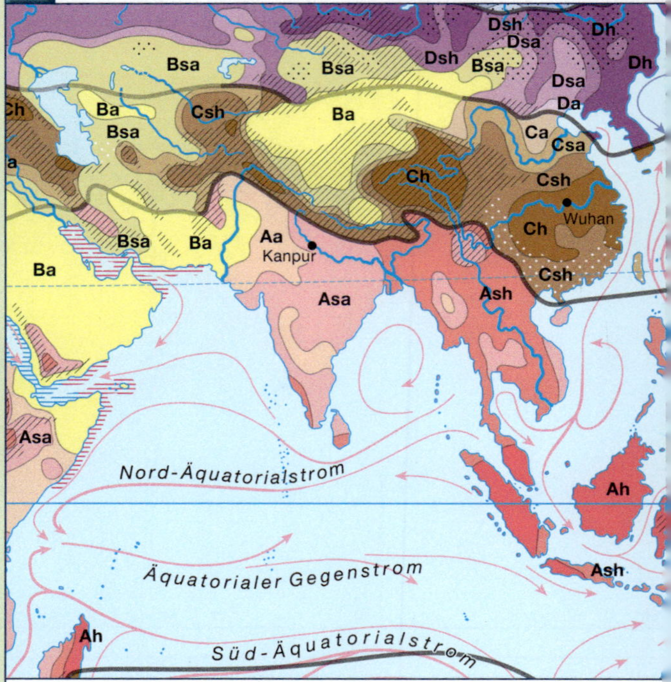

In Indien herrschen regional unterschiedliche klimatische Bedingungen vor. Der Süden Indiens ist von einem ariden und semiariden Klima der Tropen geprägt. Im Norden herrscht ein subtropisches Höhenklima. Jahreszeitlich werden die klimatischen Verhältnisse durch den Monsun (Seite 105 5) bestimmt.

4 Indien – Bevölkerung

vergrößerter Kartenausschnitt Seite 103

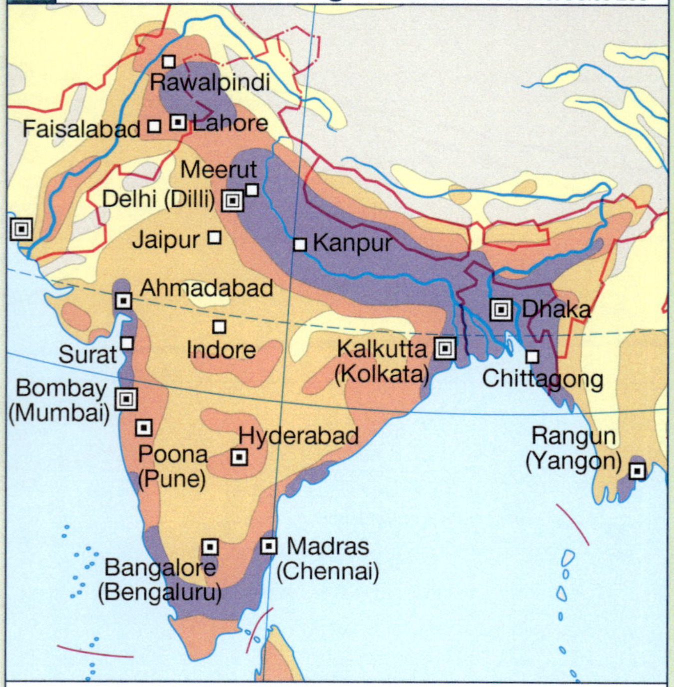

Indien ist das Land mit der zweithöchsten Bevölkerung weltweit. Der Kartenausschnitt zeigt, dass die Bevölkerung ungleichmäßig verteilt ist. In Verbindung mit Karte 1 ist festzustellen, dass vor allem in den Schwemmlandebenen der großen Flüsse und in den Küstenregionen eine sehr hohe Bevölkerungsdichte vorherrscht.

5 Indien – Landwirtschaft

Kartenausschnitt Seite 104

Im Bewässerungsland der Stromebenen und an der Ostküste dominieren intensive Nutzpflanzen (Reis und Weizen). Im trockeneren Hochland von Dekkan wird überwiegend Hirse angebaut. Exportprodukte sind unter anderem Baumwolle, Zuckerrohr und Tee. Der hohe Bestand an Rindern spielt für die Ernährung keine Rolle.

Linien-, Säulen- und Kreisdiagramme

In einem **Diagramm** werden Zahlen als Bild dargestellt. So kann man die Zahlenwerte schnell erkennen und miteinander vergleichen.

Die bildhafte Darstellung kann aus Linien, Flächen, Säulen, Balken, kleinen Quadraten (Rahmen) oder Kreisen bestehen, die den Diagrammen meist auch ihren Namen geben: Liniendiagramm, Säulendiagramm, Kreisdiagramm usw.

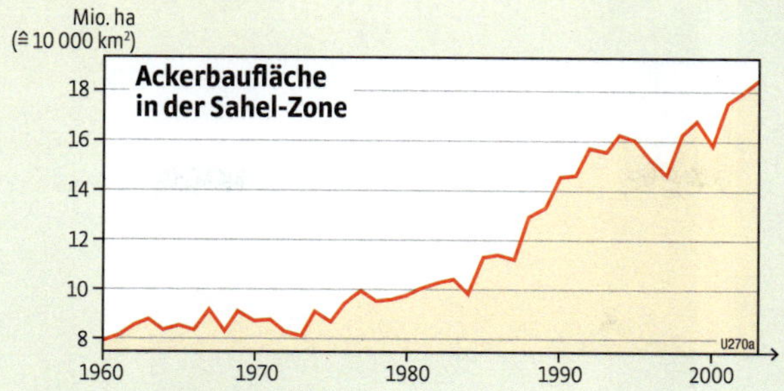

Linien-/Flächendiagramm (Seite 126)

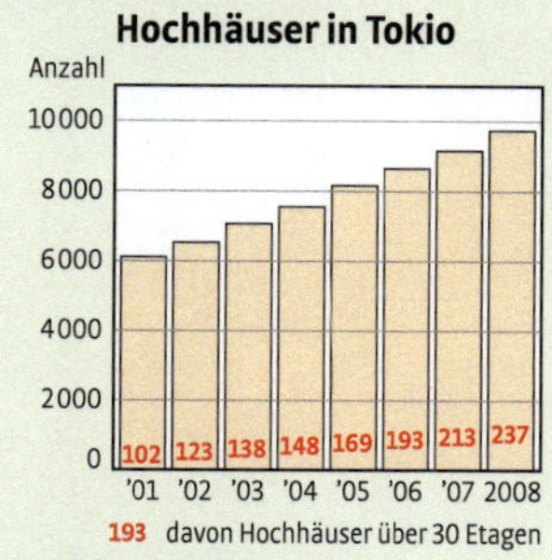

Säulendiagramm (Seite 108; in gekippter Form ⇒ Balkendiagramm)

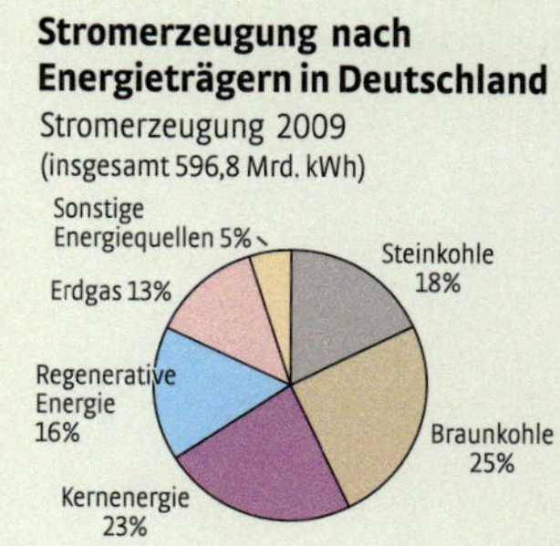

Kreisdiagramm (Seite 46)

1 Diagramme und Karten zusammen betrachten

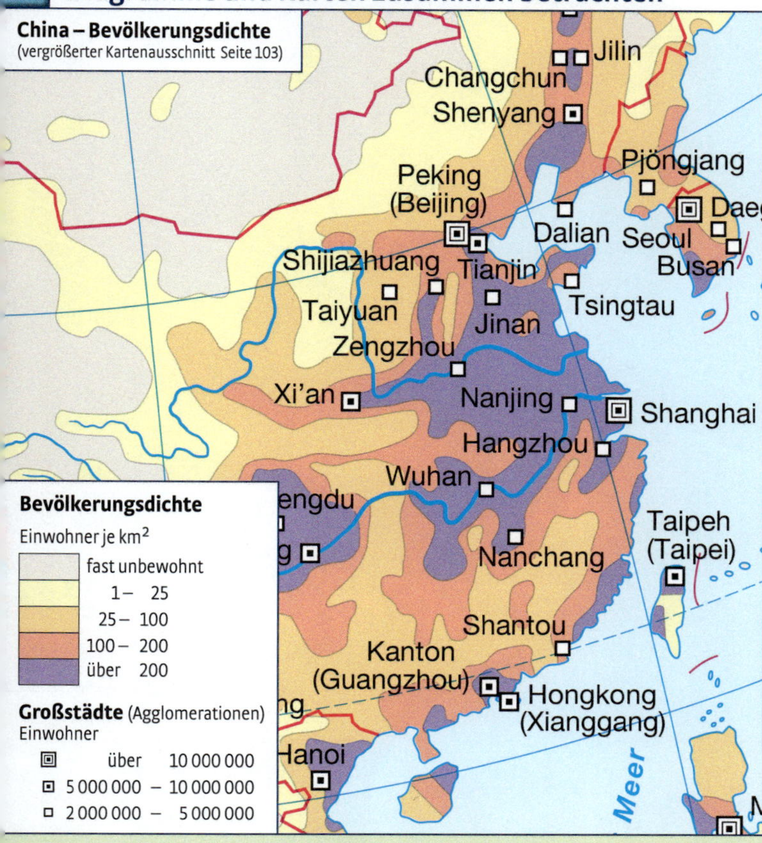

Diagramme und die Zahlen, auf denen sie beruhen, dienen der Ergänzung oder Vertiefung des Kartenthemas oder eines bestimmten Aspektes einer Karte.

Beispiel:
Diagramm zur Entwicklung der Gesamtbevölkerung und der Anteile von Stadt- und Landbevölkerung in China 1950 – 2050.

Linien-/Flächendiagramm (Seite 102)

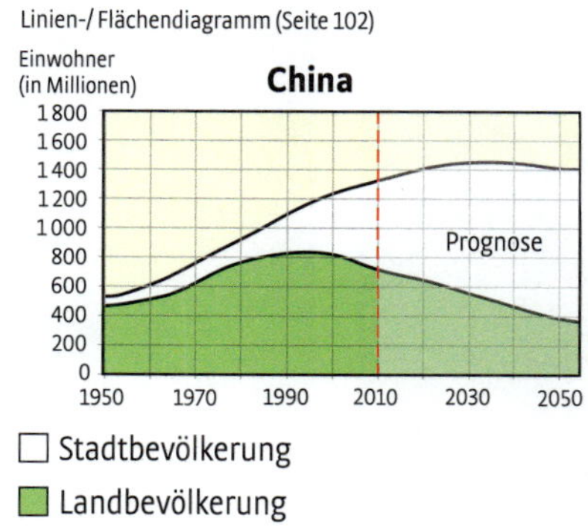

Zusammen mit der Bevölkerungsdichtekarte von China, die auch die städtischen Ballungsräume zeigt, können folgende Fragen zum Thema Bevölkerung in China gestellt werden:

1. Wie groß ist der Anteil der Stadtbevölkerung gegenüber der Landbevölkerung in China?
2. Wie hat sich beides bis heute entwickelt – wie ist die Prognose für die Zukunft?
3. Wie spiegeln sich die Diagrammwerte in der Karte? Dazu kann auch Deutschland als Größenvergleich herangezogen werden:

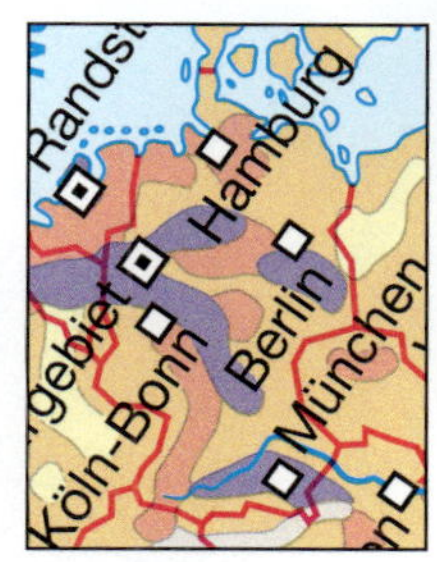

Bevölkerungsdichte von Deutschland
(vergrößerter Kartenausschnitt Seite 103)

4. Wie wird die zukünftige Bevölkerungsentwicklung die Karte verändern?

2 Klimadiagramme verstehen

Ein **Klimadiagramm** (Darstellung nach Köppen/Geiger) besteht aus einem Säulendiagramm mit den durchschnittlichen Monatssummen aller Niederschläge und aus einem Kurvendiagramm mit den Monatswerten der Durchschnittstemperatur.

Einfaches Temperaturdiagramm

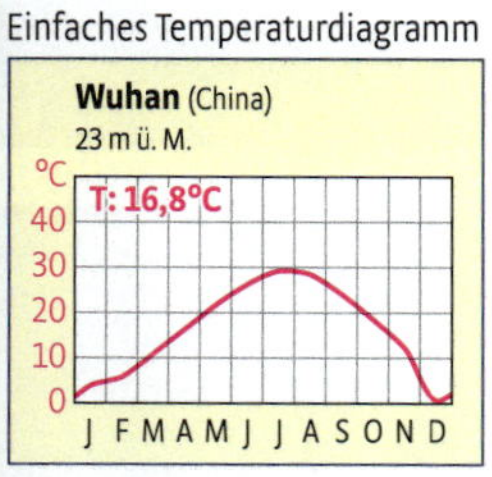

Einfaches Niederschlagsdiagramm

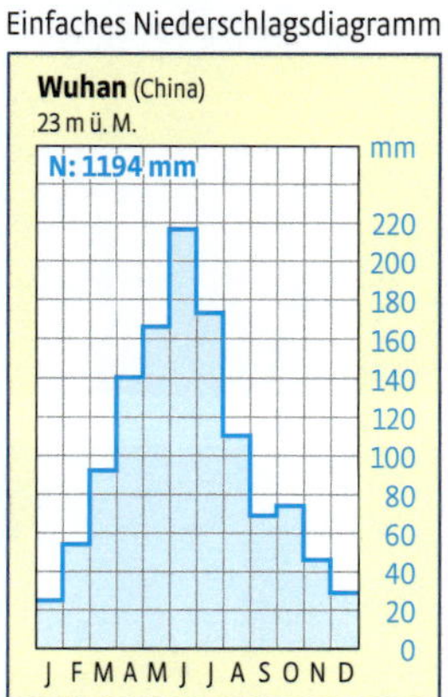

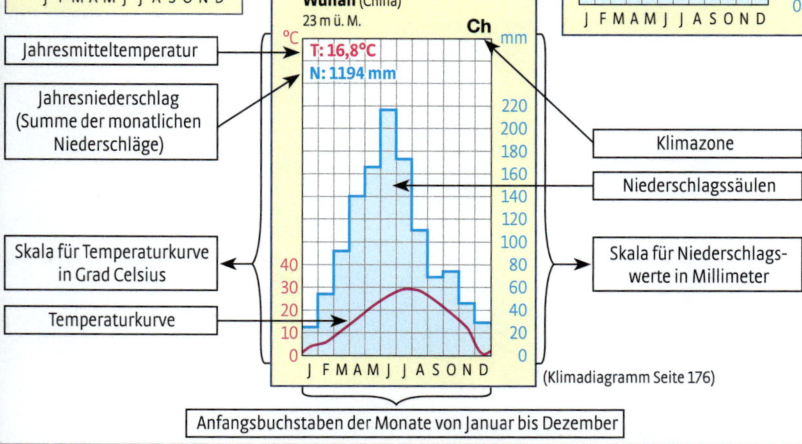

(Klimadiagramm Seite 176)

3 Altersdiagramme verstehen

Ein **Altersdiagramm** besteht aus zwei Balkendiagrammen, die links den Anteil der männlichen und rechts den Anteil der weiblichen Bevölkerung eines Altersjahrgangs oder einer Altersgruppe an der Gesamtbevölkerung eines Landes zeigen.

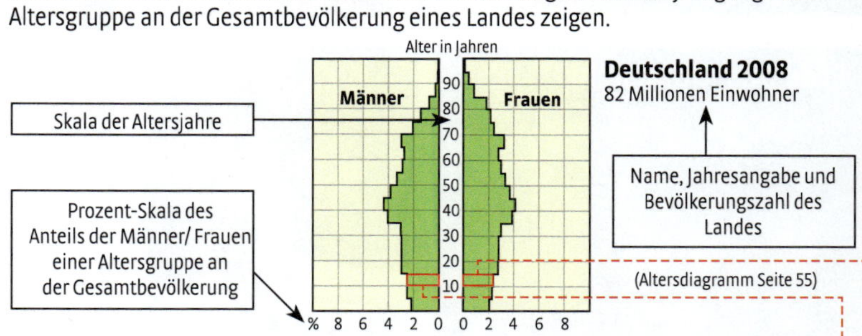

(Altersdiagramm Seite 55)

Alter in Jahren:	*Anzahl Personen (männlich):*	*Anzahl Personen (weiblich):*
10	405 688	385 292
11	419 004	397 755
12	412 249	390 619
13	399 477	379 503
14	405 384	383 966
10 – 14	2 041 802	1 937 135

Beispiel:
Altersgruppe der 10 – 14-Jährigen

Bei einer Gesamtbevölkerung von 82 002 356 in Deutschland (31.12.2008) ergeben sich folgende Anteile:

$$\frac{2\,041\,802}{82\,002\,356} * 100 = 2{,}49...\%$$ (Prozentanteil der 10 – 14 jährigen Männer) 2,49%

$$\frac{1\,937\,135}{82\,002\,356} * 100 = 2{,}36...\%$$ (Prozentanteil der 10 – 14 jährigen Frauen) 2,36%

1 Milchstraßensystem (Galaxis)

2 Das Sonnensystem

Unsere Sonne ist ein Stern in der Milchstraße. Ein Stern ist eine glühende Gaskugel mit sehr großer Masse. Die Sonne wird von 8 Planeten umkreist. Planeten leuchten nicht selbst, sondern reflektieren das Sonnenlicht. Einige Planeten werden von kleinen Himmelskörpern begleitet, die man Monde nennt. Sonne, Planeten und Monde bilden das Sonnensystem.

3 Größenvergleich Sonne und Planeten

4 Erde aus Mondsicht

5 Die Mondphasen

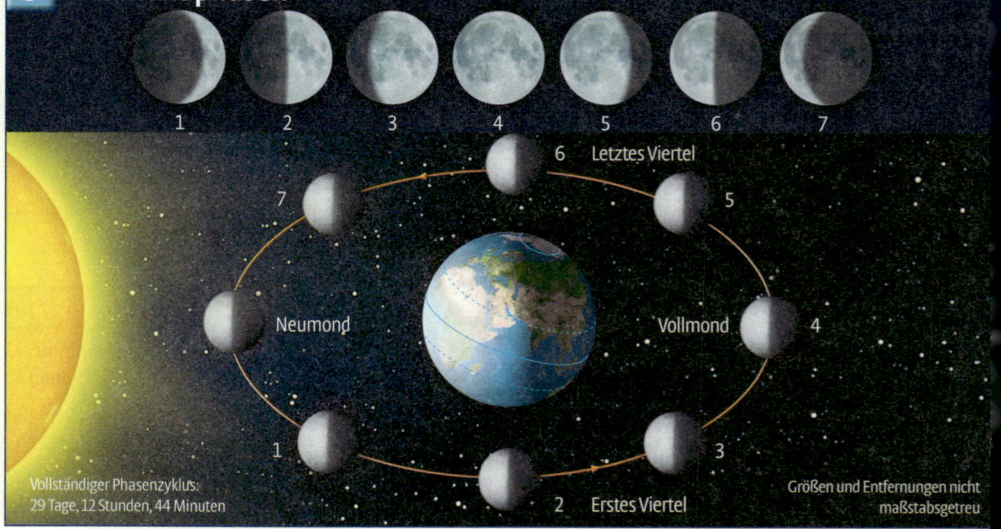

Planet	Astronomisches Symbol	Zahl der Monde	Äquator-durchmesser km	Rotationsperiode (Zeit für eine Eigenumdrehung) d	h	min	mittlere Entfernung von der Sonne Mio. km	Umlaufzeit Erdjahre
Merkur	☿	0	4 878	58	15	30	57,91	0,24
Venus	♀	0	12 104	243	0	26	108,21	0,62
Erde	♁	1	12 742		23	56	149,60	1,00
Mars	♂	2	6 774		24	37	227,94	1,88
Jupiter	♃	66	142 984		9	50	778,30	11,86
Saturn	♄	62	120 660		10	14	1 427,01	29,46
Uranus	⛢	27	51 118		17	14	2 884,00	84,67
Neptun	♆	13	49 528		16	6	4 509,00	165,49
Pluto (Zwergplanet)	♇	3	2 300	6	9	17	5 966,00	247,70

Stand Dezember 2013

6 Die Bahn der Erde um die Sonne / Jahreszeiten

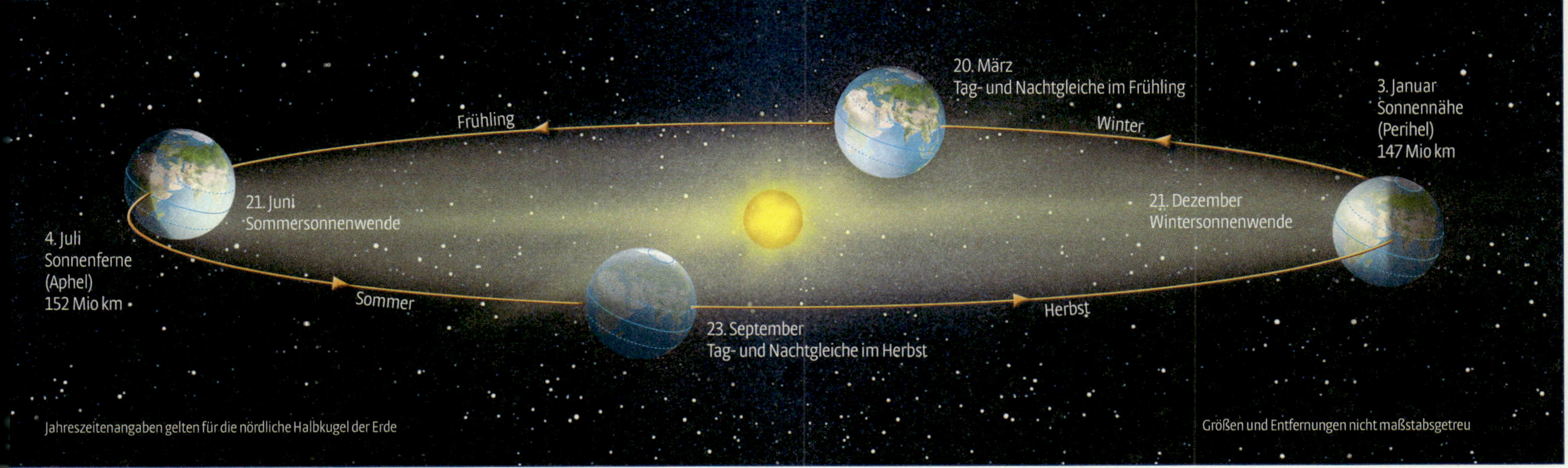

Jahreszeitenangaben gelten für die nördliche Halbkugel der Erde

Größen und Entfernungen nicht maßstabsgetreu

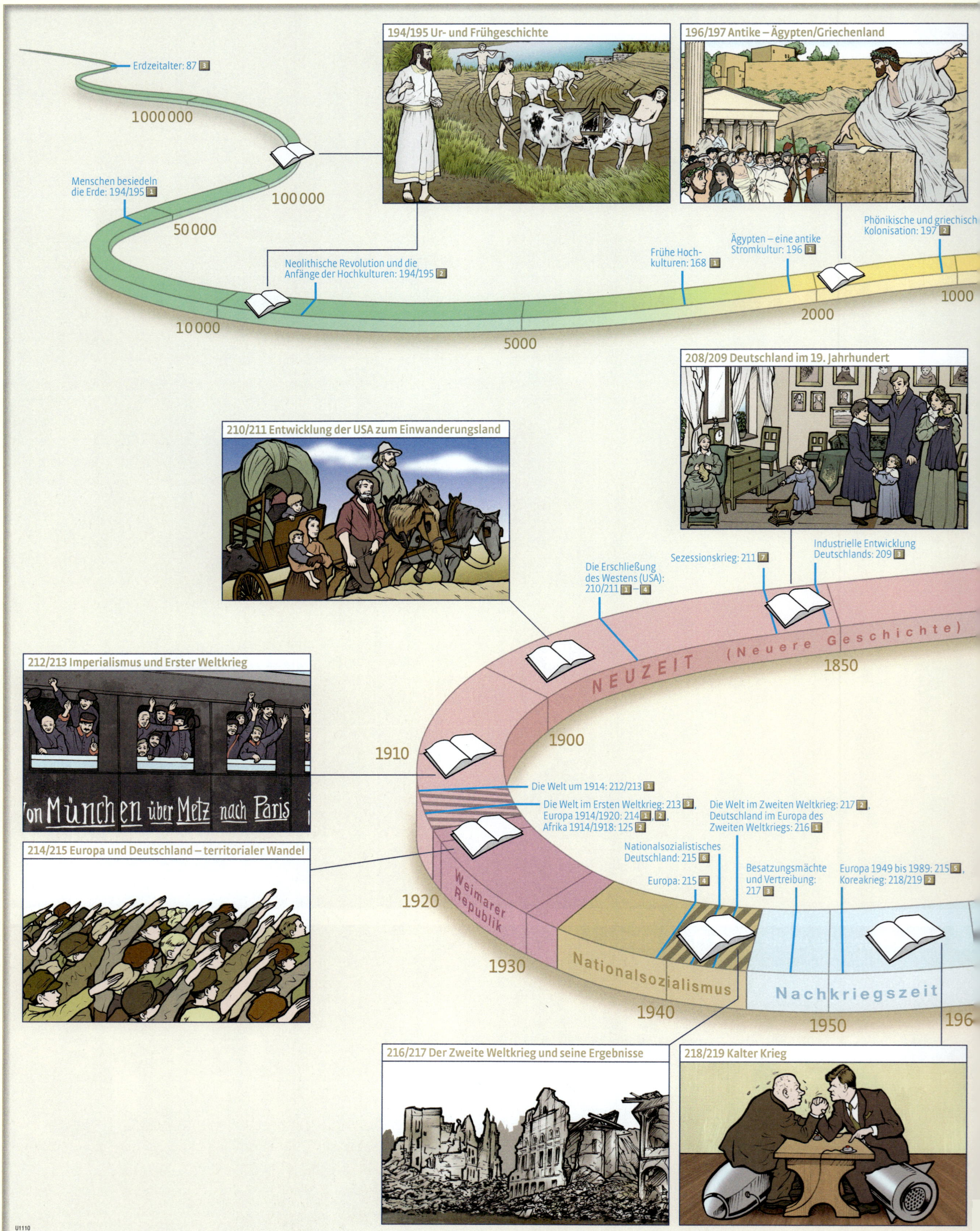
194/195 Ur- und Frühgeschichte
196/197 Antike – Ägypten/Griechenland
Erdzeitalter: 87 3
1000000
Menschen besiedeln die Erde: 194/195 1
100000
50000
Neolithische Revolution und die Anfänge der Hochkulturen: 194/195 2
10000
5000
Frühe Hochkulturen: 168 1
Ägypten – eine antike Stromkultur: 196 1
Phönikische und griechische Kolonisation: 197 2
2000
1000
208/209 Deutschland im 19. Jahrhundert
210/211 Entwicklung der USA zum Einwanderungsland
Die Erschließung des Westens (USA): 210/211 1 – 4
Sezessionskrieg: 211 7
Industrielle Entwicklung Deutschlands: 209 3
NEUZEIT (Neuere Geschichte)
1850
1900
1910
212/213 Imperialismus und Erster Weltkrieg
Von München über Metz nach Paris
Die Welt um 1914: 212/213 1
Die Welt im Ersten Weltkrieg: 213 3, Europa 1914/1920: 214 1, 2, Afrika 1914/1918: 125 2
Die Welt im Zweiten Weltkrieg: 217 2, Deutschland im Europa des Zweiten Weltkriegs: 216 1
214/215 Europa und Deutschland – territorialer Wandel
Nationalsozialistisches Deutschland: 215 6
Europa: 215 4
Besatzungsmächte und Vertreibung: 217 3
Europa 1949 bis 1989: 215 5, Koreakrieg: 218/219 2
Weimarer Republik
1920
1930
Nationalsozialismus
1940
Nachkriegszeit
1950
196
216/217 Der Zweite Weltkrieg und seine Ergebnisse
218/219 Kalter Krieg

U1110

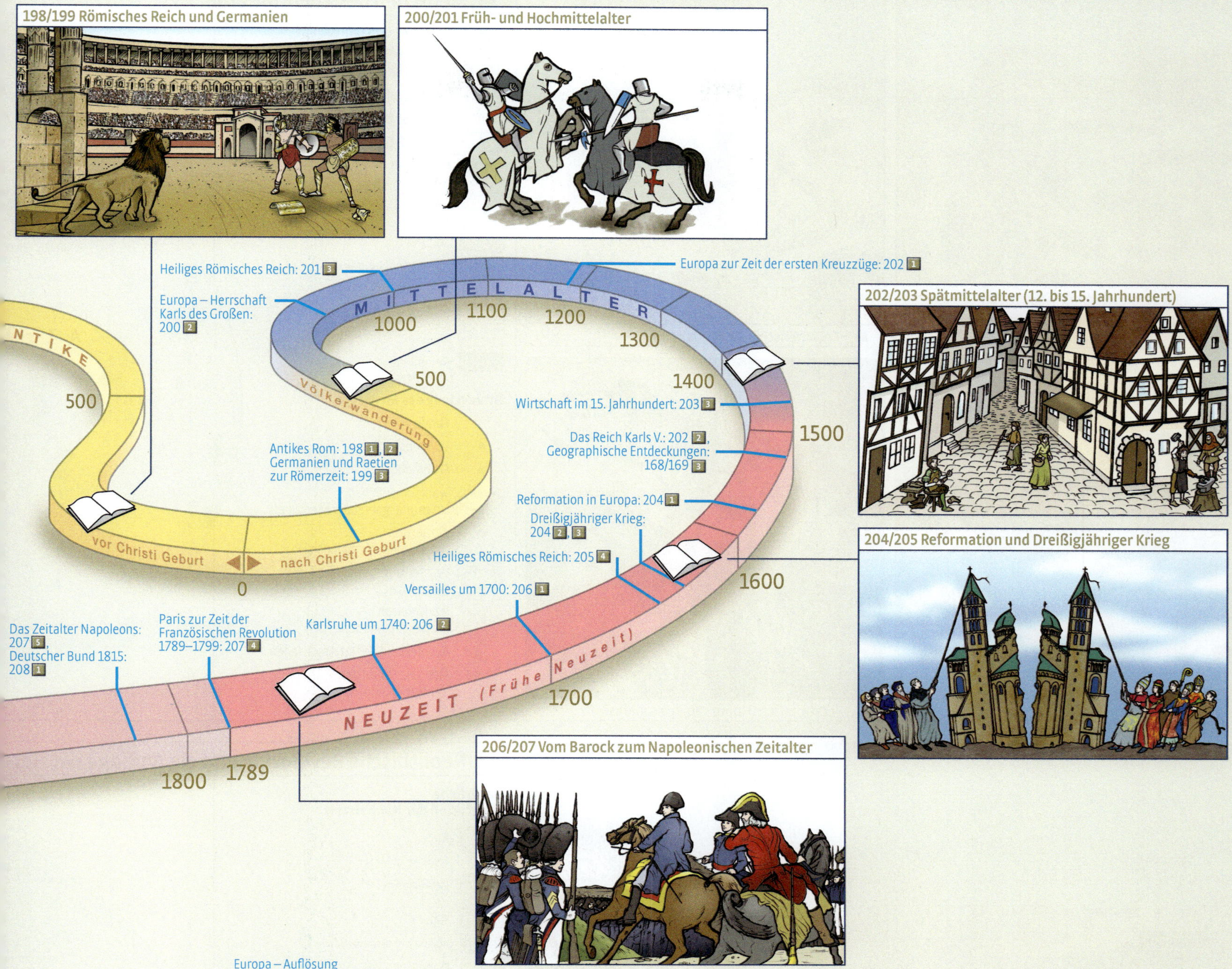

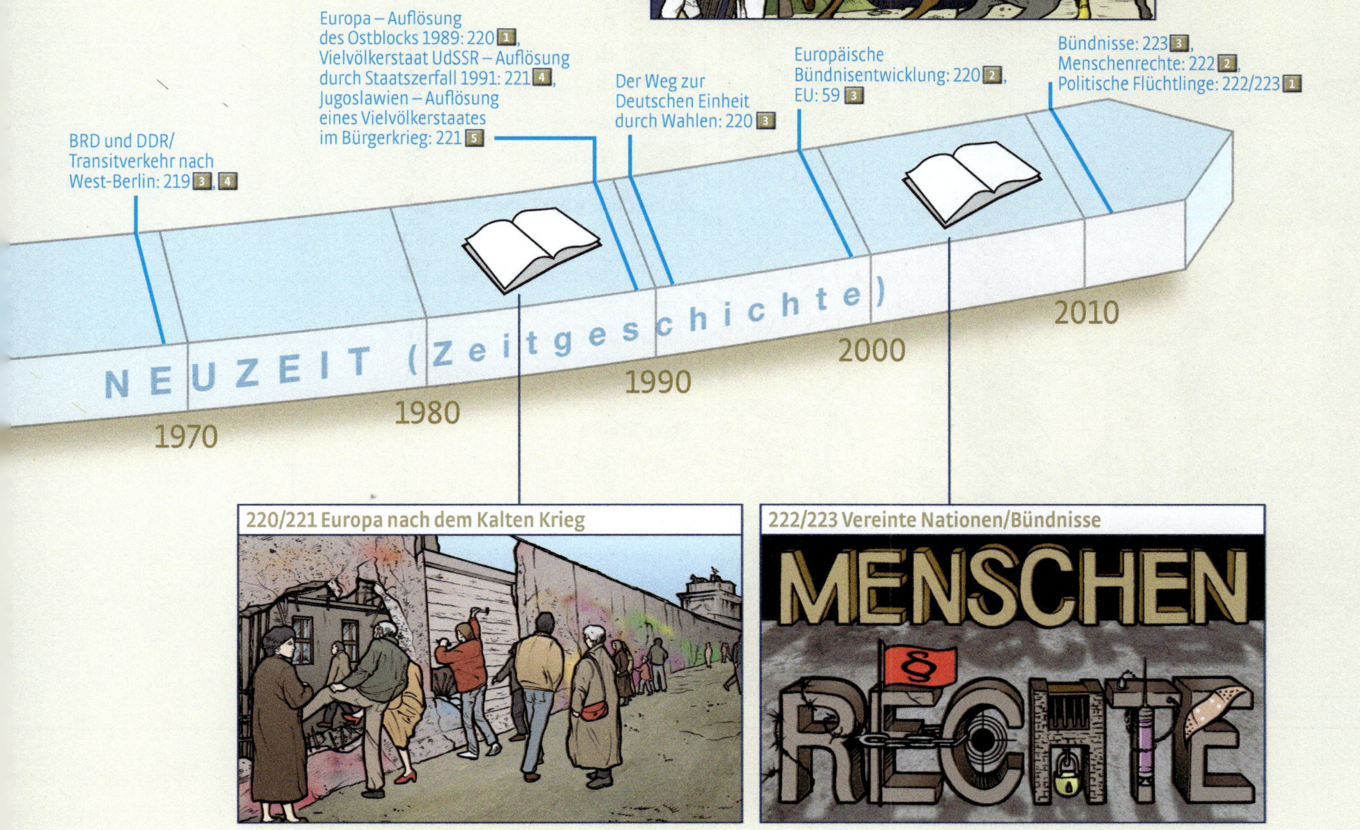

Abkürzungen der Staatsformen in den Geschichtskarten

Ksr.	=	Kaiserreich
Kgr.	=	Königreich
Ghzm.	=	Großherzogtum
Ehzm.	=	Erzherzogtum
Hzm.	=	Herzogtum
Gfsm.	=	Großfürstentum
Kfsm.	=	Kurfürstentum
Mgft.	=	Markgrafschaft
Lgft.	=	Landgrafschaft
Gft.	=	Grafschaft
Ebm.	=	Erzbistum
Bm.	=	Bistum
Rep.	=	Republik
VR	=	Volksrepublik
FVR	=	Föderative Volksrepublik
SFR	=	Sozialistische Föderative Republik

Abkürzungen für Staaten

Austr.	=	Australien
Bras.	=	Brasilien
D.R.	=	Deutsches Reich
Fr.	=	Frankreich
G.-B.	=	Großbritannien
Ind.	=	Indien
Ital.	=	Italien
Jap.	=	Japan
Mex.	=	Mexiko
Niederl.	=	Niederlande
Norw.	=	Norwegen
Port.	=	Portugal
Span.	=	Spanien
USA	=	Vereinigte Staaten von Amerika

▲ Vormensch (Australopithecus)

■ Frühmensch (Homo erectus)

● Altmensch (Homo neanderthalensis)

● Jetztmensch (Homo sapiens sapiens)

1 Menschen besiedeln die Erde

Vegetation vor 18 000 Jahren, auf dem Höhepunkt der Würmkaltzeit
(115 000 bis 10 000 vor heute)

- Eis vor 18 000 Jahren
- Küste vor 18 000
- Eis vor 10 000 Jahren
- 3300 Eisdicke in Meter
- Packeisgürtel
- Tundra
- Steppe
- nördlicher Nadelwald
- Nadel- und Laubwald
- Halbwüste und Wüste
- Savanne
- Regenwald

Entwicklung des Menschen

Funde von
- ▲ Vormensch
- ■ Frühmensch
- wahrscheinliches Ursprungsgebiet der Menschen
- ● Altmensch (Homo neanderthalensis)
- Verbreitungsgebiet des Altmenschen
- ● Jetztmensch (Homo sapiens sapiens)
- Ausbreitung der Jetztmenschen
- 12 000 Alter der Funde des Jetztmenschen

2 Neolithische Revolution und die Anfänge der Hoch

Neolithische Revolution durch frühe Landwirtschaft und ersten Städtebau (Zweistromland)

Natürliche Vegetation der Nacheiszeit

- Eis
- 3000 Eisdicke in Meter
- Packeisgürtel
- Tundra
- nördlicher Nadelwald
- Steppe
- Nadel- und Laubwald
- Halbwüste und Wüste
- Savanne
- Regenwald

Entwicklung der Landwirtschaft

frühester Nachweis von
- Töpferei (Vorratshaltung)
- Pflugbau und Dorfkultur
- 6 000 Alter der Funde
- *Wein* Herkunft der Nutzpflanzen und Nutztiere

Erste Städte

- ● Stadt im Kerngebiet städtischer Hochkultur

Kennzeichen der Zivilisation früher Hochkulturen (siehe Bild)

1. feste Siedlungen, Tempelbau (Zikkurat)
2. Vorratshaltung (Töpferei)
3. Bewässerung (Schöpfanlagen, Kanäle)
4. Ackerbau und Viehzucht (Pflugbau)
5. Schrift (Keilschrifttafel)

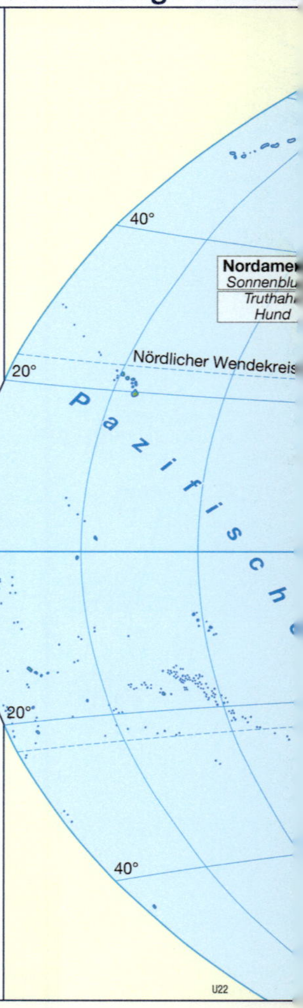

Maßstab 1 : 130 000 000

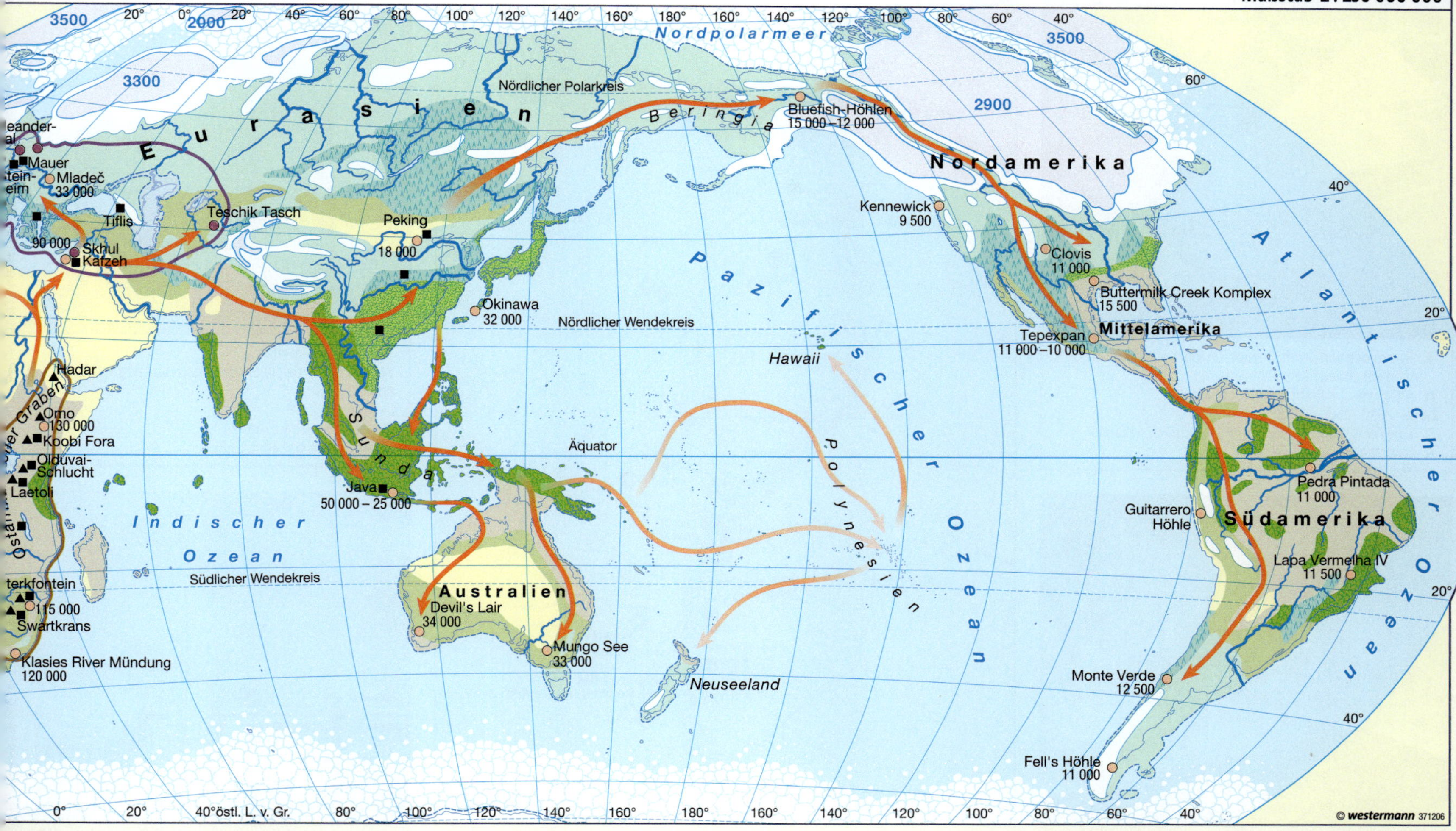

kulturen

Maßstab 1 : 130 000 000

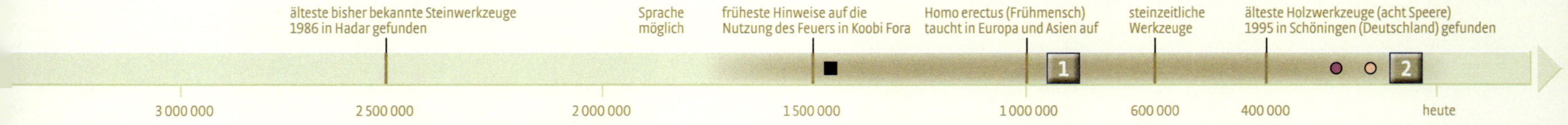

1 Pyramiden von Gizeh: Cheops, Chephren, Mykerinos (von links oben nach rechts unten)
2 Altägyptische Grabstätten für Pharaonen
3 ca. 2620–2500 v.Chr.
4 eines der 7 Weltwunder der Antike – immer bekannt
5 Stadtrand von Gizeh bei Kairo

1 Grabkammer und Sarkophag von Tutenchamun
2 unterirdische Grabstätte
3 ca. 1323 v. Chr.
4 Tal der Könige bei Theben, 1922
5 Howard Carter (brit.)
6 Tal der Könige/Ägyptisches Museum, Kairo

1 Mumie von Ramses II.
2 einbalsamierter Leichnam
3 1213 v. Chr.
4 Deir el-Bahari bei Theben, 1881
5 Muhammad Abd el-Rassul/Emil Brugsch (dt.)
6 Ägyptisches Museum, Kairo

Bedeutende ägyptische Kunstsammlungen:

1. Ägyptisches Museum, Kairo (120 000 Objekte)
2. Britisches Museum, London (110 000 Objekte)
3. Neues Museum, Berlin (80 000 Objekte)
4. Louvre-Museum, Paris (50 000 Objekte)
5. Archäologisches Museum, Philadelphia (42 000 Objekte)

1 Ägypten – eine antike Stromkultur

Bodenbedeckung
- Kulturland
- Wüste
- Halbwüste
- Dornstrauchsavanne

Bodenschätze
- Steinbruch
- Gold
- Kupfer
- Edelsteine

Orte, Fundorte
- Stadt, Palast, Grabanlage
- Assuan heutiger Name
- (Sunu) altägyptischer Name
- Pyramide
- Fundort vom Nassersee überflutet

Transport und Verkehr
- Stromschnelle (Katarakt)
- Karawanenweg

Maßstab 1 : 9 000 000 0 100 200 300 km

1 Stein von Rosetta
2 Text in Hieroglyphen, demotisch und altgriechisch
3 196 v. Chr.
4 Rosetta, 1799
5 Pierre Bouchard (franz.)
6 Britisches Museum, London

1 Obelisk von Luxor, beauftragt von Ramses II.
2 steingewordener Strahl des Sonnengottes
3 ca. 1270–1240 v.Chr.
4 Tempel von Luxor (dort steht der Zwillingsobelisk)
5 Geschenk an Frankreich 1833
6 Place de la Concorde, Paris

1 Büste der Nofretete
2 Hauptgemahlin des Pharaos Echnaton
3 1353 – 1336 v.Chr.
4 El-Amarna, 1912
5 Ludwig Borchardt (dt.)
6 Ägyptisches Museum, Museumsinsel Berlin

Zur Erläuterung der Kunstschätze:

Zahlen 1–6 in Hieroglyphen:
1 Name des Kunstwerkes
2 dargestellte Person oder Bedeutung
3 Entstehungszeit
4 Fundort, Fundjahr
5 Entdecker (Nationalität)
6 heutiger Ausstellungsort

3500 v.Chr.	3000	2600	2500	2300	2000	1792
	Erfindung der Keilschrift	Pyramiden von Gizeh		Tempelturm von Ur im Zweistromland	erste Siedlungsspuren der Griechen	König Hammurabi von Babylon

2 Phönikische und griechische Kolonisation

Maßstab 1 : 24 000 000

Weinmischkrug aus einer griechischen Grabbeilage

Phönikische Kolonisation
(11. – 7. Jahrhundert v. Chr.)

- Herrschaftsgebiet
- Mutterstadt
- Tochter- oder Enkelstadt (Auswahl)

Griechische Kolonisation
(8. – 6. Jahrhundert v. Chr.)

- Herrschaftsgebiet
- Mutterstadt
- Tochter- oder Enkelstadt (Auswahl)

Handelswege
- Phöniker
- Griechen
- Landweg
- *Kelten* Stammesgebiet
- sonstige Siedlung

Landwirtschaft
- Getreide
- Wein
- Olivenöl
- Holz
- Fischfang
- Vieh

Bergbau und Mineralien
- Eisen
- Kupfer
- Blei/Zink
- Zinn
- Gold
- Silber
- Marmor
- Bernstein
- Salz

Gewerbe
- Keramik
- Glas
- Papyrus
- Kosmetik
- Wolle, Wollwaren
- Purpur
- Schiffbau
- Sklaven

2 Auf der **physisch-geographischen Karte** lassen sich die Wege der Menschen in vergangenen Zeiten nachvollziehen. Häufig lässt sich auf diese Weise der Grund für den Wegverlauf erkennen.

Die Griechen gründeten an einer Handelsroute die Tochterstadt Massilia. Die Stadt hat sich zu einer bedeutenden Hafenstadt entwickelt und heißt heute Marseille. Im **Register** findet sich deshalb die Eintragung: **Massilia (hist. Marseille).** 5

3 An der Ostsee existierte damals noch kein **Staat** und keine **Staatsgrenze**. In der Karte sind deshalb die Verbreitungsgebiete von Stammesgruppen eingetragen. Über die heutigen Staaten mit ihren Grenzen informiert die **politische Karte**.

Die Griechen waren mit ihren Schiffen oft mehrere Monate unterwegs. Ihre Routen zeigen rote **Linien**. Wo der Verlauf der Handelswege nicht genau darstellbar ist, geben **Pfeile** die ungefähre Richtung der Handelsreisenden an. 4

1 Vasen dienten zum Transport und zur Aufbewahrung flüssiger Handelsgüter wie Wein und Olivenöl. Die **Vignette** gibt einen Hinweis auf das Dargestellte in der Karte.

6 Carthago wurde 146 v. Chr. zerstört. Die physische Karte auf Seite 89 zeigt den Ort im Planquadrat F4 als Ruinenstadt ∴. Für die Ruinenstadt wurde jedoch eine andere Schreibweise verwendet.

In Geschichtskarten werden Ereignisse und Entwicklungen der Vergangenheit abgebildet. Auf dem **Zeitstrahl** lässt sich der dargestellte **Zeitraum** genau ablesen. 7

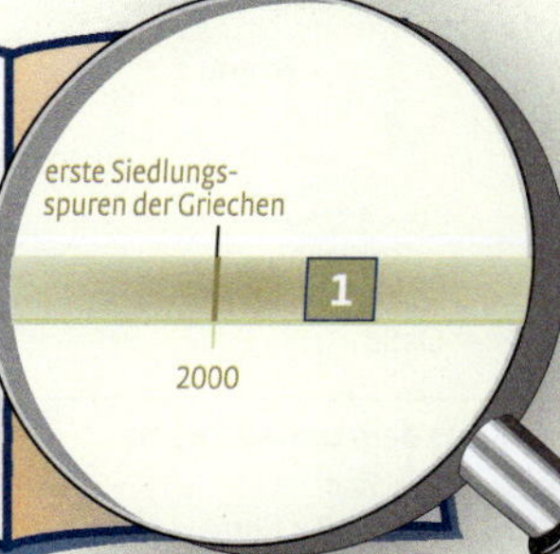

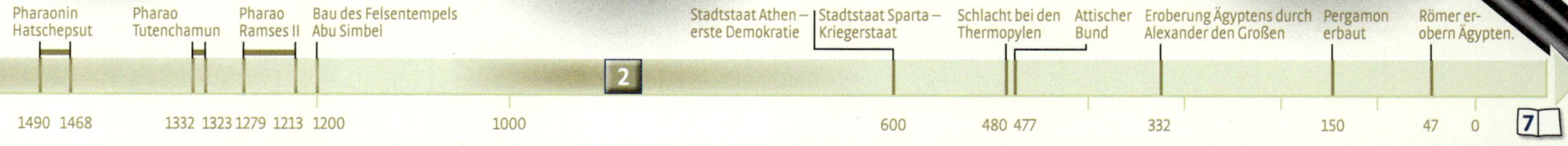

1 Handel und Wirtschaft im Römischen Reich

Maßstab 1 : 24 000 000

Prunkglas mit der Aufschrift in griechischen Buchstaben „Trinke, lebe angenehm, immerdar"

Ausdehnung des Römischen Reiches
- um 200 v. Chr., nach den Punischen Kriegen
- 44 v. Chr., beim Tode Julius Caesars
- zum Zeitpunkt seiner größten Ausdehnung (117 n. Chr., Trajan)
- Grenzbefestigung
- Handelsweg
- Leuchtturm

Bergbau und Mineralien
- Eisen
- Kupfer
- Blei/Zink
- Zinn
- Gold
- Silber
- Bernstein
- Salz
- Marmor, Kalkstein

weitere Erläuterungen zum Handel siehe Karte 3

2 Wasserversorgung der antiken Millionenstadt Rom

Maßstab 1 : 40 000

Rom zur Kaiserzeit
- Stadtmauer z. Zt. der Republik, zu Beginn der Kaiserzeit bereits überbaut
- Stadtmauer in der Kaiserzeit (3. Jh.)
- Wasserleitung (Aquädukt)
- Hauptabwasserkanal (Kloake)

Bedeutende Bauwerke
- öffentliche Gebäude und Plätze (Säulenhallen, Gerichtsgebäude, Theater, Bibliotheken, Versammlungs- und Vergnügungsstätten, Sport- und Freizeitanlagen)
- Tempel
- öffentliches Badehaus (Therme)
- Speicher, Markthalle
- militärische Anlage
- Garten, Parkanlage
- Katakomben der Christen (unterirdische Bestattungs- und Versammlungsstätte)
- Feuer- und Polizeiwache

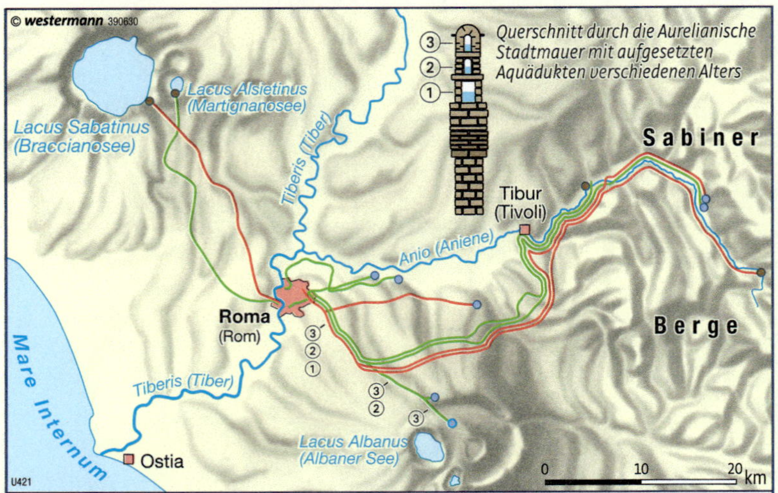

Aquädukte aus dem Umland Roms
- erbaut zwischen 312 v. Chr. und 10 v. Chr.
- erbaut zwischen 40 n. Chr. und 230 n. Chr.
- sauberes Quellwasser
- Oberflächenwasser minderer Qualität

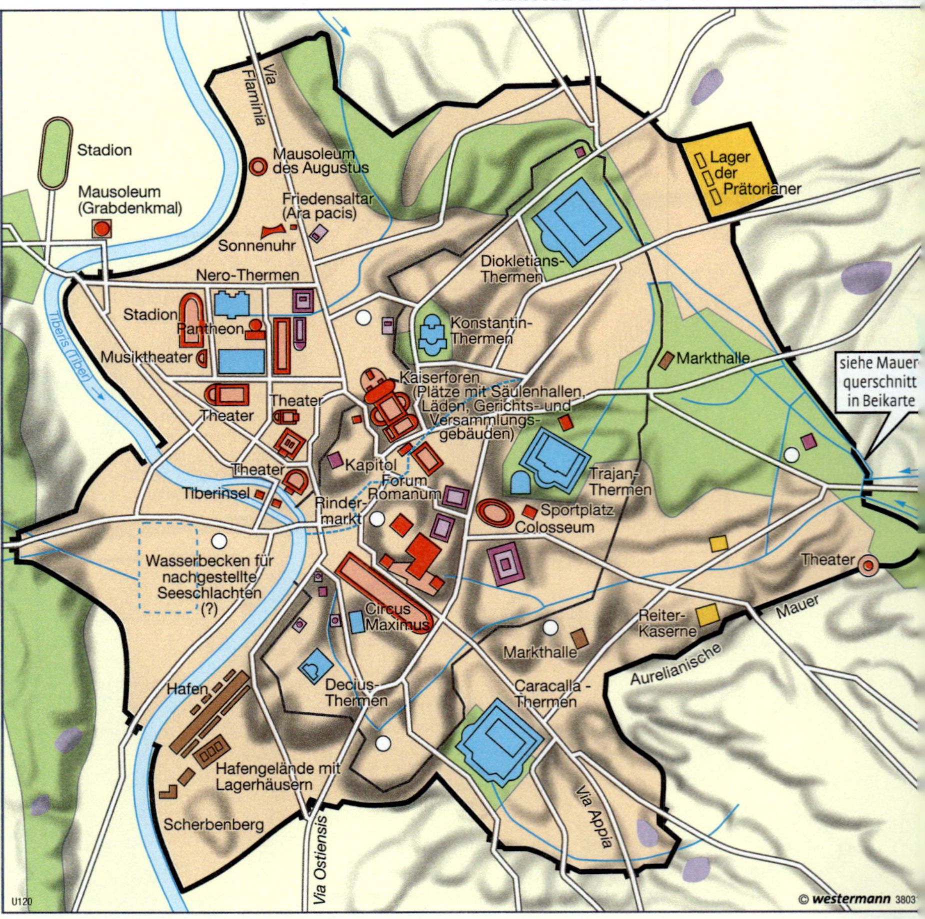

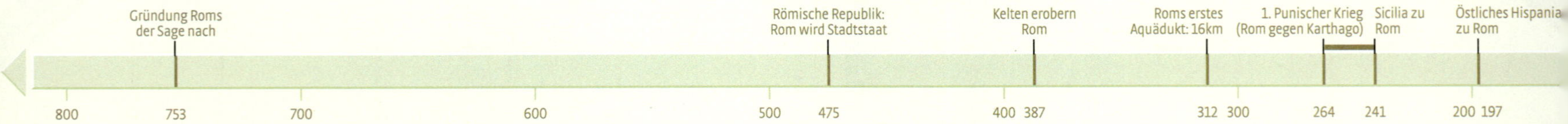

3 Germanien und Raetien zur Römerzeit 100 n. Chr.

Maßstab 1 : 3 500 000 — 0 30 60 90 120 150 km

Weintransport auf der Mosel, dargestellt auf einem römischen Grabstein

Römisches Reich
- Limes
- römische Provinzgrenze
- Legionslager
- Kastell
- Stadt
- Bonna — römischer Name
- (Bonn) — heutiger Name
- Römerstraße
- Handelsweg
- **Raetia** — römische Provinz

Germanien
- *Chatti* — germanischer Stamm

Bodenbedeckung

besiedelte Waldlandschaft, vorherrschende Baumart
- Eiche
- Buche
- Buche und Fichte
- Fichte, Tanne und Buche
- Tanne und Buche
- Kiefer und Eiche
- Moorlandschaft mit Erlenbruchwald

Landnutzung
- Kulturlandschaft mit Äckern und Weiden

Landwirtschaft
(Karten 1 und 3)
- Getreide
- Wein
- Honig, Wachs
- Olivenöl
- Holz
- Fischfang
- Federn, Daunen
- Papyrus
- Vieh

Bergbau und Mineralien
(Karten 1 und 3)
- Eisen
- Blei/Zink
- Salz
- Bernstein
- Kalkstein

Gewerbe
(Karten 1 und 3)
- Metallwaren
- Tuche, Wollwaren
- Leinwand
- Leder, Pelze
- Frauenhaare (Perückenherstellung)
- Keramik
- Glas
- Kosmetik
- Purpur
- Schiffbau
- Sklaven

1 Völkerwanderungen und Reiche (bis zum Tode Theoderichs um 526)

Maßstab 1 : 60 000 000 (0 – 500 – 1000 – 1500 – 2000 – 2500 km)

Grabmal des Ostgotenkönigs Theoderich (451/56-526) in Ravenna

⚔ 451 Schlacht auf den Katalaunischen Feldern (Römer besiegen Hunnen)

Germanische Reichsbildungen (nach Zerfall des Römischen Reiches)

- Ostgoten
- Westgoten
- Vandalen
- Franken
- Burgunder
- Sachsen, Angeln, Jüten
- 5. Jh. Wanderzüge, zum Teil mit Jahr der Reichsgründung
- Chinesische Mauer

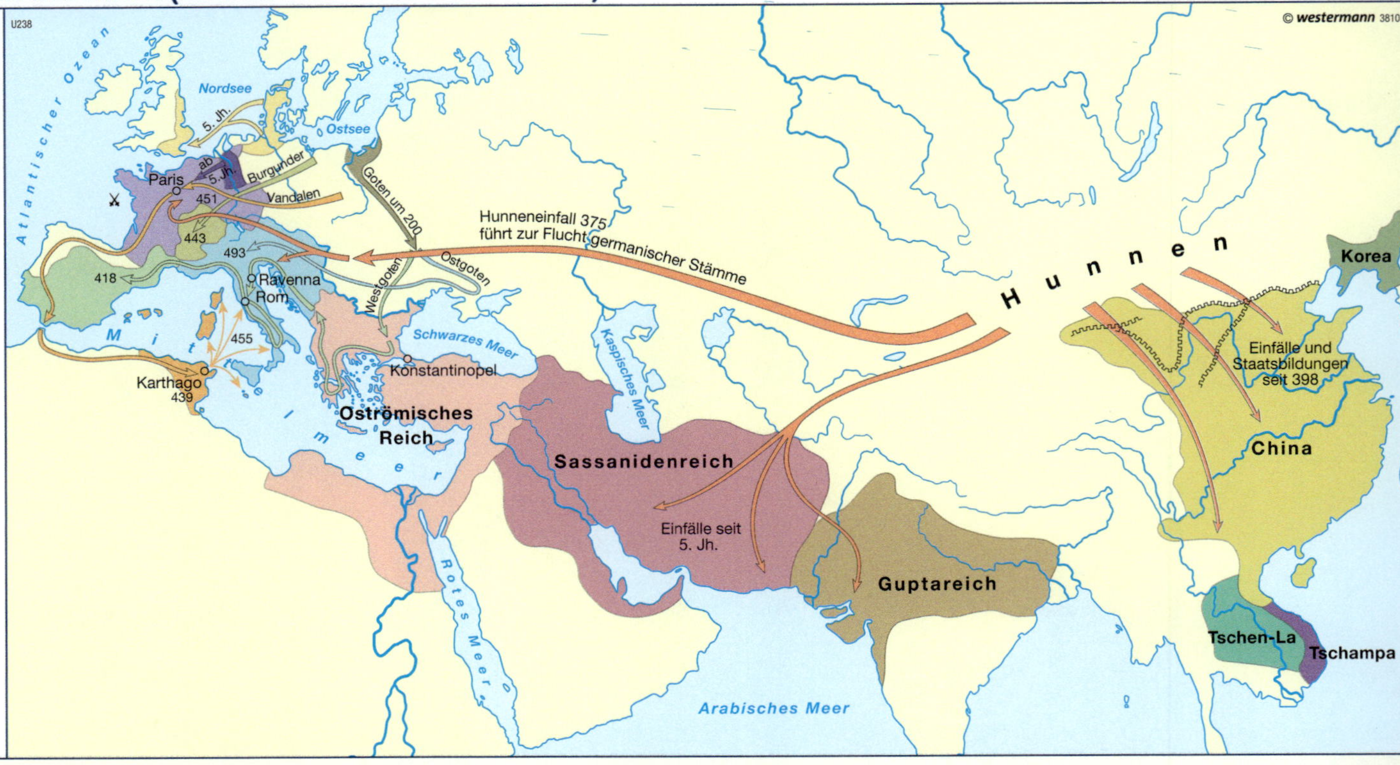

2 Europa am Ende der Herrschaft Karls des Großen um 814

Maßstab 1 : 30 000 000 (0 – 500 – 1000 – 1500 km)

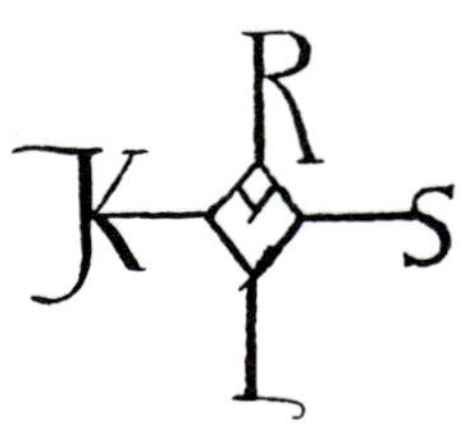

Namenszeichen (Monogramm) Karls des Großen auf einer Urkunde von 781

Weltliche Gebiete der Karolinger

- Frankenreich um 768
- Frankenreich um 814
- fränkische Grenzmarken (nur Grenzsicherung)
- fränkisches Einflussgebiet

Geistliche Gebiete

- Kirchenstaat unter Schutz des Frankenkaisers
- ungefähre Staatsgrenze
- Stammesgebiete
- Züge der Wikinger

Teilung des Reiches Karls des Großen im Vertrag von Verdun 843

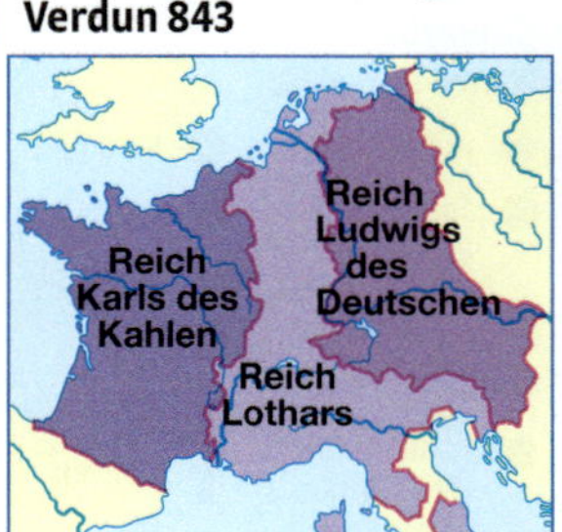

Abkürzungen: Kgr. = Königreich

455	476	526	622	711	713	732
Plünderung Roms durch die Vandalen	Untergang Westroms	Tod des Ostgotenkönigs Theoderich führt zu Thronstreitigkeiten	Flucht Mohammeds nach Medina „Hidschra" – Beginn der islamischen Zeitrechnung	Araber und Berber erobern Westgotenreich in Spanien		Franken besiegen Araber bei Poitiers

Zeitleiste: 1 – 400 – 455 – 476 – 500 – 526 – 600 – 622 – 700 – 711 – 713 – 732

3 Heiliges Römisches Reich um 1000

Maßstab 1 : 6 000 000

Das Stammelternpaar deutscher Kaiser und Könige: Heinrich I. und seine Frau Mathilde mit den Reichsinsignien (Zepter, Reichsapfel und Krone) um 920.

Weltliche Herrschaft
- Reichsgrenze zur Kaiserkrönung Otto I. 962
- Reichsgrenze 1033 zur Zeit des Saliers Konrad II. (1024–1039)
- Staatsgrenze
- Provinzgrenze
- bedeutende Königspfalz
- wichtige Schlacht
- Slawenaufstand 983

Begräbnisstätten der Ottonen
- Heinrich I. 919–936
- Otto I. 936–973
- Otto II. 973–983
- Otto III. (983) 995–1002
- Heinrich II. 1002–1024

Geistliche Herrschaft
- Papsttum
- Erzbischofssitz
- Bischofssitz
- erloschenes Bistum
- Kloster

Abkürzungen der Staatsformen siehe Seite 193

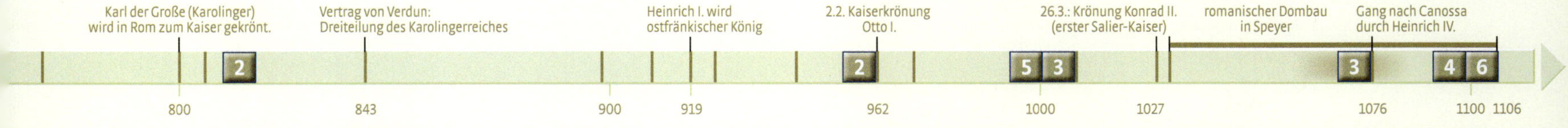

1 Europa zur Zeit der ersten Kreuzzüge Ende des 12. Jahrhunderts

Maßstab 1 : 30 000 000

Die Kreuzzüge

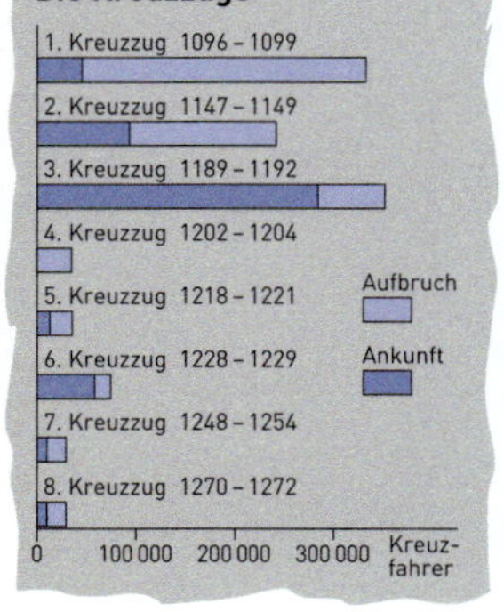

Religionen

- Stammesreligionen
- katholische Christen
- orthodoxe Christen
- Muslime

Kreuzfahrerstaaten

- zur Zeit der größten Ausdehnung nach dem 1. Kreuzzug

3. Kreuzzug (1189 – 1192)

- Friedrich I. Barbarossa
- Barbarossa 1190 ertrunken
- Philipp II. August
- Richard Löwenherz

Abkürzungen der Staatsformen siehe Seite 193

2 Das Reich Karls V. – Habsburgische Vormacht in Europa

Maßstab 1 : 18 000 000

Der junge Kaiser Karl V. um 1509 nach einem zeitgenössischen Gemälde

Entwicklung der Habsburger Lande durch Heiratspolitik und Erbfall

- Erblande und Erwerbungen unter Maximilian I. (bis 1519)
- Erwerbungen Karls V. und Ferdinands I.
- Erwerbungen Philipps II. von Spanien
- versuchte Erwerbung der Habsburger

Antihabsburgische Allianzen

- Liga von Cognac
- Schmalkaldischer Bund

Beteiligung der Habsburger

- Schlacht
- Friedensvertrag

Kriegszüge

- Osmanen
- Deutsche Landsknechte
- Don Juan d'Austria

Abkürzungen der Staatsformen siehe Seite 193

1000	
1054	Schisma: Trennung von Ost- und Westkirche
1096	Papst Urban I. ruft zum ersten Kreuzzug
1100	
1152	Friedrich I. Barbarossa wird König
1187	Einnahme Jerusalems durch Sultan Saladin
1200	
1241	Hamburg und Lübeck begründen die Hanse
	Gründung des Osmanischen Reich

1

3 Handel und Wirtschaft im 15. Jahrhundert

Maßstab 1 : 24 000 000 — 0 200 400 600 800 1000 km

U167 © westermann 371029

Siehe Karte S. 210 5

Zecchino (Venedig) *Genovino (Genua)* *Witten (Hanse)*

Handelsorte
- Handelszentrum (> 100 000 Einwohner)
- Hansestadt
- Lyon — Messestadt
- Niederlassung der Fugger (Hauptsitz seit 1367: Augsburg; Handel, Banken, Bergwerke); Jakob Fugger aus Nürnberg finanziert 1519 die Wahl von Karl V. zum Kaiser

Handelswege
- Seeweg
- Handelsstraße
- Karawanenweg

Handelsgüter
- Sklavenmarkt
- Gold — Handelsgut
- Erzbergbau (Eisen, Edelmetalle, Blei, Quecksilber)
- handelsorientierter Getreideanbau
- Glas
- Metallwaren
- Papier
- Pelze, Lederwaren

Textilien
- Tuche, Wollware
- Leinen
- Seide

1332	erste Erwähnung einer Räderuhr
1337–1453	„Hundertjähriger Krieg" zwischen Frankreich und England
1400	3
1453	Eroberung Konstantinopels durch die Osmanen
1492	- Eroberung Granadas: Ende der Reconquista - Kolumbus entdeckt Amerika (siehe S. 168 5)
1500	
1519	Kaiserwahl Karl V.
1529	Osmanen belagern Wien
1575	Spanien erklärt den Staatsbankrott
1581	Niederlande erklären Unabhängigkeit von Spanien
1600	2

1 Reformation in Europa um 1570

Maßstab 1 : 24 000 000 (0 – 200 – 400 – 600 – 800 – 1000 km)

In einer Druckerei werden Bleilettern für den Bibeldruck gesetzt.

- Reichsgrenze (Heiliges Römisches Reich Deutscher Nation)
- Staatsgrenze

alte Konfessionen (Mehrheit / Minderheit)
- Katholiken
- Orthodoxe
- Muslime

neue Konfessionen
- Lutheraner
- Reformierte (Calvinisten, Zwinglianer)
- Anglikaner
- böhmische u. mährische Brüder

Täufer protestantische Minderheit
1560 Einführung der Reformation
■ geistiges Zentrum einer Konfession
♜ bedeutende Burg

Abkürzungen: Kgr. = Königreich

2 Der Dreißigjährige Krieg (1618–1648)

Maßstab 1 : 8 000 000

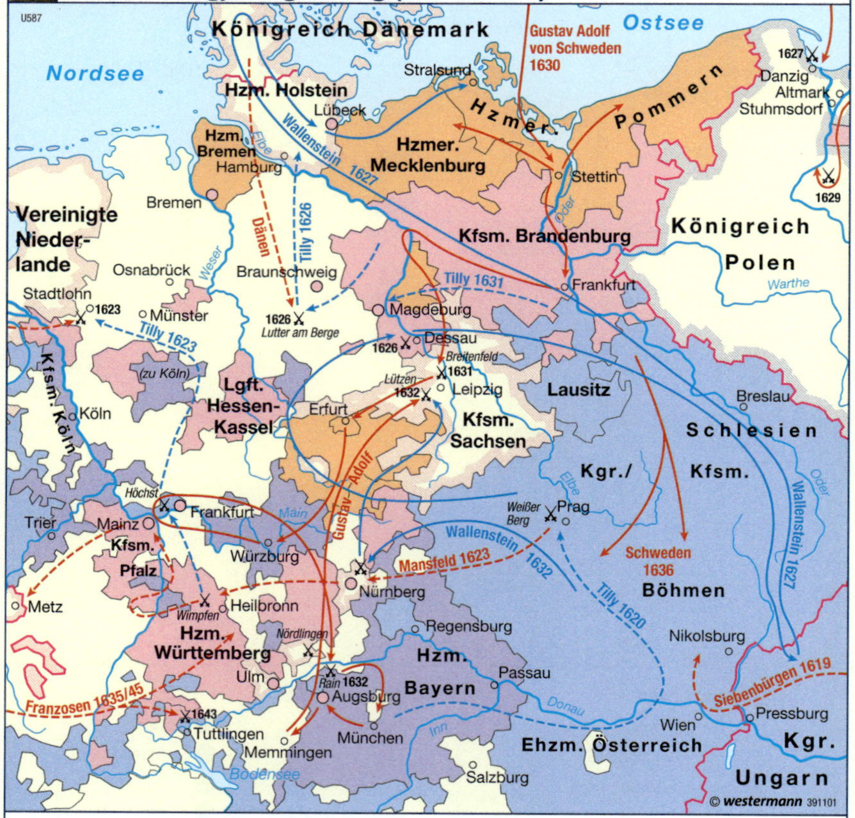

Katholisch-habsburgisches Lager
- Gebiete des Kaisers und andere habsburgische Lande
- Mitglieder der „Liga" (1609–1635)
- Verbündete
- 1623 Feldzug, Schlacht

Antihabsburgisches Lager
- Mitglieder der protestantischen „Union" (1608–1616)
- 1632–1635 von Schweden abhängig
- Verbündete
- 1623 Feldzug, Schlacht

3 Bevölkerungsverluste im Dreißigjährigen Krieg

Bevölkerungsabnahme 1618 – 1648 durch Krieg und Seuchen

0 – 15 – 33 – 66 %

- Reichsgrenze
- wichtige Straße im Reich

Abkürzungen der Staatsformen in den Karten 2 und 3 siehe Seite 193

1500	
1517	31.10. Thesen Martin Luthers gegen den Ablasshandel
1524/25	Der Große Bauernkrieg
1535	Sachsen gibt sich eine Landeskirche, unabhängig von Rom
1550	
1555	Augsburger Religionsfrieden
1559	Einführung des päpstlichen Verzeichnisses aller verbotenen Bücher (Index)
1572	Bartholomäusnacht: Ermordung von protestantischen Hugenotten (Karte 1)
1598	Edikt von Nantes: Religionsfreiheit für Hugenotten

4 Heiliges Römisches Reich um 1648

Maßstab 1 : 6 000 000

Zeitgenössische Darstellung der Verkündung des Westfälischen Friedens 1648 durch einen Postillion

Prager Fenstersturz | Der böhmisch-pfälzische Krieg | Der dänische Krieg | Der schwedische Krieg | Der französische Krieg | Westfälischer Friede (Fürstensouveränität und Gebietsverluste) | Befreiung des von den Osmanen belagerten Wiens

2 3 4

1618 – 23 | 1625 – 29 | 1630 – 35 | 1635 – 48 | 1648 | 1650 | 1683 | 1700

www.heimatundwelt.de
HWG-206

1 Versailles um 1700

Maßstab 1 : 40 000

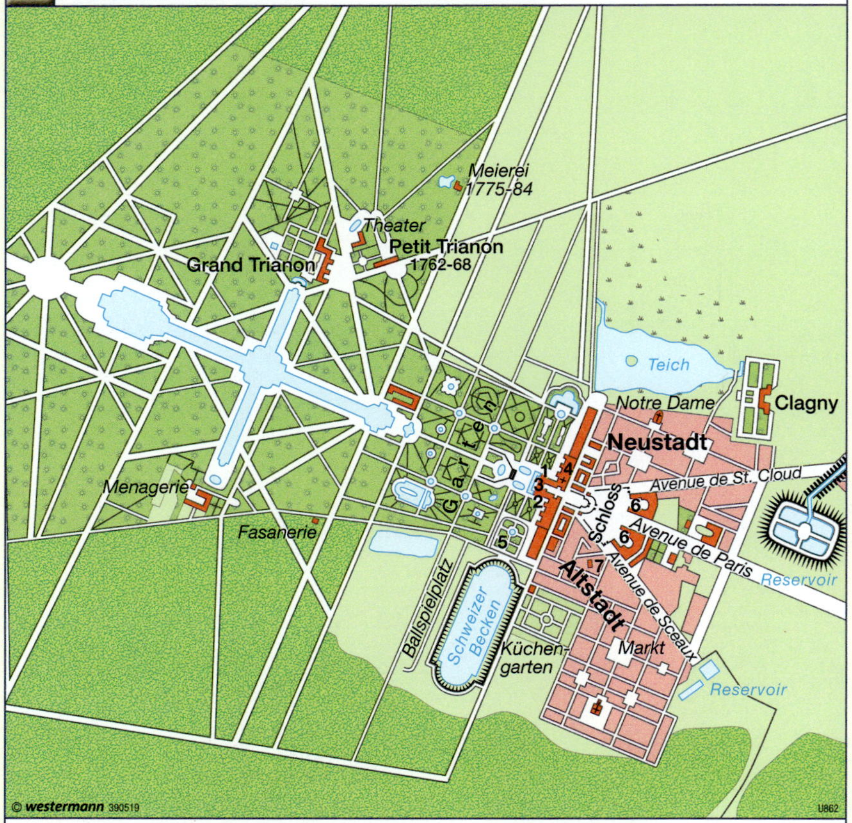

Hauptgebäude des barocken Königsschlosses (Baubeginn 1624, Neubau 1661, Architekten: Louis Le Vau 1670; Jules Hardouin-Mansart 1708)

1 Schlafgemach des Königs
2 Schlafgemach der Königin
3 Spiegelsaal
4 Schlosskapelle
5 Orangerie
6 Marstall
7 Ballhaus

Schlosspark (Architekt: André Le Nôtre 1670)
Wohn- und Wirtschaftsgebäude
Hausgärten, Kulturland
Wald

2 Karlsruhe um 1740

Maßstab 1 : 10 000

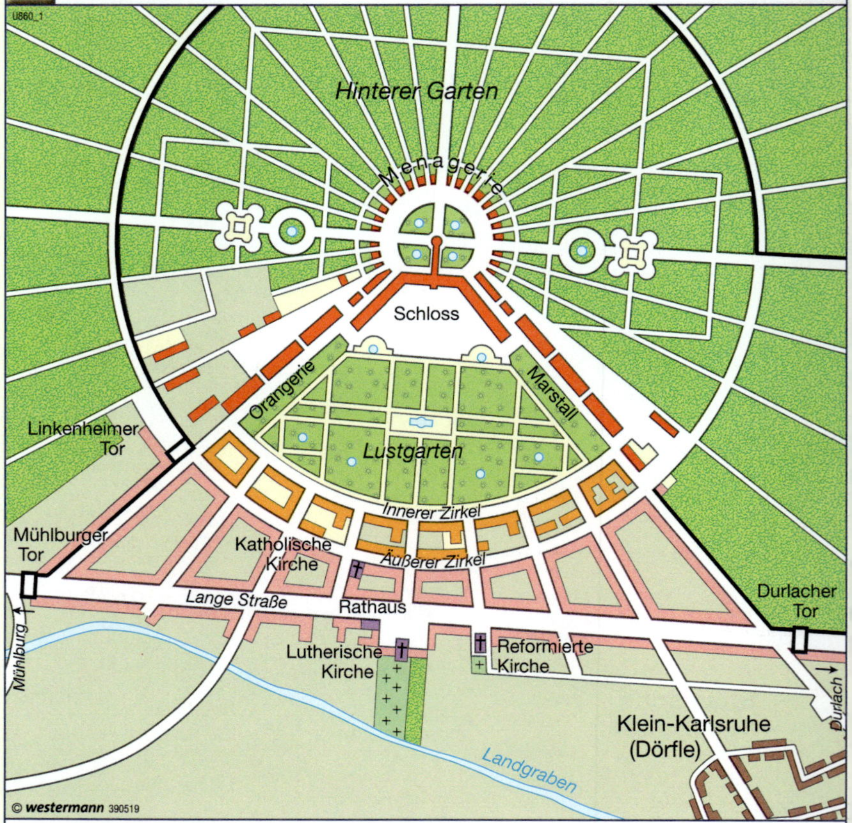

Bewohner
Fürst
Hofstaat, Adel
Bürger
Handwerker und Tagelöhner

Palisadenzaun mit Stadttor
Springbrunnen
Wald
Hausgärten, Kulturland

3 Absolutismus in Europa

Maßstab 1 : 24 000 000

Das Sinnbild Ludwig XIV. (1638-1715) als „Sonnenkönig" ist die Sonne, hier dargestellt als Verzierung des Eingangstores zum Schloss Versailles.

barocke Schlossbauten nach dem Vorbild von Versailles
absolutistische Staaten in Flächenfarbe
Kgr. Brandenburg-Preußen
Kfsm. Bayern
Kfsm. Sachsen
Kaisertum Österreich (Habsburgische Gebiete)
Gebiete absolutistischer Klein- und Mittelstaaten
Reichsgrenze (Heiliges Römisches Reich Deutscher Nation)
Staatsgrenze

Kfsm. = Kurfürstentum
Kgr. = Königreich
Rep. = Republik

1649 Hinrichtung Karls I. von England, Abschaffung der Monarchie durch Cromwell
1685 Flucht der Hugenotten aus Frankreich
1697 August der Starke von Sachsen wird König von Polen
1700 1
1701 Kurfürst Friedrich III. von Brandenburg wird König in Preußen
1721 Russisches Kaisertum unter Peter dem Großen

1649 1650 1660 1670 1680 1685 1690 1697 1700 1701 1710 1720 1721 1730

4 Paris zur Zeit der Französischen Revolution 1789 – 1799

Maßstab 1 : 40 000 0 200 400 600 800 1000 m

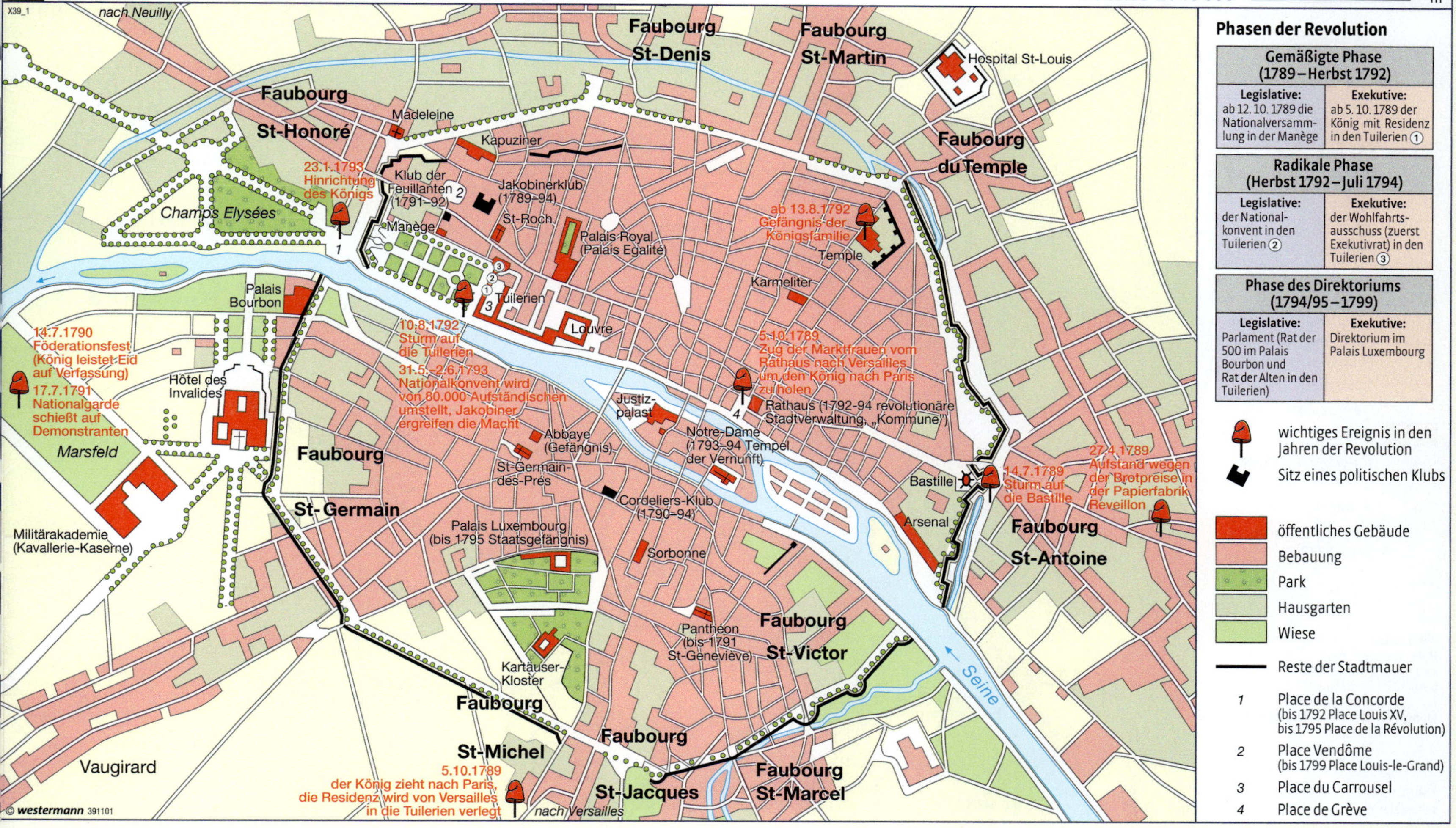

5 Das Zeitalter Napoleons um 1812

Maßstab 1 : 24 000 000 0 200 400 600 800 1000 km

Erstes Bürgerliches Gesetzbuch (1804), kodifizierte viele Ergebnisse der Französischen Revolution und bildete im napoleonischen Europa die Basis von Rechtsreformen in vielen Ländern.

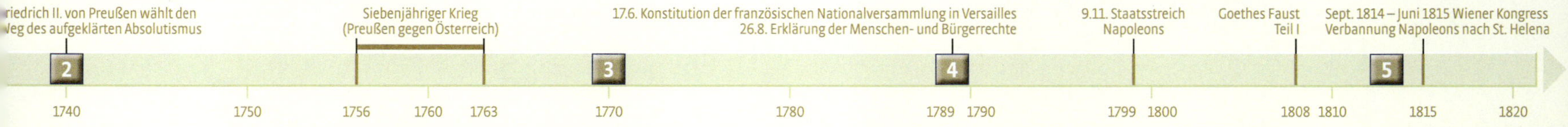

1 Deutscher Bund 1815 bis 1866

Maßstab 1 : 9 000 000

Seidenrips-Kokarde aus der Zeit des Hambacher Festes (1832)

- Grenze des Deutschen Bundes
- Staatsgrenze
- Provinzgrenze
- Freie Stadt
- endgültige Niederlage Napoleons 1815
- Vertragsabschluss
- Unruhen/Aufstände 1830–1848

Abkürzungen der Staatsnamen

H.-H.	Lgft. Hessen-Homburg
Lau.	Hzm. Lauenburg
L.-D.	Fsm. Lippe-Detmold
L.	Fsm. Liechtenstein
M.-Str.	Ghzm. Mecklenburg-Strelitz
S.-L.	Fsm. Schaumburg-Lippe
W.	Fsm. Waldeck

Abkürzungen der Staatsformen siehe Seite 193

2 Deutsches Kaiserreich 1871

Maßstab 1 : 9 000 000

Wappen des Deutschen Kaiserreiches: Reichsadler mit preußischem Wappenschild und einer an das Heilige Römische Reich erinnernden Krone

- Grenze des Deutschen Kaiserreiches
- Staatsgrenze
- Teilreichsgrenze
- Provinzgrenze
- Freie Stadt
- bedeutende Schlacht

Österreichisch-Ungarische Monarchie

- Transleithanien (Länder der ungarischen Krone)
- Cisleithanien (im Reichsrat vertretene Königreiche und Länder)

Abkürzungen der Staatsnamen siehe Karte 1, Abkürzungen der Staatsformen siehe Seite 193

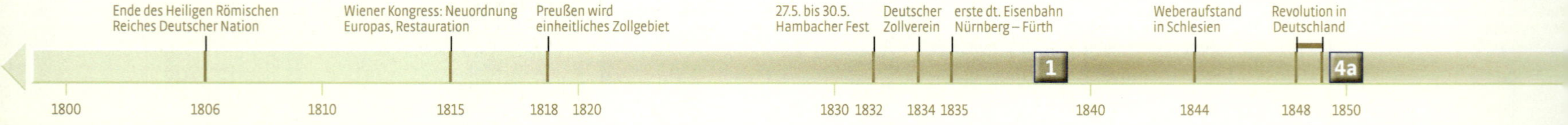

3 Industrielle Entwicklung in Deutschland im 19. Jahrhundert

Maßstab 1 : 4 500 000

4 Entwicklung der Großstädte in Deutschland

a um 1850

b um 1880

c 2010

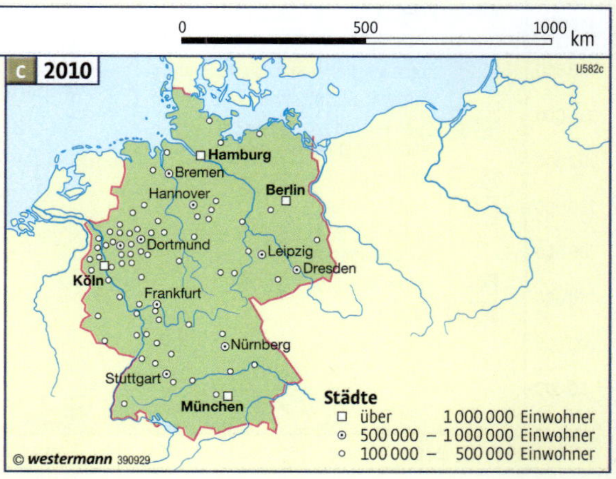

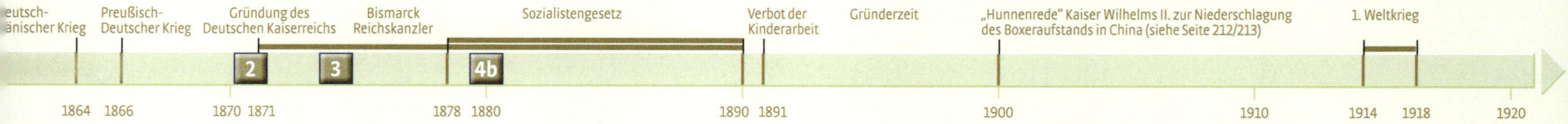

1 Die Erschließung des Westens 1840

Maßstab 1 : 40 000 000

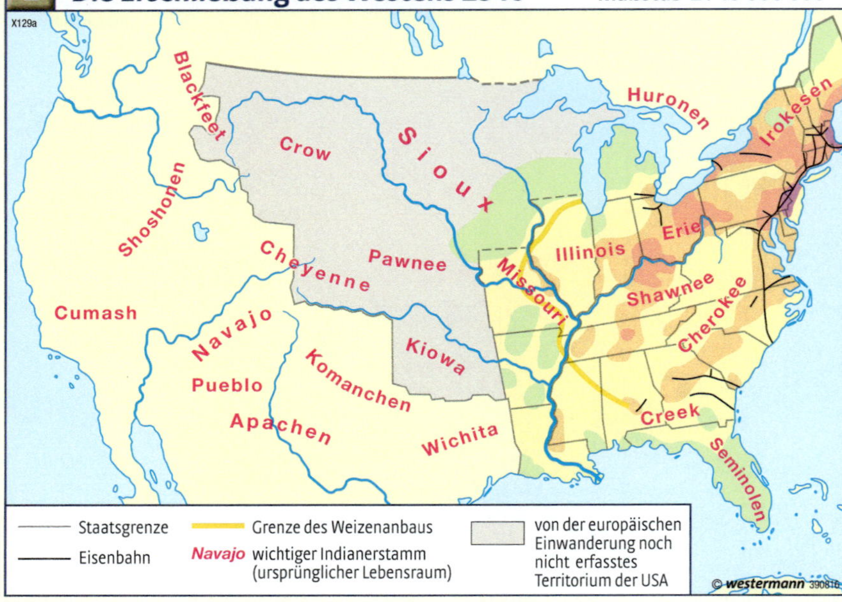

2 Die Erschließung des Westens 1860

Maßstab 1 : 40 000 000

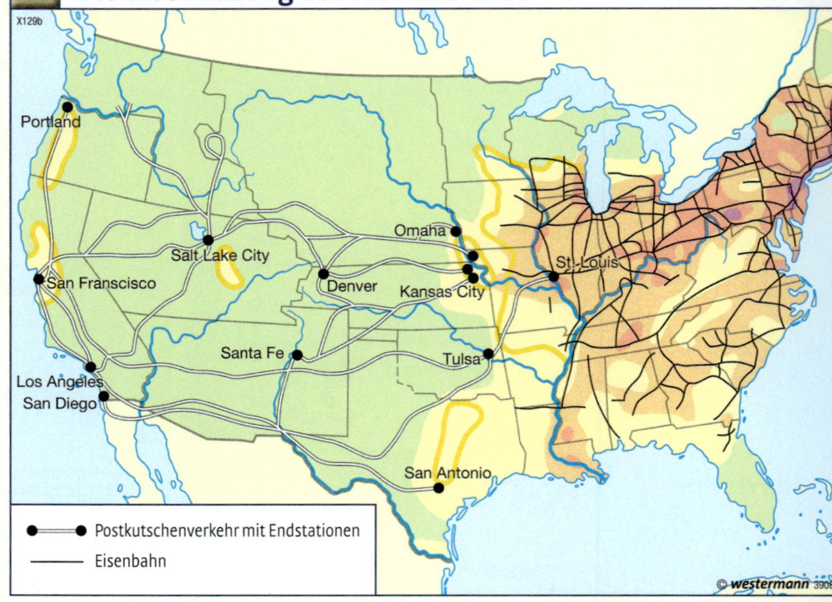

5 Atlantischer Dreieckshandel (16. bis 19. Jahrhundert)

Maßstab 1 : 80 000 000

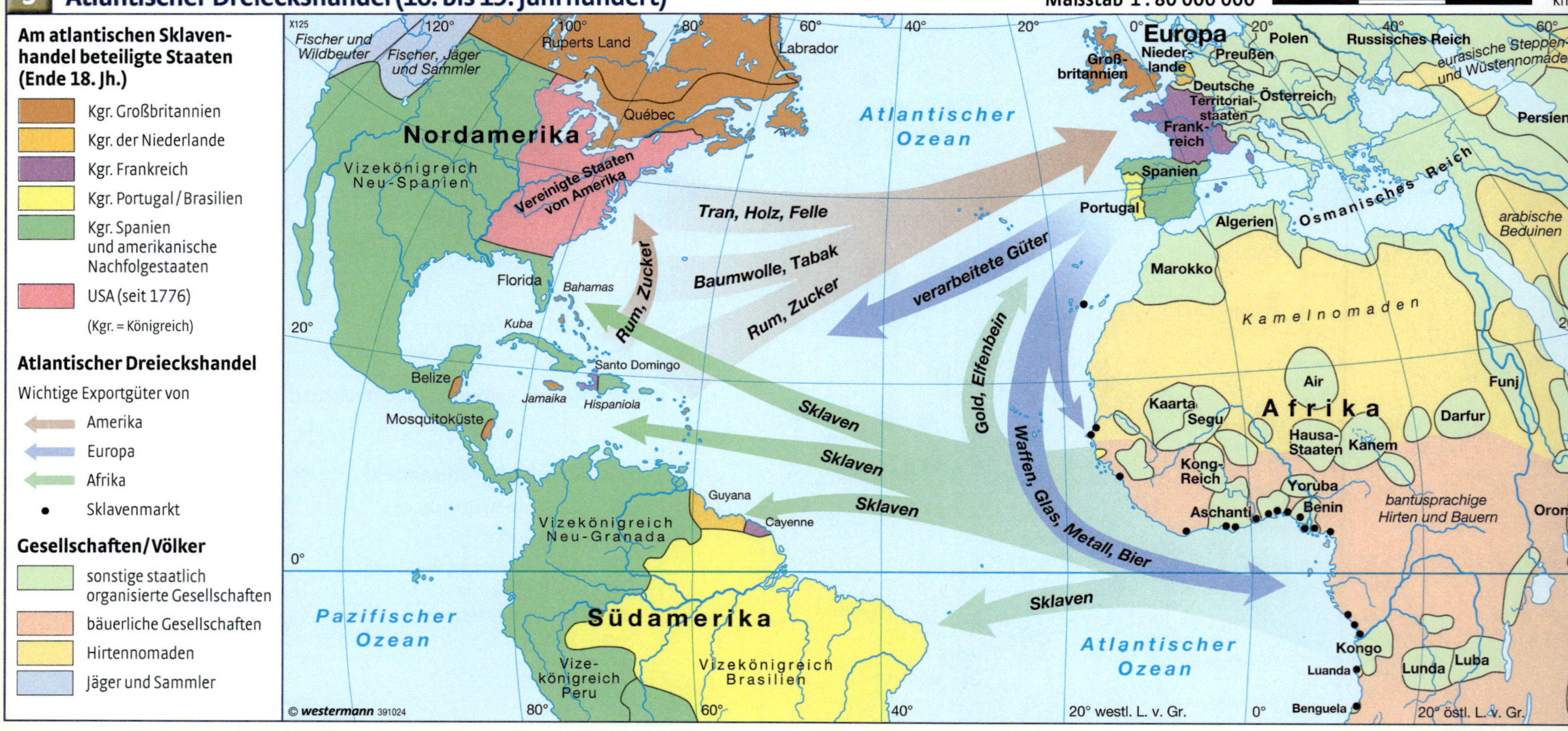

6 Verschiffung afrikanischer Sklaven 1500 – 1865

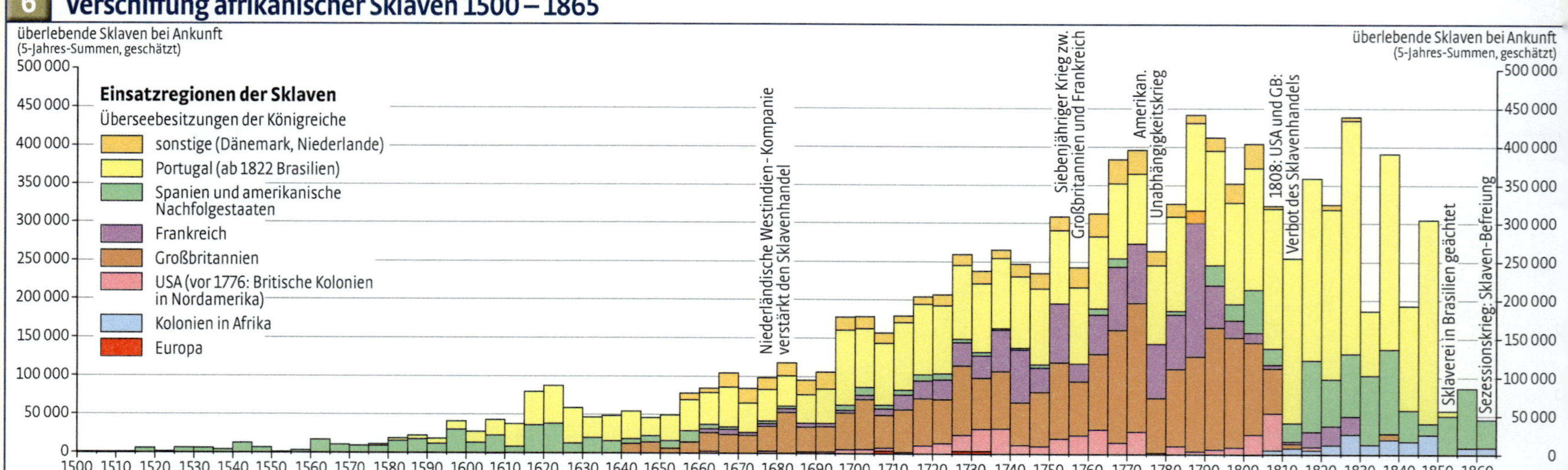

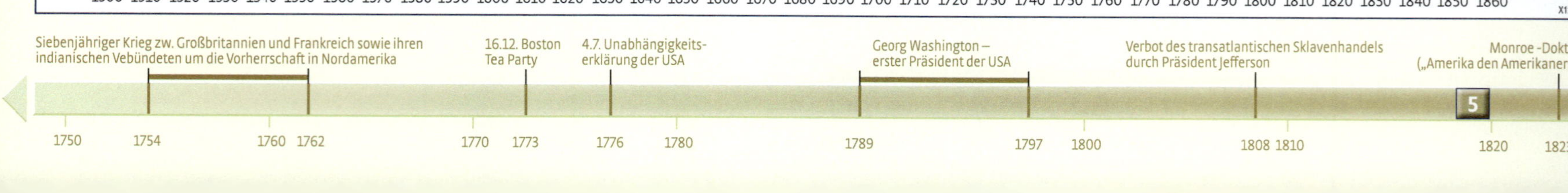

3 Die Erschließung des Westens 1890

Maßstab 1 : 40 000 000

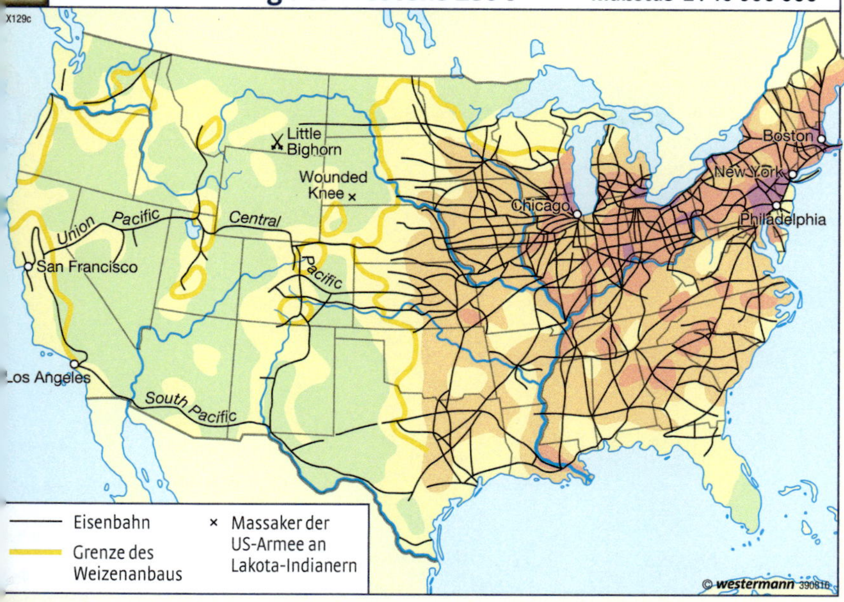

4 Die Erschließung des Westens 1910

Maßstab 1 : 40 000 000

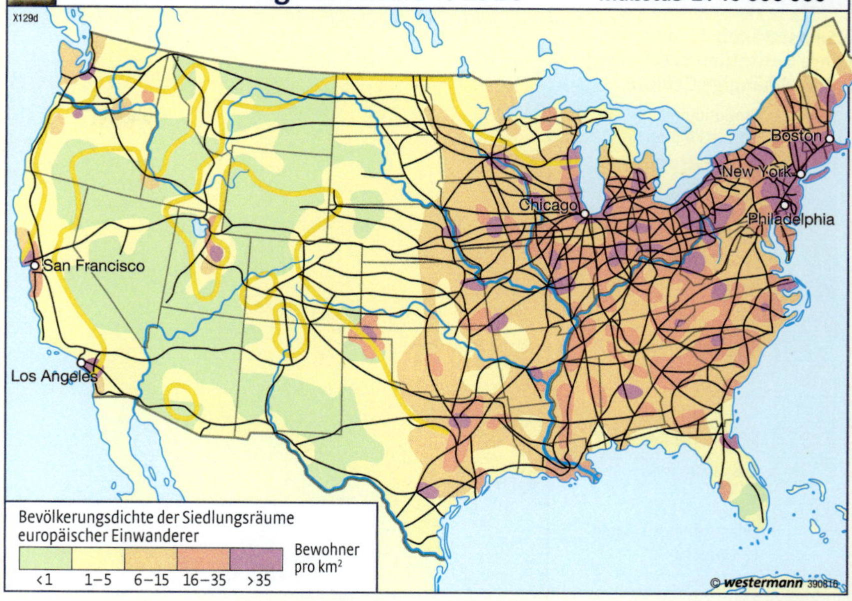

7 Sezessionskrieg 1861–1865 (Amerikanischer Bürgerkrieg)

Maßstab 1 : 30 000 000

8 Einwanderung (Immigration) in die USA seit 1820

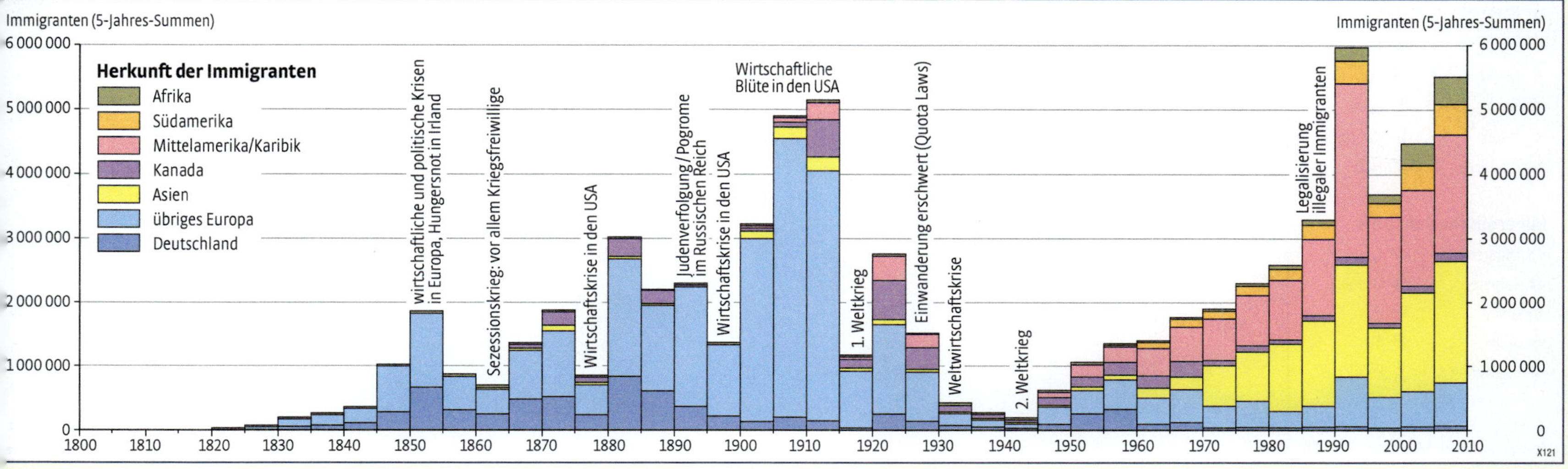

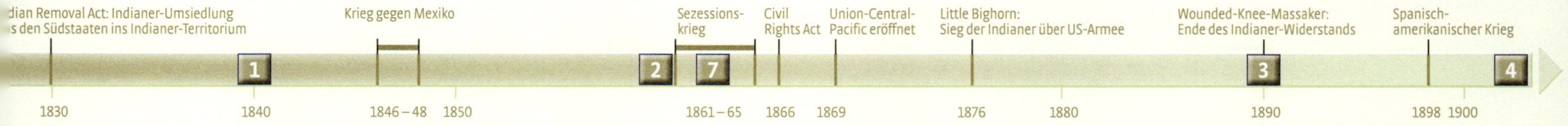

1 Die Welt um 1914

Selbstständige Staaten, ihre Besitztümer (Kolonien) und abhängige Gebiete

- Großbritannien (British Empire)
- Frankreich
- Deutsches Reich
- Belgien
- Dänemark
- Italien
- Niederlande
- Portugal
- Spanien
- USA
- Japanisches Reich
- Russisches Reich
- selbstständige Staaten (sonstige)

Interessengebiete

- britisch
- französisch
- deutsch
- US-amerikanisch
- japanisch
- russisch

Afrika – 1914/1918 siehe auch Seite 125 2

2 Handelsgüter der Kolonien und imperialistischer Interessensgebiete (um 1914)

Maßstab 1 : 180 000 000

Agrarische Rohstoffe

- Getreide (einschl. Reis)
- Zucker
- Bananen
- Kaffee
- Kakao
- Tee
- Tabak
- Gewürze
- Palmöl
- Wolle
- Fleisch
- Fisch
- Baumwolle
- Jute
- Seide
- Kautschuk
- Holz

Mineralische Rohstoffe

- Düngemittel
- Salpeter
- Gold
- Silber
- Edelsteine
- Kupfer
- Eisenerz
- Zinn
- Blei
- Erdöl

Staats- und Gebietsnamen siehe Karte 1

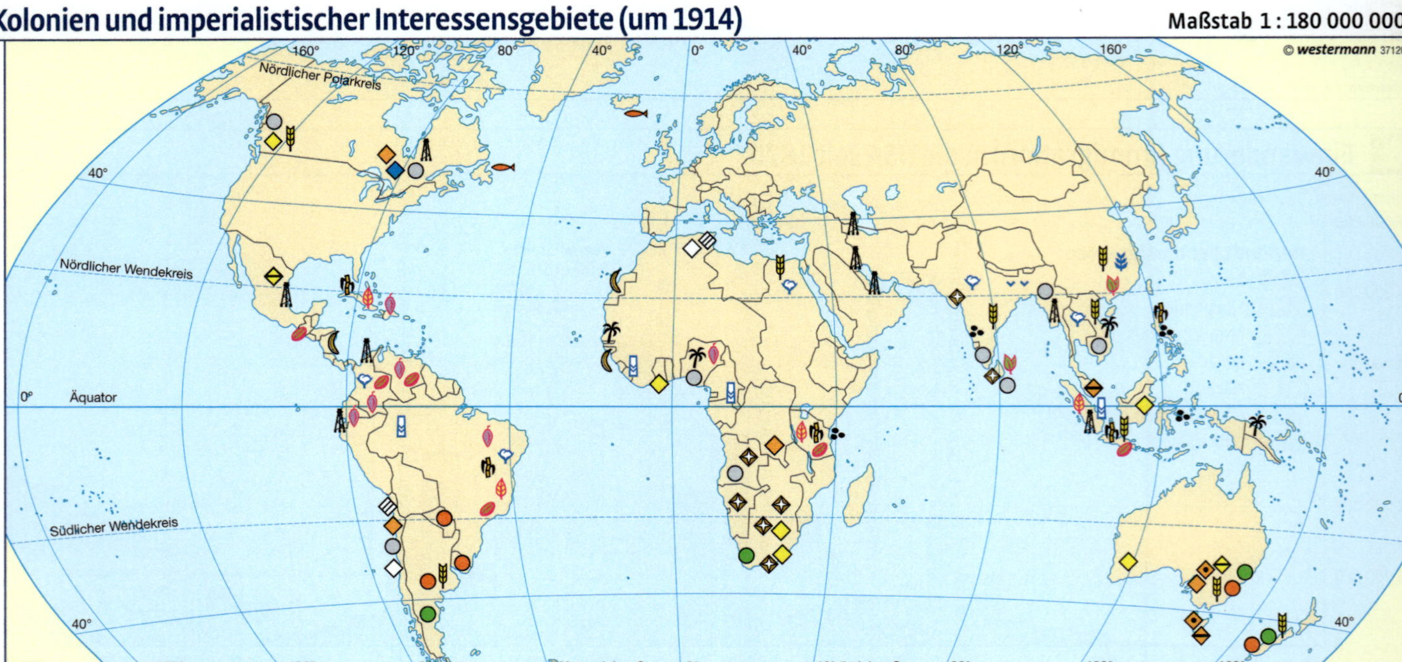

- 1854–1856: Krim-Krieg: Großbritannien und Frankreich treten der russischen Expansion auf osmanischem Territorium entgegen
- 1869: Eröffnung des von den Franzosen gebauten Suezkanals
- ab 1870: Starke Absenkung der Preise für Getreide und Hauptnahrungsmittel in Folge des Welthandels
- 1882: Dreibund (Deutschland, Österreich, Itali…); Großbritannien besetzt Ägypten

1850 1854 1856 1860 1869 ab 1870 1880 1882

Maßstab 1 : 90 000 000

3 Die Welt im Ersten Weltkrieg (1914–1918)

Maßstab 1 : 180 000 000

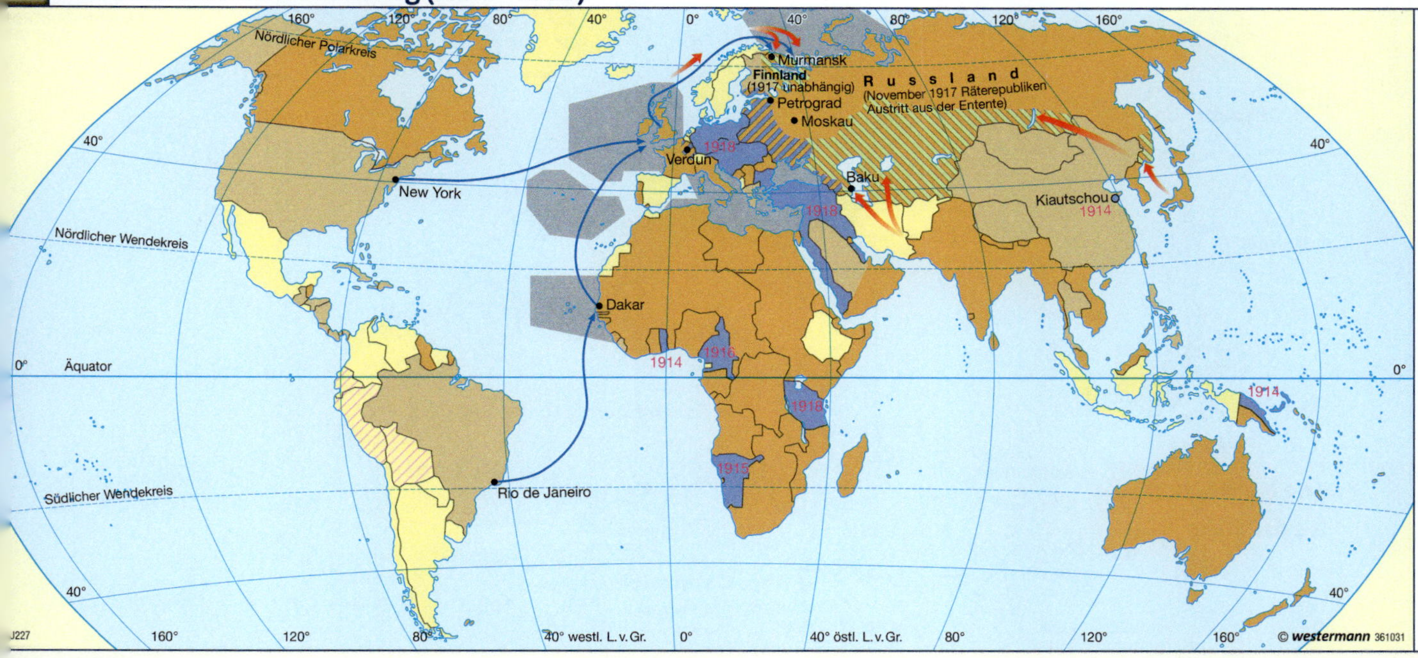

Mittelmächte
- Mittelmächte und Verbündete
- von den Mittelmächten besetzte Gebiete
- Deutsches Seesperrgebiet

Entente („Bündnis")
- Entente und Verbündete 1914 – 1916
- Verbündete der Entente seit 1917/18
- Geleitzüge der Entente für Kriegslieferungen
- Interventionen der Entente im März 1918
- von „Weißen" und Interventionstruppen beherrschte Gebiete

Neutralität
- neutrale Staaten
- diplomatische Beziehungen zu den Mittelmächten 1917 abgebrochen
- 1918 Jahr der Kapitulation

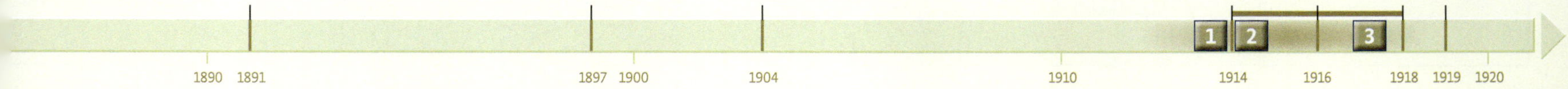

Europa und Deutschland – territorialer Wandel von 1914 – 1949

1 Europa vor dem 1. Weltkrieg (1914)

Maßstab 1 : 36 000 000

1830 Jahr der Erwerbung — Staatsgrenze — Teilreichsgrenze — Hauptstadt

2 Europa nach dem 1. Weltkrieg (1920/21)

Maßstab 1 : 36 000 000

1908 Jahr der Unabhängigkeit — Staatsgrenze (für Mitteleuropa festgelegt durch die Pariser Vororteverträge 1919/1920)

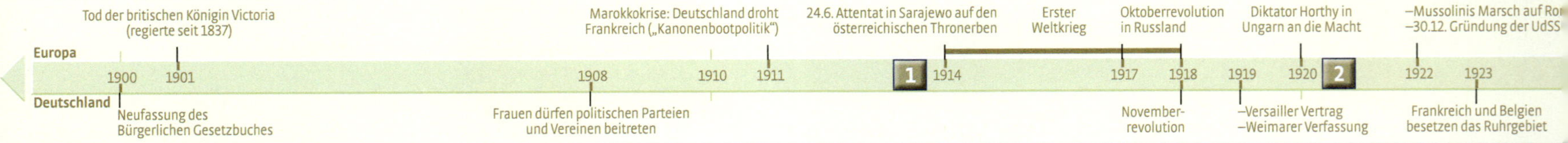

3 Weimarer Republik 1933

Maßstab 1 : 9 000 000

0 100 200 300 km

Nationalflagge, abgeleitet aus der Uniform der Lützowschen Jäger (schwarzer Stoff, rote Litzen, goldene Knöpfe) in den Freiheitskriegen gegen die napoleonische Fremdherrschaft 1813–1815

- Grenze der Weimarer Republik
- Staatsgrenze
- Landesgrenze
- Provinzgrenze

Versailler Vertrag (ausgewählte Bestimmungen)

- Freie Stadt Danzig unter Schutz des Völkerbundes
- Saargebiet unter Verwaltung des Völkerbundes 1919–1935
- entmilitarisierte Zone
- nach Volksabstimmung abgetretenes Gebiet
- internationalisierter Wasserweg

4 Europa vor dem 2. Weltkrieg (1939)

Maßstab 1 : 36 000 000

Jahr der Errichtung einer Diktatur

1922 faschistisch — 1928 autoritär-militärisch — 1917/1922 kommunistisch

5 Europa nach dem 2. Weltkrieg (1949 bis 1989)

Jahr des Beitritts zu einem Militärbündnis

1949 North Atlantic Treaty Organization (NATO) — 1955 Warschauer Pakt

Eiserner Vorhang

undurchlässig — durchlässig

Zeitleiste

Europa:
- 1926 Militärputsch in Polen
- 1928 Salazar regiert Portugal autoritär
- 1929 Aufhebung der Verfassung in Jugoslawien durch König Alexander I.
- 1935 General Metaxas regiert Griechenland
- 1938 Carol II. von Rumänien errichtet Königsdiktatur
- 1939 Franco errichtet in Spanien die Diktatur
- 1939–1945 Zweiter Weltkrieg
- 1949 Nordatlantikpakt: Gründung der NATO

Deutschland:
- 1929 Weltwirtschaftskrise
- 1932 Hindenburg wird Reichspräsident
- 1933 30.1. Hitler wird Reichskanzler
- 1935 Nürnberger Gesetze
- 1938 –13.3. Anschluss Österreichs –9.11. Reichspogromnacht
- 1939 1.9. Einmarsch in Polen, Beginn des 2. Weltkrieges
- 1944 20.7. Attentat auf Hitler
- 1945 8.5. bedingungslose Kapitulation Deutschlands
- 1949 Gründung der BRD und der DDR

1926 · 1928 · 1929 · 1930 · 1932 · 1933 · 3 · 1935 · 1936 · 1938 · 4 · 1939 · 1940 · 6 · 1944 · 1945 · 1949 · 5 · 1950

6 Nationalsozialistisches Deutschland 1942

Maßstab 1 : 9 000 000 (0 – 100 – 200 – 300 km)

Das Eingangstor zum Konzentrationslager Auschwitz als Sinnbild für Terror und Völkermord der faschistischen Diktatur

- Nationalsozialistisches Deutschland
- Gebietsgrenze („Großdeutsches Reich")
- 1.11.1938 Datum der Annektion
- von Deutschland besetzte Gebiete
- Verbündete Deutschlands
- neutrale Staaten

Konzentrationslager

- Hauptlager
- Außenlager (Auswahl)
- reines Frauenlager
- Außenlager des Frauenlagers
- Sonderghetto
- Vernichtungslager (außerhalb der Karte: Jungfernhof, Maly, Trostnec)

Die genaue Zahl der Lager muss noch wissenschaftlich aufgearbeitet werden.

1 Deutschland im Europa des Zweiten Weltkrieges (1.9.1939 – 8.5.1945)

Maßstab 1 : 24 000 000

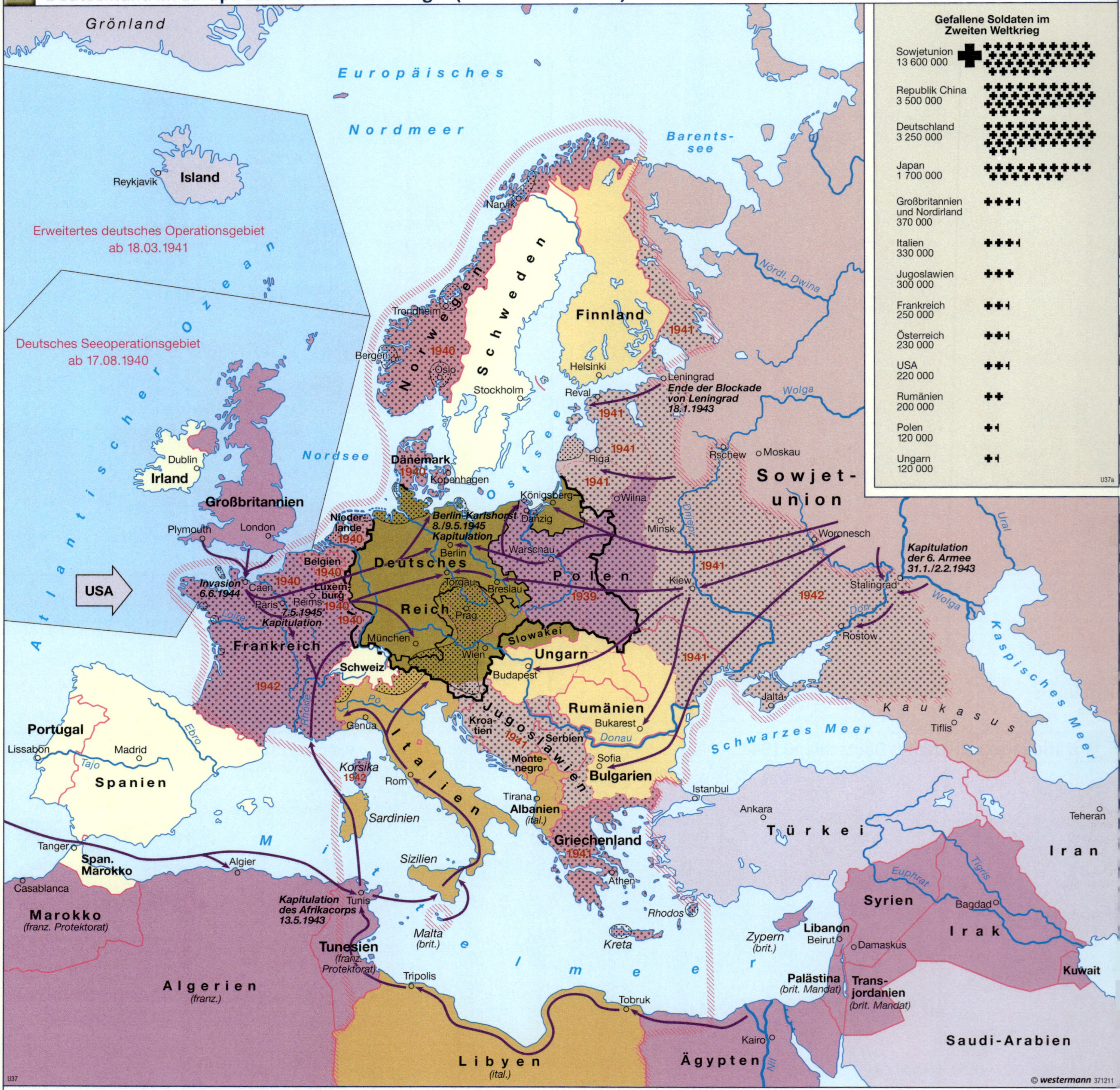

Luxemburger Briefmarken von 1945 mit Dank an die Alliierten

Achsenmächte

Kriegseintritt

- 1939
- 1940
- 1941
- Deutsche Seeoperationsgebiete

- 1942 von Deutschland besetzte Gebiete (Jahr der Besetzung)
- weitestes Vordringen der Achsenmächte November 1942
- Deutscher Machtbereich zum Zeitpunkt der bedingungslosen Kapitulation im Mai 1945

Alliierte Mächte

Kriegseintritt

- 1939
- 1940
- 1941
- nach 7.12.1941
- Alliierte Vorstöße
- neutrale Staaten

Grenzen

- Deutsches Reich 1937
- „Großdeutsches Reich" 1942
- Staatsgrenzen nach 1940
- Binnengrenzen und Erwerbungen

1935	1936	1937	1938	1939	1940	1941	1942

- Wiedereinführung der allgemeinen Wehrpflicht
- 7.3. deutsche Besetzung des entmilitarisierten Rheinlandes
- 13.3. Anschluss Österreichs
- 29.9. Münchner Abkommen
- „Stahlpakt" der Achsenmächte und „Hitler-Stalin-Pakt"
- 1.9. Angriff auf Polen, Beginn des 2. Weltkrieges
- 22.6. deutscher Angriff auf die Sowjetunion
- 7.12. Überfall Japans auf Pearl Harbor, Kriegseintritt der USA

1 2

2 Zweiter Weltkrieg 1939–1945 (Bündnisse)

Maßstab 1 : 180 000 000 (0 – 2000 – 4000 – 6000 km)

Achsenmächte und Verbündete (Kriegseintritt)
- 1939
- 1940
- 1941
- seit 7.12.1941
- größter Machtbereich der Achsenmächte 1942
- japanischer Machtbereich August 1945 zum Zeitpunkt der Kapitulation

Alliierte Mächte und Verbündete (Kriegseintritt)
- 1939
- 1940
- 1941
- ab 7.12.1941
- Konferenzort der Alliierten
- Atombombenabwürfe im August 1945 durch die USA

3 Besatzungsmächte und Vertreibung 1945–1949

Maßstab 1 : 10 000 000

- Deutschland in den Grenzen von 1937 bleibt als Einheit bis zur endgültigen Grenzregelung durch einen Friedensvertrag mit den Alliierten erhalten.
- Demarkationslinie nach dem Potsdamer Abkommen vom 2.8.1945

Besatzungszonen
- amerikanisch
- britisch
- französisch
- sowjetisch
- Sektorenstadt
- Alliierter Kontrollrat
- Hauptquartier
- Internationaler Militärgerichtshof

Verwaltungszonen
- französisch
- sowjetisch
- polnisch

Auswanderung nach Israel 1945–1950
- (91) Zahl der Auswanderer in Tausend

Vertreibung / Umsiedlung von
- Deutschen
- Polen
- Tschechen und Slowaken
- Ungarn

(Angaben in Tausend)

4 Roosevelts Plan zur deutschen Teilung

- zwischen 1937 und 1942 dem Deutschen Reich angegliederte Gebiete
- internationale Gebiete unter Verwaltung der Vereinten Nationen

Die **Konferenz von Teheran (28.11.–1.12.1943)** fand als erste Konferenz der drei Hauptalliierten statt. US-Präsident Franklin D. Roosevelt, der britische Premierminister Winston Churchill, der sowjetische Staatschef Josef Stalin stimmten sich über die weitere Vorgehensweise im Krieg und über die Zukunft Deutschlands ab.

5 Stalins Plan zur deutschen Teilung

- zwischen 1937 und 1942 dem Deutschen Reich angegliederte Gebiete

Im Badeort **Jalta** auf der Krim **(4.–11.2.1945)** trafen sich die Staatschefs der Hauptalliierten zum zweiten Mal. Themen der Konferenz waren die Aufteilung Deutschlands in Zonen, die Interessensphären in Europa sowie die Gründung der Vereinten Nationen.

Zeitleiste 1943–1950
- Konferenz von Teheran (4)
- 6.6. Landung der Alliierten in der Normandie
- 8.5. bedingungslose Kapitulation Deutschlands (5)
- Atombombenabwürfe der USA auf Hiroshima am 6.8. und Nagasaki am 9.8.
- Truman-Doktrin/Marshallplan (3)
- 20.6. Währungsreform in den Westzonen
- Berlinblockade
- 23.5. Gründung der BRD
- 7.10. Gründung der DDR

1943 – 1944 – 1945 – 1946 – 1947 – 1948 – 1949 – 1950

1 Das Zeitalter des Kalten Krieges (1949 – 1989)

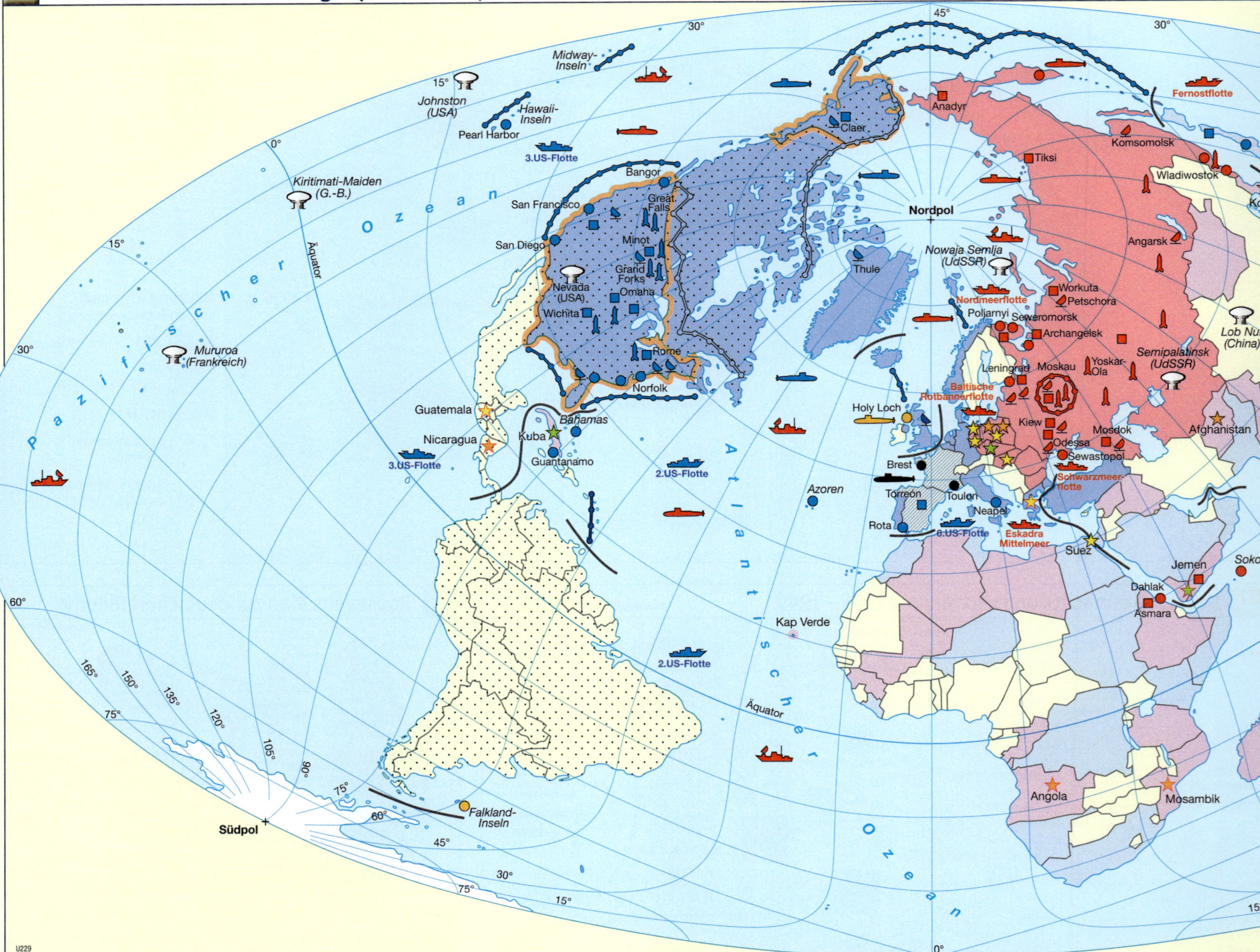

Konflikte im Zeichen des Kalten Krieges
- ☆ Bürgerkriege
- ☆ internationale Krisen und Kriege
- ★ zwischen 1945 und 1960
- ★ zwischen 1961 und 1975
- ★ zwischen 1976 und 1990

Bündnis- und Paktsysteme (80er Jahre)
- **NATO** (**N**orth **A**tlantic **T**reaty **O**rganization)
- militärisch nicht in der NATO integriert
- **ANZUS** (**A**ustralia-**N**ew **Z**ealand-**U**nited **S**tates 1951 – 1986, danach ausgesetzt)
- **OAS** (**O**rganization of **A**merican **S**tates seit 1948)
- **Warschauer Pakt**

Beistandsabkommen oder Militärkooperationen außerhalb von Bündnissen (80er Jahre)
- USA
- UdSSR
- geostrategisch wichtige Engstellen
- nukleares Testgebiet

Nukleare Militärpotenziale

Marinebasen
- USA
- Frankreich
- Großbritannien
- UdSSR

Bomberstützpunkte
- USA
- UdSSR

Interkontinentalraketen (Reichweite 10 000 – 12 000 km)
- USA
- UdSSR

Radarfrühwarnsysteme (Reichweite 4 000 – 6 000 km)
- USA
- UdSSR

Radarketten zur Luftverteidigung
- USA
- UdSSR

Ortungs- und Überwachungssysteme
- USA (Unterwasserabhöranlagen)
- UdSSR (Datensammelschiffe)

Operationsräume von Flottenverbänden
- USA
- UdSSR

Operationsräume von Atom-U-Booten
- USA
- Großbritannien
- Frankreich
- UdSSR

2 Der Koreakrieg (1950 – 1953) – ein Stellvertreterkrieg

ⓐ Ausgangslage

ⓑ 25. Juni 1950 – 14. Sept. 1950
Angriff der Volksrepublik Korea auf die Republik Korea

Gebiete unter Kontrolle der Truppen von
- Nordkorea, unterstützt durch die UdSSR und China
- Südkorea, unterstützt durch die UN, vor allem die USA

1940	
1945	Gründung der UNO
1947	Truman-Doktrin/Marshallplan
1948 – 1949	24.6.–12.5. Berlin-Blockade
1950	2
1953	17.6. Volksaufstand in der DDR
1956	Ungarn-aufstand
1957	Römische Verträge zur EWG
1961	13.8. Bau der Berliner Mauer
1962	Kubakrise
1964	Vietnam-Krieg
1968	„Prager Frühling"

Maßstab 1 : 100 000 000

Maßstab 1 : 18 000 000

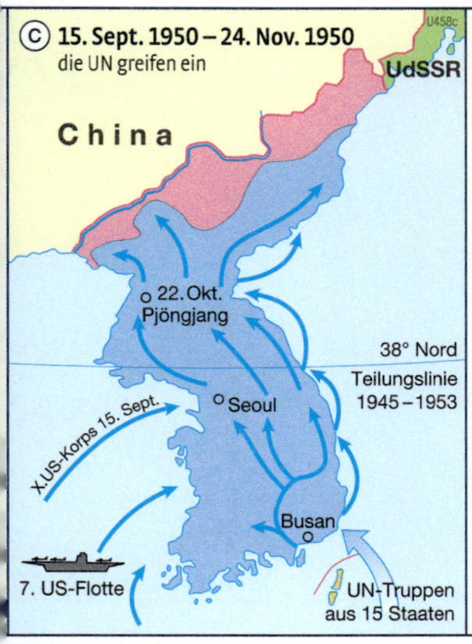

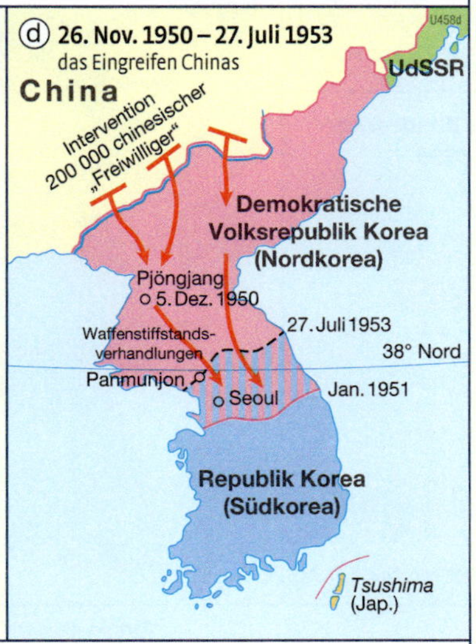

Kriegsverlauf

- Vorrücken nordkoreanischer Truppen und ihrer Verbündeten
- Vorrücken südkoreanischer Truppen und ihrer Verbündeten
- Kampfgebiet (Jan. 1951 – Juli 1953)
- Waffenstillstandslinie 27. Juli 1953, heutige Demilitarisierte Zone

3 Teilung Deutschlands 1949 – 1990

Maßstab 1 : 9 000 000

Bundesrepublik Deutschland (BRD) und Deutsche Demokratische Republik (DDR) 1949–1989

- Grenze zwischen der Bundesrepublik Deutschland und der Deutschen Demokratischen Republik (DDR) und Berlins (Viermächtestatus)
- Hauptstadt
- Eiserner Vorhang des Warschauer Paktes
- Grenzübergang BRD–DDR
- militärisches Sperrgebiet in den Nachtstunden

Verwaltung im geteilten Deutschland:

- Sitz der Landesregierung
- Sitz der Bezirksregierung

Abkürzungen der Staatsformen siehe Seite 193

Berlin unter der Viermächteverantwortung

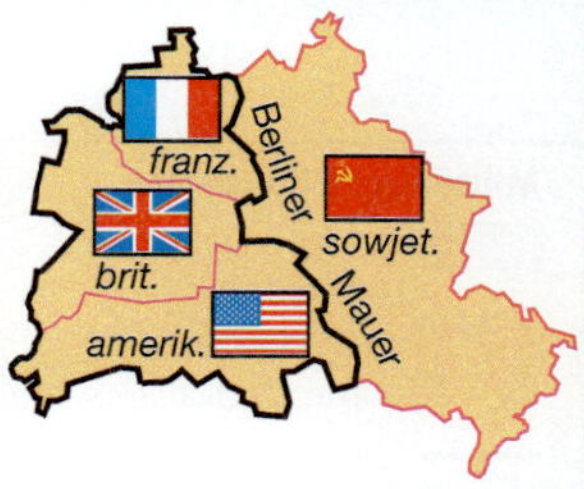

4 Transitverkehr nach West-Berlin

Maßstab 1 : 4 500 000

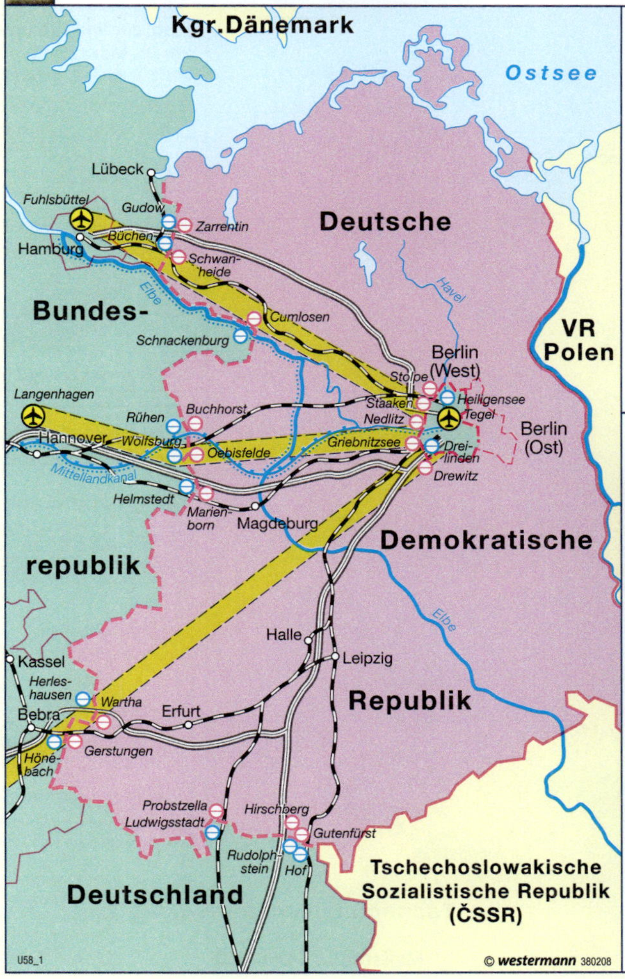

Transitverkehr bis 1990

- Eisenbahn
- Autobahn
- Fernstraße
- Wasserstraße (Fluss und Kanal)
- Luftkorridor
- Flughafen
- Grenzübergangsstelle der DDR
- Grenzübergangsstelle der Bundesrepublik Deutschland

Berliner Mauer

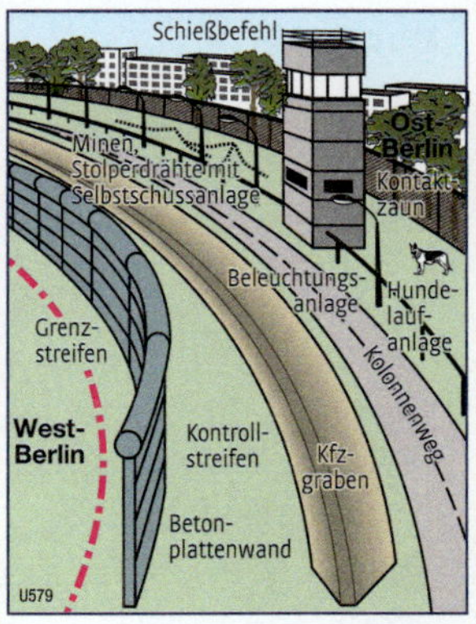

Grenzsperranlagen gegen die Flucht aus der DDR (1949–1961: 2 686 942 Flüchtlinge in den Westen; 1961–1989: 110 000 Verfahren wegen „versuchter Republikflucht"; mehr als 200 Mauertote)

1972/1973	Grundlagenvertrag zw. BRD und DDR
1975	Konferenz für Sicherheit und Zusammenarbeit in Europa (KSZE)
1979	12.12. NATO-Doppelbeschluss
1980	Sowjetische Truppen in Afghanistan
1985	Gorbatschow leitet Reformen im Ostblock ein
1989	9.11. Öffnung der Berliner Mauer
1991	Zerfall der Sowjetunion
1994	START I-Abkommen: Verringerung der Nuklearwaffenarsenale in den USA und Russland

Zeitleiste: 1972, 1973, 1975, 1979, 1980, 1985, 1989, 1990, 1991, 1994, 2000

1 Europa – Auflösung des Ostblocks 1989 Maßstab 1 : 24 000 000

Militärische Bündnisse
- Staaten der NATO (Westbündnis)
- Staaten des Warschauer Paktes (Ostbündnis)
- Eiserner Vorhang

Gewaltfreier Widerstand
- Großdemonstration
- Runder Tisch (Bürgerrechtsbewegung)
- Prag: Besetzung der bundesdeutschen Botschaften
- Massenflucht aus der DDR
- Menschenkette

2 Europäische Bündnisentwicklung Maßstab 1 : 24 000 000

Nordatlantik-Pakt (NATO)
- Gründungsstaaten 1949
- 1955 Neumitglieder (Beitrittsjahr)
- Beitrittskandidat
- NATO-Partnerschaft für den Frieden
- Sitz des NATO-Rates
- 1991 Jahr der Unabhängigkeit

Schengen-Raum der EU (Wegfall der Personenkontrollen)
- Außengrenze bis 2000
- Außengrenze heute

(Europäische Zusammenschlüsse siehe Seite 59 3)

3 Der Weg zur Deutschen Einheit durch Wahlen

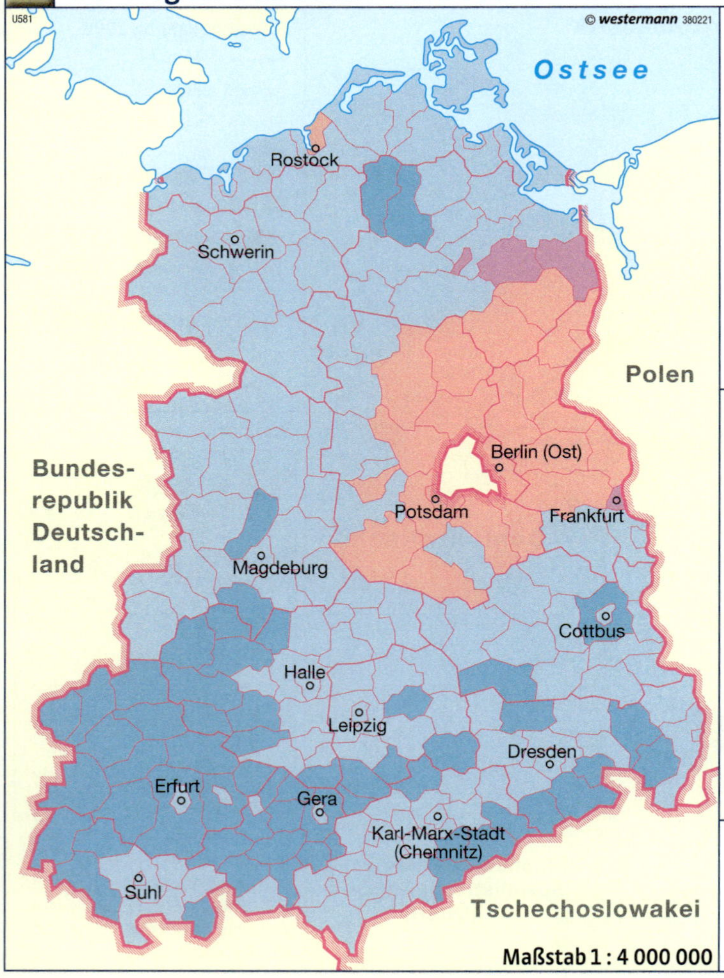

Maßstab 1 : 4 000 000

Wahl zur Volkskammer der DDR am 18. März 1990
(erste freie, gleiche und geheime Wahl)

Mehrheit nach Wahlkreisen

	CDU	SPD	PDS
relative	■	■	■
absolute	■	—	—

Stimmenanteil der Parteien (in %)

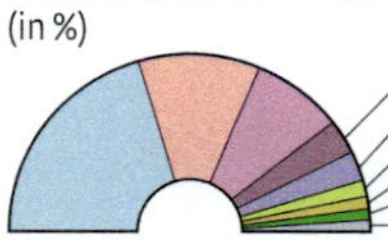

Partei	%
DSU	6,3
BFD	5,3
Bündnis 90	2,9
DBD	2,2
Grüne/UFV	2,0
Sonstige	2,2

Wahlberechtigte: 12,4 Mio. Wahlbeteiligung: 93,4 %

Erste gesamtdeutsche Bundestagswahl am 2. Dezember 1990

Mehrheit nach Wahlkreisen

	CDU	CSU	SPD	FDP
relative	■	■	■	■
absolute	■	■	■	—

Stimmenanteil der Parteien (in %)

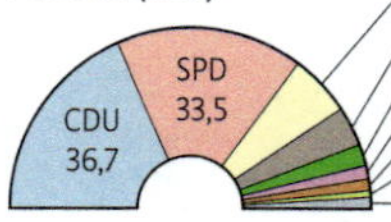

Partei	%
FDP	11,0
CSU	7,1
Grüne	3,8
PDS	2,4
REP	2,1
Bündnis 90	1,2
Sonstige	2,0

Wahlberechtigte: 60,4 Mio. Wahlbeteiligung: 77,8 %

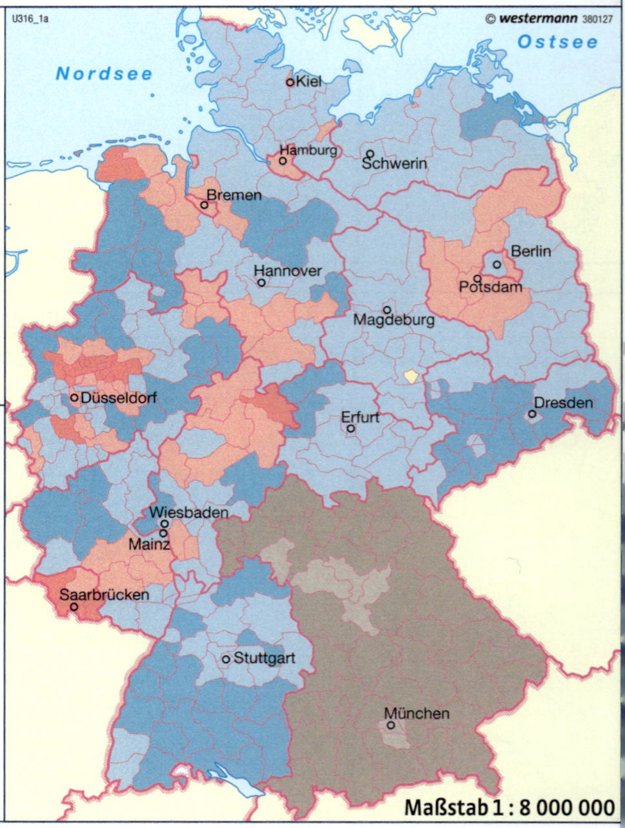

Maßstab 1 : 8 000 000

Gruppierungen am 18.3.1990:
- DSU – Deutsche Soziale Union
- BFD – Bund Freier Demokraten (Listenverbindung)
- Bündnis 90 – Neues Forum, „Demokratie jetzt“ u.a. (Listenverbindung)
- DBD – Demokratische Bauernpartei Deutschlands
- Grüne/UFV – Grüne Partei, Unabhängiger Frauenverband (Listenverbindung)

Parteien Deutschlands 1990
- CDU – Christlich-Demokratische Union Deutschlands
- SPD – Sozialdemokratische Partei Deutschlands
- FDP – Freie Demokratische Partei
- CSU – Christl.-Soziale Union in Bayern
- GRÜNE – Die Grünen
- PDS – Partei d. Demokrat. Sozialismus (bis Dez. 1989: Sozialistische Einheitspartei Deutschlands)
- REP – Die Republikaner
- B90/Gr – Bündnis 90/Die Grünen (Listenverbindung)

Zeitleiste
- 1985: „Glasnost“ und „Perestroika“ unter Gorbatschow mit dem Ziel der Öffnung und Demokratisierung der UdSSR
- 1989: Botschaften der BRD wegen Überfüllung mit DDR-Flüchtlingen geschlossen (1)
- 11.9. Grenzöffnung Ungarns (5)
- Montagsdemonstrationen in Leipzig
- 1990 (3)
- 3.10. Deutsche Einheit
- Beginn der Jugoslawienkriege (4)
- 21.12. Auflösung der UdSSR

1985 · 1986 · 1987 · 1988 · 1989 · 1990 · 1991 · 1992

4 Vielvölkerstaat UdSSR – Auflösung durch Staatszerfall 1991

Maßstab 1 : 48 000 000

0 400 800 1200 1600 2000 km

Grenze der Sowjetunion 1922-1991

Indoeuropäer
1 Russen
2 Ukrainer
3 Weißrussen
4 Litauer
5 Letten
6 Moldawier
7 Armenier
8 Osseten
9 Tadschiken
Deutsche

Finno-Ugrier
10 Esten
11 Karelier, Samen
12 Komi, Nenzen
13 Mari
14 Udmurten
15 Mordwinen

Turkvölker
16 Aserbaidschaner
17 Balkaren, Karatschaier
18 Tataren
19 Baschkiren
20 Tschuwaschen
21 Kasachen
22 Usbeken
23 Kirgisen
24 Turkmenen
25 Jakuten
26 Tuwiner, Altaier

Kaukasusvölker
27 Georgier, Kabardiner
28 Tschetschenen u.a.
29 Dagestanische Völker

Mongolen
30 Burjaten
31 Kalmücken

grün unterstrichen: vorherrschende Religion Islam

5 Jugoslawien – Auflösung eines Vielvölkerstaates im Bürgerkrieg

Maßstab 1 : 7 000 000

Ethnische Bevölkerungszusammensetzung

Bevölkerung	Slowenen	Kroaten	Serben	Bosniaken	Mazedonier	Montenegriner	Albaner	Ungarn	Rumänen
Mehrheit									
Minderheit (unter 35%)									

Grenzen
- Staat
- Republik
- autonome Provinz
- Teilrepublik (nach Dayton-Vertrag)

Orte
- Hauptstadt
- Ort, in dem schwere Menschenrechtsverletzungen begangen wurden
- Hauptquartier der internationalen Friedenstruppen
- geteilte Stadt (bis 2004)

* unter UN-Verwaltung

31.12. Auflösung der Tschechoslowakei — Schengener Abkommen in Kraft: Wegfall der Personenkontrollen — Friedensabkommen von Dayton beendet Jugoslawienkriege — Kosovo-Krieg mit NATO-Luftangriffen auf Serbien

1993 1994 1995 1996 1997 1998 1999 2000

1 Konflikte und Flüchtlinge

Konflikte
(nach Heidelberger Institut für internationale Konfliktforschung 2012)
★ Bürgerkrieg oder internationaler Konflikt
☆ ernste Krise

Flucht
(nach UNHCR 2012)
Binnenflüchtlinge (mehr als 100 000)
Auslandsflüchtlinge
- in die Nachbarstaaten
- in die Europäische Union
- 5 000 – 10 000
- 10 000 – 100 000
- über 100 000

Aufnahmeländer
(nach UNHCR 2012)
Anzahl der erfassten Auslandsflüchtlinge je 1 000 Einwohner
- bis 1
- 1 – 10
- 10 – 25
- über 25
- keine Angaben

Hoher Flüchtlingskommissar der Vereinten Nationen (United Nations High Commissioner for Refugees – UNHCR)

Der UNHCR schützt und unterstützt Flüchtlinge, die meist wegen Konflikten ihre Heimat verlassen. Grundlage dafür ist die Genfer Flüchtlingskonvention, der fast 150 Staaten angehören. Schätzungsweise 28,2 Mio. Menschen waren 2012 ins Ausland geflohen oder in ihrem Land auf der Flucht. Diese Binnenflüchtlinge unterstützt der UNHCR ebenfalls, wenn er dafür den Auftrag erhält.
Aber nicht jeder Konflikt zieht Flüchtlinge nach sich und nicht jeder Flüchtlingsstrom beruht auf einem Konflikt.

Logo des UNHCR

vom **UNHCR** anerkannte und unterstützte Flüchtlinge (2012)

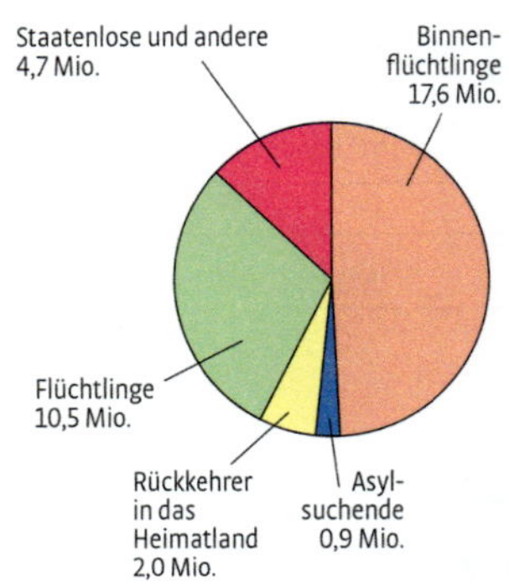

Entwicklung der Flüchtlingsbewegung

	Flüchtlinge auf der Erde gesamt	Hilfe des UNHCR
1990	15 Mio.	544 Mio. $
1995	27,4 Mio.	1300 Mio. $
2000	22,3 Mio.	915 Mio. $
2012	35,8 Mio.	1600 Mio. $

2 Menschenrechte

Maßstab 1 : 180 000 000

Die Vereinten Nationen formulierten 1948 die „Allgemeine Erklärung der Menschenrechte".

Politische Rechte und bürgerliche Freiheiten
(nach Freedom House, 2013)
- geschützt
- teilweise geschützt
- nicht geschützt
- keine Angaben

Recht auf Leben
(nach Amnesty International, 2013)
- Todesstrafe
- ◇ Todesstrafe zur Zeit ausgesetzt

Freiheitsstatus	Staatenverteilung	Bevölkerung (in Mrd.)
geschützt	90 (46%)	3,05 (46%)
teilweise geschützt	58 (30%)	1,59 (23%)
nicht geschützt	47 (24%)	2,39 (34%)
Gesamt	**195 Staaten**	**7,02 Mrd.**

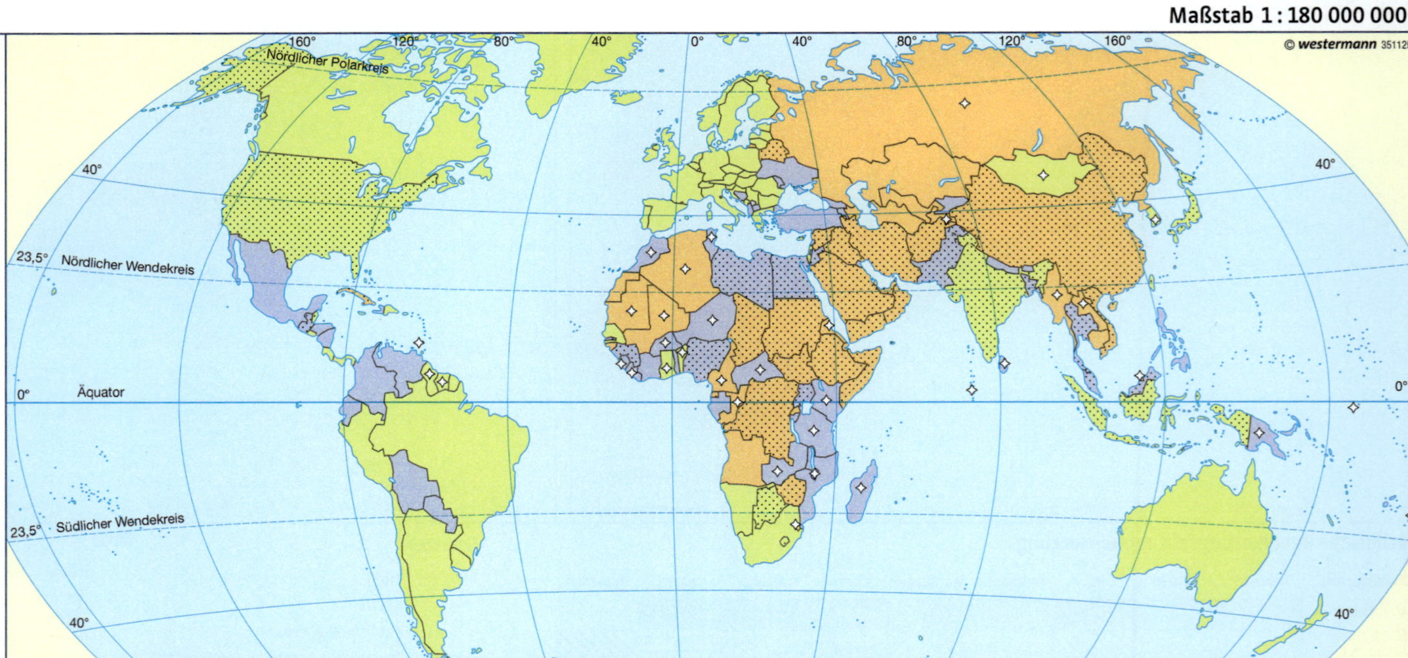

11.9. Terroranschlag der islamistischen Al-Kaida auf das World Trade Center in New York
7.10. Beginn des Afghanistan-Krieges
12.10. Terroranschlag auf Bali (Indonesien); 200 Tote
20.3. Beginn des Dritten Golfkrieges gegen den Irak unter Diktator Saddam Hussein
2003-2007 Aufstand und Flüchtlingswelle in der sudanesischen Provinz Darfur
19.10. Prozessauftakt gegen Saddam Hussein
Höhepunkt von Terroranschlägen durch Al-Kaida und andere Gruppen im Irak

2001 2002 2003 2004 2005 200

Maßstab 1 : 90 000 000

3 Politische und militärische Bündnisse

Maßstab 1 : 180 000 000

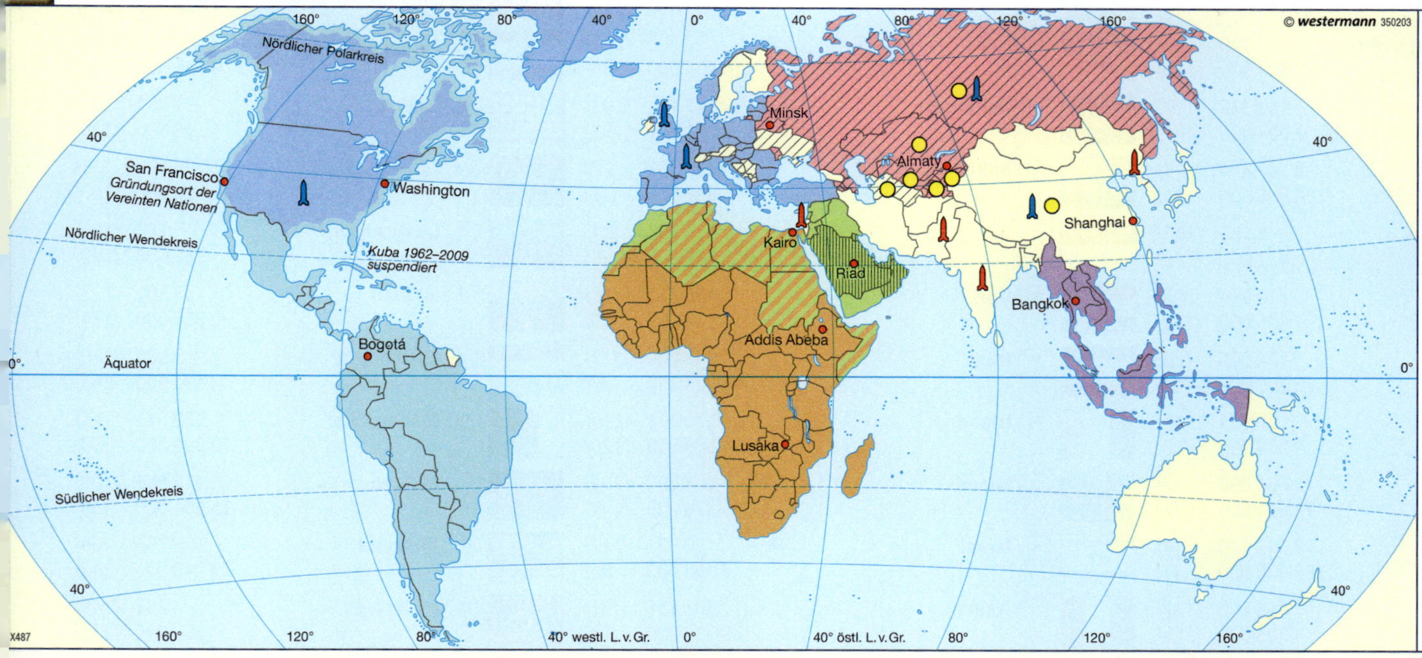

- **Arabische Liga** (1945)
- **ASEAN** (1967) (Association of Southeast Asian Nations)
- **AU** (2001) (African Union)
- **Gemeinschaft Unabhängiger Staaten** (**GUS**) (1991)
- **Golfrat** (1981)
- **NATO** (1949) (North Atlantic Treaty Organization)
- NATO „Partnerschaft" für den Frieden
- **SCO** (1996) (Shanghai Cooperation Organization)
- **OAS** (1890/1948) (Organization of American States)
- Gründungsort der Bündnisse

Nuklearmächte

- Unterzeichner Atomwaffensperrvertrag (1968)
- außerhalb Atomwaffensperrvertrag

2007	2008	2009	2010	2011
Krieg in der ostkongolesischen Seenregion; viele Flüchtlinge	17.2. Der Kosovo wird unabhängig	26.11. Terroranschlag von Mumbai (Indien); 200 Tote	Beginn von Unruhen in arabischen Ländern, die zum Sturz von jahrzehntelangen Diktaturen führten	2.5. Tod von Osama Bin Laden in Pakistan

3 2 1

www.heimatundwelt.de
HW-224

Staat	Kennzeichen	Fläche in km²	(Rang)	Einwohner	(Rang)
Afghanistan	AFG	652 225	(40)	29 825 000	(42)
Ägypten	ET	1 002 000	(29)	80 722 000	(15)
Albanien	AL	28 748	(141)	3 162 000	(134)
Algerien	DZ	2 381 741	(10)	38 482 000	(35)
Andorra	AND	468	(182)	78 000	(187)
Angola	ANG	1 246 700	(22)	20 821 000	(57)
Antigua und Barbuda	AG	442	(184)	89 000	(186)
Äquatorialguinea	GQ	28 051	(142)	736 000	(161)
Argentinien	RA	2 780 403	(8)	41 803 000	(32)
Armenien	ARM	29 743	(140)	2 969 000	(136)
Aserbaidschan	AZ	86 600	(112)	9 298 000	(93)
Äthiopien	ETH	1 133 380	(26)	91 729 000	(14)
Australien	AUS	7 692 030	(6)	22 684 000	(52)
Bahamas	BS	13 939	(157)	372 000	(171)
Bahrain	BRN	716	(177)	1 318 000	(152)
Bangladesch	BD	147 570	(93)	154 695 000	(8)
Barbados	BDS	430	(185)	283 000	(175)
Belgien	B	32 545	(138)	11 142 000	(79)
Belize	BZ	22 965	(149)	324 000	(173)
Benin	BJ	112 622	(101)	10 051 000	(87)
Bhutan	BHT	38 394	(134)	742 000	(160)
Bolivien	BOL	1 098 581	(27)	10 496 000	(84)
Bosnien und Herzegowina	BIH	51 129	(126)	3 834 000	(130)
Botsuana	RB	581 730	(47)	2 004 000	(145)
Brasilien	BR	8 547 404	(5)	198 656 000	(5)
Brunei	BRU	5 765	(165)	412 000	(170)
Bulgarien	BG	110 994	(103)	7 305 000	(100)
Burkina Faso	BF	274 000	(73)	16 460 000	(64)
Burundi	RU	27 834	(143)	9 850 000	(89)
Chile	RCH	756 096	(37)	17 465 000	(61)
China	PRC	9 572 419	(4)	1 358 406 000	(1)
Costa Rica	CR	51 100	(127)	4 805 000	(118)
Côte d'Ivoire (Elfenbeinküste)	CI	322 462	(68)	19 840 000	(59)
Dänemark	DK	43 098	(131)	5 640 000	(111)
Deutschland	D	357 121	(62)	80 220 000	(16)
Dominica	WD	751	(175)	72 000	(188)
Dominikanische Republik	DOM	48 671	(129)	10 277 000	(85)
Dschibuti	DJI	23 200	(148)	860 000	(158)
Ecuador	EC	256 370	(76)	15 983 000	(65)
El Salvador	ES	21 041	(150)	6 297 000	(106)
Eritrea	ER	121 144	(98)	6 131 000	(110)
Estland	EST	45 227	(130)	1 339 000	(150)
Fidschi	FJI	18 376	(153)	887 000	(157)
Finnland	FIN	338 144	(64)	5 443 000	(115)
Frankreich	F	543 965	(48)	65 697 000	(21)
Gabun	G	267 667	(75)	1 633 000	(149)
Gambia	WAG	11 295	(161)	1 791 000	(147)
Georgien	GE	69 700	(120)	4 512 000	(122)
Ghana	GH	238 537	(81)	25 366 000	(48)
Grenada	WG	345	(187)	105 000	(182)
Griechenland	GR	131 957	(96)	11 280 000	(77)
Großbritannien und Nordirland	GB	242 910	(79)	63 228 000	(22)
Guatemala	GCA	108 889	(105)	15 083 000	(68)
Guinea	RG	245 857	(78)	12 044 000	(75)
Guinea-Bissau	GUB	36 125	(135)	1 664 000	(148)
Guyana	GUY	214 969	(84)	795 000	(159)
Haiti	RH	27 750	(144)	10 174 000	(86)
Honduras	HN	112 492	(102)	8 261 000	(95)
Indien	IND	3 287 263	(7)	1 236 687 000	(2)
Indonesien	RI	1 912 988	(14)	246 864 000	(4)
Irak	IRQ	438 317	(58)	32 578 000	(39)
Iran	IR	1 648 000	(17)	76 424 000	(17)
Irland	IRL	70 273	(119)	4 589 000	(120)
Island	IS	103 000	(106)	320 000	(174)
Israel	IL	20 991	(151)	7 908 000	(98)
Italien	I	301 336	(71)	60 918 000	(23)
Jamaika	JA	10 991	(162)	2 712 000	(138)
Japan	J	377 837	(61)	127 000 000	(10)
Jemen	YAR	536 869	(49)	23 852 000	(50)
Jordanien	JOR	89 342	(111)	6 318 000	(105)
Kambodscha	K	181 035	(89)	14 865 000	(70)
Kamerun	CAM	475 442	(53)	21 700 000	(55)
Kanada	CDN	9 984 670	(2)	34 880 000	(37)
Kap Verde	CV	4 036	(168)	494 000	(168)
Kasachstan	KZ	2 724 900	(9)	16 797 000	(63)
Katar	Q	11 437	(160)	2 051 000	(143)
Kenia	EAK	582 646	(46)	43 178 000	(31)
Kirgisistan	KS	199 900	(86)	5 625 000	(112)
Kiribati	KIR	811	(174)	101 000	(184)
Kolumbien	CO	1 141 748	(25)	47 704 000	(28)
Komoren	COM	1 862	(172)	718 000	(162)
Kongo	RCB	342 000	(63)	4 337 000	(124)
Kongo, Demokratische Republik	CGO	2 344 885	(11)	69 360 000	(19)
Kosovo	KOS	10 887	(163)	1 806 000	(146)
Kroatien	HR	56 542	(125)	4 267 000	(125)
Kuba	C	110 860	(104)	11 271 000	(78)
Kuwait	KWT	17 818	(154)	3 250 000	(133)
Laos	LAO	236 800	(83)	6 646 000	(104)
Lesotho	LS	30 355	(139)	2 052 000	(142)
Lettland	LV	64 589	(123)	2 025 000	(144)
Libanon	RL	10 452	(164)	4 425 000	(123)
Liberia	LB	97 754	(108)	4 190 000	(126)
Libyen	LAR	1 775 500	(16)	6 253 000	(107)
Liechtenstein	FL	160	(192)	37 000	(192)
Litauen	LT	65 301	(122)	2 986 000	(135)
Luxemburg	L	2 586	(170)	531 000	(167)
Madagaskar	RM	587 041	(45)	22 294 000	(53)
Malawi	MW	118 484	(100)	15 906 000	(66)
Malaysia	MAL	329 733	(66)	29 240 000	(45)
Malediven	MV	298	(189)	352 000	(172)
Mali	RMM	1 240 192	(23)	15 768 000	(67)
Malta	M	316	(188)	430 000	(169)

Kennzeichen	Staat	Fläche in km²	(Rang)	Einwohner	(Rang)
MA	Marokko	458 730	(55)	33 493 000	(38)
MH	Marshall-Inseln	181	(191)	53 000	(190)
RIM	Mauretanien	1 030 700	(28)	3 984 000	(127)
MS	Mauritius	2 040	(171)	1 249 000	(154)
MK	Mazedonien	25 713	(147)	2 108 000	(140)
MEX	Mexiko	1 953 162	(13)	123 799 000	(11)
FSM	Mikronesien	700	(179)	104 000	(183)
MD	Moldau	33 800	(137)	3 461 000	(131)
MC	Monaco	2	(196)	38 000	(191)
MGL	Mongolei	1 564 100	(18)	2 881 000	(137)
MNE	Montenegro	13 812	(158)	622 000	(163)
MOC	Mosambik	799 380	(34)	26 473 000	(47)
MYA	Myanmar	676 552	(39)	53 719 000	(24)
NAM	Namibia	824 292	(33)	2 348 000	(139)
NAU	Nauru	21	(195)	10 000	(195)
NEP	Nepal	147 181	(94)	28 121 000	(46)
NZ	Neuseeland	270 534	(74)	4 551 000	(121)
NIC	Nicaragua	120 254	(99)	6 169 000	(109)
NL	Niederlande	41 526	(132)	16 802 000	(62)
RN	Niger	1 267 000	(21)	18 535 000	(60)
NGR	Nigeria	923 768	(31)	178 517 000	(7)
KP	Nordkorea	122 762	(97)	25 027 000	(49)
N	Norwegen	323 759	(67)	5 092 000	(117)
OM	Oman	309 500	(70)	3 926 000	(128)
A	Österreich	83 879	(113)	8 526 000	(94)
PK	Pakistan	796 095	(35)	185 133 000	(6)
PAL	Palau	508	(181)	21 000	(194)
PA	Panama	75 517	(117)	3 926 000	(129)
PNG	Papua-Neuguinea	462 840	(54)	7 476 000	(99)
PY	Paraguay	406 752	(59)	6 918 000	(103)
PE	Peru	1 285 216	(19)	30 769 000	(41)
RP	Philippinen	300 000	(72)	100 096 000	(12)
PL	Polen	312 685	(69)	38 221 000	(36)
P	Portugal	92 345	(110)	10 610 000	(83)
RWA	Ruanda	26 338	(146)	12 100 000	(74)
RO	Rumänien	238 391	(82)	21 640 000	(56)
RUS	Russland	17 075 400	(1)	142 468 000	(9)
SH	Sahara (von Marokko besetzt)	252 120	(77)	567 000	(165)
SOL	Salomonen	27 556	(145)	573 000	(164)
Z	Sambia	752 614	(38)	15 021 000	(69)
WS	Samoa	2 831	(169)	192 000	(178)
RSM	San Marino	61	(193)	32 000	(193)
STP	São Tomé und Príncipe	1 001	(173)	198 000	(177)
KSA	Saudi-Arabien	2 240 000	(12)	29 369 000	(43)
S	Schweden	449 964	(56)	9 631 000	(90)
CH	Schweiz	41 285	(133)	8 158 000	(96)
SN	Senegal	196 722	(87)	14 548 000	(71)
SRB	Serbien	77 474	(116)	7 224 000	(101)
SY	Seychellen	454	(183)	93 000	(185)
WAL	Sierra Leone	71 740	(118)	6 205 000	(108)
ZW	Simbabwe	390 757	(60)	13 724 000	(72)
SGP	Singapur	710	(178)	5 517 000	(113)
SK	Slowakei	49 034	(128)	5 454 000	(114)
SLO	Slowenien	20 253	(152)	2 058 000	(141)
SO	Somalia	637 657	(41)	10 806 000	(81)
E	Spanien	504 645	(51)	47 066 000	(29)
CL	Sri Lanka	65 610	(121)	20 547 000	(58)
KNA	St. Kitts und Nevis	269	(190)	55 000	(189)
WL	St. Lucia	616	(180)	184 000	(179)
WV	St. Vincent und die Grenadinen	389	(186)	109 000	(180)
ZA	Südafrika	1 220 813	(24)	53 140 000	(25)
SUD	Sudan	1 840 687	(15)	38 764 000	(34)
ROK	Südkorea	99 313	(107)	49 512 000	(27)
SSD	Südsudan	619 745	(43)	11 739 000	(76)
SME	Suriname	163 265	(92)	535 000	(166)
SD	Swasiland	17 363	(155)	1 268 000	(153)
SYR	Syrien	185 180	(88)	21 987 000	(54)
TJ	Tadschikistan	143 100	(95)	8 104 000	(97)
RC	Taiwan	36 006	(136)	23 367 000	(51)
EAT	Tansania	945 087	(30)	50 757 000	(26)
T	Thailand	513 115	(50)	67 223 000	(20)
TL	Timor-Leste	14 604	(156)	1 152 000	(156)
RT	Togo	56 785	(124)	6 993 000	(102)
TON	Tonga	748	(176)	106 000	(181)
TT	Trinidad und Tobago	5 128	(167)	1 337 000	(151)
TD	Tschad	1 284 000	(20)	13 211 000	(73)
CZ	Tschechische Republik	78 866	(114)	10 740 000	(82)
TN	Tunesien	163 610	(91)	11 117 000	(80)
TR	Türkei	779 452	(36)	75 837 000	(18)
TM	Turkmenistan	488 100	(52)	5 307 000	(116)
TUV	Tuvalu	26	(194)	10 000	(196)
EAU	Uganda	241 548	(80)	38 845 000	(33)
UA	Ukraine	603 700	(44)	44 941 000	(30)
H	Ungarn	93 030	(109)	9 933 000	(88)
ROU	Uruguay	176 215	(90)	3 395 000	(132)
UZ	Usbekistan	447 400	(57)	29 325 000	(44)
VU	Vanuatu	12 190	(159)	258 000	(176)
V	Vatikanstadt	0,4	(197)	800	(197)
YV	Venezuela	912 050	(32)	30 851 000	(40)
UAE	Vereinigte Arabische Emirate	77 700	(115)	9 446 000	(91)
USA	Vereinigte Staaten von Amerika	9 809 155	(3)	313 914 000	(3)
VN	Vietnam	331 114	(65)	92 548 000	(13)
BY	Weißrussland	207 595	(85)	9 308 000	(92)
RCA	Zentralafrikanische Republik	622 436	(42)	4 709 000	(119)
CY	Zypern	5 364	(166)	1 153 000	(155)

EU – Im Staatenverbund der **Europäischen Union** (EU) sind 28 Staaten zusammengeschlossen. Damit repräsentiert die EU ca. 509 Millionen Europäer. Die Fläche aller EU-Staaten beträgt 4 376 886 km².

UN – Die **UNO** repräsentiert fast die gesamte Weltbevölkerung von 7,094 Milliarden Menschen (2013). Außer der Vatikanstadt sind dort alle Staaten Mitglied. Kosovo, Taiwan und Sahara sind von der UNO nicht anerkannt.

Einsatz durch UN-Friedenstruppen oder UN-Beobachter (UNO-Mission)

Das Orientierungssystem besteht aus
- Seitenzahlen für die Kartenseiten
- arabischen Ziffern für Teilkarten
- Suchangaben aus roten Buchstaben im oberen und unteren und aus roten Zahlen im rechten und linken Kartenrand.

In dieser Reihenfolge ist die Lage der Namen nach Atlasseite, Teilkarte und Gradfeld im Register ausgewiesen,
z. B. Münster 34, C 4.

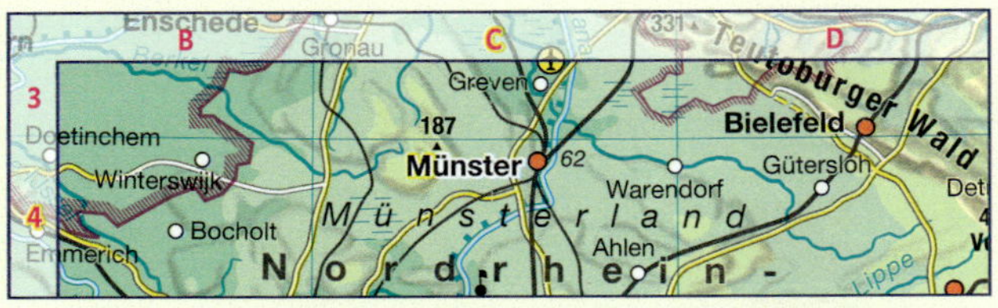

Hinweise zum Gebrauch des Registers finden sich auch auf Seite 5 M1.

Bei Flüssen ist in der Regel die Lage des quellnächsten Namens angegeben.
Liegen Wortanfang und dazu gehörige Signatur (z.B. Orte, Berge, Pässe und andere Einzelobjekte) in verschiedenen Gradfeldern, werden im Register beide Gradfelder genannt,
z. B. Kopenhagen 75, C/D 6.

Für weit gespannte Namenszüge (z. B. Namen von Landschaften, Gebirgen oder Meeren) werden mehrere Suchfelder genannt,
z. B. Nördlicher Landrücken 30, C 1 – E 2.

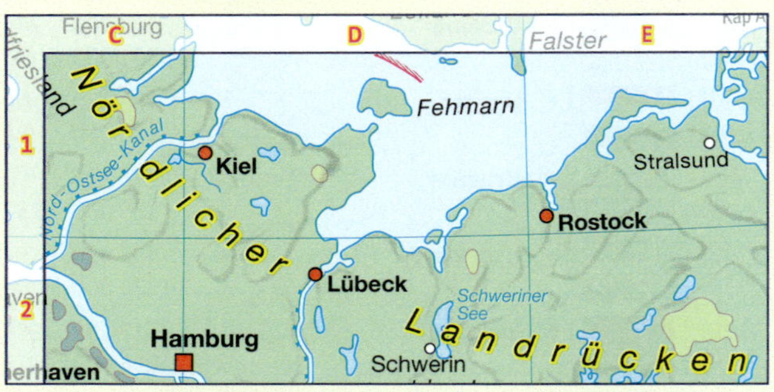

Gleich lautenden Begriffen ist eine unterscheidende Lage- oder Objektbezeichnung beigefügt, z. B. Valencia (Spanien), Valencia (Venezuela) oder Nauru (Insel), Nauru (Staat). Ortsnamen tragen keine Objektbezeichnung.

Sämtliche Namen sind alphabetisch geordnet. Die Umlaute ä, ö, ü sind wie die Selbstlaute a, o, u behandelt, Buchstaben mit besonderen Zeichen aus fremden Schriften wie einfache lateinische Buchstaben.

Namenteile wie etwa Aïn, Bad, Djebel, Golf, Groß, Kap, Klein, Mount, Oase, Pass, Puerto, Punta, Rio, Saint, Wadi bleiben in ihrer Stellung erhalten und sind bei der Alphabetisierung berücksichtigt.

Ortsnamen sind in ihrer gebräuchlichen Schreibweise eingetragen. Der landesübliche Name ist in Klammern dazugesetzt, z. B.: Mailand (Milano). Zusätzlich ist an entsprechender Stelle der landesübliche Name mit Verweis auf den deutschen Namen aufgenommen, z. B.: Milano = Mailand.

Verzeichnis der Abkürzungen:
Das Verzeichnis enthält Abkürzungen, die nicht in den Legenden erläutert sind. Es fehlen jene Abkürzungen im Verzeichnis, die allgemein verständlich sind. Dazu gehören Adjektive und Adverbien mit der abgekürzten Endsilbe -lich und -isch (zum Beispiel nördl. statt nördlich).

Austr.	Australien
Bras.	Brasilien
Fr.	Frankreich
Ind.	Indien
Jap.	Japan
Mex.	Mexiko
Norw.	Norwegen
Port.	Portugal
Span.	Spanien
USA	Vereinigte Staaten von Amerika

A

A Coruña = La Coruña 88, A 3
Aach 14, B 3
Aachen 14, A 1
Aalborg 75, C 5
Aalen 35, F 7
Aalst 80, D 4
Aar 15, F 1
Aarbergen 15, E 2
Aare 84, D 4
Aarhus 75, C 5
Aartalsee 15, E/F 1
Aba as-Suud = Najran 119, 3 C 4
Abadan 119, 3 C 2
Abadla 132, C 1
Abagnar Qi 111, G 2
Abakan 94, K 4
Abancay 162, B 4
Abayasee 133, G 4
Abbeville 80, A 4
Abéché 133, F 3
Åbenrå = Apenrade 34, E 0/1
Aberdeen 76, C 2
Abha 119, 3 C 4
Abidjan 132, C 4
Abilene 154, D/E 3
Abisko 74, E 2
Åbo = Turku 74, F 4
Aborigen 95, P 3
Abruzzen 89, G 3
Abtsteinach 17, F 2
Abu Dhabi 102, 1 D 3
Abu Hamed 133, G 3
Abu Kamal 91, H 5
Abu Simbel 133, F/G 2
Abuja 124, 1 D 5
Abydos (historischer Ort) 197, 2 E 3
Acapulco 154, D 5
Accra 124, 1 C/D 5
Achern 35, D 7
Achim 34, E 2
Aconcagua 143, M 13
Acre 145, 1 J 9
Adamaoua 123, 3 G 6
Adana 91, F 4
Adapazarı 90, E 3
Ad-Dakhla 132, B 2
Ad-Damazin 133, G 3
Ad-Damir 133, G 3
Ad-Dammam 119, 3 C/D 3
Ad-Dawadimi 119, 3 C 3
Ad-Dawhah = Doha 119, 3 D 3
Addis Abeba 124, 1 G/H 5
Ad-Du'ayn 133, F 3
Adelaide 138, C 4
Adelaide-Insel 167, 2 P 2
Adélieland 167, 2 G 2
Aden 119, 3 C 4
Adenau 14, B 2
Adige = Etsch 84, G 4
Adıyaman 91, G 4
Adler 91, G 3
Admiralitäts-Inseln 115, G 4
Admont (Kloster) 201, 3 D 3
Adour 77, C 6
Adrar 132, C 2
Adrar des Iforas 123, 3 F 4/5
Adria 85, J 5
Adriatisches Meer 89, G 2
Ærø 34, F 1
Afghanistan 102, 1 E 3
Afif 119, 3 C 3
Afrika vorderer Buchinnendeckel, J – L 5
Afyon 90, E 4
Agadez 132, D 3
Agadir 132, B/C 1
Ägadische Inseln 89, F/G 4
Ägäisches Meer 90, D 4
Agalega-Inseln 123, 3 L 8
Agartala 110, E 4
Agepsta 91, H 3
Agger 14, C 1
Agorro = Kinyeti 133, G 4
Agra 110, C 4
Agram (hist. Zagreb) 201, 3 E 3
Ağri 91, H 4
Agrigento 89, G 4
Agrinion 90, C 4
Agua-Negra-Pass 163, C 6
Aguascalientes 154, D 4
Agulhas Negras 163, E 5
Ägypten 124, 1 F/G 3
Ahaggar 123, 3 F 4
Ahlen 34, C 4
Ahmadabad 110, C 4
Ahr 14, B 2
Ahrbrück 14, B 2
Ahvaz 119, 3 C 2
Ain 84, B 4
Aïn Oussera 88, D 5
Aiquile 163, C 4
Aïr 123, 3 F 5
Aire 80, B 4
Airolo 84, E 4
Aisne 80, D 5
Aix-en-Provence 77, E 6
Aix-les-Bains 84, B/C 5
Aizawl 110, E 4
Ajaccio 89, F 3
Ajagus 94, H/J 5
Ajan 95, O 4
Ajdabiya 132, E/F 1
Ajka 85, O 3
Ajmer 110, C 4
Ak dağ 91, F 4
Akaba (Al-'Aqabah) 119, 3 B 3
Akita 111, J/K 3
Akjoujt 132, B 3
Akmola = Astana 94, H 4
Akobo 133, G 4
Akobo (Fluss) 133, G 4
Aksai Chin 110, C 3
Aksaray 91, F 4
Aksaut 91, H 2
Aksu 110, D 2
Aksum 133, G 3
Aktjubinsk = Aqtöbe 94, F 4
Akureyri 74, C 1
Akyab (Sittwe) 110, E 4
Al Djazâir = Algier 88, D 4
Al Junaynah = El-Geneina 133, F 3
Al Laziqiya = Latakia 91, F 5
Al Mina (historischer Ort) 197, 2 F 3
Al Ubayyid = El-Obeid 133, F 3
Alabama 144, 1 H 5
Alacant = Alicante 88, C 4
Aladağ 91, F 4
Alagoas 145, 1 N 9
Alagoinhas 163, F 4
Alalia (hist. Aléria) 197, 2 C 2
Åland-Inseln 74, E 4 – F 4
Alanya 91, E/F 4
Al-'Aqabah = Akaba 119, 3 B 3
Alasani 91, J 3
Alaska (Bundesstaat) 144, 1 A/B 2
Alaska (Landschaft) 142, C/D 3
Alaska-Halbinsel 152, D/E 4
Alaskakette 142, C/D 3
Alassio 84, E 7
Alatau 94, H/J 5
Al-Ayn 119, 3 D 3
Alb 17, E 3
Alba 84, E 6
Al-Bab 91, G 4
Albacete 88, C 4
Al-Bahah 119, 3 C 4
Al-Bahariya 133, F 2
Albaner Berge 89, G 3
Albanien 58, 1 G/H 4
Albany (Australien) 138, A 4
Albany (Fluss) 142, K 4
Albany (USA) 155, G 2
Al-Basrah = Basra 119, 3 C 2
Albe 16, B 4
Al-Beida 133, F 1
Alberga Creek 138, C 3
Albersweiler 17, E 3
Albert 80, B 4
Alberta 144, 1 E 3
Albert-Kanal 80, E 3
Albertsee (Mobuto-Sese-Seko-See) 135, D 2
Albertville 84, C 5
Albesdorf (Albestroff) 16, B 4
Albestroff = Albesdorf 16, B 4
Albig 15, E 3
Albisheim 17, E 2
Albuquerque 154, D 3
Albury 138, D 4
Alcázar de San Juan 88, C 4
Aldabra 123, 3 K 7
Aldabragruppe 135, F 3
Aldan 95, N 4
Aldan (Fluss) 95, O 4
Aldenhoven 14, A 1
Alentejo 88, A/B 4
Aleppo (Halab) 91, G 4
Alert 153, O 1
Alessandria 84, E 6
Ålesund 74, B 4
Alëuten 137, M 2
Alëutenkette 152, D/E 4
Alexander-Archipel 152, G 4
Alexander-Insel 167, 2 P 2
Alexander-Selkirk-Insel 163, A 6
Alexandria 133, F 1
Alexandrowsk-Sachalinskij 95, P 4
Alf 14, C 2
Al-Fallujah 91, H 5
Alfter 14, B/C 1
Algarve 88, A/B 4
Algeciras 88, B 4
Algerien 124, 1 D 3
Algier (Al-Djazaïr) 124, 1 D 2
Al-Hamadah al-Hamra 132, E 2
Al-Harujal-Aswad 132, E 2
Al-Hufuf 119, 3 C 3
Aliakmon 90, C 3
Alicante 88, C 4
Alice Springs 138, C 3
Aligarh 110, C 4
Aling Gangri 110, D 3
Aliskerowo 95, R 3
Al-Jawf (Landschaft) 132, C 2
Al-Jawf (Libyen) 133, F 2
Al-Jawf (Saudi-Arabien) 119, 3 B 3
Al-Jubayl 119, 3 C 3
Al-Kharj 119, 3 C 3
Al-Khartum = Khartum 133, G 3
Al-Khums 132, E 1
Alkmaar 80, D 2
Al-Kut 119, 3 C 2
Allahabad 110, D 4
Allendorf (Lumda) 15, F 1
Allenstein (Olsztyn) 83, G 2
Aller 34, G 3
Allgäu 30, 1 C/D 5
Allgäuer Alpen 35, E 8 – F 8
Alma-Ata = Almaty 94, H 5
Almaty (Alma-Ata) 94, H 5
Al-Mawsil = Mosul 91, H 4
Almelo 80, F 2
Almere 80, E 2
Almería 88, C 4
Al-Milh-See 91, H 5
Al-Mukalla 119, 3 C 4
Alofi 139, H/J 2
Alor 114, E 4
Alor Setar 114, B/C 3
Alpe-d'Huez 84, C 5
Alpen 56/57, 2 E/F 3
Alpenvorland 30, 1 C 5 – E 4
Alphonsegruppe 135, G 3
Al-Qahira = Kairo 124, 1 F 2 – G 3
Al-Qamishli 91, H 4
Alsbach-Hähnlein 15, F 3
Alsdorf 14, A 1
Alsen 34, E/F 1
Alsenz 15, D 3
Alsenz (Fluss) 17, D 2
Alsfeld 34, E 5
Alsheim 15, E 3
Alta 74, F 2
Altai 110, E 2
Altai (Gebirge) 100, 1 F 3
Altamira 163, D 3
Altay 110, D 2
Altbach 17, E 2
Altdorf 84, E 4
Alte IJssel 80, F 3
Alteburg 14, D 3
Altenahr 14, B 1
Altenburg 34, H 5
Altendiez 15, D 2
Altenglan 16, C 2
Altenkirchen 15, D 1
Altes Land 34, E 2
Altiplano 163, C 4/5
Altkastilien 88, B 3
Altlußheim 17, E/F 3
Altmark 30, 1 D 2
Altmühl 35, F 6
Altötting 35, H 7
Altrich 14, B 3
Altrip 17, E/F 3
Altun Shan 110, D/E 3
Al-Wajh 119, 3 B 3
Alzette 14, A 3
Alzey 15, E 3
Alzeyer Hügelland 13, 2 C 2
Alzey-Worms 27, 5
Am Timan 133, F 3
Amadeussee 138, B/C 3
Amami-Inseln 111, H 4
Amapá 145, 1 L 8
Amarillo 154, D 3
Amasya 91, F 3
Amazonas (Bundesstaat) 145, 1 K 9
Amazonas (Fluss) 143, M 10
Amazonasdelta 163, E 2
Ambato 162, B 3
Ambatondrazaka 135, F 4
Amberg 35, G 6
Amblève = Amel 14, A 2
Ambon 114, E 4
Ambon (Insel) 114, E 4
Ambositra 135, F 5
Amderma 94, G 3
Amel (Amblève) 14, A 2
Amel (Fluss) 14, A 2
Ameland 80, E 1
Amenweiler (Amnéville) 16, A 3
Amerikanisches Hochland 167, 2 D/E 2
Amerikanisch-Samoa 243, T 6
Amersfoort 80, E 2
Amery-Schelfeis 167, 2 D 2
Amga 95, N 4
Amgun 95, O 4
Amhara 133, G 3
Amiens 80, B 5
Amiranten 123, 3 K/L 7
Amman 102, 1 C/D 3
Ammassalik = Tasiilaq 153, R 3
Ammersee 35, F 8
Ammochostos/Gazi Magusa = Famagusta 91, F 5
Amnéville = Amenweiler 16, A 3
Ampato 162, B 4
Amper 35, G 7
Ampurimac 162, B 4
Amravati 110, C 4
Amritsar 110, C 3
Amrum 34, D 1
Amsterdam 58, 1 F 3
Amstetten 85, L 2
Amudarja 100, 1 E 4
Amundsen-Golf 152, H 2
Amundsensee 167, 2 N 2
Amuntai 114, D 4
Amur 101, 1 H 3
An den zwei Steinen 14, C 3
Anabar 95, M 2
Anaco 162, C 2
Anadyr 95, S 3
Anadyr (Fluss) 95, S 3
Anadyrgolf 101, 1 L 2
Anai Mudi 110, C 5/6
Analalava 135, F 4
Anamudi 100, 1 E 5
Anamur 91, F 4
Anatolien 57, 2 G/H 4
Anchorage 152, E 3
Ancona 85, K 7
Andalusien 88, B 4
Andamanen 100, 1 F 5

Andamanisches Meer 114, B 2
Anden (Kordilleren) 143, M 9 – M 13
Andenne 80, E 4
Anderlecht 80, D 4
Andermatt 84, E 4
Andernach 14, C 2
Andishan 119, 3 F 1
Andorra 58, 1 F 4
Andorra la Vella 88, D 3
Andreanof-Inseln 152, C 4
Andringitra 135, F 5
Andros (Bahamas) 155, G 4
Andros (Griechenland) 90, D 4
Angara 95, K 4
Angarsk 95, L 4
Angel (Úhlava) 35, J 6
Angelbachtal 17, F 3
Angelburg 15, E 1
Angeln 34, E 1
Ångermanälv 74, E 3/4
Angers 77, C 5
Angkor 114, C 2
Anglesey 76, B 3
Angola 124, 1 E 7
Anguilla 155, H 5
Anjuigebirge 95, R 3
Ankara 102, 1 C 2
Ankaratra 135, F 4
Anklam 34, J 2
Annaba 89, E 4
Annaberg-Buchholz 34, J 5
An-Najaf 119, 3 C 2
Annam 114, C 2
Annapolis 155, G 3
Annapurna 110, D 4
Annecy 84, C 5
Annemasse 84, C 4
Annobón 134, B 3
An-Nuhud 133, F 3
Annweiler 17, D 3
Anqing 111, G 3
Ansbach 35, F 6
Anshan 111, H 2
Anshun 111, F 4
Antakya 91, F/G 4
Antalya 90, E 4
Antananarivo 124, 1 H 7
Antarktis 167, 2 P 1
Antarktische Halbinsel 167, 2 Q 2
Antiatlas 132, C 1/2
Antibes 84, D 7
Anticosti 153, O 5
Antigua und Barbuda 144, 1 L 7
Antipoden-Inseln 137, M 7
Antipolis (hist. Antibes) 197, 2 C 2
Antisiranana 135, F 4
Antofagasta 163, B 5
Antsirabe 135, F 4
Antwerpen 80, D 3
Anyang 111, G 3
Anzeling = Anzelingen 16, A 3
Anzelingen (Anzeling) 16, A 3
Äolische Inseln = Liparische Inseln 89, G 4
Aomen = Macau 111, G 4
Aomori 111, K 2
Aosta (Aoste) 84, D 5
Aoste = Aosta 84, D 5
Aouk 132, F 4
Apach 16, A 3
Aparri 114, E 2
Apatity 74, J 3
Apeldoorn 80, E 2
Apenrade (Åbenrå) 34, E 0/1
Apia 243, T 6
Apo 114, E 3
Apolda 34, G 4
Appalachen 142, K 6 – L 5
Appelbach 17, D 2
Appenzeller Alpen 84, F 3
Apuanische Alpen 84, G 6 – G 7
Apuka 95, R 3
Apulien 89, G 3
Apure 162, B/C 2
Aqtau 94, F 5
Aqtöbe (Aktjubinsk) 94, F 4
Aquae (hist. Aachen) 199, 3 B 3
Aquae (hist. Baden-Baden) 199, 3 C 4
Äquatorialguinea 124, 1 D 5
Aquileia (hist. Heidenheim) 199, 3 C/D 4
Aquileja 201, 3 D 3
Arabien 100, 1 D 4
Arabische Wüste 133, G 2
Arabisches Meer 100, 1 E 5
Aracajú 163, F 4
Arad 83, G 4
Arae Flaviae (hist. Rottweil) 199, 3 B/C 4
Arafurasee 115, F 4
Aragaz 91, J 3
Aragonien 88, C/D 3
Araguaia 163, D 4
Araguaína 163, E 3
Arak 119, 3 C 2
Arakangebirge 110, E 4/5
Aral 94, G 5
Aralsee 100, 1 D 3
Aran-Inseln 76, A 3
Aranjuez 88, C 4
Arapiraca 163, F 3
Arar 119, 3 C 2
Ararat 100, 1 D 4
Arauca 162, C 2
Aravalligebirge 110, C 4
Arawa 115, H 4
Arax 91, H 3
Arc 84, C 5
Arcachon 77, C 5
Archangelsk 94, E 3
Ardennen 13, 2 A 1
Arendal 75, C 5
Arequipa 162, B 4
Arezzo 85, H 7
Arga Emneke 95, P 3
Argancy 16, A 3
Argens 84, C 7
Argenta 85, H 6
Argentera 84, D 6
Argenteuil 80, B 6
Argentinien 145, 1 K 12
Argentoratum (hist. Straßburg) 199, 3 B 4
Argun 111, G/H 1
Argusdom 167, 2 D 1
Argylesee 138, B 2
Arica 163, B 4
Arizona 144, 1 E/F 5
Arkalyk 94, G 4/5
Arkansas (Bundesstaat) 144, 1 G 5
Arkansas (Fluss) 142, J 6
Arktisches Kap 95, K 1
Arlberg 84, G 3
Arles 77, E 6
Arlon 80, E 5
Armawir 91, H 2
Armenien 102, 1 C/D 2
Armentières 80, B 4
Armidale 138, D/E 4
Armsheim 15, E 3
Arnas 91, H 4
Arnheim (Arnhem) 80, E 3
Arnhem = Arnheim 80, E 3
Arnhemland 138, C 2
Arno 85, H 7
Arnsberg 34, D 4
Arnstein (Kloster) 15, D 2
Ar-Ramadi 119, 3 C 2
Ar-Raqqah 91, G 4/5
Arras 80, B 4
Artois 80, A 4
Artvin 91, H 3
Arua 135, E 2
Aruba 155, G/H 5
Aru-Inseln 115, F 4
Arusha 135, E 3
Aruwimi 123, 3 H 6
Arve 84, C 4
Arzfeld 14, A 2
Asahi Dake 111, K 2
Asahikawa 111, J/K 2
Asandeschwelle 123, 3 G/H 6
Asansol 110, D 4
Asbach 14, C 1
Asberg 14, B 3
Ascension 123, 3 D 7
Aschaffenburg 35, E 6
Aschersleben 34, G 4
Aserbaidschan 102, 1 D 3
Ashburton 138, A 3
Ashgabat 102, 1 D/E 3
Ash-Shariqah 119, 3 D 3
Asi 91, G 5
Asien vorderer Buchinnendeckel, N – P 3
Asino 94, J 4
Askja 74, C 1
Asmara 124, 1 G/H 4
Asowsches Meer 83, D 5
Aspern (historischer Ort) 207, 5
Assab 133, H 3
Assad-Stausee 91, G 4
Assalsee 123, 3 K 5
Assen 80, F 2
Aßlar 15, E 1
Assuan (Aswan) 133, G 2
As-Sulaymaniya 91, J 5
Assur 91, H 5
Astana (Akmola) 102, 1 E 2
Asti 84, E 6
Astrachan 91, J/K 2
Asunción 145, 1 L 11
Aswan = Assuan 133, G 2
Asyut 133, F/G 2
Ata 139, H 3
Atacama 143, L/M 12
Atafu-Atoll 139, H 1
Atar 132, B 2
Atatürk-Stausee 91, G 4
Atbara 133, G 3
Atbara (Fluss) 123, 3 J 5
Atbassar 94, G 4
Ath 80, C 4
Athabasca 142, G 4
Athabascasee 142, H 4
Athen 58, 1 H 5
Äthiopien 124, 1 G/H 5
Athos 90, D 3
Ati 132, E 3
Atlanta 155, F 3
Atlantische Küstenebene 142, K/L 6
Atlantischer Ozean vorderer Buchinnendeckel, G 3 – K 7
Atlasgebirge 123, 3 E/F 3
Ätna 89, G 4
Atranos 90, E 4
Atschinsk 94, J/K 4
Atschkassar 91, H 3
Attáviros 90, D 4
Atyrau 94, F 5
Au am Rhein 17, E 4
Aube 84, A 2
Auckland 139, G 4
Auckland-Inseln 136, L 7
Aue 34, H 5
Augsburg 35, F 7
Augusta 155, H 2
Augusta Raurica (hist. Augst) 199, 3 B 5
Augusta Treverorum (hist. Trier) 199, 3 B 4
Augusta Vindelicorum (hist. Augsburg) 199, 3 D 4
Aulnois-sur-Seille 16, A 4
Aurangabad 110, C 4/5
Aurich 34, C 2
Auron 84, C 6
Ausangate 162, B 4
Auschwitz 83, F 3
Äußere Hebriden 76, B 2
Aussig (Ústí nad Labem) 34, K 5
Austerlitz (hist. Slavkov u Brna) 207, 5
Austin 154, E 3
Australien vorderer Buchinnendeckel, P – R 7
Authie 80, B 4
Autun 84, A 4
Auvergne 77, D 5
Auyán-Tepuí 162, C 2
Aventicum (hist. Avenches) 199, 3 B 5
Avesnes 80, C 4
Avignon 84, A 7
Ávila 88, B 3
Avilés 88, B 3
Awasa 133, G 4
Awash 133, H 3
Awjilah 133, F 2
Axios 90, C 3
Ayacucho 162, B 4
Aydın 90, D 4
Ayers Rock (Uluru) 138, C 3
Ayl 16, B 2
Ayorou 132, D 3
Ayteke Bi 94, G 5
Ayutthaya 114, C 2
Azaouad 132, C 3
Azare 132, D/E 3
Azoren 122, 3 C 3

B

Baalbek 91, G 5
Bab al-Mandab 100, 1 D 5
Babol 119, 3 D 2
Babruisk 83, J 2
Babylon 119, 3 C 2
Bacău 83, H 4
Bacharach 15, D 2
Bachergebirge 85, M 4
Bachmatsch 83, K 3
Backnang 35, E 7
Bad Bergzabern 17, D/E 3
Bad Bertrich 14, C 2
Bad Breisig 14, C 1
Bad Camberg 15, E 2
Bad Dürkheim 17, E 3
Bad Ems 15, D 2
Bad Endbach 15, E/F 1
Bad Gastein 85, K 3
Bad Godesberg (Bonn-) 14, C 1
Bad Hersfeld 34, E 5
Bad Homburg 15, F 2
Bad Honnef 14, C 1
Bad Hönningen 14, C 1
Bad Ischl 85, K 3
Bad Kissingen 35, F 5
Bad Kleinkirchheim 85, K 4
Bad Kreuznach 15, D 3
Bad Laasphe 15, E 1
Bad Lauterberg 34, F 4
Bad Lobenstein 35, G 5
Bad Marienberg 15, D 1
Bad Mergentheim 35, E 6
Bad Münster am Stein-Ebernburg (Bad Kreuznach-) 15, D 3
Bad Münstereifel 14, B 1
Bad Nauheim 15, F 2
Bad Neuenahr-Ahrweiler 14, C 1
Bad Neustadt 35, F 5
Bad Oldesloe 34, F 2
Bad Pyrmont 34, E 3/4
Bad Radkersburg 85, M 4
Bad Reichenhall 35, H 8
Bad Salzig (Boppard-) 15, D 2
Bad Salzungen 34, F 5
Bad Schönborn 17, F 3
Bad Schwalbach 15, D/E 2
Bad Sobernheim 15, D 3
Bad Soden 15, E/F 2
Bad Tölz 35, G 8
Bad Vilbel 15, F 2
Badain Jaran Shamo 110, F 2/3
Badajoz 88, B 4
Badalona 88, D 3
Baden (Österreich) 85, N 2
Baden (Schweiz) 84, E 3
Baden-Baden 35, D 7
Baden-Württemberg 31, 2
Baesweiler 14, A 1
Baffinbai 142, L/M 2
Baffin-Insel 142, K 2 – M 3
Bafing 132, B 3
Bagdad (Baghdad) 91, J 5
Bagé 163, D 6
Baghdad = Bagdad 91, J 5
Baghlan 119, 3 E 2
Baguezane 132, D 3
Bahama-Inseln 142, L 7
Bahamas 144, 1 J 6
Bahawalpur 110, C 4
Bahia 145, 1 M 10
Bahía Blanca 163, C 6
Bahía Blanca (Bucht) 163, C 6
Bahia Grande 163, C 8
Bahir Dar 133, G 3
Bahr al-Arab 123, 3 H 5
Bahr al-Ghazal (Fluss) 133, F 4
Bahrain 102, 1 D 3
Baia Mare 83, G 4
Baicheng 111, H 2
Baidoa = Baydhabo 133, H 4
Baie-Comeau 153, N/O 5
Baikalgebirge 95, L 4
Baikalsee 100, 1 G 3
Bajah (Béja) 89, F 4
Bajanhongor 110, F 2
Bajudasteppe 133, G 3
Bakhtaran = Kermanshah 119, 3 C 2
Bakkabucht 74, D 1
Bakonywald 85, O 4
Baku 102, 1 D 2
Balad 91, H/J 5
Balaton = Plattensee 82, F 4
Balchasch 94, H 5
Balchaschsee 100, 1 E 3
Balearen 88, D 4 – E 3
Bali 101, 1 G 6
Balıkesir 90, D 4
Balikpapan 114, D 4
Balingen 35, D 7
Balkan 90, C/D 3
Ballarat 138, D 4
Balleny-Inseln 167, 2 J 2
Balonne 138, D 3
Bălţi 83, H 4
Baltimore 155, G 3
Baltischer Landrücken 57, 2 F/G 2
Bałtisk = Pillau 83, F 2
Baltrum 34, C 2
Balykchy 94, H 5
Bamako 124, 1 C 4
Bambari 133, F 4
Bamberg 35, F 6
Bammental 17, F 3
Banat 90, C 2
Banater Gebirge 83, G 4
Banda Aceh 114, B 3
Bandar Lampung 114, C 4
Bandar Seri Begawan 114, D 3
Bandar-e Abbas 119, 3 D 3
Bandar-e Bushehr 119, 3 D 3
Bandasee 114, E 4
Bandırma 90, D/E 3
Bandundu 134, C 3
Bandung 114, C 4
Bangalore (Bengaluru) 110, C 5
Bangassou 133, F 4
Banghazi = Bengasi 132, E/F 1
Bangka 114, C 4
Bangkok 102, 1 F/G 4
Bangladesch 102, 1 F 3
Bangui 132, E 4
Bangweulusee 135, D/E 4
Bani 132, C 3
Banja Luka 90, B 2
Banjarmasin 114, D 4
Banjul 124, 1 B 4
Bank von Campeche 155, E/F 4
Banks-Insel 142, F/G 2
Bann 16, D 3
Bantrybai 76, A 4
Banyuwangi 114, D 4
Baoding 111, G 3
Baoji 111, F 3
Baoshan 110, E 4
Baotou 111, F 2
Baoulé 132, C 3
Bapaume 80, B 4
Baqubah 91, J 5
Bar 90, B 3
Baranawitschi 83, H 2
Baraque de Fraiture 80, E 4
Barbados (Insel) 143, N 8
Barbados (Staat) 145, 1 L 7
Barbuda 155, H 5
Barcaldine 138, D 3
Barcelona 88, D 3
Barcelonette 84, C 6
Barcoo 138, D 3
Bardaï 132, E 2
Bardowick 201, 3 C 1
Bareilly 110, C 4
Bäreninsel 94, B 2
Bären-Inseln = Medweshi-Inseln 95, R 2
Barentsburg 166, 1 J – H 2
Barentssee 100, 1 C/D 2
Bari 89, H 3
Barinas 162, B 2
Baris 133, G 2
Barito 114, D 4
Barklytafelland 138, C 2
Bar-le-Duc 84, B 2
Barlee-See 138, A 3
Barletta 89, H 3
Barnaul 94, J 4
Barnim 34, J 3
Barquisimeto 162, B/C 1
Barranquilla 162, B 1
Barreiras 163, E 4
Barren Grounds 142, F – J 3
Barrow-Insel 138, A 3
Bar-sur-Aube 84, A 2
Baruun Urt 111, G 2
Barwon 138, D 3
Barysau 83, H/J 2
Basel 84, D 3
Basilan 114, E 3
Basilia (hist. Basel) 199, 3 B 5
Baskenland 88, C 3
Basra (Al-Basrah) 119, 3 C 2
Bassano del Grappa 85, H 5
Bassein (Pathein) 110, E 5
Bassenheim 14, C 2
Basse-Terre 155, H 5
Bass-Straße 138, D 4
Bastendorf 14, A 3
Bastia 89, F 3
Bastogne 80, E 5
Bata 132, D 4
Bataisk 91, G 2
Batang 110, E 3/4
Batangas 114, D/E 2
Bathurst 138, D 4
Bathurst-Insel 153, K/L 2
Batman 91, H 4
Batna 89, E 5
Baton Rouge 155, E 3
Battambang 114, C 2
Batumi 91, H 3
Baturaja 114, C 4
Bauchi 132, D 3
Baumholder 16, C 2
Baunatal 34, E 4
Bauru 163, D/E 5
Bausendorf 14, B/C 2
Bautzen 34, K 4
Bayan Har Shan 110, E/F 3
Baydhabo (Baidoa) 133, H 4
Bayerische Alpen 35, F 8 – H 8
Bayerischer Wald 35, H 6 – J 7
Bayern 31, 2
Bayonne 77, C 6
Bayreuth 35, G 6
Beaufort (Luxemburg) 14, A 3
Beaufortsee 142, D/E 2
Beaujolais 84, A 4
Beaune 84, A/B 3
Beauvais 80, B 5
Bebra 34, E 5
Bech 14, A 3
Béchar 132, C 1
Bechhofen 16, C 3
Bechtheim 15, E 3
Bechtolsheim 15, E 3
Bechuanaland 134, D 5
Beckingen 16, B 3
Beerfelden 17, F 2
Bei Shan 110, E 2
Bei'an 111, H 2
Beilstein 14, C 2
Beinn Dearg 76, B 2
Beira 135, E 4
Beirut 102, 1 C 3
Beja 88, B 4
Béja = Bajah 89, F 4
Bejaia (Bougie) 88, E 4
Belaja (Berg) 95, S 3
Belaja (Fluss) 91, H 2/3
Belarus = Weißrussland 58, 1 H 3
Belcher-Inseln 153, M 4
Belém 163, E 3
Belfast 76, B 3
Belfort 84, C 3
Belgien 58, 1 F 3
Belgrad 58, 1 G/H 4
Belikh 91, G 4
Belitung 114, C 4
Belize 144, 1 H 7
Bell 14, C 2
Bellegarde 84, B 4
Bellheim 17, E 3
Bellingshausensee 167, 2 O 2
Bellinzona 84, F 4
Belluno 85, J 4
Belmopan 144, 1 G/H 7
Belo Horizonte 163, E 4
Belogorsk 95, N 4
Beltheim 14, C 2
Belutschistan 110, B 4
Ben Nevis 76, B 2
Benadir 133, H 4
Bender 83, J 4
Bender Qasim = Boosaaso 133, H 3
Bendigo 138, D 4
Bendorf 14, D 2
Benediktbeuern (Kloster) 201, 3 C 3
Bénestroff = Bensdorf 16, B 4
Benevento 89, G 3
Bengalen 100, 1 F 4
Bengaluru = Bangalore 110, C 5
Bengasi (Banghazi) 132, E/F 1
Bengbu 111, G 3
Bengkulu 114, C 4
Benguela 134, C 4
Beni Abbes 132, C 1
Benidorm 88, C 4
Benin 124, 1 D 4
Benin-Stadt 132, D 4
Bensdorf (Bénestroff) 16, B 4
Bensheim 17, F 2
Benue 123, 3 F 6
Benue (Fluss) 132, D 4
Beraun (Beroun) 35, J/K 6
Beraun (Berounka) 35, J/K 6
Berbera 133, H 3
Berbérati 132, E 4
Berchtesgaden 35, H 8
Beresina (Bjaresina) 83, J 2
Beresowo 94, G 3
Berg 5, D 2
Bergamasker Alpen 84, F 4/5
Bergamo 84, F 5
Bergen (Norwegen) 74, B 4
Bergen (Rügen) 34, J 1
Bergen op Zoom 80, D 3
Bergheim 14, B 1
Bergisch Gladbach 34, C 4/5
Bergisches Land 13, 2 B 1
Bergland von Guayana 143, M/N 9
Bergse Maas 80, D/E 4
Bergstraße 13, 2 C 2
Beringen 80, E 3
Bering-Insel 95, R 4
Beringmeer 142, A 3/4
Beringowskij 95, S 3
Beringstraße 142, B 3
Berkel 80, F 2
Berkner-Insel 167, 2 Q 2
Berlin 58, 1 G 3
Berlin (Bundesland) 31, 2
Bermejo 163, C 5
Bermuda-Inseln 142, M 6
Bern 58, 1 F 4
Bernau 34, J 3
Bernburg 34, G 4
Berner Alpen 84, D 4 – E 4
Bernkastel-Kues 14, C 3
Bernkastel-Wittlich (Landkreis) 27, 5
Beroun = Beraun 35, J 6
Berounka = Beraun 35, J/K 6
Berta 91, H 3
Bertoua 132, E 4
Besançon 84, B/C 3
Beselich 15, E 2
Beshta 91, J 3
Beskiden 83, F/G 3
Beslan 91, J 3
Bethel 152, D 3
Béthune 80, B 4
Betische Kordillere 88, B/C 4
Betpak-Dala (Hungersteppe) 94, G/H 5
Betschdorf 17, D 4
Bettendorf 14, A 3
Bettingen 14, A 3
Betzdorf (Luxemburg) 16, A 3
Betzdorf (Sieg) 15, D 1
Beuren 14, C 2
Beuthen (Bytom) 83, F 3
Beveren 80, D 3
Bexbach 16, C 3
Béziers 77, D 6
Bhavnagar 110, C 4
Bhopal 110, C 4
Bhutan 102, 1 F 3
Biak 115, F 4
Białystok 83, G 2
Biarritz 77, C 6
Biberach 35, E 7
Bibione 85, J/K 5
Biblis 17, E 2
Bickenbach 15, F 3
Biebertal 15, F 1
Biebesheim 15, E 3
Biedenkopf 15, F 1
Biel (Bienne) 84, D 3
Bielefeld 34, D 3
Bieler See 84, D 3
Biella 84, E 5
Bienne = Biel 84, D 3
Bietigheim 17, E 4
Bihać 85, M 6
Bijsk 94, J 4
Bikaner 110, C 4
Bila-Zerkwa 83, J 3
Bilbao (Bilbo) 88, C 3
Bilbo = Bilbao 88, C 3
Billigheim-Ingenheim 17, E 3
Billings 154, D 2
Bilma 132, E 3
Bima-Raba 114, D 4
Bingen 15, D 3
Bingöl 91, H 4
Bining = Biningen 16, C 3
Biningen (Bining) 16, C 3
Binsfeld 14, B 3
Bintulu 114, D 3
Biograd 85, M 7
Bioko 123, 3 F 6
Bir Mogreïn 132, B 2
Birao 133, F 3
Birdum 138, C 2
Birjand 119, 3 D 2
Birkenau 17, F 2
Birkenfeld (Enzkreis) 17, F 4
Birkenfeld (Kreis Birkenfeld) 16, C 2
Birma = Myanmar 102, 1 F 3
Birmingham (England) 76, C 3
Birmingham (USA) 155, F 3
Birnin Kebbi 132, D 3
Birobidshan 95, O 5
Birresborn 14, B 2
Birrie 138, D 3
Bischoffen 15, E 1
Bischofsheim 15, E 3
Bischofshofen 85, J/K 3
Bishkek 102, 1 E 2
Bisho 134, D 6
Biskra 88, E 5
Bismarck 154, D 2
Bismarck-Archipel 115, G/H 4
Bismarcksee 115, G/H 4
Bissagos-Inseln 132, B 3
Bissau 124, 1 B 4
Bissen 14, A 3
Bitburg 14, B 3
Bitburger Land 13, 2 A 2
Bitche = Bitsch 16, C 3
Bitola 90, C 3

Bitsch (Bitche) 16, C 3
Bitterfeld-Wolfen 34, H 4
Bitterrootkette 154, C 2
Biwer 14, A 3
Bizerte 89, F 4
Bjaresina = Beresina 83, J 2
Bjelaja 94, F 4
Bjelomorsk 74, J 3
Bjelucha 100, 1 F 3
Black Hills 142, H 5
Blagoweschtschensk 95, N 4
Blanca Peak 154, D 3
Blanc-Sablon 153, P 4
Blangy 80, A 5
Blankenheim 14, B 2
Blankenrath 14, C 2
Blantyre 135, E 4
Blauer Nil 123, 3 J 5
Bleialf 14, A 2
Blida 88, D 4
Blies 16, C 2/3
Bliesgau 13, 2 B 2
Bloemfontein 134, D 5
Blois 77, D 5
Bludenz 84, F 3
Bluff Knoll 138, A 4
Blumenau 163, E 5
Bo 132, B 4
Boa Vista 162, C 2
Bobigny 80, B 6
Bobo Dioulasso 132, C 3
Bôca do Acre 162, C 3
Bocholt 34, B 4
Bochum 34, C 4
Bockenheim 17, E 2
Bodaibo 95, M 4
Bode 34, F/G 4
Bodelé 132, E 3
Boden 74, F 3
Bodenheim 15, E 3
Bodensee 35, E 8
Bodø 74, D 3
Bodrum 90, D 4
Boende 134, D 3
Bogor 114, C 4
Bogotá 145, 1 J 8
Böhl-Iggelheim 17, E 3
Böhmen 35, J/K 6
Böhmerwald 35, J 6/7
Böhmisch Krumau (Český Krumlov) 35, J/K 7
Böhmisch Leipa (Česká Lípa) 34, K 5
Böhmisches Mittelgebirge 34, J/K 5
Boise 154, C 2
Boizenburg 34, F 2
Boknafjord 75, B 5
Bolanden 17, D/E 2
Bolchen (Boulay) 16, A 3
Bolivien 145, 1 K 10
Bollendorf 14, A 3
Bologna 85, H 6
Bolscherezk 95, Q 4
Bolschewik-Insel 95, L/M 2
Bolu 91, E 3
Bolzano = Bozen 85, H 4
Boma 134, C 3
Bombay (Mumbai) 110, C 5
Bonaire 155, H 5
Bonifacio 89, F 3
Bonin-Inseln 136, K 3
Bonn 14, C 1
Bonna (hist. Bonn) 199, 3 B 3
Bontang 114, D 3
Boosaaso (Bender Qasim) 133, H 3
Boothia-Halbinsel 153, L 2
Boppard 14, D 2
Bor (Serbien) 90, C 2
Bor (Sudan) 133, G 4
Borås 75, D 5
Borbetomagus (Worms) 199, 3 B/C 4
Börde 30, 1 D 2 – D 3
Bordeaux 77, C 5
Borðeyri 74, B 1
Borgarnes 74, B 1
Børgefjell 74, D 3
Borkou 132, E 3
Borkum 34, B 2
Bormida 84, E 6
Bormio 84, G 4
Borna 34, H 4
Borneo 136, H 4
Bornheim 14, B/C 1
Bornholm 75, D 6
Bornich 15, D 2
Borsja 95, M 4
Bosnien und Herzegowina 58, 1 G 4
Bosporus 90, E 3
Bossangoa 132, E 4
Bostalsee 16, C 2
Boston 155, G 2
Botlich 91, J 3
Botoşani 83, H 4
Botrange 14, A 1
Botsuana 124, 1 F 8
Bottnischer Meerbusen 74, E 4 – F 3
Bottrop 34, B 4
Bou Saâda 88, E 5
Bouaké 132, C 4
Bouar 132, E 4
Bougainville 115, H 4
Bougie = Bejaia 88, E 4
Bouillon 201, 3 B 2
Boujdour (Bu Jaydur) 132, B 2
Boulay = Bolchen 16, A 3
Boulia 138, C 3
Boulogne-Billancourt 80, A 6
Boulogne-sur-Mer 80, A 4
Bounty-Inseln 243, T 8
Bourem 132, C 3
Bourg-en-Bresse 84, B 4
Bourges 77, D 5
Bourgoin-Jallieu 84, B 5
Bourke 138, D 4
Bous (Kreis Saarlouis) 16, B 3
Bous (Luxemburg) 16, A 2
Bouvet-Insel 167, 2 A 3
Bouzonville = Busendorf 16, B 3
Boxtel 80, E 3
Bozen (Bolzano) 85, H 4
Brabant 80, D 4
Brachbach 15, D 1
Bradano 89, H 3
Bradscheid 14, B 2
Braga 88, A 3
Brahmaputra 100, 1 F 4
Brăila 83, H 4
Brake 34, D 2
Bramsche 34, C 3
Brandberg 123, 3 G 9
Brandenburg 34, H 3
Brandenburg (Bundesland) 31, 2
Brasília 145, 1 L/M 10
Brasilianisches Bergland 143, N 11 – O 10
Brasilien 145, 1 L 9
Braşov = Kronstadt 83, H 4
Bratislava 58, 1 G 4
Bratsk 95, L 4
Braubach 15, D 2
Braunau 85, K 2
Brauneberg 14, B 3
Braunfels 15, E 1
Brazzaville 124, 1 E 6
Brechen 15, E 2
Breda 80, D 3
Breg 35, D 8
Bregenz 84, F 3
Bregenzerwald 84, F/G 3
Breidafjord 74, B 1
Breidenbach (Kreis Marburg-Biedenkopf) 15, E 1
Breidenbach (Lothringen) 16, C 3
Breisgau 35, C 8 – C 7
Breitenbach 16, C 3
Breitscheid 15, E 1
Bremen 34, D 2
Bremen (Bundesland) 31, 2
Bremerhaven 34, D 2
Bremm 14, C 2
Brenner 85, H 3
Brensbach 17, F 2
Brenta 85, H 5
Brescia 84, G 5
Breslau (Wrocław) 82, F 3
Bressanone = Brixen 85, H 4
Brest (Frankreich) 77, B 4
Brest (Weißrussland) 83, G 2
Bretagne 77, C 4/5
Bretten 17, F 3
Bretzenheim 15, D 3
Brevnow (Kloster) 201, 3 D 2
Bria 133, F 4
Briançon 84, C 6
Bridgetown 155, J 5
Briedel 14, C 2
Brienz 84, D/E 4
Brienzer See 84, D 4
Brig 84, D 4
Brigach 35, D 7
Brigantium (hist. Bregenz) 199, 3 C 5
Brighton 76, C 4
Brignoles 84, C 7
Brijuni 85, K 6
Brilon 34, D 4
Brindisi 89, H 3
Brisbane 138, E 3
Bristol 76, C 4
Bristolkanal 76, C 4
British Columbia 144, 1 D 3
Brive 77, D 5
Brixen (Bressanone) 85, H 4
Brjansk 83, K 2
Brno = Brünn 82, F 3
Brocken 34, F 4
Brohl-Lützing 14, C 2
Broken Hill 138, D 4
Bröl 14, C 1
Bromberg (Bydgoszcz) 82, F 2
Brookskette 142, B/D 3
Broome 138, B 2
Bruchköbel 15, F 2
Bruchmühlbach-Miesau 16, C 3
Bruchsal 17, F 3
Bruck 85, M 3
Brücken 16, C 2
Brügge (Brugge) 80, C 3
Brugge = Brügge 80, C 3
Brühl (Rhein-Erft-Kreis) 14, B 1
Brühl (Rhein-Neckar-Kreis) 17, F 3
Brühlingen (Brulange) 16, B 4
Brulange = Brühlingen 16, B 4
Brunei 102, 1 G 4
Brünn (Brno) 82, F 3
Brunsbüttel 34, D/E 2
Brüssel 58, 1 F 3
Bruttig-Fankel 14, C 2
Brüx (Most) 34, J 5
Bu Jaydur = Boujdour 132, B 2
Bucaramanga 162, B 2
Buchanan 132, B/C 4
Buchara 119, 3 E 2
Büchel 14, C 2
Buchholz (Westerwald) 14, C 1
Buchholz in der Nordheide 34, E 2
Buchloe 35, F 7
Bucht von Benin 132, D 4
Bucht von Bonny 132, D 4
Budapest 58, 1 G/H 4
Budenheim 15, E 2
Budweis (České Budějovice) 35, K 7
Buenaventura 162, B 2
Buenos Aires 145, 1 K/L 12
Buffalo 155, G 2
Bug 83, G 3
Buinaksk 91, J 3
Bujumbura 124, 1 F 6
Bukama 134, D 3
Bukarest 58, 1 H 4
Bukavu 134, D 3
Bukowina 83, H 3
Bulawayo 134, D 4/5
Bulgarien 58, 1 H 4
Büllingen 14, A 2
Bumba 134, D 2
Bunbury 138, A 4
Bundaberg 138, E 3
Bundenbach 14, C 3
Bungsberg 34, F 1
Bunguran-Inseln = Natuna-Besar-Inseln 114, C 3
Bur Sudan = Port Sudan 133, G 2/3
Buraydah 119, 3 C 3
Burbach 15, E 1
Burco 133, H 4
Büren (hist. Wäschenbeuren) 201, 3 C 2
Burg 34, G 3
Burgas 90, D 3
Burgbrohl 14, C 2
Burgenland 85, N 3
Burgos 88, B/C 3
Burg-Reuland 14, A 2
Burgund 77, D/E 5
Burgundische Pforte 84, C/D 3
Burgwald 15, F 1
Burkina Faso 124, 1 C/D 4
Burrundie 138, C 2
Bursa 90, E 3
Bürstadt 17, E 2
Buru 114, E 4
Burundi 124, 1 G 6
Busan 111, H 3
Buseck 15, F 1
Busenberg 17, D 3
Busendorf (Bouzonville) 16, B 3
Busselton 138, A 4
Busto Arsizio 84, E 5
Buta 134, D 2
Bütgenbach 14, A 2
Butte 154, C 2
Büttelborn 15, F 3
Butten 16, C 4
Butuan 114, E 3
Butzbach 15, F 2
Bützow 34, G 2
Buxtehude 34, E 2
Büyük Menderes (Mäander) 90, E 4
Buzău 83, H 4
Bydgoszcz = Bromberg 82, F 2
Bylot-Insel 153, N 2
Byrrangagebirge 95, K/M 2
Bytom = Beuthen 83, F 3
Byzantion (hist. İstanbul) 197, 2 E 2

C

Caatingas 143, O/P 10
Cabinda 124, 1 D/E 6
Cabotstraße 153, O/P 5
Cáceres 88, B 4
Cádiz 88, B 4
Caen 77, C 5
Cagayan de Oro 114, E 3
Cagliari 89, F 4
Cahora Bassa 135, E 4
Caicos-Inseln 155, G 4
Cairns 138, D 2
Cajamarca 162, B 3
Calais 80, A 4
Calama 163, C 5
Calgary 152, J 4
Cali 162, B 2
Calicut (Kozhikode) 110, C 5
California = Kalifornien 144, 1 D/E 5
Callao 162, B 4
Caloundra 138, E 3
Caluula 133, J 3
Calvi 89, F 3
Calvinia 134, C 6
Camagüey 155, G 4
Cambodunum (hist. Kempten) 199, 3 C/D 5
Cambrai 80, C 4
Cambrian Mountains 76, B 4 – C 3
Cambridge 76, C/D 3
Camooweal 138, C 2
Campbell-Insel 167, 2 J 3
Campeche 155, E 5
Campina Grande 163, F 3
Campinas 163, E 5
Campo Grande 163, D 5
Campos 163, E 5
Campos (Landschaft) 143, N/O 11
Canal de la Marne au Rhin = Rhein-Marne-Kanal 84, C 2
Canal du Centre 84, A 4
Canberra 138, D 4
Canche 80, B 4
Cancún 155, F 4
Cangzhou 111, G 3
Caniapiscau 153, O 4
Cannae 89, H 3
Canner 16, A 3
Cannes 77, E 6
Canossa 84, G 6
Cantwell 152, F 3
Canumã 162, D 3
Cáorle 85, J 5
Cape Coast 132, C 4
Cape Dorset 153, N 3
Cape Town = Kapstadt 134, C 6
Cap-Haïtien 155, G 5
Capri 89, G 3
Caquetá 162, B 3
Caracas 145, 1 K 7
Carajás 163, D 3
Carcassonne 77, D 6
Cardiff 76, C 4
Cargados-Carajos-Inseln 123, 3 L/M 8
Caribouberge 152, J 4
Carling = Karlingen 16, B 3
Carlisle 76, C 3
Carlsberg 17, E 3
Carnarvon 138, A 3
Carnegiesee 138, B 3
Carondelet-Riff 139, H 1
Carpentariagolf 138, C/D 2
Carpentras 84, B 6
Carrara 84, F/G 6
Carrauntoohil 76, A 3/4
Carson City 154, C 3
Cartagena (Kolumbien) 162, B 1
Cartagena (Spanien) 88, C 4
Cartema (historischer Ort) 197, 2 C 3
Carthago (historischer Ort) 197, 2 C/D 3
Caruaru 163, F 3
Casablanca 132, B/C 1
Casale Monferrato 84, E 5
Cascavel 163, D 5
Casper 154, D 2
Cassai 134, D 3
Cassel 80, B 4
Cassinga 134, C 4
Castel del Monte 89, G 3
Castellane 84, C 7
Castelló de la Plana = Castellón 88, C 4
Castellón (Castelló de la Plana) 88, C 4
Castra Batava (hist. Passau) 199, 3 E 4
Castra Regina (hist. Regensburg) 199, 3 E 4
Castries 155, H 5
Cat 155, G 4
Catamarca 163, C 5
Catania 89, G 4
Cattenom = Kattenhofen 16, A 3
Cauca 162, B 2
Cauvery 110, C 5
Cavalese 85, H 4
Cavally 132, C 4
Caxito 134, C 3
Cayambe 162, B 2/3
Cayenne 163, D 2
Cayman-Inseln 144, 1 H 6/7
Ceará 145, 1 M/N 9
Cebu 114, E 2
Celebes = Sulawesi 114, D/E 4
Celebessee 114, E 3
Celje (Cilli) 85, M 4
Celle 34, F 3
Ceres 84, D 5
Cerf 135, G 3
Cerro Bolívar 162, C 2
Cerro de Pasco 162, B 4
Cerro el Liberdador 163, C 5
Cerros Tres Picos 163, C 6
Cesena 85, J 6
Cesenatico 85, J 6
Česká Lípa = Böhmisch Leipa 34, K 5
České Budějovice = Budweis 35, K 7
Çesme 90, D 4
Ceuta 88, B 5
Cevennen 77, D 6 – E 5
Ceyhan 91, F 4
Ceylon = Sri Lanka 100, 1 F 5
Chabahar 119, 3 D/E 3
Chabarowsk 95, O 5
Chablais 84, C 4
Chalcedon (historischer Ort) 197, 2 E 2
Chalkida 90, C 4
Chalkidike 90, C 3
Châlons-en-Champagne 80, D 6
Chalon-sur-Saône 84, A 4
Cham 35, H 6
Chaman 110, B 3
Chambal 110, C 4
Chambéry 84, B 5
Chamonix 84, C 5
Champagne 77, D/E 4
Chan-Chan 162, B 3
Chandigarh 110, C 3
Chandyga 95, O 3
Changaigebirge 100, 1 F/G 3
Changchun 111, H 2
Changde 111, G 4
Changsha 111, G 4
Changzhou 111, G 3
Chania 90, C 5
Chankasee 95, O 5
Channel-Port-aux-Basques 153, P 5
Chanthaburi 114, C 2
Chanty-Mansijsk 94, G 3
Char Choto 110, F 2
Chari 123, 3 G 5
Charkiw 94, D 4
Charleroi 80, D 4
Charleston (USA, South Carolina) 155, F 3
Charleston (USA, West Virginia) 155, F 3
Charleville 138, D 3
Charleville-Mézières 80, D 5
Charlotte 155, F 3
Charlottetown 155, H 2
Charolais 84, A 4
Charters Towers 138, D 3
Chasawjurt 91, J 3
Chasseral 84, C/D 3
Chasseron 84, C 4
Chatanga 95, L 2
Châteauroux 77, D 5
Château-Salins 84, C 2
Châtelet 80, D 4
Chatham-Inseln 137, M 7
Châtillon-sur-Seine 84, A 3
Chattagam = Chittagong 110, D 4
Chattanooga 155, F 3
Chaumont 84, B 2
Chauny 80, B 5
Cheb = Eger (Tschechische Republik) 35, H 5
Cheju 111, H 3
Cheliff 88, D 4
Chelles 80, B 6
Cheminot 16, A 4
Chemnitz 34, H 5
Chengdu 110, F 3
Chennai = Madras 110, D 5
Cheonju 111, H 3
Cherbourg-Octeville 77, C 4
Chersonesus (historischer Ort) 197, 2 E/F 2
Chesapeakebai 155, G 3
Chesterfield-Inseln 139, E 2
Cheta 95, K 2
Chetumal 155, E/F 5
Cheyenne 154, D 2
Chiang Mai 114, B 2
Chiange 134, C 4
Chiavari 84, F 6
Chiavenna 84, F 4
Chicago 155, E/F 2
Chichén Itza 155, F 4
Chiclayo 162, A/B 3
Chiemsee 35, H 8
Chienti 85, K 7
Chieri 84, D 5
Chiese 84, G 5
Chifeng 111, G 2
Chihuahua 154, D 4
Chile 145, 1 J 11
Chillán 163, B 6
Chiloé 163, B 7
Chilok 95, M 4
Chilwasee 135, E 4
Chimay 80, D 4
Chimborazo 143, K/L 10
Chimbote 162, B 3
Chimoio 135, E 4
China 102, 1 F/G 3
Chincha Alta 162, B 4
Chindwin 110, E 4
Chingola 134, D 4
Chioggia 85, J 5
Chios 90, D 4
Chipata 135, E 4
Chirripó 143, K 9
Chişinău 58, 1 H/J 4
Chittagong (Chattagam) 110, D 4
Chmelnizkij 83, H 3
Choiseul 115, H 4
Cholmsk 95, O/P 5
Choma 134, D 4
Chongjin 111, H/J 2
Chongqing 111, F 4
Chonos-Archipel 163, B 7
Chosrech 91, J 3
Chovd 110, E 2
Chövsgöl Nuur 110, F 1
Christchurch 139, G 5
Christmas-Insel 136, G/H 5
Chubut 163, C 7
Chudshand 119, 3 E 1
Chugachberge 152, F 3
Chur 84, F 4
Churchill 153, L 4
Churchill (Fluss) 152, K 4
Chuuk-Inseln 115, H 3
Cide 91, F 3
Cienfuegos 155, F 4
Cilacap 114, C 4
Cildırsee 91, H 3
Cilegon 114, C 4
Cilli = Celje 85, M 4
Cima Presanella 84, G 4
Cincinnati 155, F 3
Ciney 80, E 4
Cirebon 114, C 4
Ciskei 134, D 6
Citeaux (Kloster) 201, 3 B 3
Citlaltépetl 154, E 5
Ciudad Bolívar 162, C 2
Ciudad Guayana 162, C 2
Ciudad Juárez 154, D 3
Ciudad Piar 162, C 2
Ciudad Real 88, B/C 4
Ciudad Victoria 154, E 4
Cizre 91, H 4
Claireküste 167, 2 G 2
Clairvaux 84, A 2
Clarenna (hist. Cannstatt) 199, 3 C 4
Clausen 17, D 3
Clerf = Clervaux 14, A 2
Clermont 80, B 5
Clermont-Ferrand 77, D 5
Clervaux (Clerf) 14, A 2
Clerve (Clierf) 14, A 2/3
Cleveland 155, F 2
Clierf = Clerve 14, A 2/3
Clipperton-Insel 143, H 9
Cloncurry 138, D 3
Cloppenburg 34, D 3
Cluj-Napoca = Klausenburg 83, G 4
Clunia (hist. Feldkirch) 199, 3 C 5
Cluny 84, A 4
Clutha 139, F 5
Coari 162, C 3
Coatsland 167, 2 R 2
Coatzacoalcos 155, E 5
Cobar 138, D 4
Coburg 35, F 5
Cochabamba 162, C 4
Cochem 14, C 2
Cochem-Zell (Landkreis) 27, 5
Cochin 110, C 5/6
Cochrane 153, M 5
Coëtivy 135, G 3
Coevorden 80, F 2
Coffs Harbour 138, E 4
Cognac 77, C 5
Coimbatore 110, C 5
Coimbra 88, A 3
Col de l'Iseran 84, C/D 5
Col de la Bonette 84, C 6
Col de Larche 84, C 6
Colatina 163, E 4
Cölbe 15, F 1
Colmar 84, D 2
Colombo 102, 1 E 4
Colón 155, F/G 6
Colonia 115, F 3
Colonia Claudia Ara Agrippinensium (hist. Köln) 199, 3 B 3
Colorado (Bundesstaat) 144, 1 F 5
Colorado (Fluss, Argentinien) 143, M 13/14
Colorado (Fluss, USA) 142, G 6
Coloradoplateau 142, G/H 6
Columbia (Fluss) 142, G 4/5
Columbia (USA, South Carolina) 155, F 3
Columbus (USA, Georgia) 155, F 3
Columbus (USA, Ohio) 155, F 3
Comacchio 85, J 6
Comer See 84, F 4
Como 84, F 5
Comodoro Rivadavia 163, C 7
Comoé 132, C 4
Compiègne 80, B 5
Conakry 124, 1 B 5
Concepción (Chile) 163, B 6
Concepción (Paraguay) 163, D 5
Concord 155, G 2
Concordia 163, C/D 6
Condé-Northen = Konden 16, A 3
Confluentes (hist. Koblenz) 199, 3 B 3
Connecticut 144, 1 J/K 4
Consdorf 14, A 3
Constanţa = Konstanza 83, J 4
Constantia (hist. Konstanz) 199, 3 C 5
Constantine (Qacentina) 89, E 4
Contern 16, A 2
Contwig 16, C 3
Cook-Inseln 137, N 5
Cook-Straße 139, G 5
Cooktown 138, D 2
Coolgardie 138, B 4
Cooper 138, C 3
Cooper Creek 138, D 3
Copán 155, F 5
Copiapó 163, B 5
Coppermine 152, J 3
Coquimbo 163, B 5/6
Corbie 80, B 5
Corcaigh = Cork 76, A 4
Corcovadogolf 163, B 7
Córdoba (Argentinien) 163, C 6
Córdoba (Spanien) 88, B 4
Cork (Corcaigh) 76, A 4
Çorlu 90, D 3
Corner Brook 153, O/P 5
Cornwall 77, B 4
Coropuna 143, L 11
Corpus Christi 154, E 4
Corrientes 163, D 5
Cortina d'Ampezzo 85, J 4
Çoruh 91, H 3
Çorum 91, F 3
Corumbá 163, D 4
Corvey 201, 3 C 2
Cosenza 89, G/H 4
Cosmoledo 135, F 3

Costa Blanca 88, C/D 4
Costa Brava 88, D 3
Costa del Sol 88, B/C 4
Costa Rica 145, 1 H 8
Costa Smeralda 89, F 3
Cotabato 114, E 3
Côte d'Ivoire (Elfenbeinküste) 124, 1 C 5
Côte d'Azur 77, E 6
Côte d'Or 84, A 4 – A 3
Cotonou 132, D 4
Cotopaxi 143, L 10
Cottbus 34, K 4
Cottische Alpen 84, C 6
Courcelles 80, D 4
Courcelles-Chaussy (Kurzel) 16, A 3
Couvin 80, D 4
Craiova 83, G 4
Crau 84, A 7
Créhange = Kriechingen 16, A/B 3
Creil 80, B 5
Crema 84, F 5
Cremona 84, G 5
Cres 85, L 6
Crêt de la Neige 84, B 4
Creutzwald = Kreuzwald 16, B 3
Criciúma 163, E 5
Crikvenica 85, L 5
Crişul Alb 83, G 4
Crotone 89, H 4
Crozet-Inseln 136, E 7
Cruzeiro do Sul 162, B 3
Cuamba 135, E 4
Cuango 134, C 3
Cuanza 134, C 3/4
Cubango 123, 3 G 8
Cúcuta 162, B 2
Cuenca (Ecuador) 162, B 3
Cuenca (Spanien) 88, C 3
Cuiabá 163, D 4
Cuito 134, C 4
Culiacán 154, D 4
Cumaná 162, C 1
Cuneo 84, D 6
Cunnamulla 138, D 3
Curaçao 155, H 5
Curcubıta 83, G 4
Curitiba 163, E 5
Cuttack 110, D 4
Cuxhaven 34, D 2
Cuzco 162, B 4
Cyrenaika 133, F 1

D

Da Lat 114, C 2
Da Nang 114, C 2
Daaden 15, D 1
Daba Shan 111, F 3
Dachau 35, G 7
Dachstein 85, K 3
Daegu 111, H 3
Daejeon 111, H 3
Dagö (Hiiumaa) 75, F 5
Dahlak-Archipel 133, H 3
Dahlem 14, A/B 2
Dahn 17, D 3
Dahner Felsenland 13, 2 B 2
Dahuk 91, H 4
Daito-Inseln 111, J 4
Dakar 124, 1 B 4
Dakhla-Oasen 133, F 2
Dalan-Dzadgad 110, F 2
Dalarna 74, D 4
Dalheim 16, A 2
Dalian 111, H 3
Dallas 154, E 3
Dalmatien 85, M 6/7
Dalmatinische Inseln 90, A 2 – B 3
Dalnegorsk 95, O 5
Daloa 132, C 4
Dalstein 16, A 3
Daly Waters 138, C 2
Damanhur 133, F/G 1
Damaraland 134, C 5
Damaskus 102, 1 C/D 3
Damaturu 132, E 3
Dammastock 84, E 4
Dampier 138, A 3
Dandong 111, H 2
Dänemark 58, 1 F/G 3
Dänemarkstraße 142, Q 3
Dangori 110, E 4
Dannenberg 34, G 2
Dannstadt-Schauernheim 17, E 3
Danzig (Gdańsk) 82, F 2
Dar as-Salam = Daressalam 135, E 3
Darchan 110, F 2
Dardanellen 90, D 3/4
Daressalam (Dar as-Salam) 135, E 3
Darfur 133, F 3
Darling 138, D 4
Darmstadt 15, F 3
Darßer Ort 34, H 1
Daru 115, G 4
Darwin 138, B 2
Dasburg 14, A 2
Dashoguz 119, 3 D 1
Datong 111, G 2/3
Daua 133, H 4
Daugavpils 75, G 6
Daun 14, B 2
Dauphiné-Alpen 84, C 5 – C 6
Dautphetal 15, F 1
Davao 114, E 3
Davissee 167, 2 E 2
Davisstraße 142, N 3
Davos 84, F 4
Dawson 152, G 3
Dawson Creek 152, H 4
Dayr az-Zawr 91, G/H 5
De Aar 134, D 6
De Grey 138, A 3
De Panne 80, B 3
Debauch Mountain 152, D/E 3
Debre Markos 133, G 3
Debrecen 83, G 4
Děčín = Tetschen 34, K 5
Dédougou 132, C 3
Deggendorf 35, H 7
Deidesheim 17, E 3
Deinze 80, C 4
Deister 34, E 3
Dekkan 100, 1 E 5
Delano Peak 154, C 3
Delaware 144, 1 J 5
Delémont 84, D 3
Delft 80, D 3
Delfzijl 80, F 1
Delhi (Dilli) 110, C 4
Delme 16, A 4
Delmenhorst 34, D 2
Delphi 90, C 4
Demawend 119, 3 D 2
Demer 80, D 4
Demmin 34, J 2
Demokratische Republik Kongo 124, 1 E/F 6
Dempo 114, C 4
Den Burg 80, D 1
Den Haag ('s-Gravenhage) 80, C 2
Den Helder 80, D 2
Denain 80, C 4
Dendermonde 80, D 3
Deniliquin 138, D 4
Denizli 90, E 4
Denpasar 114, D 4
D'Entrecasteaux-Inseln 115, H 4/5
Denver 154, D 3
Der Kanal 77, B/C 4
Derby 138, B 2
Dernau 14, C 1
Derry (Londonderry) 76, B 3
Des Moines 155, E 2
Dese 133, G 3
Desenzano del Garda 84, G 5
Desna 83, K 2
Dessau-Roßlau 34, H 4
Detmold 34, D 4
Detroit 155, F 2
Dettenheim 17, E 3
Deutsche Bucht 30, 1 B 1
Deutsche Mittelgebirge 57, 2 E/F 2
Deutschland 58, 1 F/G 3
Deutz (Köln-) 14, B 1
Deva 83, G 4
Deventer 80, F 2
Devodi Munda 110, D 5
Devon-Insel 142, K/L 2
Devonport 138, D 5
Dhaka 102, 1 F 3
Dhaulagiri 110, D 4
Dhofar 119, 3 D 4
Dhron 14, C 3
Diamantina 163, E 4
Diamantina (Fluss) 138, D 3
Diamantino 163, D 4
Dibrugarh 110, E 4
Dieblich 14, C 2
Dieburg 17, F 2
Diedenhofen (Thionville) 16, A 3
Diego Garcia 243, N 6
Diekirch 14, A 3
Dielheim 17, F 3
Diemeringen 16, C 4
Dienheim 15, E 3
Diepholz 34, D 3
Dieppe 77, D 4
Dierdorf 15, D 1
Diesdorf (Distroff) 16, A 3
Diest 80, E 3
Dietfurt 35, G 6
Dietzenbach 15, F 2
Dietzhölze 15, E 1
Dievenow (Dziwnów) 34, K 1
Dievenow (Fluss) (Dziwna) 34, K 2
Diez 15, E 2
Differdange 80, E 5
Digne 84, C 6
Dijon 84, B 3
Diksmuide 80, B 3
Dikson 94, J 2
Dili 102, 1 H 5
Dill 15, E 1
Dillenburg 15, E 1
Dilli = Delhi 110, C 4
Dillingen (Saar) 16, B 3
Dinant 80, D 4
Dinarisches Gebirge 90, A 2 – B 3
Dingolfing 35, H 7
Dioskurias (hist. Sochumi) 197, 2 F/G 2
Dire Dawa 133, H 4
Dirmstein 17, E 2
Dirschau (Tczew) 83, F 2
Disappointment-See 138, B 3
Diskobai 153, P 3
Disko-Insel 153, P 3
Distroff = Diesdorf 16, A 3
Dithmarschen 34, D 1 – E 2
Dittelsheim-Heßloch 15, E 3
Divodurum (hist. Metz) 199, 3 B 4
Diyala 91, J 5
Diyarbakır 91, G/H 4
Djado 132, E 2
Djadoplateau 132, E 2
Djailolo = Halmahera 114, E 3
Djanet 132, D 2
Djebel Bou-Nassere 88, B 5
Djebel Chelia 89, E 5
Djebel Foua 89, E/F 5
Djebel Tidirhine 88, B 5
Djelfa 132, D 1
Djerba 132, E 1
Djultydag 91, J 3
Dneprovsko-Bugskij-Kanal 83, J 3
Dnipro 83, J 3
Dnipropetrowsk 94, D 5
Dnister (Dnjestr) 83, H 3
Dnjepr 83, K 2
Dnjestr = Dnister 83, H 3
Dobbiaco = Toblach 85, J 4
Döbraberg 35, G 5
Dobrič 90, D/E 3
Dobrudscha 83, H 5 – J 4
Dodoma 124, 1 G 6
Doetinchem 80, F 3
Doggerbank 76, D/E 3
Doha (Ad-Dawhah) 119, 3 D 3
Dokkum (Dongeradeel-) 80, E 1
Dole 84, B 3
Dollart 34, C 2
Dolo Odo 133, H 4
Dolomiten 85, H 4 – J 4
Domažlice = Taus 35, H 6
Dombes 84, A/B 4
Dominica 144, 1 K/L 7
Dominikanische Republik 144, 1 K 6
Dommershausen 14, C 2
Domodossola 84, E 4
Domrémy-la-Pucelle 84, B 2
Don 91, H 2
Donau 35, E 7
Donaudelta 83, J 4
Donaueschingen 35, D 8
Donaumoos 35, G 7
Donauried 35, F 7
Donauwörth 35, F 7
Dondo 134, C 3
Donegalbai 76, A 3
Donez 94, D 5
Donezk 94, D 5
Donezplatte 57, 2 H 3
Dongsha (Pratas) 111, G 4
Dongting-Hu 111, G 4
Donnerpass 154, B 3
Donnersberg 17, D 2
Donnersbergkreis 27, 5
Donon 84, D 2
Donostia-San Sebastián 88, C 3
Dora Baltea 84, D 5
Dora Riparia 84, D 5
Dordogne 77, D 5
Dordrecht 80, D 3
Dori 132, C 3
Dornbirn 84, F 3
Dornburg 15, E 1
Dörrenbach 17, D 3
Dortmund 34, C 4
Dortmund-Ems-Kanal 34, C 3
Dossenheim 17, F 3
Douai 80, C 4
Douala 132, D/E 4
Doubs 84, C 3/4
Douglas 76, B 3
Dourados 163, D 5
Douro 88, B 3
Dover (England) 76, D 4
Dover (USA) 155, G 3
Dovrefjell 74, C 4
Drachenfels 14, C 1
Drachten (Smallingerland-) 80, F 1
Draguignan 84, C 7
Drakensberge 123, 3 J 9 – H 10
Drammen 75, C 5
Drau (Drava) 85, K 4
Drava = Drau 85, K 4
Dreieich 15, F 2
Dreis 14, B 3
Dreis-Brück 14, B 2
Dresden 34, J 4
Driedorf 15, E 1
Drin 90, C 3
Drina 90, B 2
Drobeta-Turnu Severin 83, G 4
Drömling 34, G 3
Drushina 95, P 3
Drygalski-Insel 167, 2 E 2
Dschibuti 124, 1 H 4
Dsershinsk 83, M 1
Dshugdshurgebirge 95, O/P 4
Dsungarei 100, 1 F 3
Dsungarische Pforte 110, D 2
Dubai 119, 3 D 3
Dubăsary 83, J 4
Dubbo 138, D 4
Dublin 58, 1 E 3
Dubrovnik 90, B 3
Dudeldorf 14, B 3
Dudenhofen 17, E 3
Duero 88, C 3
Dufekmassiv 167, 2 R/S 2
Dufourspitze 84, D 5
Dugi Otok 85, L/M 7
Duisburg 34, B 4
Duklapass 83, G 3
Dulce 163, C 5
Duluth 155, E 2
Duma 91, G 5
Dumaguete 114, E 3
Dümmer 34, D 3
Düna 83, H 1
Dunajská Streda 85, O 3
Dundalk 76, B 3
Dundas 153, O 2
Dundee 76, C 2
Dunderland 74, D 3
Dunedin 139, G 5
Düngenheim 14, C 2
Dunkerque = Dünkirchen 80, B 3
Dünkirchen (Dunkerque) 80, B 3
Dünnbach 14, C 2
Dunzweiler 16, C 3
Durance 84, B/C 6
Durban 135, E 5
Düren 14, A/B 1
Durgapur 110, D 4
Durlach (Karlsruhe-) 17, E 4
Durmersheim 17, E 4
Durrës 90, B 3
Dushanbe 102, 1 E 3
Düsseldorf 34, B 4
Dych-Tau 91, H 3
Dziwna = Dievenow (Fluss) 34, K 2
Dziwnów = Dievenow 34, K 1

E

East London 134, D 6
Ebbe 34, C 4
Eberbach 17, F 3
Eberstadt (Darmstadt-) 15, F 3
Eberswalde 34, J 3
Ebolowa 132, E 4
Ebro 88, C 3
Ech Chéliff 88, D 4
Echternach 14, A 3
Eckernförde 34, E 1
Écrins 77, E 5
Ecuador 145, 1 H 9
Edam-Volendam 80, E 2
Ede 80, E 2
Eden 138, D/E 4
Edenkoben 17, E 3
Eder 34, E 4
Ederkopf 15, E 1
Edesheim 17, E 3
Edeyin Marzuq 132, E 2
Ediger-Eller 14, C 2
Edinburgh 76, C 3
Edingen-Neckarhausen 17, F 3
Edirne 90, D 3
Edith-Ronne-Land 167, 2 P/Q 1
Edjeleh 132, D 2
Edmonton 152, J 4
Edolo 84, G 4
Eduard VII.-Halbinsel 167, 2 L 2
Eemshaven (Eemsmond-) 80, F 1
Efate 139, F 2
Egelsbach 15, F 3
Eger (Fluss, Ohře) 35, J 5
Eger (Tschechische Republik, Cheb) 35, H 5
Eger (Ungarn) 83, G 4
Eggenstein-Leopoldshafen 17, E 3
Eglab 132, C 2
Eğirdirsee 90, E 4
Eguelshardt = Igelshard 16, C 3
Ehingen 35, E 7
Ehringshausen 15, E 1
Eich 15, E 3
Eichsfeld 34, F 4
Eichstätt 201, 3 C 2
Eider 34, E 1
Eiderstedt 34, D 1
Eifel 13, 2 A/B 1
Eifelkreis Bitburg-Prüm 27, 5
Eindhoven 80, E 3
Einhausen 17, F 2
Einödriegel 35, J 7
Einrich 15, D 2
Einsiedeln 84, E 3
Eirunepé 162, B/C 3
Eisack (Isarco) 85, H 4
Eisbach 17, E 2
Eisenach 34, F 4/5
Eisenberg 17, E 2
Eisenerz 85, L 3
Eisenerzer Alpen 85, L 3
Eisenhüttenstadt 34, K 3
Eisenstadt 85, N 3
Eiserfeld (Siegen-) 15, D/E 1
Eiskap = Kap Shelanija 94, G 2
Eitelborn 15, D 2
Eitorf 14, C 1
Ekibastus 94, H 4
El Araich (Larache) 88, B 5
El Arenal 88, D 4
El Eulma 88, E 5
El Paso 154, D 3
El Qenitra = Kenitra 88, B 5
El Salvador 145, 1 G 7
El Turbio 163, B 8
El-Aaiún 132, B 2
El-Alamein 133, F 1
Elat 133, G 2
Elâzığ 91, G 4
Elba 89, F 3
Elbasan 90, B/C 3
Elbbach 15, D 1
Elbe 82, E 3
Elbe-Havel-Kanal 34, H 3
Elbe-Lübeck-Kanal 34, F 2
Elbe-Seitenkanal 34, F 3
Elbing (Elbląg) 83, F 2
Elbląg = Elbing 83, F 2
Elbrus 91, H 3
Elbsandsteingebirge 34, J/K 5
Elburs 100, 1 D 4
Elche (Elx) 88, C 4
Elchesheim-Illingen 17, E 4
Eldikan 95, O 3
Eldoret 135, E 2
Elea (historischer Ort) 197, 2 D 2/3
Elektrostal 83, L 2
Eleuthera 155, G 4
El-Faiyum 133, F/G 2
El-Fasher 133, F 3
Elfenbeinküste 132, C 4
El-Geneina (Al Junaynah) 133, F 3
El-Golea 132, D 1
Elgon 135, E 2
Elisabethville = Lubumbashi 134, D 4
Elista 91, J 2
Ełk = Lyck 83, G 2
Elkenroth 15, D 1
El-Kharga 133, F/G 2
Ellerspring 15, D 3
Ellesmere-Insel 142, K 2 – L 1
Ellsworthland 167, 2 O 2
El-Mansura 133, G 1
El-Minya 133, F 2
Elmshorn 34, E 2
Elmstein 17, D 3
El-Obeid (Al Ubayyid) 133, F/G 3
El-Qahira = Kairo 133, G 2
Elsdorf 14, B 1
Elsene = Ixelles 80, D 4
Elsenz 17, F 3
Elstergebirge 35, H 5
Eltville 15, E 2
Eltz 14, C 2
Elx = Elche 88, C 4
Elz 15, E 2
Elzbach 14, C 2
Emba 94, F 5
Embrun 84, C 6
Emden 34, B/C 2
Emerald 138, D 3
Emi Koussi 132, E 2/3
Emilia-Romagna 84/85, F 6 – J 6
Emmeloord (Noordoostpolder-) 80, E 2
Emmelshausen 14, D 2
Emmen 80, F 2
Emmendingen 35, C 7
Emmental 84, D 3 – D 4
Emmerich 34, B 4
Emporion (historischer Ort) 197, 2 C 2
Ems 34, C 2
Ems-Jade-Kanal 34, C 2
Emsland 30, 1 B 2
Encarnacin 163, D 5
Enchenberg 16, C 3
Encounterbucht 138, C 4
Ende 114, E 4
Enderby-Land 167, 2 C 2
Engadin 84, F 4 – G 4
Engels 94, E 4
Engelskirchen 14, C 1
Enkenbach-Alsenborn 17, D 3
Enkhuizen 80, E 2
Enkirch 14, C 3
Ennedi 123, 3 H 5
Enns 85, L 2
Enns (Fluss) 85, L 3
Enschede 80, F 2
Ensdorf 16, B 3
Entenbühl 35, H 6
Enz 35, D 7
Epe 80, E 2
Épernay 80, C 5
Ephesos 90, D 4
Epidamnos (hist. Durrës) 197, 2 D 2
Épinal 84, C 2
Eppelborn 16, B 3
Eppelheim 17, F 3
Eppenbrunn 16, D 3
Eppertshausen 17, F 2
Eppstein 15, E 2
Er Rif 132, C 1
Erbach 17, F 2
Erbeskopf 14, C 3
Erciyas dăği 91, F 4
Erding 35, G 7
Erdinger Moos 35, G 7
Erechim 163, D 5
Ereğli 91, F 4
Erenhot 111, G 2
Eresburg 201, 3 C 2
Erft 14, B 1
Erftstadt 14, B 1
Erfurt 34, G 5
Erg Chech 123, 3 E 4
Erg Iguidi 123, 3 E 4
Ergene 90, D 3
Ergoldsbach 35, H 7
Erie 155, F 2
Eriesee 142, K 5
Eritrea 124, 1 G 4
Erlangen 35, F/G 6
Ermsdorf 14, A 3
Ernstberg 14, B 2
Eromanga 139, F 2
Er-Ribat = Rabat 132, C 1
Er-Rif 88, B 5
Erzgebirge 35, H 5 – J 5
Erzhausen 15, F 3
Erzincan 91, G 4
Erzurum 91, H 4
Esbjerg 75, B/C 6
Eschborn 15, F 2
Eschenburg 15, E 1
Eschkopf 17, D 3
Esch-sur-Alzette 80, E 5
Eschwege 34, E/F 4
Eschweiler 14, A 1
Eskilstuna 75, E 5
Eskişehir 90, E 4
Esla 88, B 3
Esmeraldas 162, B 2
Esperance 138, B 4
Espirito Santo 145, 1 M/N 10
Espiritu-Santo-Insel 139, F 2
Espoo 75, F/G 4
Esquel 163, B 7
Es-Sallum 133, F 1
Es-Semara 132, B 2
Essen 34, B/C 4
Essenheim 15, E 3
Esslingen 35, E 7
Esthal 17, D 3
Estland 58, 1 H 3
Estoril 88, A 4
Étang de Berre 84, B 7
Étaples 80, A 4
Etorofu (Iturup) 111, K 2
Etoschapfanne 134, C 4
Etsch (Adige) 84, G 4
Ettal (Kloster) 201, 3 C 3
Ettelbruck 14, A 3
Ettlingen 17, E 4
Ettringen 14, C 2
Euböa 90, C 4
Eucla 138, B 4
Eupen 14, A 1
Eupener Stausee14, A 1
Euphrat 100, 1 C/D 4
Eureka 153, M 2
Europa vorderer Buchinnendeckel, J – L 3
Europäisches Nordmeer 74, A 3 – E 2
Euskirchen 14, B 1
Eutin 34, F 1
Evansville 155, F 3
Everglades 155, F 4
Évora 88, B 4
Évrange = Ewringen 16, A 2/3
Ewringen (Évrange) 16, A 2/3
Exeter 76, B/C 4
Extremadura 88, B 4
Eyl 133, H 4
Eyresee 138, C 3

F

F.-D.-Roosevelt-Stausee 154, B/C 2
Fåborg 34, F 0
Fabriano 85, J 7
Fada 133, F 3
Faenza 85, H 6
Fairbanks 152, F 3
Faisalabad 110, C 3
Falkensee 34, H/J 3
Falkland-Inseln (Malwinen) 143, N 15
Falster 34, H 1
Falun 74, D 4
Famagusta (Ammochostos/Gazi Magusa) 91, F 5
Fano 85, K 7
Farafra 133, F 2
Farah 119, 3 E 2
Farasan-Inseln 119, 3 C 4
Farébersviller = Pfarrebersweiler 16, B 3
Fargo 154, E 2
Faro 88, B 4
Färöer 76, B 1
Farquhar 135, G 4
Farquhargruppe 135, G 3
Fas = Fès 132, C 1
Faxabucht 74, B 1
Faya 132, E 3
Fehmarn 34, F/G 1
Feilbingert 15, D 3
Feira de Santana 163, E/F 4
Feldbach 85, M 4
Feldberg 35, C 8
Feldkirch 84, F 3
Fell 14, B 3
Femundsee 74, C 4
Fenoarivo 135, F 4
Fergana 119, 3 F 1/2
Fermo 85, K 7
Fernando de Noronha 242, H/J 6
Fernwald 15, F 1
Ferrara 85, H 6
Fès (Fas) 132, C 1
Fessan 123, 3 G 4
Feuerland 143, M 15
Fianarantsoa 135, F 5
Fichtelberg 35, H 5
Fichtelgebirge 35, G 5 – H 6
Fidenza 84, F/G 6
Fidschi 243, S 6
Fidschi-Inseln 137, L/M 5
Fidschisee 139, G 3
Filchner-Schelfeis 167, 2 Q 2 – R 1

Filderstadt 35, D/E 7
Filyos Çayı 91, F 3
Finale Ligure 84, E 6
Finke 138, C 3
Finne 34, G 4
Finnische Seenplatte 57, 2 G 1
Finnischer Meerbusen 75, F 5 – G 5
Finnland 58, 1 H 2
Finnmark 74, F 2 – G 2
Finsteraarhorn 84, D/E 4
Finsterwalde 34, J 4
Firenze = Florenz 85, H 7
Firth of Clyde 76, B 3
Firth of Forth 76, C 2/3
Firth of Lorne 76, B 2
Fischbach (Kreis Birkenfeld) 14, C 3
Fischbach bei Dahn 17, D 3
Fischerhalbinsel 74, J 2
Fischt 91, G 3
Fishguard 76, B 3
Fitzroy Crossing 138, B 2
Fläming 34, H 3
Flammersfeld 14, C/D 1
Flandern 80, B 4
Flaxweiler 16, A 2
Flensburg 34, E 1
Fleurus 80, D 4
Flevoland 80, E 2
Flims 84, F 4
Flin Flon 152, K 4
Flinders 138, D 2
Flinderskette 138, C 4
Flint 155, F 2
Flonheim 15, D/E 3
Florenz (Firenze) 85, H 7
Flores 101, 1 H 6
Florianópolis 163, E 5
Florida (Bundesstaat) 144, 1 H 6
Florida (Landschaft) 142, K 6/7
Florida Keys 155, F/G 4
Floridastraße 142, K/L 7
Florø 74, B 4
Flörsheim 15, E 2
Flörsheim-Dalsheim 17, E 2
Fly 115, G 4
Foggia 89, G 3
Föhr 34, D 1
Föhren 14, B 3
Folkestone 76, D 4
Folschviller 16, B 3
Fontainebleau 77, D 4
Forbach 16, B 3
Forchheim 35, G 6
Forlì 85, J 6
Formentera 88, D 4
Formosa 163, D 5
Formosastraße 111, G 4
Forrest 138, B 4
Forsayth 138, D 2
Forst (Baden-Württemberg) 17, F 3
Forst (Brandenburg) 34, K 4
Fort Chimo = Kuujjuaq 153, O 4
Fort McMurray 152, J 4
Fort Nelson 152, H 4
Fort Reliance 152, K 3
Fort Simpson 152, H 3
Fort Worth 154, E 3
Fort Yukon 152, F 3
Fortaleza 163, F 3
Fort-de-France 155, H 5
Fortescue 138, A 3
Foshan 111, G 4
Fossano 84, D 6
Fos-sur-Mer 77, E 6
Fouhren 14, A 3
Fourmies 80, C 4
Fouta Djalon 132, B 3
Foxebecken 142, K/L 3
Framersheim 15, E 3
Franceville (Masuku) 134, C 3
Francistown 134, D 5
Frankenthal 17, E 2
Frankenwald 35, G 5
Frankfort 155, F 3
Frankfurt (Flughafen) 15, F 2
Frankfurt (Oder) 34, K 3
Frankfurt am Main 15, F 2
Fränkisch Crumbach 17, F 2
Fränkische Alb 35, F 7 – G 6
Fränkische Saale 35, E/F 5
Fränkische Schweiz 35, G 6
Frankreich 58, 1 E/F 4
Franz-Josef-Land 100, 1 D/E 1
Französische Kalkalpen 84, B 6 – B 7
Französischer Jura 84, B 5 – C 4
Französisches Tiefland 56, 2 D/E 3
Französisch-Guayana 145, 1 L 8
Französisch-Polynesien 242, B 6 – C 7
Fraser 142, F 4/5
Fraser-Insel 138, E 3
Frechen 14, B 1
Freckenfeld 17, E 3
Fredericton 155, H 2
Frederikshavn 75, C 5
Fredrikstad 75, C 5
Freetown 124, 1 B 5
Freiberg 34, J 5
Freiberger Mulde 34, J 4
Freiburg (Schweiz, Fribourg) 84, D 4
Freiburg im Breisgau 35, C 7/8
Freinsheim 17, E 2
Freisen 16, C 2
Freising 35, G 7
Freistadt 85, L 2
Freital 34, J 5
Fréjus 84, C 7
Fremantle 138, A 4
Fresno 154, B/C 3
Freudenberg 15, D 1
Freudenburg 16, B 2
Freudenstadt 35, D 7
Friaul 85, J/K 4
Fribourg = Freiburg (Schweiz) 84, D 4
Friedberg (Hessen) 15, F 2
Friedberg (Kreis Aichach-Friedberg) 35, F/G 7
Friedrichsdorf 15, F 2
Friedrichshafen 35, E 8
Friedrichsthal 16, C 3
Friesenhagen 15, D 1
Friesland 80, E 2
Frisange 16, A 2
Fritzlar 201, 3 C 2
Frobisher Bay = Iqaluit 153, O 3
Fromesee 138, C/D 4
Fronhausen 15, F 1
Fuchs-Inseln 152, C/D 4
Fuchskauten 15, E 1
Fuerteventura 132, B 2
Fujisan 101, 1 H 4
Fukuoka 111, H/J 3
Fulda 34, E 5
Fulda (Fluss) 34, E 5
Funafuti 243, S 6
Funafuti-Atoll 139, G 1
Funchal 132, B 1
Fünen 75, C 6
Fürfeld 15, D 3
Furkapass 84, E 4
Furneaux-Gruppe 138, D 5
Fürstenberg 34, J 2
Fürstenfeld 85, M/N 3
Fürstenfeldbruck 35, F/G 7
Fürstenwalde 34, K 3
Fürth (Franken) 35, F/G 6
Fürth (Odenwald) 17, F 2
Furth im Wald 35, H 6
Fushun 111, H 2
Füssen 35, F 8
Futapass 85, H 6
Futuna 139, H 2
Fuxin 111, H 2
Fuzhou 111, G 4

G

Gaalkacyo 133, H 4
Gabis 132, D 1
Gaborone 124, 1 F 8
Gabun 124, 1 E 6
Gades (hist. Cádiz) 197, 2 B 3
Gafsa 132, D 1
Gail 85, K 4
Gailtaler Alpen 85, J/K 4
Gainesville 155, F 4
Gairdnersee 138, C 4
Galana 135, E 3
Galápagos-Inseln 143, K 10
Galați 83, H/J 4
Galdhøpiggen 74, B 4
Galicien 88, A/B 3
Galizien 83, G 3
Gallarate 84, E 5
Gällivare 74, F 3
Galway 76, A 3
Gambia 124, 1 A/B 4
Gambia (Fluss) 132, B 3
Gäncä 91, J 3
Gandajika 134, D 3
Gandersheim (Kloster) 201, 3 C 2
Gandia 88, C 4
Ganges 100, 1 F 4
Gangesdelta 110, D/E 4
Gangtok 110, D 4
Gannett Peak 142, H 5
Ganzhou 111, G 4
Gao 132, C/D 3
Gap 84, C 6
Gar 110, D 3
Gardasee 84, G 5
Gardelegen 34, G 3
Gargano 89, G/H 3
Garmisch-Partenkirchen 35, G 8
Garonne 77, D 5
Garoowe 133, H 4
Garoua 132, E 4
Garzê 110, E/F 3
Gascogne 77, C 5 – D 6
Gascoyne 138, A 3
Gatschina 75, H 5
Gau-Algesheim 15, D/E 3
Gau-Bickelheim 15, E 3
Gäuboden 35, H 7
Gau-Odernheim 15, E 3
Gaußberg 167, 2 E 2
Gavdos 90, D 5
Gävle 74, E 4
Gaya 132, D 3
Gaza 119, 3 B 2
Gaziantep 91, G 4
Gdańsk = Danzig 82, F 2
Gdingen (Gdynia) 82, F 2
Gdynia = Gdingen 82, F 2
Gebhardshain 15, D 1
Gedaref 133, G 3
Gediz 90, E 4
Gedser (Guldborgsund-) 34, G 1
Geelong 138, D 4
Geesthacht 34, F 2
Geiersberg 35, E 6
Geiranger 74, B 4
Geisenheim 15, D 3
Geislingen 35, E 7
Gelbach 15, D 2
Gelbes Meer 101, 1 H 4
Gelderland 80, E 2
Gelnhausen 35, D/E 5
Gelsenkirchen 34, B/C 4
Gemena 134, C 2
Gemona 85, K 4
Gemünden (Rhein-Hunsrück-Kreis) 14, C 3
Gemünden (Wohra) 15, F 1
Gemünden am Main 35, E 5
General Santos 114, E 3
Genève = Genf 84, B/C 4
Genf (Genève) 84, B/C 4
Genfer See 84, C 4
Genil 88, B 4
Genk 80, E 4
Genova = Genua 84, E 6
Gensingen 15, D 3
Gent 80, C 3
Genthin 34, H 3
Genua (Genova) 84, E 6
Georg V.-Küste 167, 2 H 2
George 134, D 6
George Town (Australien) 138, D 5
George Town (Malaysia) 114, B/C 3
Georgetown 145, 1 L 8
Georgia 144, 1 H 5
Georgien 102, 1 D 2
Georgina 138, C 3
Gera 34, H 5
Geraldton 138, A 3
Germering 35, G 7
Germersheim 17, E 3
Gernsheim 15, E/F 3
Gerolstein 14, B 2
Gersheim 16, C 3
Gersthofen 35, F 7
Gêrzê 110, D 3
Gesäuse 85, L 3
Gesellschaftsinseln 137, N 5/6
Getafe 88, B/C 3
Gezira 133, G 3
Ghadamis 132, D 1
Ghana 124, 1 C/D 5
Ghanzi 134, D 5
Ghardaia 132, D 1
Ghat 132, E 2
Ghazni 119, 3 E 2
Gibraltar 88, B 4
Gibsonwüste 138, B 3
Gießen 15, F 1
Gifhorn 34, F 3
Gijón 88, B 3
Gilbert-Inseln 136, L 4/5
Gilgit 110, C 3
Gillenfeld 14, B 2
Gimbsheim 15, E 3
Ginsheim-Gustavsburg 15, E 3
Girona 88, D 3
Gisborne 139, G 4
Gishiga 95, R 3
Gisors 80, A 5
Giurgiu 83, H 5
Givet 80, D 4
Gizeh 133, F/G 2
Gjamysch 91, J 3
Gjøvik 74, C 4
Gjumri 91, H 3
Gladenbach 15, F 1
Gladstone 138, E 3
Glan 15, D 3
Glan-Münchweiler 16, C 3
Glarner Alpen 84, E 4 – F 4
Glärnisch 84, E 4
Glarus 84, F 3
Glasgow 76, B 3
Glauchau 34, H 5
Gleinalpe 85, M 3
Gleiwitz 83, F 3
Glittertind 74, C 4
Glogau (Głogów) 82, E/F 3
Gloggnitz 85, M 3
Głogów = Glogau 82, E/F 3
Glømma 74, C 4
Gmünd 85, L 2
Gmunden 85, K 3
Gnesen (Gniezno) 201, 3 E 1
Goba 133, H 4
Gobabis 134, C 5
Gobi 100, 1 F/G 3
Gobi-Altai 110, E/F 2
Godavari 110, C 5
Godhavn = Qeqertarsuaq 153, P 3
Godorf (Köln-) 14, B 1
Godthåb = Nuuk 153, P 3
Godwin Austen (K2) 100, 1 E/F 4
Goes 80, C 3
Goetzenbruck = Götzenbrück 16, C 4
Göhrde 34, F 2
Goiânia 163, D/E 4
Goiás 145, 1 L/M 10
Göksu 91, F 4
Gold Coast 138, E 3
Goldene Aue 34, F 4 – G 4
Goldküste 132, C/D 4
Goldstrand = Zlatni Pjasâci 90, E 3
Goldsworthy 138, A 3
Goleniów = Gollnow 34, K 2
Golf von Aden 100, 1 D 5
Golf von Alaska 142, D 4
Golf von Antalya 91, E 4
Golf von Bengalen 100, 1 F 5
Golf von Biscaya 77, B/C 5
Golf von Cádiz 88, B 4
Golf von Campeche 155, E 4
Golf von Darién 155, G 6
Golf von Gabis 89, F 5
Golf von Genua 84, E 7 – F 7
Golf von Guinea 123, 3 F 6
Golf von İskenderun 91, F/G 4
Golf von Kalifornien 142, G 6 – H 7
Golf von Khambhat 110, C 4
Golf von Kutch 110, B 4
Golf von Mannar 110, C 6
Golf von Mexiko 142, J/K 7
Golf von Oman 100, 1 D/E 4
Golf von Panamá 155, G 6
Golf von Suez 133, G 2
Golf von Tarent 89, H 4
Golf von Thailand 100, 1 G 5
Golf von Tonkin 114, C 1/2
Golf von Triest 85, K 5
Golfküstenebene 142, J 7 – K 6
Goljam Perelik 90, D 3
Göllheim 17, E 2
Gollnow (Goleniów) 34, K 2
Golmud 110, E 3
Gombe 132, E 3/4
Gommersheim 17, E 3
Gondelsheim 17, F 3
Gonder 133, G 3
Gondershausen 14, C 2
Gongga Shan 100, 1 F/G 4
Gönnheim 17, E 3
Goose Bay 153, O 4
Göppingen 35, E 7
Gorakhpur 110, D 4
Gordion (historischer Ort) 197, 2 F 3
Gore 133, G 4
Gorgona 84, F 7
Gorinchem 80, D 3
Gorizia 85, K 5
Gorjanci 85, M 5
Görlitz (Zgorzelec) 34, K 4
Gorno-Altaisk 94, J 4
Gorontalo 114, E 3
Gorze 201, 3 B 2
Gorzów Wielkopolski = Landsberg 82, E 2
Gosford-Woy Woy 138, E 4
Goslar 34, F 4
Gospić 85, M 6
Götaälv 75, D 5
Götakanal 75, C/D 5
Götaland 75, D 5
Göteborg 75, C/D 5
Gotha 34, F 5
Gotland 75, E 5
Göttingen 34, E 4
Götzenbrück (Goetzenbruck) 16, C 4
Gouda 80, D 3
Gough-Insel 242, J 8
Goulburn 138, D 4
Gournay-en-Bray 80, A 5
Governador Valadares 163, E 4
Graben-Neudorf 17, E 3
Grabfeld 35, F 5
Grado 85, K 5
Grafschaft 14, C 1
Grahamland 167, 2 P/Q 2
Grahamstown 134, D 6
Grajische Alpen 84, C 5 – D 5
Grampian Mountains 76, B/C 2
Gran Canaria 132, B 2
Gran Chaco 143, M 12 – N 11
Gran Paradiso 84, D 5
Gran Sasso d'Italia 89, G 3
Granada 88, C 4
Grand Bahama 155, G 4
Grand Canyon 142, G 6
Grande Chartreuse 84, B 5
Grande Rivière de la Baleine 153, N 4
Grande-Synthe 80, A 3
Grasellenbach 17, F 2
Grasse 84, C 7
Graudenz (Grudziądz) 83, F 2
Grävenwiesbach 15, E 2
Gray 84, B 3
Graz 85, M 3
Great Abaco 155, G 4
Great Barrier Reef 138, D 2 – E 3
Great Dividing Range 138, D 2 – D 4
Great Plains 142, H 5 – J 6
Great Yarmouth 76, D 3
Greensboro 155, G 3
Greenvale 138, D 2
Greenville 132, B 4
Greenwich 76, D 4
Greifenhagen (Gryfino) 34, K 2
Greifenstein 15, E 1
Greifswald 34, J 1
Greimerath 14, B 2
Greiz 34, H 5
Grenada 145, 1 K/L 7
Grenoble 84, B 5
Greven 34, C 3
Grevenmacher 16, A 2
Greymouth 139, F/G 5
Griechenland 58, 1 H 5
Griesheim 15, F 3
Griffith 138, D 4
Grimsby 76, C 3
Grimselpass 84, E 4
Grímsey 74, C 1
Grindelwald 84, D 4
Grona 201, 3 C 2
Gronau 34, B/C 3
Groningen 80, F 1
Grönland 142, O 3 – P 2
Grönlandsee 142, R 2
Groot Winterhoek 134, C 6
Groote Eylandt 138, C 2
Grootfontein 134, C 4
Grosne 84, A 4
Grosnyj 91, J 3
Groß Tänchen (Grostenquin) 16, B 4
Groß-Bieberau 17, F 2
Großbritannien 58, 1 E/F 3
Große Antillen 142/143, K 7 – M 8
Große Arabische Wüste 100, 1 D 4/5
Große Australische Bucht 136, J 6
Große Bahamabank 155, G 4
Große Ebene 101, 1 G 4
Große Mauer 111, F 3
Große Salzwüste 119, 3 D 2
Große Sandwüste (Afrika) 123, 3 F/G 3
Große Sandwüste (Australien) 138, B 3
Große Sunda-Inseln 101, 1 G/H 6
Große Syrte 123, 3 G 3
Große Victoriawüste 138, B/C 3
Großer Aralsee 94, F 5
Großer Arber 35, H/J 6
Großer Bärensee 142, G 3
Großer Beerberg 34, F 5
Großer Belchen 84, D 3
Großer Chingan 101, 1 G/H 3
Großer Feldberg 15, E 2
Großer Geysir 74, B 1
Großer Inselsberg 34, F 5
Großer Kanal (Yunhe) 111, G 3
Großer Peilstein 85, M 2
Großer Priel 85, K/L 3
Großer Rachel 35, J 7
Großer Salzsee 142, G/H 5
Großer Sankt Bernhard 84, D 5
Großer Sklavensee 142, G 3
Großer Zab 91, H/J 4
Großes Becken 142, G 5/6
Grosseto 89, F 3
Groß-Gerau 15, E 3
Großglockner 85, J 3
Großlittgen 14, B 2
Großmaischeid 15, D 1/2
Groß-Namaland 134, C 5
Groß-Rohrheim 15, E 3
Großrosseln 16, B 3
Groß-Simbabwe 135, E 5
Großvenediger 85, J 3
Großwardein (Oradea) 83, G 4
Groß-Zimmern 17, F 2
Grostenquin = Groß Tänchen 16, B 4
Grudziądz = Graudenz 83, F 2
Grünberg (Zielona Góra) 82, E 3
Grüner Fluss = Yeşilırmak 91, F/G 3
Grünstadt 17, E 2
Grünwald 35, G 7
Gryfino = Greifenhagen 34, K 2
Guadalajara (Mexiko) 154, D 4
Guadalajara (Spanien) 88, C 3
Guadalquivir 88, B 4
Guadalupe 142, F/G 7
Guadeloupe 143, M/N 8
Guadiana 88, B 4
Guallatiri 163, C 4
Guam 115, G 2
Guanare 162, C 2
Guangdong 111, G 4
Guangzhou = Kanton 111, G 4
Guantánamo 155, G 4
Guaporé 162, C 4
Guarda 88, B 3
Guarulhos 163, E 5
Guatemala 144, 1 G 7
Guatemala-Stadt 145, 1 G 7
Guaviare 143, L 9
Guayaquil 162, B 3
Gubbio 85, J 7
Guben (Deutschland) 34, K 4
Guben (Polen, Gubin) 34, K 4
Gubin = Guben (Polen) 34, K 4
Gudbrandsdal 74, C 4
Gudermes 91, J 3
Guénange = Niederginingen 16, A 3
Guernsey 77, C 4
Guinea 124, 1 B/C 4
Guinea-Bissau 124, 1 A/B 4
Guise 80, C 5
Guiyang 111, F 4
Gujranwala 110, C 3
Gulbarga 110, C 5
Guldenbach 15, D 3
Guldental 15, D 3
Gulu 135, E 2
Gummersbach 34, C 4
Gundersheim 17, E 2
Gundershofen (Gundershoffen) 16, D 4
Gundershoffen = Gundershofen 16, D 4
Gunnbjörnfjeld 153, S 3
Guntersblum 15, E 3
Guntur 110, C/D 5
Gunung Slamet 114, C 4
Gurk (Dom, Österreich) 85, L 4
Gurk (Fluss, Österreich) 85, L 4
Gurk (Fluss, Slowenien) 85, L 5
Gurktaler Alpen 85, K 4 – L 3
Gusenburg 16, B 2
Güssing 85, N 3
Gusterath 16, B 2
Güstrow 34, H 2
Gütersloh 34, D 4
Gutland 13, 2 A 2
Guwahati 110, E 4
Guyana 145, 1 K/L 8
Gwalior 110, C 4
Gwangju 111, H 3
Gweru 135, D/E 4
Gyda 94, H 2
Gymnich 14, B 1
Györ = Raab 82, F 4

H

Ha'apai 139, H 2
Haar 34, C/D 4
Haardt 13, 2 B 2
Haardtkopf 14, C 3
Haarlem 80, D 2
Haarlemmermeer 80, D 2
Hachenburg 15, D 1
Hadamar 15, E 2
Hadeln 34, D/E 2
Hadramaut 100, 1 D 5
Hadrumetum (hist. Sousse) 197, 2 C/D 3
Hafar al-Batin 119, 3 C 3
Haffner Bjerg 153, O 2
Hagåtña 115, G 2
Hagen 34, C 4
Hagenau (Haguenau) 84, D 2
Hagenbach 17, E 3
Hagendingen (Hagondange) 16, A 3
Hagondange = Hagendingen 16, A 3
Haguenau = Hagenau 84, D 2
Hahn 14, C 3
Hahn (Flughafen) 14, C 3
Hahnstätten 15, D/E 2
Haifa 119, 3 B 2
Haiger 15, E 1
Ha'il 119, 3 C 3
Hailar 111, G 2
Hailuoto 74, G 3
Hainan 101, 1 G 5
Hainbach 17, E 3
Hainich 34, F 4
Hainleite 34, F 4
Haiphong 114, C 1
Haithabu 201, 3 C 1
Haiti 144, 1 J 7
Hakodate 111, K 2
Halab = Aleppo 91, G 4
Halberstadt 34, G 4
Halbinsel Jamal 94, G 2
Halbinsel Kola 74, K 3
Halbinsel Malakka 114, B/C 3
Halbinsel Taitao 163, B 7
Halbinsel Valdés 163, C 7
Halbinsel Yucatán 155, F 5
Haldensleben 34, G 3
Haleb (hist. Aleppo) 197, 2 F 3
Halifax 153, O 5
Halikarnassos 90, D 4
Halle (Belgien) 80, D 4
Halle (Saale) 34, G/H 4
Hallertau 35, G 7
Halligen 34, D 1
Halls Creek 138, B 2
Hallstatt 197, 2 D 2
Halmahera 101, 1 H 5
Halmstad 75, C/D 5
Halsdorf (Halstroff) 16, A/B 3
Halsenbach 14, C/D 2
Halstroff = Halsdorf 16, A/B 3
Haltitunturi 74, F 2
Ham 80, C 5
Hama 91, G 5
Hamadan 119, 3 C 2
Hamamatsu 111, J 3
Hamar 74, C 4
Hambach 16, C 3
Hambacher Schloss 17, E 3
Hambrücken 17, F 3
Hamburg 34, E/F 2
Hamburg (Bundesland) 31, 2
Hämeenlinna 74, F/G 4
Hameln 34, E 3
Hamhung 111, H 2
Hami 110, E 2
Hamilton (Kanada) 153, M 5
Hamilton (Neuseeland) 139, G 4
Hamm (Nordrhein-Westfalen) 34, C 4
Hamm (Sieg) 15, D 1
Hammerfest 74, F 2
Han Jiang 111, G 3
Hanau 17, F 1
Handan 111, G 3
Hangö = Hanko 75, F 5
Hangzhou 111, G/H 3
Hanko (Hangö) 75, F 5
Hann. Münden 34, E 4
Hannover 34, E 3
Hanoi 102, 1 G 3
Han-sur-Nied 16, A 4
Hanviller = Hanweiler 16, C 3
Hanweiler (Hanviller) 16, C 3
Haparanda 74, F 3
Harar 133, H 4
Harare 124, 1 F/G 7

Harbin 111, H 2
Hardangerfjord 74, B 4
Hardangervidda 74, B 4
Hardenberg 80, F 2
Harderwijk 80, E 2
Hargesheim 15, D 3
Hargeysa 133, H 4
Haringvliet 80, C 3
Hari-Rud 119, 3 E 2
Harlingen 80, E 1
Härnösand 74, E 4
Harrisburg 155, G 2
Harşit 91, G 3
Harstad 74, E 2
Hartberg 85, M 3
Hartford 155, G 2
Harwich 76, D 4
Harz 34, F 4
Hase 34, C 3
Haßberge 35, F 5 – F 6
Hasselt 80, E 4
Hassi Messaoud 132, D 1
Haßloch 17, E 3
Hat Yai 114, C 3
Hatra 91, H 5
Hatten 17, D 4
Hattersheim 15, E/F 2
Hattert 15, D 1
Hattusa 91, F 3
Hatzenbühl 17, E 3
Hauenstein 17, D 3
Haugesund 75, B 5
Hausruck 85, K 2
Havanna 144, 1 H 6
Havel 34, J 2
Havelberg 201, 3 D 1
Havelland 34, H 3
Hawaii-Inseln 137, M/N 4
Hay River 152, J 3
Hazebrouck 80, B 4
Heard-Insel 136, F 7
Heddesheim 17, F 2
Hede 74, D 4
Hedschas 119, 3 B 3
Heerhugowaard 80, D 2
Heerlen 80, E 4
Hefei 111, G 3
Heffingen 14, A 3
Hegang 111, J 2
Hegau 35, D 8
Hegbach 15, E 3
Heide 34, E 1
Heidelberg 17, F 3
Heidenheim 35, F 7
Heidenrod 15, D 2
Heidesheim 15, E 2/3
Heidweiler 14, B 3
Heihe 111, H 1
Heilbronn 35, E 6
Heiligenblut 85, J 3
Heiligkreuzsteinach 17, F 3
Heimaey 74, B 2
Heimbach (Kreis Birkenfeld) 16, C 2
Heimbach (Kreis Düren) 14, A 1
Heinerscheid 14, A 2
Hekla 74, C 1
Helena 155, C 2
Helgeland 74, D 3
Helgoland 34, C 1
Hellenthal 14, A 2
Heller 15, E 1
Hellimer 16, B 4
Helmand 119, 3 E 2
Helmond 80, E 3
Helmstedt 34, F/G 3
Helpter Berge 34, J 2
Helsingborg 75, D 5
Helsingør 75, C/D 5
Helsinki 58, 1 H 2
Heltersberg 17, D 3
Hemeroskopeion (historischer Ort) 197, 2 B 3
Hemsbach 17, F 2
Hemsedalsfjella 74, B/C 4
Henan 111, G 3
Hengyang 111, G 4
Henneberg 197, 2 C 2
Hennef 14, C 1
Hennegau 80, C 4
Hennigsdorf 34, H/J 3
Heppenheim 17, F 2
Heraklion (Iraklion) 90, D 5
Herat 119, 3 E 2
Herborn 15, E 1
Herdorf 15, D 1
Herentals 80, D 3
Hermannsburg 138, C 3
Hermannstadt (Sibiu) 83, H 4
Hermersberg 16, D 3
Hermeskeil 16, B 2
Hermosillo 154, C 4
Herne 34, C 4
Herrstein 14, C 3
Herschbach 15, D 1
Herschweiler-Pettersheim 16, C 3
Hersfeld (Kloster) 201, 3 C 2
Herstal 80, E 4
Herxheim 17, E 3
Herzogenaurach 35, F 6
Herzogenrath 14, A 1
Hesdin 80, B 4
Hespérange 16, A 2
Hessen (Bundesland) 31, 2
Heßheim 17, E 2
Hessisches Bergland 30, 1 C 3
Hettenleidelheim 17, D/E 2
Hetzerath 14, B 3
Heuchelheim 15, F 1
Heusenstamm 15, F 2
Heusweiler 16, B 3
Hiddensee 34, H/J 1
High Willhays 76, B 4
Highlands 76, B/C 2
Hiiumaa = Dagö 75, F 5
Hildesheim 34, E 3
Hillesheim 14, B 2
Hillscheid 15, D 2
Hils 34, E 4
Hilversum 80, E 2
Himalaya 100, 1 E/F 4
Himmerod 14, B 2
Hims = Homs 91, G 5
Hindukusch 100, 1 E 4
Hindustan 100, 1 E/F 4
Hinterrhein 84, F 4
Hintertaunus 13, 2 B/C 1
Hinterweidenthal 17, D 3
Hippo Regius (hist. Annaba) 197, 2 C 3
Hirfanli-Stausee 91, F 4
Hiroshima 111, J 3
Hirsau (Kloster) 201, 3 C 2
Hirschberg 17, F 2/3
Hirson 80, D 5
Hirtshals 75, C 5
Hispaniola 142, L/M 7
Hobart 138, D 5
Hobyo 133, H 4
Hochalmspitze 85, K 3
Höcherberg 16, C 3
Hochgolling 85, K 3
Hochheim 15, E 2
Ho-Chi-Minh-Stadt (Saigon) 114, C 2
Hochland der Schotts 132, C/D 1
Hochland von Äthiopien 123, 3 J 5/6
Hochland von Bié 134, C 4
Hochland von Bolivien 143, M 11/12
Hochland von Iran 100, 1 D 4
Hochland von Mexiko 142, H 7
Hochland von Tibet 100, 1 F 4
Hochosterwitz 85, L 4
Hochschwab 85, M 3
Hochspeyer 17, D 3
Höchst (Frankfurt-) 15, F 2
Hochstadt (Pfalz) 17, E 3
Hochstetten-Dhaun 14, C/D 3
Hockenheim 17, F 3
Hoek van Holland (Rotterdam-) 80, C/D 3
Hof (Saale) 35, G 5
Hof (Westerwaldkreis) 15, E 1
Hofheim 15, E 2
Höfn 74, D 1
Hofsjökull 74, C 1
Hohe Acht 14, B/C 2
Hohe Derst 17, D 3
Hohe Eifel 13, 2 A/B 1
Hohe Tatra 83, F/G 3
Hohe Tauern 85, J 3
Hohe Warte 85, J 4
Hohe Wurzel 15, E 2
Hohenahr 15, F 1
Hohenloher Ebene 35, E 6 – F 6
Hohenstein 15, E 2
Hoher Atlas 132, C 1
Hoher Westerwald 13, 2 B/C 1
Hohes Venn 13, 2 A 1
Hohhot 111, G 2
Höhr-Grenzhausen 15, D 2
Hokkaido 101, 1 J 3
Holguín 155, G 4
Hollabrunn 85, M/N 2
Holland 80, D 3
Holmsund 74, F 4
Holsteinsborg = Sisimiut 153, P 3
Holyhead 76, B 3
Holzappel 15, D 2
Holzbach 15, D 1
Homberg 15, F 1
Hombourg-Haut = Oberhomburg 16, B 3
Homburg 16, C 3
Homel 83, J 2
Homs (Hims) 91, G 5
Honduras 144, 1 H 7
Hønefoss 74, C 4
Hongkong (Xianggang) 111, G 4
Honiara 243, S 6
Honshu 101, 1 J 4
Hoogeveen 80, F 2
Hoogezand-Sappemeer 80, F 1
Hoorn 80, E 2
Hoppstädten-Weiersbach 16, C 2
Horenj 83, H 3
Horhausen 14, C/D 1
Horn 85, M 2
Horn (Kap) 74, B 1
Hornbach 16, C 3
Hornisgrinde 35, D 7
Hoscheid 14, A 3
Hosingen 14, A 2
Hotan 110, C 3
Hotan (Fluss) 110, C/D 3
Hotazel 134, D 5
Houston 154, E 3/4
Hoverlja 83, G/H 3
Howland-Inseln 243, T 5
Höxter 34, E 4
Hoyerswerda 34, K 4
Hrodna 83, G 2
Huaibai 111, G 3
Huaihua 111, F 4
Huainan 111, G 3
Huaiyin 111, G 3
Huallaga 162, B 3
Huambo 134, C 4
Huancayo 162, B 4
Huang He 100, 1 G 4
Huangshi 111, G 3/4
Huánuco 162, B 3
Huascarán 143, K/L 10
Hubli-Dharwar 110, C 5
Hudiksvall 74, E 4
Hudson 155, G 2
Hudsonbai 142, K 3/4
Hudsonstraße 142, L/M 3
Hue 114, C 2
Huelva 88, B 4
Huesca 88, C 3
Hughenden 138, D 3
Hulun Nur 111, G 2
Humber 76, D 3
Hümmling 34, C 3
Humphreys Peak 154, C 3
Húnabucht 74, B 1
Hundsangen 15, D 2
Hünfelden 15, E 2
Hungersteppe = Betpak-Dala 94, G/H 5
Hungnam 111, H 3
Hunspach 17, D 4
Hunsrück 13, 2 A 2–B 1
Hünstetten 15, E 2
Hunte 34, D 2/3
Hurghada 133, G 2
Huronsee 142, K 5
Hürtgenwald 14, A 1
Hürth 14, B 1
Husum 34, E 1
Hütschenhausen 16, C 3
Hüttenberg 15, F 1
Hvannadalshnúkur 74, C 1
Hvar 85, N 7
Hwange 134, D 4
Hyderabad (Indien) 110, C 5
Hyderabad (Pakistan) 110, B 4
Hyères 84, C 7
Hyesan 111, H 2

I

Ialomiţa 83, H 4
Iaşi 83, H 4
Ibadan 132, D 4
Ibagué 162, B 2
Ibarra 162, B 2
Ibbenbüren 34, C 3
Iberisches Randgebirge 88, C 3
Ibicuy 163, D 6
Ibiza 88, D 4
Ibri 119, 3 D 3
Ibu 114, E 3
Ica 162, B 4
Içá 162, C 3
İçel = Mersin 91, F 4
Ida 90, D 5
Idaho 144, 1 E 4
Idarkopf 14, C 3
Idar-Oberstein 14, C 3
Idarwald 13, 2 B 2
Idfu 133, G 2
Idhan Awbari 132, E 2
Idlib 91, G 5
Idria = Idrija 85, L 5
Idrija (Idria) 85, L 5
Idrijca 85, K 4
Idrosee 84, G 5
Idstein 15, E 2
Ieper = Ypern 80, B 4
Iférouane 132, D 3
Iftesene 132, D 2
Igel 14, B 3
Igelshard (Eguelshardt) 16, C 3
Iguaçu 143, N 12
Iguaçufälle 163, D 5
Iguatu 163, E/F 3
Ihna 34, K 2
Iisalmi 74, G 4
IJsselmeer 80, E 2
Ilbesheim 17, E 2
Île de France 80, A 5
Ilebo 134, D 3
Ilhéus 163, F 4
Ili 110, D 2
Iliamna 152, E 3
Ilısu-Stausee 91, H 4
Ill (Elsass) 84, D 2
Ill (Vorarlberg) 84, F 3
Illampu 162, C 4
Iller 35, F 8
Illimani 162, C 4
Illingen 16, C 3
Illinois 144, 1 G/H 5
Ilmenau 34, F 5
Ilmensee 75, H 5
Iloilo 114, E 2
Ilorin 132, D 4
Ilvesheim 17, F 3
Imandrasee 74, H/J 3
Imatra 74, H 4
Imbros = İmros 90, D 3
Imola 85, H 6
Imperatriz 163, E 3
Imperia 84, E 7
Imphal 110, E 4
İmros (Imbros) 90, D 3
Imsbach 17, D 2
In Salah 132, D 2
Inagua-Inseln 155, G 4
Inari 74, G 2
Inarisee 74, G 2
Incheon 111, H 3
Inde 14, A 1
Inden 14, A 1
Indiana 144, 1 H 4
Indianapolis 155, F 3
Indien 136, F/G 3
Indien (Staat) 102, 1 E/F 3
Indigirka 95, P 3
Indischer Ozean 136, E 5 – G 5
Indonesien 102, 1 G/H 5
Indore 110, C 4
Indus 100, 1 E 4
İnegöl 90, E 3
Ingelheim 15, E 3
Ingolstadt 35, G 7
Ingweiler (Ingwiller) 16, C 4
Ingwiller = Ingweiler 16, C 4
Inhul 83, K 4
Inírida 162, C 2
Inn 85, H 3
Innere Hebriden 76, B 2
Innerer Taurus 91, G/H 4
Innisfail 138, D 2
Innsbruck 85, H 3
Innviertel 85, K 2
Inongo 134, C 3
Insel Marajó 163, D/E 3
Inseln über dem Winde 155, H/J 5
Inseln unter dem Winde 155, H 5
Insheim 17, E 3
Interlaken 84, D 4
Inukjuak 153, M 4
Inuvik 152, G 3
Invercargill 139, F 5
Inverness 76, B 2
Inyangani 135, E 4
Ioannina 90, C 4
Ionische Inseln 90, B/C 4
Ionisches Meer 90, B 4
Iowa 144, 1 G 4
Ipatinga 163, E 4
Ipoh 114, C 3
Ipswich 76, D 3
Iqaluit (Frobisher Bay) 153, N/O 3
Iquique 163, B 5
Iquitos 162, B 3
Irak 102, 1 D 3
Iraklion = Heraklion 90, D 5
Iran 102, 1 D 3
Irawadi 100, 1 F 4
Irbil 91, H/J 4
Irian Jaya = Papua 115, F/G 4
Iringa 135, E 3
Iriri 163, D 3
Irische See 76, B 3
Irkutsk 95, L 4
Irland 58, 1 E 3
Iron Knob 138, C 4
Iron Range 138, D 2
Irrel 14, A 3
Irsch 16, B 2
Irtysch 100, 1 E 3
Iruña = Pamplona 88, C 3
Isafjord 74, B 1
Ísafjörður 74, B 1
Isar 35, G 8
Isarco = Eisack 85, H 4
Ischgl 84, G 3
Ischia 89, G 3
Ischim 94, G 4
Ischim (Fluss) 94, G 4
Isenach 17, E 3
Iseo 84, G 5
Iseosee 84, G 5
Isère 84, C 5
Iserlohn 34, C 4
Isfahan 119, 3 D 2
Isfjord 166, 1 J 1
Ishewsk 94, F 4
Isiro 134, D 2
Iskâr 90, C 3
İskenderun 91, G 4
Islamabad 102, 1 E 3
Island 58, 1 C/D 2
Islek 13, 2 A 1
Ismailia 133, G 1
Ismaning 35, G 7
Isonzo (Soča) 85, K 4/5
Isparta 90, E 4
Ispringen 17, F 4
Israel 102, 1 C 3
Issyk-Kul 94, H 5
İstanbul 90, E 3
Isthmus von Kra 100, 1 F 5
Isthmus von Panamá 155, G 5/6
Isthmus von Tehuantepec 154, E 5
Istrien 85, K/L 5
Itaipú-Stausee 163, D 5
Italien 58, 1 G 4
Itambé 163, E 4
Ith 34, E 3
Itschinskaja Sopka 95, Q 4
Ittersbach (Karlsbad-) 17, E/F 4
Ittlingen 17, F 3
Ittoqqortoormiit (Scoresbysund) 153, S 2
Itumbiara 163, D/E 4
Iturup = Etorofu 95, P 5
Itzehoe 34, E 2
Iuvavum (hist. Salzburg) 199, 3 E 5
Ivanhoe 138, D 4
Ivanšćica 85, N 4
Ivois 201, 3 B 2
Ivrea 84, D 5
Iwano-Frankiwsk 83, G/H 3
Iwdel 94, G 3
Ixelles (Elsene) 80, D 4
İzmir 90, D 4
İzmit 90, E 3

J

Jabal Abu Rujmayn 91, G 5
Jabal al-Uwaynat 123, 3 H 4
Jabal Marra 123, 3 H 5
Jabal Nafusah 132, E 1
Jabal Ngaja 133, F 4
Jabalpur 110, C/D 4
Jablonezkyj-Pass 83, G 3
Jablonowyjgebirge 100, 1 G 3
Jackson 155, E 3
Jacksonville 155, F 3
Jadebusen 34, D 2
Jadotville = Likasi 134, D 4
Jaén 88, B/C 4
Jaffna 110, C/D 6
Jagst 35, E 6
Jahrom 119, 3 D 3
Jaipur 110, C 4
Jakarta 102, 1 G 5
Jakutien 95, M 3 – Q 3
Jakutsk 95, N 3
Jalu 111, H 2
Jamaika (Insel) 143, L 8
Jamaika (Staat) 144, 1 H/J 7
Jamantau 94, F 4
Jambi 114, C 4
Jamesbai 153, M 4
Jammu 110, C 3
Jammu und Kaschmir (Landschaft) 110, C 3
Jamnagar 110, B 4
Jamshedpur 110, D 4
Jamsk 95, Q 4
Jämtland 74, D 4 – J 4
Jan Mayen 142, S/T 2
Jana 95, O 3
Jangtsekiang 100, 1 G 4
Japan 102, 1 H 3
Japanisches Meer (Ostmeer) 101, 1 H 3/4
Japurá 143, M 10
Jari 163, D 3
Jaroslawl 94, D 4
Jarvis-Insel 242, A 5
Jaunde 124, 1 E 5
Java 136, H 5
Javasee 114, C 4
Jawhar 133, H 4
Jayapura 115, F/G 4
Jebel Oda 133, G 2
Jefferson City 155, E 3
Jegorlyk 91, H 2
Jeja 91, G 2
Jekaterinburg 94, F/G 4
Jelgava 75, F 5
Jemen 102, 1 D 4
Jena 34, G 5
Jenissej 100, 1 F 2
Jenissejberge 94, K 3/4
Jenissejsk 94, J/K 4
Jeonju 111, H 3
Jequié 163, E/F 4
Jerbogatschon 95, L 3
Jerewan 102, 1 D 3
Jersey 77, C 4
Jerusalem 102, 1 C 3
Jesenice 85, K/L 4
Jesi 85, K 7
Jeutz (Yutz) 16, A 3
Jiagedagi 111, H 1/2
Jiamusi 111, H/J 2
Jiaozuo 111, G 3
Jiaxing 111, H 3
Jiayuguan 110, E 3
Jiddah 119, 3 B 3
Jilin 111, H 2
Jimeta 132, E 4
Jimma 133, G 4
Jinan 111, G 3
Jingdezhen 111, G 4
Jining (Innere Mongolei) 111, G 2
Jinja 135, E 2
Jinzhou 111, G/H 2
Ji-Paraná 162, C 4
Jiu 83, G 4
Jizan 119, 3 C 4
João Pessoa 163, F 3
Jockgrim 17, E 3
Jodhpur 110, C 4
Joensuu 74, H 4
Johannesburg 134/135, D/E 5
Johnston-Insel 243, T 5
Johor Bahru 114, C 3
Joinville 163, E 5
Jökulsá á Fjöllum 74, C 1
Jolo 114, E 3
Jomsburg (historischer Ort) 201, 3 D 1
Jönköping 75, D 5
Jordanien 102, 1 C/D 3
Jos 132, D 3/4
Jostedalsbre 74, B 4
Jotunheimen 74, B 4 – C 4
Juan-Fernández-Inseln 143, K/L 13
Juazeiro 163, E 3
Juba 133, G 4
Jubba 133, H 4
Júcar 88, C 4
Jufrah-Oasen 132, E 2
Juist 34, B 2
Juiz de Fora 163, E 5
Juliaca 162, B 4
Julianehåb = Qatortoq 153, Q 3
Jülich 14, A 1
Jülicher Börde 13, 2 A 1
Julierpass 84, F 4
Julische Alpen 85, K 4
Juneau 152, G 4
Jungfrau 84, D 4
Junglinster 14, A 3
Jünkerath 14, B 2
Jura 77, E 5
Juruá 162, B 3
Juruena 162, D 4
Jururá 143, M 10
Juschkosero 74, H/J 3
Jushno-Sachalinsk 111, J/K 2
Jutaí 162, C 3
Jüterbog 201, 3 D 1
Jütland 75, C 5
Jyväskylä 74, G 4

K

K2 = Godwin Austen 110, C 3
Kabalo 134, D 3
Kabinda 134, D 3
Kabul 102, 1 E 3
Kabwe 134, D 4
Kaçkar 91, H 3
Kaduna 132, D 3
Kaduqli 133, F 3
Kaédi 132, B 3
Kafue 134, D 4
Kagera 135, E 3
Kagoshima 111, J 3
Kahler Asten 34, D 4
Kahramanmaraş 91, F/G 4
Kaifeng 111, G 3
Kailas 110, D 3
Kaimana 115, F 4
Kainach 85, M 4
Kainji-Stausee 132, D 3/4
Kainuunselkä 74, G 3 – H 3
Kairo (Al-Qahira) 124, 1 F 2 – G 3
Kairouan 89, F 5
Kaisersesch 14, C 2
Kaiserslautern 17, D 3
Kaiserstuhl 35, C 7
Kaiserswerth 201, 3 B 2
Kaiyuan 110, F 4
Kajaani 74, G 3
Kalabrien 89, H 4
Kalahari 134, D 5
Kalaharibecken 123, 3 H 8/9
Kalakan 95, M 4
Kalamata 90, C 4
Kalansho-Serir 133, F 2
Kalaus 91, H 2
Kalgoorlie 138, B 4
Kalifornien (California) 144, 1 D/E 5
Kaliningrad = Königsberg 83, F/G 2
Kalisch (Kalisz) 82, F 3
Kalisz = Kalisch 82, F 3
Kalkutta (Kolkata) 110, D 4
Kall 14, B 1
Kallasee 74, G/H 4
Kallstadt 17, E 3
Kalmar 75, D/E 5
Kalmit 17, E 3
Kaluga 83, L 2
Kama 94, F 4
Kamastausee 94, F 4
Kambodscha 102, 1 G 4
Kamensk-Uralski 94, G 4
Kamenz 34, J/K 4
Kamerun 124, 1 E 5
Kamerunberg 123, 3 F/G 6
Kamina 134, D 3
Kamp 85, M 2
Kampala 124, 1 G 5
Kampen 80, E 2
Kämpfelbach 17, F 4
Kamtschatka 101, 1 J/K 3
Kanada 144, 1 G/H 3
Kanadischer Archipel 152, H 2 – M 2
Kanadischer Schild 142, H 3 – M 4
Kanal von Burgund 84, A 3
Kanalinseln 77, C 4
Kananga 134, D 3
Kanarische Inseln 123, 3 D 4
Kanazawa 111, J 3
Kandahar 119, 3 E 2
Kandalakscha 74, H/J 3
Kandalakschabucht 74, J 3
Kandavu 139, G 2
Kandel 17, E 3
Kandi 132, D 3
Kangean-Inseln 114, D 4
Känguru-Insel 138, C 4
Kanin-Halbinsel 94, E 3
Kankan 132, C 4
Kannenbäckerland 13, 2 B 1
Kano 132, D 3
Kanpur 110, C/D 4
Kansas 144, 1 F/G 5
Kansas City 155, E 3
Kantabrisches Gebirge 88, B/C 3
Kanton (Guangzhou) 111, G 4
Kaohsiung 111, G 4
Kaolack 132, B 3
Kap Adare 167, 2 J 2
Kap Agulhas (Nadelkap) 123, 3 G/H 10
Kap Akritas 90, C 4
Kap Alewin 95, Q 4
Kap Anamur 91, F 4/5

Kap Andreas 91, F 5
Kap Ann 167, 2 C 2
Kap Arid 138, B 4
Kap Arkona 34, J 1
Kap Baba 90, D 4
Kap Barrow 142, C 2
Kap Bathurst 152, G 2
Kap Blanc (Mauretanien) 132, B 2
Kap Blanc (Tunesien) 132, D 1
Kap Bon 132, E 1
Kap Branco 143, P 10
Kap Breton 153, P 5
Kap Breton-Insel 153, O/P 5
Kap Byron 138, E 3
Kap Ca Mau 101, 1 G 5
Kap Canaveral 142, K/L 7
Kap Catoche 155, F 4
Kap Chidley 153, O 3
Kap Cod 142, M 5
Kap Comorin 100, 1 E 5
Kap Corrientes 154, D 4
Kap Corse 89, F 3
Kap Curz 155, G 5
Kap d'Ambre = Tanjona Bobaomby 135, F 4
Kap Dart 167, 2 M 2
Kap der Guten Hoffnung 123, 3 G 10
Kap Deschnew 95, T 3
Kap Dungeness 163, C 8
Kap Farewell 139, G 5
Kap Farvel 142, O 4
Kap Finisterre 88, A 3
Kap Flattery 154, B 2
Kap Gallinas 143, L 8
Kap Gelidonya 90, E 4
Kap Gracias a Dios 155, F 5
Kap Guardafui 123, 3 L 5
Kap Hatteras 155, G 3
Kap Hoorn 143, M 15
Kap Howe 138, D/E 4
Kap Jushnyj 95, Q 4
Kap Kamenjak 85, K 6
Kap Komorin 110, C 6
Kap Lopatka 101, 1 J/K 3
Kap Lopez 134, B 3
Kap Malea 90, C 4
Kap Maria van Diemen 139, G 4
Kap Mendocino 142, F 5
Kap Morris Jesup 142, K – O 1
Kap Negrais 110, E 5
Kap Norvegia 167, 2 R/S 2
Kap Oljutorskij 95, S 4
Kap Orange 163, D 2
Kap Palmas 132, C 4
Kap Pariñas 143, K 10
Kap Passero 89, G 4
Kap Prince of Wales 142, B 3
Kap Race 142, N/O 5
Kap Sable (Kanada) 153, O 5
Kap Sable (USA) 155, F 4
Kap Sainte Marie = Tanjona Vohimena 135, F 5
Kap San Antonio 155, F 4
Kap San Diego 163, C 8
Kap San Lucas 154, C/D 4
Kap São Vicente 88, A 4
Kap Shelanija (Eiskap) 94, G 2
Kap Spencer 138, C 4
Kap Tenaro 90, C 4
Kap Teulada 89, E/F 4
Kap Tres Puntas 163, C 7
Kap Tscheljuskin 100, 1 G/H 2
Kap Vals 115, F 4
Kap Verde 122, 3 D 5
Kap Verde (Staat) 124, 1 A 4
Kap York 136, J/K 5
Kapela 85, L 5 – M 6
Kapfenberg 85, M 3
Kapıdağı 90, D 3
Kapland 123, 3 G/H 10
Kappel 14, C 2
Kapstadt (Cape Town) 134, C 6
Kapuas 114, D 3
Kapuas Hulu-Gebirge 114, D 3
Kapuvár 85, O 3
Kapverdische Inseln 122, 3 C 5
Kap-York-Halbinsel 138, D 2
Kara 132, D 4
Kara-Bogas-Gol 119, 3 D 1
Karabük 91, F 3
Karaca 91, G 4
Karachi 110, B 4
Karaganda = Qaraghandy 94, H 5
Karaginski-Insel 95, R 4
Karakayastausee 91, G 4
Karakorum (Gebirge) 100, 1 E 4
Karakorum (Ruinenstätte) 110, F 2
Karakorumpass 110, C 3
Karakum 119, 3 D 1 – E 2
Karakumkanal 119, 3 E 2
Karaman 91, F 4
Karamay 110, D 2
Karasberge 134, C 5
Karasee 100, 1 E 2
Karasjok 74, G 2
Karastraße 94, F 2
Karatau 94, G/H 5
Karatepe 91, F 4
Karatschajewsk 91, H 3
Karawanken 85, K/L 4
Karben 15, F 2
Karelien 74, H 4 – J 3
Karibasee 134, D 4
Karibisches Meer 143, L/M 8
Karima 133, G 3
Karisimbi 135, D 3
Karleby = Kokkola 74, F 4
Karlingen (Carling) 16, B 3
Karl-Marx-Stadt (hist. Chemnitz) 220, 3
Karlobag 85, L 6
Karlovac (Karlstadt) 85, M 5
Karlovy Vary = Karlsbad 35, H 5
Karlsbad (Baden-Württemberg) 17, F 4
Karlsbad (Karlovy Vary) 35, H 5
Karlsdorf-Neuthard 17, E/F 3
Karlskrona 75, D 5
Karlsruhe 17, E 3
Karlstad 75, D 5
Karlstadt = Karlovac 85, M 5
Karnische Alpen 85, J/K 4
Karolinen 136, K 4
Karpaten 57, 2 F/G 3
Karpathos 90, D 5
Kars 91, H 3
Karst 85, K 5
Kartaly 94, G 4
Karthago 89, F 4
Karwendel 85, H 3
Kasachische Schwelle 100, 1 E 3
Kasachstan 102, 1 D/E 2
Kasai (Fluss) 123, 3 G 7
Kasai (Landschaft) 134, D 3
Kasan 94, E 4
Kasbek 91, J 3
Kasel 14, B 3
Kashghar = Kashi 110, C 3
Kashi (Kashghar) 110, C 3
Kaskadenkette 154, B 2
Kaskinen (Kaskö) 74, F 4
Kaskö = Kaskinen 74, F 4
Kasongo 134, D 3
Kaspijsk 91, J 3
Kaspische Senke 100, 1 D 3
Kaspisches Meer 100, 1 D 3/4
Kassala 133, G 3
Kassel 34, E 4
Kastellaun 14, C 2
Kastilisches Scheidegebirge 88, B/C 3
Katalonien 88, D 3
Katanga 134, D 3
Katar 102, 1 D 3
Katerini 90, C 3
Katherine 138, C 2
Kathmandu 102, 1 F 3
Katowice = Kattowitz 83, F 3
Katsina 132, D 3
Kattarasenke 133, F 2
Kattegat 75, C 5
Kattenhofen (Cattenom) 16, A 3
Kattowitz (Katowice) 83, F 3
Katwijk 80, D 2
Katzenbuckel 35, E 6
Katzenelnbogen 15, D 2
Kaufbeuren 35, F 8
Kaukasus 100, 1 D 3
Kaunas 75, G 6
Kaura Namoda 132, D 3
Kavieng 115, H 4
Kawasaki 111, J/K 3
Kayes 132, B 3
Kayseri 91, F 4
Kaz dağı 90, D 4
Keban-Stausee 91, G 4
Kebnekajse 74, E 3
Kecskemét 83, F 4
Kédange-sur-Canner = Kedingen 16, A 3
Kedingen (Kédange-sur-Canner) 16, A 3
Keele Peak 152, G 3
Keetmanshoop 134, C 5
Kefallinia 90, C 4
Keflavik 74, B 2
Keg River 152, J 4
Kehdingen 34, E 2
Kehl 35, C 7
Keilberg (Klínovec) 35, H 5
Keitelesee 74, G 4
Kelberg 14, B 2
Kelheim 35, G 7
Kelkheim 15, E 2
Kelkit 91, G 3
Kell 16, B 2
Kelmis 14, A 1
Kelowna 152, J 5
Kelsterbach 15, F 2
Keltern 17, F 4
Kem 74, J 3
Kemerowo 94, J 4
Kemi 74, G 3
Kemijärvi 74, G 3
Kemijoki 74, G 3
Kempen 80, D 3
Kempenich 14, C 2
Kempten 35, F 8
Kendari 114, E 4
Kenia 124, 1 G/H 5
Kenitra (El Qenitra) 88, B 5
Kenn 14, B 3
Kennriff 139, E 3
Kenora 153, L 5
Kentucky 144, 1 H 5
Kerbala 119, 3 C 2
Kerguelen 136, F 7
Kerinci 100, 1 G 6
Kerkenna-Inseln 89, F 5
Kerkira = Korfu (Insel) 90, B 4
Kerkrade 14, A 1
Kerkyra = Korfu 90, B 4
Kerman 119, 3 D 2
Kermanshah (Bakhtaran) 119, 3 C 2
Kerpen 14, B 1
Kerulen 111, G 2
Kerzenheim 17, E 2
Keshma 95, L 4
Keskastel 16, C 4
Kestenga 74, H/J 3
Keszthely 85, O 4
Ket 94, J 4
Ketapang 114, D 4
Ketsch 17, E/F 3
Key West 155, F 4
Khabur 91, H 5
Khaiber-Pass 100, 1 E 4
Khamis Mushayt 119, 3 C 4
Khanaqin 91, J 5
Kharagpur 110, D 4
Khartum 124, 1 G 4
Khasigebirge 110, E 4
Khon Kaen 114, C 2
Khowst 119, 3 E 2
Khulna 110, D 4
Khvoy 91, J 4
Kidal 132, D 3
Kiedrich 15, E 2
Kiel 34, F 1
Kielce 83, G 3
Kieler Bucht 34, F 1
Kiew 58, 1 J 3
Kigali 124, 1 G 6
Kigoma 135, D 3
Kikwit 134, C 3
Kilimandscharo 123, 3 J 7
Kilinç Tepesi 91, G 3
Killarney 76, A 3
Kimbe 115, G/H 4
Kimberley 134, D 5
Kimberley-Plateau 138, B 2
Kimchaek 111, H 2
Kinabalu 114, D 3
Kinderbeuern 14, C 2
Kindsbach 16, D 3
Kindu 134, D 3
Kineschma 83, M 1
King-Insel 138, D 4
Kingston (Jamaika) 144, 1 J 7
Kingston (Kanada) 153, N 5
Kingston upon Hull 76, C 3
Kingstown 155, H 5
Kinshasa 124, 1 E 6
Kinyeti (Agorro) 133, G 4
Kinzig 35, D 7
Kirchberg 14, C 3
Kircheib 14, C 1
Kirchen 15, D 1
Kirchheimbolanden 17, D/E 2
Kirensk 95, L 4
Kirgisistan 102, 1 E 2
Kiribati 243, T 6
Kırıkkale 91, F 4
Kiritimati 137, N 4
Kirkel 16, C 3
Kirkenes 74, H 2
Kirkuk 91, J 5
Kirn 14, C 3
Kirow 94, E 4
Kirow-Inseln 95, K 2
Kirowohrad 83, J/K 3
Kirowsk 74, J 3
Kirschweiler 14, C 3
Kirtharkette 110, B 4
Kiruna 74, E/F 3
Kisalföld 85, N/O 3
Kisangani 134, D 2
Kisiljurt 91, J 3
Kislowodsk 91, H 3
Kismaayo 133, H 5
Kisumu 135, E 3
Kitakyushu 111, H/J 3
Kitimat 152, H 4
Kition (hist. Larnaka) 197, 2 F 3
Kitwe 134, D 4
Kitzbüheler Alpen 85, J 3
Kivisee 74, G 4
Kivu 134, D 3
Kivusee 134, D 3
Kiyamaki 91, J 4
Kızılırmak 91, G 4
Kızıltepe 91, G/H 4
Kjachta 95, L 4
Kladno 35, K 5
Kladrau (Kloster) 201, 3 D 2
Klagenfurt 85, L 4
Klaipeda = Memel 75, F 6
Klarälv 74, D 4
Klatovy = Klattau 35, J 6
Klattau (Klatovy) 35, J 6
Klausen 14, B 3
Klausenburg (Cluj-Napoca) 83, G 4
Kleebach 15, F 2
Kleinasien 57, 2 G
Kleinblittersdorf 16, C 3
Kleine Antillen 143, M 8
Kleine Karpaten 85, O 2
Kleine Sunda-Inseln 101, 1 G/H 6
Kleine Syrte 123, 3 G 3
Kleiner Aralsee 94, F 5
Kleiner Chingan 111, H 2
Kleiner Sankt Bernhard 84, C 5
Kleiner Zab 91, J 5
Klein-Winternheim 15, E 3
Kleve 34, A 4
Klingenmünster 17, E 3
Klingenthal 35, H 5
Klínovec = Keilberg 35, H 5
Kljutschew 101, 1 K 3
Kljutschewskaja Sopka 95, Q/R 4
Klondike 152, F/G 3
Klosterneuburg 85, M/N 2
Klüsserath 14, B 3
Knittelfeld 85, L 3
Knittlingen 17, F 3
Knokke-Heist 80, C 3
Knossos 90, D 5
Knoten 15, E 1
Knoxküste 167, 2 F 2
Knüll 34, E 5
Kobe 111, J 3
København = Kopenhagen 75, C/D 6
Kobern-Gondorf 14, C 2
Koblenz 15, D 2
Kocher 35, E 7
Kochi 111, J 3
Kodiak 152, E 4
Kodiak (Insel) 152, E 4
Koenigsmacker = Königsmachern 16, A 3
Köflach 85, L/M 3
Kokand 119, 3 E 1
Kokemäenjoki 74, F 4
Kokenau 115, F 4
Kokkola (Karleby) 74, F 4
Kokopo 115, H 4
Kokos-Insel 143, K 9
Kokos-Inseln 136, G 5
Kökschetau 94, G 4
Kolbeinsey 74, C 1
Kolberg (Kołobrzeg) 82, E 2
Kolding 75, C 6
Kolgujew 94, E 3
Kolhapur 110, C 5
Koli 74, H 4
Kolin (Kolín) 35, L 6
Kolín = Kolin 35, L 6
Kolkata = Kalkutta 110, D 4
Köln 14, B 1
Köln/Bonn (Flughafen) 14, C 1
Kołobrzeg = Kolberg 82, E 2
Kolomna 83, L 2
Kolpaschewo 94, J 4
Kolpino 75, H 5
Kolumbien 145, 1 J 8
Kolwezi 134, D 4
Kolyma 95, Q 3
Kolymagebirge 101, 1 J/K 2
Komadugu 132, E 3
Komárno 85, O 3
Komárom 85, O 3
Komoren (Inseln) 123, 3 K 8
Komoren (Staat) 124, 1 H 7
Komotini 90, D 3
Kompassberg 134, D 6
Komsomolsk 95, O 4
Komsomolzen-Insel 95, J/L 1
Konden (Condé-Northen) 16, A 3
Kongo (Fluss) 123, 3 H 6
Kongo (Staat) 124, 1 E 5
Kongobecken 123, 3 G 6/H 7
Kongur Shan 110, C 3
Königin-Charlotte-Inseln 152, G 4
Königin-Elisabeth-Inseln 152, H 2 – L 1
Königin-Mary-Küste 167, 2 E 2
Königin-Maud-Land 167, 2 S – B 2
Königs Wusterhausen 34, J 3
Königsbach-Stein 17, F 4
Königsberg (Kaliningrad) 83, F/G 2
Königsbrunn 35, F 7
Königslutter 201, 3 C 1
Königsmachern (Koenigsmacker) 16, A 3
Königstein (Berg) 134, C 5
Königstein im Taunus 15, E 2
Königstuhl 17, F 3
Königswinter 14, C 1
Konstantinopel (hist. İstanbul) 203, 3
Konstanz 35, D 8
Konstanza (Constanța) 83, J 4
Kontagora 132, D 3
Konya 91, F 4
Konz 14, B 3
Kopenhagen (København) 75, C/D 6
Koper 85, K 5
Kopetdag 119, 3 D 2
Korallensee 138, D/E 2
Koralpe 85, L 4
Korana 85, M 5
Korba 110, D 4
Korbach 34, D 4
Korçë 90, C 3
Kordel 14, B 3
Kordillere von Mérida 162, B/C 2
Kordofan 123, 3 H/J 5
Korea 101, 1 H 4
Koreastraße 111, H/J 3
Korfu (Insel) (Kerkira) 90, B 4
Korfu (Kerkyra) 90, B 4
Korinth (Korinthos) 90, C 4
Korinthos = Korinth 90, C 4
Korjakengebirge 95, R/S 3
Korjakskaja Sopka 95, Q 4
Korla 110, D 2
Körmend 85, N 4
Kornelimünster (Aachen-) 14, A 1
Korneuburg 85, N 2
Kornwestheim 35, E 7
Köroğlu Tepesi 91, E 3
Köroğlugebirge 91, E/F 3
Koromandelküste 110, C/D 5
Körperich 14, A 3
Korsakow 95, P 5
Korsika 89, E/F 3
Kortrijk 80, C 4
Kos 90, D 4
Košice 83, G 3
Köslin (Koszalin) 82, F 2
Kosovo 58, 1 H 4
Kössdağı 91, G 3/4
Kostanai 94, G 4
Kosti 133, G 3
Kostroma 94, E 4
Kostrzyn = Küstrin 34, K 3
Koszalin = Köslin 82, F 2
Kota 110, C 4
Kota Bahru 114, C 3
Kota Kinabalu 114, D 3
Kotelnjyj-Insel 95, O 2
Kotka 74, G 4
Kotlas 94, E 3
Kotte 110, C/D 6
Kottenheim 14, C 2
Kotto 133, F 4
Kotui 95, L 3
Koudougou 132, C 3
Kourou 163, D 2
Koutiala 132, C 3
Kowdor 74, H 3
Kowel 83, H 3
Kozhikode = Calicut 110, C 5
Kpalimé 132, D 4
Kragujevac 90, B/C 2
Kraichbach 17, F 3
Kraichgau 17, F 3
Kraichtal 17, F 3
Krainburg = Kranj 85, L 4
Krakau (Kraków) 83, F 3
Kraków = Krakau 83, F 3
Kranj (Krainburg) 85, L 4
Krapina 85, M 4
Krasnodar 91, G 2
Krasnodarer Stausee 91, G 2
Krasnojarsk 94, K 4
Krautscheid 14, A 2
Krefeld 34, B 4
Krementschuker Stausee 83, K 3
Krems 85, M 2
Kremsmünster (Kloster) 201, 3 D 2
Kreta 90, D 5
Kreuzau 14, A 1
Kreuzjoch 85, H 3
Kreuztal 34, C/D 5
Kreuzwald (Creutzwald) 16, B 3
Kriechingen (Créhange) 16, A/B 3
Kriegsfeld 15, D 3
Kriftel 15, E 2
Krim 94, D 5
Krishna 110, C 5
Kristiansand 75, B 5
Kristiansund 74, B 4
Krk 85, L 5
Kroatien 58, 1 G 4
Krombachstausee 15, E 1
Kronach 35, G 5
Kronau 17, F 3
Kronberg 15, F 2
Kronstadt (Brașov) 83, H 4
Kronweiler 16, C 2
Kröppen 16, D 3
Kroton (hist. Crotone) 197, 2 D 3
Kröv 14, C 3
Krševa 90, B 3
Krugersdorp 134, D 5
Krywyj Rih 94, D 5
Kuala Lumpur 102, 1 G 4
Kuala Terengganu 114, C 3
Kuango 123, 3 G 7
Kuantan 114, C 3
Kuba 142, K/L 7
Kuban 91, G 2
Kuching 114, C/D 3
Kufra-Oasen 133, F 2
Kufstein 85, J 3
Kuh-i Sahand 91, J 4
Kuibyschew 94, H 4
Kuibyschewer Stausee 94, E 4
Kuito 134, C 4
Kujtoseen 74, H 3
Kuljab 119, 3 E 2
Kulmbach 35, G 5
Kulu 90, D 3
Kulunda 94, H 4
Kuma 91, J 2
Kumamoto 111, J 3
Kumanovo 90, C 3
Kumasi 132, C 4
Kummerower See 34, H 2
Kunaschir = Kunashiri 95, P 5
Kunashiri (Kunaschir) 95, P 5
Kunduz 119, 3 E 2
Kunene 134, C 4
Kunlun Shan 100, 1 F 4
Kunming 110, F 4
Künzelsau 35, E 6
Kuopio 74, G 4
Kupa 85, M 5
Kupang 114, E 5
Kura 91, H 3
Kurdistan 91, H/J 4
Kurejka 94, K 3
Kurgan 94, G 4
Kuria-Muria-Inseln 119, 3 D 4
Kurilen 101, 1 J 3
Kurland 75, F 5 – G 5
Kürnbach 17, F 3
Kurnool 110, C 5
Kuruktag 110, D 2
Kurzel = Courcelles-Chaussy 16, A 3
Kuschka 119, 3 E 2
Kusel 16, C 2
Kushiro 111, K 2
Kuskokwimberge 152, E 3
Küstengebirge 142, F 4
Küstenkanal 34, C/D 2
Küstenkette 142, F 5 – G 6
Küstrin (Kostrzyn) 34, K 3
Kütahya 90, E 4
Kutaisi 91, H 3
Kuujjuaq (Fort Chimo) 153, O 4
Kuwait 102, 1 D 3
Kuytun 110, D 2
Kvarner 85, L 5/6
Kwekwe 135, E 4
Kyffhäuser 34, F/G 4
Kykladen 90, D 4
Kyll 14, B 2
Kyllburg 14, B 2
Kyllwald 13, 2 A 1
Kyogasee 135, E 2
Kyoto 111, J 3
Kyrene (historischer Ort) 197, 2 E 3
Kyritz 34, H 3
Kysyl 94, K 4
Kysylkum 119, 3 E 1
Kysylorda 94, G 5
Kythira 90, C 4
Kyushu 101, 1 H 4

L

La Banda 163, C 5
La Ceiba 155, F 5
La Chaux-de-Fonds 84, C 3
La Coruña (A Coruña) 88, A 3
La Cumbre-Pass 163, B/C 6
La Grande Rivière 153, N 4
La Línea 88, B 4
La Louvière 80, D 4
La Mancha 88, C 4
La Palma 132, B 2
La Paz (Bolivien) 162, C 4
La Paz (Mexiko) 154, C/D 4
La Pérouse-Straße 95, P 5
La Plata 163, D 6
La Rioja 163, C 5
La Rochelle 77, C 5
La Ronge 152, K 4
La Serena 163, B 5
La Spezia 84, F 6
La Tène 197, 2 C 2
Laacher See 14, C 2
Labasa 139, G 2
Labin 85, K 5
Labrador 142, L/M 4
Labradorsee 142, N/O 4
Lac de Vouglans 84, B 4
Lac du Bourget 84, B 5
Lachlan 138, D 4
Lacq 77, C 6
Ladenburg 17, F 3
Ladogasee 74, H/J 4
Lae 115, G 4
Lafia 132, D 4
Lagan 75, D 5
Lågen 74, C 4
Laghouat 132, D 1
Lago Maggiore 84, E 4
Lagos (Nigeria) 132, D 4
Lagos (Portugal) 88, A 4
Lahad Datu 114, D 3
Lahn 15, F 1
Lahnau 15, F 1
Lahnstein 15, D 2
Lahntal 15, F 1
Lahore 110, C 3
Lahr 35, C 7
Lahti 74, G 4
Laibach (hist. Ljubljana) 201, 3 D 3
Lake of the Woods 153, L 5
Lakkadiven 100, 1 E 5
Lakseffjord 74, G 2
Lakshadweep 243, N 5
Lambaréné 134, B/C 3
Lambertgletscher 167, 2 D 2
Lambrecht 17, E 3
Lambsheim 17, E 2
Lamia 90, C 4
Lampang 114, B 2
Lampertheim 17, E 2
Landau 17, E 3
Landeck 84, G 3
Land's End 77, B 4
Landsberg (Gorzów Wielkopolski) 82, E 2
Landscheid 14, B 3
Landshut 35, H 7
Landstuhl 16, D 3
Lang Son 114, C 1
Langanes 74, D 1
Langeland 34, F 1
Langen 15, F 3
Langenhagen 34, E 3
Langenhahn 15, D 1
Langenlonsheim 15, D 3
Langeoog 34, C 2
Langerwehe 14, A 1
Langgöns 15, F 2
Langres 84, B 3
Languedoc 77, D 6
Lanín 143, L/M 13
Lansing 155, F 2
Lanzarote 132, B 2
Lanzhou 110, F 3
Lao Cai 114, C 1
Laon 80, C 5
Laos 102, 1 G 3
Lapominka 74, L 3

Lappeenranta 74, G 4
Lappland 57, 2 F/G 1
Laptewsee 100, 1 G/H 2
Laptewstraße 95, P 2
Larache = El Araich 88, B 5
Larisa = Larissa 90, C 4
Larissa (Larisa) 90, C 4
Larnaca 91, F 5
Larne 76, B 3
Larochette 14, A 3
Las Palmas 132, B 2
Las Vegas 154, C 3
Lashio 110, E 4
Latakia (Al Laziqiya) 91, F 5
Latina 89, G 3
Lau- oder östliche Gruppe 139, H 2
Laubach 14, C 2
Lauchhammer 34, J 4
Laudenbach 17, F 2
Laumesfeld 16, A 3
Launceston 138, D 5
Lausanne 84, C 4
Lausche 34, K 5
Lautaret 84, C 5
Lauter (Fluss zum Rhein) 17, E 4
Lauter (Fluss zur Glan) 17, D 3
Lauterbourg = Lauterburg 17, E 4
Lauterburg (Lauterbourg) 17, E 4
Lauterecken 16, D 2
Lautoka 139, G 2
Laval 77, C 4/5
Lavant 85, L 3/4
Le Cateau 80, C 4
Le Cornate 84, G 7
Le Creusot 77, D/E 5
Le Havre 77, C/D 4
Le Mans 77, D 4/5
Lebach 16, B 3
Lebus (Lubusz) 201, 3 D 1
Lecce 89, H 3
Lecco 84, F 5
Lech 35, F 8
Lechfeld 35, F 7
Lechtaler Alpen 84, G 3
Ledjanaja 95, R/S 3
Leeds 76, C 3
Leer 34, C 2
Leeuwarden 80, E 1
Lefkas 90, C 4
Lefkosia = Nikosia 91, F 5
Legaspi 114, E 2
Legnago 85, H 5
Leh 110, C 3
Lehrte 34, E/F 3
Leibnitz 85, M 4
Leicester 76, C 3
Leiden 80, D 2
Leie 80, C 4
Leigh Creek 138, C 3/4
Leimen (Kreis Pirmasens) 17, D 3
Leimen (Rhein-Neckar-Kreis) 17, F 3
Leimersheim 17, E 3
Leine 34, E 3/4
Leinefelde-Worbis 34, F 4
Leipzig 34, H 4
Leipziger Tieflandsbucht 30, 1 E 3
Leitha 85, N 3
Leithagebirge 85, N 3
Leiwen 14, B 3
Lek 80, D 3
Lelystad 80, E 2
Lembach 17, D 3/4
Lemberg (Berg) 35, D 7
Lemberg (Kreis Südwestpfalz) 16, D 3
Lemberg (Lothringen) 16, C 3/4
Lemberg (Ukraine) (L'viv) 83, G/H 3
Lemud 16, A 3
Lena 100, 1 H 2
Lenadelta 95, N/O 2
Lendery 74, H 4
Leningrad (hist. Sankt Petersburg) 216, 1
Leninskoje 95, O 5
Lenningen 16, A 2
Lens 80, B 4
Lensk 95, M 3
Lenti 85, N 4
Lentschiza (Łęczyca) 201, 3 E 1
Lenzen 201, 3 C 1
Leoben 85, M 3
León (Mexiko) 154, D 4
León (Nicaragua) 155, F 5
León (Spanien) 88, B 3
Leonding 85, K 2
Leonora 138, B 3
Leopold II.-See = Mai Ndombe-See 134, C 3
Leptis Magna (historischer Ort) 197, 2 D 3
Lérida (Lleida) 88, D 3
Lerwick 76, C 1
Les Baux 84, A 7
Lesbos 90, D 4
Les-Deux-Alpes 84, C 6
Lesnoi 74, J 3
Lesosibirsk 94, J/K 4
Lesotho 124, 1 F/G 8
Leticia 162, B/C 3
Letnij Nawolok 74, K 3
Lettland 58, 1 H 3
Leubsdorf 14, C 1
Leun 15, E 1
Leuna 34, H 4
Leuscheid 14, C/D 1
Leuser 114, B 3
Leutesdorf 14, C 2
Leuven = Löwen 80, D 4
Leverkusen 34, B 4
Leyte 114, E 2
Lhasa 110, E 4
l'Hôpital = Spittel 16, B 3
L'Hospitalet de Llobregat 88, D 3
Liangpran 114, D 3
Lianyungang 111, G 3
Libanon (Gebirge) 91, F/G 5
Libanon (Staat) 102, 1 C 3
Libenge 134, C 2
Liberia 124, 1 B/C 5
Libreville 124, 1 E 5
Libyen 124, 1 E 3
Libysche Wüste 123, 3 H 4
Lich 15, F 1
Lichinga 135, E 4
Lichtenberg 16, C 4
Lichtenborner Höhe 14, A 2
Lichtenfels 35, F/G 5
Lido di Jesolo 85, J 5
Liechtenstein 58, 1 G 4
Liederbach 15, E 2
Liège = Lüttich 80, E 4
Lienz 85, J 4
Liepaja 75, F 5
Lier 80, D 3
Lieser 14, C 3
Lieser (Fluss) 14, B 2
Liévin 80, B 4
Liezen 85, L 3
Lifou 139, F 3
Ligurische Alpen 84, D 7 – E 6
Ligurischer Apennin 84, E 6 – F 6
Ligurisches Meer 89, E/F 3
Likasi (Jadotville) 134, D 4
Lille 80, C 4
Lillehammer 74, C 4
Lillers 80, B 4
Lilongwe 124, 1 G 7
Lilullaillaco 163, C 5
Lima 145, 1 J 10
Limassol 91, F 5
Limburg 15, E 2
Limburg (Landschaft) 80, E 4
Limburger Becken 13, 2 C 1
Limburgerhof 17, E 3
Limerick 76, A 3
Limfjord 75, B/C 5
Limnos 90, D 4
Limoges 77, D 5
Limpopo 123, 3 H/J 9
Linares 88, C 4
Lincoln 154, E 2
Lindau 35, E 8
Linden 15, F 1
Lindenfels 17, F 2
Lindesnes 75, B 5
Lindi 134, D 2
Line-Inseln 242, B 5/6
Linfen 111, G 3
Lingen 34, C 3
Lingenfeld 17, E 3
Lingga-Inseln 114, C 3/4
Linguère 132, B 3
Linhares 163, F 4
Linkenheim-Hochstetten 17, E 3
Linköping 75, D 5
Lintgen 14, A 3
Linyanti 134, D 4
Linz (Österreich) 85, L 2
Linz am Rhein 14, C 1
Liparische Inseln (Äolische Inseln) 89, G 4
Lipezk 94, D 4
Lippe 34, D 4
Lippstadt 34, D 4
Lira 135, E 2
Lismore 138, E 3
Lissabon 58, 1 D/E 5
Lissendorf 14, B 2
Litauen 58, 1 H 3
Little Rock 155, E 3
Liuzhou 111, F 4
Liverpool 76, C 3
Livingstone 134, D 4
Livland 75, G 5
Livorno 84, G 7
Lixos (historischer Ort) 197, 2 B 3
Ljachow-Inseln 95, P 2
Ljamza 74, K 3
Ljubljana 58, 1 G 4
Ljusdal 74, E 4
Ljusnan 74, D 4
Llano Estacado 154, D 3
Llanos 143, L/M 9
Llerida = Lérida 88, D 3
Llullaillaco 143, M 12
Lobito 134, C 4
Locarno 84, E 4
Lodi 84, F 5
Łódź 83, F 3
Löf 14, C 2
Lofoten 74, D 3 – D 2
Logroño 88, C 3
Lohmar 14, C 1
Löhnberg 15, E 1
Lohra 15, F 1
Loiblpass 85, L 4
Loire 77, E 5
Loja 162, B 3
Lokka 74, G 3
Lolland 34, G 1
Lollar 15, F 1
Lomaberge 132, B 4
Lomami 134, D 3
Lombardei 84, E 5 – G 5
Lomblen 114, E 4
Lombok 114, D 4
Lomé 124, 1 D 5
Lomela 134, D 3
Lomme 80, B 4
Lommel 80, E 3
Lomont 84, C 3
Lompobatang 114, D 4
London 58, 1 E 3
Londonderry = Derry 76, B 3
Londrina 163, D 5
Long Xuyen 114, C 2/3
Longeville 16, A 3
Longs Peak 154, D 2
Longuich 14, B 3
Longuyon 80, E 5
Longwy 80, E 5
Lons-le-Saunier 84, B 4
Loolmalasin 135, E 3
Lop Nor 110, E 2
Lopatina 95, P 4
Lorca 88, C 4
Lorch 15, D 2
Lord-Howe-Insel 139, E 4
Lorentzweiler 16, A 2
Loreto 89, G 3
Lorient 77, C 5
Lörrach 35, C 8
Lorsch 17, F 2
Lorsch (Kloster) 201, 3 C 2
Los Angeles 154, B/C 3
Losheim 16, B 2
Lošinj 85, L 6
Lot 77, D 5
Lothringen 13, 2 A/B 2
Loubomo 134, C 3
Lough Corrib 76, A 3
Lough Neagh 76, B 3
Lough Ree 76, A 3
Louisiade-Archipel 115, H 5
Louisiana 144, 1 G 5
Louisville 155, F 3
Loulan 110, D 2
Lourdes 77, C 6
Lowat 83, J 1
Löwen (Leuven) 80, D 4
Loyalty-Inseln 139, F 3
Lualaba 123, 3 H 7
Luanda 124, 1 E 6
Luang Prabang 114, C 1/2
Luangwa 135, E 4
Luanshya 134, D 4
Lubango 134, C 4
Lübbenau 34, J 4
Lübeck 34, F 2
Lublin 83, G 3
Lubuk Linggau 114, C 4
Lubumbashi (Elisabethville) 134, D 4
Lucca 84, G 7
Lucentum (hist. Alicante) 197, 2 B 3
Lüchow 34, G 3
Lucknow 110, D 4
Lüderitz 134, C 5
Ludhiana 110, C 3
Ludvika 75, D 4
Ludwigsburg 35, E 7
Ludwigsfelde 34, J 3
Ludwigshafen 17, E 3
Ludwigslust 34, G 2
Luena 134, C 4
Lugano 84, E/F 4
Lugenda 135, E 4
Lugo 88, B 3
Lukenie 134, D 3
Lukuga 134, D 3
Luleå 74, F 3
Luleälv 74, F 3
Lulua 134, D 3
Lumda 15, F 1
Lunda 134, C/D 3
Lundaschwelle 123, 3 G/H 8
Lüneburg 34, F 2
Lüneburger Heide 30, 1 C/D 2
Lunéville 84, C 2
Luoyang 111, G 3
Lure 84, B 6
Lurio 135, E 4
Lusaka 124, 1 F 7
Lut 119, 3 D 2
Lutherstadt Eisleben 34, G 4
Lutherstadt Wittenberg 34, H 4
Luttange = Lüttingen 16, A 3
Lüttich (Liège) 80, E 4
Lüttingen (Luttange) 16, A 3
Lutzerath 14, C 2
Luvua 134, D 3
Luxembourg = Luxemburg 16, A 2
Luxemburg 58, 1 F 4
Luxemburg (Luxembourg) 16, A 2
Luxor 133, G 2
Luzern 84, E 3
Luzk 83, H 3
Luzon 114, E 2
Luzonstraße 111, H 4
L'viv = Lemberg (Ukraine) 83, G 3
Lyck (Ełk) 83, G 2
Lynn Lake 152, K 4
Lyon 84, A 5

M

Mäander = Büyük Menderes 90, D/E 4
Maanselkä 74, H 3
Maas 80, E 5
Maastricht 80, E 4
Macapá 163, D 2
Macau (Aomen) 111, G 4
Macdonnellkette 138, C 3
Maceió 163, F 3
Macerata 85, K 7
Machala 162, A/B 3
Machatschkala 91, J 3
Machu Picchu 162, B 4
Mackay 138, D 3
Mackaysee 138, B 3
Mackenbach 16, D 3
Mackenzie 142, F 3
Mackenziegebirge 142, E/F 3
Mâcon 84, A 4
Macquarie-Inseln 136, L 7
Madagaskar (Insel) 123, 3 K 8/9
Madagaskar (Staat) 124, 1 H 7
Madang 115, G 4
Madeira 123, 3 D 3
Madéira 143, M 10
Mädelegabel 35, F 8
Madison 155, E/F 2
Madras (Chennai) 110, D 5
Madrid 58, 1 E 4
Madura 114, D 4
Madurai 110, C 6
Madüsee 34, K 2
Maewa 139, F 2
Mafia 135, E/F 3
Mafikeng 134, D 5
Magadan 95, P/Q 4
Magdalena 143, L 9
Magdeburg 34, G 3
Magellanstraße 143, K/M 15
Magerøya 74, G 2
Magnitogorsk 94, F 4
Magway 110, E 4
Mahabad 91, J 4
Mahajanga 135, F 4
Mahakam 114, D 4
Mahanadi 110, D 4
Mahé 135, G 3
Mahiljew 83, J 2
Mähren 82, E/F 3
Mai Ndombe-See (Leopold II.-See) 134, C 3
Maicuru 163, D 3
Maiduguri 132, E 3
Maifeld 13, 2 B 2
Maikammer 17, E 3
Maikop 91, G/H 2
Mailand (Milano) 84, F 5
Main 35, G 5
Mainake (historischer Ort) 197, 2 B 3
Main-Donau-Kanal 35, G 6
Maine 144, 1 J/K 4
Mainz 15, E 3
Mainz-Bingen (Landkreis) 27, 5
Maipo 143, M 13
Maitland 138, E 4
Maja 95, O 4
Majuro 243, S 5
Makassar (Ujung Pandang) 114, D 4
Makat 94, F 5
Makedonien 90, C 3
Makgadikgadi-Salzpfanne 134, D 5
Makin 94, H 4
Makokou 134, C 2
Makurdi 132, D 4
Malabarküste 110, C 5/6
Malabo 124, 1 D 5
Málaga 88, B 4
Malaiischer Archipel vorderer Buchinnendeckel, P 5 – Q 6
Malakal 133, G 4
Malakatyn-Tas 95, O 2
Malake (historischer Ort) 197, 2 B 3
Malakka 114, C 3
Malakkahalbinsel 100, 1 F/G 5
Malakkastraße 114, C 3
Malang 114, D 4
Malanje 134, C 3
Mälarsee 75, E 5
Malatya 91, G 4
Malawi 124, 1 G 7
Malawisee 123, 3 J 8
Malaysia 102, 1 G 4
Malberg 14, B 2
Malbork = Marienburg 83, F 2
Malborn 14, B/C 3
Male 102, 1 E 4
Malediven (Inseln) 100, 1 E 5
Malediven (Staat) 102, 1 E 4
Malekula 139, F 2
Mali 124, 1 C 4
Mali Lošinj 85, L 6
Malili 114, E 4
Malindi 135, F 3
Malino 114, E 3
Mallorca 88, D 4
Mallos (historischer Ort) 197, 2 F 3
Malmedy 14, A 2
Malmö 75, D 6
Malojapass 84, F 4
Malpelo 143, K 9
Malsch 17, E 4
Malta 58, 1 G 5
Malwinen = Falkland-Inseln 163, D 8
Mamoré 143, M 11
Man 132, C 4
Man (Insel) 76, B 3
Manado 114, E 3
Managua 145, 1 H 7
Manakara 135, F 5
Manama 119, 3 D 3
Mananjary 135, F 5
Manaus 162, C/D 3
Manchester 76, C 3
Manching 197, 2 D 2
Mandalay 110, E 4
Mandelbachtal 16, C 3
Manderscheid 14, B 2
Mandschurei 101, 1 H 3
Mangalore 110, C 5
Mangoky 135, F 5
Manila 102, 1 G 4
Manisa 90, D 4
Manitoba 144, 1 G 3
Manizales 162, B 2
Mannheim 17, E 3
Manokwari 115, F 4
Manono 134, D 3
Manra 139, H 1
Mantes 80, A 6
Mantova = Mantua 84, G 5
Mantua (Mantova) 84, G 5
Mäntyluoto 74, F 4
Manukau 139, G 4
Manytschniederung 91, H 2
Manytschsee 91, H 2
Manzanillo 154, D 5
Manzhouli 111, G 2
Maokegebirge 115, F/G 4
Maoming 111, G 4
Maputo 124, 1 G 8
Mar del Plata 163, D 6
Marabá 163, D/E 3
Maracaibo 162, B 1
Maracaibosee 143, L/M 9
Maracay 162, C 1
Maradi 132, D 3
Maragheh 91, J 4
Marahuaca 162, C 2
Marand 91, J 4
Marange-Zondrange 16, B 3
Maranhão 145, 1 M 9
Maranoa 138, D 3
Marañon 143, L 10
Marathon 90, D 4
Marbella 88, B 4
Marburg 15, F 1
March 82, F 3
Marcha 95, M 3
Marche-en-Famenne 80, E 4
Marcus-Insel 136, K 3
Maré 139, F 3
Margarita 155, H 5
Margherita Peak (Mount Stanley) 135, E 2
Marguareis 84, D 6
Maria Laach 14, C 2
Marianen 136, K 4
Mariánské Lázně = Marienbad 35, H 6
Mariazell 85, M 3
Maribor 85, M 4
Marica 90, D 3
Marie-Byrd-Land 167, 2 M/N 2
Mariecourt 153, O 3
Marienbad (Mariánské Lázně) 35, H 6
Marienburg (Malbork) 83, F 2
Marienstatt 15, D 1
Marionriff 138, E 2
Mariupilj 94, D 5
Marka 133, H 4
Marken 85, J/K 7
Markermeer 80, E 2
Markkleeberg 34, H 4
Marksburg 15, D 2
Marktredwitz 35, H 5/6
Marlborough 138, D/E 3
Marle 80, C 5
Marmarameer 90, D/E 3
Marmaris 90, E 4
Marmolada 85, H 4
Marne 77, D 4
Marnheim 17, E 2
Maroantsetra 135, F/G 4
Marokko 124, 1 C 2
Maroua 132, E 3
Marovoay 135, F 4
Marpingen 16, C 3
Marquesas-Inseln 137, N/O 5
Marrakech 132, C 1
Marsa al-Burayqah 132, E 1
Marsabit 135, E 2
Marsala 89, F/G 4
Marseille 77, E 6
Marshall-Inseln 136, L 4
Marshall-Inseln (Staat) 243, S 5
Martigny 84, C 4
Martigues 84, B 7
Martinique 143, M/N 8
Martinshöhe 16, C 3
Mary 119, 3 E 2
Maryborough 138, E 3
Maryland 144, 1 H/J 5
Marzuq 132, E 2
Mascara 88, D 5
Maseru 124, 1 F 8
Mashhad = Meschhed 119, 3 D 2
Mashonaland 135, E 4
Masindi 135, E 2
Masirah 119, 3 D 3
Maskarenen 136, E 6
Maskat 102, 1 D/E 3
Massa 84, G 6/7
Massachusetts 144, 1 J/K 4
Massaisteppe 135, E 3
Massawa 133, G 3
Massilia (hist. Marseille) 197, 2 C 2
Mastershausen 14, C 2
Masuku = Franceville 134, C 3
Masuren 83, G 2
Masvingo 135, E 5
Masyr 83, J 2/3
Mata Utu 139, H 2
Matabeleland 134, D 4
Matadi 134, C 3
Mato Grosso 145, 1 L 10
Mato Grosso do Sul 145, 1 L 10/11
Matosinhos 88, A 3
Matrah 119, 3 D 3
Matsu 111, H 4
Matterhorn 84, D 4/5
Mattersburg 85, N 3
Maubeuge 80, C 4
Mauer 17, F 3
Maulbronn 17, F 3/4
Maun 134, D 4
Mauretanien 124, 1 B/C 3
Mauritius (Insel) 123, 3 L 8
Mauritius (Staat) 125, 1 J 7
Mauthausen 85, L 2
Maxdorf 17, E 3
Maxixe 135, E 5
Mayen 14, C 2
Mayen-Koblenz (Landkreis) 27, 5
Mayotte 135, F 4
Mayschoß 14, B/C 1
Mayum-Pass 110, D 3
Mazagan 132, B/C 1
Mazar-e Sharif 119, 3 E 2
Mazatlán 154, D 4
Mazedonien 58, 1 H 4
Mbabane 124, 1 G 8
Mbala 135, E 3
Mbandaka 134, C 2
Mbeya 135, E 3
Mbinda 134, C 3
Mbomou 133, F 4
Mbuji-Mayi 134, D 3
McClure-Straße 142, F/G 2
McDonald-Insel 167, 2 D 3
McRobertson-Küste 167, 2 C/D 2
Meaux 80, B 6
Mechelen 80, D 3
Mechernich 14, B 1
Meckenheim (Kreis Bad Dürkheim) 17, E 3
Meckenheim (Rhein-Sieg-Kreis) 14, B/C 1
Meckesheim 17, F 3
Mecklenburg 75, C 6 – D 6
Mecklenburger Bucht 34, G 1
Mecklenburgische Seenplatte 30, 1 D/E 2
Mecklenburg-Vorpommern 31, 2
Medan 114, B 3
Meddersheim 15, D 3
Medellín 162, B 2
Medernach 14, A 3
Medicine Hat 152, J 4/5
Medina 119, 3 B/C 3
Medjerda 89, F 4
Medny-Insel 95, R 4
Médoc 77, C 5
Medweshi-Inseln (Bären-Inseln) 95, R 2
Meekatharra 138, A 3
Meeralpen 84, C 6 – D 7
Meerfelder Maar 14, B 2
Meerut 110, C 4
Mehlingen 17, D 3
Mehren 14, D 1
Mehring 14, B 3
Meiningen 34, F 5
Meisburg 14, B 2
Meisenheim 15, D 3
Meißen 34, J 4
Meißner 34, E 4
Mekele 133, G 3
Mekka 119, 3 B 3
Meknès 132, C 1
Mekong 100, 1 G 5
Mekran 100, 1 D/E 4
Melanesien vorderer Buchinnendeckel, Q 5 – S 6
Melbourne 138, D 4
Melekeok 243, Q/R 5
Melibocus 15, F 3
Melilla 88, C 5
Melita (hist. Malta) 197, 2 D 3
Melk 85, M 2
Mellum 34, D 2
Melnik 35, K 5
Melsbach 14, C 2
Melville-Halbinsel 153, M 3
Melville-Insel (Australien) 138, C 2
Melville-Insel (Kanada) 152, J/K 2
Memel (Fluss) 75, F 6
Memel (Klaipeda) 75, F 6
Memleben 201, 3 C 2
Memmingen 35, F 8
Memphis 155, F 3
Memphis (historischer Ort) 197, 2 E/F 4
Mendig 14, C 2
Mendoza 163, C 6
Mengerskirchen 15, E 1
Menongue 134, C 4
Menorca 88, E 3
Mentawai-Inseln 114, B 4
Menton 84, D 7
Menzingen (Kraichtal-) 17, F 3
Meppel 80, F 2
Meppen 34, C 3

Meran (Merano) 85, H 4
Merano = Meran 85, H 4
Merauke 115, F 4
Mercedes 163, C 6
Merchweiler 16, C 3
Merenberg 15, E 1
Mergui = Myeik 110, E 5
Mérida (Mexiko) 155, E/F 4
Mérida (Spanien) 88, B 4
Mérida (Venezuela) 162, B 2
Merlo 163, C/D 6
Mersch 14, A 3
Merseburg 34, G 4
Mersin (İçel) 91, F 4
Merten 16, B 3
Mertert 14, A 3
Mertesdorf 14, B 3
Mertloch 14, C 2
Meru 135, E 2
Meru (Berg) 135, E 3
Merxheim 14, D 3
Merzalben 17, D 3
Merzenich 14, B 1
Merzig 16, B 3
Merzig-Wadern (Landkreis) 27, 5
Meschede 34, D 4
Meschhed (Mashhad) 119, 3 D 2
Mesen 94, E 3
Mesen (Fluss) 94, E 3
Meseta 56, 2 D 3 – D 4
Mesopotamien 100, 1 D 4
Messel 15, F 3
Messina 89, G 4
Meta 162, B 2
Metauro 85, J 7
Mettendorf 14, A 3
Mettlach 16, B 3
Metz 16, A 3
Metzervisse = Metzerwiese 16, A 3
Metzerwiese (Metzervisse) 16, A 3
Meurthe 84, C 2
Mexicali 154, C 3
Mexiko 144, 1 F 6
Mexiko-Stadt 144, 1 F/G 7
Miami 155, F 4
Miandoab 91, J 4
Mianyang 110, F 2
Michelstadt 15, F 3
Michigan 144, 1 H 4
Michigansee 142, K 5
Middelburg 80, C 3
Middlesbrough 76, C 3
Midway-Inseln 136, M 3
Miehlen 15, D 2
Mies (Mže) 35, H/J 6
Mies (Stříbro) 35, H 6
Mikkeli 74, G 4
Mikronesien (Inseln) vorderer Buchinnendeckel, R – T 5
Mikronesien (Staat) 243, R 5
Milano = Mailand 84, F 5
Mildura 138, D 4
Miles 138, E 3
Milet 90, D 4
Milet (historischer Ort) 197, 2 E 3
Milford Haven 76, B 4
Milkowo 95, Q 4
Millstatt 85, K 4
Milos 90, D 4
Milwaukee 155, E/F 2
Minas 163, D 6
Minas Gerais 145, 1 M 10
Mincio 84, G 5
Mindanao 101, 1 H 5
Minden 34, D 3
Mindoro 114, D/E 2
Minfeld 17, E 3
Mingäçevir-Stausee 91, J 3
Minho 88, A 3
Minna 132, D 4
Minneapolis 155, E 2
Minnesota 144, 1 G 4
Minsk 58, 1 H 3
Miri 114, D 3
Mirim-Lagune 163, D 6
Mirnyj 95, M 3
Miskolc 83, F/G 3
Misool 114, E 4
Misrata 132, E 1
Mississippi (Bundesstaat) 144, 1 G/H 5
Mississippi (Fluss) 142, J 5
Mississippidelta 155, F 4
Missouri (Bundesstaat) 144, 1 G 5
Missouri (Fluss) 142, G/H 5
Mistassinisee 153, N 4
Mistras 90, C 4
Mitchell 138, D 3
Mithapur 110, B 4
Mitla 154, E 5
Mittelfranken 31, 2
Mittellandkanal 34, D 3
Mittelmeer 132, D/F 1
Mittelrussische Platte 57, 2 H 2
Mittelsibirisches Bergland 95, K/M 3
Mittenaar 15, E 1
Mittlerer Taurus 91, F/G 4
Mitú 162, B 2
Mjøsensee 74, C 4
Mobile 155, F 3
Mobuto-Sese-Seko-See = Albertsee 135, D 2
Moco 134, C 4/5
Mocuba 135, E 4
Modane 84, C 5
Modau 15, F 3
Modautal 15, F 3
Modena 84, G 6
Moe 138, D 4
Moen 115, H 3
Moers 34, B 4
Mogadischu 124, 1 H 5
Mogontiacum (hist. Mainz) 199, 3 B 4
Mogotscha 95, M 4
Mohenjo Daro 110, B 4
Mointy 94, H 5
Mokpo 111, H 3
Moldau (Fluss) 82, E 3
Moldau (Staat) 58, 1 H/J 4
Molde 74, B 4
Molepolole 134, D 5
Möll 85, K 4
Mollendo 162, B 4
Molopo 134, D 5
Molukken 136, J 5
Molukkensee 114, E 3/4
Momagebirge 95, P 3
Mombasa 135, E 3
Mombronn (Montbronn) 16, C 4
Mommenheim 15, E 3
Mompach 14, A 3
Møn 34, H 0
Monaco 84, D 7
Monaco (Staat) 58, 1 F 4
Mönchengladbach 34, B 4
Mondovi 84, D 6
Mondsee 85, K 3
Monfalcone 85, K 5
Mongolei 102, 1 F/G 2
Mongolischer Altai 110, D/E 2
Mongu 134, D 4
Monreal 14, C 2
Monrovia 124, 1 B 5
Mons 80, C 4
Monschau 14, A 1
Monsheim 17, E 2
Mont Blanc 84, C 5
Mont des Fourches 84, B 2
Mont Lassois 197, 2 C 2
Mont Lozère 77, D 5
Mont Pilat 84, A 5
Mont Ventoux 84, B 6
Montabaur 15, D 2
Montagne du Lubéron 84, B 7
Montana 144, 1 E/F 4
Montauban 77, D 5
Montbard 84, A 3
Montbéliard 84, C 3
Montbronn = Mombronn 16, C 4
Mont-Cenis 84, C 5
Montdidier 80, B 5
Monte Adamello 84, G 4
Monte Botte Donato 89, H 4
Monte Caseros 163, D 5/6
Monte Cimone 84, G 6
Monte Cinto 89, F 3
Monte Cristallo 85, J 4
Monte Falterona 85, H 7
Monte Fumaiolo 85, J 7
Monte Generoso 85, J 7
Monte Maggiorasca 84, F 6
Monte Pelat 84, C 6
Monte Pisano 84, G 7
Monte Rosa 84, D 5
Monte Viso 84, D 6
Montélimar 84, A 6
Montenegro 58, 1 G 4
Montería 162, B 2
Monterrey 154, D 4
Montes Claros 163, E 4
Montevideo 145, 1 L 12
Montfaucon 80, D/E 5
Montgenèvre 84, C 6
Montgomery 155, F 3
Monti del Chianti 85, H 7
Montigny 16, A 3
Montluçon 77, D 5
Montmédy 80, E 5
Montone 85, H 6
Montpelier 155, G 2
Montpellier 77, D 6
Montréal 153, N 5
Montreux 84, C 4
Montschegorsk 74, H/J 3
Monza 84, F 5
Monzelfeld 14, C 3
Monzingen 15, D 3
Moonie 138, D/E 3
Moora 138, A 4
Moosonee 153, M 4
Mopti 132, C 3
Mora 74, D 4
Moradabad 110, C 4
Moramanga 135, F 4
Morava 90, C 2
Moray Firth 76, C 2
Morbach 14, C 3
Mörchingen (Morhange) 16, B 4
Moree 138, D 3
Morelia 154, D 5
Morez 84, B/C 4
Mörfelden-Walldorf 15, F 3
Morhange = Mörchingen 16, B 4
Morioka 111, K 3
Morlaix 77, C 4
Mörlenbach 17, F 2
Mormugao 110, C 5
Morogoro 135, E 3
Morön 110, E/F 2
Morondava 135, F 5
Moroni 124, 1 H 7
Morro Alto 163, E 4
Morsbach 15, D 1
Mörsdorf 14, C 2
Morzine 84, C 4
Mosambik 135, F 4
Mosambik (Staat) 124, 1 G/H 7
Mosbach 35, E 6
Mosdok 91, J 3
Mosel (Moselle) 35, B 7
Moselberge 13, 2 A 2
Moselle = Mosel 35, B 7
Moshi 135, E 3
Moskau 102, 1 C/D 2
Moskau-Wolga-Kanal 83, L 1
Moskito-Bank 155, F 5
Moskito-Küste 155, F 5
Mosonmagyaróvár 85, O 3
Mossoró 163, F 3
Most = Brüx 34, J 5
Mostaganem 88, C/D 5
Mostar 90, B 3
Mosul (Al-Mawsil) 91, H 4
Motala 75, D 5
Moulmein 110, E 5
Moulouya 132, C 1
Moundu 132, E 4
Mount Acland 138, D 3
Mount Augustus 138, A 3
Mount Baker 152, F 3
Mount Bruce 138, A 3
Mount Columbia 152, J 4
Mount Cook 139, F/G 5
Mount Doonerak 152, E 3
Mount Elbert 142, G/H 6
Mount Erebus 167, 2 J 2
Mount Everest 100, 1 F 4
Mount Fairweather 152, G 4
Mount Forel 153, R 3
Mount Frazer 138, A 3
Mount Fridtjof Nansen 167, 2 G/J 1
Mount Gambier 138, C/D 4
Mount Hagen 115, G 4
Mount Hann 138, B 2
Mount Harper 152, F 3
Mount Hood 154, B 2
Mount Isa 138, C 3
Mount Katmai 152, E 4
Mount Kenia 123, 3 J 6
Mount Kirkpatrick 167, 2 G/H 1
Mount Kosciusko 138, D 4
Mount Logan 142, E 3
Mount Magnet 138, A 3
Mount McKinley 142, C/D 3
Mount Menzies 167, 2 C/D 2
Mount Michelson 152, F 3
Mount Minto 167, 2 H/J 2
Mount Mitchell 142, K 6
Mount Olga 138, C 3
Mount Rainier 142, F 5
Mount Robson 142, F/G 3
Mount Saint Helens 154, B 2
Mount Shasta 142, F/G 5
Mount Sidley 167, 2 M 2
Mount Smythe 152, H 4
Mount Stanley = Margherita Peak 135, E 2
Mount Veniaminof 152, E 4
Mount Victoria 115, G 4
Mount Vinson 167, 2 O 1/2
Mount Waddington 152, H 4
Mount Whitney 142, G 6
Mount Wilhelm 115, G 4
Mount Woodroffe 138, C 3
Moura 138, D 3
Mouscron 80, C 4
Moûtiers 84, C 5
Moyale 135, E 2
Mpika 135, E 4
Mtwara 135, F 4
Muanda 134, C 3
Mubi 132, E 3
Much 14, C 1
Muchingagebirge 135, E 4
Mudanjiang 111, H 2
Mudersbach 15, D 1
Mugodsharyberge 94, F 5
Mühlacker 17, F 4
Mühlbach 15, D 2
Mühldorf 35, H 7
Mühlhausen (Rhein-Neckar-Kreis) 17, F 3
Mühlhausen (Thüringen) 34, F 4
Mühlheim 17, F 1
Mühltal 15, F 3
Mühlviertel 85, K/L 2
Mujunkum 94, G/H 5
Mulde 34, H 4
Mülhausen (Mulhouse) 84, C/D 3
Mülheim-Kärlich 14, C/D 2
Mulhouse = Mülhausen 84, D 3
Mulobezi 134, D 4
Multan 110, C 4
Mumbai = Bombay 110, C 5
Muna 95, M 3
München 35, G 7
Münchhausen 15, F 1
Münchweiler am Klingbach 17, D 3
Münchweiler an der Rodalb 17, D 3
Mungbere 134, D 2
Munku-Sardyk 95, K/L 4
Münster (Kreis Darmstadt-Dieburg) 17, F 2
Munster (Lothringen) = Münster 16, B 4
Münster (Munster, Lothringen) 16, B 4
Münster (Westfalen) 34, C 4
Münsterland 30, 1 B 3
Münstermaifeld 14, C 2
Münster-Sarmsheim 15, D 3
Münzenberg 15, F 2
Muonio 74, F 3
Muonioälv 74, F 2/3
Mur 85, L 3
Murallón 163, B 7
Murat Dağı 90, E 4
Murchison 138, A 3
Murcia 88, C 4
Müritz 34, H 2
Murmanküste 74, J 2 – K 2
Murmansk 74, J 2
Murom 83, M 2
Murray 138, D 4
Murray Bridge 138, C 4
Murrumbidgee 138, D 4
Mururoa-Atoll 242, B/C 7
Mürz 85, M 3
Mus Chaja 95, O/P 3
Musala 90, C 3
Musgravekette 138, C 3
Musina 135, E 5
Musoma 135, E 3
Mutare 135, E 4
Mutsamudu 135, F 4
Mutterstadt 17, E 3
Mwali 135, F 4
Mwanza 135, E 3
Mwene-Ditu 134, D 3
Mwerusee 123, 3 H 7
Myanmar (Birma) 102, 1 F 3
Myeik (Mergui) 110, E 5
Myingyan 110, E 4
Myitkyina 110, E 4
Mykene 90, C 4
Mykolajiw 83, K/J 4
Mykonos 90, D 4
Myrdalsjökull 74, C 2
Mysore 110, C 5
Myvatn 74, C 1
Mže = Mies 35, H/J 6
Mzuzu 135, E 4

N

N'Djamena 124, 1 E 4
Naab 35, G/H 6
Nabeul 89, F 4
Nabire 115, F 4
Nacala 135, F 4
Nachodka 95, O 5
Nackenheim 15, E 3
Nador 88, C 5
Nadym 94, H 3
Nafplion = Nauplia 90, C 4
Nagasaki 111, H 3
Nagold (Fluss) 17, F 4
Nagoya 111, J 3
Nagpur 110, C 4
Naha 111, H 4
Nahe 16, C 2
Nahe-Inseln 152, B 4
Nain 153, O 4
Nairobi 124, 1 G 6
Najran (Aba as-Suud) 119, 3 C 4
Nakhon Ratchasima 114, C 2
Nakhon Sawan 114, B 2
Nakskov (Lolland-) 34, G 1
Nakuru 135, E 2/3
Nalbach 16, B 3
Naltschik 91, H 3
Nam Co 110, D/E 3
Namaqualand 134, C 5/6
Namborn 16, C 2
Namib 123, 3 G 8/9
Namibe 134, C 4
Namibia 124, 1 E 8
Namoi 138, D 4
Nampula 135, E 4
Namsos 74, C 3
Namur 80, D 4
Nan 114, C 2
Nan Shan 100, 1 F 4
Nanchang 111, G 4
Nancy 84, C 2
Nanda Devi 110, C/D 3
Nanded 110, C 5
Nanga Parbat 110, C 3
Nanjing 111, G 3
Nanning 111, F 4
Nanping 111, G 4
Nansei-Inseln 101, 1 H 4
Nantes 77, C 5
Nantong 111, H 3
Napier 139, G 4
Napoli = Neapel 89, G 3
Nara 132, C 3
Nares-Straße 153, N 2 – O 1
Naretha 138, B 4
Narjan-Mar 94, F 3
Narmada 110, C 4
Narodnaja 100, 1 D/E 2
Narotschsee 83, H 2
Narrogin 138, A 4
Narva 75, G 5
Narva (Fluss) 75, G 5
Narvabucht 75, G 5
Narvastausee 75, H 5
Narvik 74, E 2
Naryn 94, H 5
Nashik 110, C 5
Nashville 155, F 3
Näsisee 74, F 4
Nassau (Bahamas) 144, 1 J 6
Nassau (Deutschland) 15, D 2
Nassersee 123, 3 J 4
Nastätten 15, D 2
Natal 163, F 3
Natronsee 135, E 3
Natuna-Besar-Inseln (Bunguran-Inseln) 114, C 3
Nauheim 15, E 3
Naukratis (historischer Ort) 197, 2 E/F 3
Naumburg 34, G 4
Nauort 15, D 2
Nauplia (Nafplion) 90, C 4
Nauru (Insel) 136, L 5
Nauru (Staat) 243, S 6
Navoiy 119, 3 E 1
Nawadibu = Nouadhibou 132, B 2
Nawaksut = Nouakchott 132, B 3
Naxçıvan 91, J 4
Naxos 90, D 4
Naypyidaw 102, 1 F 4
Nazilli 90, E 4
Nazret 133, G 4
Neapel (Napoli) 89, G 3
Neapolis (hist. Neapel) 197, 2 D 2
Nebraska 144, 1 F/G 4
Neckar 35, E 6
Neckargemünd 17, F 3
Neckarsteinach 17, F 3
Necochea 163, D 6
Nedjd 119, 3 C 3
Neffelbach 14, B 1
Nefud 119, 3 B/C 3
Negele 133, G 4
Neijiang 110, F 4
Neiva 162, B 2
Nelkan 95, O 4
Nelma 95, O 5
Nelson 139, G 5
Nelson (Fluss) 142, J 4
Nelspruit 135, D 5
Nennig (Perl-) 16, A 2
Nepal 102, 1 F 3
Nephin 76, A 3
Nerjungri 95, N 4
Nertschinsk 95, M 4
Nesebăr 90, D 3
Nestos 90, D 3
Netphen 15, E 1
Nette 14, C 2
Nettersheim 14, B 2
Neu Amsterdam 136, F 6
Neu Görz = Nova Gorica 85, K 5
Neu-Anspach 15, E/F 2
Neubrandenburg 34, H 2
Neubritannien 115, H 4
Neuburg am Rhein 17, E 3/4
Neuburg an der Donau 35, G 7
Neuchâtel = Neuenburg 84, C 4
Neu-Delhi 102, 1 E 3
Neuenburg (Neuchâtel) 84, C 4
Neuenburger See 84, C 4
Neuerburg 14, A 2
Neufchâteau 84, B 2
Neufundland 142, N/O 5
Neuguinea 136, J/K 5
Neuhofen 17, E 3
Neuirland 115, H 4
Neu-Isenburg 15, F 2
Neukaledonien 136, L 6
Neukastilien 88, B/C 3
Neulußheim 17, E/F 3
Neumagen-Dhron 14, B 3
Neumark 34, K 3
Neumarkt in der Oberpfalz 35, G 6
Neumarkt in Steiermark 85, L 3
Neumünster 34, E/F 1
Neun-Grad-Kanal 110, C 6
Neunkirchen (Kreis Siegen-Wittgenstein) 15, D/E 1
Neunkirchen (Saar) 16, C 3
Neunkirchen-Seelscheid 14, C 1
Neunkircher Höhe 15, F 3
Neuquén 163, C 6
Neuruppin 34, H 3
Neusäß 35, F 7
Neuschottland 142, M/N 5
Neuschwabenland 167, 2 S – A 2
Neuseeland 136, L 7
Neuseeländische Alpen 139, F/G 5
Neusibirien 95, Q 2
Neusibirische Inseln 100, 1 H/J 2
Neusiedler See 85, N 3
Neuss 34, B 4
Neustadt (Wied) 14, C 1
Neustadt an der Weinstraße 17, E 3
Neustadt in Holstein 34, F 1
Neustettin (Szczecinek) 82, F 2
Neustrelitz 34, J 2
Neu-Ulm 35, F 7
Neuwerk 34, D 2
Neuwied 14, C 2
Nevada 144, 1 E 5
Nevado de Colima 154, D 5
Nevado del Huila 162, B 2
New Amsterdam 162, D 2
New Brunswick 144, 1 K 4
New Hampshire 144, 1 J/K 4
New Jersey 144, 1 J 4/5
New Mexico 144, 1 F 5
New Orleans 155, E/F 4
New Plymouth 139, G 4
New York 144, 1 J 4
Newcastle (Australien) 138, E 4
Newcastle upon Tyne 76, C 3
Newel 14, B 3
Newfoundland and Labrador 144, 1 K/L 3
Newinnomyssk 91, H 2
Newman 138, A 3
Ngaoundéré 132, E 4
Nguru 132, E 3
Nha Trang 114, C 2
Niagarafälle 155, F 2
Niamey 124, 1 D 4
Nias 114, B 3
Nicaragua 145, 1 H/J 7
Nicaraguasee 155, F 5
Nice = Nizza 84, D 7
Nickenich 14, C 2
Nidda 15, F 2
Nideggen 14, A/B 1
Niebüll 34, D 1
Nied 16, A 3
Nied allemande 16, A/B 3
Nied française 16, A 4
Niedaltdorf (Rehlingen-Siersburg-) 16, B 3
Nieder-Altaich (Kloster) 201, 3 D 2
Niederanven 16, A 2
Niederbayern 31, 2
Niedere Tauern 85, K/L 3
Niederfischbach 15, D 1
Niederginingen (Guénange) 16, A 3
Niederguineaschwelle 123, 3 G 6/8
Niederheimbach 15, D 2
Niederkalifornien 142, G 6/7
Niederkassel 14, C 1
Niederkirchen 17, E 3
Niederlande 58, 1 F 3
Niederländische Antillen 145, 1 J/K 7
Niederlausitz 30, 1 E/F 3
Niederneisen 15, D/E 2
Niedernhausen 15, E 2
Nieder-Olm 15, E 3
Niedersachsen 31, 2
Niederwörresbach 14, C 3
Niederzier 14, A 1
Niederzissen 14, C 2
Niefern-Öschelbronn 17, F 4
Nienburg 34, E 3
Nierstein 15, E 3
Niete 132, C 4
Nieuwegein 80, E 2/3
Nieuwpoort 80, B 3
Niger (Fluss) 123, 3 E 5
Niger (Staat) 124, 1 D/E 4
Nigerdelta 132, D 4
Nigeria 124, 1 D 4
Niigata 111, J 3
Nijmegen = Nimwegen 80, E 3
Nikel 74, H 2
Nikobaren 136, G 4
Nikolajewsk 95, O/P 4
Nikosia 58, 1 J 5
Nikumaroro 139, H 1
Nil 123, 3 J 4
Nîmes 77, E 6
Nimrud 91, H 4
Nims 14, A 2
Nimwegen (Nijmegen) 80, E 3
Ningbo 111, H 4
Ninive 91, H 4
Ninove 80, C 4
Nioro du Sahel 132, B/C 3
Nipigonsee 153, L/M 5
Niš 90, C 3
Nishnekolymsk 95, Q/R 3
Nishnewartowsk 94, H 3
Nishnij Nowgorod 94, E 4
Nishnij Nowgoroder Stausee 83, M 1
Nister 15, D 1
Nistertal 15, D 1
Niterói 163, E 5
Nittel 16, A 2
Niue 243, T 7
Nivelles 80, D 4
Nizza (Nice) 84, D 7
Njagan 94, G 3
Njassasee = Malawisee 135, E 4
Njazidja 135, F 4
Njemen 83, H 2
Nkongsamba 132, D/E 4
Nogales 154, C 3
Nogaltal 133, H 4
Nogent-sur-Oise 80, B 5
Noginsk 94, J/K 3
Nohfelden 16, C 2
Nome 152, D 3
Nomeny 16, A 4
Nong Khai 114, C 2
Nonnweiler 16, B 2
Noordwijk 80, D 2
Nordamerika vorderer Buchinnendeckel, D/E 3
Nordbrabant 80, E 3
Norddeutsches Tiefland 30, 1 C/D 2
Nordeck 15, F 1
Norden 34, C 2
Nordenham 34, D 2
Norderney 34, B/C 2
Norderstedt 34, E 2
Nordfjord 74, B 4
Nordfriesische Inseln 34, D 1
Nordfriesland 30, 1 C 1
Nordhausen 34, F 4
Nordhollandkanal 80, D 2
Nordhorn 34, B/C 3
Nordinsel 139, G 4

Nordirland 58, 1 E 3
Nord-Jemen 102, 1 D 4
Nordkap (Neuseeland) 139, G 4
Nordkap (Norwegen) 74, G 2
Nordkorea 102, 1 H 2
Nördliche Dwina 94, E 3
Nördliche Marianen 243, R 5
Nördliche Sporaden 90, C/D 4
Nördlicher Landrücken 30, 1 C 1 – E 2
Nördlingen 35, F 7
Nord-Ostsee-Kanal 34, E 1/2
Nordpolarmeer 166, 1 R – C 1
Nordrhein-Westfalen 31, 2
Nordrussischer Landrücken 57, 2 J 2 – K 1
Nordrussisches Tiefland 57, 2 H/J 1
Nordsee 76, D/E 2
Nordseekanal 80, D 2
Nordsibirisches Tiefland 94, J 2 – N 2
Nordwestkap 138, A 3
Norfolk 155, G 3
Norfolk-Insel 136, L 6
Norilsk 94, J 3
Norman Wells 152, H 3
Normandie 77, C/D 4
Norrköping 75, E 5
Norrland 74, E 3
Norseman 138, B 4
North Bay 153, M/N 5
North Carolina 144, 1 H/J 5
North Dakota 144, 1 F/G 4
North Platte (Fluss) 154, D 2
Northam 138, A 4
Northeim 34, E/F 4
Northwest Territories 144, 1 D/E 2
Nörvenich 14, B 1
Norwegen 58, 1 F 2
Norwich 76, D 3
Nossob 134, C 5
Nosy Boraha 135, F/G 4
Notsee 74, H 2
Nottaway 153, N 4
Nottingham 76, C 3
Nouadhibou (Nawadibu) 132, B 2
Nouakchott 124, 1 B 4
Nouméa 139, F 3
Nova Gorica 85, K 5
Nova Iguaçu 163, E 5
Nova Scotia 144, 1 K 4
Novaesium (hist. Neuss) 199, 3 B 3
Novara 84, E 5
Novi Ligure 84, E 6
Novi Sad 90, B 2
Noviomagus (hist. Nimwegen) 199, 3 A 3
Noviomagus (hist. Speyer) 199, 3 B/C 4
Nowaja Semlja 100, 1 D 2
Nowgorod 94, D 4
Nowokusnezk 94, J 4
Noworossijsk 91, G 2
Nowosibirsk 94, H/J 4
Nowosybkow 83, J/K 2
Nowotscherkassk 91, H 2
Nowyj Port 94, G/H 3
Nowyj Urengoi 94, H 3
Noyelles 80, A 4
Noyon 80, B 5
Nu Jiang (Saluën) 110, E 3
Nubien 123, 3 H/J 5
Nubische Wüste 133, G 2
Nuevo Laredo 154, D/E 4
Nui-Atoll 139, G 1
Nuku'alofa 243, S/T 7
Nukufetau-Atoll 139, G 1
Nukunono-Atoll 139, H 1
Nukus 119, 3 D 1
Nullarbor 138, C 4
Nullarborebene 138, B/C 4
Nümbrecht 14, D 1
Nunavut 144, 1 G/H 2
Nunkirchen (Wadern-) 16, B 3
Nürburg 14, B 2
Nürnberg 35, G 6
Nürtingen 35, E 7
Nuruhakdağı 91, G 4
Nußloch 17, F 3
Nutscheid 13, 2 B 1
Nuuk (Godthåb) 153, P 3
Nuviak-Insel 152, D 3
Nyala 133, F 3
Nyda 94, H 3
Nyeri 135, E 3
Nyíregyháza 83, G 3/4
Nyiru 135, E 2
Nyköping 75, E 5
Nynhan 138, D 4
Nzérékoré 132, C 4
Nzwani 135, F 4

O

Oahe-Stausee 154, D 2
Oase Djalo 133, F 2
Oasen von Touat 132, C/D 2
Oaxaca 154, E 5
Ob 100, 1 E 2
Oban 76, B 2
Oberalppass 84, E 4
Oberbayern 31, 2
Oberderdingen 17, F 3
Oberer See 142, J/K 5
Oberfranken 31, 2
Oberguineaschwelle 123, 3 D – F 5
Oberhausen 34, B 4
Oberhausen-Rheinhausen 17, E 3
Oberhomburg (Hombourg-Haut) 16, B 3
Oberlausitz 30, 1 F 3
Ober-Mörlen 15, F 2
Obermoschel 15, D 3
Obernaustausee 15, E 1
Obernheim-Kirchenarnbach 16, D 3
Ober-Olm 15, E 3
Oberotterbach 17, D 3
Oberpfalz 31, 2
Oberpfälzer Wald 35, H 6
Ober-Ramstadt 15, F 3
Oberreidenbach 14, C 3
Oberrheinisches Tiefland 30, 1 B 5 – C 4
Oberstdorf 35, F 8
Obersteinbach 16, D 3
Oberthal 16, C 2
Obertshausen 17, F 1
Oberursel 15, F 2
Oberwart 85, N 3
Oberwesel 15, D 2
Obiou 84, B 6
Obrigheim 17, E 2
Ocha 95, P 4
Ochotsk 95, P 4
Ochotskisches Meer 101, 1 J 3
Ochtendung 14, C 2
Odda 74, B 4
Ödenburg (Sopron) 85, N 3
Odenheim (Östringen-) 17, F 3
Odense 75, C 6
Odenwald 35, D 6 – E 6
Oder (Odra) 82, F 3
Oderbruch 30, 1 E/F 2
Oder-Havel-Kanal 34, J 3
Odernheim 15, D 3
Oder-Spree-Kanal 34, K 3
Odessa 83, J 4
Odinzowo 83, L 2
Odra = Oder 82, F 3
Oestrich-Winkel 15, D/E 2
Ofanto 89, G 3
Offenbach (Main) 15, F 2
Offenbach an der Queich 17, E 3
Offenbach-Hundheim 16, C/D 2
Offenburg 35, C 7
Offstein 17, E 2
Oftersheim 17, F 3
Ogaden 133, H 4
Oglio 84, G 5
Ogooué 134, C 3
Ohanet 132, D 2
Ohio (Bundesstaat) 144, 1 H 4
Ohio (Fluss) 142, K 6
Ohm 15, F 1
Ohre 34, G 3
Ohře = Eger (Fluss) 35, J 5
Oimjakon 95, P 3
Ois = Ybbs 85, L 3
Oise 80, C 5
Oituzpass 83, H 4
Ojos del Salado 143, L/M 12
Oka (Fluss zur Angara) 95, L 4
Oka (Fluss zur Wolga) 94, D 4
Okaba 115, F 4
Okahandja 134, C 5
Okavango 134, D 4
Okavangobecken 134, D 4
Okayama 111, J 3
Okene 132, D 4
Okinawa 111, H 4
Oklahoma 144, 1 G 5
Oklahoma City 154, E 3
Oktoberrevolutions-Insel 95, J/L 2
Öland 75, E 5
Olavarría 163, C 6
Olbia (historischer Ort) 197, 2 F 2
Olbia (Sardinien) 89, F 3
Oldenburg (Oldenburg) 34, D 2
Oldenburg in Holstein 34, F 1
Oldenzaal 80, F 2
Olefstausee 14, A 1/2
Olenjok 95, L 3
Olenjok (Fluss) 95, N 2
Olga 95, O 5
Oljokminsk 95, M/N 3
Olmütz (Olomouc) 82, F 3
Olomouc = Olmütz 82, F 3
Olsbrücken 16, D 2
Olsztyn = Allenstein 83, G 2
Olt 83, H 4
Olten 84, D 3
Oltu 91, H 3
Olymp 90, C 3
Olympia 154, B 2
Olympia (Ruinenstätte) 90, C 4
Olzheim 14, A 2
Omaha 154, E 2
Oman 102, 1 D 3
Omangebirge 119, 3 D 3
Omatako 134, C 5
Omdurman 133, F/G 3
Omo 133, G 4
Omolon 95, Q 3
Omsk 94, H 4
Onegasee 74, J 4
Onilahy 135, F 5
Ono-i-Lau 139, H 3
Onon 95, M 4
Onslow 138, A 3
Ontario 144, 1 H 3
Ontariosee 142, L 5
Oodnadatta 138, C 3
Oostende = Ostende 80, B 3
Oosterhout 80, D 3
Oosterschelde 80, C 3
Opala 134, D 3
Opatija 85, L 5
Opole = Oppeln 82, F 3
Oppeln (Opole) 82, F 3
Oppenheim 15, E 3
Opua 139, G 4
Oradea = Großwardein 83, G 4
Oral (Uralsk) 94, F 4
Oran 88, C 5
Orange (Australien) 138, D 4
Orange (Frankreich) 84, A 6
Oranienburg 34, H/J 3
Oranje 123, 3 G/H 9
Oranje Senqu 134, D 5
Orchies 80, C 4
Ordos 111, F/G 3
Ordu 91, G 3
Örebro 75, D 5
Orechowo-Sujewo 83, L 2
Oregon 144, 1 D/E 4
Orenburg 94, F 4
Orenhofen 14, B 3
Orense 88, A/B 3
Orinoco 143, M 9
Orinocodelta 162, C 2
Oristano 89, F 4
Orjol 94, D 4
Orkney-Inseln 76, C 2
Orlando 155, F 4
Orléans 77, D 4/5
Orona 139, H 1
Orscha 83, J 2
Orsk 94, F 4
Ortisei = Sankt Ulrich 85, H 4
Orumiyeh = Urmia 91, J 4
Osaka 111, J 3
Osann-Monzel 14, B 3
Osburg 14, B 3
Ösel 75, F 5
Oshogbo 132, D 4
Osimo 85, K 7
Öskemen (Ust-Kamenogorsk) 94, H/J 5
Oskol 83, L 3
Ösling 80, E 4
Oslo 58, 1 G 2
Oslofjord 75, C 5
Osmaniye 91, F/G 4
Osnabrück 34, D 3
Osorno 163, B 7
Oss 80, E 3
Ossiach (Kloster) 201, 3 D 3
Ostafrikanisches Seenhochland 123, 3 J 7
Ostchinesisches Meer 101, 1 H 4
Oste 34, E 2
Ostende (Oostende) 80, B 3
Østerdal 74, C 4
Osterholz-Scharmbeck 34, D 2
Oster-Insel 137, P 6
Osterode 34, F 4
Österreich 58, 1 G 4
Östersund 74, D 4
Ostfriesische Inseln 34, B 2 – C 2
Ostfriesland 30, 1 B 2
Ostghats 100, 1 E/F 5
Osthofen 15, E 3
Ostiglia 85, H 5
Ostkap 139, G 4
Ostkordillere 162, B 2
Östliche Sierra Madre 142, H/J 7
Östlicher Euphrat 91, H 4
Östlicher Großer Erg 132, D 1/2
Östlicher Taurus 91, G/H 4
Ostmeer = Japanisches Meer 111, J 2/3
Ostpreußen 83, G 2
Ostrau (Ostrava) 82, F 3
Ostrava = Ostrau 82, F 3
Östringen 17, F 3
Ostsajan 94, K/L 4
Ostsee 75, E 6 – F 5
Ostsibirische See 101, 1 J/K 2
Oststeirisches Hügelland 85, M 3/4
Osttimor 102, 1 H 5
Osumi-Inseln 111, J 3
Otgon Tenger Uul 110, E 2
Ötigheim 17, E 4
Ötisheim 17, F 4
Otočac 85, M 6
Otranto 89, H 3/4
Ötscher 85, M 3
Otta 74, B 4
Ottawa 144, 1 J 4
Otterbach 17, D 3
Otterberg 17, D 2/3
Ottobrunn 35, G 7
Ottweiler 16, C 3
Otu-Tolu-Gruppe 139, H 3
Ötztaler Alpen 84, G 4
Ouadda 133, F 4
Ouagadougou 124, 1 C 4
Ouargla 132, D 1
Oudenaarde 80, C 4
Oujda 88, C 5
Oulu (Uleåborg) 74, G 3
Oulujoki 74, G 3
Oulusee 74, G 3
Ounasjoki 74, G 3
Our 14, A 3
Our-Stausee 14, A 3
Ourthe 80, E 4
Ovamboland 134, C 4
Overath 14, C 1
Oviedo 88, B 3
Owando 134, C 3
Oxford 76, C 4
Oyem 134, C 2
Oyo 132, D 4

P

Pachacamac 162, B 4
Pachuca 154, E 4
Padang 114, B/C 4
Paderborn 34, D 4
Padova = Padua 85, H 5
Padua (Padova) 85, H 5
Pag 85, M 6
Pag (Insel) 85, L 6
Pago Pago 139, H 2
Päijänne 74, G 4
Pakistan 102, 1 E 3
Pakxé 114, C 2
Palana 95, Q 4
Palangkaraya 114, D 4
Palanpur 110, C 4
Palau (Inseln) 136, J 4
Palau (Staat) 102, 1 H 4
Palawan 114, D 2
Palembang 114, C 4
Palencia 88, B 3
Palermo 89, G 4
Palikir 243, R 5
Palkstraße 110, C 6 – D 5
Palla Bianca = Weißkugel 84, G 4
Pallastunturi 74, F/G 2
Palma 88, D 4
Palmas 163, E 4
Palmer-Archipel 167, 2 P 2
Palmerland 167, 2 P 2
Palmerston North 139, G 5
Palmyra (Insel) 137, M/N 4
Palmyra (Ruinenstätte) 91, G 5
Palopo 114, E 4
Palu 114, D 4
Palzem 16, A 2
Pamekasan 114, D 4
Pamir 100, 1 E 4
Pampa 143, M 13
Pamplona (Iruña) 88, C 3
Panamá 145, 1 H/J 8
Panamakanal 143, K 8 – L 9
Panamá-Stadt 145, 1 J 8
Panaro 85, H 6
Panay 114, E 2
Pange 16, A 3
Pangkalpinang 114, C 4
Pantelleria 89, F/G 4
Pantikapaion (hist. Kertsch) 197, 2 F 2
Pápa 85, O 3
Papua (Irian Jaya) 115, F/G 4
Papuagolf 115, G 4
Papua-Neuguinea 243, R 6
Pará 145, 1 L 9
Paraburdoo 138, A 3
Paracel-Inseln 114, D 2
Paraguay (Fluss) 143, N 11/12
Paraguay (Staat) 145, 1 K/L 11
Paraiba 145, 1 N 9
Parakou 132, D 4
Paramaribo 145, 1 L 8
Paramuschir 95, Q 4
Paraná 163, C 6
Paraná (Bundesstaat) 145, 1 L/M 11
Paraná (Fluss) 143, N 12
Paranaguá 163, E 5
Paranapanema 163, D 5
Parauapebas 163, E 3
Parchim 34, G 2
Pardo 163, D 5
Pardubice = Pardubitz 82, E 3
Pardubitz (Pardubice) 82, E 3
Parece Vela 115, F 1
Parepare 114, D 4
Paris 58, 1 F 4
Parma 84, G 6
Parnaíba 163, E 3
Parnaiba (Fluss) 163, E 3
Parnaß 90, C 4
Pärnu 75, G 5
Paroo 138, D 3
Parry-Inseln 142, G/H 2
Pasewalk 34, K 2
Passau 35, J 7
Passo dei Giovi 84, E 6
Pasto 162, B 2
Patagonien 143, L 15 – M 14
Patkaigebirge 110, E 4
Patna 110, D 4
Patomhochland 95, M 4
Patos de Minas 163, E 4
Patos-Lagune 163, D 6
Patrai = Patras 90, C 4
Patras (Patrai) 90, C 4
Pau 77, C 6
Paulo Afonso 163, F 3
Pavia 84, F 5
Pawlodar 94, H 4
Pazifischer Ozean 136/137, L – O 4
Peace 142, G 4
Peace River 152, J 4
Pearyland 142, O/P 1
Pécs 83, F 4
Peene 34, J 2
Pegu 110, E 5
Peine 34, F 3
Peipussee 75, G 5
Pekanbaru 114, C 3
Peking 102, 1 G 3
Pelagische Inseln 89, G 5
Peledui 95, M 4
Peloponnes 90, C 4
Pelotas 163, D 6
Pelotas (Fluss) 163, D 5
Peltre 16, A 3
Pelvoux-Ecrins 84, C 6
Pematangsiantar 114, B 3
Pemba 135, F 4
Pemba (Insel) 135, E/F 3
Peñiscola 88, D 3
Pennines 76, C 3
Pennsylvania 144, 1 J 4
Penong 138, C 4
Penrhyn 137, M/N 5
Pensa 94, E 4
Penshina 95, R 3
Pentland Firth 76, C 2
Penzance 77, B 4
Perf 15, E 1
Pergamon (Ruinenstätte) 90, D 4
Périgueux 77, D 5
Perl 16, A 3
Perm 94, F 4
Pernambuco 145, 1 N 9
Pernik 90, C 3
Péronne 80, B 5
Perpignan 77, D 6
Persepolis 119, 3 D 3
Persischer Golf 100, 1 D 4
Perth 138, A 4
Peru 145, 1 J 9
Perugia 89, G 3
Perwomaisk 83, J 3
Pesaro 85, J 7
Pescara 89, G 3
Peshawar 110, C 3
Petare 162, C 1
Peter-I.-Insel 167, 2 O 2
Petermann Bjerg 153, S 2
Petersberg 34, G 4
Petra (historischer Ort) 197, 2 F 4
Petrolina 163, E 3
Petropawl 94, G 4
Petropawlowsk-Kamtschatskij 95, Q 4
Petrópolis 163, E 5
Petrosawodsk 94, D 3
Petschenga 74, H 2
Petschora 94, F 3
Petschora (Fluss) 94, F 3
Peureulak 114, B 3
Pewek 95, S 3
Pfaffenhofen 35, G 7
Pfälzer Bergland 13, 2 B 2
Pfälzer Wald 13, 2 B 2
Pfarrebersweiler (Farébersviller) 16, B 3
Pfarrkirchen 35, H 7
Pfeffelbach 16, C 2
Pfefferküste 132, B/C 4
Pfinz 17, F 4
Pfinztal 17, E/F 4
Pforzheim 17, F 4
Pfrimm 17, E 2
Pfungstadt 15, F 3
Phaselis (historischer Ort) 197, 2 E/F 3
Phasis (hist. Poti) 197, 2 F/G 2
Philadelphia 155, G 2/3
Philippeville 80, D 4
Philippinen 102, 1 H 4
Philippsbourg = Philippsburg (Lothringen) 16, D 4
Philippsburg (Baden-Württemberg) 17, E 3
Philippsburg (Lothringen, Philippsbourg) 16, D 4
Phitsanulok 114, C 2
Phnom Penh 102, 1 G 4
Phoenix 154, C 3
Phokaia (hist. Foça) 197, 2 E 3
Phönix-Inseln 137, M 5
Phuket 114, B 3
Piacenza 84, F 5
Piatra Goznei 88, D 4
Piatra Neamț 83, H 4
Piauí 145, 1 M 9
Piave 85, J 4
Pibrans (Příbram) 35, J/K 6
Pic de Tibé 132, C 4
Picardie 80, B 5
Pico Bolívar 162, B 2
Pico da Bandeira 143, O 12
Pico da Neblina 143, M 9
Pico de Aneto 88, D 3
Pico de Orizaba 142, J 8
Pico del Teide 132, B 2
Pico Duarte 155, G 5
Pico Ruivo 132, B 1
Picos 163, E 3
Picton 139, G 5
Pidurutalagala 100, 1 F 5
Piekberg 34, J 1
Pielinen-See 74, H 4
Piemont 84, D 6 – D 5
Pierre 154, D/E 2
Piesport 14, B 3
Piešťany 85, O 2
Pietermaritzburg 135, E 5
Pietersburg = Polokwane 134, D 5
Pik Pobedy 100, 1 F 3
Pilatus 84, E 4
Pilcomayo 143, M/N 12
Pillau (Baltisk) 83, F 2
Pilsen (Plzeň) 35, J 6
Pinar del Rio 155, F 4
Pindaré 163, E 3
Pindos 90, C 3/4
Pine Point 152, J 3
Pinerolo 84, D 6
Pingdingshan 111, G 3
Pinsk 83, H 2
Piraieus = Piräus 90, C 4
Piran 85, K 5
Piräus (Piraieus) 90, C 4
Pirmasens 16, D 3
Pirna 34, J 5
Pisa 84, G 7
Pisac 162, B 4
Pisek (Písek) 35, K 6
Písek = Pisek 35, K 6
Pistoia 84, G 7
Pitcairn 242, C 7
Pitești 83, H 4
Piton des Neiges 135, G 5
Pittsburgh 155, F/G 2/3
Piura 162, A 3
Piz Bernina 84, F 4
Piz Linard 84, G 4
Pjandsh 119, 3 E 2
Pjasee 74, H 3
Pjatigorsk 91, H 2
Pjöngjang 102, 1 H 3
Plaidt 14, C 2
Plankstadt 17, F 3
Plateau von Langres 84, A/B 3
Plateau von Mato Grosso 143, N 11
Plateau von Tademaït 132, D 2
Platte (Fluss) 154, D/E 2
Platte (Insel) 135, G 3
Plattensee (Balaton) 82, F 4
Plattling 35, H 7
Plauen 34, H 5
Pleven 90, D 3
Plitvicer Seen 85, M 6
Pljussa 75, H 5
Plöckenpass 85, J/K 4
Plöckenstein 35, J 7
Ploiești 83, H 4
Plön 34, F 1
Plovdiv 90, D 3
Pluwig 16, B 2
Plymouth 77, B 4
Plzeň = Pilsen 35, J 6
Po 84, F 5
Pobeda 95, P 3
Podeba-Insel 167, 2 E/F 2
Podelta 85, J 6
Podgorica 58, 1 G 4
Podolsk 83, L 2
Poel 34, G 1
Pöhlde 201, 3 C 2
Pohlheim 15, F 1
Pohnpei 115, H 3
Pointe du Raz 77, B 5
Pointe-Noire 134, B/C 3
Poissy 80, A 6
Poitiers 77, C/D 5
Poix 80, A 5
Polazk 83, J 2
Polch 14, C 2
Polcirkeln 74, F 3
Polen 58, 1 G/H 3
Polesje 83, G 3 – J 2
Polokwane (Pietersburg) 134, D 5
Pommersche Bucht 34, K 1
Pompeji 89, G 3
Ponce 155, H 5
Pons Aeni (hist. Rosenheim) 199, 3 D/E 5
Ponta Grossa 163, D 5
Pontarlier 84, C 4
Pontevedra 88, A 3
Pontianak 114, C 3
Pontisches Gebirge 91, F/G 3
Pontoise 80, A 5
Pontremoli 84, F 6
Poona (Pune) 110, C 5
Poopósee 163, C 4
Popayán 162, B 2
Popocatepetl 142, H/J 8
Popondetta 115, G 4
Poppberg 35, G 6
Porangatu 163, D/E 4
Porbandar 110, B 4
Porcelette 16, B 3
Porcupine 152, F 3
Pordenone 85, J 4/5
Pordoi 85, H 4
Poreč 85, K 5
Porjus 74, E/F 3
Porsangerfjord 74, G 2
Port Augusta 138, C 4
Port Blair 114, B 2
Port Elizabeth 134, D 6
Port Gentil 134, B 3
Port Harcourt 132, D 4
Port Hedland 138, A 2/3
Port Lincoln 138, C 4
Port Louis 125, 1 J 8
Port Moresby 243, R 6
Port Nolloth 134, C 5
Port of Spain 145, 1 K 7
Port Pirie 138, C 4
Port Radium 152, J 3
Port Said 133, G 1
Port Sudan 133, G 2/3
Port Vila 243, S 6
Porta Orientalis 83, G 4
Port-au-Prince 144, 1 J 7
Portimão 88, A 4
Portland 154, B 2
Porto 88, A 3
Porto Alegre 163, D 6

Porto Franco 163, E 3
Porto Novo 124, 1 D 5
Porto Seguro 163, F 4
Pôrto Velho 162, C 3
Porttipahta 74, G 3
Portugal 58, 1 D/E 5
Port-Vendres 77, D 6
Porz (Köln-) 14, C 1
Posadas 163, D 5
Posen (Poznań) 82, F 2
Poso 114, E 4
Postojna 85, L 5
Potenza 89, G 3
Potosi 163, C 5
Potsdam 34, H/J 3
Powell-Stausee 154, C 3
Poyang Hu 111, G 4
Poznań = Posen 82, F 2
Prabumulih 114, C 4
Prag 58, 1 G 3
Praia 124, 1 A 4
Pratas = Dongsha 111, G 4
Prato 85, H 7
Pratomagno 85, H 7
Predeal 83, H 4
Pregel 83, G 2
Prenzlau 34, J 2
Prerow 34, H 1
Preßburg (hist. Bratislava) 201, 3 E 2
Pretoria 124, 1 F/G 8
Příbram = Pibrans 35, J/K 6
Prignitz 30, 1 D/E 2
Prijedor 85, N 6
Primorsko-Achtarsk 91, G 2
Prims 16, B 2
Prince Albert 152, K 4
Prince George 152, H 4
Prince of Wales-Insel 153, K/L 2
Prince of Wales-Straße 152, J 2
Prince Rupert 152, G 4
Prince-Edward-Island 144, 1 K 4
Príncipe 132, D 4
Prinz-Eduard-Inseln 136, D/E 7
Prinzessin-Astrid-Küste 167, 2 A 2
Prinzessin-Martha-Küste 167, 2 S 2
Prinzessin-Ragnhild-Küste 167, 2 B 2
Priosersk 74, H 4
Pripjat 83, H 3
Pripjatsümpfe 83, H 2 – J 3
Prislop 83, H 4
Priština 58, 1 H 4
Prizren 90, C 3
Prochladny 91, H 3
Pronsfeld 14, A 2
Provençalische Alpen 84, C 6 – C 7
Provence 84, B/C 7
Providence 155, G 2
Prudhoe Bay 152, F 2
Prüm 14, A 2
Prüm (Fluss) 14, A 2
Pruth 83, J 4
Pschisch 91, H 3
Psiol 83, K 3
Pskow 83, J 1
Ptuj 85, M 4
Pucallpa 162, B 3
Puderbach 15, D 1
Puebla 154, E 5
Pueblo 154, D 3
Puerto Aisén 163, B 7
Puerto Barrios 155, F 5
Puerto Carreño 162, C 2
Puerto Deseado 163, C 7
Puerto Limón 155, F 5
Puerto Madryn 163, C 7
Puerto Montt 163, B 7
Puerto Plata 155, G 5
Puerto Rico 142, M 8
Puerto Santa Cruz 163, C 8
Puerto Vallarta 154, D 4/5
Puertollano 88, B 4
Pula 85, K 6
Pulog 114, E 2
Pulvermaar 14, B 2
Puncak Jaya 115, F 4
Pune = Poona 110, C 5
Punjab 100, 1 E 4
Puno 162, C 4
Punta Arenas 163, B 8
Punta la Marmora 89, F 3/4
Puntarenas 155, F 5
Purmerend 80, D 2
Purus 143, M 10
Pustertal 85, H 4 – J 4
Putoranagebirge 95, K 3
Putrajaya 114, B/C 3
Puttgarden (Fehmarn-) 34, G 1
Püttlingen 16, B 3
Putumayo 162, B 3
Puy de Sancy 77, D 5
Puyang 111, G 3
Pyay 110, E 5
Pyhätunturi 74, G 3
Pyinmana 110, E 5
Pyramiden 133, F/G 2
Pyrenäen 88, C/D 3

Q

Qaanaaq (Thule) 153, O 2
Qacentina = Constantine 89, E 4
Qaidambecken 110, E 3
Qal'at Bishah 119, 3 C 3
Qamdo 110, E 3
Qaraghandy (Karaganda) 94, H 5
Qardho 133, H 4
Qarqan 110, D 3
Qarshi 119, 3 E 2
Qatortoq (Julianehåb) 153, Q 3
Qazvin 119, 3 C/D 2
Qeqertarsuaq (Godhavn) 153, P 3
Qin Ling 110/111, F 3
Qina 133, G 2
Qinghai Hu 110, E/F 3
Qinhuangdao 111, G 2/3
Qiqihar 111, H 2
Qom 119, 3 D 2
Qongirot 119, 3 D 1
Québec 144, 1 J/K 3
Quedlinburg 201, 3 C 2
Queenstown (Australien) 138, D 5
Queenstown (Neuseeland) 139, F 5
Queenstown (Südafrika) 134, D 6
Queich 17, E 3
Queidersbach 16, D 3
Quelimane 135, E 4
Quellon 163, B 7
Querétaro 154, D 4
Quetta 110, B 3
Quezaltenango 155, E 5
Quezon City 114, E 2
Qui Nhon 114, C 2
Quierschied 16, B/C 3
Quilpie 138, D 3
Quimper 77, B 4/5
Quito 145, 1 J 8
Qurnat as Sawda 91, G 5

R

Raab (Fluss) 85, O 3
Raab (Györ) 85, O 3
Raahe 74, G 3
Raalte 80, F 2
Rab 85, L 6
Rabat (Er-Ribat) 124, 1 C 2
Radebeul 34, J 4
Radom 83, G 3
Radstädter Tauernpass 85, K 3
Raeren 14, A 1
Rafsanjan 119, 3 D 2
Ragusa 89, G 4
Raipur 110, D 4
Rajkot 110, C 4
Rajshahi 110, D 4
Rakonitz (Rakovník) 35, J 5
Rakovník = Rakonitz 35, J 5
Raleigh 155, G 3
Ralingen 14, B 3
Ramberg 17, D/E 3
Ramelau 114, E 4
Rammelsbach 16, C 2
Râmnicu Vâlcea 83, G/H 4
Ramsen 17, D/E 2
Ramstein-Miesenbach 16, D 3
Rancagua 163, B 6
Ranchi 110, D 4
Ranghulu 111, H 2
Rangun (Yangon) 110, E 5
Ransbach-Baumbach 15, D 2
Rantemario 114, D 4
Rapa 242, B 7
Rapallo 84, F 6
Rapid City 154, D 2
Rapperswil 84, E 3
Ras al-Haad 100, 1 E 4
Ras Daschan 123, 3 J 5
Ras Kaboudia 89, F 5
Ras Mohammed 133, G 2
Ras Xaafun 133, J 3
Rasdan 91, J 3
Rasht 119, 3 C 2
Rastatt 35, D 7
Rathenow 34, H 3
Rätikon 84, F 3 – F 4
Rätische Alpen 84, F/G 4
Ratten-Inseln 152, B 4
Ratzeburg 34, F 2
Rauenberg 17, F 3
Raufarhöfn 74, D 1
Rauher Kulm 35, G 6
Rauma 74, F 4
Raunheim 15, E 2
Ravengiersburg (Kloster) 14, C 3
Ravenna 85, J 6
Ravensburg 35, E 8
Rawalpindi 110, C 3
Rax 85, M 3
Recherche-Archipel 138, B 4
Recife 163, F 3
Recklinghausen 34, C 4
Red River 142, J 6
Rega 34, L 2
Regen 35, H 6
Regensburg 35, H 6/7
Reggâne (Riggan) 132, C/D 2
Reggio di Calabria 89, G 4
Reggio nell'Emilia 84, G 6
Regina 152, K 4
Regionalflughafen Siegerland 15, E 1
Regnitz 35, F 6
Rehbach (Fluss zum Rhein) 17, E 3
Rehbach (Fluss zur Dill) 15, E 1
Rehlingen-Siersburg 16, B 3
Rehoboth 134, C 5
Reichelsheim 15, F 3
Reichenau (Kloster) 201, 3 C 3
Reichenbach 16, C 2
Reichshof 15, D 1
Reil 14, C 2
Reilingen 17, F 3
Reims 80, D 5
Reinhardstein 14, A 2
Reinheim 17, F 2
Reinsfeld 16, B 2
Reisdorf 14, A 3
Reiskirchen 15, F 1
Remagen 14, C 1
Remchingen 17, F 4
Remelach (Rémilly) 16, A 3
Remerschen 16, A 3
Remich 16, A 2
Rémilly = Remelach 16, A 3
Remscheid 34, C 4
Rendsburg 34, E 1
Rengsdorf 14, D 1
Renmark 138, C/D 4
Rennerod 15, E 1
Rennes 77, C 4
Reno 154, C 3
Reno (Fluss) 85, H 6
Rentiersee 152, K 4
Reprêsa de Balbina 162, D 3
Reschenpass 84, G 4
Resistencia 163, C/D 5
Reşiţa 83, G 4
Resko Tepe 91, H/J 4
Rethel 80, D 5
Retz 85, M 2
Réunion 123, 3 L 9
Reuß 84, E 3
Reutlingen 35, D 7
Reval (hist. Tallinn) 203, 3
Revillagigedo-Inseln 142, G/H 8
Reykjanes 74, B 2
Reykjavik 58, 1 C 2
Reynosa 154, E 4
Rezekne 75, G 5
Rhaunen 14, C 3
Rhegion (hist. Reggio di Calabria) 197, 2 D 3
Rhein 35, E 8
Rheinbach 14, B 1
Rheinböllen 15, D 2
Rheinbreitbach 14, C 1
Rheinbrohl 14, C 1
Rheine 34, C 3
Rheingau 13, 2 B/C 1
Rheingaugebirge 13, 2 B/C 1
Rheinhessen 13, 2 C 2
Rhein-Hunsrück-Kreis 27, 5
Rheinisches Schiefergebirge 34, B 5 – C 5
Rhein-Lahn-Kreis 27, 5
Rheinland-Pfalz 31, 2
Rhein-Marne-Kanal (Canal de la Marne au Rhin) 84, C 2
Rhein-Pfalz-Kreis 27, 5
Rheinsberg 34, H 2
Rheinstetten 17, E 4
Rheinwaldhorn 84, E/F 4
Rheinzabern 17, E 3
Rhens 15, D 2
Rho 84, F 5
Rhode Island 144, 1 J/K 4
Rhodopen 90, C/D 3
Rhodos 90, E 4
Rhodos (Insel) 90, E 4
Rhön 35, E 5 – F 5
Rhube 91, G 2
Riad 102, 1 D 3
Ribadeo 88, B 3
Ribeirão Prêto 163, E 5
Riberalta 162, C 4
Ribnitz-Damgarten 34, H 1
Richards Bay 135, E 5
Richmond 155, G 3
Ried 13, 2 C 2
Riedstadt 15, E/F 3
Riegelsberg 16, B 3
Rienz (Rienza) 85, H 4
Rienza = Rienz 85, H 4
Ries 35, F 7
Riesa 34, J 4
Rieschweiler-Mühlbach 16, C/D 3
Riga 58, 1 H 3
Rigaischer Meerbusen 75, F 5 – G 5
Riggan = Reggâne 132, C 2
Rigi 84, E 3
Riiser-Larsen-Halbinsel 167, 2 B 2
Rijeka 85, L 5
Rimbach 17, F 2
Rimini 85, J 6
Rinjani 114, D 4
Rio Branco 162, B/C 3
Rio Branco (Fluss) (Weißer Fluss) 162, C 2
Rio Bravo del Norte 154, D/E 4
Rio Cuarto 163, C 6
Rio de Janeiro 145, 1 M/N 11
Rio de la Plata 143, N 13
Río Gallegos 163, C 8
Río Grande (Argentinien) 163, C 8
Rio Grande (Brasilien) 163, D 6
Rio Grande (Fluss, Brasilien) 143, N/O 12
Rio Grande (Fluss, USA) 142, H/J 7
Rio Grande do Norte 145, 1 N 9
Rio Grande do Sul 145, 1 L 11/12
Rio Negro (Argentinien) 163, C 6/7
Rio Negro (Brasilien) 143, M 10
Rio Negro (Uruguay) 163, D 6
Rioni 91, H 3
Rittersdorf 14, A/B 3
Ritzing = Ritzingen 16, A 3
Ritzingen (Ritzing) 16, A 3
Riva del Garda 84, G 5
Rivera 163, D 6
Riviera di Levante 84, E 6 – F 7
Riviera di Ponente 84, D 7 – E 7
Riwne 83, H 3
Rjasan 83, L 2
Rjashsk 83, M 2
Robinson-Crusoe-Insel 163, B 6
Rochefort 80, E 4
Rochester 155, G 2
Rockenberg 15, F 2
Rockenhausen 17, D 2
Rockhampton 138, E 3
Rocky Mountains (Felsengebirge) 142, E 3 – H 7
Rocroi 80, D 5
Rodalben 16, D 3
Rødby Havn (Lolland-) 34, G 1
Rodemachern (Rodemack) 16, A 3
Rodemack = Rodemachern 16, A 3
Rodenbach bei Puderbach 15, D 1
Rödermark 15, F 3
Rodgau 17, F 1
Rodrigues 123, 3 L/M 8
Roermond 80, E 3
Roeselare 80, B 4
Roeser 16, A 2
Roetgen 14, A 1
Rom 58, 1 G 4
Roma 138, D 3
Romanshorn 84, F 3
Romans-sur-Isère 84, B 5
Römerberg 17, E 3
Ronda 88, B 4
Rondane 74, C 4
Rondônia 145, 1 K 10
Rondonópolis 163, D 4
Rongcheng 111, G 4
Ronne-Schelfeis 167, 2 P/Q 2
Ronse 80, C 4
Roosendaal 80, D 3
Roosevelt-Insel 167, 2 K/L 1
Roraima (Berg) 162, C 2
Roraima (Bundesstaat) 145, 1 K/L 8
Røros 74, C 4
Rosario 163, C 6
Rosbach 15, F 2
Roseau 155, H 5
Rosenheim 35, G/H 8
Rosignano Marittimo 84, G 7
Roslawl 83, K 2
Rosport 14, A/B 3
Rösrath 14, C 1
Rossano 89, H 4
Rossbarriere 167, 2 K 2
Roßdorf 15, F 3
Ross-Insel 167, 2 J 2
Rosslare 76, B 3
Rossmeer 167, 2 K 2
Rosso 132, B 3
Ross-Schelfeis 167, 2 J/K 1
Rösterkopf 16, B 2
Rostock 34, G/H 1
Rostow 91, G 2
Røsvatn 74, D 3
Rota 115, G 2
Rotbach 14, B 1
Rotenburg 34, E 2
Rotenturmpass 83, G/H 4
Roter Fluss 110, F 4
Rotes Becken 100, 1 G 4
Rotes Meer 100, 1 C 4 – D 5
Roth (Kreis Altenkirchen-Westerwald) 15, D 1
Roth bei Prüm 14, A 2
Rothaargebirge 15, E 1
Rothenburg 35, F 6
Roti 114, E 5
Rotterdam 80, D 3
Rotuma 139, G 2
Roubaix 80, C 4
Rouen 77, D 4
Rourkela 110, D 4
Rovaniemi 74, G 3
Rovereto 84/85, G/H 5
Rovigo 85, H 5
Rovinj 85, K 5
Rovuma 135, E 4
Rowuma 123, 3 J 8
Roye 80, B 5
Rozzano 84, F 5
Rshew 83, K 1
Ruaha 135, E 3
Ruanda 124, 1 F 6
Ruapehu 139, G 4
Rubzowsk 94, J 4
Rüdesheim (Kreis Bad Kreuznach) 15, D 3
Rüdesheim am Rhein 15, D 3
Rudkøbing 34, F 1
Rudolfsee = Turkanasee 135, E 2
Rufiji 135, E 3
Rügen 34, J 1
Ruhner Berge 34, G 2
Ruhr 34, C/D 4
Rukwasee 135, E 3
Rülzheim 17, E 3
Rumänien 58, 1 H 4
Rumbek 133, F 4
Rungwe 135, E 3
Runkel 15, E 2
Ruoqiang 110, D 3
Ruppertsweiler 17, D 3
Ruppichteroth 14, C 1
Rur 14, A 1
Rureifel 13, 2 A 1
Rurstausee 14, A 1
Rüsselsheim 15, E 3
Russland 102, 1 E – H 1
Rustawi 91, J 3
Rustenburg 134, D 5
Rutog 110, C/D 3
Ruwenzori 123, 3 H/J 7
Ruwer 16, B 2
Rybinsk 94, D 4
Ryukyu-Inseln 111, H 4
Rzeszów 83, G 3

S

Saalbach 17, F 3
Saalburg 15, F 2
Saale 34, G 5
Saalfeld 34, G 5
Saane 84, D 4
Saar (Sarre) 35, B 6
Saaralben (Sarralbe) 16, B/C 4
Saarbrücken 16, C 3
Saarbrücken (Flughafen) 16, C 3
Saarburg (Deutschland) 16, B 2
Saarburg (Frankreich, Sarrebourg) 84, D 2
Saargau 13, 2 A 2
Saargemünd (Sarreguemines) 16, B/C 3
Saarland 31, 2
Saarlouis 16, B 3
Saar-Nahe-Bergland 13, 2 A/B 2
Saarpfalzkreis 27, 5
Saarunion (Sarre-Union) 16, C 4
Saarwellingen 16, B 3
Saas-Fee 84, D 4
Saaz (Žatec) 35, J 5
Sabadell 88, D 3
Sabah 114, D 3
Sabha 132, E 2
Sabi 135, E 5
Sable-Insel 153, O 5
Sabratha 197, 2 D 3
Sabrinaküste 167, 2 F/G 2
Sachalin 101, 1 J 3
Sachsen 31, 2
Sachsen-Anhalt 31, 2
Sackpfeife 15, F 1
Sacramento 154, B 2/3
Sacramento (Fluss) 154, B 2
Safi 132, B/C 1
Saguenay 153, N 5
Sahara (Landschaft) 123, 3 E – H 4
Sahara (Staat) 124, 1 B 3
Saharaatlas 132, C/D 1
Saharanpur 110, C 4
Sahel 123, 3 E – H 5
Saïda 88, D 5
Saigon = Ho-Chi-Minh-Stadt 114, C 2
Saimaakanal 74, H 4
Saimaasee 74, G/H 4
Saint George's 155, H 5
Saint John (Kanada) 153, O 5
Saint John (USA) 155, H 5
Saint John's (Antigua und Barbuda) 155, H 5
Saint John's (Kanada) 153, P 5
Saint Kitts und Nevis 144, 1 K 7
Saint Louis 155, E 3
Saint Lucia 145, 1 K/L 7
Saint Mary Peak 138, C 4
Saint Paul 155, E 2
Saint Paul (Insel) 136, F 6
Saint Petersburg 155, F 4
Saint Vincent und die Grenadinen 145, 1 K 7
Saint-Brieuc 77, C 4
Saint-Denis (Frankreich) 80, B 6
Saint-Denis (Réunion) 135, G 5
Saint-Dié 84, C 2
Saint-Dizier 84, A 2
Sainte-Baume 84, B 7
Saint-Étienne 77, D/E 5
Saint-Germain-en-Laye 80, A 6
Saint-Jean-de-Maurienne 84, C 5
Saint-Louis 132, B 3
Saint-Malo 77, C 4
Saint-Martin-d'Hères 84, B 5
Saint-Nazaire 77, C 5
Saint-Omer 80, B 4
Saint-Pierre und Miquelon 142, N 5
Saint-Pol-sur-Ternoise 80, B 4
Saint-Quentin 77, D 4
Saint-Raphaël 84, C 7
Saipan 115, G 2
Saissan 94, J 5
Saissansee 94, J 5
Sajak 94, H 5
Sajama 143, L/M 11
Sajan 100, 1 F 3
Sajnschand 111, G 2
Saka 88, C 5
Sakarya 90, E 3
Sal 91, H 2
Salado 143, M 12
Salalah 119, 3 D 4
Salamanca 88, B 3
Salamat 123, 3 G 5
Salamis (historischer Ort) 197, 2 F 3
Salar de Atacama 163, C 5
Salar de Uyuni 163, C 4/5
Sala-y-Gomez 143, H 12
Saldanha 134, C 6
Salechard 94, G 3
Salem 154, B 2
Salerno 89, G 3
Salihorsk 83, H 2
Salima 135, E 4
Salina Cruz 154, E 5
Salisbury 138, C 4
Salmtal 14, B 3
Salò 84, G 5
Salomonen 243, S 6
Salomon-Inseln 136, K/L 5
Salomonsee 115, G/H 4
Saloniki = Thessaloniki 90, C 3
Salpausselkä 74, G 4 – H 4
Salsk 91, H 2
Salt Lake City 154, C 2
Salta 163, C 5
Saltillo 154, D 4
Salto 163, D 6
Saluën 100, 1 F 4
Salvador 163, F 4
Salza 85, L 3
Salzach 85, J 2/3
Salzböde 15, F 1
Salzburg 85, K 3
Salzburger Kalkalpen 85, J 3
Salzgitter 34, F 3
Salzkammergut 85, K/L 3
Salzwedel 34, F/G 3
Samara 94, F 4
Samarinda 114, D 4
Samarkand 119, 3 E 2
Sambesi 123, 3 H 8
Sambia 124, 1 F 7
Sambre 80, D 4
Samoa 137, M 5
Samos 90, D 4
Samsun 91, G 3
San 83, G 3
San Ambrosio 143, K 12
San Andrés 155, F 5
San Antonio 154, E 4
San Bernardino 154, C 3
San Bernardino (Pass) 84, F 4
San Borja 162, C 4
San Carlos de Bariloche 163, B 7
San Cristóbal 162, B 2
San Diego 154, C 3
San Donà di Piave 85, J 5
San Félix 143, K 12
San Fernando 114, D/E 2
San Francisco 154, B 3
San Ignacio 162, C 4
San Joaquin 154, B 3
San Jorge-Golf 163, C 7
San José (Costa Rica) 145, 1 H 7
San José (Guatemala) 155, E 5
San Jose (USA) 154, B 3
San Juan (Argentinien) 163, C 6
San Juan (Puerto Rico) 155, H 5
San Justo 163, D 6
San Lorenzo 162, A/B 2
San Lorenzo (Berg) 163, B 7
San Luis 163, C 6
San Luis Potosí 154, D 4
San Marino 85, J 7
San Marino (Staat) 58, 1 G 4
San Matías-Golf 163, C 7
San Miguel de Tucumán 163, C 5
San Pédro 132, C 4
San Pedro Sula 155, F 5
San Rafael 163, C 6
San Remo 84, D 7
San Salvador 145, 1 H 7
San Salvador de Jujuy 163, C 5
San Valentin 143, L 14
Sana 102, 1 D 4
Sanaga 132, E 4
Sandakan 114, D 3
Sandhausen 17, F 3
Sandoa 134, D 3
Sandover 138, C 3
Sandweiler 16, A 2
Sangar 95, N 3
Sangatte 80, A 4
Sangha 134, C 2
Sankt Augustin 14, C 1
Sankt Blasien (Kloster) 201, 3 C 3
Sankt Gallen 84, F 3
Sankt Georg 83, J 4
Sankt Goar 15, C 4
Sankt Goarshausen 15, D 2
Sankt Gotthard 84, E 4
Sankt Helena 123, 3 E 8
Sankt Ingbert 16, C 3
Sankt Julian 16, D 2
Sankt Katharinen 14, C 1
Sankt Leon-Rot 17, F 3
Sankt Moritz 84, F 4
Sankt Peter-Ording 34, D 1
Sankt Petersburg 74, H 4/5
Sankt Pölten 85, M 2
Sankt Ulrich (Ortisei) 85, H 4
Sankt Veit 85, L 4
Sankt Vith 14, A 2
Sankt Wendel 16, C 3
Sankt-Eliasberge 152, F 3
Sankt-Georgs-Kanal 76, B 3/4
Sankt-Lorenz-Golf 142, M 5
Sankt-Lorenz-Insel 142, A 3
Sankt-Lorenz-Strom 142, L/M 5
Sankuru 134, D 3
Şanlıurfa 91, G 4

Sannar 133, G 3
Sannikowstraße 95, O/P 2
Sansibar 123, 3 J/K 7
Sansibar-Stadt 135, E 3
Santa Catarina 145, 1 L/M 11
Santa Clara 155, F/G 4
Santa Cruz de la Sierra 162, C 4
Santa Cruz de Tenerife 132, B 2
Santa Fe (Argentinien) 163, C 6
Santa Fe (USA) 154, D 3
Santa Maria 163, D 5/6
Santa Marta 162, B 1
Santa Rosa 163, C 6
Santa-Cruz-Inseln 139, F 2
Santander 88, B/C 3
Santanilla 155, F 5
Santarém 163, D 3
Santerno 85, H 6
Santiago (Dominikanische Republik) 155, G 5
Santiago de Chile 163, B 6
Santiago de Compostela 88, A 3
Santiago de Cuba 155, G 5
Santiago del Estero 163, C 5
Säntis 84, F 3
Santo Domingo 144, 1 J/K 7
Santorin 90, D 4
Santos 163, E 5
Sanya 111, F 5
São Francisco 143, O 11
São José do Rio Prêto 163, D/E 5
São Luis 163, E 3
São Manuel 162, D 3
São Paulo 145, 1 L/M 11
Sao Paulo (Insel) 242, H 5
São Tomé 124, 1 D 5
São Tomé (Insel) 123, 3 F 6
São Tomé und Príncipe 124, 1 D 5/6
Saône 84, B 3 – C 2
Sapitwa 135, E 4
Sappada 85, J 4
Sapporo 111, K 2
Saqqez 91, J 4
Sarajevo 58, 1 G 4
Saratow 94, E 4
Saratower Stausee 94, E 4
Sarawak 114, D 3
Sarca 84, G 4
Sardes 90, E 4
Sardinien 89, E/F 4
Sarek 74, E 3
Sargassosee 142, M 6/7
Sargodha 110, C 3
Sarh 132, E 4
Sariyar-Stausee 91, E 4
Sarmi 115, F 4
Sarpasee 91, J 2
Sarralbe = Saaralben 16, B/C 4
Sarre = Saar 35, B 6
Sarreguemines = Saargemünd 16, B/C 3
Sarre-Union = Saarunion 16, C 4
Sárvár 85, N 3
Saskatchewan (Fluss) 142, H 4
Saskatchewan (Provinz) 144, 1 F 3
Saskatoon 152, K 4
Sassandra 132, C 4
Sassari 89, F 3
Sassnitz 34, J 1
Sassowo 83, M 2
Satawan-Atoll 115, H 3
Satpuragebirge 110, C 4
Satu Mare 83, G 4
Saualpe 85, L 4
Saudi-Arabien 102, 1 C/D 3
Sauer (Fluss zum Rhein) 17, D 4
Sauer (Fluss zur Mosel, Sûre) 14, A 3
Sauerland 34, C 4 – D 4
Saulheim 15, E 3
Sault Sainte Marie 153, M 5
Saurimo 134, D 3
Sava = Save (Balkan) 90, B 2
Savaii 139, H 2
Savannah (Fluss) 155, F 3
Savannah (Georgia, USA) 155, F 3
Savannakhet 114, C 2
Save (Balkan, Sava) 90, B 2
Save (Mosambik) 135, E 5
Savio 85, J 7
Savona 84, E 6
Savoyer Alpen 84, C 5 – C 4
Sawu 114, E 5
Sayda = Sidon 91, F 5
Saynbach 15, D 1
Scafell Pike 76, C 3
Schaafheim 17, F 2
Schachty 91, H 2
Schaffhausen 35, D 8
Schalkar 94, F 5
Schantar-Inseln 95, O 4
Schärding 85, K 2
Scharhörn 34, D 2
Schefferville 153, O 4
Schelde 80, D 3
Schelder Wald 13, 2 C 1
Schelichowgolf 95, Q 3/4
Scheuerfeld 15, D 1
Scheveningen (Den Haag-) 80, C 2
Schieren 14, A 3
Schiermonnikoog 80, E 1
Schifferstadt 17, E 3
Schiffweiler 16, C 3
Schilka 95, M 4
Schillingen 16, B 2
Schio 85, H 5
Schladming 85, K 3
Schlangenbad 15, E 2
Schlangeninsel 83, J 4
Schleiden 14, A 1
Schleithal 17, D/E 4
Schleiz 34, G 5
Schlesien 82, E/F 3
Schleswig 34, E 1
Schleswig-Holstein 31, 2
Schlettstadt (Sélestat) 84, D 2
Schmelz 16, B 3
Schmidtheim (Dahlem-) 14, A 2
Schmitten 15, E 2
Schneeberg (Bayern) 35, G 5
Schneeberg (Österreich) 85, M 3
Schneifel 13, 2 A 1
Schoberpass 85, L 3
Schönau 17, F 3
Schönau (Kloster) 15, D 2
Schöndorf 16, B 2
Schönebeck 34, G 3
Schönecken 14, A 2
Schonen 75, D 6
Schönenberg-Kübelberg 16, C 3
Schongau 35, F 8
Schopp 17, D 3
Schorfheide 34, J 2
Schott al Hodna 88, E 5
Schott Melrhir 89, E 5
Schriesheim 17, F 3
Schruns 84, F 3
Schuld 14, B 2
Schüttenhofen (Sušice) 35, J 6
Schwabach 35, F/G 6
Schwaben 31, 2
Schwabenheim 15, D/E 3
Schwäbisch Gmünd 35, E 7
Schwäbisch Hall 35, E 6
Schwäbische Alb 35, D 7 – E 7
Schwäbisch-Fränkisches Stufenland 30, 1 C/D 4
Schwalbach (Saar) 16, B 3
Schwalbach am Taunus 15, E/F 2
Schwandorf 35, G/H 6
Schwarzbach 17, D 3
Schwarze Elster 34, J 4
Schwarzer Fluss 110, F 4
Schwarzer Irtysch 110, D 2
Schwarzer Mann 14, A 2
Schwarzer Volta 132, C 3/4
Schwarzes Meer 91, E/G 3
Schwarzwald 35, C 8 – D 7
Schwarzwälder Hochwald 13, 2 A 2
Schweden 58, 1 G 2
Schwedt 34, K 2
Schweich 14, B 3
Schweigen-Rechtenbach 17, D 3
Schweinfurt 35, F 5
Schweiz 58, 1 F 4
Schweizer Jura 84, C 3 – D 3
Schwerin 34, G 2
Schweriner See 34, G 2
Schwetzingen 17, F 3
Schwyz 84, E 3/4
Scilly-Inseln 77, B 4
Scoresbysund = Ittoqqortoormiit 153, S 2
Scott-Insel 167, 2 K 2
Scrivia 84, E 6
Seattle 154, B 2
Sebou 88, B 5
Secchia 84, G 6
Sedan 80, D 5
Seebach 17, D 4
Seeheim-Jugenheim 15, F 3
Seeland 75, C 6
Seetaler Alpen 85, L 3
Segesha 74, J 4
Ségou 132, C 3
Segovia 88, B 3
Segre 88, D 3
Segsee 74, J 4
Segura 88, C 4
Seibersbach 15, D 3
Seim 83, K 3
Seinäjoki 74, F 4
Seine 77, D 4
Seja 95, N 4
Seja (Fluss) 95, N 4
Sejmtschan 95, Q 3
Sekondi-Takoradi 132, C 4
Selam 110, C 5
Selb 35, H 5
Selenga 110, F 2
Selenograd 83, K 1 – L 2
Selentschukskaja 91, H 3
Sélestat = Schlettstadt 84, D 2
Selinunt 89, G 4
Selinus (hist. Selinunt) 197, 2 D 3
Selters (Taunus) 15, E 2
Selters (Westerwald) 15, D 1
Seltz = Selz 17, E 4
Selvas 143, L/N 10
Selz (Fluss) 15, E 3
Selz (Seltz) 17, E 4
Semarang 114, D 4
Semei (Semipalatinsk) 94, H/J 4
Semeru 114, D 4
Semipalatinsk = Semei 94, H/J 4
Semmering 85, M 3
Semnan 119, 3 D 2
Sendai 111, K 3
Senegal (Fluss) 123, 3 D 5
Senegal (Staat) 124, 1 B 4
Senftenberg 34, J/K 4
Senigallia 85, K 7
Senj 85, L 6
Seoul 102, 1 H 3
Sepik 115, G 4
Sept-Îles 153, O 4
Seraing 80, E 4
Seram 101, 1 H 6
Seramsee 114, E/F 4
Serbien 58, 1 H 4
Serchio 84, G 6
Serdar 119, 3 D 2
Seremban 114, C 3
Sergijew Posad 83, L 1
Sergipe 145, 1 N 10
Serio 84, F 5
Serow 94, G 4
Serowe 134, D 5
Serpuchow 83, L 2
Serra da Estrêla 88, A/B 3
Serra da Mantiqueira 163, E 5
Serra do Espinhaço 163, E 4
Serra dos Cachimbo 162, D 3
Serra dos Parecis 162, C/D 4
Serra Dourada 163, E 4
Serra Geral 163, D 5
Serra Pacaraima 162, C 2
Serrai 90, C 3
Serrig 16, B 2
Sesia 84, E 5
Sestrière 84, C/D 6
Sète 77, D 6
Setesdal 75, B 5
Sétif 88, E 4
Setúbal 88, A 4
Severn 76, C 4
Sevilla 88, B 4
Sewansee 91, J 3
Seward 152, F 4
Seward-Halbinsel 152, D 3
Sewernaja Semlja 100, 1 F 2
Sewero-Jenissejskij 94, K 3
Seweromorsk 74, J 2
Seychellen (Inseln) 123, 3 L 7
Seychellen (Staat) 125, 1 J 6
Seyðisfjörður 74, D 1
Sfax 89, F 5
Shache (Yarkand) 110, C 3
Shackleton-Schelfeis 167, 2 E/F 2
Shandong 111, G/H 3
Shanghai (Schanghai) 111, H 3
Shannon 76, A 3
Shantou 111, G 4
Shashi 111, G 3
Shebele 123, 3 K 6
Sheffield 76, C 3
Shenyang 111, H 2
Shenzhen 111, G 4
Shepparton 138, D 4
Sherbrooke 153, N 5
Sheskasgan 94, G 5
Shetland-Inseln 76, C 1
Shigansk 95, N 3
Shihezi 110, D 2
Shijiazhuang 111, G 3
Shikoku 111, J 3
Shiliguri 110, D 4
Shillong 110, E 4
Shinyanga 135, E 3
Shipkipass 110, C 3
Shiraz 119, 3 D 3
Shire 135, E 4
Shkodër = Skutari 90, B 3
Sholapur 110, C 5
Shossaly 94, G 5
Shreveport 155, E 3
Shuangliao 111, H 2
Shule He 110, E 2
Shytomyr 83, J 3
Šiauliai 75, F 6
Sibenik 85, M 7
Siberut 114, B 4
Sibirien 100/101, 1 E – H 2
Sibiu = Hermannstadt 83, H 4
Sibolga 114, B 3
Sibu 114, D 3
Sibut 132, E 4
Sichote-Alin 101, 1 H 3
Sichuan 110/111, F 3
Sicuani 162, B 4
Side 197, 2 F 3
Sidi bel Abbès 88, C 5
Sidi Ifni 132, B 2
Sidon (Sayda) 91, F 5
Siebenbürgen 83, G/H 4
Siebengebirge 13, 2 B 1
Siedlce 83, G 2
Sieg 34, C 5
Siegbach 15, E 1
Siegburg 14, C 1
Siegen 15, E 1
Siegerland 13, 2 B/C 1
Sierra Leone 124, 1 B 5
Sierra Morena 88, B/C 4
Sierra Nevada (Spanien) 88, C 4
Sierra Nevada (USA) 142, F 5 – G 6
Siglufjörður 74, C 1
Sigmaringen 35, E 7
Signal de la Sauvette 84, C 7
Siirt 91, H 4
Sikasso 132, C 3
Sil 88, B 3
Siljansee 74, D 4
Sillajhuay 163, C 4
Silvretta 84, F 4 – G 4
Simav 90, E 4
Simav (Fluss) 90, E 4
Simbabwe 124, 1 F/G 7
Simeulue 114, B 3
Šimkent 94, G 5
Simmerath 14, A 1
Simmerbach 14, D 2/3
Simmern 14, C/D 3
Simmertal 14, D 3
Simplonpass 84, D/E 4
Simpsonwüste 138, C 3
Sinai 133, G 2
Sincelejo 162, B 2
Sind 110, B 4
Sindelfingen 35, D 7
Sines 88, A 4
Singapur 114, C 3
Singapur (Staat) 102, 1 G 4
Singen 35, D 8
Singhofen 15, D 2
Singkawang 114, C 3
Sinjar 91, H 4
Sinn 15, E 1
Sinop (Brasilien) 163, D 4
Sinop (Türkei) 91, F 3
Sinope (hist. Sinop) 197, 2 F 2
Sinsheim 17, F 3
Sintang 114, D 3
Sint-Niklaas 80, C 3
Sinuiju 111, H 2
Sinzig 14, C 1
Sion = Sitten 84, D 4
Sioux City 154, E 2
Sioux Falls 154, E 2
Siping 111, H 2
Siracusa = Syrakus 89, G 4
Siret 83, H 4
Sirjan 119, 3 D 3
Sirwan 91, J 5
Sisimiut (Holsteinsborg) 153, P 3
Sisteron 84, B 6
Sitka 152, G 4
Sittard-Geleen 80, E 4
Sitten (Sion) 84, D 4
Sittwe = Akyab 110, E 4
Sivas 91, G 4
Siwa 133, F 2
Siwalikkette 110, C 3 – D 4
Sizilien 89, G 4
Skagerrak 75, B 5 – C 5
Skagway 152, G 4
Skanden 57, 2 E – G 1
Skellefteå 74, F 3
Skellefteälv 74, E 3
Skien 75, C 5
Skikda 89, E 4
Sklavenfluss 142, G 3/4
Sklavenküste 132, D 4
Skopje 58, 1 H 4
Skoworodino 95, N 4
Skutari (Shkodër) 90, B 3
Skutarisee 90, B 3
Skyros 90, D 4
Slatoust 94, F 4
Slavonski Brod 90, B 2
Slawonien 90, B 2
Sligo 76, A 3
Sliven 90, D 3
Slowakei 58, 1 G/H 4
Slowenien 58, 1 G 4
Slowjansk 83, L 3
Sluis 80, C 3
Słupsk = Stolp 82, F 2
Smålandsfahrwasser 34, G 0
Smallwoodreservoir 153, O 4
Smolensk 83, J/K 2
Snæfellsjökull 74, B 1
Snake 142, G 5
Snares-Inseln 139, F 5
Sneek 80, E 1
Snøhetta 74, C 4
Snowdon 76, B 3
Sobat 133, G 4
Sobral 163, E 3
Soča = Isonzo 85, K 4/5
Socompapass 163, B/C 5
Söderhamn 74, E 4
Soe 114, E 4
Soest 34, D 4
Sofia 58, 1 H 4
Sognefjord 74, B 4
Sohag 133, G 2
Sohren 14, C 3
Soignies 80, C 4
Soissons 80, C 5
Sokodé 132, D 4
Sokoto 132, D 3
Sokotra 123, 3 L 5
Solferino 84, G 5
Solgne 16, A 4
Solingen 34, B/C 4
Solling 34, E 4
Solms 15, E 1
Solmsbach 15, E 2
Solothurn 84, D 3
Solowezki-Inseln 74, J 3
Soltau 34, E 3
Solus (hist. Solunto) 197, 2 D 3
Solway Firth 76, B/C 3
Somalia 124, 1 H 5
Somalihalbinsel 123, 3 K 6
Somes = Szamos 83, G 4
Somme 80, B 5
Sömmerda 34, G 4
Sønderborg = Sonderburg 34, E 1
Sonderburg (Sønderborg) 34, E 1
Sondrio 84, F 4
Songea 135, E 4
Songhua Jiang 111, H 2
Sonneberg 35, G 5
Sonthofen 35, F 8
Soonwald 13, 2 B 2
Sopron = Ödenburg 85, N 3
Soria 88, C 3
Sorong 115, F 4
Sørøy 74, F 2
Sortavala 74, H 4
Sosch 83, J 2
Sotschi 91, G 3
Sousse 89, F 5
South Carolina 144, 1 H/J 5
South Dakota 144, 1 F/G 4
South Tarawa 243, S 5
Southampton 76, C 4
Southampton-Insel 142, K/L 3
Southend-on-Sea 76, D 4
Sowjetsk = Tilsit 83, G 2
Sowjetskaja-Gawan 95, O/P 5
Spa 80, E 4
Spabrücken 15, D 3
Spalato (hist. Split) 201, 3 E 4
Spanien 58, 1 E 5
Sparta 90, C 4
Sparta (historischer Ort) 197, 2 E 3
Spay 15, D 2
Speicher 14, B 3
Spencergolf 138, C 4
Spessart 35, E 5
Speyer 17, E 3
Speyerbach 17, D 3
Spiekeroog 34, C 2
Spielfeld 85, M 4
Spiesen-Elversberg 16, C 3
Spijkenisse 80, D 3
Spittal 85, K 4
Spittel (l'Hôpital) 16, B 3
Spitzbergen 166, 1 H 2
Split 90, B 3
Splügenpass 84, F 4
Spokane 154, C 2
Spoleto 201, 3 D 4
Spratly-Inseln 114, D 3
Spree 34, K 4
Spreewald 30, 1 E 2 – F 3
Spremberg 34, K 4
Sprendlingen 15, D 3
Springfield 155, E/F 3
Sretensk 95, M 4
Sri Lanka (Ceylon) 100, 1 F 5
Sri Lanka (Staat) 102, 1 F 4
Srinagar 110, C 3
Stade 34, E 2
Stadecken-Elsheim 15, E 3
Stadskanaal 80, F 2
Stadtkyll 14, B 2
Staffelberg 35, G 5
Stalingrad (hist. Wolgograd) 216, 1
Stanley (Falkland-Inseln) 163, D 8
Stanley (Tasmanien) 138, D 5
Stanowoigebirge 101, 1 H 3
Stara Zagora 90, D 3
Stargard (Stargard Szczeciński) 34, K/L 2
Stargard Szczeciński = Stargard 34, K/L 2
Starnberg 35, G 7
Starnberger See 35, G 8
Staudernheim 15, D 3
Staufen 201, 3 B 3
Staufenberg 15, F 1
Stausee Bütgenbach 14, A 2
Stausee von Kiew 83, J 3
Stavanger 75, B 5
Stawropol 91, H 2
Stawropoler Hochland 91, H 2
Steenwijk (Steenwijkerland-) 80, E 2
Steep Point 138, A 3
Stefaniesee 133, G 4
Steffenberg 15, E 1
Steigerwald 35, F 6
Steinach 17, F 3
Steinamanger (Szombathely) 85, N 3
Steinbach 15, F 2
Steinhuder Meer 34, E 3
Steinige Tunguska 95, K/L 3
Steinkjer 74, C 3
Steinmauern 17, E 4
Steinsberg 17, F 3
Steinsel 16, A 2
Steinweiler 17, E 3
Steinwenden 16, C/D 3
Stenay 80, E 5
Stendal 34, G 3
Ster 83, H 3
Sternenfels 17, F 3
Sterzing (Vipiteno) 85, H 4
Stettin (Szczecin) 34, K 2
Stewart-Insel 139, F 5
Steyr 85, L 2
Stilfser Joch 84, G 4
Stiring-Wendel 16, B 3
Stockholm 58, 1 G 3
Stockstadt 15, E 3
Stoke-on-Trent 76, C 3
Stolberg 14, A 1
Stolp (Słupsk) 82, F 2
Stora Lulevatten 74, E 3
Storavan 74, E 3
Stormarn 34, E 2 – F 2
Storsee 74, D 4
Strakonice = Strakonitz 35, J 6
Strakonitz (Strakonice) 35, J 6
Stralsund 34, H/J 1
Stranraer 76, B 3
Strasbourg = Straßburg 77, E 4
Straßburg (Strasbourg) 77, E 4
Straße von Dover 76, D 4
Straße von Gibraltar 88, B 4/5
Straße von Hormus 119, 3 D 3
Straße von Kertsch 91, G 2
Straße von Mosambik 123, 3 J 9 – K 8
Straße von Otranto 90, B 3/4
Straße von Yucatán 142, K 7/8
Stratford-upon-Avon 76, C 3
Straubing 35, H 7
Stříbro = Mies 35, H 6
Stromberg 15, D 3
Stromboli 89, G 4
Struma 90, C 3
Struth 13, 2 C 1
Stubaier Alpen 85, H 3
Stubbenkammer 34, J 1
Stung Treng 114, C 2
Stura 84, D 6
Sturt Creek 138, B 2
Stürzelbronn (Sturzelbronn) 16, D 3
Sturzelbronn = Stürzelbronn 16, D 3
Stutensee 17, E 3
Stuttgart 35, E 7
Subotica 90, B 2
Suceava 83, H 4
Suchona 94, E 3
Suchumi 91, H 3
Suckling 115, G 4
Sucre 145, 1 K 10
Südafrika 124, 1 F 9
Südamerika vorderer Buchinnendeckel, F/G 6
Sudan (Landschaft) vorderer Buchinnendeckel, K/L 5
Sudan (Staat) 124, 1 F/G 4
Sudbury 153, M 5
Südchinesisches Bergland 101, 1 G 4
Südchinesisches Meer 101, 1 G 5
Sudd 133, F/G 4
Sudeten 82, E/F 3
Südgeorgien 143, P 15
Südinsel 139, F 5
Süd-Jemen 102, 1 D 4
Südkap 139, F 5
Südkorea 102, 1 H 3
Südliche Sierra Madre 154, D/E 5
Südliche Sporaden 90, D 4
Südliche Weinstraße (Landkreis) 27, 5
Südorkney-Inseln 167, 2 Q 2/3
Südostkap 138, D 5
Südsandwich-Inseln 167, 2 R 3
Südshetland-Inseln 167, 2 Q 2/3
Südsudan 124, 1 F/G 5
Südtirol 84, H 4 – J 4
Südwestpfalz (Landkreis) 27, 5
Suez 133, G 1/2
Suhar 119, 3 D 3
Sühbaatar 110, F 1
Suhl 34, F 5
Suihua 111, H 2
Sukkosero 74, J 4
Sukkur 110, B 4
Sula 83, K 3
Sulaimangebirge 110, B 4 – C 3
Sula-Inseln 101, 1 H 6
Sulak 91, J 3
Sulak (Fluss) 91, J 3
Sulawesi 101, 1 G/H 6
Sulci (hist. Sant'Antioco) 197, 2 C 3
Sulu-Inseln 114, D/E 3
Sulusee 114, D/E 3
Sulzbach (Saar) 16, C 3
Sulzbach (Taunus) 15, F 2
Sulzbach-Rosenberg 35, G 6
Sulzfeld 17, F 3
Sumatra 100, 1 F 5 – H 6
Sumba 114, D 5
Sumbawa 114, D 4
Šumen 90, D 3
Sundastraße 114, C 4
Sunderland 76, C 3
Sundsvall 74, E 4
Sungaipenuh 114, C 4
Suntar 95, M 3
Süntel 34, E 3
Suojärvi 74, J 4
Suomenselkä 74, F 4 – H 4
Süphan 91, H 4
Süpplingenburg 201, 3 C 1
Sur (Libanon) = Tyros 91, F 5
Sur (Oman) 119, 3 D 3
Surabaya 114, D 4
Surakarta 114, D 4
Surat 110, C 4
Surbourg = Surburg 17, D 4
Surburg (Surbourg) 17, D 4
Sûre = Sauer (Fluss zur Mosel) 14, A 3
Surgut 94, H 3
Surigao 114, E 3
Suriname 145, 1 L 8
Surt 132, E 1
Surtsey 74, B 2
Susa (Iran) 119, 3 C 2
Susa (Italien) 84, D 5
Sušice = Schüttenhofen 35, J 6
Sussuman 95, P 3
Sutlej 110, C 4
Suva 243, S 6
Suzhou 111, H 3
Svalbard 94, B 2
Svealand 75, D 5 – E 5
Svendborg 34, F 0
Sverdrup-Inseln 152, K/L 2
Swain-Riffe 138, E 3

Swains 139, H 2
Swakop 134, C 5
Swakopmund 134, C 5
Swan 138, A 4
Swansea 76, C 4
Swasiland 124, 1 G 8
Swinemünde (Świnoujście) 34, K 2
Świnoujście = Swinemünde 34, K 2
Swir 74, J 4
Swisttal 14, B 1
Swobodnyj 95, N 4
Sydney (Australien) 138, E 4
Sydney (Kanada) 153, O 5
Syktywkar 94, F 3
Sylt 34, D 1
Syrakus (Siracusa) 89, G 4
Syrdarja 100, 1 E 3
Syrien 102, 1 C 3
Syrische Wüste 100, 1 C/D 4
Syrjanka 95, P/Q 3
Sysran 94, E 4
Szamos (Somes) 83, G 4
Szczecin = Stettin 34, K 2
Szczecinek = Neustettin 82, F 2
Szeged 83, F/G 4
Székesfehérvár 83, F 4
Szentgotthárd 85, N 4
Szombathely = Steinamanger 85, N 3

T

Tabajós 143, N 10
Tabana-Ntlenyana 134, D 5
Tabas 119, 3 D 2
Tabatinga 162, C 3
Taben-Rodt 16, B 2
Tabora 135, E 3
Täbris 119, 3 C 2
Tabuaeran 137, N 4
Tabuk 119, 3 B 3
Tacloban 114, E 2
Tacna 163, B 4
Tadmor (Tudmor) 91, G 5
Tadschikistan 102, 1 E 3
Tafelberg 134, C 6
Taganrog 91, G 2
Tagliamento 85, J 4
Tahan 114, C 3
Tahat 123, 3 F 4
Tahir-Pass 91, H 4
Tahoua 132, D 3
Tai'an 111, G 3
Taibai Shan 111, F 3
Taichung 111, H 4
Taif 119, 3 C 3
Taimyr-Halbinsel 100, 1 F/G 2
Taimyrsee 95, L 2
Tainan 111, G/H 4
Taipeh 102, 1 H 3
Taiping 114, B/C 3
Taischet 95, K 4
Taivalkoski 74, G/H 3
Taiwan (Insel) 101, 1 H 4
Taiwan (Staat) 102, 1 H 3
Taiyuan 111, G 3
Taizhou (Zhejiang) 111, G/H 3
Ta'izz 119, 3 C 4
Tajo 88, C 3
Tajumulco 155, E 5
Takase 133, G 3
Takauna 139, G 4
Tal des Todes 142, G 6
Talaud-Inseln 114, E 3
Talca 163, B 6
Talkheh 91, J 4
Tall Afar 91, H 4
Tallahassee 155, F 3
Tallinn 58, 1 H 3
Tamala 138, A 3
Tamale 132, C 4
Tamanrasset (Tamenghest) 132, D 2
Tambo 138, D 3
Tambora 114, D 4
Tambow 94, E 4
Tamenghest = Tamanrasset 132, D 2
Tampa 155, F 4
Tampere 74, F/G 4
Tampico 154, E 4
Tamsweg 85, K 3
Tamworth 138, D/E 4
Tana (Fluss, Kenia) 123, 3 J 7
Tana (Fluss, Norwegen) 74, G 2
Tana (Insel) 139, F 2
Tanais (hist. Asow) 197, 2 F 2
Tanamiwüste 138, C 2
Tanana 152, F 3
Tanaro 84, D/E 6
Tanasee 133, G 3
Tanezrouft 132, C/D 2
Tanga 135, E 3
Tanganjikasee 123, 3 J 7
Tanger 88, B 5
Tanggula Shan 110, D/E 3
Tanggula-Pass 110, E 3
Tangshan 111, G 3
Tanimbar-Inseln 114, E 4
Tanjona Bobaomby 123, 3 K/L 8
Tanjona Vohimena 123, 3 K 9
Tannugebirge 94, K 4
Tansam 135, E 3
Tansania 124, 1 G 6
Tanta 133, G 1
Taolagnaro 135, F 5
Taormina 89, G 4
Taoudenni 132, C 2
Tapachula 155, E 5
Tapajós 162, D 3
Tara 94, H 4
Tarabulus (Libanon) = Tripoli 91, F 5
Tarabulus (Libyen) = Tripolis 132, E 1
Tarakan 114, D 3
Taranto = Tarent 89, H 3
Tarapoto 162, B 3
Taras (hist. Tarent) 197, 2 D 2
Taraz 94, H 5
Tarbagatai 94, J 5
Tarcoola 138, C 4
Taree 138, E 4
Tarent (Taranto) 89, H 3
Tarija 163, C 5
Tarim 110, D 2
Tarimbecken 100, 1 F 3/4
Tarlac 114, D/E 2
Tarn 77, D 6
Tarnów 83, G 3
Taro 84, F 6
Tarragona 88, D 3
Tarsus 91, F 4
Tartessos (historischer Ort) 197, 2 B 3
Tartu 75, G 5
Tartus 91, F 5
Tarvisio 85, K 4
Tas 94, J 3
Taschkent 102, 1 E 2
Taschtagol 94, J 4
Tasiilaq (Ammassalik) 153, R 3
Tasmanien 136, J/K 7
Tasman-See 136, K 6 – L 7
Tassili der Adjer 132, D 2
Tatarensund 95, P 4/5
Tatarsk 94, H 4
Tatvan 91, H 4
Tauber 35, E 6
Tauberbischofsheim 35, E 6
Taucha 34, H 4
Taufstein 34, E 5
Taunggyi 110, E 4
Taunus 15, D/E 2
Taunusstein 15, E 2
Tauranga 139, G 4
Taurus 100, 1 C 4
Taus (Domažlice) 35, H 6
Tavoy 110, E 5
Tawau 114, D 3
Tawda 94, G 4
Tawda (Fluss) 94, G 4
Taxila 110, C 3
Tayma 119, 3 B 3
Tbilissi = Tiflis 91, J 3
Tchab 91, G 2
Tczew = Dirschau 83, F 2
Tebessa 89, E/F 5
Tebulosmta 91, J 3
Tegucigalpa 145, 1 H 7
Teheran 102, 1 D 3
Tejo 88, A 4
Tekirdağ 90, D 3
Tel Aviv-Jaffa 119, 3 B 2
Telemark 75, B 5 – C 5
Tellatlas 88, C 5 – E 4
Teltow 34, J 3
Tema 132, C/D 4
Tembilahan 114, C 4
Temeschburg (Timişoara) 83, G 4
Temuco 163, B 6
Tendapass 84, D 6
Ténéré 132, D 2 – E 3
Teneriffa 132, B 2
Tengissee 94, G 4
Tennant Creek 138, C 2
Tennessee (Bundesstaat) 144, 1 H 5
Tennessee (Fluss) 142, K 6
Teófilo Otôni 163, E 4
Tepic 154, D 4
Teplice = Teplitz 34, J 5
Teplitz (Teplice) 34, J 5
Terai 110, C/D 4
Terek 91, J 3
Terek (Fluss) 91, J 3
Terek-Kuma-Niederung 91, J 2
Teresina 163, E 3
Tergnier 80, C 5
Teriberka 74, J 2
Termiz 119, 3 E 2
Ternate 114, E 3
Ternej 95, O 5
Terneuzen 80, C 3
Terni 89, G 3
Ternopil 83, H 3
Terpenijabai 95, P 5
Terschelling 80, E 1
Teruel 88, C 3
Terville = Terwen 16, A 3
Terwen (Terville) 16, A 3
Tessin 84, E 4
Tessiner Alpen 84, E 4
Tete 135, E 4
Teterchen (Téterchen) 16, B 3
Téterchen = Teterchen 16, B 3
Teteriw 83, J 3
Tétouan 88, B 5
Tetrino 74, K 3
Tetschen (Děčín) 34, K 5
Teufelskopf 16, B 2
Teufelsmoor 34, D/E 2
Teurnia (historischer Ort) 199, 3 E 5
Teutoburger Wald 34, D 3 – D 4
Texas 144, 1 F/G 5
Texel 80, D 1
Thailand 102, 1 F/G 4
Thaleischweiler-Fröschen 16, C/D 3
Thalfang 14, B/C 3
Thana 110, C 5
Thanh Hoa 114, C 2
Thargomindah 138, D 3
Tharr 110, C 4
Tharros (historischer Ort) 197, 2 C 3
Thartharsee 91, H 5
Thasos 90, D 3
Thaya 85, M 2
The Pas 152, K 4
The Wash 76, D 3
Theben (historischer Ort) 197, 2 F 4
Theben (Ruinenstätte) 133, G 2
Theben (Thiva) 90, C 4
Themse 76, C 4
Thera (hist. Santorin) 197, 2 E 3
Thermopylen 90, C 4
Thessaloniki (Saloniki) 90, C 3
Thiès 132, B 3
Thika 135, E 3
Thimphu 102, 1 F 3
Thionville = Diedenhofen 16, A 3
Thisted 75, C 5
Thiva = Theben 90, C 4
Thjórsá 74, C 1
Tholey 16, C 3
Thomson 138, D 3
Thorn (Toruń) 83, F 2
Thorshavn 76, B 1
Thrakien 90, D 3
Thule = Qaanaaq 153, O 2
Thun 84, D 4
Thunder Bay 153, M 5
Thuner See 84, D 4
Thüringen 31, 2
Thüringer Becken 30, 1 D 3
Thüringer Wald 34, F 5
Thurston-Insel 167, 2 O 2
Tian Shan 100, 1 E/F 3
Tianjin 111, G 3
Tiaret 88, D 5
Tiber 89, G 3
Tibesti 123, 3 G 4
Tibesti-Serir 132, E 2
Tidjikdja 132, B 3
Tienen 80, D 4
Tierra del Fuego = Feuerland 163, B/C 8
Tiflis 102, 1 D 2
Tiflis (Tbilissi) 91, J 3
Tigris 100, 1 D 4
Tihuța 83, H 4
Tijuana 154, C 3
Tikal 155, F 5
Tikrit 91, H 5
Tiksi 95, N 2
Tilburg 80, D 3
Tilitschiki 95, R 3
Tilsit (Sowjetsk) 83, G 2
Timanrücken 57, 2 K 1
Timaru 139, G 5
Timbuktu (Tombouctou) 132, C 3
Timimoun 132, D 2
Timiş 83, G 4
Timişoara = Temeschburg 83, G 4
Timor 136, J 5
Timorsee 114, E 5
Tinduf 132, C 2
Tingis (hist. Tanger) 197, 2 B 3
Tintummasteppe 132, E 3
Tirana 58, 1 G 4
Tirano 84, G 4
Tiraspol 83, J 4
Tiruchchirappalli 110, C 5
Titicacasee 143, L 11
Titlis 84, E 4
Tizi-Ouzou 88, D/E 4
Tjumen 94, G 4
Tjung 95, M 3
Tlemcen 88, C 5
Toamasina 135, F 4
Tobago 155, H 5
Toblach (Dobbiaco) 85, J 4
Tobol 94, G 4
Tobolsk 94, G 4
Tobruk (Tubruq) 133, F 1
Tocantins (Bundesstaat) 145, 1 M 10
Tocantins (Fluss) 143, O 10
Toce 84, E 4
Tocopilla 163, B 5
Tödi 84, E 4
Tofua 139, H 2
Togliatti 94, E 4
Togo 124, 1 D 5
Toili 114, E 4
Tokar 133, G 3
Tokat 91, G 3
Tokelau-Inseln 137, M 5
Tokio 102, 1 J 3
Toledo (Spanien) 88, B 4
Toledo (USA) 155, F 2
Toliara 135, F 5
Tolmezzo 85, J/K 4
Tolmin 85, K 4
Toluca 154, D/E 5
Tombouctou = Timbuktu 132, C 3
Tommot 95, N 4
Tomoi (historischer Ort) 197, 2 E 2
Tomsk 94, J 4
Tonalepass 84, G 4
Tønder = Tondern 34, D 1
Tondern (Tønder) 34, D 1
Tonga 137, M 6
Tongatapugruppe 139, H 3
Tongeren 80, E 4
Tongliao 111, H 2
Tonkin 114, C 1
Toowoomba 138, D/E 3
Topeka 154, E 3
Topko 95, O 4
Topsee 74, H 3
Torgai 94, G 5
Torgaisenke 94, G 4
Torgau 34, H 4
Torino = Turin 84, D 5
Torneälv 74, F 3
Torneträsk 74, E/F 2
Torngatberge 153, O 4
Toronto 153, M/N 5
Torremolinos 88, B 4
Torrenssee 138, C 4
Torreón 154, D 4
Torresstraße 138, D 2
Tortona 84, E 6
Tortosa 88, D 3
Toruń = Thorn (Polen) 83, F 2
Toshkaseen 133, G 2
Toskana 84/85, G 7 – H 7
Toskanischer Apennin 84/85, G/H 6
Totes Gebirge 85, K/L 3
Totes Meer 100, 1 C 4
Touba 132, B 3
Toubkal 123, 3 E 3
Touggourt 132, D 1
Toul 84, B 2
Toulon 77, E 6
Toulouse 77, D 6
Tourcoing 80, B 4
Tournai 80, C 4
Tours 77, D 5
Toussidé 132, E 2
Townsville 138, D 2
Traben-Trarbach 14, C 3
Trabzon 91, G 2/3
Trafalgar (historischer Ort) 207, 5
Traisen 85, M 2
Transantarktisches Gebirge 167, 2 H 2 – O 1
Transhimalaya 100, 1 F 4
Trapezunt (hist. Trabzon) 197, 2 F 2
Trassem 16, A/B 2
Traun 85, L 2
Traun (Fluss) 85, K 2
Traunsee 85, K 3
Traunstein 35, H 8
Trautzberg 16, C 2
Travemünde (Lübeck-) 34, F 1/2
Trbovlje 85, L 4
Trebbia 84, F 6
Trebur 15, E 3
Trechtingshausen 15, D 2/3
Treis-Karden 14, C 2
Trelew 163, C 7
Trelleborg 75, D 6
Trent 76, C 3
Trento = Trient 85, H 4
Trenton 155, G 2
Tres Marias-Inseln 154, D 4
Tresa 84, E 4/5
Treuchtlingen 35, F 7
Treviglio 84, F 5
Treviso 85, J 5
Tribur 201, 3 C 2
Trient (Trento) 85, H 4
Trier 14, B 3
Trier-Saarburg (Landkreis) 27, 5
Trierweiler 14, B 3
Triest (Trieste) 85, K 5
Trieste = Triest 85, K 5
Trifels 17, D 3
Triglav 85, K 4
Trinidad 162, C 4
Trinidad (Insel) 143, M/N 8
Trinidad und Tobago 145, 1 L 7/8
Trinidade 242, H 6
Tripoli (Tarabulus, Libanon) 91, F 5
Tripolis (Tarabulus, Libyen) 124, 1 E 2
Tripolitanien 132, E 1
Trippstadt 17, D 3
Trischen 34, D 1
Tristan de Cunha 242, H/J 7
Trittenheim 14, B 3
Trivandrum 110, C 6
Trnava 85, O 2
Trobriand-Inseln 115, H 4
Troisdorf 14, C 1
Trois-Rivières 153, N 5
Troja (Ruinenstätte) 90, D 4
Trombetas 163, D 2
Tromelin 243, M 6
Tromsø 74, E 2
Tronador 163, B 7
Trondheim 74, C 4
Trondheimsfjord 74, C 4
Troyes 77, D/E 4
Trujillo 162, A/B 3
Trulben 16, D 3
Truso (historischer Ort) 201, 3 E 1
Tsaratananamassiv 135, F 4
Tschad 124, 1 E/F 4
Tschadbecken 123, 3 G 5
Tschadsee 123, 3 G 5
Tschagda 95, O 4
Tschagos-Inseln 136, F 5
Tscheboksary 94, E 4
Tschechische Republik 58, 1 G 4
Tschegdomyn 95, N/O 4
Tscheljabinsk 94, G 4
Tschenstochau 83, F 3
Tscherepowez 94, D 4
Tscherkassy 83, J/K 3
Tscherkessk 91, H 2
Tschernihiw 83, J 3
Tscherniwzi 83, H 3
Tscherskigebirge 101, 1 J 2
Tschita 95, M 4
Tschoibalsan 111, G 2
Tschokurdach 95, P 2
Tschu 94, H 5
Tschu (Fluss) 94, H 5
Tschugusch 91, H 3
Tschuktschen-Halbinsel 101, 1 K/L 2
Tschuktschensee 95, S/T 3
Tschumikan 95, O 4
Tshikapa 134, C/D 3
Tshuapa 134, D 3
Tsingtau 111, H 3
Tsumeb 134, C 4
Tuamotu-Archipel 137, N 5 – O 6
Tuapse 91, G 3
Tubarão 163, E 5
Tübingen 35, E 7
Tubruq = Tobruk 133, F 1
Tubuai-Inseln 137, N 6
Tucson 154, C 3
Tucuruí 163, D/E 3
Tudmor = Tadmor 91, G 5
Tuguegarao 114, E 2
Tula 83, L 2
Tulcea 83, J 4
Tulln 85, N 2
Tuloma 74, H/J 2
Tulun 95, L 4
Tunesien 124, 1 D/E 3
Tunis 124, 1 D/E 2
Tunja 162, B 2
Tura 95, L 3
Turan 100, 1 D/E 3
Turfan = Turpan 110, D 2
Turgutlu 90, D 4
Turin (Torino) 84, D 5
Turkanasee 123, 3 J 6
Türkei 102, 1 C 3
Türkistan 94, G 5
Turkmenabat 119, 3 E 2
Turkmenbashy 119, 3 D 1
Turkmenistan 102, 1 D/E 2
Turks-Inseln 155, G 4
Turku (Åbo) 74, F 4
Turnhout 80, D 3
Turpan (Turfan) 110, D 2
Turquino 155, G 4
Turuchansk 94, J 3
Tuttlingen 35, D 8
Tutuila 139, H 2
Tuvalu (Inseln) 136, L 5
Tuvalu (Staat) 243, S 6
Tuwaik 119, 3 C 3/4
Tuxtla Gutiérrez 155, E 5
Tuz gölü 91, F 4
Tuzla 90, B 2
Twer 83, K/L 1
Tymfristos 90, C 4
Tynda 95, N 4
Tyras (hist. Bilhorod-Dnistrowskyj) 197, 2 E 2
Tyrrhenisches Meer 89, F/G 4

U

Übach-Palenberg 14, A 1
Ubangi 123, 3 G 6
Überherrn 16, B 3
Uberlândia 163, D/E 4
Überlingen 35, E 8
Ubon Ratchathani 114, C 2
Ubstadt-Weiher 17, F 3
Ubundu 134, D 3
Ucayali 143, L 10/11
Uchta 94, F 3
Uckange = Ückingen 16, A 3
Ucker 34, J 2
Uckermark 34, J/K 2
Ückingen (Uckange) 16, A 3
Uda 95, O 4
Udatschnij 95, M 3
Udenheim 15, E 3
Üdersdorf 14, B 2
Udine 85, K 4
Uecker 34, K 2
Ueckermünde 34, J/K 2
Uele 134, D 2
Uëlle 123, 3 H 6
Uelzen 34, F 3
Ufa 94, F 4
Uganda 124, 1 G 5
Ugarit (historischer Ort) 197, 2 F 3
Ugra 83, K 2
Úhlava = Angel 35, J 6
Ujelang 115, J 3
Ujung Pandang = Makassar 114, D 4
Ukraine 58, 1 H/J 4
Ulaangom 110, E 2
Ulan Bator 102, 1 G 2
Ulan Hot 111, H 2
Ulan-Ude 95, L 4
Uleåborg = Oulu 74, G 3
Ulfenbach 17, F 2
Uliastaj 110, E 2
Uljanowsk 94, E 4
Ullung 111, J 3
Ulm 35, E 7
Ulmbach 15, E 1
Ulmen 14, B 2
Ulsan 111, H 3
Ulster 76, A/B 3
Uludağ 90, E 4
Uluguruberge 135, E 3
Uluru = Ayers Rock 138, C 3
Umag 85, K 5
Umbrischer Apennin 85, J 7
Umbsee 74, J 3
Umeå 74, F 4
Umeälv 74, E 3
Una 85, M 6
Ungarisches Tiefland 57, 2 F/G 3
Ungarn 58, 1 G/H 4
Ungavabai 153, O 4
Ungava-Halbinsel 153, N 3
Unkel 14, C 1
Unnau 15, D 1
Unstrut 34, G 4
Untere Tunguska 95, L 3
Unterfranken 31, 2
Upington 134, D 5
Upolu 139, H 2
Uppsala 75, E 5
Ur 119, 3 C 2
Ural 100, 1 D 3
Ural (Fluss) 94, F 4
Uralgebirge 100, 1 D 2/3
Uralsk = Oral 94, F 4
Uranium City 152, K 4
Urbino 85, J 7
Urft 14, B 2
Urftstausee 14, A 1
Urgentsch 119, 3 E 1
Urmia (Orumiyeh) 91, J 4
Urmiasee 91, J 4
Uruguay (Fluss) 143, N 12
Uruguay (Staat) 145, 1 L 12
Uruk 119, 3 C 2
Urumchi (Ürümqi) 110, D 2
Ürümqi = Urumchi 110, D 2
Urup 95, P 5
Ürzig 14, C 3
Usa 15, F 2
Uşak 90, E 4
Usbekistan 102, 1 D/E 2
Usedom 34, J/K 1
Ushirombo 135, E 3
Ushorod 83, G 3
Ushuaia 163, C 8
Usingen 15, F 2
Usolje-Sibirskoje 95, L 4
Uspenka 94, H 5
Ussa 94, F 3
Ussuri 111, J 2
Ussurijsk 95, O 5
Ust-Bargusin 95, L 4
Ústí nad Labem = Aussig 34, K 5
Ust-Ilimsk 95, L 4
Ust-Jansk 95, O 2
Ustjurt-Plateau 94, F 5
Ust-Kamenogorsk = Öskemen 94, H 5
Ust-Kamtschatsk 95, R 4
Ust-Kut 95, L 4
Ust-Nera 95, P 3
Usumacinta 155, E 5
Utah 144, 1 E 5
Utete 135, E 3
Utica (historischer Ort) 197, 2 C/D 3
Utrecht 80, E 2
Uturuncu 163, C 5
Uvéa 139, F 3
Uvs Nuur 110, E 1
Üxheim 14, B 2
Uyuni 163, C 5
Uzaym 91, J 5
Užice 90, B 3

V

Vaal 123, 3 H 9
Vaals 14, A 1
Vaasa 74, F 4
Vác 83, F 4
Vadodara 110, C 4
Vaduz 58, 1 F 4
Vaihingen 17, F 4
Vailly 80, C 5
Vaitupu 139, G 1
Valdepeñas 88, C 4
Valdez 152, F 3
Valdivia 163, B 6
Val-d'Isère 84, D 5
Valence 84, A 6
Valencia (Spanien, Valéncia) 88, C 4
Valencia (Venezuela) 162, C 1/2
Valéncia = Valencia (Spanien) 88, C 4
Valenciennes 80, C 4
Valentia 76, A 4
Valetta 58, 1 G 5
Valladolid 88, B 3
Vallatum (hist. Manching) 199, 3 D 4
Vallendar 15, D 2
Valletta 89, G 5
Valli di Comacchio 85, H/J 6

Valmy 80, D 5
Valparaíso 163, B 6
Van 91, H 4
Vancouver 152, H 5
Vancouver-Insel 152, H 5
Vänersborg 75, D 5
Vänersee 75, D 5
Vangaindrano 135, F 5
Vannecourt 16, A/B 4
Vansee 91, H 4
Vantaa 74, G 4
Vanua Levu 139, G 2
Vanuatu 243, S 6
Var 84, D 7
Varanasi 110, D 4
Varangerfjord 74, H 2 – J 2
Varanger-Halbinsel 74, H 2
Vardø 74, H 2
Varese 84, E 5
Vârful Pietrosu 83, G/H 4
Varkaus 74, G 4
Värmland 75, D 5
Varna 90, D 3
Värnamo 75, D 5
Västerås 75, E 5
Vatikanstadt 58, 1 G 4
Vatnajökull 74, C 1
Vättersee 75, D 5
Vavaugruppe 139, H 2
Växjö 75, D 5
Vecht = Vechte 34, C 3
Vechta 34, D 3
Vechte (Vecht) 34, C 3
Veendam 80, F 1
Veenendaal 80, E 2/3
Velebit 85, M 6
Velenje 85, M 4
Velmerstot 34, D 4
Velsen 80, D 2
Veltlin 84, F 4 – G 4
Vence 84, D 7
Venedig (Venezia) 85, J 5
Venetien 85, H – J 5
Venezia = Venedig 85, J 5
Venezianer Alpen 85, J 4/5
Venezuela 145, 1 K 8
Vénissieux 84, A 5
Venlo 80, F 3
Venray 80, E 3
Ventimiglia 84, D 7
Ventspils 75, F 5
Veracruz 154, E 5
Verbania 84, E 5
Vercelli 84, E 5
Vercors 84, B 6 – B 5
Verden 34, E 3
Verdon 84, C 7
Verdun 80, E 5
Vereeniging 134, D 5
Vereinigte Arabische Emirate 102, 1 D 3
Vereinigte Staaten von Amerika 144, 1 K/L 5
Vermont 144, 1 J/K 4
Vernier 84, C 4
Verny 16, A 3
Verona 84, G 5
Versailles 77, D 4
Verviers 80, E 4
Vervins 80, C 5
Verwallgruppe 84, F/G 3
Vesoul 84, C 3
Vestfjord 74, D 3 – D 2
Vestmannaeyjar 74, B 2
Vesuv 89, G 3
Veszprém 85, O 3
Vetera (hist. Xanten) 199, 3 B 3
Vettelschoß 14, C 1
Vettweiß 14, B 1
Veurne 80, B 3
Vianden 14, A 3
Viareggio 84, G 7
Vicenza 85, H 5
Vichada 162, C 2
Vichy 77, D 5
Victoria (Fluss) 138, C 2
Victoria (Kanada) 152, H 5
Victoria (Seychellen) 125, 1 J 6
Victoriafälle 134, D 4
Victoria-Insel 142, G 2 – H 3
Victorialand 167, 2 H/J 2
Victoria-Nil 135, E 2
Victoriasee 123, 3 J 7
Victoria-Straße 153, K 3
Vidå 34, E 0
Viedma 163, C 7
Viehberg 85, L 2
Vienne 84, A 5
Vientiane 102, 1 G 4
Viernheim 17, F 2
Vierwaldstätter See 84, E 4
Vietnam 102, 1 G 4
Vigevano 84, E 5
Vigo 88, A 3
Vigy 16, A 3
Vijayawada 110, D 5
Vik 74, C 2
Vilhelmina 74, E 3
Villach 85, K 4
Villafranca di Verona 84, G 5
Villahermosa 155, E 5
Villavicencio 162, B 2
Villaviciosa 88, B 3
Ville 13, 2 A 1
Villefranche 84, A 5
Villeurbanne 84, A 5
Villingen-Schwenningen 35, D 7
Villmar 15, E 2
Vilnius 58, 1 H 3
Viña del Mar 163, B 6
Vinci 84, G 7
Vindhyagebirge 110, C 4
Vinh 114, C 2
Vinningen 16, D 3
Vipiteno = Sterzing 85, H 4
Virginia 144, 1 H/J 5
Virunum (hist. Zollfeld) 199, 3 F 5
Visakhapatnam 110, D 5
Visby 75, E 5
Viscount-Melville-Sund 152/153, J/L 2
Viti Levu 139, G 2
Vitória 163, E 5
Vitoria-Gasteiz 88, C 3
Vitry-le-François 84, A 2
Vittorio Veneto 85, J 5
Vix 197, 2 C 2
Vjosë 90, C 3
Vlieland 80, D 1
Vlissingen 80, C 3
Vlorë 90, B 3
Vöcklabruck 85, K 2
Vogelkopf 115, F 4
Vogelsberg 34/35, E 5
Vogesen 84, C 3 – D 2
Vogtland 30, 1 D/E 3
Voi 135, E 3
Voiron 84, B 5
Volci (historischer Ort) 197, 2 D 2
Völkermarkt 85, L 4
Völklingen 16, B 3
Volmunster = Wolmünster 16, C 3
Volos 90, C 4
Volta 123, 3 E 5
Volta-Stausee 132, C 4
Vorderpfalz 13, 2 C 2
Vordingborg 34, G 1
Voreifel 13, 2 A/B 1
Voss 74, B 4
Vouziers 80, D 5
Vrsac 90, C 2
Vulkaneifel 27, 5
Vulkan-Inseln 136, J/K 3

W

Waag 82, F 3
Waal 80, E 3
Waalwijk 80, D 3
Wachau 85, M 2
Wachenheim 17, E 3
Wachtberg 14, C 1
Wackernheim 15, E 3
Wad Madani 133, G 3
Wadern 16, B 2
Wadgassen 16, B 3
Wadi al-Ghudaf 91, H 5
Wadi Azaouak 132, D 3
Wadi Draa 123, 3 E 4
Wadi el Melik 133, F 3
Wadi Halfa 133, G 2
Wadi Hauran 91, H 5
Wadi Miyah 91, G 5
Wadi Saoura 132, C 1/2
Wadi Tafassasset 132, D 2
Wadi Tharthar 91, H 5
Wager Bay 153, L 3
Wagga Wagga 138, D 4
Waghäusel 17, F 3
Wagrien 34, F 1
Wahlrod 15, D 1
Wahnbachstausee 14, C 1
Waidhofen an der Thaya 85, M 2
Waidhofen an der Ybbs 85, L 3
Waigatsch 94, F 3
Waigeo 115, F 3
Waimes 14, A 2
Waingapu 114, E 4
Wakayama 111, J 3
Wake 136, L 4
Wakkanai 111, J/K 2
Walachei 57, 2 G 3
Waldaihöhe 83, K 1
Waldalgesheim 15, D 3
Waldbillig 14, A 3
Waldböckelheim 15, D 3
Waldbreitbach 14, C 1
Waldbröl 15, D 1
Waldbronn 17, E 4
Waldbrunn 15, E 1
Waldems 15, E 2
Waldesch 14, C/D 2
Waldfischbach-Burgalben 16, D 3
Waldkraiburg 35, H 7
Wald-Michelbach 17, F 2
Waldmohr 16, C 3
Waldrach 14, B 3
Waldsee 17, E 3
Waldshut-Tiengen 35, D 8
Waldsolms 15, E 2
Waldviertel 85, M 2
Waldwiese (Waldwisse) 16, A/B 3
Waldwisse = Waldwiese 16, A/B 3
Walferdange 16, A 2
Walfischbai (Walvis Bay) 134, C 5
Walgett 138, D 4
Walhalla 35, H 6
Wall des Dschingis Khan 111, G 2
Walldorf 17, F 3
Wallerfangen 16, B 3
Wallhalben 16, C/D 3
Wallhausen 15, D 3
Wallis (Insel) 139, H 2
Wallis (Landschaft) 84, D 4
Wallis und Futuna 243, S/T 6
Walliser Alpen 84, D 4
Wallmenroth 15, D 1
Walsrode 34, E 3
Waluiki 83, L 3
Walvis Bay = Walfischbai 134, C 5
Walzbachtal 17, F 3
Wamba 134, C 3
Wanadsor 91, J 3
Wanganui 139, G 4
Wangen 35, E 8
Wangerooge 34, C 2
Wanxian 111, F 3
Warangal 110, C 5
Warburg 34, E 4
Warburton 138, C 3
Waren 34, H 2
Warendorf 34, C 4
Warndt 13, 2 A 2
Warnemünde (Rostock-) 34, G/H 1
Warnow 34, G/H 2
Warrego 138, D 3
Warrnambool 138, D 4
Warschau 58, 1 G/H 3
Warstein 34, D 4
Warthe 82, F 2
Wasatchkette 154, C 2/3
Wasgau 13, 2 B 2
Washington (Bundesstaat) 144, 1 D/E 4
Washington (District of Columbia) 144, 1 J 5
Wasjugaebene 94, H 4
Wasserbillig (Mertert-) 14, A/B 3
Wasserkuppe 34, E 5
Watampone 114, E 4
Waterford 76, B 3
Waterloo 80, D 4
Watson Lake 152, H 3
Wattenmeer 80, E 1
Watzmann 35, H 8
Waw 133, F 4
Waxweiler 14, A 2
Weda 114, E 3
Weddellmeer 167, 2 Q/R 2
Wedel 34, E 2
Weert 80, E 3
Wehebachstausee 14, A 1
Wehr 14, C 2
Wehrheim 15, F 2
Weibern 14, C 2
Weichsel 83, G 3
Weiden 35, G/H 6
Weidenthal 17, D 3
Weil 15, E 2
Weilburg 15, E 2
Weilerbach 16, D 3
Weilerswist 14, B 1
Weilmünster 15, E 2
Weilrod 15, E 2
Weimar (Lahn) 15, F 1
Weimar (Thüringen) 34, G 5
Weinbach 15, E 2
Weingarten (Baden) 17, F 3
Weingarten (Württemberg) 35, E 8
Weinheim 17, F 2
Weinsheim 15, D 3
Weinstraße 13, 2 B/C 2
Weinviertel 85, M/N 2
Weisenheim am Berg 17, E 2/3
Weisenheim am Sand 17, E 2
Weiskirchen 16, B 2
Weißenburg (Wissembourg) 17, D 3
Weißenfels 34, G 4
Weißenthurm 14, C 2
Weißer Nil 123, 3 J 5
Weißer Stein (Eifel) 14, A 2
Weißer Stein (Odenwald) 17, F 3
Weißer Volta 132, C 3
Weißes Meer 74, J 3/K 3
Weißkugel (Palla Bianca) 84, G 4
Weißmeer-Ostsee-Kanal 74, J 3/4
Weißrussland (Belarus) 58, 1 H 3
Weiswampach 14, A 2
Weitefeld 15, D 1
Weiterstadt 15, F 3
Weiz 85, M 3
Welikije Luki 83, J 1
Welkom 134, D 5
Wellesley-Inseln 138, C/D 2
Welling 14, C 2
Wellington 139, G 5
Wellington-Insel 163, B 7
Wels 85, K 2
Welschbillig 14, B 3
Wendelsheim 15, D/E 3
Wendland 34, G 2
Wenzhou 111, H 4
Werchojansk 95, O 3
Werchojansker Gebirge 100/101, 1 H/J 2
Werdau 34, H 5
Werden 201, 3 B 2
Werla 201, 3 C 1
Wernigerode 34, F 4
Werra 34, F 5
Wershofen 14, B 2
Wertach 35, F 7
Wertheim 35, E 6
Weschnitz 17, E/F 2
Wesel 34, B 4
Weselberg 16, D 3
Weser 34, E 4
Weserbergland 30, 1 C 2 – C 3
Wesergebirge 34, E 3
Wesjelyjstausee 91, H 2
Wesseling 14, B 1
Wessobrunn (Kloster) 201, 3 C 3
West Palm Beach 155, F 4
West Virginia 144, 1 H/J 5
Westalpen 77, E 5
Westerburg 15, D 1
Westerland 34, C/D 1
Westerschelde 80, C 3
Westerwald 14, D 1 – 15, E 1
Westerwaldkreis 27, 5
Westfriesische Inseln 80, D 1
Westghats 100, 1 E 5
Westhofen 17, E 2
Westindien vorderer Buchinnendeckel, E/F 5
Westkap 139, F 5
Westkordillere 162, B 2
Westliche Morava 90, C 3
Westliche Sierra Madre 142, H 6/7
Westlicher Euphrat 91, G 4
Westlicher Großer Erg 132, C 2 – D 1
Westlicher Taurus 90, E 4
Westport 139, F/G 5
Westrich 13, 2 B 2
Westsajan 94, J/K 4
Westsibirisches Tiefland 100, 1 E/F 2
Wetar 114, E 4
Wetschaft 15, F 1
Wettenberg 15, F 1
Wetter 15, F 1
Wetterau 15, F 2
Wetzlar 15, E/F 1
Wewak 115, G 4
Weyerbusch 14, D 1
Whangarei 139, G 4
Wheeler Peak 154, D 3
Whitehorse 152, G 3
Wichita 154, E 3
Wick 76, C 2
Wicklow Mountains 76, B 3
Wied 15, D 1
Wiehengebirge 34, D 3
Wiehl 14, D 1
Wiehlstausee 15, D 1
Wien 58, 1 G 4
Wiener Neustadt 85, M/N 3
Wiener Wald 85, M/N 2
Wieringerwerf 80, E 2
Wiernsheim 17, F 4
Wiesbaden 15, E 2
Wieseck 15, F 1
Wiesloch 17, F 3
Wight 76, C 4
Wildspitze 84, G 4
Wilhelmshaven 34, C/D 2
Wiljui 95, L 3
Wiljuisk 95, N 3
Wilkesland 167, 2 F/G 2
Wilkizkistraße 95, K/L 2
Willemstad 155, H 5
Willeroo 138, C 2
Wilnsdorf 15, E 1
Wilseder Berg 34, E 2
Wiltingen 16, B 2
Wiltz 80, E 5
Wimmenau 16, C 4
Wincheringen 16, A 2
Windeck 14, D 1
Windesheim 15, D 3
Windhagen 14, C 1
Windhuk 124, 1 E 8
Windischeschenbach 35, G/H 6
Wingen 16, C 4
Winningen 14, C/D 2
Winnipeg 153, L 5
Winnipegsee 142, J 4
Winnweiler 17, D 2
Winnyzja 83, J 3
Winschoten 80, F 1
Winterswijk 80, F 3
Winterthur 84, E 3
Winton 138, D 3
Wirges 15, D 2
Wirzsee 75, G 5
Wische 34, G 3
Wisconsin 144, 1 G/H 4
Wismar 34, G 2
Wisper 15, D 2
Wissembourg = Weißenburg 17, D 3
Wissen 15, D 1
Witim 95, M 4
Witimplateau 95, M 4
Wittenberge 34, G 2
Wittlich 14, B 3
Wittstock 34, H 2
Wizebsk 83, J 2
Wjatka 94, E 4
Wladikawkas 91, J 3
Wladimir 83, L/M 1
Wladiwostok 95, O 5
Włocławek 83, F 2
Wœrth = Wörth an der Sauer 17, D 4
Woippy 16, A 3
Wolchow 74, J 5
Wölfersheim 15, F 2
Wolfsberg 85, L 4
Wolfsburg 34, F 3
Wolfstein 16, D 2
Wolga 94, D 4
Wolga-Ostsee-Kanal 74, J 4
Wolgaplatte 57, 2 J 2
Wolgast 34, J 1
Wolgodonsk 91, H 2
Wolgograder Stausee 94, E 5
Wollin 34, K 2
Wollongong 138, E 4
Wöllstein 15, D 3
Wolmünster (Volmunster) 16, C 3
Wologda 94, D/E 4
Wolynien 83, H 3
Wolynisch-Podolische Platte 57, 2 G 2/3
Wonsan 111, H 3
Woodlark 115, H 4
Woomera 138, C 4
Wooramel 138, A 3
Worcester 76, C 3
Workuta 94, G 3
Wormeldange 16, A 2
Worms 15, E 3
Wörrstadt 15, E 3
Wörth am Rhein 17, E 3
Wörth an der Sauer (Wœrth) 17, D 4
Wörthersee 85, L 4
Wotkinsker Stausee 94, F 4
Wottawa 35, J/K 6
Wrangel-Insel 95, T 2
Wreckriff 139, E 3
Wrocław = Breslau 82, F 3
Wuhai 111, F 3
Wuhan 111, G 3
Wuhu 111, G 3
Wümme 34, E 2
Wunsiedel 35, G/H 5
Wunstorf 34, E 3
Wuppertal 34, C 4
Würselen 14, A 1
Wursten 34, D 2
Würzburg 35, E 6
Wurzen 34, H 4
Wüste Takla Makan 100, 1 F 4
Wüste Tharr 100, 1 E 4
Wuwei 110, F 3
Wuxi 111, H 3
Wuyi Shan 111, G 4
Wuzhou 111, G 4
Wyborg 74, H 4
Wygsee 74, J 4
Wyk 34, D 1
Wyndham 138, B 2
Wyoming 144, 1 F 4
Wytschegda 94, F 3

X

Xaafun 133, J 3
Xai-Xai 135, E 5
Xi 101, 1 G 4
Xi Jiang 111, G 4
Xiamen 111, G 4
Xi'an 111, F 3
Xiangfan 111, G 3
Xianggang = Hongkong 111, G 4
Xiangtan 111, G 4
Xianyang 111, F 3
Xichang 110, F 4
Xigazê 110, D 4
Xingu 143, N 10
Xining 110, F 3
Xuguit Qi 111, G/H 2
Xuzhou 111, G 3

Y

Ya'an 110, F 3/4
Yacuiba 163, C 5
Yalinga 133, F 4
Yambio 133, F 4
Yamdena 115, F 4
Yamoussoukro 124, 1 C 5
Yamuna 110, C 4
Yanbu al-Bahr 119, 3 B 3
Yangon = Rangun 110, E 5
Yanji 111, H 2
Yantai 111, H 3
Yaoundé = Jaunde 132, E 4
Yapen 115, F 4
Yap-Inseln 115, F 3
Yaren 243, S 6
Yarkand (Fluss) 110, C 3
Yarkand = Shache 110, C 3
Yarlung Tsangpo 110, D 4
Yaviza 155, G 6
Yazd 119, 3 D 2
Ybbs (Ois) 85, L 3
Yellowknife 152, J 3
Yellowstone 154, D 2
Yellowstonesee 154, C 2
Yenice 91, F 4
Yerupajá 162, B 4
Yeşilırmak (Grüner Fluss) 91, G 3
Yibin 110, F 4
Yichang 111, G 3
Yichun 111, H 2
Yin Shan 111, F/G 2
Yinchuan 110, F 3
Ying He 111, G 3
Yining 110, D 2
Yitulihe 111, H 1
Yogan 163, B/C 8
Yogyakarta 114, C 4
Yokohama 111, J 3
York 76, C 3
York Factory 153, L 4
Yos Sudarso 115, F 4
Ypern (Ieper) 80, B 4
Yu Jiang 111, F 4
Yu Shan 111, H 4
Yucatán 142, J 8 – K 7
Yuendumu 138, C 3
Yueyang 111, G 4
Yukon 142, C 3
Yukon (Fluss) 152, G 3
Yukon (Provinz) 144, 1 C 2
Yunhe = Großer Kanal 111, G 3
Yünnan 110, E/F 4
Yutz = Jeutz 16, A 3
Yverdon-les-Bains 84, C 4

Z

Zaanstad 80, D 2
Zabol 119, 3 E 2
Zadar 90, A 2
Zagreb 58, 1 G 4
Zagrosgebirge 100, 1 D 4
Zahedan 119, 3 D/E 3
Zahrez Chergui 88, D 5
Zahrez Rharbi 88, D 5
Zaisenhausen 17, F 3
Zakhu 91, H 4
Zakynthos 90, C 4
Zala 85, N 4
Zalaegerszeg 85, N 4
Zalatun 111, H 2
Zamboanga 114, D/E 3
Zamora 88, B 3
Zandvoort 80, D 2
Zapala 163, B 6
Zara (hist. Zadar) 201, 3 D 3
Zaragoza 88, C 3
Zard Kuh 119, 3 C 2
Zaria 132, D 3
Zarrineh 91, J 4
Žatec = Saaz 35, J 5
Zawarat = Zouérat 132, B 2
Zeebrugge 80, C 3
Zeiskam 17, E 3
Zeist 80, E 2
Zeitz 34, H 4
Zell (Mosel) 14, C 2
Zell am See 85, J 3
Zeltingen-Rachtig 14, C 3
Zemmer 14, B 3
Zenica 90, B 2
Zentralafrikanische Republik 124, 1 E/F 5
Zentralafrikanische Schwelle 123, 3 J 6 – H 8
Zentralkordillere 162, B 2
Zentralmassiv 77, D 5
Zerf 16, B 2
Zermatt 84, D 4
Zeroud 89, F 5
Zgorzelec = Görlitz 34, K 4
Zhangjiakou 111, G 2
Zhangye 110, F 3
Zhanjiang 111, F/G 4
Zhengzhou 111, G 3
Zhongba 110, D 4
Zibo 111, G 3
Zielona Góra = Grünberg 82, E 3
Zighen 133, F 2
Ziguinchor 132, B 3
Zilina 83, F 3
Zillertaler Alpen 85, H 3
Zimljansker Stausee 91, H 2
Zinder 132, D 3
Zingsheim (Nettersheim-) 14, B 1
Zingst 34, H 1
Zinsweiler (Zinswiller) 16, D 4
Zinswiller = Zinsweiler 16, D 4
Zirknitzer See 85, L 5
Zittau 34, K 5
Zlatni Pjasâci (Goldstrand) 90, E 3
Zoetermeer 80, D 2
Zonguldak 91, E 3
Zornheim 15, E 3
Zouar 132, E 2
Zouérat (Zawarat) 132, B 2
Zuckerhütl 85, H 4
Zudachar 91, J 3
Zug 84, E 3
Zugspitze 35, F 8
Zülpich 14, B 1
Zülpicher Börde 13, 2 A 1
Zululand 135, E 5
Zumbo 135, E 4
Zunyi 111, F 4
Zürich 84, E 3
Zürichsee 84, E 3
Zuwara 132, E 1
Zweibrücken 16, C 3
Zwettl 85, M 2
Zwickau 34, H 5
Zwickauer Mulde 34, H 4/5
Zwiesel 35, J 6
Zwingenberg 15, F 3
Zwolle 80, F 2
Zypern 58, 1 J 5

Das Sachwortregister enthält Begriffe aus dem Fachgebiet der Geographie, Geschichte und angrenzenden Fachbereichen. Die Begriffe helfen den Atlas selbstständig thematisch zu erschließen. Durch die Nennung mehrerer Kartenbeispiele zu einem Stichwort werden neben der Vielfalt des Themas auch weltweite Zusammenhänge deutlich. Stichworte, die sich aus dem Kartentyp ergeben, sind hier in der Regel nicht aufgenommen. Dazu gehören die Inhalte von physischen Karten und Wirtschaftskarten. Die jeweiligen Verweise beziehen sich auf die Seitenzahl, anschließend folgt die Nummer der Einzelkarte (z. B.: 105.5 = Seite 105, Karte 5).

A

Abfluss → Oberflächenabfluss
Aborigines 139.2
Absolutismus 206.1–3
Achsenmächte 216.1
AIDS 125.3
Agglomeration → Ballungsraum
Agrarkolonisation 164.2
Agrarwirtschaft → Landwirtschaft
Alexander der Große 196.1; 198
Alliierte Mächte 216.1; 217.2
Alpenübergang → Pass
Alpenvorland 63.1
Alternative Energie → Erneuerbare Energie
Altersaufbau → Bevölkerungspyramide
Altindustrieregion 157.2
Altmensch 194/195.1
Altsteinzeit 63.2
Alphabetismus 185.4
Aquädukt 198.2
Aquakultur 107.2; 181.4
Aridität → Dürre
ASEAN 186/187.1; 223.3
Atomkraft → Kernenergie
Atommacht 218/219.1; 221.4; 223.3
Auswanderung 211.8; 213.3
Automobilindustrie 42.1; 65

B

Ballungsraum 43; 56.2; 78/79; 87.5; 98.2; 107.2; 158/159
BAM (Baikal-Amur-Magistrale) 97
Bananenanbau 148/149
Bergbau 42.1; 43; 65; 99.4; 130.1; 164.1; 186.2; 125.3;
Berliner Mauer 52/53; 219.3,4
Besatzungsmächte 217.3; 219.3
Besatzungszonen 217.3
Bevölkerungsdichte 54.1; 70.2; 103.3; 109.4; 139.3; 145.2; 158.1,2; 182/183.1
Bevölkerungsgruppen 55.4; 144/145.1; 158.3
Bevölkerungspyramide 55.2; 70.1; 125.3; 182.1; 189
Bevölkerungsveränderung 55.2,5; 70; 102/103; 125.3; 182/183.1,2
Bevölkerungswanderung 70.3; 200.1; 222/223.1
Bewässerung 99.5; 116.2; 122.2; 129.3; 160/161
Binnenschifffahrt 44.1; 68.1
Binnenwanderung → Bevölkerungswanderung
BIP (Bruttoinlandsprodukt) 59.2; 107.2; 112.2; 184.2
Biosphärenreservat 48.1
Bistum 201.3
Bodenschätze → Rohstoffe
Böden 63.3; 81.2
Bodenschädigung 98.1; 99.5; 180.2
Bodenversiegelung 48.1
Börde 36.1; 63.3
Brandrodung 180/181.1,3
Braunkohle 46/47; 48.1; 66/67
Britisches Empire 212/213.1
Buddhismus 183.3
Bundesland 31.2
Bündnisse 59.3; 186/187.1; 213.3; 218/219.1; 223.3

C

Chinesische Mauer 110/111; 200.1
Christen 183.3; 202.1
City → Hauptgeschäftszentrum
Containerterminal → Hafen
Cro-Magnon-Mensch → Jetztmensch

D

Datumsgrenze 95; 137; 139; hinterer Buchdeckel
Dauerfrostboden 62/63.1; 99.3; 166.1; 181.3
Delta 80/81; 101.2; 107.2; 122.1
Demilitarisierung 214.3; 219.2;
Depression 56/57; 80.1
Desertifikation → Wüstenausbreitung
Deutsche Demokratische Republik (DDR) 219.3,4
Deutscher Bund 208.1
Dienstleistung → Wirtschaftsabteilungen
Diktatur 215.4,6
Dornstrauchsavanne 126.1; 129.5; 178/179
Dreißigjähriger Krieg 204.2,3
Dürre 116.2; 126.1; 128.1; 129.6; 141.4

E

Ebbe 49.2
EFTA (Bündnis) 59.3
EU (Bündnis) 59.2,3; 186/187.1; 209
Einwanderung 139.3; 211.8; 217.3
Eisenbahn 44.1; 71.5; 209.3; 210/211.1–4
Eiserner Vorhang 215.5; 219.3; 220.1
Eiszeit 63.2; 194/195.1
Eiszeitformen 36.1; 63.3
Elektrizität → Stromerzeugung
Elektronikindustrie 42.1; 65
Emission 180.2
Energierohstoffe → Braunkohle, Steinkohle, Erdöl, Erdgas
Energieverbrauch 180.2
Energiewirtschaft 39.6,7; 46.1; 67.2,3
Entdeckungsreisen 168/169.5
Entsorgung 46.1; 47.3; 116.1
Entwässerung 81.2,3; 116.1
Erdbeben 87.4,5; 108; 172/173.1
Erdkern 172.2; 170.3
Erdmagnetfeld 170.3
Erdmantel (-kruste) 172.2,3
Erdöl/Erdgas 46.1; 65; 67.2; 120/121; 131.3; 186/187.2
Erdzeitalter 87.3
Ernährung 40/41; 64; 181.4
Erneuerbare Energien 39.6,7; 67.3; 86.1
Erosion, Erosionsschutz 98.1; 99.4; 112.1
Erster Weltkrieg 213.3
Erzbistum 201.3
Ethnische Gliederung 144/145.1; 158.3
Etrusker 197.2
Europäische Zusammenschlüsse → Bündnisse
Exportwirtschaft 131.3,4; 107.2; 149.2; 161; 186/187.2

F

Faustskizze 33
Favela 165
Feldzug 202.1,2; 204.2; 207.5
Finanzzentrum 42.1; 78/79; 109.5; 159.5
Fischfang 131.4; 181.4
Fjord 54/55.1
Flächennutzung 48; 178
Flüchtlinge 118.2; 219.4; 220.1; 222/223.1
Flughafen 44.1; 45.3; 71.5; 98.2; 121.2
Flusseinzugsgebiet 56.1
Flussoase 122.1
Flussregulierung 112.1
Flut 49.2
Föhn 38.1,2; 39.5
Förde (Fördenküste) 36.1
Forschungsstation 167.2
Forstwirtschaft 40.1; 181.3
Franken 200.2
Freie Reichsstadt 205.3
Freie Stadt 208.1,2
Freihafen 45.2
Freihandelszone 107.2; 121.2; 151.2
Freizeitpark 50.1; 68.1; 121.2
Fremdenverkehr → Tourismus
Friedrich I. Barbarossa 202.1
Frühgeschichte 194/195
Frühmensch 194/195.1
Fugger 203.3

G

Gebirgsbildung 37.3,4; 172/173.3
Geest 36.1; 49.3
Geologische Karte 86.2
Geothermische Energie 67.3; 86.1
Germanen 197.2; 199.3; 200.1
Geteilte Stadt 118.1; 217.3; 221.6
Geysir 74.1
Gezeiten 49.2
Gletscher 74.1; 84/85; 101.2; 167.2
Globalisierung 186/187.1,2
Global Positioning System (GPS) 171.4
Globalstrahlung 39.6
Gold 196.1; 197.2; 198.1; 203.3; 212.2
Golfstrom 60.1,2; 146/147.4
Griechen (Antike) 197.2
Gradnetz 170/171
Grundwasser 86.1; 129.3,4
GUS (Gemeinschaft Unabhängiger Staaten) 186/187.1; 223.3

H

Habsburger 202.2; 204.2; 205.3; 206.3
Hafen 44.1; 45.2; 81.4; 108.3; 109.5
Haff (Haffküste) 36.1
Hallig 49.3
Handel 203.3; 210.5
Handelswege 196.1; 197.2; 203.3
Hanse 203.3
Hauptgeschäftszentrum 52/53.1; 78/79; 159.5
Hauptstadt 52/53; 78/79; 98.2; 108.3
HDI (Human Development Index) 184/185
Heilbad 50.1
Heiliges Römisches Reich 201.3; 205.3
Hindus 183.3
Hochdruckgebiet 105.2; 174/175.1,2
Hochkulturen 18/19.2; 169.1; 194/195.2
Hochwasser, Hochwasserschutz 48.1; 112.1
Höhenprofil → Profil
Höhenstufen der Vegetation 51.3
Hohenzollern 205.3
Höhlenmalerei 63.2; 194/195.1
Homo sapiens 194/195.1
Humidität 176/177.4
Hunnen 200.1
Hurrikan 146.2; 147.4,5

I

Imperialismus 212/213.1,2
Indianer 144.1; 164.1; 210.1
Industrialisierung 209.3,4; 211.7
Industrieentwicklung 43.2; 99.3; 107.2; 157.2
Inlandeis 74.1; 166/167
Innertropische Konvergenz (ITC) 174/175.3,4
Islam 124.1; 183.3; 221.4

J

Jahreszeiten 170.2; 174.3; 175.4; 191.6
Jetztmensch 63.2; 194/195.1
Juden 118.1,2; 183.3
Julius Cäsar 198.1

K

Kaffee 126.1; 131.4; 212.3
Kakao 126.1; 148/149.1; 212.3
Kalter Krieg 215.5; 218/219.1
Kaltzeit → Eiszeit
Karl der Große 200.2
Karl V. 202.2
Kartenschichten 10/11
Kartenskizze 33
Kastell 199.3
Kernenergie 46.1; 48.1
Klimadiagramm 38; 60/61; 99.3,4; 122.1; 161.3; 166/167; 189.2
Klimawandel 38.4; 180.2; 181.3
Klimazonen 61.4; 174/175; 176/177
Kohle → Braunkohle, Steinkohle
Kolonien 125.2; 168/169.5; 210.5,6; 212/213.1,2
Kommunikation 186/187.1
Konfessionen 204.1,2
Konflikte 207.4; 218/219.1,2; 221.4; 222/223.1
Kontinentalität 61.4; 176/177.4
Kontinentalsperre 207.5
Kontinentalverschiebung 172/173.1a–d
Konzentrationslager 215.6
Korallenriffe 114/115; 138/139.1
Kraftfahrzeugbau 42.1; 65.2
Kreuzzüge 202.1
Krieg 204.2,3; 207.5; 211.7; 216.1; 218/219.1,2
Kulturlandschaft 199.3
Kunst 196.1
Kurort 50.1; 68.1
Küstenformen 36.1; 37.2
Küstenschutz 81.2–4

L

Landgewinnung 81.2–4; 107.2; 108.3; 121.2;
Landschaftsgürtel 126.1; 178/179
Landschaftsschäden 98.1; 99.3,4; 128.1
Landschaftswandel 47.2; 99.4; 107.2; 121.2; 181.3
Land-See-Zirkulation 38.1,2; 39.5
Landwirtschaft 40/41; 62/63.1; 64; 148/149; 160/161
Laufkraftwerk 46.1
Lebensbedingungen 184.1
Lebenserwartung 55.3; 185.3
Limes 198.1; 199.3
Lithosphäre 172.2; 173.3
Löss 36.1; 62/63; 112.1
Luftbild 165.4
Luftkorridor 219.4
Luftkurort 50.1; 51.3
Luftverkehr 44.1; 45.3; 71.5
Luftverschmutzung (-belastung) 48.1; 98.1; 99.3

M

Mangroven 116.1; 131.3
Marsch 36.1; 49.3
Maßstab 6; 8/9
Medienstandort 42.1; 52/53
Meeresströmung 166/167; 176/177.4
Meeresverschmutzung 98.1
Menschenrechte 221.6; 222.2
Mercosur 186/187.1
Messe 203.3
Migration → Bevölkerungswanderung
Mittelalter 200/201; 202.1; 203.3
Mittelgebirge 36.1; 37.3
Mittelmeerischer Anbau 92/93
Mond 190.4,5
Monsun 101.2; 105.5,6; 116.1; 174.3; 175.4
Moräne 36.1; 63.3
Mormonen 183.3
Muslime → Islam

N

Nacheiszeit 194/195.1
Nadelwald 62/63.1; 156/157; 178/179
NAFTA 186/187.1
Nahrungsmittelindustrie 42.1; 65.2
Napoleon 207.5
Nationalpark 48/49; 51.2; 154/155
Nationalsozialismus 215.6
NATO 215.5; 218/219.1; 220.1,2; 223.3
Naturkatastrophen 87.4,5; 108; 146/147; 172/173.1
Naturschutzgebiet 41.2; 69.2
Neandertaler 63.2; 194/195.1
Nehrungsküste 36.1
Neolithikum 194/195.2
Neulandgewinnung → Landgewinnung
Neutralität 213.3
Niederschlagsveränderung 38.4; 116.2
Niederschlagsschwankungen 116.2; 129.6; 131.3; 141.4
Nomadismus 129.5,6
Nuklearmacht → Atommacht

O

Oase 122.1; 129.3,4
Oberflächenabfluss 122.1; 131.3
OECD 186/187.1
Offshoreförderung 72/73; 131.3
Ökologie 46/47; 48; 98/99; 180/181
Ökologischer Landbau 40.1; 41.3
Ölpest 131.3
OPEC 186/187.1
Ottonen 201.3

P

Panoramabild 159.4; 160.1
Pass (Alpenübergänge) 44.1; 84/85
Passat 174/175.2–4
Permafrostboden → Dauerfrostboden
Phönizier 197.2
Photovoltaik → Erneuerbare Energie
Physische Karte 7; 32/33
Pipeline 67.2; 99.3; 120/121.2; 131.3
Planeten 190/191
Plantagen 148.2; 149.3
Plattentektonik 87.4; 108.1; 172/173
Polare Zone 166/167; 176.1,4
Primärer Sektor → Wirtschaftsabteilungen
Profil 32; 75.2; 101.2; 122.2; 154
Pyramiden 196

R

Raetien 199.3
Raffinerien 45.2; 72/73; 81.4; 108.3; 121.2
Raumanalyse 188
Raumentwicklung 116.2; 121.2; 164
Reaktionsära 208.1
Reformation 204.1
Regenwald 131.3; 164; 178/179
Regenzeit 116.2; 127.5,6; 129.5; 174/175.3,4
Rekultivierung (Bergbau) 47.2
Relief 7, 32, 188.2
Religionen 118; 183.3
Reservationen 144.1; 164.1
Revolution 207.4; 208.1
Rodung 164.1,2; 181.3
Rohstoffe 67.2; 130.2; 164.1; 186/187.2
Römer 198
Römische Stadt 198.2
Römisches Reich 198.1; 199.3
Russisches Reich 212/213.1; 214.1

S

Sahel 126.1; 128.1; 129.5,6
Salzpfanne (-see) 99.4; 129.3,4
Säuglingssterblichkeit 185.3
Savanne 126.1; 129.5; 178/179
Schalenbau der Erde 172.2
Schelfeis 167.2
Schengen-Staaten 220.2
Schiiten 183.3
Schleuse 81.4; 151.2
Schloss 206.1–3
Schotterebene 36.1
Schwemmland 112.1
Seebad 50.1; 51.2; 69.2,3
Seebeben 87.5; 108.1,2; 172/173.1
Seeblockade, Seesperrgebiet 207.5; 211.7; 213.3; 216.1
Seehandel 186/187.2; 197.2; 198.1; 203.3; 210.5

Sektorenstadt → Geteilte Stadt
Sekundärer Bereich
→ Wirtschaftsabteilungen
Sklaven 203.3; 210.5,6
Slawen 197.2; 200.2; 201.3
Slums 116.1; 165.3
Solarenergie → Erneuerbare Energie
Sonderkulturen 40.1; 64; 161.5
Sonnensystem 190.2,3
Sowjetunion (UdSSR) 220.1; 221.4
Speicherkraftwerk 46.1
Sprachen 71.4
Staatsgründung 102.1; 124.1; 144/145.1
Stadtbefestigung 198.2; 206.2; 207.4
Stadtklima 39.5
Stadtstrukturen; 52/53; 78/79; 98.2; 118.1; 158/159; 165.3; 198.2; 207.4
Stadtwachstum 43.2; 78/79; 103.4; 107.2; 121.2; 209.3,4
Stadtzentrum
→ Hauptgeschäftszentrum
Stauseen 116.2; 160.2; 164.1
Steigungsregen 39.5; 160.1
Steinkohlenbergbau 43.2
Steppe 178/179.1
Straßenverkehr 44.1; 71.5; 98.2
Stromerzeugung 39.6,7; 41.3; 46.1; 67.3; 86.1
Stromkultur 196.1
Strukturwandel 43.2; 121.2
Stückgut → Hafen
Sturmflut 24.1; 81.4; 101.2
Subduktion 108.1,2; 172/173
Subtropen 174/175.1; 176/177.1
Sunniten 183.3

T

Tagebau 47.2; 48.1
Tageslängen 174.3; 175.4
Tee 126.1; 104.1; 212.3
Thematische Karte 6; 10/11; 64/65
Tiefdruckgebiet 174/175.1,2
Tiefseebecken/-graben 136/137
Tierpark → Zoo
Todesstrafe 222.2
Tornado 146.2
Tourismus 50/51; 52/53; 68/69; 86.2; 92/93; 121.2; 131.4; 159.5
Transamazônica 164.1
Transsibirische Eisenbahn 212/213.1
Trinkwasser 116.1; 121.2; 160.2
Trockenklima 61.4; 176/177.2,4
Tropischer Regenwald → Regenwald
Tropische Zone 174.3; 175.4; 176/177.1,4
Tsunami 108.1; 172/173.1
Tundra 64.2; 99.3; 104/105.1; 178/179

U

Überschwemmungen 101.2; 108.1; 112.1; 122.1; 131.4
Umsiedlungen 47.2
Umweltbelastungen 98/99; 131.3; 180/181
Unabhängigkeit 102.1; 124.1; 144/145.1; 214.2; 220.2
UN-Friedensmission 221.6, 240/241
Urgeschichte 194/195
Urkontinente 172/173.1 a–d

V

Vegetationsstufen 51.3
Vereinte Nationen 222/223.1,2
Verkehrserschließung 199.3; 209.3; 210/211.1–4
Verkehrsinfrastruktur 44/45; 71.5; 107.2
Verkehrsbelastung 45.3; 48.1; 98.2
Verkehrsknoten 44/45; 71.5; 98.2
Versailler Vertrag 214.3
Versorgung (Wasser, Strom) 39.6,7; 46, 108.3; 116.2; 120/121; 160.2; 198.2
Verstädterung 102/103; 158.1; 107.2
Vertreibung 217.3
Viehwirtschaft 40/41; 64.5; 129.5; 164.1; 181.4
Völkerbund 214.3
Völkerwanderung 200.1
Vormensch 194/195.1
Vulkanismus 36.1; 86.2; 87.4; 172/173

W

Wahlen 220.3
Waldschäden 98.1
Warschauer Pakt 215.5; 218/219.1; 220.1
Wasserscheide 56.1
Wasserstraße 44.1; 151.2
Wasserkraftwerk → Erneuerbare Energie
Wasserressourcen/-wirtschaft 112.1; 116.2; 120.1; 160.2
Watt (Wattenküste) 36.1; 49.2,3; 51.2
Weimarer Republik 214.2,3
Weltall 190/191
Welthandel 186/187.1
Welterbe der UNESCO 50.1
Weltkriege 213.3; 214.1,2; 215.4,5; 216.1
Westfälischer Frieden 205
Wettiner 205.3
Wikinger 200.2
Windenergie → Erneuerbare Energie
Windgeschwindigkeit 39.7; 67.3
Windpark 39.7; 67.3
Windrose 6; 39.7; 170.3
Windzirkulation 39.5; 105.5,6; 147.5; 175.2
Winterregen 61.4; 174/175
Wintersport 51.3; 68/69.1
Wirbelstürme 101.2; 108.1; 146/147
Wirtschaftliche Zusammenschlüsse 186/187.1
Wirtschaftsabteilungen/-sektoren 42/43; 65; 78/79; 107.2
Wirtschaftsraum, Wirtschaftsregion 42.1; 67.1; 157.2
Wittelsbacher 205.3
Wohnviertel (privates) 121.2; 165.4
Wüste 99.4; 128/129; 178/179
Wüstenausbreitung 128.1; 181.3

Z

Zechenstilllegung 43.2
Zeitzonen hinterer Buchdeckel
Zenitstand der Sonne 148/149.3,4; 174.3; 175.4
Zivilisation 194/195.2
Zoo 52
Zuwanderung 70.3
Zweiter Weltkrieg 216/217

Bildquellenverzeichnis

action press, Hamburg: 68.3 (H.-E. Lex);
akg-images, Berlin: 196.4;
Astrofoto, Sörth: 180.1 o.;
Baaske Cartoons, Müllheim: 193 u.re. (Brigitte Schneider);
BASF SE, Ludwigshafen: 23 li., 23 m.;
BASF Unternehmensarchiv, Ludwigshafen a.Rh.: 22 o.li., 22 o.m., 22 o.re.;
Busching, Ludwigshafen: 64.3 li.o.;
Bütow, Heike, Chemnitz: 158 u.re.;
CLAAS KGaA mbh, Harsewinkel: 23 m.li.;
Corbis, Düsseldorf: 68.1 (N. Emmerson/R. Harding World Imagery), 107 o.li. (Uden Graham/Redlink), 158 u.li. (Alan Schein Photography), 165.3 re. (Janet Jarman);
Dahm, Lambert, Trier: 28 o.li., 28 o. re.;
ddp images, Hamburg: 118 o. (AP Photo/Lefteris Pitarakis);
dreamstime.com: 23 re. (Anankkml), 196.5 (Henri Faure);
Eck, Thomas, Berlin: 37.2 u.;
Eisele Photos, Augsburg: 37.4 o.;
eoVision/GeoEye, 2010, distributed by e-GEOS: 165.4;
eoVision/USGS, 2008: 49.2 o., 49.2 u.;
European Space Imaging, München: 25.2;
Falk Verlag, D-73760 Ostfildern: 9.4;
Falk, D., Braunschweig: 37.2 o.;
Focus, Hamburg: 65.1. re.u. (Maze/Woodfin Camp), 160 li.m. (S. Leen/Matrix);
Fotolia.com: 52 u.re. (Max), 53 o.li. (Philip Lange);
Fraport AG, Frankfurt/M.: 12 u. 3;
Freie Hansestadt Bremen/Vertretung des Landes Bremen beim Bund, Berlin: 53 o.re. (Stefan Maria Rother 2006);
Gehring, Wiebke, Hannover: 37.4 u.;
GeoContent GmbH, Magdeburg: 6.2;
Getty Images, München: 116 o.li. (Prashanth Vishwanathan/Bloomberg), 196.1 (Rossi);
Hausbau-Ratgeber.de: 23 m.re.;
Herrmann, Jo, Bad Waldsee: 190/191.1, 2, 3, 5, 6;
Huber, Bildagentur, Garmisch-Partenkirchen: 68.2, 68.5, 78 u.li. (Ripani Massimo), 79 u.li. (Gräfenhain), 121.2 (R. Schmid);
IMA, Bonn: 64.4;
infoterra, Immenstaad: 12.1;
iStockphoto, CAN-Calgary: 86 re.m. (DHuss), 86 re.u. (Hazlan Abdul Hakim), 121.4 (dblight);
John F. Kennedy Presidential Library and Museum, Boston: 192 u.re.;
Kesper, Ingrid, Salzkotten: 193 re.u.;
Kirch, Peter, Koblenz: 11 m.m., 11 m.u. , 12 u. 4;
Kratz, Rüdiger, St. Ingbert/GNU-Lizenz für freie Dokumentation Version 1.2: 24 u. 3;
Kreuzberger, Norma, Lohmar: 51.3 u.;
Kurverwaltung Manderscheid: 7.2 (Erich Justra);
Lade, Helga, Fotoagenturen, Frankfurt/M.: 51.2 u. (R. Feldrapp), 86 re.o. (H.R. Bramaz), 160 li.o., 180.1 u.li. (BAMBOO);
laif, Köln: 102.2 (Gamma);
Landesamt für Vermessung und Geobasisinformation Rheinland-Pfalz, Koblenz: 7.3, 8.1 (GeoBasis-DE/LVermGeoRP2011-10-05), 9.3 (GeoBasis-DE/LVermGeo-RP 2011-10-05);
Landslides Aerial Photography, Lincoln: 160 li.u.;
Landtag Rheinland-Pfalz, Mainz: 27 u. 4 (Klaus Benz);
LOOK, München: 78 u.re. (age fotostock);
Lotos Film, Kaufbeuren: 196.3;
Mauritius Images, Mittenwald: 37.3 u. (Harry Walker), 161 re.m. (Lindner), 165.3 li. (age), 180.1 u.m. (Power Stock), 180.1 u.re. (age);
Mittenzwei, K., Berlin: 53 u.m.;
NASA, USA-Houston: 164.2 li., 164.2 re., 190.4;
NASA/GFSC, Image courtesy of MODIS Rapid Response Project: 128.2;
National Informatics Centre (NIC) & District Administration, Anantapur (AP), India: 116 o.re. (The Superintending Engineer, High Level Canal, Irrigation Department, Anantapur);
NOAA, USA: 147 o.;
Nürburgring Automotive GmbH, Nürburg: 24 u. 1;
Panther Media GmbH, München: 27 u. 3 (Werner P.);
picture-alliance, Frankfurt/M.: 6.1 (Euroluftbild), 12 u. 1 (Zentralbild/euroluftbild.de/Grahn), 12 u. 2 (dpa/Axel Häsler), 24 u. 2 (bildagentur-online.com), 24 u. 4 (dpa/Erwin Elsner), 27 u. 2 (Arco Images GmbH/G. Schwabe), 37.3 o. (Helga Lade), 52 o.m. (Zentralbild/Hubert Link), 52 o.re. (Berliner Zeit/Engelsmann), 65.1 re.o. (dpa), 65.2 li. (dpa/B. Thissen), 68.4 (dpa), 79 u.re. (dpa/Lars Halbauer), 98 re.u. (Lehtikuva Oy/Caj Bremer HS), 107 o.re. (landov/Liu Dawei), 161 re.u. (dpa), 196.2 (dpa/A. Kräuse), 196.6 (Okapia/Gerhard Stief);
Presse - und Informationsamt des Landes Berlin: 53 u.re.;
Presse- und Informationsamt der Bundesregierung – Bundesbildstelle, Berlin: 53 o.m.;
Rheinland-Pfalz Tourismus GmbH/Bildarchiv, Koblenz: 27 u. 1;
Rhein-Zeitung, Koblenz: 11 m.o.;
Rieke, Michael, Braunschweig: 64.1;
Ruth, Michael ©, Teligent Inc., USA – Die mit einem geographischen Informationssystem simulierte Bildperspektive wurde erstellt unter Verwendung von angepassten digitalen Geländedaten der Firma 3D-Metric Inc.: 159 o.;
RWE Rheinbraun, Essen: 65.1 li.;
Schapowalow, Bildagentur, Hamburg: 165.3 m. (Huber);
Schlemmer, Herbert, Berlin: 53 u.li.;
Schmidtke, Melsdorf: 64.2;
Schulz, Traunstein: 64.3 re.;
Stadt Trier, Amt für Presse- und Öffentlichkeitsarbeit: 29 o.li.;
Still Pictures, Berlin: 103.4 (Sean Sprague);
Strohbach, Dietrich, Berlin: 161 re.o.;
Sutor, Karlsruhe: 51.3 o.;
Sylt Marketing GmbH: 51.2 o. (Supanz);
Tack, Jochen, Essen: 121.3;
ullstein bild, Berlin: 52 u.m. (Jost), 98 re.o. (Nowosti), 98 re.m. (Nowosti), 121.1 (TopFoto);
vario images, Bonn: 65.3 o.;
Visum Foto GmbH, Hamburg: 69.1;
Westfälisches Industriemuseum, Dortmund: 65.3 re.;
Zweckverband Brombachsee, Pleinfeld-Ramsberg: 65.3 li.

Quellenverzeichnis

BASF SE, Ludwigshafen: 22/23
Bundesamt für Bau-, Stadt- und Raumforschung (BBSR), Bonn: 55
Bundesamt für Kartographie und Geodäsie, Frankfurt/M.: 54
Deutscher Wetterdienst, Offenbach: div. Karten
Garmisch-Partenkirchen Tourismus, Garmisch-Partenkirchen: 51.3
D. Hack, Lämmerhof Panten: 41.2
Dr. Thomas Hennig, Marburg: 116.2
Gesellschaft für Gewerbeansiedlung; Verbandsgemeinde Stromberg mbH: 21.3
Lake Victoria Fisheries Organization, Jinja (Uganda): 181.4
Ministerium für Wirtschaft, Klimaschutz, Energie und Landesplanung, Mainz: 19.4, 20.1
Nürburgring Automotive GmbH: 25.2
B. v. Quistorp, Geerhof Sonsbeck: 41.3
Prof. Dr. A. Schulz, Bonn: 190/191
Prof. Dr. Alexander Siegmund, Heidelberg: 38.4; 61.4; 176/177.4
Stadtmuseum Simeonstift Trier: 28/29
Statistisches Bundesamt, Wiesbaden: 55
Stiftung Natur und Umwelt Rheinland-Pfalz, Mainz: 24.1
Sylt Tourismus, Sylt: 51.2
Tourist-Information Zugspitzdorf Grainau: 51.3
USGS Minerals Information, Washington D. C.: div. Karten
L. Vankan, Grave (Niederlande): 81.2/3
D. Volz, Heidelberg: 38.4; 61.4; 176/177.4
Zweckverband Abfallbehandlung Kahlenberg, Ringsheim: 47.3

Kartographische Mitarbeit

Manuela Franke
Stefan Hochmuth
Katharina Hoth
Harald Iden
Florian Kronfeldt
Michael Perkovic
Arndt Russ
Henrik Selle
Heiko Strothmann
Sascha Vahlberg
Lars Vonau

www.heimatundwelt.de
HW-242

A = Österreich
AL = Albanien
B = Belgien
BG = Bulgarien
BIH = Bosnien und Herzegowina
CH = Schweiz
CZ = Tschechische Republik
D = Deutschland
DK = Dänemark
EST = Estland
GR = Griechenland
H = Ungarn
HR = Kroatien
KSV = Kosovo
L = Luxemburg
LT = Litauen
LV = Lettland
MD = Moldau
MK = Mazedonien
MNE = Montenegro
NL = Niederlande
RO = Rumänien
SRB = Serbien
SK = Slowakei
SLO = Slowenien
UAE = Vereinigte Arabische Emirate

● Hauptstadt

Die Grenzen in der Antarktis markieren Hoheitsansprüche der benannten Staaten.

Staatsgrenzen im Meer sind Orientierungshilfen; sie entsprechen nicht dem rechtlich verbindlichen Verlauf.